U0267646

普通高等教育"十一五"国家级规划教材

聚合物基复合材料
第二版

顾书英　任　杰　编著

化学工业出版社

·北京·

根据教育部拓宽专业知识面的指导思想，本教材从聚合物合金化原理及应用、填充改性及纤维增强聚合物基复合材料及聚合物基纳米复合材料三个方面，综合了聚合物基复合材料的理论基础、性能及应用领域，知识覆盖面广，既阐述了各种复合材料的制备及相关原理，又列举了大量的实例。

　　全书共分为四大部分：绪论（简单介绍聚合物基复合材料的改性方法及发展情况）、聚合物合金（第一篇）、填充改性及纤维增强聚合物基复合材料（第二篇）、聚合物基纳米复合材料（第三篇）。教材每章开头以简短的本章提要开始，引出该章将要讲述的问题，每章末尾作一小结，提炼该章所讲的主要内容和结论，并添加启发性思考题，有利于激发学生的学习兴趣和创新思维能力的培养。

　　本教材适合材料科学与工程专业（尤其是高分子材料及复合材料方向）的本科生、专科生及硕士生选用，也可供从事相关领域的技术工作的工程技术人员阅读参考。

图书在版编目（CIP）数据

聚合物基复合材料/顾书英，任杰编著. —2版. —北京：化学
工业出版社，2013.8（2023.1重印）
普通高等教育"十一五"国家级规划教材
ISBN 978-7-122-17733-9

Ⅰ.①聚… Ⅱ.①顾…②任… Ⅲ.①聚合物-非金属复合材料-
高等学校-教材 Ⅳ.①TB332

中国版本图书馆 CIP 数据核字（2013）第 137630 号

责任编辑：杨　菁　　　　　　　　　文字编辑：李　玥
责任校对：吴　静　　　　　　　　　装帧设计：张　辉

出版发行：化学工业出版社（北京市东城区青年湖南街 13 号　邮政编码 100011）
印　　装：北京虎彩文化传播有限公司
787mm×1092mm　1/16　印张 27　字数 668 千字　2023 年 1 月北京第 2 版第 7 次印刷

购书咨询：010-64518888　　　　　　售后服务：010-64518899
网　　址：http://www.cip.com.cn
凡购买本书，如有缺损质量问题，本社销售中心负责调换。

定　　价：69.00 元

前　言

在人类的历史长河中，材料以及相关的新技术正创造着人类新的生活。材料是人类生存和发展的物质基础，如果用材料对人类社会发展的推动作用来描述人类的历史，那么，自古至今，人类已经经历了旧石器时代、新石器时代、青铜时代、铁器时代、钢铁时代、高分子材料时代等，现代人类更是进入了一个以高性能材料为代表的多种材料并存的时代。可以说，材料的使用不仅使生产力获得极大的解放，从而推动了人类社会的进步，而且在人类文明进程中具有里程碑的意义。

在现代社会，材料已经从单一功能向多种功能发展，而且，它使得人类超越自然界，实现了根据材料来设计产品，根据产品的需要，通过新的组成、结构和工艺设计来实现其所需功能的概念。也就是说，它的功能需求正在向着迎合人类在各个领域的需要而发展。

20 世纪 60 年代以来，随着材料工程技术的迅猛发展，材料已经不仅在种类上得到拓展，而且在包括光、声、电、磁、力、超导、高塑以及超强、超硬、耐高温等机能与性能上获得极大的扩展与深度挖掘。材料正向着功能化、复合化、智能化和生态化方向发展，从而极大地影响着人类的现代生活、社会结构与文化价值。

自德国化学家 Staudiger 于 20 世纪 30 年代提出大分子这个概念以来，聚合物材料有了飞跃的发展。其间，Ziegler 和 Natta 的定向聚合理论的诞生促进了聚乙烯、聚丙烯的大量工业化生产；Carothers 的缩合聚合理论提出，使以尼龙为代表的逐步聚合高分子材料纷纷面世；高分子材料已经渗透到国民经济和生活的各个领域。因其优越的综合性能，相对较为简便的成型工艺，以及极为广泛的应用领域，而获得了迅猛的发展。

与其他材料一样，高分子材料也有其诸多需要克服的缺点。以塑料为例，有些品种的塑料性脆而不耐冲击，有些耐热性差而不能在高温下使用。还有一些新开发的耐高温聚合物，又因为加工流动性差而难以成型。再以橡胶为例，提高强度、改善耐老化性能、改善耐油性等都是人们关注的问题，而且，传统橡胶的硫化工艺也已制约了其发展。诸如此类的问题，都要求对聚合物进行改性。聚合物基复合材料就是聚合物改性的重要手段之一。

根据教育部拓宽专业知识面的指导思想，本教材从聚合物合金化原理及应用、填充改性及纤维增强聚合物基复合材料及聚合物基纳米复合材料三个方面，综合了聚合物基复合材料的理论基础、性能及应用领域，知识覆盖面广，既阐述了各种复合材料的制备及相关原理，又列举了大量的实例。

本书共分四大部分：绪论部分（简单介绍聚合物基复合材料的改性方法及发展情况）、聚合物合金（第 1 篇）、填充改性及纤维增强聚合物基复合材料（第 2 篇）、聚合物基纳米复合材料（第 3 篇）。教材每章开头以简短的本章提要开始，引出该章将要讲述的问题，每章末尾作一小结，提炼该章所讲的主要内容和结论，并添加启发性思考题，有利于激发学生的学习兴趣和创新思维能力的培养。本教材适合材料科学与工程专业（尤其高分子材料及复合材料方向）的本科生、专科生及硕士生选用，也可供从事相关领域的技术工作的工程技术人员阅读参考。

本书是 2007 年出版的《聚合物基复合材料》的第二版，前言、绪论以及第 3 篇由任杰编写，第 1 篇、第 2 篇由顾书英编写。陈飚、刘玲玲、蔡沈阳、高俣峰、黄道翔等参与了部分章节的编写工作。

由于编者水平所限，书中疏漏和不妥在所难免，望读者批评指正。

编者
2013 年 3 月

目　　录

0　绪论 ·· 1

0.1　高分子材料改性的主要方法 ·· 1

0.1.1　共混改性 ··· 1

0.1.2　填充改性 ··· 2

0.1.3　纤维增强 ··· 2

0.1.4　化学改性 ··· 2

0.1.5　表面改性 ··· 2

0.2　高分子材料改性的发展 ·· 3

第1篇　聚合物合金

第1章　聚合物合金的基本原理 ·· 5

1.1　基本概念 ··· 5

1.1.1　聚合物合金的概念 ··· 5

1.1.2　聚合物合金化技术的特点 ··· 5

1.1.3　聚合物合金的制备方法 ··· 6

1.2　聚合物合金的分类 ·· 7

1.2.1　按热力学相容性分类 ··· 7

1.2.2　按聚合物合金的组成分类 ··· 8

1.2.3　按组分间有无化学键分类 ··· 9

1.3　聚合物间的相容性 ·· 10

1.3.1　基本概念 ··· 10

1.3.2　相容性的热力学基础 ··· 11

1.3.3　共混体系的相图 ··· 13

1.3.4　相分离的临界条件 ··· 14

1.3.5　两种相分离机理 ··· 16

1.4　相容性的预测及测定方法 ·· 17

1.4.1　相容性的预测 ··· 17

1.4.2　相容性的测定方法 ··· 20

1.4.3　聚合物共混体系的多尺度模拟 ····································· 23

1.5　改善相容性的方法 ·· 26

1.5.1　相容聚合物的结构特征 ··· 26

1.5.2　改变链结构改善相容性 ··· 27

1.5.3　增容剂的应用 ··· 28

本章小结 ·· 31

思考题 ·· 32

第2章　聚合物合金的相态结构 ·· 33

2.1　相态结构的类型 ·· 33

2.1.1　海岛结构 ·· 33

2.1.2　两相连续结构 ·· 35

2.1.3　两相交错层状结构 ·· 36

2.1.4　含有结晶组分的相态结构 ·· 36

2.2　影响相态结构的因素 ·· 37

2.2.1　影响相连续性的因素 ·· 37

2.2.2　影响微区形态、尺寸的因素 ·· 38

2.2.3　含有结晶聚合物共混体系相态结构的影响因素 ·································· 39

2.3　嵌段共聚物的微相分离结构 ·· 40

2.3.1　嵌段共聚物微区的结构形态 ·· 40

2.3.2　影响微相分离结构的因素 ·· 42

2.4　界面层的结构和特性 ·· 44

2.4.1　相界面的形态 ·· 45

2.4.2　相界面的效应 ·· 46

2.4.3　界面自由能与共混过程的动态平衡 ·· 46

2.5　形态结构的研究方法 ·· 47

2.5.1　光学显微镜法 ·· 47

2.5.2　电子显微镜法 ·· 48

2.5.3　原子力显微镜法 ·· 49

本章小结 ··· 50

思考题 ··· 50

第3章　聚合物合金的增韧机理 ·· 52

3.1　橡胶增韧塑料的增韧机理 ·· 52

3.1.1　橡胶增韧塑料体系的形变特点 ·· 52

3.1.2　橡胶增韧塑料体系的增韧机理 ·· 56

3.1.3　影响橡胶增韧塑料增韧效果的因素 ·· 58

3.2　刚性有机粒子（ROF）对工程塑料的增韧原理 ·· 59

3.2.1　刚性有机粒子增韧的冷拉机理 ·· 59

3.2.2　影响刚性有机粒子增韧效果的因素 ·· 61

3.2.3　两类不同分散相粒子对塑料增韧作用的比较 ······································ 61

本章小结 ··· 62

思考题 ··· 62

第4章　聚合物合金的性能 ·· 64

4.1　聚合物合金的力学性能 ·· 64

4.1.1　聚合物合金玻璃化转变 ·· 64

4.1.2　聚合物合金的冲击强度 ·· 67

4.1.3　聚合物合金的其他力学性能 ·· 68

4.2　聚合物合金的流变特性 ·· 68

    4.2.1　影响熔体黏度的因素 ··· 68

    4.2.2　熔体的弹性效应 ··· 70

  4.3　聚合物合金的其他性能 ··· 72

    4.3.1　聚合物合金的透气性 ··· 72

    4.3.2　聚合物合金的透光性 ··· 72

    4.3.3　聚合物合金的电性能 ··· 73

    4.3.4　聚合物合金的阻隔性 ··· 73

  本章小结 ··· 74

  思考题 ··· 75

第5章　聚合物合金的共混工艺与共混设备 ······································· 76

  5.1　分散相的"分散"过程与"凝聚"过程 ······································· 76

  5.2　控制分散相粒径的方法 ··· 77

    5.2.1　共混时间的影响 ··· 77

    5.2.2　共混组分熔体黏度的影响 ··· 78

    5.2.3　界面张力与相容剂的影响 ··· 78

  5.3　两阶共混分散历程 ··· 79

  5.4　共混设备简介 ··· 79

  5.5　共混工艺因素对共混物性能的影响 ··· 80

  本章小结 ··· 81

  思考题 ··· 81

第6章　聚合物合金各论 ··· 82

  6.1　通用塑料合金 ··· 82

    6.1.1　聚苯乙烯塑料的共混改性 ··· 82

    6.1.2　聚氯乙烯（PVC）的共混改性 ··· 88

    6.1.3　聚烯烃的共混改性 ··· 91

  6.2　工程塑料的共混改性 ··· 95

    6.2.1　概述 ··· 95

    6.2.2　PA 的共混改性 ··· 96

    6.2.3　聚甲醛的共混改性 ··· 101

    6.2.4　PET、PBT 的共混改性 ··· 102

    6.2.5　PC 的共混改性 ··· 105

    6.2.6　PPO 的共混改性 ··· 107

    6.2.7　特种工程塑料合金 ··· 109

  6.3　热固性塑料的共混改性 ··· 111

    6.3.1　环氧树脂的增韧 ··· 111

    6.3.2　其他热固性树脂的共混改性 ··· 119

  6.4　热塑性弹性体 ··· 121

    6.4.1　概述 ··· 121

    6.4.2　共聚型热塑性弹性体 ··· 123

    6.4.3　共混型热塑性弹性体 ··· 130

本章小结 ……………………………………………………………… 138

思考题 ………………………………………………………………… 140

第 7 章　聚合物合金的进展 ………………………………………… 141

　7.1　合金化的制造技术 …………………………………………… 141

　　7.1.1　反应加工技术 ………………………………………… 141

　　7.1.2　IPN 技术 ……………………………………………… 142

　　7.1.3　反应器合金 …………………………………………… 147

　　7.1.4　增容剂技术 …………………………………………… 149

　7.2　功能性聚合物合金 …………………………………………… 149

　　7.2.1　生物降解性聚合物合金 ……………………………… 149

　　7.2.2　永久防静电性聚合物合金 …………………………… 152

　　7.2.3　高吸水性聚合物合金 ………………………………… 152

　　7.2.4　形状记忆聚合物合金 ………………………………… 152

　7.3　液晶聚合物的合金化 ………………………………………… 154

　　7.3.1　LCP 合金的类型 ……………………………………… 154

　　7.3.2　LCP 合金的相容性 …………………………………… 155

　7.4　具有自组装相形态的聚合物合金 …………………………… 156

　　7.4.1　具有自组装核-壳结构相形态的三元不相容聚合物合金 … 156

　　7.4.2　固体纳米粒子填充的二元不相容聚合物合金体系 …… 157

　本章小结 …………………………………………………………… 159

　思考题 ……………………………………………………………… 160

　参考文献 …………………………………………………………… 160

第 2 篇　填充改性及纤维增强聚合物基复合材料

第 8 章　复合材料概述 ……………………………………………… 167

　8.1　复合材料发展史 ……………………………………………… 167

　8.2　复合材料的种类 ……………………………………………… 168

　　8.2.1　聚合物基复合材料 …………………………………… 168

　　8.2.2　碳基复合材料 ………………………………………… 175

　　8.2.3　混杂纤维复合材料 …………………………………… 179

　　8.2.4　功能复合材料 ………………………………………… 185

　　8.2.5　生物体复合材料 ……………………………………… 195

　　8.2.6　智能复合材料 ………………………………………… 196

　本章小结 …………………………………………………………… 197

　思考题 ……………………………………………………………… 198

第 9 章　填充改性聚合物基复合材料及其制备方法 ………………… 199

　9.1　填充剂的种类及基本特征 …………………………………… 199

　　9.1.1　填充剂的种类 ………………………………………… 199

　　9.1.2　填充剂的基本特性 …………………………………… 201

　9.2　填充改性复合材料的制备方法 ……………………………… 202

  9.2.1 热塑性塑料的填充改性 ·· 202

  9.2.2 填充改性效果应与其他工艺技术环节相结合 ················· 203

  9.2.3 塑料挤出成型加工设备 ·· 203

 本章小结 ··· 204

 思考题 ··· 204

第 10 章 纤维增强聚合物基复合材料及其制备方法 ················· 205

 10.1 增强纤维的种类及基本特性 ·· 205

 10.2 纤维增强聚合物基复合材料的制备方法 ··························· 208

  10.2.1 聚合物基复合材料的工艺特点 ································· 208

  10.2.2 聚合物基复合材料的制造方法 ································· 208

 本章小结 ··· 215

 思考题 ··· 216

第 11 章 复合材料的界面 ··· 217

 11.1 概述 ··· 217

 11.2 聚合物复合材料界面的形成及作用机理 ··························· 218

  11.2.1 界面层的形成 ·· 219

  11.2.2 界面层的作用机理 ··· 221

 11.3 填充、增强材料的表面处理 ··· 223

  11.3.1 粉状填料的表面处理 ··· 223

  11.3.2 玻璃纤维的表面处理 ··· 225

  11.3.3 碳纤维的表面处理 ··· 227

  11.3.4 Kevlar 纤维的表面处理 ·· 230

  11.3.5 超高分子量聚乙烯纤维的表面处理 ·························· 231

  11.3.6 天然纤维的表面处理 ··· 231

 11.4 复合材料界面分析技术 ·· 232

  11.4.1 红外光谱法 ··· 232

  11.4.2 电子显微镜法 ·· 233

  11.4.3 X 射线光电子能谱 ··· 234

  11.4.4 反气相色谱法 ·· 235

  11.4.5 原子力显微镜 ·· 237

  11.4.6 界面细观力学实验及理论分析 ································· 238

 本章小结 ··· 239

 思考题 ··· 240

第 12 章 聚合物基复合材料 ··· 241

 12.1 聚合物基复合材料的基本性能 ·· 241

  12.1.1 力学性能 ·· 243

  12.1.2 疲劳性能 ·· 244

  12.1.3 冲击性能 ·· 244

  12.1.4 蠕变性能 ·· 244

  12.1.5 低温冲击性能 ·· 245

　　12.1.6　物理性能 ·· 246

12.2　聚合物基复合材料结构设计 ·· 247

　　12.2.1　概述 ·· 247

　　12.2.2　材料设计 ·· 249

　　12.2.3　结构设计 ·· 255

12.3　聚合物基复合材料的应用 ··· 259

　　12.3.1　玻璃纤维增强热固性塑料（GFRP）的应用 ······························· 260

　　12.3.2　玻璃纤维增强热塑性塑料（FR-TP）的应用 ······························· 262

　　12.3.3　高强度、高模量纤维增强塑料的应用 ··· 263

　　12.3.4　天然纤维增强可降解塑料的应用 ··· 264

　　12.3.5　其他纤维增强塑料 ··· 265

本章小结 ·· 265

思考题 ·· 266

参考文献 ·· 266

第3篇　聚合物基纳米复合材料

第13章　纳米复合材料概述 ·· 269

13.1　纳米与纳米科技 ·· 269

13.2　纳米复合材料的定义 ·· 269

13.3　聚合物基纳米复合体系 ··· 271

13.4　纳米颗粒的制备方法 ·· 272

　　13.4.1　溶胶-凝胶法（sol-gel） ·· 272

　　13.4.2　复合醇盐法 ·· 272

　　13.4.3　微乳液法 ··· 273

　　13.4.4　沉积法与等离子体法 ·· 273

　　13.4.5　分子及离子插层方法 ·· 273

13.5　聚合物基纳米复合材料的制备方法 ··· 274

　　13.5.1　溶胶-凝胶法 ··· 274

　　13.5.2　层间插入法 ·· 275

　　13.5.3　共混法 ·· 276

　　13.5.4　原位聚合法 ·· 276

　　13.5.5　分子的自组装及组装 ·· 277

　　13.5.6　辐射合成法 ·· 277

13.6　聚合物基纳米复合材料的特性 ·· 278

本章小结 ·· 278

思考题 ·· 278

第14章　聚合物/层状硅酸盐纳米复合材料 ··· 279

14.1　层状硅酸盐黏土材料 ·· 279

　　14.1.1　蒙脱土的矿石性质 ··· 279

　　14.1.2　蒙脱土层状硅酸盐资源及其分布 ··· 280

14.1.3　有机黏土的制备 ·· 281

14.2　聚合物/层状硅酸盐纳米复合材料 ·························· 283

14.2.1　聚合物/层状硅酸盐纳米复合材料的研究现状 ············· 283

14.2.2　聚合物/层状硅酸盐纳米复合材料的性能特点及应用前景 ······ 283

14.2.3　聚合物/层状硅酸盐纳米复合材料的制备方法 ············· 284

14.3　插层过程的理论分析 ··· 285

14.3.1　插层过程的热力学分析 ·· 285

14.3.2　插层过程的平均场理论 ·· 289

14.3.3　插层过程的动力学分析 ·· 290

14.3.4　聚合物/层状硅酸盐纳米复合材料的结构和分类 ··········· 291

14.4　聚合物/层状硅酸盐纳米复合材料的结构研究方法 ······· 292

14.4.1　透射电镜观察（TEM） ·· 292

14.4.2　广角 X 射线衍射（WAXD） ··································· 293

14.4.3　小角 X 射线散射（SAXS） ···································· 295

本章小结 ··· 296

思考题 ·· 297

第 15 章　聚合物/层状硅酸盐纳米复合材料各论 ··············· 298

15.1　聚酰胺/层状硅酸盐纳米复合材料 ···························· 298

15.1.1　原位聚合制备 PA/层状硅酸盐纳米复合材料 ·············· 298

15.1.2　熔融插层制备 PA/层状硅酸盐纳米复合材料 ·············· 301

15.1.3　PA/层状硅酸盐纳米复合材料的性能 ······················ 302

15.1.4　PA/层状硅酸盐纳米复合材料的应用 ······················ 308

15.1.5　商品尼龙/黏土纳米复合材料的性能 ······················ 308

15.2　PET/层状硅酸盐纳米复合材料 ································ 310

15.2.1　原位聚合制备 PET/层状硅酸盐纳米复合材料 ············· 311

15.2.2　熔体插层制备 PET/黏土纳米复合材料 ···················· 313

15.2.3　利用聚酯低聚物插层制备 PET/层状硅酸盐纳米复合材料 ··· 314

15.2.4　PET/层状硅酸盐纳米复合材料的性能 ···················· 315

15.2.5　PET/层状硅酸盐纳米复合材料的应用 ···················· 319

15.3　PP/层状硅酸盐纳米复合材料 ································· 319

15.3.1　插层聚合法制备 PP/层状硅酸盐纳米复合材料 ············ 320

15.3.2　熔融插层制备 PP/层状硅酸盐纳米复合材料 ·············· 321

15.3.3　溶液插层制备 PP/层状硅酸盐纳米复合材料 ·············· 323

15.3.4　PP/层状硅酸盐纳米复合材料的性能 ······················ 324

15.3.5　PP/层状硅酸盐纳米复合材料的应用 ······················ 329

15.4　生物降解高分子/层状硅酸盐纳米复合材料 ·················· 330

15.4.1　生物可降解聚合物纳米复合材料的制备方法 ·············· 331

15.4.2　生物可降解聚合物纳米复合材料的性能 ··················· 334

15.5　UHMWPE/层状硅酸盐纳米复合材料 ······················ 339

15.5.1　UHMWPE 高岭土纳米复合材料的制备 ··················· 339

　　15.5.2　UHMWPE/高岭土纳米复合材料的流变行为 ·················· 340

　　15.5.3　UHMWPE/高岭土纳米复合材料的摩擦磨损性能 ·············· 342

　15.6　热固性树脂/层状硅酸盐纳米复合材料 ······················· 343

　　15.6.1　环氧树脂/层状硅酸盐纳米复合材料的结构种类和制备方法 ······ 343

　　15.6.2　影响黏土在环氧体系中插层/解离的因素 ················· 343

　　15.6.3　插层/解离的固化热力学和动力学 ····················· 346

　　15.6.4　环氧树脂/层状硅酸盐纳米复合材料的性能 ·············· 346

　　15.6.5　其他热固性树脂/层状硅酸盐纳米复合材料 ·············· 347

　15.7　橡胶/层状硅酸盐纳米复合材料 ··························· 348

　15.8　具有特殊性能的聚合物/层状硅酸盐纳米复合材料 ············· 349

　　15.8.1　具有剪切诱导有序结构的 PS/蒙脱土纳米复合材料 ·········· 349

　　15.8.2　低分子液晶/蒙脱土纳米复合材料的电控记忆效应 ·········· 349

　　15.8.3　聚苯胺蒙脱土纳米复合材料的导电各向异性 ············· 350

　本章小结 ··· 351

　思考题 ··· 352

第 16 章　聚合物/碳纳米管复合材料 ································· 353

　16.1　碳纳米管的制备、特性及表面处理 ························· 353

　　16.1.1　碳纳米管的制备 ································· 354

　　16.1.2　碳纳米管的结构和性能 ··························· 356

　　16.1.3　碳纳米管的表面处理 ···························· 358

　16.2　碳纳米管在聚合物基体中的分散以及制备 ···················· 359

　　16.2.1　碳纳米管在聚合物基体中的分散 ···················· 359

　　16.2.2　碳纳米管/聚合物复合材料的制备方法 ················· 360

　16.3　聚合物/碳纳米管复合材料各论 ··························· 360

　　16.3.1　尼龙/碳纳米管复合材料 ························· 360

　　16.3.2　PC/碳纳米管复合材料 ··························· 361

　　16.3.3　PS/碳纳米管复合材料 ··························· 362

　　16.3.4　环氧树脂/碳纳米管复合材料 ······················ 363

　　16.3.5　橡胶/碳纳米管复合材料 ························· 363

　　16.3.6　PLA/碳纳米管复合材料 ·························· 365

　　16.3.7　CNTs/两亲性聚合物复合材料 ···················· 366

　16.4　碳纳米管与聚合物相互作用机理 ··························· 367

　本章小结 ··· 368

　思考题 ··· 369

第 17 章　聚合物/石墨烯纳米复合材料 ······························ 370

　17.1　石墨烯的结构与特点 ··································· 370

　　17.1.1　石墨烯的结构 ································· 370

　　17.1.2　石墨烯的特点 ································· 370

　17.2　石墨烯的制备及表面处理 ······························· 371

　　17.2.1　石墨烯的制备方法 ····························· 371

17.2.2　石墨烯的表面处理 ··· 373

17.3　聚合物/石墨烯复合材料的制备方法 ································· 374

17.4　聚合物/石墨烯复合材料的性能 ······································· 376

17.4.1　力学性能 ··· 376

17.4.2　导电性能 ··· 376

17.4.3　热学性能 ··· 378

17.4.4　气体阻隔性能 ··· 378

17.5　聚合物/石墨烯纳米复合材料的应用 ··································· 379

17.5.1　太阳能电池 ··· 379

17.5.2　传感器 ··· 379

17.5.3　超级电容器 ··· 380

17.5.4　生物材料 ··· 380

17.5.5　电子存储器 ··· 381

17.5.6　其他应用 ··· 381

本章小结 ··· 381

思考题 ··· 382

第18章　功能纳米粒子填充的聚合物基纳米复合材料 ····················· 383

18.1　用于发光二极管的聚合物基纳米复合材料 ··························· 383

18.1.1　共轭聚合物发光材料 ····································· 383

18.1.2　用于复合材料的纳米粒子 ································· 385

18.1.3　发光聚合物基纳米复合材料 ······························· 386

18.1.4　量子点与聚合物复合的意义 ······························· 388

18.1.5　LED封装材料 ··· 388

18.2　磁性聚合物基纳米复合材料 ··· 389

18.2.1　磁性纳米粒子的基本特性 ································· 389

18.2.2　磁性纳米粒子的制备方法 ································· 390

18.2.3　磁性纳米粒子表面修饰 ··································· 392

18.2.4　磁性聚合物基纳米复合材料 ······························· 394

18.2.5　磁性纳米聚合物基复合材料的实际应用 ····················· 396

18.3　其他聚合物基纳米复合材料 ··· 398

18.3.1　聚合物/石墨纳米复合材料 ································· 398

18.3.2　聚合物/碳酸钙纳米复合材料 ······························· 401

本章小结 ··· 405

思考题 ··· 406

参考文献 ··· 406

0 绪 论

高分子聚合物作为 20 世纪发展起来的材料，因其优越的综合性能，相对较为简便的成型工艺，以及极为广泛的应用领域，而获得了迅猛的发展。然而，高分子材料又有诸多需要克服的缺点。以塑料为例，有许多塑料品种性脆而不耐冲击，有些耐热性差而不能在高温下使用。还有一些新开发的耐高温聚合物，又因为加工流动性差而难以成型。再以橡胶为例，提高强度、改善耐老化性能、改善耐油性等都是人们关注的问题，而且，传统橡胶的硫化工艺也已制约了其发展。

诸如此类的问题，都要求对聚合物进行改性。可以说，聚合物科学与工程学就是在不断对聚合物进行改性中发展起来的。聚合物改性使聚合物材料的性能大幅度提高，或者被赋予新的功能，进一步拓宽了高分子聚合物的应用领域，大大提高了高聚物的工业应用价值。

0.1 高分子材料改性的主要方法

高分子材料的改性方法多种多样，总体上可划分为共混改性、填充改性、纤维增强、化学改性、表面改性几大类。

0.1.1 共混改性

聚合物的共混改性的产生与发展，与冶金工业的发展颇有相似之处。在冶金工业发展的初期，人们致力于去发现新的金属。然而，人们发现，地球上能够大量开采且有利用价值的金属品种是有限的。于是，人们转向采用合金的方法，获得了多种多样性能各异的金属材料。

在高分子聚合物领域，情况与冶金领域颇为相似。尽管已经合成的聚合物达数千种之多，但能够有工业应用价值的只有几百种，其中能够大规模工业生产的只有几十种。因此，人们发现在聚合物领域也应该走与冶金领域发展合金相类似的道路，也就是开发聚合物合金（polymer alloys）。聚合物合金是指两种或两种以上聚合物用物理或化学的方法制得的多组分聚合物。在不同的书刊、文章中对聚合物共混物（polymer blends）和聚合物合金两者的含义不尽相同。

聚合物共混的本意是指两种或两种以上聚合物经混合制成宏观均匀的材料的过程。在聚合物共混发展的过程中，其内容又被不断拓宽。广义的共混包括物理共混、化学共混和物理/化学共混。其中，物理共混就是通常意义上的混合，也可以说就是聚合物共混的本意。化学共混如聚合物互穿网络（interpenetrating polymer networks，IPN），则应属于化学改性研究的范畴。物理/化学共混则是在物理共混的过程中发生某些化学反应，一般也在共混改性领域中加以研究。

毫无疑问，共混改性是聚合物改性最为简便且卓有成效的方法。将不同性能的聚合物共混，可以大幅度地提高聚合物的性能。聚合物的增韧改性，就是共混改性的一个颇为成功的范例。通过共混改性的方式得到了诸多具有卓越韧性的材料，并获得了广泛的应用。聚合物共混还可以使共混组分在性能上实现互补，开发出综合性能优越的材料。对于某些高聚物性能上的不足，譬如耐高温聚合物加工流动性差，也可以通过共混加以改善。将价格昂贵的聚合物与价格低廉的聚合物共混，若能不降低或只是少量降低前者的性能，则可成为降低成本的极好的途径。

由于以上的诸多优越性，共混改性在近几十年来一直是高分子材料科学研究和工业应用的一个颇为热门的领域。

0.1.2　填充改性

在聚合物的加工成型过程中，多数情况下，可以加入数量不等的填充剂。这些填充剂大多是无机物的粉末。人们在聚合物中添加填充剂有时只是为了降低成本，但也有很多时候是为了改善聚合物的性能，这就是填充改性。由于填充剂大多是无机物，所以填充改性涉及有机高分子材料与无机物在性能上的差异与互补，这就为填充改性提供了广阔的研究空间和应用领域。

在填充改性体系中，炭黑对橡胶的补强是最为卓越的范例。正是这一补强体系，促进了橡胶工业的发展。在塑料领域，填充改性不仅可以改善性能，而且在降低成本方面发挥了重要作用。近年来，随着纳米科学和技术的发展，聚合物基纳米复合在提高聚合物的性能及赋予聚合物新的功能方面得到了迅猛的发展。

0.1.3　纤维增强

单一材料有时不能满足实际使用的某些要求，人们就把两种或两种以上的材料制成复合材料，以克服单一材料在使用上的性能弱点，改进原来单一材料的性能，并通过各组分的协同作用，达到材料综合利用的目的，以提高使用与经济效益。

纤维增强复合材料特点是质量轻，强度高，力学性能好。不仅如此，还可以根据对产品的要求，通过复合设计使材料在电绝缘性、化学稳定性、热性能方面得到综合性提高，因此，纤维增强复合材料引起了人们的广泛重视，尤其碳纤维的技术的成熟和发展给高强高模纤维复合材料的发展带来新的契机。

0.1.4　化学改性

化学改性包括嵌段和接枝共聚、交联、互穿聚合物网络等。大多聚合物本身就是一种化学合成材料，因而也就易于通过化学的方法进行改性。化学改性的出现甚至比共混还要早，橡胶的交联就是一种早期的化学改性方法。

嵌段和接枝共聚的方法在聚合物改性中应用颇广。嵌段共聚物的成功范例之一是热塑性弹性体，它使人们获得了既能像塑料一样加工成型又具有橡胶般弹性的新型材料。接枝共聚产物中，应用最为普及的当属丙烯腈-苯乙烯-丁二烯的共聚物（ABS），这一材料优异的性能和相对低廉的价格，使它在诸多领域广为应用。

IPN 可以看作是一种用化学方法完成的共混。在 IPN 中，两种聚合物相互贯穿，形成两相连续的网络结构。聚合物的化学改性也可归类于聚合物合金化的范畴。

0.1.5　表面改性

材料的表面特性是材料最重要的特性之一。随着高分子材料工业的发展，对高分子材料不仅要求其整体性能要好，而且对表面性能的要求也越来越高。诸如印刷、黏合、涂装、染色、电镀、防雾都要求高分子材料有适当的表面性能。由此，表面改性方法就逐步发展和完善起来。时至今日，表面改性已成为包括化学、电学、光学、热学和力学等诸多性能，涵盖诸多学科的研究领域，成为聚合物改性中不可缺少的一个组成部分。

0.2　高分子材料改性的发展

世界上最早的聚合物共混物出现在 1912 年，最早的接枝共聚物诞生于 1933 年，最早的 IPN 制成于 1942 年，最早的嵌段共聚物合成于 1952 年。第一个实现工业化生产的共混物是 1942 年投产的聚氯乙烯与丁腈橡胶的共混物。1948 年，高抗冲聚苯乙烯（HIPS）研制成功，同年，ABS 也问世，迄今，ABS 已成为应用最广泛的高分子材料之一。1960 年，聚苯醚（PPO）与聚苯乙烯（PS）的共混体系研制成功，这种共混物现已成为重要的工程材料。

1964 年，四氧化锇染色法问世，应用于电镜观测，使人们能够从微观上研究聚合物两相形态，成为聚合物改性研究中的重要里程碑。1965 年，热塑性弹性体问世。1975 年，美国 DuPont 公司开发了超韧尼龙，冲击强度比尼龙有了大幅度提高，这种超韧尼龙是聚酰胺与聚烯烃或橡胶的共混物。

在理论方面，聚合物改性理论也在不断发展。以塑料增韧理论为例，20 世纪 70 年代以前，增韧机理研究偏重于橡胶增韧脆性塑料的研究。20 世纪 80 年代以来，则对韧性聚合物基体进行了研究。进入 20 世纪 90 年代，非弹性体增韧机理的研究又开展起来。目前世界塑料合金产品的最大用户是汽车部件，其次是机械和电子元器件。从日本主要工程塑料合金需求结构中可以看出，汽车用塑料合金占 62%，电子电气及办公自动化设备占 20%，一般精密机械占 6%，医疗、体育及其他占 12%。从地区来看，目前北美是最大的塑料合金消费地区，占 45%；其次是欧洲，占 34%；亚洲和太平洋地区占 21%。在北美，PPO 合金占塑料合金需求总量的 25% 以上，其中尤以 PPO/PA、PPO/PET 和 PPO/PBT 合金的需求量最大；PC 合金占总需求量的 12% 以上；用于汽车最终用途的 ABS 合金占 9.9%。最近十几年，世界塑料合金的年均需求增长率为 10% 左右，其中附加值最高的工程塑料合金的增长率更高达 15% 左右，成为各跨国公司积极开发的品种。在美国、欧洲、日本已工业化的塑料合金品种中，工程塑料合金占绝大多数，合金化已成为当前工程塑料改性的主要方法。广阔的市场吸引众多的竞争者，拜耳、帝人化成、三菱等相继开发出许多成熟产品，我国也已成为国际化工巨头的竞技场，国外公司产品占领着我国 90% 的市场。

而我国工程塑料合金品种少、质量差，每年进口量占需求总量的 60% 以上。我国对塑料合金的研究从 20 世纪 60 年代开始，已历经数十年，近几年发展较快。国内许多研究所和大专院校开展了不少研究工作，也有些应用实例。但总的看来，我国塑料合金（不包括外资企业）在研究和生产两方面都还处于零星分散的状态，尚未形成规模，行业整体水平低下，与国外先进水平相距甚远。国内塑料合金生产品种结构中，高附加值的特种工程塑料合金的生产几乎处于空白，基本是通用塑料合金和改性产品的生产，这些企业大部分是通过塑料混炼挤出工艺生产塑料合金的加工型企业。在生产品种方面，合金品种主要有：PPO 类中的 PPO/PS，PC 类中的 PC/PBT、PC/ABS、PC/PA、PC/PE，PA 类中的超韧尼龙（PA/EPDM）、PA/PP、PA/SBS/石油树脂等。从整体结构看，目前我国塑料合金（含改性树脂）产品中阻燃树脂占 45％，增强树脂占 25％，增韧树脂占 15％。

　　近年来，随着纳米科学及技术的发展，纳米改性高分子材料成为高分子材料的领域内的热门话题。新材料的不断出现，也为聚合物改性开辟了新的研究课题。在填充改性方面，纳米粒子的开发，使塑料的增韧改性有了新的途径。碳纤维、芳纶纤维等新型纤维，则使复合材料研究提高到新的水平和档次。可以预见，聚合物改性仍将是高分子材料科学与工程最活跃的研究和发展领域之一。

第1篇　聚合物合金

第1章　聚合物合金的基本原理

>>> **本章提要**

　　聚合物合金技术是目前开发高性能塑料及橡胶最便捷有效的方法之一，而聚合物合金体系的相容性是影响性能的关键。本章将介绍聚合物合金的制备方法，阐述聚合物合金的相容性及发生相分离的基本原理，介绍研究相容性的各种方法，并讨论聚合物相容性的影响因素和提高相容性的基本方法，特别是增容剂技术，为制备高性能的聚合物合金提供了理论指导依据和实际参考实例。

1.1　基本概念

1.1.1　聚合物合金的概念

　　众所周知，"合金"（alloys）一词原指不同金属混熔制得的具有优异特性的一类金属材料。因为两种或两种以上聚合物用物理或化学方法制得的多组分聚合物，它们的结构和性能特征很类似于金属合金。因此，将"合金"一词移植到聚合物共混物体系，常把聚合物共混物形象地称为聚合物合金（polymer alloys）。

　　聚合物共混物和聚合物合金两者的含义，在不同书刊、文章中还不尽一致。有人认为共混物仅指不同聚合物的物理掺混物，而将不同聚合物之间以化学键相连接的嵌段共聚物、接枝共聚物等称为聚合物合金或高分子合金。但是，现在更多人主张，无论聚合物组分之间有无化学键，只要有两种以上不同的高分子链存在，这种多组分聚合物体系都称为聚合物共混物或聚合物合金。因为不同聚合物分子链之间有无化学键，体系的结构形态和性能特征并无实质性的区别。本书采用后一种观点。因此 HIPS、ABS、苯乙烯-丁二烯（SBS）共聚物都是聚合物合金，因为它们中都存在不同的高分子链或链段，而且是两相结构。而另一些共聚物，如丁苯橡胶（丁二烯-苯乙烯无规共聚物、乙丙橡胶、乙烯-丙烯无规共聚物）等，则不属于聚合物合金，这些体系中不存在可区分的高分子链。

1.1.2　聚合物合金化技术的特点

　　聚合物合金化技术的特点主要有以下三个方面[1]。

　　（1）开发费用低，周期短，易于实现工业化生产　与通过合成途径开发聚合物新品种的方法相比，在开发费用、开发周期等方面合金化具有明显的优势。用作高分子合金的聚合物（原料）大多都是已工业化生产的塑料和橡胶弹性体，而且是生产工艺成熟、产量较大的品种，以这些大品种聚合物为基础开发出来的聚合物合金成本自然比较低，再加上制备聚合物合金的工艺和装备通常也比较简便，因此从研究开发到工业化生产的周期相对较短。而且，对开发的合金产品事先都有明确具体的改性目的，因而这种产品一旦开发成功，就有工业化价值和市场，经济效益较好。

（2）易于制得综合性能优良的聚合物材料　单一组分的聚合物往往总有某些性能不够理想，例如聚苯乙烯强度高，加工性好，但质地很脆，大大限制了它的应用范围。聚苯醚（PPO）强度和耐温性都很高，但加工流动性差，流动温度太高，而难以加工应用。它们的这些缺陷通过共混都能较好地得到克服。经少量聚丁二烯橡胶改性的高抗冲聚苯乙烯，其冲击韧性比 PS 大幅度提高，而抗拉强度仍维持在相当高的水平，从而使橡胶的柔韧性和塑料的高强度得到了最佳的结合，克服了单一组分的弱点。PPO 中加入少量 HIPS 共混后，其加工流动性获得了明显的改善，共混物成了一种优良的工程塑料合金。

提高塑料的冲击强度和加工性能是共混改性最常见、最重要的目的，通用塑料多数都存在韧性差的缺陷，通过共混改性可大大扩大其应用范围。工程塑料的加工性差、韧性不足也几乎是共性。因此，塑料的合金化主要以这两种性能的改善为主。现在，几乎所有工业化生产的塑料、橡胶都已有了合金产品。不论是塑料和塑料、橡胶和橡胶，还是塑料和橡胶，只要它们之间具有一定程度的相容性，都可实现共混改性，取某组分之长，补另一组分之短。

聚合物应用于高新技术领域，对某些特殊的、功能性指标具有很苛刻的要求，如阻燃性、永久防静电性、黏结性、耐辐射性、氧气透过性以及受微生物的分解性等等。合金化也是获得功能性聚合物的重要途径。

（3）有利于产品的多品种和系列化　聚合物合金的性能主要受组成、结构形态等因素影响。变更共混物中的聚合物组成以及共混比、制备工艺，或者添加第三组分（多元共混）与特殊助剂，都会导致合金性能的变化，形成一系列不同性能、能满足不同要求、不同场合应用的若干品种。例如 ABS 塑料，它本身就是几种聚合物分子组成的共混体系，可以用本体悬浮法、乳液法、共聚-共混法以及机械共混法多种方法制备，不同方法生产的 ABS，形态结构和橡胶粒子尺寸都有差别，产品性能也不一样。而每一种生产方法中的组分比改变，又可使性能变化。因此，ABS 的牌号、品种特别多，大的品级就有超抗冲级、高抗冲级、抗冲击级、阻燃级、增强级、抗静电级、透明级、耐热级、耐低温级、电镀级等系列，每个系列还有若干个牌号。ABS 还可与各种聚合物共混组成多元共混物合金，例如：ABS/PVC、ABS/聚碳酸酯（PC）、ABS/聚砜（PSF）、ABS/尼龙（PA）、ABS/聚氨酯（PU）、ABS/PMMA 等。国外几乎每一种塑料或弹性体合金都已形成系列，而且还在不断推出新的系列、品种。这种多系列、多品种大量的出现，是单组分聚合物所难以做到的。

1.1.3　聚合物合金的制备方法

如前所述，本书中的聚合物合金包括聚合物共混物和聚合物共聚物，统称为聚合物共混，共混改性的基本方法分为物理共混、化学共混和物理/化学共混三大类。其具体的制备方法包括传统的熔融共混、溶液共混、乳液共混等，还包括近年来发展起来的新的聚合物合金的制备方法，如混沌混合、反应加工技术、互穿网络技术、反应器合金技术等（详细情况将在 7.1 节中作具体阐述）。

（1）熔融共混　熔融共混是将聚合物组分加热到熔融状态后进行共混，是广泛应用的一种共混方法。在工业上，熔融共混采用密炼机、开炼机、挤出机等加工机械进行。

（2）溶液共混 与熔融共混不同，溶液共混主要应用于基础研究领域。溶液共混是将聚合物组分溶于溶剂后，进行共混。该方法具有简单易行，用料量少等特点，特别适合于在实验室进行。因共混过程中需要大量的溶剂，会对环境带来污染，所以在工业上的应用受到限制。不过，溶液共混法也可以用于工业上一些溶液型涂料或黏合剂的制备。

（3）乳液共混 乳液共混是将两种或两种以上的聚合物乳液进行共混的方法。在橡胶的共混改性中，可以采用两种胶乳进行共混。如果共混产品以乳液的形式应用（如乳液型涂料或黏合剂），也可采用乳液共混的方法。

（4）混沌混合 传统聚合物共混通过提供强剪切快速将分散相分散成微液滴，主要形成连续相与分散相共存的"海岛"结构。这种工艺的缺点是强剪切作用易使聚合物化学键断裂，导致聚合物降解，同时强剪切耗能很高。混沌混合通过对聚合物流体或熔体的拉伸折叠作用，在共混初期分散相形成层状自相似结构，层数增长呈指数变化，而在传统共混设备中则呈线性增长，因此混沌混合效率非常高。同时这种拉伸折叠避免了强剪切，减少了对共混物相形态的破坏，易于形成高长径比的纤维结构。并且通过调控混合时间，可以制备不同相态、性能各异的材料[2]。

（5）反应加工技术 所谓聚合物反应加工（reaction processing for polymer，RPP）技术，是指在加工过程中，使不相容的共混物组分之间产生化学反应，从而实现共混改性的方法，即共混物在成型加工过程中完成化学改性。反应挤出（REX）、反应注射（RIM）、动态硫化都是反应加工技术在不同成型方法中的具体应用。

（6）互穿网络技术 互穿聚合物网络（IPN）是由两种或两种以上聚合物网络相互穿透或缠结所构成的化学共混网络合金体系。IPN 由于其特殊的结构和优异的性能，在聚合物合金领域的地位和作用是其他类别合金所不能替代的。近年来在研究开发新品种、新工艺的同时，IPN 也大大加快了工业化的进程，应用领域不断扩大，IPN 技术已成为发展高性能聚合物合金的又一重要方向。

（7）反应器合金技术 反应器合金技术是在聚合反应过程中同步实现像聚合物共混物和合金那样的微观形态结构的形成，聚合物反应器合金制备过程通常同步实现原位聚合和原位增容，聚合物反应器合金技术的研究发展和产业化是近 20 年高分子事业的最重大事件之一。

1.2 聚合物合金的分类

聚合物合金可按多种方法进行分类，本书列举出常见的三种分类方法。

1.2.1 按热力学相容性分类

（1）均相聚合物合金 由不同聚合物组成的多组分体系，若两种或多种聚合物之间是热力学相容，形成分子级水平的互溶体系，此种共混体系称为均相聚合物合金或相容聚合物合金。例如：PS/PPO、PVC/PCL（聚己内酯）以及 PVC 和一系列聚丙烯酸酯形成的共混体系，都是均相聚合物合金。这类聚合物合金的一个重要特征是合金化的结果使一些重要性质趋于平均化，即共混物的主要性能介于原两种均聚物性能之间。

（2）非均相聚合物合金 若聚合物合金中组分间是分相的，存在两相结构，这种共混体系称为非均相聚合物合金或不相容聚合物合金，大多数聚合物合金都是这种类型。例如含有聚苯乙烯和聚丁二烯的 HIPS 就是这类合金的典型代表。体系由塑料相和橡胶相构成，塑料为主要成分，形成连续相，又称基体；橡胶构成分散相，以胶粒形式分布于基质之中，又称为微区。这类共混物因为以塑料为基体，基本保留塑料强而硬的特点。同时，由于橡胶粒子的存在，使共混物表现出很好的韧性。又比如，热塑性弹性体 SBS 也是典型的非均相聚合物合金，它是以橡胶相聚丁二烯（PB）为连续相，PS 为分散相，体系保持了橡胶相软而富有弹性的特点，而 PS 分散相起到增强和物理交联的作用。因此，非均相结构的聚合物合金可使两种聚合物的特性实现最有利的结合。

1.2.2 按聚合物合金的组成分类

（1）橡胶增韧塑料 橡胶增韧塑料都是以塑料为基体、橡胶为分散相组成的两相结构体系，橡胶相对塑料相起增韧作用。除了上面提到的 HIPS 外，聚丙烯中加入少量乙丙橡胶、PVC 中加入少量氯化聚乙烯（CPE）等共混体系都是这种类型。

（2）塑料增强橡胶 以塑料为分散相、橡胶为连续相组成的两相结构体系，体系保持橡胶软而富有弹性的特点，塑料对橡胶起增强作用。典型代表为 SBS 热塑性弹性体，其化学组成与 HIPS 基本相同，但它们的相态结构不同。SBS 是以 PB 为基体，以 PS 为分散相。塑料相 PS 的存在使材料强度提高，并起物理交联作用。此外，一般橡胶中也可加入塑料进行增强。例如，乙丙橡胶（EPR）中加入少量 PP，顺丁橡胶（BR）中加入少量 PE。

（3）橡胶与橡胶或塑料与塑料共混 由不同橡胶或塑料组成的共混体系，若是热力学不相容的，则往往是含量高的组分构成连续相，含量低的组分为分散相，共混的目的主要是为了改善聚合物某些性能的不足。例如：顺丁橡胶具有优良的低温柔性，弹性好，耐磨性好，但其强度低，防滑性差，加入少量天然橡胶（NR）或 SBR，其缺点可得到改善。又如：PC 中加入少量 PE，不仅使 PC 的冲击强度显著提高，而且改善了加工性能。生物降解性合金聚乳酸/对苯二甲酸己二酸-1,4-丁二醇三元共聚酯（Ecoflex®）（PLA/PBAT），PLA 质脆、韧性和抗冲击性差，而 Ecoflex® 是由 BASF 公司研发的对苯二甲酸己二酸-1,4-丁二醇三元共聚酯，也是一种可完全生物降解的材料，并兼具了 PBA 链段的柔顺性及 PBT 链段的耐热性和冲击性，因此将 PBAT 与聚乳酸共混改性可以有效提高聚乳酸的冲击性能[3]。

（4）有机-无机杂化的多元聚合物合金 近年来，无机纳米颗粒被应用到聚合物合金来增加聚合物之间的相容性，从而达到提高合金性能的目的。

如有机化蒙脱土（OMMT）被用来改善 PP 与 PEO 相容性，使 PEO 相粒径得到细化。加入 OMMT 能降低 PP/PEO 两相界面张力，对两相起到乳化的作用[4]。经马来酸酐接枝改性聚丙烯（PP-g-MAH）处理的有机蒙脱土加入到聚合物合金 PP/PS 后，有机蒙脱土分散在 PP 基体和 PP/PS 的界面处，使分散相 PS 的粒径显著降低，并且显著提高了相的稳定性以及合金的拉伸模量[5]。玻璃微珠（GB）也可以用来改善 PP/SAN 合金的性能，试样断面的扫描电镜（SEM）结果表明，GB 与 SAN 的亲和力更强，GB 选择性分布在分散相 SAN 中。流变测试结果表明，GB 的含量和分布极大地影响着复合材料的流变行为。低含量时（小于 15phr），GB 的加入对共混体系的流变行为基本无影响，当加入 GB 量超过一定值（15phr）时，体系的复数黏度和动态储能模量才有明显的升高。GB 的表面处理改善了 GB 的分散性，没有改变选择性分布，增加了与聚合物之间的作用力，提高了共混体系的动态储能模量和复数黏度[6]。

在橡胶的改性体系中，纳米颗粒也得到了很好的应用，如纳米二氧化硅（SiO_2）填充天然橡胶（NR）/聚丙烯（PP）/热塑性弹性体，结果表明，当纳米 SiO_2 的填充量较低（<

3phr），SiO$_2$ 主要分散在 PP 基体相中时，其对热塑性弹性体的补强作用明显；随着纳米 SiO$_2$ 的填充量的增加（≥3phr）时，SiO$_2$ 趋向于分散在 NR 相中[7]。TiO$_2$ 纳米颗粒对硫化天然橡胶（NR）与乙烯-丙烯-二烯烃（EPDM）共混物的相态结构及性能也有较大的影响。透射电镜（TEM）和 X 射线衍射（XRD）研究结果表明，纳米 TiO$_2$ 集中分散在 NR 相中，EPDM 相中的 TiO$_2$ 纳米颗粒似乎引发了橡胶相的结晶，动态力学性能（DMA）和拉伸性能的结果表明，TiO$_2$ 纳米颗粒阻碍了橡胶的硫化过程，机械性能受硫化和 EPDM 相的结晶的综合影响。热重分析（TGA）的数据表明，TiO$_2$ 纳米颗粒提高了共混体系的耐热性[8]。

1.2.3　按组分间有无化学键分类

按聚合物合金的组分有无化学键，可分成两大类。一类是不同聚合物之间无化学键存在的物理共混，一类是不同聚合物分子链（链段）间存在化学键的化学共混。

（1）机械共混　将不同种类的聚合物置于混合设备中，借助于溶剂或热量的作用进行物理混合的方法称为机械共混或物理共混，共混过程使聚合物间实现最大程度的分散，形成稳定的体系。机械共混的方法主要有熔融共混、溶液共混、乳液共混，其中以熔融共混使用最普遍。

（2）互穿网络聚合物　互穿网络聚合物（interpenetrating polymer networks，IPN）是指两种或两种以上交联聚合物互相贯穿、缠结形成的聚合物共混体系，其中至少有一种聚合物是在另一种聚合物存在下进行合成或交联的。它是高分子合金中一个新的品种，但工业化的产品尚不多。

制备 IPN 主要有三种方法：分步法、同步法和乳液法。所谓分步法，是先将单体 A 聚合形成具有一定交联度的聚合物 A，然后将它置于单体 B 中充分溶胀，并加入单体 B 的引发剂、交联剂等，在适当的工艺条件下，使单体 B 聚合形成交联聚合物网络 B。由于单体 B 均匀分布于聚合物网络 A，聚合物网络 B 形成的同时，必然会与聚合物 A 有一定程度互穿。尽管两种聚合物分子链间无化学键形成，但它是一种永久的物理缠结。同步法较前者简便，它是将单体 A 和单体 B 同时加入反应器中，在两种单体的催化剂、引发剂、交联剂的存在下，进行高速搅拌并加热升温，使两种单体按各自的聚合机理进行聚合，形成交联互穿网络。用这种方法制备 IPN，工艺上比较方便，但前提是两种聚合反应必须互不干扰，而且具有大致相同的聚合温度和聚合速率。例如环氧树脂/聚丙烯酸正丁酯 IPN 体系，环氧树脂是按逐步聚合反

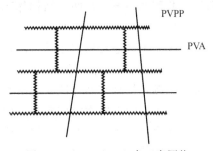

图 1-1　PVPP/PVA 半互穿网络

应机理进行，而聚丙烯酸正丁酯是按自由基加聚反应机理进行，两者互不影响，在 130℃ 左右，它们可分别进行聚合、交联，最终形成 IPN 体系。图 1-1 是采用 N,N'-亚甲基双丙烯酰胺（BIS）与 N-乙烯基吡咯烷酮（NVP）共聚合成交联网状结构且能在水溶液中成型的交联 PVP 聚合物（PVPP），加入线型的 PVA，与其形成互穿交联结构 PVPP/PVA[9]。

上面两种方法形成的 IPN，成型加工比较困难，需在聚合过程进行到一定程度，物料尚具有流动性时，迅速转移到成型模具中，置于高温下进一步固化成型。乳液法制备 IPN 可克服此缺点，它是先将聚合物 A 形成"种子"胶粒，然后将单体 B 及其引发剂、交联剂等加入其中，而无需加入乳化剂，使单体 B 在聚合物 A 所构成的种子胶粒的表面进行聚合和

交联。因此，乳液法制成的互穿网络聚合物（LIPN），其网络交联和互穿仅局限于胶粒范围，受热后仍具有较好的流动性。朱国全、胡婉莹[10]采用乳液聚合合成的聚丙烯酸丁酯（PBA）/聚甲基丙烯酸甲酯（PMMA）乳胶型互穿网络聚合物（LIPN），其乳胶粒子分布均匀，属于核/壳结构，其乳胶膜具有较好的强度和柔韧性。

（3）接枝共聚物　接枝共聚物是反应性共混物中最早实现工业化生产和应用的一个大类。接枝共聚方法有多种，如主干接枝法，即用各种方法在聚合物主链上产生可引发第二单体的活性中心，并进而形成支链，HIPS、ABS 等就是用这种方法制备的；接入主干法，即主链上分布的活动官能团和另一种末端带有可反应基团的聚合物发生偶联反应，形成支链高分子，马来酸酐化的 EPDM 和尼龙的反应性共混物（超韧尼龙合金）就属于这一类；大分子单体法，即一种链端带有可聚合官能团的线型大分子参加小分子单体进行的聚合反应，形成接枝共聚物，这类接枝共聚物的特点是支链（由阴离子法聚合）的链长是均一的，但分布是无规的。这是近年来受到广泛注意的制备接枝共聚物的新方法。

接枝共聚制取的聚合物合金性能优于机械共混物。工业生产中所得的一般不是纯的接枝共聚物，而是伴随有未接枝的均聚物生成。例如 ABS 树脂，一般称它是丁二烯-丙烯腈-苯乙烯的三元共聚物，实际上是多组分共聚物和均聚物的共混体系，其聚合过程形成的产物包括苯乙烯-丙烯腈共聚物（SAN）、聚丁二烯主链上接枝 SAN 的共聚物以及均聚物聚丁二烯。因此，准确地说，ABS 这类接枝共聚物是一种共聚-共混物。这种共混体系由于部分接枝共聚物的存在，使聚合物组分之间的相容性变得更好，相界面的黏结力提高，因而接枝共聚的 HIPS、ABS 分散相尺寸较小，冲击强度都大大高于机械共混的对应产物。

（4）嵌段共聚物　嵌段共聚物是反应性共混物的另一种类型，有二嵌段、三嵌段和多嵌段之分。二嵌段、三嵌段共聚物通常用阴离子聚合法制得，由于聚合过程没有链转移和链终止反应，所以聚合物的分子量分布均一，结构规整，特别适用于进行理论研究。但是，能适用于阴离子聚合的单体有限，许多烯烃单体不能用此法制得均匀规整的聚合物。嵌段共聚物和接枝共聚物一样，是两相结构体系。

例如，在一个嵌段共聚物中有多个 A 嵌段和 B 嵌段存在，称多嵌段共聚物。这种共聚物的嵌段分子量通常只有几千，两种嵌段的性质往往截然不同，最常见的是一种嵌段处于高弹态（软段），另一种嵌段处于玻璃态或结晶态（硬段）。通常调节 A 嵌段和 B 嵌段的相对长短，可得到从具有高弹性的皮革物直至塑料的各种不同物理性能的产物。虽然所得产物不如阴离子聚合的嵌段物结构规整，但仍有相当大的实际使用价值，各种聚氨酯产品就是这种类型的共聚物，近年来发展很快，应用范围很广。

反应性共混物中还有一类交联型共聚物，聚合物 A 接到两个聚合物 B 的分子上，形成交联型共混体系，环氧树脂与聚酰胺反应的固化产物就属于此种类型。

1.3　聚合物间的相容性

1.3.1　基本概念

1.3.1.1　热力学相容性

相容性这个词目前在聚合物合金的有关著作、文献中使用还比较混乱，概念不尽相同。本章所讨论的相容性（miscibility）是指聚合物之间热力学上的相互溶解性，也称溶混性。"相容"是指两种聚合物在分子（链段）水平上互溶形成均一的相。更明确地说，是两种高分子以链段为分散单元相互混合。

聚合物之间究竟达到什么程度上的混合才算是热力学相容？当前一个突出问题是相容性的实验判据不够明确。现在普遍采用测定玻璃化转变温度（T_g）的方法来判别相容性，若测得共混物有两个 T_g，认定共混物是不相容体系；但如果只测得一个 T_g，是否真正相容，这就涉及聚合物之间相容性的判别标准。如果用小分子溶解性的标准来衡量，聚合物间应达到链节水平的随意混合才能称真正的互溶，因为链节与小分子尺寸相当。实际上，通常把聚合物之间在链段级上的混合就称为相容，即混合单元是链段。只要测定的精确度达到和链段尺寸相当，该方法就可用来判别聚合物间的相容性。用玻璃化转变温度法测定相容性，正是基于这个认识。因此，从事工程技术方面的人认为，共混体系中微区尺寸小于 $10 \sim 15\mathrm{nm}$（相当于链段的尺寸）就认为是相容体系。但对从事基础理论研究的来说，这样的相容"尺度"似乎还嫌太大。随着近代测试技术的发展，现在已能测出 $2 \sim 4\mathrm{nm}$ 分散相微区的存在。因此，相容性判据的真正解决，还有待实验技术的进一步发展，至今尚无明确的判别标准。有时对同一个共混体系的相容性用不同的测定方法会有不同的结论，这就不足为奇了。

1.3.1.2　工艺相容性或力学相容性

两种聚合物共混从热力学相容到宏观上两者完全分离、析出，这之间还有着相容程度的概念。并不像低分子溶质溶剂混合那么简单明确，要么溶解，要么不溶解。很多具有两相结构的聚合物共混物，它们是热力学不相容体系，但又不是两种聚合物完全分离的体系，而是一种聚合物以微区形式均匀分散于另一种聚合物的基体中，这样的共混物在两相界面存在着过渡层（两种聚合物分子共存）。也可以说，在过渡层的小范围内两种分子是相容的，而整个共混物又是分相的，所以也把这类共混物说成具有一定程度的相容。大部分聚合物合金都是这种具有一定程度相容的共混体系，它们在动力学上是相对稳定的，在使用过程中不会发生剥离现象，我们把这种意义上的相容性（compatibility）称为工艺相容性。它着重从工艺的角度评价两种聚合物的可混程度、均匀分散性和宏观稳定性。一般情况下，符合工艺相容性要求的共混体系，其力学性能都较原聚合物有所改进。此外，也有以共混物力学性能改进的程度来评价相容性，把共混后力学性能获得明显改进的体系，称为力学相容体系。

还应指出，不能把强化共混操作或延长共混时间，看作是改变聚合物之间相容性的方法，这些措施只是满足两种聚合物充分混合的条件，而不可能使不相容体系转变成相容体系。例如 PS 和 PMMA 进行熔融共混，不管混炼时间多长，共混的强度多大，其产物总是不相容的共混物。而 PS 和 PPO 共混，即使所用混合器转速再慢，共混后存放时间再长，最终产物仍是均相聚合物合金，因为相容性是由聚合物的热力学性质决定的。

1.3.2　相容性的热力学基础

两种聚合物共混能否相容，是由它们的热力学性质所决定的。要使两种聚合物相容，共混体系的混合自由能（ΔG_M）必须满足下列条件：

$$\Delta G_M = \Delta H_M - T\Delta S_M < 0 \tag{1-1}$$

式中，ΔH_M 和 ΔS_M 分别为摩尔混合热和混合熵；T 为热力学温度。对于聚合物合金体系，若两种聚合物分子之间没有特殊的相互作用（如形成氢键），混合过程 $\Delta H_M > 0$，即混合时吸热。由式（1-1）可知，正的混合热不利于两者相容。混合过程虽然熵是增加的，但由于高分子和高分子混合熵的增加很有限，一个由 x 个链节组成的高分子比 x 个小分子对体系熵的贡献要小得多。因此，熵项不足以克服热项对 ΔG_M 的贡献，即大多情况下不能满足式（1-1）的条件，所以，多数聚合物合金是不相容体系。

Scott 以 Flory 的高分子溶液理论为基础，对简单的二元共混体系进行了定量描述。由 Flory 格子模型理论导出的高分子溶液混合自由能表达式为：

$$\Delta G_{\mathrm{M}}=RT(n_1\ln\phi_1+n_2\ln\phi_2+\chi_1 n_1\phi_2) \tag{1-2}$$

式中，脚标 1 表示溶剂，2 表示聚合物；n 为物质的量；ϕ 为体积分数；χ_1 为高分子-溶剂相互作用参数。式中前两项是熵项，最后一项是热项。由于 ϕ 是小于 1 的数，熵项是负值，有利于两种聚合物相容，而热项对 ΔG_{M} 的贡献主要取决于 χ_1 值，其值越大，越不利于相容。

Scott 把上述 Flory 关于高分子-溶剂体系间的关系式进一步发展到聚合物-聚合物体系。在此情况下，聚合物 A 和聚合物 B 混合，其混合自由能应为：

$$\Delta G_{\mathrm{M}}=RT(n_{\mathrm{A}}\ln\phi_{\mathrm{A}}+n_{\mathrm{B}}\ln\phi_{\mathrm{B}}+\chi_{\mathrm{AB}}n_{\mathrm{A}}x_{\mathrm{A}}\phi_{\mathrm{B}}) \tag{1-3}$$

式中，χ_{AB} 为聚合物-聚合物相互作用参数；χ_{A} 可近似看作高分子 A 的链节数。设高分子链节的摩尔体积 V_{R}（参比体积），体系的总体积为 V，则：

$$n_{\mathrm{A}}=V\phi_{\mathrm{A}}/(V_{\mathrm{R}}x_{\mathrm{A}})$$

$$n_{\mathrm{B}}=V\phi_{\mathrm{B}}/(V_{\mathrm{R}}x_{\mathrm{B}}) \tag{1-4}$$

式中，x_{B} 看作为高分子 B 的链节数，将式（1-4）代入式（1-3），整理后得 Scott 方程：

$$\Delta G_{\mathrm{M}}=\dfrac{RTV}{V_{\mathrm{R}}\left[\left(\dfrac{\phi_{\mathrm{A}}}{x_{\mathrm{A}}}\right)\ln\phi_{\mathrm{A}}+\left(\dfrac{\phi_{\mathrm{B}}}{x_{\mathrm{B}}}\right)\ln\phi_{\mathrm{B}}+\chi_{\mathrm{AB}}\phi_{\mathrm{A}}\phi_{\mathrm{B}}\right]} \tag{1-5}$$

由上式可知，聚合物 A 和 B 能否相容，取决于熵项和热项值的相对大小，对于熵项，x_{A}、x_{B} 愈大，其绝对值愈小，即分子量愈大，愈不利于相容；对于热项，χ_{AB} 愈大愈不利于相容。该式还表明，当聚合物分子量很高时，体系的自由能主要由混合热决定。这就是说，对聚合物合金体系，混合热对体系的相容性起着更主要的作用。

既然 χ_{AB} 是决定热项的关键，不同的 χ_{AB} 值就会显示不同的相容性。由式（1-5）所决定的 ΔG_{M}-组成曲线的形状也随之改变。图 1-2 是在 $x_{\mathrm{A}}=x_{\mathrm{B}}=100$ 时，所得 ΔG_{M}-组成曲线，当 χ_{AB} 值很小（如等于 0.01）时，ΔG_{M} 值在整个组成范围内都小于零，曲线（1）呈现一极小值。此时，体系在整个组成范围内都是均一的相。我们把这种以任意组成混合都形成均相的体系，称为完全相容体系；当 χ_{AB} 值较大（如等于 0.1）时，在整个组成范围内 ΔG_{M} 都大于零，曲线（2）呈现一极大值。此时，任何组成下共混物的自由能均高于纯组分 A 或 B 的自由能，这种情况下体系是不稳定的，必然发生相分离；当 χ_{AB} 取上述两者之间的某值（如等于 0.03），情况更复杂。如图 1-2 中的（3）所示，虽然在整个组成范围内 ΔG_{M} 均小于零，但此时曲线有两个极小值（其对应的组成为 ϕ_{B}' 和 ϕ_{B}''），当体系的总组成 $\phi_{\mathrm{B}}>\phi_{\mathrm{B}}''$，或 $\varphi_{\mathrm{B}}<\phi_{\mathrm{B}}'$ 时，体系是均相；当总组成处于 ϕ_{B}' 和 ϕ_{B}'' 之间时，体系将分离成 ϕ_{B}' 和

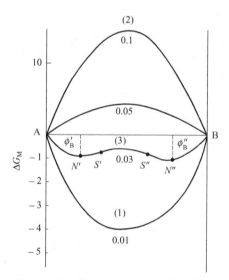

图 1-2　χ_{AB} 值对 ΔG_{M}-组成曲线的影响

（1）$\chi_{\mathrm{AB}}=0.01$；（2）$\chi_{\mathrm{AB}}=0.1$；

（3）$\chi_{\mathrm{AB}}=0.03$，$\chi_{\mathrm{A}}=\chi_{\mathrm{B}}=100$

ϕ_B'' 两相。因为体系相分离后，可形成自由能更小的两个稳定的相。换句话说，在体系的自由能-组成曲线上出现两个极小值的情况下，不再是整个组成范围内都是均相。我们把在某一组成范围内分离为两相，在这个范围以外仍保持均相的体系称为部分相容体系。

1.3.3　共混体系的相图

对部分相容的共混物体系，可以用相图来考察两种聚合物之间相容的行为。对不同的聚合物对，其温度组成曲线的形状不同。如图 1-3 所示，图 1-3（a）曲线向上凸，当温度高于点 C，体系是均相；低于点 C 发生分相，点 C 称最高临界互溶温度（upper critical solution temperature），通常用 UCST 表示。图 1-3（b）曲线向下凹，点 C 是相分离的下限，该点的温度称最低临界互溶温度（lower critical solution temperature），通常用 LCST 表示。两种类型相图，温度对相容性有着完全相反的影响，这主要是由于温度对聚合物相互作用参数（χ_{AB}）存在不同影响所造成的结果。多数低分子量液体混合物是 UCST，即升高体系的温度有利于互溶。有些共混物体系，如 NR/SBR、聚异丁烯/聚二甲基硅氧烷（PIB/PDMS）、PS/PI、等规聚甲基丙烯酸甲酯/聚乙二醇（i-PMMA/PEG）等也是 UCST。但是聚合物共混体系中，较多的是 LCST，如 PMMA/SAN、聚己内酯（PCL）/SAN、PS/聚乙烯甲基醚（PVME）等。随着分子量的增大，共混物的 UCST 移向高温，而 LCST 移向低温。

此外，还有一些体系的相图兼有 UCST 和 LCST，即体系在低温区和高温区都可能分相，只有处于 UCST 和 LCST 之间的温度才是均相的（见图 1-4）。

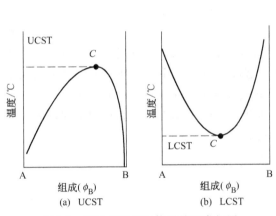

图 1-3　部分相容共混体系的两类相图

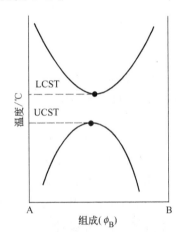

图 1-4　UCST 和 LCST 共存体系的相图

测定共混物体系的相图可采用光散射法和浊点法。光散射法主要是通过测定散射光强随温度的变化来确定相的转变点。但此法要求聚合物组分间应有较大的折射率差，同时分相时产生的粒子应足够大。浊点法测定相图较简便，其基本原理是：稳定的均相体系是透明的，非均相共混物除非各组分聚合物的折射率相同，一般都是浑浊的。通过改变温度、压力、组成可使体系由透明向浑浊转变，浊点就是相的转点，即相分离的起始点。改变共混物的组成比，重复实验，便可得到一系列不同组成的浊点，连接这些点就得浊点曲线。图 1-5、图 1-6 分别是 PI/PS、i-PMMA/PEG 体系的浊点曲线，它们具有 UCST，图 1-7 为 PC/PCL 体系的浊点曲线，它们具有 LCST。

以上描述的相图都是二元相图，当体系内存在三种或多种组成成分时，需用多元相图来表征体系的相的组成，图 1-8 是一典型的线型 ABC 三嵌段高分子微相分离机理随组成变化

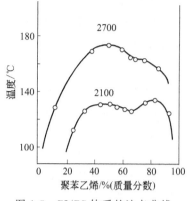

图 1-5　PI/PS 体系的浊点曲线

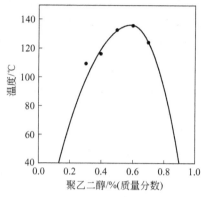

图 1-6　*i*-PMMA/PEG 体系的浊点曲线[11]

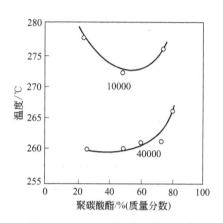

图 1-7　PC/PCL 体系的浊点曲线

的相图[12]。在相图的两边 (AB 和 BC)，由于其中的一个组分 (f_A 或 $f_C \leqslant 0.1$) 很少，平衡态时只形成两相结构，平均组成少的那个嵌段分散在中间嵌段 B 的基体中。而在靠近 AC 边上，平均组分较少的中间嵌段形成珠状相分散在两个含量相对较多的相的分界面上，形成了含有三种相区的微相结构。由于中间嵌段 B 的两端分别连接着 A 和 C 嵌段，这种拓扑连接结构迫使 B 嵌段在 A、C 相分离时也立即单独分相出来，因此微相分离机理是一步的 $M_{E/M/E'}$ 机理。在靠近两个角 (A 和 C) 时，三嵌段高分子中的一个末端 (A 或 C 嵌段) 成为体系的主要组分，其他的两个组分 (中间嵌段和另一个末端嵌段) 占少数，它们的微

相分离机理为两步的 $M_{E/ME'}$ 或 $M_{E'/ME}$，即占主要组分的末端嵌段先和另两个嵌段发生微相分离，然后才是两个次要组分之间发生微相分离。由于中间 B 嵌段和两个末端嵌段 (A 和 C) 之间有较大的相互作用能，在相图的中心区域，随着 B 组分在体系中所占组分数的逐渐上升，三嵌段高分子的微相分离机理为 $M_{M/EE'}$。

1.3.4　相分离的临界条件

由图 1-2 可知，$\Delta G_M < 0$ 并不一定完全相容，完全相容的体系，自由能组成曲线只能有一个极小值，曲线向下凹。在数学上完全相容需同时满足以下两个条件：

必要条件：
$$\Delta G_M < 0$$

充分条件：
$$\partial^2 \Delta G_M / \partial \phi_B^2 > 0 \tag{1-6}$$

只满足必要条件是部分相容。

图 1-9 是部分相容体系的 ΔG_M-ϕ_B 曲线及其相图，曲线上的两个极小值称为双节点 (binode)。当温度为 T_1 时，其对应的双节点组成为 ϕ_1' 和 ϕ_1''；温度为 T_2 时，双节点组成变成 ϕ_2' 和 ϕ_2''。在温度-ϕ_B 图上可得不同温度下的双节点 N_1'，N_1''，N_2'，N_2''，…。把这些点连接起来形成双节线 (binodal)。部分相容体系的 ΔG_M-ϕ_B 曲线上，除了有双节点外，还有两个拐点 S'、S''，拐点通常又称旋节点 (spinode)，改变温度，旋节点的组成 ϕ_s'、ϕ_s'' 也随之变化，把这些不同温度下的旋节点连接起来，就形成旋节线 (spinodal) [图 1-9 (b) 中 U 字形虚

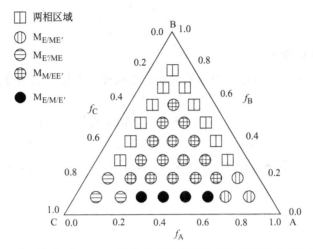

图 1-8　典型的线型 ABC 三嵌段高分子微相分离机理随组成变化的相图

线]。在双节线之外体系是均相，在双节线之内体系要分相。双节线又称亚稳线，旋节线又称不稳线。

随着温度改变双节点和旋节点有可能汇合于一点，此点称为临界点（C），处于临界点时的温度称临界互溶温度（T_c），这时体系的组成称临界组成。相分离的临界条件就是双节点和旋节点汇合时的条件，在数学上必须同时满足两个条件，即：

$$\partial^2 \Delta G_M / \partial \phi_B^2 = \partial \Delta \mu_A / \partial \phi_B = 0$$

$$\partial^3 \Delta G_M / \partial \phi_B^3 = \partial^2 \Delta \mu_A / \partial \phi_B^2 = 0 \tag{1-7}$$

对式（1-5）求二阶导数、三阶导数，并代入式（1-7）解得：

$$\chi_C = \frac{1}{2}\left(\frac{1}{x_A^{1/2}} + \frac{1}{x_B^{1/2}}\right)^2 \tag{1-8}$$

式中，脚标 C 表示临界值；χ_C 为聚合物-聚合物临界相互作用参数，常用作聚合物共混体系的相容性判据。若某共混物的 $\chi_{AB} < \chi_C$，则该体系是相容的；若 $\chi_{AB} > \chi_C$，体系为不相容。由式（1-8）可知，χ_C 仅决定于体系中两种聚合物的分子量，而与聚合物的性质无关。分子量越小，χ_C 值越大，越有利于相容。当 $x_A = x_B$ 时，式（1-8）可简化为：

$$\chi_C = 2/x \tag{1-9}$$

设 $x_A = x_B = 100$，$\chi_C = 0.02$，这个临界值是很苛刻的，多数的聚合物对，χ_{AB} 都高于此值。因此，大多数聚合物都不能形成均相体系。对给定的共混体系，在一定的温度下，χ_{AB} 是常数。利用式（1-9），我们可以得到该体系由均相过渡到非均相的临界分子量，其临界链节数为：

$$x_c = 2/\chi_{AB} \tag{1-10}$$

这就是说 A、B 聚合度若大于 x_c，体系为非均相；小于 x_c 为均相。

此外，由相分离的临界条件还可导出相分离时聚合物的临界组成（ϕ_C）和分子量的关系：

$$(\phi_A)_C = \frac{x_B^{1/2}}{x_A^{1/2} + x_B^{1/2}}$$

$$(\phi_B)_C = \frac{x_A^{1/2}}{x_A^{1/2} + x_B^{1/2}} \qquad (1\text{-}11)$$

1.3.5　两种相分离机理

部分相容体系发生相分离存在两种不同的分相机理，即旋节线相分离机理及成核和生长型机理。

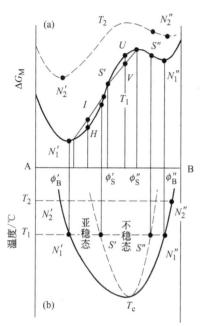

图 1-9　聚合物共混体系的
自由能-组成曲线（a）及相
应的双节线和旋节线（b）

1.3.5.1　旋节线相分离机理

当体系的组成在相图［图 1-9（b）］上旋节线之内范围，在两拐点之间曲线的曲率是负的，$\partial^2 \Delta G_M / \partial \phi_B^2 < 0$，是不稳定状态，可自动发生相分离。该范围间曲线上的任一点 U 发生相分离，其分相后的两相组成必在 U 的两侧，此时体系的总自由能是下降的，即 $\Delta G_M^{(U)} > \Delta G_M^{(V)}$，因此相分离可自发进行，称为旋节线相分离机理。

旋节线机理的相分离过程不存在能量位垒，只要发生极微小的浓度涨落，分相就能迅速自发进行。图 1-10 是旋节线相分离机理示意图。图中的 ϕ_B 是相分离前给定体系的浓度，ϕ_B' 和 ϕ_B'' 是相分离后两相的浓度，当体系中某部位的组分浓度有微小升高，周围的同组分的分子就自发从低浓度区向高浓度区的分子簇扩散聚集，形成反向扩散。反向扩散之所以能自发进行，因为扩散的结果使体系自由能下降。由于扩散是连续进行的，两相的组成也是逐步变化的。最终接近双节线所要求的两相平衡浓度 ϕ_B' 和 ϕ_B''。这种相分离机理的另一个特点是，一旦建立起波动的浓度场，体系的两相结构就某本固定，随着时间的延长，分散相中 B 的成分逐步增多［见图 1-10（b）］。同时由于分相是在体系中各处同时进行的，因而导致分散相会相互交叠形成交错网络结构。

1.3.5.2　成核和生长机理

当体系处于旋节线和双节线之间的范围时，是亚稳态，不会自发地分相，因为在 $N'S'$、$N''S''$ 这两个范围内，曲率是正值，即 $\partial^2 \Delta G_M / \partial \phi_B^2 > 0$。这段曲线上任意一点 H，若发生相分离，相分离后的总自由能将升高，即 $\Delta G_M^{(I)} > \Delta G_M^{(H)}$，因此，这种情况下体系不能自发地发生相离，需要外界轻微的活化，造成体系浓度有较大的涨落，使其先形成分散相的"坯核"，在此基础上再逐步长大，最终形成两相体系，此称为成核和生长型机理。因为在活化的条件下体系直接形成分散相坯核，这时体系总自由能仍是降低的。

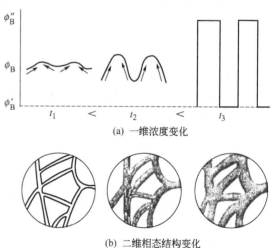

(a) 一维浓度变化

(b) 二维相态结构变化

图 1-10　旋节线相分离机理示意图

　　在亚稳区范围内，浓度微小的涨落不会导致相分离，只有体系被活化具有了克服形成"坯核"位垒的活化能，才能实现相分离。"活化"可以是杂质、震动或过冷等作用的结果。一旦获得活化，浓度就发生突跃性变化，一开始就形成浓度为 ϕ'_B 和 ϕ''_B 的两相（即双节线上的两点），如图 1-11 所示。随着时间的延长，坯核逐渐长大。核长大过程中，核的聚合物浓度为 ϕ''_B，和"核"邻近的连续相浓度为 ϕ'_B，而和核相距稍远的连续相基体组成仍是 ϕ_B。这样，体系中就形成以聚合物 B 为主体的分子流向核周围的低浓度 (ϕ'_B) 区扩散，

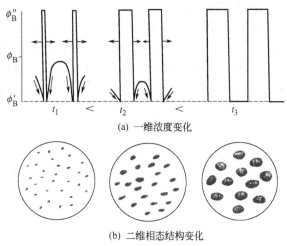

(a) 一维浓度变化

(b) 二维相态结构变化

图 1-11　成核和生长相分离机理示意图

这是正常的顺浓度梯度的扩散（扩散系数为正值）。随后这些分子自发在核上聚集，使核不断长大，这个过程一直进行到两相的量符合杠杆原理所要求的平衡状态。整个过程两相的浓度始终不变，变化的只是两相的相对量。和旋节线相分离机理不同，核的形成和生长过程比较缓慢，随着时间的延长，两相的界面不断移动，分散相尺寸逐渐增大。微区尺寸和微区的间距取决于高分子的扩散速率和时间，扩散速率大，核生长快。通常扩散速率随温度升高而增大，而成核速率随温度升高而降低。它类似于聚合物结晶的情况，在某一合适的温度下可使分散相微区的生长速率最大。分散相尺寸初期主要依靠自身长大，后期还可通过小的微区凝聚变成大的微区。同时随着分散相尺寸长大，分散相微区之间的距离逐步增大，最终两相之间形成具有比较清晰的界面，而旋节线相分离的界面比较模糊。从提高界面强度考虑，形成模糊的界面有利。

　　两种相分离机理，如果能使体系最终达到平衡状态，两种相分离的结果应该没有本质的区别。但是实际上由于聚合物合金体系的黏度很高，动力学的因素很难使体系达到真正的平衡状态，因此，两种相分离机理往往导致形成不同的微区形态 [见图 1-10 (b)、图 1-11 (b)]。

1.4　相容性的预测及测定方法

1.4.1　相容性的预测

1.4.1.1　混合焓变原则

　　将两种聚合物混合时，形成相容体系的热力学条件是：$\Delta G_M = \Delta H_M - T\Delta S_M < 0$，式中 ΔG_M 为混合自由能；ΔH_M、ΔS_M 分别为混合焓、混合熵。由于聚合物混合时 ΔS_M 变化很小，因此可用 ΔH_M 来判断共混体系的相容性。Schneier 将适用于不同液体溶胀硫化橡胶的热焓变化公式应用于聚合物共混体系，推导出了两组分共混聚合物的混合焓计算公式：

$$\Delta H_M = \left\{ x_1 M_1 \rho_1 (\delta_1 - \delta_2)^2 \left[\frac{x_2}{(1-x_1)M_1\rho_1 + (1-x_2)M_2\rho_2} \right]^2 \right\}^{1/2} \tag{1-12}$$

　　式中，x_1、x_2、ρ_1、ρ_2、M_1、M_2 分别为两组分的摩尔分数、密度和单体单元分子量；

δ_1、δ_2 分别为两组分的溶度参数。

根据经验值，ΔH_M 的临界值为 $0.0419\mathrm{J/mol}$。以 ΔH_M 对聚合物合金体系的不同配比作图，当 ΔH_M 均小于此临界值时，为完全相容体系；当 ΔH_M 均大于此临界值时，为完全不相容体系；当体系 ΔH_M 与临界值相交时，为部分相容体系。刘伯林等[13]根据式（1-12）计算了当聚对苯二甲酸乙二酯（PET）的质量分数为 2%、4%、6%、8% 时，PET/聚乙二醇（PEG）共混体系的 ΔH_M 值均大于 $0.0419\mathrm{J/mol}$，从而推算该体系为热力学不相容体系。朱思君[14]采用相同的方法预测了聚醚砜（PESU）/酚酞基聚醚砜（PESU-C）体系的相容性。研究发现，当以 PESU 为组分 1phr 时，共混体系的 ΔH_M 与临界值相交，即 PESU/PESU-C 为部分相容体系；而以 PESU-C 为组分 1phr 时，共混体系的 ΔH_M 值均在临界值以下，即 PESU/PESU-C 为完全相容体系，所以推断 PESU/PESU-C 体系的相容性与组成有关，PESU/PESU-C 不是完全不相容体系。

1.4.1.2 溶度参数原则

上节在讨论相分离临界条件时，曾指出聚合物间的相互作用参数可作为预测聚合物间相容性的判据。但是，由于 χ_{AB} 不易直接从实验中测得，一般借助于溶度参数作为表征相容性的物理量，使临界条件的讨论更为直观、更具有实际意义。

由式（1-5）Scott 方程可得到 ΔH_M 的表达式：

$$\Delta H_M = RT\chi_{AB}\phi_A\phi_B V/V_R \tag{1-13}$$

若只考虑分子间的色散力对 ΔH_M 的贡献，对非极性共混体系，ΔH_M 与溶度参数 δ 之间的关系为：

$$\Delta H_M = V\phi_A\phi_B(\delta_A-\delta_B)^2 \tag{1-14}$$

由式（1-13）和式（1-14）可得：

$$\chi_{AB} = \frac{V_R}{RT}(\delta_A-\delta_B)^2 \tag{1-15}$$

将式（1-15）代入临界关系条件式（1-8），得：

$$(\delta_A-\delta_B)_C = \Delta\delta_C = \left(\frac{RT}{2V_R}\right)^{1/2}\left(\frac{1}{x_A^{1/2}}+\frac{1}{x_B^{1/2}}\right) \tag{1-16}$$

由于聚合物分子量 $M=xV_R\rho$（ρ 为聚合物密度），式（1-16）可改写为：

$$\Delta\delta_C = \left(\frac{\rho RT}{2}\right)^{1/2}\left(\frac{1}{M_A^{1/2}}+\frac{1}{M_B^{1/2}}\right) \tag{1-17}$$

这样 $\Delta\delta_C$ 就可作为预测聚合物共混体系相容性的判据，$|\delta_A-\delta_B|<\Delta\delta_C$，体系是均相；$|\delta_A-\delta_B|>\Delta\delta_C$，体系发生相分离。$\Delta\delta_C$ 像 χ_C 一样是判别聚合物共混体系是否相容的一个标准尺度，与具体聚合物的性质无关，主要决定于分子量，而 δ_A、δ_B 则是聚合物的性质所决定的。考虑一种特殊情况，如两种聚合物分子量相等，则式（1-17）变为：

$$\Delta\delta_C = (2\rho RT/M)^{1/2} \tag{1-18}$$

由式（1-18）可计算不同分子量的 $\Delta\delta_C$ 值（见表 1-1，计算时温度取 25℃，ρ 值取 $1\mathrm{g/cm^3}$）。

根据表 1-1 的数据，我们可对聚合物的相容性作粗略的预测。若分子量为 10^5 的两种聚合物，完全相容的条件是 $|\delta_A-\delta_B|<0.224\ (\mathrm{J/cm^3})^{1/2}$，这显然是一个苛刻的条件，绝大部分聚合物对都不符合，因而都是不相容体系。即使聚合物之间的化学结构很相似也难以满足此条件。如聚甲基丙烯酸甲酯和聚甲基丙烯酸乙酯的 δ 分别为 $18.0(\mathrm{J/cm^3})^{1/2}$ 和 18.5

$(J/cm^3)^{1/2}$，聚丁二烯（PB）和聚异戊二烯（PI）的 δ 分别为 $16.9(J/cm^3)^{1/2}$ 和 $16.5(J/cm^3)^{1/2}$。由此可见，通过化学结构的相似来寻求完全相容的共混体是很不容易的。在已知共混体系的 $|\delta_A-\delta_B|$ 时，表 1-1 中的数据还可用作预测共混物相容的分子量。例如，$|\delta_A-\delta_B|=0.69$ 时，两种聚合物的 $M<10^4$ 才完全相容。

表 1-1　$\Delta\delta_C$ 与分子量的关系

M	$\Delta\delta_C/(J/cm^3)^{1/2}$	M	$\Delta\delta_C/(J/cm^3)^{1/2}$
1000	2.22	10^5	0.224
5000	1.00	5×10^5	0.100
10000	0.69	10^6	0.069
5×10^4	0.336	5×10^6	0.031

上述简单的溶度参数理论仅适用于非极性聚合物的体系，式（1-14）仅考虑了分子间色散力对 ΔH_M 的贡献，实际上很多聚合物体系，分子间的作用力还存在极性基团间的偶极力以及氢键的作用。因此比较准确的估算，应该把这三种力都包括在内。Hansen 建议采用包括上述三种力的三维溶度参数来判别相容性。聚合物的内聚能 E 可写为：

$$E=E_d+E_p+E_h \tag{1-19}$$

式（1-19）除以摩尔体积 V 可得：

$$\delta^2=\delta_d^2+\delta_p^2+\delta_h^2 \tag{1-20}$$

式中，脚标 d、p、h 分别表示色散力、偶极力、氢键，因此混合热与溶度参数间更通用的关系式应为：

$$\Delta H_M=V\phi_A\phi_B[(\delta_{dA}-\delta_{dB})^2+(\delta_{pA}-\delta_{pB})^2+(\delta_{hA}-\delta_{hB})^2] \tag{1-21}$$

式（1-21）表明，只有两种聚合物的三种 δ 值都分别接近，聚合物对才具有完全相容性。三维溶度参数法预测相容性的准确性无疑是提高了，但是，δ_d、δ_p、δ_h 现在还不能直接从实验中测定，间接得到的资料尚不够精确，所以使用不普遍。多数情况下还是采用一维溶度参数判别相容性，使用比较方便。但用于极性共混物体系时，除了看两种聚合物的 δ 值，还需考虑它们的极性相近。

另外，两种聚合物组分的热膨胀系数、热压系数、分子量等都影响聚合物的相容性。实验结果表明，两种聚合物的热膨胀系数和热压系数相近，有利于体系相容，因为热膨胀系数 α 值相差愈大，这两种聚合物共混过程的体积变化愈大。随着温度的升高，体系中两种聚合物的自由体积相差愈大，从而导致体系的热力学性质不利于相容。研究工作证实，两种聚合物的分子量相差愈大，愈不利于相容。这一现象同样可归结于自由体积对 χ_{12} 的影响。因为 M 小，聚合物内部的自由体积大，ΔM 愈大，两者的自由体积相差愈大，愈不利于两者之间的相容，导致 LCST 进一步移向低温。

综上所述，由不同的聚合物组成多组分体系，预测聚合物间的相容性可运用以下基本原则：

① 聚合物间的相互作用参数 χ_{12} 为负值或小的正值，有利于形成相容的共混物；
② 聚合物分子量越小，且两种聚合物分子量相近，有利于两者间相容；
③ 两种聚合物的热膨胀系数相近，有利于两者相容；
④ 两种聚合物的溶度参数相近，有利于两者相容。

1.4.2　相容性的测定方法

评价聚合物之间的相容性至今尚未具有一个公认的衡量尺度。但是，这并不妨碍人们对聚合物共混体系微观相态结构的进一步研究。实际上，随着近代测试技术的发展，已经有了一些能反映几纳米尺度范围不同分子相态结构的实验方法，人们对相容性的了解正不断取得进展。

这里我们所介绍的几种测定聚合物间相容性的方法，它们所能反映的相容尺度并不具有相同水平，但各具特点。可根据研究工作的性质和要求，选用不同的测定方法。需要指出的是，在对共混体系作出相容性结论时，应根据该种方法实际所涉及的尺寸范围，作出符合实际的评估。

1.4.2.1　共溶剂法

共溶剂法是测定聚合物之间相容性的最古老而又常用的一种方法。选用能溶解共混物中两种聚合物的共同溶剂，配制成低浓度的溶液（通常共混物的组分比约为 1∶1），在一定的温度条件下放置，如果此溶液可以长期稳定、不发生分层现象，则为相容体系。反之，放置一段时间后若出现分层，则为不相容体系。这种方法最早用于清漆和涂料方面，此后对多种共混体系作了研究。影响此法实验结果的因素很多，除温度外，溶液的浓度、质量比、溶剂类型、聚合物分子量都有影响。所以这种方法表征的只是在一定聚合物浓度、溶剂种类、温度等条件下聚合物间的相容性。

在给定的温度和质量比下，每个体系都存在一个发生相分离的临界浓度，低于这个临界浓度，观察不到相分离。例如：PS/PVAc/苯体系，临界浓度为 5%，超过这个浓度后相分离的两层体积比基本不变。选择不同的溶剂对，共混物所得的相容性结果可以不同。Li 等[15]分别用 N,N'-二甲基甲酰胺（DMF）和甲醇溶液浇铸的方法制备聚丙烯酸（PAA）和聚对乙烯基苯酚（PVPh）共混物样品，DSC 测定结果显示，DMF 浇铸的共混物有单一的 T_g，是相容的；而甲醇浇铸的共混物样品有两个 T_g，是不相容的。所以共溶剂法可以鉴别相容或不相容，但不能用作测定相图。不同的溶剂对不同的聚合物亲和力不同，溶剂化作用也不同，得到不同的结果是可以理解的。

1.4.2.2　光学透明性法

两种无定形聚合物形成的共混体系，如果相容应是光学透明的，如果不相容则存在两个相区，只要两相的折射率不同，入射光将在两相间的界面处被散射而呈现浑浊或不透明。测定时只要将共混物制成薄膜置于能够控制温度的光学显微镜中观察，以透明或不透明来判别相容或不相容。

此法判别相容性要注意两个问题：一是两种聚合物的折射率相同或接近时，不相容的共混物也会表现为透明。例如，PS 和 PC 是不相容的，但其共混物却是透明的，因两者的折射率分别为 1.586 和 1.590。而光学显微镜能够辨别不透明的临界折射率差约为 0.01。另一个问题是分散相微粒的尺寸，如果分散相微区的尺寸小于入射光的波长，则会因两相界面的散射光强明显减弱，而显示透明。相区尺寸一般小于 100～200nm 就不能在光学显微镜中显示出。因此，当观察到共混物薄膜浑浊，可肯定是非均相的。但若观察的结果是透明的，尚不能肯定共混物是相容的均相体系，需再用其他方法进一步证实。

1.4.2.3　玻璃化转变温度法

聚合物合金具有一个或多个玻璃化转变温度（T_g），常被用作判别共混物是相容或不相容的依据。相容的均相体系只有一个 T_g，其值介于原两组分 T_g 之间；完全不相容的两种聚合物共混体，仍测得原聚合物的两个 T_g；具有一定程度相容或力学相容的聚合物合金，还是有两个 T_g 值，但比原聚合物更靠近些，具体数值与两种聚合物的共混比有关。说明力学相容的聚合物合金仍存在两相，一相是聚合物 1 为富相，另一相是聚合物 2 为富相。测定 T_g 的方法很多，如热分析法（主要指示差扫描量热法 DSC）、动态力学法、介电松弛法、膨胀计法等，前两种方法应用更为普遍。图 1-12 是 PPO/PS 与 PPO/聚对氯代苯乙烯（P_pCIS）的 DSC 图。图上热容 dH/dT 出现不连续变化的区域即为玻璃化转变区。图 1-12（a）只显示一个 T_g，被认为是相容的均相体系。而图 1-12（b）不论两种聚合物组分比如何变化，总能观察到两个 T_g，且接近原组分的 T_g 值，说明 PPO/P_pCIS 是两相体系，即两种聚合物不相容。

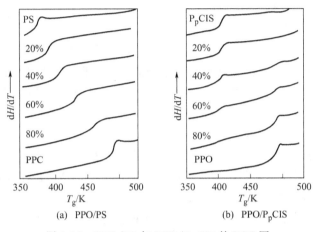

图 1-12 PPO/PS 与 PPO/P_pCIS 的 DSC 图

通过测定玻璃化转变温度来研究聚合物合金的相容性，被公认是简便而有效的方法，但是也受到某些因素的干扰，特别应注意以下几点。

（1）组成聚合物合金的两种聚合物 T_g 必须有足够的差值（ΔT_g），不同的测试技术要求的 ΔT_g 值不一致。动态力学法要求两组分 ΔT_g 值为 30℃左右。例如聚丙烯酸甲酯和聚醋酸乙烯酯，它们的 ΔT_g 值为 22℃，用扭摆法测该共混体系的 T_g，两组分的损耗峰呈现相互交叠（实际是不相容体系），很难判别存在两个 T_g，一般 $\Delta T_g < 30$℃，损耗峰就会部分交叠。这种情况下若两峰的强度相差较大，强度低的峰以肩部形状出现在强峰上面，还可以判别，若两个峰的强度接近，就无法区分。

（2）聚合物合金中一种组分聚合物含量太低，其 T_g 将测不出。含量低于 10%，DSC 法就测不出该组分的 T_g 值，动态力学法比 DSC 法的灵敏度稍高。但组分含量很低的聚合物合金，上述两种方法都不宜采用，只能用光散射法和核磁共振法来测定相容性。

（3）若聚合物合金的 UCST 或 LCST 正好处于测量 T_g 温度范围内，则 T_g 测定过程体系的相结构将发生变化，即由均相转变为多相，或者相反。这时测得的 T_g 结果不能说明在室温下共混物的相态结构，因而不能用作判别体系的相容性。

（4）某些结晶的聚合物合金，无定形区的分子运动受晶区的干扰，因而影响 T_g 的准确测定。

1.4.2.4 稀溶液黏度法

稀溶液黏度（dilute solution viscosity，DSV）法不需要复杂的仪器，操作简便，而且

可以表征 T_g 相近的聚合物合金的相容性。当聚合物合金溶解在某种共同溶剂中形成共混物溶液时，组分间的相互作用（吸引或排斥）将对溶液黏度产生影响。DSV 法就是通过溶液黏度的变化来表征聚合物之间的相容性。目前文献报道的 DSV 法的判据有[16~18]：稀溶液黏度-聚合物共混组成曲线、实验所测溶液和理想混合溶液特性黏数之差（$\Delta\eta_m$）、热力学参数（α）、修正的热力学参数（β）、实验所测溶液与理想混合溶液总黏度相互作用参数之差（Δb_m）及其修正值（$\Delta b'_m$）等。Kulezney 等[19]的研究表明，溶液的黏度可以揭示聚合物合金溶液的相容程度。在不同溶液浓度下，以黏度对聚合物的组成作图，如果呈线性关系，则表明聚合物之间达到了分子水平的完全相容；如果呈非线性关系，则为部分相容；如果呈现 S 形曲线，表明两种聚合物完全不相容。Singh 等[20]在研究中发现，PMMA/聚乙烯醇（PVA）体系的绝对黏度与组成呈线性关系；PVC/PVA 呈非线性关系；而 PMMA/PS 体系则呈现 S 形曲线，表明三种体系的相容性依次变差。

Garca 等[17]提出的 $\Delta[\eta]_m$ 判据为：定义 $\Delta[\eta]_m = [\eta]_m^{exp} - [\eta]_m^{id}$，推算出 $[\eta]_m^{id} = [\eta_1]w_1 + [\eta_2]w_2$，式中，$[\eta]_m^{exp}$、$[\eta]_m^{id}$、$[\eta_1]$ 和 $[\eta_2]$ 分别为实验所测溶液、理想混合溶液、聚合物组分溶液的特性黏度；w_1、w_2 为两聚合物组分的质量分数。将 $[\eta]_m^{id}$ 与 $[\eta]_m^{exp}$ 进行比较，若 $\Delta[\eta]_m \geqslant 0$ 时，聚合物分子间的相互作用表现为吸引，两种聚合物相容；若 $\Delta[\eta]_m < 0$ 时，聚合物分子间的相互作用表现为排斥，两种聚合物不相容。

1.4.2.5　显微镜法

当一束平行光通过被检测样品，遇到一种物点时，由于各物点对光的吸收程度不同，在显微镜视场中可见到灰度（即明暗度）不同的各物点图像，这是由于光的振幅不同所致。如果样品近乎透明，视场中就看不出明显的灰度差异。但由于各种物点对光波产生了衍射和折射，使得通过的光波因延迟而产生了偏差，其光程就有了一定的差异，即产生了"位相差"，人眼不能分辨这种位相差，相差显微镜利用光的干涉原理将位相差转换成振幅差（即明暗差的），分辨率可达 $1\mu m$。只要两相的折射率存在微小差异就可以观察到不相容体系的分离形态。电透射电镜（TEM）和扫描电镜（SEM）也可以用来观察共混体系的相态结构，如 TEM 的分辨率小于 10nm，配以适当的染色技术，可成为观察相区尺寸、形状和相界面最直观的方法。

1.4.2.6　相容性的近代测试技术

在更深的微观层次上揭示共混体系的相容性有赖于小角中子散射、脉冲核磁共振等近代测试技术。小角中子散射（SANS）是研究高分子链的构象和形态的有力工具。通过测定聚合物合金中分子链尺寸与对应纯聚合物的分子链尺寸进行对比，可对合金体系的相容性作出较为明确的判断。如将少量普通的聚 α-甲基苯乙烯（P-α-MS）分散于氘代 PMMA 中（分子量都是 2.5×10^5），然后测定该共混物对中子射线的散射强度，测定原理和一般光散射法测分子量基本相同。用 Zimm 作图法进行数据处理的结果表明，该体系中存在由 16 个分子链构成的胶束，因此可判定为不相容的非均相体系，而该共混物用光学法观察却是透明的。又如 D-PMMA/SAN 体系由 SANS 法测得准确的分子量为 2×10^5，和纯 SAN 用一般光散射法测得的分子量非常吻合，这表明 SAN 是以分子级水平分散于 D-PMMA 中的，由此判定 PMMA/SAN 体系是热力学相容的。

脉冲核磁共振用于研究聚合物合金的相容性，主要是通过测定聚合物的自旋-晶格松弛时间（t_1）和自旋-自旋松弛时间（t_2）来提供有关分子运动的信息。如果共混物存在两个相区，将在强度衰减曲线上反映出来，可分别获得共混体系中两个相区的 t_1 和 t_2。而两种松

弛时间 t_1 和 t_2 与试样中的分子运动状态密切相关。对均相体系，整个体系的分子运动都是一致的，只有一个 t_1 和 t_2；对于非均相的共混物，不同相区的分子运动不同，因而在同一温度下可测得两个 t_1 和 t_2。如果在某一温度下测定只有一个 t_1，温度升高后，出现有两个 t_1，这表明温度升高后发生了相分离（LCST 现象）。

反相色谱研究聚合物合金的相容性是选择一种与聚合物分子有适当作用的低分子作流动相（探针分子），聚合物试样涂布在载体表面作固定相，它正好和一般气相色谱相反，故称之为反相色谱。聚合物的状态不同，分子运动形式不同，它和探针分子的相互作用也不同。通过测定共混体系各组分聚合物的保留体积，根据保留体积-温度曲线，可测定聚合物的 T_g、T_m、结晶速率、结晶度等参数，还可获得聚合物-聚合物间的相互作用参数 χ_{12} 和微相分离结构的信息。

荧光光谱研究聚合物合金的相容性是近几年才开始的。荧光光谱是分子发光光谱的一种，当分子受到紫外线的照射时，会吸收光子能量而跃迁到激发态，这种受激分子不可能长期处于高能级状态，它能与其他分子碰撞放出少量能量达到较低能量的振动态，然后进一步再释放剩余的受激能量而回到基态。由这种剩余受激能发射出的光就是荧光。只有某些特殊结构的分子（如含萘基、蒽基类化合物）才能产生荧光光谱。我们利用一些能发生荧光的分子作探针分子（1%），将它键合到高分子链上去，使聚合物带上发射荧光的生色团。当共混物中的两种聚合物分别键合不同的两种探针分子（分别用 d 和 a 表示），我们用能为 d 吸收的光照射共混物时，带有 d 的聚合物分子就能发射出过剩能量，这个能量在一定条件下可使 a 分子激发，使其再发生荧光，只有当两种分子相距达到 2～4nm 时，它们之间才能进行能量交换观察到 a 发射的荧光。因此共混物中两种聚合物若是在分子水平上混合，相互接近的距离达到 2～4nm，就能观察到由 a 发射出特定波长的荧光。若共混物不相容，除了在界面两种生色团 a 和 d 有少量接触的可能，两者不会发生能量的转移，因而观察不到由 a 发射的荧光。据此可在很小的尺度上判别聚合物合金的相容性。

相容性很好的合金体系的 IR 谱图会偏离单组分 IR 谱图的平均值。因为不同聚合物之间存在较强的相互作用，导致相关基团的红外吸收谱带发生移动或峰形不对称加宽。但不能从其偏离程度相应地预测其相容程度，所以这种方法只可以定性研究聚合物间的相容性。IR 法可以发现聚合物合金中氢键的存在，进而表征相容性。Chung 等[21] 利用 FTIR 测定了纯 PA 膜和聚苯并咪唑（PBI）/PA（80/20）膜中羰基的伸缩振动，发现共混膜的波峰从 $1471cm^{-1}$ 移至 $1730cm^{-1}$，这种迁移表明在共混膜中存在着分子间氢键的相互作用，同时共混体系的热分析和力学分析表明，此体系为相容体系。

使用 IR 法还可以表征互穿网络、反应增容等聚合物共混技术中新基团或价键的生成，进而表征聚合物合金的相容性。Chen 等[22] 用超声波处理 PP/（乙烯/丙烯/二烯）共聚物（EPDM），FTIR 分析表明，$721cm^{-1}$ 处为 $(CH_2)_n$（$n \geqslant 4$）的吸收峰，从而表征了 EPDM 原位接枝到 PP 分子链上所起的增容剂作用，使相容性增加；DSC 分析也表明 EPDM 与基体 PP 的相容性增加。

此外，通过测定共混过程的混合热、混合过程体积变化以及测定聚合物的流动性，均可对共混物的相容性提供信息。有时为了某一体系的相容性作出准确的判断，需要采用多种方法相互验证。

1.4.3　聚合物共混体系的多尺度模拟

聚合物共混体系的性能取决于相态结构和两相之间的相容性，而影响相行为的因素众多，例如相容性、配比、黏度、制备方法等，对于添加相容剂或掺杂剂等三元或多元体系，还需要考察相容剂结构、加入量、加料顺序等因素。同时，聚合物共混物介观相分离（分子聚集成的微相区介于微观和宏观之间，约 10～1000nm，统称为介观）的时间非常短暂，分析测试仪器无法得到清晰的相界面和观测相形态变化过程，难以从实验上考察和了解相分离现象和共混机理。实验、理论和计算是科学发现的三大支柱。大规模集成计算机发展为研究聚合物等高分子体系奠定了基础，可以直接应用于研究聚合物的结构与性能的关系。随着高性能计算机的发展，采用多尺度数值模拟的方法研究聚合物共混体系的微观相形态和介观相界面、相分离过程等，对聚合物功能化和高性能化具有重要指导意义。

1.4.3.1　多尺度模拟方法

计算化学的最终目的是用第一性原理直接预测化学工程中的宏观现象。对聚合物分子，描述原子、分子、键长、键角等尺度单位为纳米（nm）；聚合物的旋转半径和末端距的尺度单位大约几十个纳米；而聚合物的熔融、混合、溶液状态，尺度从微米到毫米甚至更大。动态过程在时间尺度上，横跨飞秒（10^{-15}s）、皮秒（10^{-12}s）、纳秒（10^{-9}s）、秒、分。没有任何一种算法可以囊括分布如此宽的空间尺度和时间尺度，理想的方法是采用多尺度方法进行模拟（如图 1-13 所示）。在聚合物和生物大分子等计算机模拟领域中，有分子动力学（MD）、蒙特卡洛（MC）、布朗动力学（BD）、耗散粒子动力学（DPD）、格子玻耳兹曼（LBM）、基于动态密度泛函理论（DDFT）以及自洽场论（SCFT）等方法。其中，分子尺度模拟方法 MD 和 MC 广泛应用于聚合物体系，如求解玻璃化转变温度（T_g）、径向分布函数（RDF）、内聚能密度（CED）等，判断混合物的相容性以及计算介观模型的输入参数 Flory-Huggins 系数 χ。这两种方法的主要区别在于 MD 遵循牛顿第二定律，求解体系真实时间演化轨迹，而 MC 求解体系符合 Boltzmann 概率分布的虚拟演化轨迹。前者对于平衡和非平衡体系均适用，后者更适用于平衡体系[23]。

介观模型的特点，是在分子尺度的快速动力学和宏观尺度的慢速动力学之间架起联系桥梁。布朗动力学（BD）是介观尺度模拟的先驱，体系考虑随机力和黏性力，随机力表示粒子受到来自溶液分子的碰撞，黏性摩擦力表示聚合物分子之间相互作用。体系不符合 Navier-Stokes 方程，故不能用来预测流体的力学行为，适用于流体扩散模型。而 DPD 是 MD 和 BD 尺度的进一步扩大，可以认为是非格子的 Flory-Huggins 模型。与其他的模拟方法相比较，DPD 引入流体力学相互作用原理，体系的动量守恒，温度保持恒定，遵循 Navier-

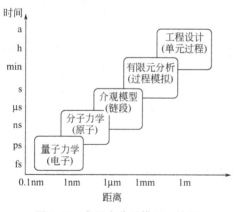

图 1-13　多尺度分子模型、特征
时间及距离关系

Stokes 方程。引入软排斥力，使计算的步长比分子尺度的 MD 大，是目前研究聚合物流体动力学最适用的方法之一。但 DPD 不能全面描述固体物质和聚合物之间的相互作用力，适用于"软"体系，不适用涉及固体颗粒等"硬"体系的模拟（如在聚合物中掺杂纳米颗粒、黏土颗粒等）。LBM 适用于处理含结晶材料的复杂流体力学行为，其中聚合物采用粗粒化格子模型，溶液采用 Boltzmann 模型[24]。DDFT 方法主要针对体系的密度场而非粒子之间相互作用力，采用 Langevin 方程。与 DPD 比较，适用于模拟链长较短的聚合物或聚合物复合材料体系（如药物释放、聚合物掺杂黏土、纳米颗粒、碳纳米管等）。

20 世纪 90 年代，Hoogerbrugge 和 Koelman[25] 最早提出耗散粒子动力学方法（DPD）。这种介观模拟方法采用粗粒化粒子模型代替聚合物分子链，每一个粒子相当于多个原子组成的基团，之间采用弹簧简谐振子连接（图 1-14），珠子的运动规律服从牛顿运动方程。Doi 等[26] 建立从分子到介观的联系，使从分子模拟得到的结果可以直接用于介观模型参数的输入。Groot 和 Warren[27] 的工作，将 DPD 中的保守力和 Flory-Huggins 系数 χ 联系起来，使得这一模拟方法在聚合物等体系上推广运用。简单来讲，介观模拟需要从原子和分子尺度计算的参数有：①Flory-Huggins 系数 χ；②珠粒结构和长度；③扩散系数；④可压缩性参数。

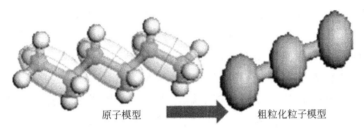

原子模型　　　　　　粗粒化粒子模型

图 1-14　粗粒化粒子模型

对聚合物共混体系建立模型，模拟和实验的对比是验证模型正确性的有效方法。分子尺度上的模拟可以计算出体系的宏观热力学性质（密度、焓、熵等），得到介观尺度相变化过程，与使用原子力显微镜等拍摄的实验结果对比。另外可采用径向分布函数、密度分布函数、界面张力、结构因子、有序参数等做定量表征。

1.4.3.2　两相聚合物共混体系的相容性模拟

目前，考察两相聚合物的相容性，较为常用的是建立分子尺度和介观尺度模型。在分子尺度上由 MD 或 MC 计算体系的内聚能密度（CED）进而求得溶度参数 δ。如 1.4.1.2 所述，溶度参数的差值（$\Delta\delta$）的大小可预测体系的相容性。由 CED 计算 Flory-Huggins 参数 χ；再应用公式（1-8）得出临界 χ_c 的值，其中 x_A 与 x_B 分别为 A、B 聚合物聚合度。比较体系的 χ 与 χ_c 大小，若 χ 小于 χ_c，则体系相容，反之则不相容；或者计算体系的玻璃化转变温度 T_g。玻璃化转变温度是衡量聚合物相容性的一个标准，相容共混物具有一个玻璃化转变温度，而不相容体系有两个或多个玻璃化转变温度。例如 Yang 等[28] 采用 Dreiding 力场对聚 3-羟基丁酸酯（PHB）和聚乙烯（PE）共混物进行 MD 模拟，计算共混物的玻璃化转变温度用于预测体积比对相容性的影响。介观尺度模拟主要以分析相图的方法进行考察[29,30]。介观尺度的相图可清晰表示出体系的相分离过程，同时也可就体系的有序参数、密度分布、径向分布函数等对相形态进行表征。

多聚赖氨酸（PLL）具有生物兼容性和可降解性，低二氧化碳和氧气渗透率，在药物释放、伤口缝合、整形材料得到应用。但其玻璃化转变温度较低，硬度强度都不高，需加入聚乙烯醇（PVA）共混来增强 PLL 的硬度。Jawalkar 等[31] 采用 MD 方法对 PLL 和 PVA 的共混物进行模拟，求解混合后的 CED，从而计算 χ，与 χ_c 比较发现，当 PLL/PVA 体积比小于 1/10 时，体系相容；而随着 PLL/PVA 增大，体系出现相分离。进一步采用介观尺度模拟出 PLL/PVA 为 1/9、1/3、1/1、3/1、9/1 的相图，直观得到两相由相容到分离的相形态变化。Jawalkar 等[32] 又采用 MD 结合 Mesodyn 的方法研究了 PVA 和 PMMA 的相容性，用 MD 计算不同的链段长度和相容比下体系的密度和溶度参数，作为 Mesodyn 的输入参数，实现了原子模型到粗粒化介观模型的贯通模拟。Fu 等利用 MD 和 Mesodyn 方法研究了不同配比 PP/PA11 共混物的相容性，从不同共混物的 CED 计算 Flory-Huggins 相互作用参数 χ，发现 90/10 PP/PA11 相容性好，但当 PA11 组分含量增大时，表现出不相容性。利用 Mesodyn 方法计算得出的密度研究体系的相分离动力学，所得到的模拟结果与实验结果一致，充分表明了 MD 和 Mesodyn 方法是预测聚合物共混物体系相容性和介观形貌结构的有力工具[33]。

聚醋酸乙烯（PVOH）与聚甲基乙烯基醚扁桃酸（PMVE-MA）的相容性是研究塑料包装材料阻隔氧气的关键。Moolman 等[34]采用 Material Studio 对 PVOH 和 PMVE-MA 共混物 MD 模拟，Discover 模块中 Compass 力场，进行体系能量最小化，再在 Amorphous Cell 模块建立体系无定形模型，计算 PVOH 和 PMVE-MA 的密度和溶解度等热力学参数，与文献报道的实验值匹配，验证模型的准确性。CED 计算得到了体系共混焓、Flory-Huggins 系数 χ。模拟得到最佳相容性配比 PVOH/PMVE-MA 为 7/10，与之前该组所做的实验值吻合。他们讨论了 PVOH 与 PMVE-MA 在溶解过程中，单体所带氢氧原子之间相互作用对相容性的影响，发现聚合物的聚合度、单体的成键长短、原子相对位置、混合体系的含量比、混合密度以及有无溶剂等因素都对模型的准确度有影响。

Fermeglia 等[35]详细介绍了从分子尺度、介观尺度到宏观尺度的建模方法，并应用于 PET 和聚乙二醇-2,6-萘（PEN）体系共混物。PET 和 PEN 共混物材料广泛应用于食品包装。分子尺度模拟得到介观尺度和宏观尺度（有限元方法 FEM）的输入参数，在介观尺度考察相容性，再用有限元法模拟了氧气的渗透过程。共混物的相容性决定了氧气、二氧化碳等在包装材料的通透性和扩散，相容配比的研究具有重要的实际应用指导意义。

1.5 改善相容性的方法

制备聚合物合金，从综合性能考虑，往往要选用结构上有较大差异的那些聚合物组成，而结构上差异大的聚合物之间的相容性通常不好，解决这个矛盾对于获得高性能的聚合物合金具有重要意义。

在介绍改善相容性的方法之前，先讨论一下相容聚合物合金的结构特征，有助于对不相容体系选用合适的方法改善相容性。

1.5.1 相容聚合物的结构特征

共混体系的相容性和聚合物热力学性质有关，高分子间通常的范德华力是不利于聚合物间相容的。因为非极性聚合物之间的 ΔH_M 都大于零，难以满足热力学相容的基本条件。即使分子结构十分相似的聚合物，如聚苯乙烯/聚 α-甲基苯乙烯、聚异戊二烯/聚丁二烯等体系都不相容。但若高分子间存在特殊的相互作用，包括分子间形成氢键、偶极-偶极作用、酸碱作用、电荷转移络合等，混合过程便产生负的 ΔH_M，即混合过程是放热的，有助于导致这类共混体系相容。

PVC 和一系列的聚丙烯酸酯大多能够相容，它们的相容性来自酯基与 PVC 间形成氢键：

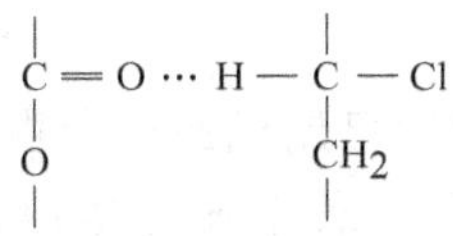

$$
\begin{array}{ccc}
| & & | \\
C = O & \cdots & H - C - Cl \\
| & & | \\
O & & CH_2 \\
| & & |
\end{array}
$$

混合热 ΔH_M 的测定结果表明，这类共混体系的 ΔH_M 是负的。红外光谱的研究也表明，红外吸收频带的移动和氢键的形成有关。

聚碳酸酯与许多聚酯均具有相容性。已经证实双酚 A 型 PC 和脂肪族聚酯的混合热为负值，它们是相容的。而脂肪族的聚碳酸酯与脂肪族聚酯却不相容，它们的混合热是正值。决定这类共混体系混合热是正还是负，主要来自聚酯酯基的电子与聚碳酸酯芳环间的 π-π 络合作用。这就是说，只有芳香族聚碳酸酯和脂肪族聚酯才存在特殊的相互作用。

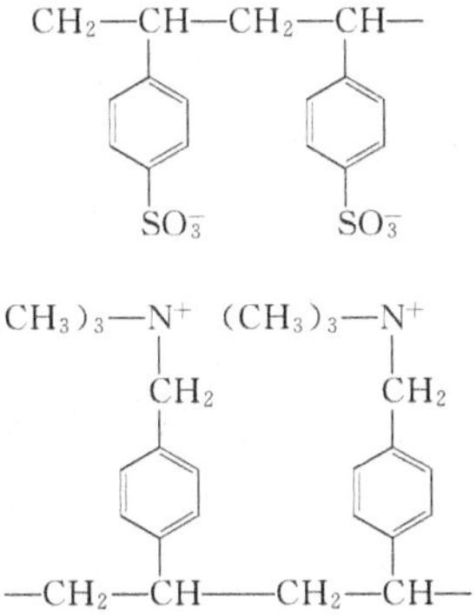

$$
\begin{array}{cc}
CH_2-CH-CH_2-CH & \\
\end{array}
$$

具有相反离子电荷的高分子间形成盐或络合物可导致两者之间的相容，这是一种很强的相互作用。典型的例子是聚苯乙烯的磺酸盐和聚三甲基苄胺苯乙烯间的相互作用。这样的相互作用使共混物的性质比均聚物有很大的变化。例如这类聚电解质各自均可溶于水、酸、碱及某些强极性溶剂中，而它们形成的络合物却不溶于酸碱中。

分别具有富电子基团和缺电子基团的高分子，共混过程会产生分子间的电荷转移，从而导致体系相容。具有富电子基团的成为电子给予体高分子，具有缺电子基团的是电子接受体，它们之间会产生较强的相互作用，即使不能达到完全相容，共混物的力学性能将会有明显改善。

聚乙烯基吡咯烷酮（PVP）是水溶性聚合物，由于含有酰胺基而显示碱性，它与聚丙烯酸（PAA）共混，两者能相容，但共混物不溶于水，表明两种聚合物通过酸碱作用已形成一种新的络合物。

1.5.2 改变链结构改善相容性

1.5.2.1 通过共聚使分子链引入极性基团

通过共聚使分子链上引入极性基团增加分子间的相互作用，可使相容性获得明显改善。PS 是极性很弱的聚合物，除了与 PPO、PVME（聚乙烯甲基醚）等能相容外，很难找到与其他聚合物相容的例子。但苯乙烯和含有强极性基团的丙烯腈形成共聚物（SAN），却能与许多聚合物形成相容体系或力学相容的聚合物合金。例如 PC/SAN 共混体系，当 PC 含量达到 30% 时，共混物就显示很好的韧性；而 PC/PS 体系，PC 含量低于 70% 无明显增韧效果。此外，SAN 和 PCL、PMMA、硝化纤维素、聚砜等聚合物都能形成相容或力学相容的体系。

1.5.2.2 对聚合物分子链化学改性

另一种改变分子链极性的方法是对已制成的聚合物进行化学改性。典型的例子是 PE 经氯化后制成的氯化聚乙烯（CPE），可与若干聚合物相容或工艺相容。例如 PE 与聚甲基丙烯酸酯类、PVC、PCL 等都不相容，而 CPE 和大多数聚甲基丙烯酸酯类都是相容的，CPE/PCL、CPE/PVC 都可成为相容或力学相容的聚合物合金。

此外，通过对聚合物磺化、氯碱化、氢化、氯化氢加成、环氧化等，都可以使聚合物改变链结构，从而改善与其他聚合物的相容性。例如 PE 和 NBR 不相容，但 PE 经氯磺化后，与 NBR 共混具有力学相容性。

1.5.2.3 通过共聚使分子链引入特殊相互作用基团

通过共聚使聚合物分子链上引入特殊相互作用基团，使之可与其他聚合物形成氢键、离子键、偶极、酸碱作用等。例如，将苯乙烯与含羟基的单体共聚，使 PS 分子链上引入含羟基的单元，可大大改善与聚酯类、聚醚类聚合物的相容性。PS 中引入的羟基含量越高，它与羰基、醚基间形成氢键的密度越高，越有利于相容。例如，PS 与聚甲基丙烯酸乙酯（PEMA）完全不相容，但只要在 PS 分子链中引入 1%（摩尔分数）的含羟基单元，即可与 PEMA 形成相容体系，由此可见，形成氢键对改进相容性的效果是十分有利的。

不相容的共混聚合物对分别引入带相反电荷的离子，使之产生离子-离子相互作用，可使其变成相容的聚合物合金。例如，PS/PEA（聚乙基丙烯酸酯）是不相容体系，但是将磺酸根离子引入 PS 形成 PSSA，同时将乙烯基吡啶离子引入 PEA 形成 PEAVP，当它们的离子基团的摩尔分数大于 5% 时，由于两种离子间的相互作用，可使其成为相容的共混物体系。PSSA 和 PEAVP 单独都溶于四氢呋喃，可是将两者的四氢呋喃溶液混合，则生成沉淀，可见两者之间存在着非常强的离子-离子相互作用。类似的例子还有 PS/PI、PS/PIB（聚异丁烯），它们都是不相容体系，若将磺酸根离子引入 PS，乙烯基吡啶离子引入 PI 或 PB，改性后它们的共混物变成相容体系。

1.5.2.4 形成 IPN 或交联结构

制备互穿聚合物网络体系，只要一种聚合物和另一对单体（低聚体）能互溶，或者两种低聚体能互溶，就可形成聚合物的互穿网络结构，而且这种相态结构永久地被保存下来，即具有强迫互溶作用。同样的聚合物组成，机械共混时不相容或不具有力学相容性，但形成 IPN 后，该聚合物合金显示优异的性能，这已被无数实例所证明。

在不相容的聚合物共混体系中，通过化学交联使两组分间形成化学键，也可起到强迫改善相容性的作用。例如，SBR/BR 共混胶硫化后，只显示一个 T_g，消除了共混胶硫化前的所有特征。PE/PVC、PE/NR、PE/NBR 等体系，通过交联工艺，相容性也都有所改善。

1.5.2.5 改变分子量

前已述及，聚合物对的分子量与它们的相容性密切相关。在橡胶/橡胶、橡胶/塑料的共混塑炼过程证实，采用多段塑炼有利于两组分的分散和相容，就是因为多段塑炼使聚合物分子量降低较多的缘故。

1.5.3 增容剂的应用

增容剂又称为相容剂、界面活化剂、乳化剂等，是共混物中的重要组分，在高分子合金的研究和开发过程中起着重要作用。增容剂的开发推动了新型高分子合金的研究，而非相容体系聚合物的共混又促进了增容技术的发展，包括新型多功能增容剂的合成、增容剂的作用原理（化学增容和物理增容）、增容剂与聚合物基体的相容化技术（反应挤出、原位增容等），主要的发展趋势是在化学改性与物理改性相结合的同时，实现化学增容和物理增容的结合。

不相容的共混体系中，由于一种第三组分的存在，使共混物的力学相容性显著改善，该第三组分称为相容剂或增容剂（compatibilizer）。增容剂在共混物中的作用主要是降低两相间的界面张力，有利于提高分散相的稳定性和分散程度，使界面黏结力增大，从而使原来不具有力学相容性的体系变成综合性能优良的聚合物合金。

作为增容剂的物质应具备以下的特性和作用：①与聚合物共混时其自身易细化和分散；②可以阻止聚合物相分离和重新凝聚；③能够降低聚合物组分间的界面张力；④能够提高聚合物组分间的界面黏结力。因此，作为增容剂的物质多数是一些共聚物，这些共聚物兼有共混物两组分的结构特征，或者与其中的组分具有特殊的相互作用。因此，增容剂在共混体系中都趋于分散在两相的界面，用量很少，但对改善两相之间的相容性十分显著。

1.5.3.1　增容剂的种类

按照不同的分类标准，增容剂可分为下面几种。

（1）根据增容剂的微相分离行为的差别，可将增容剂分为微相分离型增容剂和均相型增容剂。前者以嵌段共聚物和接枝共聚物为代表，后者包括无规共聚物、官能化聚合物和均聚物。

（2）按增容剂与聚合物基体之间发生的作用方式，即物理作用和化学作用分为两类：一类是非反应型增容剂，另一类是反应型增容剂。前者主要是通过增容剂分子和聚合物主链间的物理相互作用，类似于"乳化剂"来降低相界面张力，提高相界面黏结力；后者是利用增容剂上的活性基团与基体主链上的活性基团发生化学反应而达到增容目的，用反应型增容剂的增容过程因为伴随着化学反应的进行，又称为反应增容。

（3）按增容剂分子量的大小分为低分子（小分子化合物）型和高分子型两类，前者一般为反应型增容剂，后者有反应型（酸酐型、羧酸型、环氧型等）和非反应型两种。

（4）按增容剂的形成方法分为添加型和原位反应型两类。添加型增容剂是指增容剂与高分子基体同时共混、熔融挤出；原位反应型是指增容剂的生成和共混同时进行，主要是指以官能化的聚合物基体作为增容剂，在熔融共混过程中它与另一基体的官能团反应生成 AB 型共聚物，从而实现原位增容[36]。

以下就对不同增容剂的增容作用作一简单的介绍。

1.5.3.2　增容作用

（1）"就地"（in-situ）反应的增容剂　所谓"就地"反应的增容作用是指聚合物共混时在强烈的机械剪切力作用下，聚合物大分子链有可能形成具有增容作用的接枝或嵌段共聚物。最典型的例子就是 HIPS，其冲击强度之所以比 PS 提高了约 10 倍，就是因其在共混过程中，PS 在 PB 上形成了接枝高聚物。又如为了改善 EPDM/MMA（三元乙丙橡胶/甲基丙烯酸甲酯）共混体系的相容性往往在其共混时加入有机过氧化物以及 MMA，当其在双螺杆混合挤出机的混合作用下，MMA 就能在三元乙丙橡胶大分子上发生接枝共聚反应生成接枝共聚物 EPDM-g-MMA，此时乙丙橡胶与聚甲基丙烯酸甲酯的共混体系成为 EPDM/PMMA/EPDM-g-MMA 的三元体系，EPDM-g-MMA 即为体系的增容剂[37,38]。

（2）作为第三组分加入的共聚物型增容剂　在反应型共混的条件下，第三组分物质与聚合物共混组分发生化学的或物理的作用。第三组分与共混组分通过物理的作用，实现体系的增容作用，称这类第三组分为非反应型增容剂，这类增容剂主要是靠分子间力或氢键与共混组分的作用，实现组分的增容。其次，第三组分与共混组分通过化学反应，实现体系的增容作用，称这种第三组分为反应性增容剂。这类增容剂是通过与共混组分发生化学反应生成较强的共价键或离子键，实现增容作用的。

非反应型增容剂应用最多和最普遍的是一些嵌段共聚物和接枝共聚物，尤以前者更重要。在聚合物A（P_A）和聚合物B（P_B）不相容共混体系中，加入A-b-B（A与B的嵌段共聚物）或A-g-B（A与B的接枝共聚物）通常可以增加P_A与P_B的相容性，其增容作用可概括为：降低两相之间界面能，在聚合物共混过程中促进相的分散，阻止分散相的凝聚，强化相间黏结。嵌段共聚物和接枝共聚物都属于非反应型增容剂（又称亲和型增容剂），它们是依靠在其大分子结构中同时含有与共混组分P_A及P_B相同的聚合物链，因而可在P_A及P_B两相界面处起到"乳化作用"或"偶联作用"，使两者相容性得以改善。

Holsti-Miettinen等[39,40]研究发现当共混物PA6/PP的质量比为80/20时，添加10（质量份）的SEBS-g-MA能使共混物的韧性显著提高（SEBS为苯乙烯-乙烯-丁二烯嵌段聚合物）。谢邦互等[41]用PSAN（聚苯乙烯-丙烯腈）改善PC和PMMA形成的二元共混的相容性，发现当PSAN中AN的含量为20％时，即可制得相容的共混物，在这一体系中适当组成的PSAN起到PC和PMMA两种均聚物的增容作用。丙烯酸接枝改性的LLDPE（LLDPE-g-AA）可以显著地增加了LLDPE/PA6体系两相界面的相互作用，当PA6加入量为10％，接枝物LLDPE-g-AA加入量为5％时，合金体系的冲击强度达到最高，较纯LLDPE增加了170％[42]。丙烯酸和苯乙烯单体共聚接枝改性聚丙烯［PP-g-（AA-co-St）］能提高PP/PA6合金的相容性[43]。β成核的聚丙烯与聚对苯二甲酸丙二酯（PTT）不相容，但是引入PP-g-MA可以降低PP和PTT的界面张力，增加两相之间的相互作用力，有利于两相的分散，起到增容的作用[44]。乙烯、马来酸酐和甲基丙烯酸缩水甘油酯的三元共聚物EMG可以增加PPS和PP66的相容性，EMG可以阻碍分散相的凝聚，增加界面作用力。另外，EMG对PA66还起到成核剂的作用，增加结晶度，使晶粒细化，提高共混物的表观黏度和非牛顿流动行为，能够得到高性能的PPS/PA66合金[45]。非反应性增容剂在三元共混体系中也得到了广泛的应用，比如马来酸酐接枝改性的EPDM（EPDM-g-MA）可以增加PP/PA6/EPDM三元体系的相容性[46]。

（3）反应型共聚物增容剂 反应型增容剂的增容原理与非反应型增容剂有显著不同，这类增容剂与共混的聚合物组分之间形成了新的化学键，所以可称之为化学增容，它属于一种强迫性增容。反应型增容剂主要是一些含有可与共混组分起化学反应的官能团的共聚物，它们特别适用于那些相容性很差且带有易反应官能团的聚合物之间共混的增容。反应增容的概念包括：外加反应型增容剂与共混聚合物组分反应而增容；也包括使共混物组分官能化，并凭借相互反应而增容。

在含有聚酰胺组分的共混物中加入乙酸化或羧酸化的共聚物作增容剂，是反应型增容剂的典型代表。在PE/PET共混体系中加入羧基化的PE，虽无化学反应，但因羧基与PET支链上的酯基形成氢键而增容。在PPE/PS共混体系中加入磺化EPDM的锌盐和磺化PS的锌盐，用挤出机挤出的共混物，其冲击强度比EPDM作增容剂时高出6倍，其增容剂和共混物组成的反应产物为PS-SO₃-Zn-O₃S-EPDM[47]。Tselios[48]在PP和LDPE熔融共混体系中加入质量比为1:1的PP-g-MA（含0.8％马来酸酐）和EVA反应性增容剂，分析了增容剂分别为2.5％、10％和20％时，发现增容剂能使共混体系的拉伸强度、断裂伸长率、冲击强度大大提高，尤其是当增容剂含量为 10%（质量分数）时，性能增加最为显著。

（4）低分子量化合物的增容作用　利用某些低分子量的化合物与聚合物组分反应，产生交联或接枝等化学作用，生成的交联或接枝的产物存在于共混物的相界面层中，起到类似嵌段共聚物的作用，结果改善了体系的相容性。比如 1-丁基-3-甲基咪唑氯盐（［BMIM］$^+$Cl$^-$）离子液体可以提高淀粉/玉米蛋白的相容性[49]。

低分子量化合物要选择能与橡胶组分交联的化合物，这样才能使热塑性树脂与橡胶共混物获得良好的物理机械性能。如双马来酰胺与 NR 和 PP 共混时，由于与橡胶相交联及在相界面上形成了接枝、嵌段共聚物，使其冲击强度大大提高。

另外，一些有机化的无机粒子对聚合物合金也起到增容的作用，如有机化蒙脱土（OMMT）能够提高 PP/EVA 合金的相容性，降低 EVA 分散相的平均粒径，阻止 EVA 的凝聚[50]。

1.5.3.3　影响增容效果的因素

（1）共聚物结构　嵌段共聚物的增容效果比相同组成的接枝共聚物好，因为前者的链段活动性比较大，易于向两相扩散、渗透。嵌段共聚物的增容作用又是二嵌段＞三嵌段＞四臂星型共聚物。接枝共聚物的接枝点越多，越不利于主链活动，所以作增容剂的接枝共聚物，支化密度不宜大。

（2）共聚物分子量　当嵌段共聚物的嵌段分子量大于对应的组分聚合物分子量时，嵌段分子链才能与均聚物相容，发挥增容作用。主链为 B、支链为 A 的接枝共聚物作增容剂时，只有聚合物 B 的分子量小于共聚物主链的分子量，才具有较好增容效果。

（3）共聚物用量　在保证增容效果的前提下，增容剂用量应尽可能少些，因共聚物的价格通常都较高。增容剂的最佳用量通常由实验确定，但也可由分散相粒子的表面积和增容剂的分子量进行估算。因为增容剂要改善界面的亲和力，必须在两相的界面完全铺展，才能充分发挥增容作用。因此，首先计算出分散相总的表面积 A。而 $A=$ 粒子数 × 每个粒子的表面积。粒子数 N 可表示为：

$$N = V\phi_A / v \tag{1-22}$$

式中，V 为试样体积；ϕ_A 为分散相的体积分数；v 为每个粒子的体积$\left(v = \dfrac{4}{3}\pi R^3\right)$。体系中两相界面总的面积应为：

$$A = V\phi_A \times 4\pi R^2 \Big/ \dfrac{4}{3}\pi R^3 = 3V\phi_A / R \tag{1-23}$$

增容剂全部铺展两相界面所需的量 W，可通过 $(W/M)\,\widetilde{N}a = 3V\phi_A/R$ 得到：

$$W = 3V\phi_A M / Ra\,\widetilde{N} \tag{1-24}$$

式中，a 是每个增容剂分子在界面占据的面积；M 为增容剂的分子量；$\widetilde{N}$ 是阿伏伽德罗常数。如 $M=10^5$，$R=1\mu m$，$a=0.50nm^2$，则需增容剂的量约为总试样重的 20%；而若 $M=10^4$，只需约 2% 的增容剂。由此可知，增容剂的分子量小有利，加入量较少。但从相容性考虑，共聚物增容剂的分子量应大于组分聚合物的分子量，所以选用增容剂分子量应综合考虑。

本 章 小 结

本章首先介绍了聚合物合金的基本概念、合金化技术特点及制备方法，接着介绍了聚合物合金热力学相容和工艺相容性的概念、相容性的热力学基础、不相容合金发生相分离的机理以及相容性的判据和研究方法,最后阐述了影响聚合物合金相容性的因素和提高相容性的技术。

聚合物合金指两种或两种以上聚合物用物理或化学方法制得的多组分聚合物,无论聚合物组分之间有无化学键,只要有两种以上不同的高分子链存在,这种多组分聚合物体系都称为聚合物共混物或聚合物合金。聚合物合金化技术是开发高性能塑料及橡胶最便捷有效的方法之一,其具体的制备方法除了传统的熔融共混、溶液共混、乳液共混等方法外,近年来发展了包括混沌混合、反应加工技术、互穿网络技术、反应器合金技术等新的聚合物合金化技术。

合金的相容性是指聚合物之间热力学上的相互溶解性,也称溶混性。对于热力学不相容体系,如果一种聚合物以微区形式均匀分散于另一种聚合物的基体中,形成比较稳定的相态结构,它们在动力学上是相对稳定的,在使用过程不会发生剥离现象,这种意义上的相容性称为工艺相容性。对部分相容的共混物体系,用相图来描述两种聚合物之间相容的行为,相图即为聚合物合金体系温度-组成。

聚合物-聚合物临界相互作用参数 χ_C 常用作聚合物共混体系的相容性判据。若某共混物的 $\chi_{AB} < \chi_C$,则该体系是相容的;若 $\chi_{AB} > \chi_C$,体系为不相容。χ_C 仅决定于体系中两种聚合物的分子量,而与聚合物的性质无关。分子量越小,χ_C 值越大,越有利于相容。部分相容体系发生相分离存在两种不同的分相机理,即旋节线相分离机理及成核和生长型机理。

随着现代仪器的开发及发展,研究聚合物合金体系的相容性的方法很多,包括常规的共溶剂法、光学透明性法、玻璃化转变温度法、显微镜法、稀溶液黏度法等,还包括更深层次上的相容性研究手段,如小角中子散射、脉冲核磁共振、反相色谱、荧光光谱、红外光谱(IR)法等近代测试技术。

可以通过共聚使分子链引入极性基团、对聚合物分子链化学改性、在分子链上引入特殊相互作用基团、形成 IPN 或交联结构、改变分子量、增容剂的应用来提高聚合物合金的相容性,其中增容剂的应用使用最为广泛。在不相容的共混体系中,添加被称为相容剂或增容剂第三组分,降低两相间的界面张力,有利于提高分散相的稳定性和分散程度,使界面黏结力增大,从而提高聚合物合金的综合性能。

思　考　题

1. 聚合物合金的概念、合金化技术的特点?

2. 热力学相容和工艺相容性的概念?

3. 如何从热力学角度判断聚合物合金的相容性?

4. 阅读文献,各列举 1～2 种热力学相容和工艺相容聚合物合金体系?

5. 思考如何从改变聚合物分子链结构入手,改变聚合物间的相容性?

6. 列举你日常生活中所涉及的一种聚合物合金,并对它的相容性及是否应用增容技术等作说明。

第2章 聚合物合金的相态结构

>>> **本章提要**

聚合物合金的相态结构决定了聚合物合金的性能。本章将介绍聚合物合金相态结构的类型及其影响因素，重点介绍嵌段聚合物的微相分离及其影响因素，并讨论了合金界面层的结构、特性及其在合金中所起的作用，最后介绍聚合物合金形态结构的研究方法。

聚合物的性能是其内部结构的反映。对聚合物合金来说，相态结构对材料性能有着更直接的影响，同样的组成，聚合物合金的相态可以相差很大，性能会有很大差别。因此，研究聚合物合金的相态结构及其对性能的影响有着十分重要的意义。

2.1 相态结构的类型

2.1.1 海岛结构

聚合物合金中只有一种组分或一相是连续相（基体），而另外的组分以分散相（微区）形式分布于基体中，似海洋中分散的小岛，这种相态结构俗称海岛结构，也称单相连续结构。海岛结构是不相容聚合物合金最常见的相态结构。

组成连续相的聚合物可以是塑料，也可以是橡胶。反之，分散相也是如此。聚合物处于连续相还是处于分散相，对材料的性能有着不同的影响。通常连续相决定着材料的基本性能，如模量、强度、弹性等。而分散相对聚合物合金的冲击韧性、气体扩散性、光学性能、传热性等有着较大的影响。

制备聚合物合金的方法不同、组成聚合物的结构不同、共混比不同，分散相微区的形状、尺寸以及微区的精细结构随之改变。海岛结构又有以下几种类型。

2.1.1.1 微区形状不规则

机械共混法制得的聚合物合金，微区形状大多不规则，微区分布不均匀，尺寸较大且大小不一，大致在 $1\sim10\mu m$，例如，在机械共混法制得的冲击 PS 中，PB 橡胶以不规则颗粒状分散于 PS 基体中。

2.1.1.2 微区呈球粒状均匀分布

分散相为球粒分布的相态结构常见于嵌段共聚物中，两种不同嵌段间尽管是化学键连接，它们也是分相的。通常含量高的嵌段处于连续相，含量低的嵌段为分散相。由于不同嵌段之间是化学键相连接的，而且同种嵌段分子量大致相等，因此，它们聚集而成的微区尺寸大致相等，且分布均匀，通常呈球粒形状。例如，SBS 热塑性弹性体，当 PB 含量为 70%～80%，而 PS 为 20%～30%时，PS 以球粒分散在 PB 基体中，粒径在 $30\sim50nm$，具体尺寸与 PS 嵌段的分子量有关。

2.1.1.3 微区为蜂窝（细胞）状结构

蜂窝状结构的分散相不是单一组分，在分散相内还包藏着由连续相成分构成的小颗

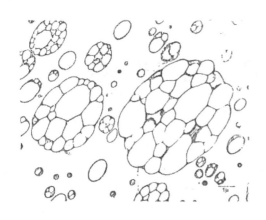

图 2-1　HIPS（接枝共聚法）的蜂窝状
结构（电镜照片）

粒，其形态似蜂窝或细胞结构，这种相态结构常见于接枝共聚形成的两相结构体系中。图 2-1 是接枝共聚法制得的 HIPS 的精细结构，连续相为 PS，微区由聚丁二烯橡胶构成细胞壁，PS 构成细胞质（包容物），接枝共聚物 PB-g-PS 分布于两相的界面。该体系含橡胶仅 6%，但橡胶相微区的体积分数达 22%，少量橡胶发挥着较大橡胶相体积分数的作用，大大强化了橡胶的增韧效果。同时由于橡胶相中包容着 PS，使分散相的模量比纯橡胶模量明显提高，这样得到的 HIPS 模量不会因橡胶的引入而降低过多。因此，组成含量都相同的接枝共聚物比机械共混物的改性效果好。

2.1.1.4　微区具有多相复合结构

当均聚物与含有相同组分的共聚物共混时，其相态结构更为复杂，它和均聚物分子量（M_H）与共聚物中相同链段分子量（M_g）的相对大小有关，还受大分子构造的影响。例如 PB-g-PS 与 PS 的共混体系，当 $M_H/M_g \approx 20$ 时，共聚物和均聚物 PS 不相容，如图 2-2（a）所示，既有均聚物和共聚物宏观尺度上的相分离，又存在共聚物分散相内部的 PS 和 PB 链精细的微观相分离。有趣的是相同的组成，只改变分子量大小，如 $M_H/M_g = 0.5$ 时，由图 2-2（b）可见，宏观尺度上的分散相已不复存在，只见到共聚物中的 PB 以小棒状微区的形式分布于 PS 基体中，即共聚物的 PS 链段与均聚物 PS 已完全相容。

这种均聚物/共聚物体系形成的多相复合结构，使共混物有可能获得比接枝共聚的蜂窝结构材料更优良的性能，从而引起从事研究聚合物合金工作者的浓厚兴趣。

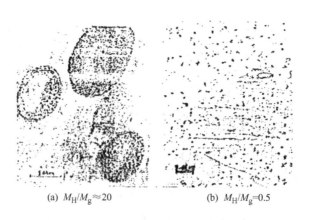

(a) $M_H/M_g \approx 20$　　　　　　　(b) $M_H/M_g = 0.5$

图 2-2　PB-g-PS 与 PS 的共混体系的电子显微镜照片

2.1.1.5　微区具有"核-壳"结构

固体基底上形成的嵌段共聚物和均聚物或者其他嵌段共聚物组成的共混物可以形成更为复杂的结构。例如，由不同分子量均聚 PEO 与半结晶性嵌段共聚物聚苯乙烯-b-聚氧乙烯-b-聚苯乙烯（SEOS）嵌段共聚物组成的湿刷共混和干刷共混系统均形成 PEO 球形分散相，随着均聚物 PEO 加入量的增加，其微区尺寸明显增大，当均聚物 PEO 质量分数达到 33.3%时形成了类似胶束的"核-壳"结构，核（亮色)-壳（灰色）结构，其亮色区域为低电子云密度的均聚物 PEO 区域，PS 由于其电子云密度较高，因此为黑色；而灰色则是嵌段 PEO 区域，由于嵌段 PEO 中有 PS 链的渗入，因此表现为灰色。如图 2-3（a）所示，该"核-壳"结构是一种亚稳态结构，退火处理后"核-壳"结构消失了，仅仅出现了较规则的球形分散相结构，且分散与连续相之间的界面较为模糊，可见退火后得到的球形分散相结构是此共混系统的稳态结构，如图 2-3（b）所示[51]。

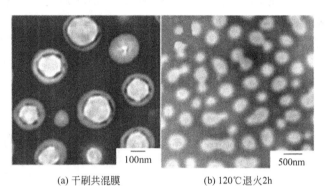

(a) 干刷共混膜　　　　　　　(b) 120℃退火2h

图 2-3　PEO/SEOS 膜的相态结构（$m_{SEOS} : m_{SPEO} = 10 : 5$）

2.1.2　两相连续结构

这是一种特殊的两相结构体系，A、B 两种聚合物既分相，但这两相又都是连续的。例如，A 组分是基体，B 组分是微区，但 B 组分形成的微区与微区又是相连接的，微区也是连续相。这种相态结构主要存在于 IPN 体系中，如图 2-4 所示。和一般聚合物共混体系相比，其相态结构具有以下特点：①A、B 两种聚合物都是交联网络，它们相互有一定程度的局部互穿。既然都是局部性互穿，没有互穿的部分就可能发生相分离。并且每种聚合物自身都是交联的，必然都具有连续性。②微区的尺寸特别小。若两种聚合物工艺相容性好，可使微区达 10nm 左右，最大也不超过几十纳米，这是其他两相结构体系所不能达到的。因为 IPN 中的 A、B 两种网络有一定程度的互穿，A、B 之间就不能完全自由地随意分离，由聚合物 B 形成的微区尺寸也不可能大，只能由邻近的少数聚合物 B 未被互穿的部分链段聚集在一起

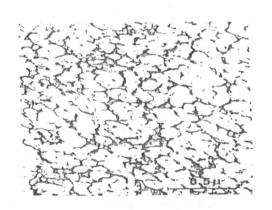

图 2-4　PB/PS IPN 电子显微镜照片

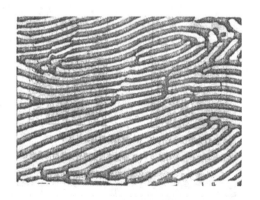

图 2-5　S/B＝40/60 的 SBS 嵌段共聚物的
两相结构形态

形成较小的微区。③微区分布非常均匀。同步法制备 IPN，两种组分是单体混合，相容性好，而且要求聚合速率接近。因此，在分子链增长的同时，就逐步使网络发生局部互穿，聚合物 B 必然在基体 A 中均匀分布；分步法制备 IPN，单体 B 是和聚合物 A 完全互溶的，因而，聚合物 B 形成的微区也不可能有随意性。④微区内部还存在精细的类似于接枝共聚体系的细胞状结构。

2.1.3　两相交错层状结构

图 2-5 是 S/B＝40/60 的 SBS 嵌段共聚物的两相结构形态，这种结构的特点是：没有贯穿整个试样的连续相，而是形成两相交错的层状结构，难于区分连续相和分散相。嵌段共聚物两组分含量接近时就形成这种结构。

(a) 晶粒分散在非晶区中

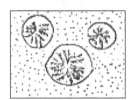
(b) 球晶分散在非晶区中

(c) 非晶态分散在球晶中

(d) 非晶态聚集成较大的微区分布在球晶中

图 2-6　晶态-非晶态共混物的相态结构示意图

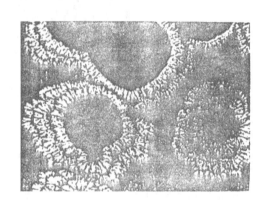

图 2-7　PS-b-PEO 的光学显微镜照片

2.1.4　含有结晶组分的相态结构

以上讨论的都是无定形态-无定形态共混体系的相态结构。共混物中有一个组分是结晶的或两个组分都是结晶的共混体系，其相态结构较复杂，大致可分为以下几种情况。

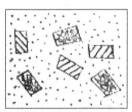
(a) 两种晶粒分散在非晶区

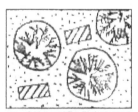
(b) 球晶和晶粒分散在非晶区

(c) 分别形成两种不同球晶

(d) 共同生成混合型球晶

图 2-8　晶态-晶态聚合物共混物的形态结构示意图

2.1.4.1　玻璃态高聚物/结晶态高聚物的共混体系

PMMA/PVF$_2$（聚偏二氟乙烯）、全同立构 PS/PPO 以及 PS/聚氧化乙烯（PEO）嵌段共聚物都属于这种类型。这类聚合物合金的相态结构有四种不同的形态：①晶态组分以晶粒形态分散在非晶态介质中；②晶态组分以球晶形态分散在非晶态介质中；③非晶态以粒状（微区）分散在球晶（连续相）中；④非晶态形成较大的微区分布在球晶中（见图 2-6）。图 2-7 是 PEO 球晶分散在 PS 基体中的光学显微镜照片。

2.1.4.2　晶态高聚物/晶态高聚物的共混体系

聚对苯二甲酸乙二酯（PET）/聚对苯二甲酸丁二酯（PBT）、PE/PP 等共混体系都属于这一类。由于结晶高聚物本身尚存在部分非晶区，它们的共混物形态就更为复杂。可以是两种聚合物的晶粒分散在它们自身的非晶态中；也可以一种以球晶形式，另一种以晶粒形式分散在非晶态中。两种聚合物也可能都形成球晶，或者形成混合型的球晶（即和晶或共晶），晶态部分为连续相，非晶态部分分散其中（见图 2-8）。

2.2　影响相态结构的因素

相态结构的影响因素主要涉及两方面的内容：①共混物组分处于连续相或分散相受哪些因素影响；②分散相微区的结构形态受哪些因素影响。

2.2.1　影响相连续性的因素

前面已经指出，聚合物组分处于连续相还是分散相，对共混物性能有着不同的影响。因此，根据对材料性能的要求，确定聚合物合金相的组成，是一个很重要的问题。影响相的连续性主要有以下几个因素。

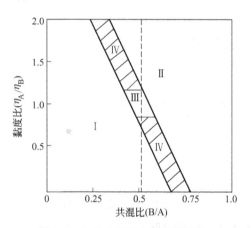

图 2-9　共混比和黏度比对共混物相连续性的影响

Ⅰ区：A 组分为连续相；Ⅱ区：B 组分为连续相；Ⅲ区：A、B 组分均为连续相；Ⅳ区：相转变区

2.2.1.1　组分比

通常情况下含量高的组分易形成连续相。例如三元乙丙橡胶（EPDM）和 PP 共混，当 EPDM 高于 60%，PP 低于 40%，通常情况下连续相是 EPDM，分散相是 PP，共混物显示橡胶弹性；当 EPDM 含量低于 40%，PP 高于 60%，则共混物显示塑料的特性，PP 处于连续相，EPDM 为分散相，是一种增韧聚丙烯塑料。

2.2.1.2　黏度比

在共混条件下，两组分熔体的黏度比对相的连续性有很大影响。黏度低的组分流动性相对较好，容易形成连续相，黏度高的组分不易被分散，易形成分散相，所以有"软包硬"的说法。但是黏度比的影响只能在一定的组分比范围内起作用，它们之间的关系示于图 2-9。

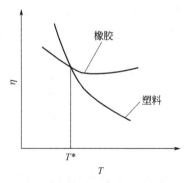

图 2-10　温度对聚合物黏度的影响

此外，共混体系中由于不同组分的黏度对温度的敏感性不同，共混过程随着温度的变化，有时还会发生相转变。如橡塑共混体系，塑料相黏度对温度的敏感性比橡胶大得多。如图 2-10 所示，当 $T > T^*$（T^* 称为等黏温度），塑料相黏度急剧降低，黏度由高于橡胶相转变为低于橡胶相，从而导致相的反转。

2.2.1.3　内聚能密度

内聚能密度（CDE）是聚合物分子间作用力大小的度量，分子间作用力大的聚合物，在共混物中不易分散，比较容易形成分散相。例如氯丁橡胶和天然橡胶的共混体系，由于氯丁橡胶的 CDE 大，在其含量高达 70%时，仍会处于分散相。

2.2.1.4　溶剂类型

用溶液浇铸薄膜时，连续相组分会随溶剂的品种而改变。如 PS-PB-PS 三嵌段共聚物成膜时，当用苯/庚烷（90/10）为溶剂，制得的膜是聚丁二烯嵌段为连续相。因为苯既是 PS 又是 PB 的溶剂，而庚烷只能溶解 PB，若先将苯蒸去后，PB 仍处于溶液状态，PB 嵌段就会成为连续相。而当采用四氢呋喃/甲乙酮（90/10）为溶剂时，四氢呋喃是两组分的共同溶剂，甲乙酮只是 PS 嵌段的溶剂。因此，先蒸去四氢呋喃，后除去甲乙酮，连续相则为 PS。

2.2.1.5　聚合工艺

对于用本体或溶液接枝法共聚的体系，首先合成的聚合物倾向于形成连续性程度大的

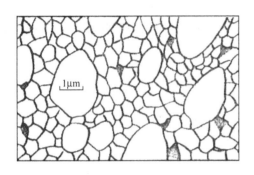

图 2-11　未产生相反转的聚苯乙烯-聚丁二烯体系的形态

相，例如在少量聚丁二烯存在下，进行苯乙烯接枝聚丁二烯的反应，在无搅拌静止聚合的情况下，最终产品中生成量最多的是 PS 均聚物，也生成一定量的接枝共聚物，即以聚丁二烯为主链、聚苯乙烯为支链的共聚物。在这个体系中尽管 PS 量远远超过 PB，但最先已成为聚合物的 PB 仍是连续相，PS 构成分散相，其形态如图 2-11 所示。PB/St 相在后阶段发展成连续网络，将 PS/St 分割为许多小区域。但是，聚合过程在边搅拌边进行共聚的情况下，当苯乙烯单体转变率达到一定程度时（PS 的体积分数达到或超过 PB），PS/St 相则由分散相转变为连续相，发生相反转，从而进一步形成蜂窝状结构。

2.2.2　影响微区形态、尺寸的因素

大量的实验事实已经证明，分散相微区的结构形态和尺寸对聚合物合金的性能有很大的影响。因此，控制微区的结构形态和尺寸是调节合金性能的重要手段。

2.2.2.1　制备方法的影响

前面已介绍了不同制备方法对共混物结构形态及微区尺寸大小的影响，也有一些例外，如乙丙橡胶与聚丙烯的机械共混产物中，乙丙橡胶的粒子是规则的球形，而不是一般机械共混物不规则的粗大胶粒。

2.2.2.2　相容性的影响

共混体系中聚合物间的工艺相容性越好，它们的分子链越容易相互扩散而达到均匀的混合，两相间的过渡区越宽，相界面越模糊，分散相微区尺寸越小。完全相容的体系，相界面消失，微区也随之消失而成为均相体系。两种聚合物间完全不相容的体系，聚合物之间相互扩散的倾向很小，相界面很明显，界面黏结力很差，甚至发生宏观的分层剥离现象。聚合物合金体系多数介于这两者之间，具有一定程度的相容，存在适当的微区尺寸。一般来说，微区尺寸较小，两相间的过渡区宽一些，共混物性能较好。但对不同的聚合物合金体系，其最佳的微区尺寸是不同的，并不都是微区越小性能越好。

2.2.2.3　分子量的影响

从相容性的热力学原理可知，降低聚合物的分子量，有利于改善聚合物间的相容性，因而降低聚合物分子量有利于微区尺寸减小。对于橡胶增韧塑料的体系，橡胶的分子量对胶粒

尺寸的影响更大。橡胶分子量增大，溶液的黏度随之增大，溶液黏度增至一定程度就难以使橡胶相破碎成微小的胶粒。

2.2.2.4　共混物组分的黏度影响

两种聚合物共混，它们的黏度差愈大，分散相愈不易被分散，分散相的粒径较大。两种聚合物的黏度接近，分散效果最好，所得分散相的粒径较小。

2.2.2.5　工艺条件的影响

对机械共混的体系，混炼工艺对分散均匀性和微区的尺寸有一定影响。首先，必须控制合适的混炼温度，使两种聚合物均处于熔融状态。一般地说，温度适当高一些有利于分散相均匀分布，但温度过高会导致聚合物降解；混炼时间长一些，对分散相分散有利，在一定范围内微区尺寸有所减小，到一定时间后不再有影响。另外，增韧塑料中橡胶含量也有影响，橡胶含量高的体系，微区尺寸相对较大，被分散的胶粒重新凝聚的概率增大。

共混方式对分散效果也有影响，两阶段共混有利于分散相尺寸减小，即先配成塑料/橡胶共混比接近的混合料，进行混炼，然后再稀释至预定的配比，两阶段共混的产品性能优于直接共混法，这就是我们通常所说的母料法。例如两阶段共混的 NR/PE（90/10），其拉伸强度较直接共混产物提高 50% 左右，断裂伸长率和定伸应力也有提高。

对于 HIPS 和 ABS 接枝共聚-共混体系，如前所述，聚合过程的搅拌速率对它们的形态结构有重要影响，搅拌速率过低或剪切力小于临界值，将不发生相反转。相反，若剪切力过大，将会造成分散相胶粒过小，被包藏的 PS 较少，增韧效果也不好。此外，接枝程度对胶粒尺寸也有影响，随着接枝程度增大，橡胶粒子的尺寸逐步减小，这已被大量实验结果所证实。这是因为接枝共聚物起着增容剂的作用，接枝度高使相容性更好，有利于形成较小的胶粒。

2.2.2.6　混炼设备的影响

用熔融共混法制备共混物，共混体系的分散程度与混炼设备密切相关，两种聚合物要达到充分混合和相容性所允许的分散程度，必须通过有效的混炼设备提供强化混合的条件。不同的混炼设备对共混物的分散作用不同，所得共混物的性能也不一样。

目前，工业生产上用于聚合物熔融共混的设备主要有两辊炼塑机、密炼机、挤出机。两辊炼塑机混炼效果最差，高效密炼机的混合、分散作用高于普通密炼机，同向平行双螺杆挤出机优于普通单螺杆挤出机。

2.2.3　含有结晶聚合物共混体系相态结构的影响因素

共混物中如果有一种聚合物是结晶的，共混体系中不但同时存在晶态和非晶态两种相态结构，而且两者相互间要发生影响，不同的体系影响程度又有很大差别。

2.2.3.1　晶态-无定形态共混体系

晶态-无定形态共混体系的相态结构既和组分含量有关，又受结晶度大小的影响。当结晶度较小时，球晶或晶粒分散于无定形基体中；当结晶度较高（同时结晶组分含量也较高）时，球晶将充满整个本体。例如 PCL/PVC 体系，PCL 是结晶高聚物，当其体积分数超过60%，在偏光显微镜中 PCL 球晶就充满整个视野。随着 PVC 含量增加，PCL 的一维结晶度减小，晶粒大小基本不变。这说明 PVC 是均匀地分散于 PCL 球晶内的片晶之间。另一个共混体系，等规 PS/无定形 PS 的情况有所不同，用 SAXS 和 DSC 对该体系的研究表明，当非晶 PS 的含量≤30% 时，等规 PS 在共混物中结晶，晶区之间的距离不随非晶 PS 的含量而改变。因此，可以认为非晶 PS 没有进入结晶 PS 的片晶之间，而是非晶 PS 聚集成较大的微区分布在球晶之间。

2.2.3.2　晶态-晶态共混体系

对于由两种结晶聚合物组成的共混体系，视两种聚合物的相容性和晶胞结构、结晶形态的异同，有着不同的影响。例如，六亚甲基己二酰胺/对苯二甲酰胺共聚物，其中己二酸和对苯二甲酸两种共聚单体中的两个羰基间的距离相当，结果共聚物中的两个链节可以在晶格中互相取代，即生成和晶。又如 LDPE 和 PCL 两种结晶高聚物共混亦可共结晶，因为 PE 和 PCL 同属正交晶系，晶胞结构相近，可以生成混合型晶体（即和晶）。而 PET 和 PBT 虽然两者的相容性很好，但 X 射线衍射和 DSC 的研究都证明，仍存在两种晶体，有两个 T_m，但 T_g 只有一个，而且是随共混比而改变，介于 PET 和 PBT 的 T_g 之间。因此，可以确定这是一个两种球晶（或晶粒）分布于同一个无定形基体中的共混体系。PET 和 PBT 各自独立进行结晶，但彼此对结晶速率和结晶度有一定影响。

2.2.3.3　含结晶链的接枝共聚物

接枝共聚物中若主链是结晶性的，支链的存在对共聚物的结晶形态、尺寸有一定影响。例如，PE 和苯乙烯的接枝体系中随接枝度的提高，PE 的结晶度有所降低。可以认为接枝反应只发生在晶区表面或晶体缺陷处，然而由于单体对接枝链的溶胀作用会产生很大的膨胀力使晶体破坏，从而不仅使体系中晶粒尺寸变小，结晶度也降低。又如，PP 从高温 180℃经 4h 缓慢冷却至 80℃，可形成完美的球晶，晶粒尺寸达 $300 \sim 500 \mu m$，但若在 PP 链上接枝 18.1% 的 PVAc，PP 球晶明显受到破坏，当接枝度达到 41.5%，已不能形成大球晶，且球晶之间有裂纹生成，同样的情况也发生在等规 PS 接枝无定形 PS 的体系中，支链的存在使主链的结晶完善性大大减小。

若支链是结晶性的，主链对支链的结晶行为也有影响。聚 ω-羟基十一酸酯便是一例，将它接枝到聚甲基丙烯酸主链上，接枝度较低时，由于支链的数量少，难以靠拢，无法规整化排列形成晶体。当接枝度增大至一定程度后才逐步形成小晶粒和不完善的球晶。这表明主链对支链的结晶有一定的束缚、限制作用。此外，还有一种主链促进支链结晶的例子，一种难以结晶的聚酯接枝到 PMMA 分子链上，反而使支链容易发生结晶。这种情况的支链通常是柔性链，它接枝到刚性的主链上因受主链的"支撑"，使支链容易形成规整的链束，从而加速了结晶过程。

2.3　嵌段共聚物的微相分离结构

嵌段（接枝）共聚物中两种不同嵌段之间的分相是高分子链分子内自身的相分离，不同于一般共混物的分相，不能用物理方法将嵌段共聚物中两相完全分离开。而且由于两嵌段间有化学键相连接，它们分相后在空间上不可能相距太远，因而分散相的尺寸只能限制在较小的范围。通常，把这类由化学键相连接的不同链段间的相分离称为微相分离（microphase separation）。

2.3.1　嵌段共聚物微区的结构形态

嵌段（接枝）共聚物中的嵌段（支链）分子量达到一定大小，就会产生微相分离的两相结构。微区的形态主要取决于两种链段的相对含量。图 2-12 是 ABA 型嵌段共聚物随 A 组分含量增加，可能形成的五种典型的相态结构示意图。

微区形态随 A、B 相对含量变化的现象，已在电子显微镜的实验中反复得到证实。图 2-13

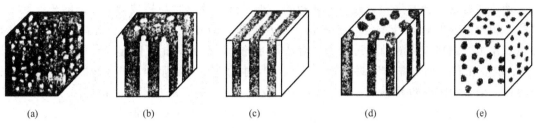

图 2-12　嵌段共聚物相态结构和嵌段含量的关系

（a）B 组分以球粒分散于 A 基体中；（b）B 组分以棒形分散于 A 基体中；

（c）A、B 两组分形成交错层状结构；（d）、（e）A 组分以棒形和球粒分散在 B 基体中

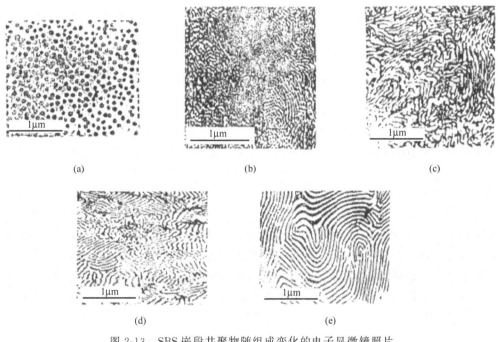

图 2-13　SBS 嵌段共聚物随组成变化的电子显微镜照片

（a）PB 20%；（b）、（c）PB 40%；（d）、（e）PB 60%

是 SBS 中 PB 嵌段含量改变所得到的一组电镜照片。含量较多的链段通常处于连续相，含量较少的链段为分散相。当 PB 含量＜25%时，PB 嵌段以球形颗粒分散于 PS 基体中；当 PB 含量增加到 25%～35%时，PB 转变为棒状微区分散于 PS 基体中；当 PB 含量进一步增加到与 PS 接近时（40%～60%），则两相成为交替排列的层状结构；当 PB 含量再提高，PB 转变为连续相，PS 为分散相。接枝共聚物的主链和支链相对含量改变，其相态结构也会出现类似的五种形态。

　　SBS 试样的超薄切片经长时间退火后进行电子显微镜观察，发现其微区的排列具有高度的规整性，表现出长程有序的特征，具有类似于结晶高聚物晶型的排列方式，如正方形、矩形、六方形等。

　　嵌段共聚物微区的长程有序性不仅存在于共聚物本体中，而且在一定浓度的溶液中也是普遍存在的。应用小角 X 射线法研究 SB 嵌段共聚物的结果表明，在溶液中不仅 PS 和 PB 嵌段间形成了胶束结构，而且球形胶束间呈简单立方晶格或体心立方晶格的规整排列。

接枝共聚物也会发生相分离,分散相的大小、分布及形状与接枝物的支链的长度和分布密度密切相关。例如,PP-g-PU共聚物在冷却凝聚过程中,结晶和微相分离过程同时进行并相互作用。在接枝物的结晶过程中,合适尺寸的PU链聚集相可以起到异相成核作用,诱发PP链段在其表面规整排列并结晶,而较大尺寸的PU颗粒则阻碍了PP的结晶过程。另外,根据聚合物结晶过程异质排斥原理,PU支链在PP的结晶过程中将被排斥于晶区之外,因此PU主要位于PP的无定形区。在微相分离过程中,由于表面张力等原因,PU链发生卷曲或聚集,形成球形微粒,与PP相发生分离;但由于PP与PU之间由共价键连接,PU微相易受PP主链的牵制等影响而难以凝聚成更大的相区,因此PU分散相的粒径较小,粒子分布较为均匀,两相表现出较好的相容性。同时,PP主链中少部分与PU支链接枝点相近的链段可能会因被PU相所包埋,而形成PP微粒被PU相包裹的结构。另一方面,PU支链由于与主链共价连接,PU相内部的PU组分不能结晶,但由于PU链本身的化学结构特性,PU分散相内部又可出现软、硬段的分离,自身也发生微相分离,从而使共聚物的微相分离结构表现为多微相区的特殊结构。

2.3.2　影响微相分离结构的因素

尽管理论上讲,嵌段共聚物的微相分离结构决定于两相之间的热力学特性,但制备溶剂、电场、应力场及基体对微相分离都有一定程度上的影响,可以通过这些条件的控制来控制最终共聚物的微相分离结构,另外嵌段分子量对共聚物的微区的结构和形貌也有影响。

2.3.2.1　溶剂的影响

溶剂的物理性质,如它对高分子链段的选择性、成膜时的蒸发诱导以及溶剂退火等都对嵌段共聚物自组装微观结构的形成有着直接的影响。用不同溶剂制得嵌段共聚物的浇铸薄膜,它们的微相分离结构可以不同,溶液与熔融状态所得的形态也会有差别。用甲苯、甲乙酮、环己烷、四氯化碳分别制备PS/PI(40/60)嵌段共聚物的溶液,用这些溶液浇铸成薄膜,所得电子显微镜图形有很大差别。这是由于不同溶剂对共聚物嵌段的溶解能力不同所致,甲苯对PS和PI嵌段都能溶解,所以能形成S-I交错层状结构(图2-14)。而甲乙酮对PS嵌段具有溶解性,对PI嵌段不溶解,故能使PS相(40%)呈现连续性。而当采用四氯乙烷和环己烷时,情况则完全相反,只溶解PI,而不溶解PS,由这两种溶液浇铸成的薄膜,其PS嵌段是分散相(图2-15)。

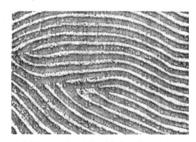

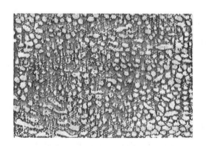

图2-14　用甲苯作溶剂的PS-PI　　　　　图2-15　用环己烷作溶剂的
浇铸膜电镜照片　　　　　　　　　　PS-PI浇铸膜电镜照片

对于半结晶性嵌段共聚物,不仅溶剂可以诱导微观分相,得到有序结构,而且结晶性嵌段的结晶行为对结构也有重要影响。Huang等[52]将PS-b-PAA与PS-b-聚-2-乙烯基吡啶(P2VP)-b-PEO混合,在溶剂中形成球形胶束,其中PAA和P2VP可在溶剂中形成氢键,共同组成胶束的核，通过溶剂蒸发能诱导核外 PEO 链段的结晶过程，进而影响其形貌的变化。Russell 等[53]利用溶剂蒸发诱导 PS-PEO 及其与均聚物的共混物，得到了高度规整排布、柱状形貌的嵌段共聚物薄膜。最近，他们利用三嵌段 PEO-*b*-PMMA-*b*-PS 共聚物得到了高度规整、无缺陷且具有柱状纳米级孔径的薄膜。

结晶性溶剂对诱导嵌段共聚物薄膜微观分相同样具有重要的影响。Thomas 等[54]将半结晶性的 PS-*b*-PE 嵌段共聚物溶解在苯甲酸中，置于玻璃基底上，通过降低温度使溶剂发生方向性固化，先得到一层晶体基底。再降低温度，嵌段共聚物就在此基底上伴随溶剂的方向性凝固发生结晶。如果用无定形的嵌段共聚物 PS-*b*-PMMA 或 PS-*b*-PI 代替半结晶性的嵌段共聚物，溶剂的方向性凝固会使高分子的界面与溶剂晶体的生长方向平行排布，从而得到层状和柱状的有序结构[55~57]。

共聚物的形态不仅受溶剂类型的影响，而且溶液浓度不同，制成的薄膜结构形态也有细微区别。

2.3.2.2　场诱导的影响

嵌段共聚物的微观相分离也会受外场电的诱导作用，电场可以诱导嵌段共聚物层状与柱状微观分相的取向，对体相和薄膜中的嵌段共聚物都适用。Amundson 等[58~60]首先成功地通过施加外加电场以诱导嵌段共聚物熔体分相和取向，得到层状和柱状的微观分相，并克服了基底诱导，使平行取向的分相结构转为垂直取向。在薄膜中，外加电场同样也可以诱导嵌段共聚物得到平行或垂直基底取向的微观分相[61]。Russell 等[62]在制得具有规整排布的嵌段共聚物分相结构之外，还通过一系列实验研究了如何应用两种外场的组合控制诱导嵌段共聚物分相得到三维有序结构[63]，此外嵌段共聚物的初始状态、电场极限强度、基底作用强度、膜的厚度对嵌段共聚物微观分离及取向都有不同程度的影响，成为近年来嵌段共聚物微相结构分离的研究热点。

除了电场之外，剪切场也可以控制嵌段共聚物微观分相的有序排布。Keller 等[64,65]首先提出用剪切场控制嵌段共聚物微观相分离，他们将熔体挤出应用于已经发生微观相分离的三嵌段共聚物上，以诱导其柱状相的取向。在两块平行板之间实现振动剪切则可用于控制膜厚、剪切率以及应变幅度[66,67]。Albalak 和 Thomas 等[68~70]采用滚动铸造技术，将剪切诱导应用于膜的制备，得到层状、柱状、球状和双连续相等结构。

2.3.2.3　特殊基底控制

嵌段共聚物在未经修饰的常规基底上总是由于某一组分对界面的优先浸润而容易得到平行基底取向的层状或柱状微观分相，但这种取向的层状嵌段共聚物在纳米制备技术上没有特别的应用潜力，反而是垂直取向的微观分相结构有着更好的应用背景，所以许多研究的重心都放在控制各种分相结构的重新取向上，对基底进行改变和修饰是目前研究的热点之一。

当基底对嵌段共聚物的各个嵌段都无优先吸引时，嵌段共聚物有可能得到垂直取向的微观相结构。要改变基底对高分子链段的吸引，可以从改变基底的表面张力入手，直接选用特殊的流体基底，并将嵌段共聚物溶液或熔体铺展于上面。为了有利于高分子在流体上的铺展，选择具有合适的表面张力或对高分子有吸引的流体作为基底，就有可能得到有序取向的嵌段共聚物薄膜。Mansky 等[71]曾尝试在水面上铸膜，实验证明可得到垂直基底取向的柱状微观分相，但是他们认为由于流体动力学、蒸发以及成膜时嵌段共聚物的自组装等因素过于复杂，难以进行可靠的控制，不利于未来应用。Han 等[72]在 Gemini 表面活性剂溶液上铸膜，同样得到了垂直于空气/高分子表面取向的柱状微观分相，并可通过改变表面活性剂来达到控制嵌段共聚物有序微观分相的目的。

　　另一方面，对固体基底进行化学修饰，使之对嵌段共聚物链段的吸引保持中性则更为有效，可以得到热力学稳定的分相形态。Huang 和 Russell 等[73,74]首先制备了沉积有无规共聚物刷的中性基底，将带有氢氧基末端基的 P（S-r-MMA）无规共聚物旋涂于带有氧化层的 Si 基片上，加热后氢氧基与氧化层反应从而在基底上铆接了一层大约 5nm 的无规共聚物刷。通过测定此基底的接触角证实，当苯乙烯的体积分数为 0.6 时，PS 与 PMMA 的表面能相等，得到中性基底。在此基底上旋涂不同组成的 P（S-b-MMA）嵌段共聚物，可以相应得到垂直基底取向的层状相或柱状相结构的嵌段共聚物膜。In 等[75]在此基础上作了改进，他们用带有侧链接枝氢氧基的 P(S-r-MMA-r-HEMA) 无规嵌段共聚物代替了以上只有末端基的 P(S-r-MMA) 无规共聚物，同样制得中性基底，进而得到垂直取向的分相结构。Ryu 和 Shin 等[76]还用热交联的方法制备了中性基底，他们采用三组分无规嵌段共聚物 P(S-r-BCB-r-MMA)，其中 BCB 带有可发生热交联的基团，制备的基底材质适合包括金属、金属氧化物、半导体以及高分子材料等各种表面，最终可得到厚度可控、有确定表面能的中性基底，对控制 P(S-b-MMA) 的分相结构同样有效。

　　运用特殊基底以控制嵌段共聚物分相的另一热点是利用模板控制嵌段共聚物的自组装行为，例如，利用半结晶性的嵌段共聚物在结晶性模板上的外延附生、在经化学修饰图案或地形模板上的异质外延、图形外延可以有效控制嵌段共聚物的自然自组装行为，得到高度有序的球状、垂直取向的层状、平行或垂直取向的柱状微观分相，甚至可以改变微观分相的排布方式，改变自然的六边形排列柱状相而得到四方形排列的垂直柱状相结构。另外，将嵌段共聚物置于非平面的几何限制的模板中，如管状或球形结构，同样可以得到同轴、同心的层状或柱状有序结构。

2.3.2.4　嵌段分子量的影响

　　微区的尺寸决定于形成微区的嵌段分子量，这已被电子显微镜和 X 射线的研究所证实。嵌段共聚物的结构特点决定了微区的尺寸必然要和嵌段链尺寸相适应，因为微区中的分子是由共聚物中相邻近的同种链段所构成。例如 A-B 型共聚物，A 和 B 嵌段的连接点必然分布在两相的界面，若微区尺寸比嵌段 B 尺寸大得多，则 B 链段不可能伸展至微区的中心部分，微区中的分子链分布必将不均匀，即中心部分分子链密度远低于微区边缘部分，这种分布是热力学不稳定状态，因而是不可能出现的；若微区尺寸相对于嵌段 B 尺寸太小，则 B 嵌段在这样的小微区内不能采取自由的无规线团分布，必然导致熵的减少和自由能的增加，这也与热力学原理相违背。因此，由 B 嵌段构成的微区，其尺寸必然与 B 嵌段本身的尺寸相适应，近年来的研究结果证实，微区尺寸与构成该微区的链段分子量 $M^{2/3}$ 成正比。

　　因此，嵌段共聚合物微观有序相形态具有良好的可调控性及相对容易的制备方法，通过改变嵌段共聚物的组成、链长、施加外场或改变制备方法等可以使嵌段共聚物通过自组装产生各种高度有序的介观图案。嵌段共聚物的自组装技术作为一种很有潜力的自下而上的有序结构组装方法，近 20 年来已成为纳米制备技术领域的热点之一。

2.4　界面层的结构和特性

　　在不相容的聚合物合金体系中，除了各自独立的相区之外，在两相之间还存在相界面。

相界面是指两相（或多相）共混体系相与相之间的界面。界面相的组成、结构与独立的相区有所不同，聚合物合金的相界面对合金的性能有着极为重要的影响，譬如，界面结合的强度会直接影响合金体系的力学性能。

2.4.1　相界面的形态

聚合物共混物中两相之间的界面如果分得非常清楚，两相中的分子或链段互不渗透，相间的作用力必然很弱，这样的体系必然不会有好的强度。因此改善界面状况，形成一定宽度的界面相（界面层）是至关重要的。力学相容的共混物在界面层内两相的分子链共存，两种聚合物分子链段在这里互相扩散、渗透，形成相间的过渡区，它对稳定两相结构的形态，提高相间界面黏结力，进而提高共混物材料的力学性能起着很大作用。

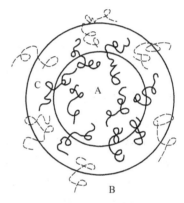

图 2-16　共混物中两种聚合物之间
相互扩散的示意图
A—分散相；B—连续相；C—界面层

机械共混物中两种大分子链段在界面互相扩散的程度主要取决于两种聚合物的溶度参数、界面张力和分子量等因素，溶度参数相近，两种分子容易相互扩散，界面层较宽；完全不相容的共混体系，不会形成界面层。两种聚合物的表面张力接近，界面张力小，有利于两相聚合物分子相互湿润和扩散。聚合物共混合金的界面层的形成与性质两种聚合物共混时，共混体系存在三个区域结构，即两聚合物各自独立的区域以及两聚合物之间形成的过渡区。这个过渡区称为界面层，界面层的结构与性质，在一定程度上反映了共混聚合物之间的相容程度和相间的黏合强度；对共混物的性能起着很大的作用。机械共混物界面层结构示意图可用图 2-16 表示，两种分子链段在界面层充分接触，相互渗透，以次价力相互作用，形成较强的界面黏结力。

界面层的结构组成和独立相区有一定差别。表现为：①两种分子链的分布是不均匀的，从相区内到界面形成一浓度梯度；②分子链比各自相区内排列松散，因而密度稍低于两相聚合物的平均密度；③界面层内往往易聚集更多的表面活性剂及其他添加剂等杂质，分子量较低的聚合物分子也易向界面层迁移。这种表面活性剂等低分子量物越多，界面层越稳定，但对界面黏结强度不利。

界面层宽度一般用界面层体积分数表示：

$$\phi_界 ＝界面层体积/试样总体积$$

完全相容的体系 $\phi_界 ＝1$，完全不相容体系 $\phi_界 ＝0$，在分散相含量一定的情况下，微区尺寸越小，$\phi_界$ 越大。每个微区的周围都有一个界面层，不同的共混体系界面层宽度不同，大概在几十纳米范围，两组分的相容性越好，界面层宽度越大，界面越弥散。对于机械共混体系，当微区尺寸为 $1\mu m$ 左右时，$\phi_界 ＝0.2$ 左右较为适宜。

嵌段共聚物产生微相分离结构，两相之间同样存在界面层，和一般共混体系不同的是在界面层内两种嵌段是化学键联结，其结点都存在于界面层中。当嵌段共聚物两嵌段相对含量恒定的情况下，界面层体积分数主要决定于两嵌段的相容程度，具体来说和两嵌段的溶度参数之差（$\delta_A－\delta_B$）及共聚物分子量（M）有关，其关系式为：

$$\phi_界 ＝K/M(\delta_A－\delta_B)^2 \tag{2-1}$$

嵌段共聚物界面层的形态随微区的形态而改变，当微区是球状分布，界面层是球壳状；

当微区是柱状分布，界面层是柱壳状；当两相为层状交错结构，界面层也是层状的。

2.4.2   相界面的效应

在两相共混体系中，由于分散相颗粒的粒径很小（通常为微米数量级），具有很大的比表面积。分散相颗粒的表面，亦可看作是两相的相界面。相界面可以产生多种效应。

（1）力的传递效应   在共混材料受到外力作用时，相界面可以起到力的传递效应。譬如，当材料受到外力作用时，作用于连续相的外力会通过相界面传递给分散相；分散相颗粒受力后发生变形，又会通过界面将力传递给连续相。为实现力的传递，要求两相之间具有良好的界面结合。

（2）光学效应   利用两相体系相界面的光学效应，可以制备具有特殊光学性能的材料。譬如，将 PS 与 PMMA 共混，可以制备具有珍珠光泽的材料。

（3）诱导效应   相界面还具有诱导效应，譬如诱导结晶。在某些以结晶高聚物为基体的共混体系中，适当的分散相组分可以通过界面效应产生诱导结晶的作用。通过诱导结晶，可形成微小的晶体，避免形成大的球晶，对提高材料的性能具有重要作用。相界面的效应还有许多，譬如声学、电学、热学效应等等。

2.4.3   界面自由能与共混过程的动态平衡

在相界面的研究中，界面能是一个重要的参数。众所周知，液体具有收缩表面的倾向，亦即具有表面张力。聚合物作为一种固体，其表面虽然不能像液体那样自由地改变形状，但固体表面的分子也处于不饱和的力场之中，因而也具有表面自由能。固体表面对于液体的浸润和对气体的吸附，都是固体表面具有表面自由能的证据。

在两相体系的两组分之间，亦具有界面自由能。以熔融共混为例，聚合物在共混过程中经历两个过程，第一步是两相之间相互接触，第二步是两聚合物大分子链段之间的相互扩散。这种大分子链相互扩散的过程也就是两相界面层形成的过程。

聚合物大分子链段的相互扩散存在两种情况。若两种聚合物大分子具有相近的活动性，则两大分子链段以相近的速度相互扩散。若两大分子的活动性相差悬殊，则发生单向扩散。两聚合物大分子链段的相互扩散过程中，在相界面之间产生明显的浓度梯度。如 PA 与 PP 共混时，由于扩散的作用，以 PA6 相来讲，在 PA6 相界处，PA6 的浓度呈逐渐减小的变化趋势，PP 相界处的浓度变化亦逐渐变小，最终形成 PA6 和 PP 共存区域，这个区域就是界面层。

在共混过程中，分散相组分是在外力作用之下逐渐被分散破碎的。当分散相组分破碎时，其比表面积增大，界面能相应增加。反之，若分散相粒子相互碰撞而凝聚，则可使界面能下降。换而言之，分散相组分的破碎过程是需在外力作用下进行的，而分散相粒子的凝聚则是可以自发进行的。因此，在共混过程中，就同时存在着"破碎"与"凝聚"这样两个互逆的过程，见图 2-17。

图 2-17   "破碎"与"凝聚"过程示意图

在共混过程初期，破碎过程占主导地位。随着破碎过程的进行，分散相粒子粒径变小，粒子的数量增多，粒子之间相互碰撞而发生凝聚的概率就会增加，导致凝聚过程的速度增加。当凝聚过程与破碎过程的速度相等时，就可以达到一个动态平衡。在达到动态平衡时，分散相粒子的粒径也达到一个平衡值，这一平衡值称为"平衡粒径"。平衡粒径是共混理论中的一个重要概念。

共混物两相之间的表面自由能，与共混过程及共混物的形态都有关系。但受到研究方法的制约，直接研究共混物两相之间的界面自由能尚有困难。因而，主要采用了研究单一共混组分表面自由能的方法，进行间接的研究。

聚合物的表面自由能与聚合物之间的相容性有一定关系，测定聚合物的表面自由能数据，对研究聚合物之间的相容性具有一定的意义。此外，表面自由能的测定在聚合物填充体系、聚合物基复合材料的研究中亦有重要作用。在聚合物的黏合与涂覆中，表面自由能也是重要的参数。以黏合为例，良好的黏合的前提是黏合剂要在聚合物表面浸润，这就与聚合物的表面自由能有关。

聚合物表面自由能的数据，对于共混改性的研究有一定意义。两种聚合物若表面自由能相近时，在共混过程中，两种聚合物熔体之间就易于形成一种类似于相互浸润的情况，进而，两种聚合物的链段就会倾向于在界面处相互扩散。这不仅有利于一种聚合物在另一种聚合物中的分散，而且可使共混物具有良好的界面结合。

2.5　形态结构的研究方法

研究聚合物合金形态结构的传统方法主要采用光学显微镜法和电子显微镜法，近年来原子力显微镜（atomic force microscope，AFM）也广泛应用于聚合物合金形态结构的研究。这里将对这几种方法作简单的介绍。

2.5.1　光学显微镜法

当聚合物合金中的分散相尺寸大于 $1\mu m$，光学显微镜可直接观察到微区的形态结构并可测得微区的尺寸。光学显微镜观察形态结构的基础是两相对光的吸收或色泽存在差别。如两种聚合物的折射率差较大（大于 0.01），从显微镜中就可观察到两种聚合物所在相区的图像光强存在差别，从而可从图像明暗不同的部位观察到微区的形状及其大小。一般采用相差显微镜有助于增加反差，图像更清晰。即使在普通显微镜下是透明的材料，也会由于样品中各部位的折射率稍有不同而显出影像，折射率差大于 0.002～0.004 就能产生反差，其放大倍数约为 1000，分辨率为 200nm 左右。如果聚合物合金体系中含有结晶的组分，用偏光显微镜可观察到晶区的球晶形态。虽不含结晶聚合物，但两组分聚合物在受力取向程度相差较大时，也可应用偏光显微镜观察其形态。

用光学显微镜观察共混物形态的样品常用的制样方法主要有溶剂法、切片法、蚀刻法。

溶剂法是以适当的溶剂将样品溶胀，铺展在两玻片之间，然后置于相差显微镜下观察或照相。其不足之处是溶剂会使微区的形态和尺寸发生某些变化，在估算微区尺寸时，应考虑其造成的影响。

切片法是用超薄切片机将样品切成 $1\sim5\mu m$ 厚的薄片，再将薄片置于玻片上进行观察，此法切片过程较麻烦，同时切片时也会使共混物中的胶粒扭曲变形。

蚀刻法是用适当的蚀刻剂浸蚀样品中的某一组分，再用反射的方法观察蚀刻后样品的形貌。此法的关键是选择适当的蚀刻剂。

　　光学显微镜仅用于较大尺度（大于 200nm）的形态结构的分析。如果要研究聚合物合金在更小尺度上的形态结构，需采用分辨率更高的电子显微镜，如透射电镜（TEM）和扫描电镜法（SEM），可观察到 $0.01\mu m$ 甚至更小的颗粒。

2.5.2　电子显微镜法

　　电子显微镜和光学显微镜在构造上的最大不同是以电子束代替光线，以电磁透镜代替光学透镜。在功能上的最大区别是电子显微镜放大倍数大、分辨率高，它能够直接观察以 Å 计的微小质点的结构形态、尺寸，是研究聚合物合金形态最有效的方法。电子显微镜分为透射电子显微镜（TEM）和扫描电子显微镜（SEM）。

　　用 TEM 研究聚合物合金的形态时，制样技术是关键。样品必须能让电子透过才能成像，一般其厚度为几十纳米，因为照射样品的加速电压通常为 $50\sim120kV$，此时电子穿透样品的能力很弱，只能穿透很薄的样品。此外，这样薄的样品薄片必须有一个很薄的（20nm）支持膜来承载，要求支持膜相对于电子束是非常透明的。同时盖有支持膜的样品薄片有些须用一个金属载网来支承。因此透射电镜的样品制备是个很复杂的过程，它对获得良好的电镜照片是至关重要的。

　　TEM 样品的制备方法，根据样品的来源和研究的内容不同而异，通常有下面几种制样方法。

2.5.2.1　超薄切片法

　　有机高分子材料用超薄切片机可获得 50nm 左右的薄样品。如果要用透射电镜研究大块聚合物样品的内部结构，可采用此法制样。需要指出的是，这一方法用于制备聚合物试样时的困难在于将切好的超薄小片从刀刃上取下时会发生变形或弯曲。为克服这一困难，可以先将样品在液氮或液态空气中冷冻；一般冷冻温度比聚合物的 T_g 低 20℃ 左右即可，例如 PE 不经包埋，用冷冻超薄切片可直接观察到 PE 的球晶。或将样品包埋在一种可以固化的介质中。选择不同的配方来调节介质的硬度，使之与样品的硬度相匹配。经包埋后再切片，就不会在切削过程中使超微结构发生变形。也有人在研究聚合物的银纹时，先将液态硫浸入样品，然后淬火、切片，最后在真空下使硫升华掉。为研究高分子树脂颗粒的形态及其分布，有时也可以采用先包埋、再行超薄切片的办法制样。

　　通常的聚合物由轻元素组成。在用质厚衬度成像时图像的反差很弱，因此，一般说来，由超薄切片得到的试样还不能直接用来进行透射电镜的观察，还需通过染色或蚀刻来改善衬度，但不宜采用投影的方法，以防切片的表面刀痕引入假象。

　　所谓染色实质上就是用一种含重金属的试剂对试样中的某一相或某一组分进行选择性的化学处理，使其结合上或吸附上重金属，从而导致其对电子的散射能力有明显的变化。

　　蚀刻的目的在于通过选择性的化学作用、物理作用或物化作用，加大上述聚合物试样表面的起伏程度。蚀刻的方法有好几种。常用的有化学试剂蚀刻和离子蚀刻。用作蚀刻的化学试剂有氧化剂和溶剂两类。所用的氧化剂有发烟硝酸和高锰酸盐试剂等。它们的蚀刻作用是使试样表面某一类微区容易发生氧化降解作用，使反应生成的小分子物更容易被清洗掉，从而显露出聚合物体系的多相结构来。要注意的是，蚀刻条件要选得适当，以免引入新的缺陷或伴生应力诱导结晶等结构假象。溶剂蚀刻利用的是不同组分或不同相在溶解能力上的差异。例如乙胺、氯代苯酚等溶剂使聚对苯二甲酸乙二酯中的非晶区更容易溶解。有时会出现在非晶区被溶解的同时，晶区被溶胀甚至少量溶解的现象。还会出现溶剂诱导和应力诱导作用使试样表面形成新的结晶。应充分认识的是：在用化学试剂蚀刻法改善半结晶聚合物试样的衬度时，化学试剂对于同一种聚合物的晶区和非晶区的作用差异是作用速率的不同，而不是能作用与不能作用的问题。

离子蚀刻是利用半晶聚合物中晶区和非晶区或利用聚合物多相体系中不同相之间耐离子轰击的程度上的差异。具体做法是在低真空系统中通过辉光放电产生的气体离子轰击样品表面，使其中一类微区被蚀刻掉的程度远远大于另一类微区，从而造成凹凸起伏的表面结构。

由于蚀刻一般是对较厚和较大的样品进行的一种表面处理，使得这种样品不能直接放入透射电镜中观察。因此往往采用上述复型技术来进一步制样。但在对蚀刻试样的图像进行解释时，务必格外小心，这是因为试样很容易在蚀刻时或随后的处理阶段发生变形。所以根据这种电子显微像推测得到的蚀刻前的试样结构，应该用其他研究技术加以旁证。

2.5.2.2　溶液成膜法

嵌段共聚物用溶液浇铸法成膜较多。薄膜同样需置于载网上，为提高图像反差，仍需进行染色。用溶液成膜法制样时，溶剂的选择应选用高纯度和易挥发的良溶剂。

2.5.2.3　复型法

复型法是一种间接方法，要求既能将原样品表面形态精细地复制下来，又不能显露复型材料本身的细微结构，并且要求沉积层足够薄，又能耐电子辐射，在高真空下不挥发、不变形。

复型法又分一次复型和二次复型，前者又称负复型，后者又称正复型。一次复型是在原试样表面上蒸发一层很薄的碳膜，然后将高聚物溶解掉，留下的碳膜即具有与原试样表面相反的细微结构。对于不易溶解的试样，可采用二次复型法，它通常是用明胶涂在试样表面上，干燥后剥下明胶膜，再蒸发碳膜，然后溶去明胶，碳膜上的结构即与原试样表面相同。复型法比较麻烦，而且操作过程或多或少损坏原样的形貌，复型法对了解相颗粒的大小、形状和分布是有效的，但要进一步了解其内部结构就很困难。

此外，还有蚀刻法、投影法、离子减薄法及低温结晶法等。

另一种研究聚合物合金形态的电子显微镜是扫描电子显微镜（SEM），它的成像原理和透射电镜不同，它不是通过透镜来放大成像，而是如摄像那样，逐点扫描并用间接方法来获得被测样品的放大像。扫描电镜主要用于研究试样表面的形貌，其图像立体感强、视野广、分辨率高、制样简单，应用十分广泛。

SEM 的样品制备比较简单，不需切成很薄的薄片，只要样品尺寸适合，样品直径和厚度一般从几毫米至几厘米，视样品的性质和电镜的样品室空间而定。但需小心地保护好试样的原始状态，拉伸断口不应被损伤，不应污染断口表面。烧蚀样品在观察前不应清洗，烧蚀后表面的烧蚀产物要保存，它对分析工作十分重要。对于绝缘体或导电性差的材料来说，则需要预先在分析表面上蒸镀一层厚度约 $10\sim20$ nm 的导电层。否则，在电子束照射到该样品上时，会形成电子堆积，阻挡入射电子束进入和样品内电子射出样品表面。导电层一般是二次电子发射系数比较高的金、银、碳和铝等真空蒸镀层，对在真空中有失水、放气、收缩变形等现象的样品以及在对生物样品或有机样品作观察时，为了获得具有良好衬度的图像，均需适当处理，如刻蚀等。在某些情况下扫描电镜也可采用复型样品。

2.5.3　原子力显微镜法

原子力显微镜（atomic force microscope，AFM）是一种可对物质的表面形貌、表面微结构等信息进行综合测量和分析的第三代显微镜，由 Binnig 等[77]于 1986 年发明。具有分辨率高，工作环境要求低，待测样品要求低，成像载体种类多以及制样简单、不需要重金属投影等优点。1988 年 Albrecht 等[78]首次将 AFM 应用于聚合物表面研究。近年来，随着纳米技术研究热潮的兴起，AFM 已由对聚合物表面几何形貌的三维观测发展到深入研究聚合物的纳米级结构和表面性能等新领域。

　　AFM 在嵌段共聚物表面形态表征领域发挥重要作用。王铀等[79]研究 PS-PE/PB-PS 三嵌段共聚物（SEBS）在相同浇铸条件下使用不同溶剂浇铸成膜的微相分离结构。Yang 等[80]用 AFM 表征了磺化的 SEBS 的形貌，结果发现呈现纳米结构的微相分离结构。Elzein 等[81]分析聚乙酸内酯-聚甲基丙烯酸甲酯（PCL-*b*-PMMA）嵌段共聚物是如何形成纳米薄膜等一些限定几何结构的。Yang 等[82]结合小角光散射技术，用 AFM 研究苯乙烯-丙烯腈-聚乙烯甲基醚（SAN/PVME）薄膜的相分离行为，结果发现，在相分离的初期，SAN 发生一定的取向，但在相分离完成后又消失。

本 章 小 结

　　本章首先介绍聚合物合金相态结构的类型及其影响因素，并阐述嵌段聚合物的微相分离及其影响因素，讨论了合金界面层的结构、特性及其在合金中所起的作用，最后介绍了聚合物合金形态结构的研究方法。

　　对于热力学不相容聚合物合金体系，制备方法不同、组分聚合物的结构不同、共混比不同，分散相微区的形状、尺寸以及微区的精细结构随之改变。通常会形成海岛结构、两相连续结构、两相交错的层状结构，而对于其中有一相或两相为结晶相的聚合物合金体系，其结构更为复杂。

　　影响相连续性的因素主要有：组分比、黏度比、内聚能密度、溶剂类型、聚合工艺等。通常情况下含量高的组分易形成连续相；黏度低的组分流动性相对较好，容易形成连续相，黏度高的组分不易被分散，易形成分散相，所以有"软包硬"的说法，但是黏度比的影响只能在一定的组分比范围内起作用；内聚能密度大聚合物分子间作用力大，在共混物中不易分散，比较容易形成分散相；用溶液浇铸薄膜时，连续相组分会随溶剂的品种而改变；采用共混溶剂浇铸时，往往只能溶解在先蒸去溶剂的聚合物倾向形成分散相；对于用本体或溶液接枝法共聚的体系，首先合成的聚合物倾向于形成连续性程度大的相。微区形态、尺寸主要受制备方法、相容性、分子量、共混物组分的黏度、工艺条件、混炼设备等因素的影响。

　　嵌段共聚物的微相分离结构根据两组分比的不同形成不同的结构，其结构还受到溶剂类型、场诱导效应、基体的类型和嵌段分子量的影响。

　　在不相容的聚合物合金体系中，两相之间还存在相界面。界面相的组成、结构与独立的相区有所不同，聚合物合金的相界面对合金的性能有着极为重要的影响。界面层中，两种分子链的分布是不均匀的，从相区内到界面形成一浓度梯度；分子链比各自相区内排列松散，因而密度稍低于两相聚合物的平均密度；界面层内往往易聚集更多的表面活性剂及其他添加剂等杂质，分子量较低的聚合物分子也易向界面层迁移，这种表面活性剂等低分子量物越多，界面层越稳定，但对界面黏结强度不利。相界面在聚合物合金中起到力的传递作用，对聚合物结晶、光学、热学等效应还起到诱导效应。

　　光学显微镜及分辨率更高的电子显微镜和原子力显微镜等现代测试和分析仪器可以用来研究聚合物合金的形态结构。

思 考 题

　　1. 请参照教材，结合参考文献说明海-岛结构聚合物合金的分散微区的形态和结构。

2. 列举影响聚合物合金相态结构连续性的因素，并说明分别是如何影响的？

3. 说明聚合物合金的相容性对形态结构有何影响？

4. 什么是嵌段共聚物的微相分离？如何控制嵌段共聚物的微相分离结构？

5. 简述聚合物合金界面层的特性及其在合金中所起的作用。

6. 请查找参考文献，举例说明该教材未提及的研究聚合物合金形态结构的方法？

第 3 章　聚合物合金的增韧机理

>>> **本章提要**

　　聚合物合金的一个主流研究方向就是橡胶增韧塑料，本章将从橡胶增韧塑料体系的形变特点及影响形变的因素出发，阐述橡胶增韧塑料的增韧机理。并介绍刚性有机粒子对工程塑料的增韧原理及影响因素。

3.1　橡胶增韧塑料的增韧机理

3.1.1　橡胶增韧塑料体系的形变特点

3.1.1.1　橡胶增韧塑料体系的形变机理

　　聚合物合金形变机理在本质上和一般聚合物没有什么区别，其变形也不外乎银纹化（craze）和剪切带（shear band）形变两种塑性形变机理。银纹化形变是个空化过程，伴随着应力发白，体积增大现象。与拉伸应力垂直的方向不发生明显的尺寸收缩。银纹化形变在外力去除后，银纹体中的分子链经过一定时间后会解取向。剪切形变主要是形状发生改变，无体积变化，拉伸试验时横向发生明显的收缩，剪切形变的外力去除后仍保留相当的取向程度。

　　共混物变形时，以何种机理发生变形与共混物的组成及结构等因素有关。

3.1.1.2　共混物形变的特点

　　（1）橡胶相存在有利于发生屈服形变　我们知道，屈服形变是韧性的玻璃态或结晶态聚合物力学行为的重要特征。对于橡胶增韧塑料体系，由于分散相橡胶颗粒的模量低，在外力作用下更易发生伸长形变，成为应力集中的中心。特别在橡胶颗粒的赤道上应力集中最大，在橡胶颗粒周围引发出大量银纹或剪切带导致材料产生局部的屈服应变。橡胶颗粒赤道附近的应力集中因子（最大主应力对施加应力之比）最大值可达 1.92。当橡胶颗粒中含有树脂包容物时应力集中因子有所下降。例如，HIPS 体系中橡胶粒子赤道附近的应力集中因子为 1.54～1.89。随着离颗粒表面的距离增加，应力集中因子迅速减小（见图 3-1）。当颗粒之间的距离小至一定程度，各颗粒的应力场之间会导致叠加效应，使应力集中因子进一步增大。应力集中因子增大有利于产生屈服形变。

　　造成橡胶增韧材料体系易于发生屈服形变的另

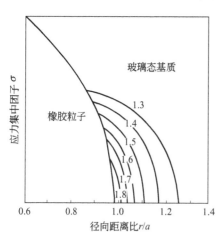

图 3-1　HIPS 中橡胶粒子附近的
应力集中因子

r—某点到橡胶粒子中心的距离；
a—橡胶粒子的半径

一个重要原因，是其内部的橡胶粒子对周围塑料相产生静张力（hydrostatic tensile stress）的结果。产生静张力的原因主要是由于橡胶的热膨胀系数比塑料大，当增韧塑料成型过程由高温熔融状态冷却至室温时，橡胶相的体积收缩比塑料相大，结果造成橡胶颗粒对其周围的塑料相基体产生拉应力（即静张力）。此外，在增韧塑料受到外力的拉伸作用时，这种静张力又会进一步增大。这是因为橡胶的泊松比（接近 0.5）大于塑料（0.3 左右），当其受到拉伸应力时，橡胶的横向收缩大于塑料，又导致形成新的静张力。静张力的产生使塑料基体内的自由体积增大，导致塑料相的玻璃化转变温度 T_g 下降，从而更有利于在外力作用下发生屈服形变。

　　总之，由于共混物中橡胶颗粒的存在，使其产生屈服形变变得容易，可使脆性聚合物由脆性断裂转变为韧性断裂（见图 3-2）。未经橡胶增韧的 PS 形变量很小，应变达到 1.5％时，可观察到银纹产生。当应变增大到 2％时，银纹扩展成为裂纹（crack），使材料发生断裂。图 3-2 中 HIPS 的应力应变曲线起始阶段近似于 PS 的线性关系，这时银纹尚未形成，材料受到的应力还低于发生银纹的临界应力。当应力增大到临界应力后，材料开始出现发白现象，说明发生了银纹化，应力应变转变为非线性行为。应力再继续增大，银纹化速度迅速加快，直到发生屈服现象。在屈服点以后，由于应变软化效应（strain-softening effect），应力下降至一定值后基本

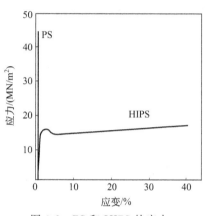

图 3-2　PS 和 HIPS 的应力-
应变曲线（20℃）

保持恒定，而应变继续增加，此过程相当于蠕变过程，这时形变增大主要来自银纹数量的不断增加和银纹尺寸的增大。最终，由于在应力的作用下银纹转变为裂纹而断裂。断裂时材料的应变已经达到 40％，比普通 PS 增加 20 倍。

　　（2）力学性能受形变机理影响　增韧塑料的类型不同，其形变机理不同。高抗冲聚苯乙烯基本上是银纹化形变，增韧聚氯乙烯则属于剪切屈服形变，而 ABS 树脂既有银纹形变，又存在剪切带形变。形变机理不同，共混物所显示的力学行为有所区别。决定共混物玻璃态形变是哪一种机理，主要与共混物基体的韧性有关。韧性越好，越有利于发生剪切带形变。例如 HIPS/PS/PPO 共混体系，随着 PPO 含量增加，PS 含量减少，其断裂伸长率明显增大。这是由于随着 PPO 含量的增加，基体的韧性变得更好了（基体由 PPO 和 PS 形成的相容物组成），这时共混物总形变中由剪切带引起的形变所占的比例增大，而基体韧性很差的体系，断裂伸长率较小。

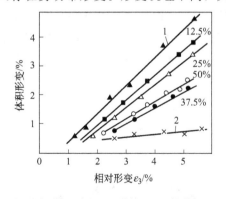

图 3-3　HIPS 和增韧 PVC 拉伸
蠕变过程 ΔV-ε_3 的关系图
1—HIPS/PPO 为 100/0，图中数字为
PPO 含量；2—增韧 PVC

　　银纹化和剪切带这两种形变机理对共混物性能的影响是不同的。银纹体是多孔的，模量大大低于本体，并且对液体有较大的可渗性，这时材料继续受到外力的作用，银纹很易发展成裂纹，最终导致材料的损伤和破坏，即发生应变损伤现象。剪切带形变则不

会使局部应变区的强度有过多下降，不会增加聚合物的可渗性，应变损伤程度很小。此外，银纹产生的屈服形变存在一定程度的可恢复性（高弹形变）。因此，凡是以银纹形变机理为主的聚合物或共混物，不宜采用冷成型方法。而剪切屈服形变中不可恢复的塑性形变所占比例大，不会在材料中存在大的内应力。因此，以剪切形变为主的聚合物或共混物，可采用冷成型法。

3.1.1.3 研究形变的实验方法

如前所述，两种形变机理在形变过程展示的某些特征现象，可为形变机理的判别提供依据。例如，银纹形变往往伴随应力发白现象，而剪切形变无此现象；银纹化是个空化过程，伴随着体积增大，与拉伸应力垂直的方向不发生明显的尺寸收缩。剪切形变主要是形状发生改变、无体积变化，但拉伸试验时横向发生明显的收缩；因此，通过测定形变区域横向及纵向的形变，可获得材料形变机理的信息。

对橡胶增韧塑料的两种形变机理作定量研究，最行之有效的方法是用高精度的蠕变仪同时精确测定试样在张应力作用下的纵向和横向形变。若试样是边长为1的立方体积元，在张应力作用下，纵向伸长为 ε_3，两个横向的收缩均为 ε_1（各向同性），拉伸后该体积元的长度为 $1+\varepsilon_3$，宽度为 $1+\varepsilon_1$。因此形变过程的体积变化 ΔV 为：

$$\Delta V = (1+\varepsilon_3)(1+\varepsilon_1)^2 - 1 \tag{3-1}$$

在形变较小的情况下，ε_1、ε_3 均很小，上式展开后忽略高次项，即得：

$$\Delta V = \varepsilon_3 + 2\varepsilon_1 \tag{3-2}$$

或者

$$\varepsilon_3 = \Delta V - 2\varepsilon_1 \tag{3-3}$$

由式（3-3）可知，ε_3 由体积形变和横向收缩两部分所贡献。由于银纹形变无横向收缩，即 $\varepsilon_1 = 0$，因此：

$$\partial\Delta V/\partial\varepsilon_3 = 1 \tag{3-4}$$

这就是说，在 $\Delta V\text{-}\varepsilon_3$ 的图上，斜率为1的直线可作为银纹形变的表征；对剪切屈服形变，由于形变过程无体积变化，即 $\Delta V = 0$，因此：

$$\partial\Delta V/\partial\varepsilon_3 = 0 \tag{3-5}$$

所以，在 $\Delta V\text{-}\varepsilon_3$ 的图上，斜率为零是剪切形变机理的表征。

图3-4是HIPS和增韧PVC拉伸蠕变过程 $\Delta V\text{-}\varepsilon_3$ 的关系图。由图可知，HIPS的直线斜率接近于1，说明伸长变形主要是银纹化所贡献。而增韧PVC体系的直线几乎是平行于横坐标，表明形变的机理主要是剪切屈服。而对于HIPS/PPO合金，形变过程既发生银纹化形变又发生剪切屈服形变，随着PPO含量的增加，剪切屈服形变的贡献变大。从HIPS和

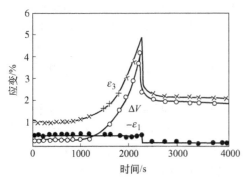

图3-4 HIPS在张应力下的蠕变曲线

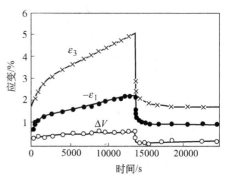

图3-5 增韧PVC在张应力下的蠕变曲线

增韧 PVC 的蠕变曲线（图 3-4、图 3-5）还可一步提供两种形变机理的有关细节，HIPS 在低应力时的横向形变（$-\varepsilon_1$）很小，而纵向形变和体积变化大致是同步变化，说明剪切屈服所占的比例小，这表明 HIPS 的形变主要是银纹变形。而增韧 PVC 的蠕变曲线中 ΔV 几乎不随时间变化，而横向形变和纵向形变同步随时间变化，这说明增韧 PVC 形变中的银纹化所占比例很小，这是典型的剪切屈服形变的特征。

3.1.1.4　影响形变的因素

（1）树脂基体的影响　共混物形变有银纹化和剪切带形变机理，基体的韧性是决定共混物形变机理的主要因素。在拉伸应力作用下，基体脆性大的共混物，银纹形变是主要的形变机理，基体韧性好的共混物，剪切带形变是主要的形变机理。造成这种区别的原因与基体的分子链网络结构有关。

近年来的研究结果证实，当玻璃态聚合物的分子量达到临界分子量以上，分子链会形成缠结的网络结构（见图 3-6）。参数 l_e 和 d 是描述缠结网络结构特征的基本参数。l_e 是两缠结点间的全伸展长度，d 是缠结网络未发生形变时缠结点间的尺寸。在拉应力作用下，网络的最大伸长比 λ_{max} 应为：

$$\lambda_{max} = l_e / d \tag{3-6}$$

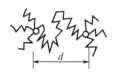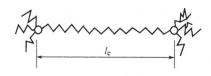

(a) 高分子链缠结示意图　　　(b) 未形变的缠结点间的距离d　　　(c) 完全伸展的两缠结点间的距离l_e

图 3-6　高分子链缠结的网络结构示意图

由式（3-6）可知，最大伸长比 λ_{max} 与 l_e 密切相关，当缠结点密度低，即 l_e 较长时，λ_{max} 值较大，分子链可充分伸展。这种情况下分子链易于取向形成微纤并发生空穴化，即发生银纹化形变。基体韧性差的聚合物，由于分子不易缠结，缠结点密度较低，因而易于发生银纹化。对缠结点密度较高的分子链缠结链伸展较难，会促使其产生"应变硬化"，因而这时局部的银纹形变不会充分发展。当体系中的薄弱部位受到的应力超过剪切屈服应力时，共混物的形变主要就由剪切屈服形变所贡献。PPO、PC 等韧性好的聚合物 λ_{max} 较低，缠结点密度高，因而容易发生剪切屈服形变。

另外，基体韧性的好坏对共混物的蠕变行为也有很大影响。图 3-4 和图 3-5 中的蠕变曲线形状不同，就是因为两者基体韧性不同。

（2）应力和应变速率的影响　应力对形变的影响表现在两方面，既影响形变机理，又与形变的速度有关。

对共混物所施加的应力类型不同，形变机理会发生改变。HIPS 在张力作用下，是典型的银纹形变。但是，在压缩应力下主要是形成剪切带。因为银纹只有在张应力下才能发生，而剪切带形变在切应力、张应力和压缩应力下都可发生。

应变速率对形变机理的影响类似于应力的影响。增韧 PVC 在高应变速率的试验中可见到应力发白的现象，表明发生了银纹形变。因为应变速率太快，分子运动的松弛过程来不及完成，其结果使聚合物内产生空穴，导致银纹形变。而在缓慢的蠕变试验中，则显示出很小的体积变化。

（3）温度的影响　温度升高使活化体积增大，形变速率增加，因而使体系更易发生银纹形变。

（4）橡胶含量的影响　增加橡胶含量使颗粒间距离小，导致颗粒间的应力场发生重叠，结果使应力集中因子增大，从而提高了材料的形变速率。橡胶含量增加还意味着体系中的橡胶粒子数目增多，使引发银纹的数目增加。不过，引发银纹数目增多的同时，终止银纹的颗粒同样增加，由这两方面产生的净效应不是十分明显。这就是说，提高银纹形变速率主要依赖于应力集中因子增大。

橡胶含量增加同样可使剪切形变的速率增大，但影响程度不如银纹形变大。因此，增加橡胶含量的结果使得形变过程的银纹化形变机理的比例有所增高。

（5）拉伸取向的影响　对增韧塑料进行拉伸，一方面使基体的分子链发生取向，同时又使分散相橡胶颗粒变成椭圆形，使应力集中因子降低，因而经拉伸的试样形变速率明显降低。ABS取向后的试样，再进行抗拉试验，发现应力发白的程度减小，这说明拉伸取向造成银纹化形变机理的比例相对减小。

3.1.2　橡胶增韧塑料体系的增韧机理

脆性塑料中加入5%～20%的橡胶，可使塑料的冲击强度提高几倍乃至几十倍，为什么少量的橡胶混入塑料中能发挥如此大的增韧效果？这个问题吸引着很多科学家的深入研究，提出了多种理论。1956年，Mertz等[83]首次提出了聚合物的增韧理论。该理论认为，作增韧体的部分橡胶粒子会横跨在材料变形所产生的很多微细的裂缝上，阻止其迅速发展，而橡胶在变形过程中消耗了能量，从而提高了材料的韧性。此理论的主要弱点是注意了橡胶而忽视了母体。后来，Newman等[84]计算了拉伸断裂过程中橡胶断裂所耗散的能量仅占总能量的10%，这说明该理论并未真正揭示橡胶增韧的本质原因。

3.1.2.1　多重银纹化增韧理论

在Mertz等微裂纹理论基础上，Bucknall和Smith[85]提出了多重银纹化理论，并克服了早期理论的缺陷。这个理论提出，在橡胶增韧的塑料中，由于橡胶粒子的存在，应力场不再是均匀的，橡胶粒子起着应力集中的作用。在张应力作用下，橡胶粒子的周围，特别是在粒子赤道平面附近会引发大量银纹，大量银纹的产生和发展要消耗大量能量，包括：形成银纹所做的塑性功；使银纹在应力方向上增长的黏弹性功；伴随银纹形成而产生的新表面的表面能；形成银纹过程导致部分分子链化学键断裂而消耗的能量。也就是说，由于大量银纹之间的应力场的相互干扰，并且如果生长着的银纹前峰处的应力集中低于临界值或银纹遇到另一橡胶颗粒时，则银纹就会终止，橡胶相粒子不仅能引发银纹而且能控制银纹。材料受到冲击时产生的大量银纹可吸收大量的冲击能量，从而保护了材料不受破坏。橡胶颗粒的第二个作用是能控制银纹的发展，使银纹及时终止而不致过早发展成裂缝使材料断裂。

多重银纹理论是基于大量实验事实基础上的，橡胶粒子引发大量银纹的观点已被电子显微镜的实验结果所证实。HIPS、ABS等体系中都观察到橡胶粒子周围大量银纹的存在，而银纹往往是起始于一个粒子而终止于另一个粒子。

多重银纹理论不仅指出了橡胶粒子引发和终止银纹的双重功能，同时，也指出了塑料相基体和增韧作用的关系。首先，橡胶粒子和塑料相的界面必须具有很好的黏结力，才能充分发挥橡胶粒子引发银纹的作用，并且塑料相基体的性质直接影响粒子引发银纹的效果，基体的韧性过好，不利于引发银纹。

这个理论对脆性玻璃态高聚物受外力作用发生银纹形变时材料韧性很差的这一事实也可作出比较合理的解释。其一，脆性高聚物只能在一些薄弱部位产生少数的银纹，吸收的能量很有限；其二，产生的银纹在外力作用下很快发展成裂缝，不存在阻止银纹发展的机理。

此外，多重银纹理论对银纹形变过程出现的一些现象也作出了较好的解释：应力发白现象是由于在张应力作用下形成的银纹区密度和折射率都低于聚合物本体，在银纹和本体界面产生全反射的结果；银纹的密度减小是由于银纹中存在许多空穴的缘故；横向无收缩是由于银纹化是个空化与体积增大的过程。此外，橡胶含量、颗粒尺寸和分布、界面黏结力等因素对增韧效果的影响，也都可以从此理论得到解释。

3.1.2.2　银纹-剪切带增韧机理

对于某些共混体系，在拉伸作用过程产生的现象，多重银纹机理无法解释。例如 HIPS/PPO 合金试样经过拉伸后作扫描电镜观察，除发现多重银纹外，还观察到与应力成 $45°$ 的剪切带，而且发现剪切带也是途经橡胶粒子的，说明橡胶颗粒同样可以引发剪切带。同时还发现，很少银纹是终止于相邻的橡胶颗粒，而且银纹一般较短，因此认为银纹很可能是被剪切带终止。因为在剪切带内分子链大致沿张力方向取向，即垂直于银纹平面，对终止银纹比橡胶粒子更为有效。实验已经证实剪切带对银纹尺寸起着控制作用，而且银纹尖端的应力集中效应还可引发新的剪切带，剪切带的引发和增大过程同样可消耗大量能量。因此，在银纹和剪切带同时存在的聚合物合金体系，银纹和剪切带之间存在相互作用和协同作用。两者共同为共混物韧性的提高作出贡献。例如 ABS 拉伸过程既有发白现象，又有细颈形成，说明同时存在银纹和剪切带两种形变机理，其增韧机理必然是两者的协同作用。对于基体韧性较好的体系，例如，增韧 PVC，其增韧作用主要归结于剪切屈服形变，银纹化的贡献很小。在用"相反转"乳液接枝共聚合法合成了三元乙丙橡胶与苯乙烯-丙烯腈共聚单体的接枝共聚物（EPDM-g-SAN）和苯乙烯-丙烯腈共聚物（SAN）树脂共混制备了耐天候老化黄变性能优异的高抗冲工程塑料 AES 中，当 AN 比率为 35% 时，EPDM-g-SAN 在 SAN 树脂基体中有良好的分散性，断面密由基体因剪切屈服形变而空化形成的空穴，证实试样为韧性断裂，其增韧机理既有空穴化又有剪切屈服，二者可吸收大量冲击能，因此试样的缺口冲击强度高达 $53.0kJ/m^2$，相界面结合牢固，并证实其 AES 的增韧机理既有空穴化又有剪切屈服[86]。

3.1.2.3　橡胶增韧塑料增韧机理研究的新进展

吴守恒等[87]认为不同塑料基体的增韧机理是不同的。脆性基体（PS、PMMA）有低的裂纹引发能和低的裂纹增长能，因此它们的无缺口和缺口冲击强度均较低，经橡胶增韧后，对外来冲击的能耗主要表现在形成银纹；而有一定韧性的基体（如 PC、PA 等）有高的裂纹引发能和低的裂纹增长能，因此具有高的无缺口冲击强度和低的缺口冲击强度。这类聚合物经橡胶增韧后，对外来冲击能的耗散主要依赖于产生剪切屈服。可见，对于热塑性聚合物的增韧，本质上在于提高材料的裂纹增长能。

增韧机理的研究方向是定量化，即区分不同形变过程对增韧效果的贡献。吴守恒对橡胶增韧 PA66 体系进行了详细的研究，他认为冲击能主要消耗于产生断裂表面的表面能、银纹的表面能和屈服形变能，以及基体的屈服形变能。经计算，当橡胶增韧 PA66 进行缺口冲击时，消耗于银纹的冲击能约占总冲击能的 25%，消耗于基体屈服的冲击能占 75% 左右。由此可见，对于本身具有一定韧性且橡胶增韧的基体，冲击能的吸收主要表现在引起剪切屈服的形变上。

综上所述，对橡胶增韧塑料的体系，橡胶颗粒的主要功能是引发塑料基体产生大量银纹和剪切带，并控制银纹的扩展。橡胶粒子的形变能吸收部分能量，但它不是冲击能的主要吸收者。吸收冲击能的主要是产生银纹和剪切带的塑料基体。总之，是在橡胶颗粒和塑料基体两者的协同作用下使共混物获得增韧的。

3.1.3　影响橡胶增韧塑料增韧效果的因素

3.1.3.1　组分间相容性的影响

在影响增韧效果的诸因素中，橡胶与塑料基体的相容性是最重要的因素。如果两者完全不相容或完全相容，都不可能有良好的增韧效果，甚至比共混前冲击韧性还差。如果两组分完全相容或橡胶粒子太小，冲击韧性也提高不大。只有塑料基体和橡胶颗粒在界面层内两种分子互相渗透，形成很强的界面黏结力，橡胶颗粒以一定的尺寸均匀分散在基体中，才具有最佳的增韧效果。例如 PVC/NBR 共混体系，抗冲击强度强烈地依赖于 NBR 中的丙烯腈（AN）含量。

3.1.3.2　橡胶颗粒尺寸的影响

橡胶颗粒要充分有限地发挥增韧功能，控制适当的颗粒尺寸是重要因素。在橡胶含量一定时，颗粒尺寸越大，粒子数越少，颗粒间距越大。显然，这对引发银纹（剪切带）、终止银纹都不利，增韧效果不佳。然而很多实验事实又表明，颗粒尺寸太小，也无明显增韧效果。对一定的增韧体系，存在着一个临界的橡胶颗粒尺寸，小于此临界尺寸，往往不起增韧作用。例如，HIPS 为 $0.8\mu m$，ABS 为 $0.4\mu m$，增韧 PVC 为 $0.2\mu m$。由这几个数据可知，塑料基体的韧性越好，临界尺寸越小。从 HIPS 的实验结果分析，橡胶颗粒尺寸过小无增韧效果的原因，主要是不能有效地终止银纹。一般地说，对银纹化为主要增韧机理的体系，橡胶颗粒适当大一些能获得较好的增韧效果；对剪切带为主要增韧机理的体系，橡胶粒子适当小一些比较有利；对兼有银纹化和剪切带两种形变机理的 ABS 一类共混物，采用大小粒径不同的粒子混合使用，增韧效果更好。因此，大粒子对引发银纹和终止银纹有利，小粒子对引发剪切带有利。

3.1.3.3　橡胶颗粒间的距离

橡胶相相邻粒子表面的间距是影响橡胶增韧塑料体系是否具有增韧效果的关键。对给定的体系，不论橡胶相的体积分数如何，当颗粒间距小于临界值 T_c 时，断裂行为表现为韧性断裂；当大于 T_c 时，表现为脆性断裂。

颗粒间距对增韧作用的影响可作如下解释：当颗粒间距较大时，橡胶粒子周围的应力场受到其他粒子的影响小，整个基体的应力场只是各个粒子应力场的总和，橡胶颗粒的应力集中效应小，增韧效果差，材料仍为脆性；当粒间距较小时（$T<T_c$），应力场不再是简单的加和，橡胶粒子周围的应力场产生叠加效应，使屈服形变明显增大，共混物表现为韧性。

3.1.3.4　橡胶含量的影响

在橡胶颗粒尺寸基本不变的情况下，在一定范围内橡胶含量增大，橡胶粒子数增多，引发银纹、终止银纹的速率相应增大。同时各个粒子周围的应力场发生相互作用更有利于银纹的引发，对材料的冲击韧性提高有利。但橡胶含量也不应过高，过多的橡胶引入共混物，非但冲击韧性不会有相应的提高，而且其他力学性能，如强度、模量反而降低很大，所以，共混物中的橡胶含量通常都有一个最佳值。

3.1.3.5　橡胶相的玻璃化转变温度

一般而言，橡胶相的玻璃化转变温度 T_g 越低，增韧效果越好。对橡胶的性能有一个基本要求，即在测试温度和高速冲击负荷作用下，橡胶粒子应能充分发生松弛变形，才能有效地引发银纹或剪切带，吸收冲击能。但在高速负荷的作用下，橡胶相的 T_g 会显著升高。如果橡胶在静态下的 T_g 并不太低，在冲击力作用下有可能使橡胶粒子处于玻璃态，它就不能发挥橡胶弹性粒子吸收冲击能的作用，作为增韧改性的橡胶 T_g 通常要求在 $-40℃$ 以下。

3.1.3.6　橡胶颗粒结构形态的影响

HIPS 体系中大多数分散相粒子都含有大量的 PS 包容物，这种特殊结构的橡胶粒子，比一般橡胶粒子有着更强化的增韧效果。蜂窝状橡胶颗粒除了起着增大橡胶相体积分数的作用，更重要的是在受力形变过程中和一般粒子有着完全不同的情况。有大量包容物 PS 的橡胶粒子，在外力作用下被拉长，而其内部的 PS 由于模量高，不会相应变形，因而橡胶颗粒发生局部"微纤化"，因为分散相中的橡胶分子被 PS 的小微区隔开，橡胶微纤化后，不会产生大的空洞。对于无包容物的橡胶粒，在外力作用下，整个粒子被拉长的同时，横向发生明显的收缩。处于粒子表面的接枝共聚物不可能发生相应的形变，导致橡胶粒子外层和银纹之间产生空洞，进而促进银纹的破坏，大大影响橡胶的增韧效果。因此，在 HIPS 体系中应尽量减少无包容物的粒子。

对于 ABS，研究结果证实，粒子自身形态（有无包容物）对增韧作用的影响不如 HIPS 那么明显。这与 ABS 的基体（SAN）银纹化形成的微纤强度高有关。ABS 形变过程尽管也会产生空洞，但不会使银纹破裂。

上面介绍的增韧机理主要适用于橡胶对塑料基体的增韧体系，下面将介绍刚性有机粒子的增韧机理。

3.2　刚性有机粒子（ROF）对工程塑料的增韧原理

3.2.1　刚性有机粒子增韧的冷拉机理

在工程塑料合金的研究开发中发现，除了弹性体与工程塑料共混有增韧效果外，还发现一些刚性高聚物对工程塑料也有明显的增韧作用。例如苯乙烯-丙烯腈共聚物（SAN 或 AS）和聚甲基丙烯酸甲酯（PMMA）等，它们和聚碳酸酯组成的合金 PC/SAN、PC/PMMA，不但冲击韧性有明显的提高，而且弹性模量也有较大提高，这是用一般弹性体增韧无法做到的。

首先明确提出脆性塑料粒子分散于韧性塑料基体中可以使冲击强度提高的是 Kuraucki 和 Ohta[88]，他们研究了 PC/ABS 和 PC/AS 共混物的力学性能，特别是共混物的能量吸收。尽管 AS 和 ABS 本体的力学性能差别很大，AS 脆而硬，相对而言，ABS 软而韧，但共混物的拉伸-应变曲线都呈现高韧性行为，且应变值在一定范围高于纯 PC，在无缺口样条冲击实验中，某一范围组成的共混物的冲击强度也高于纯 PC。样品的电镜形态观察表明，ABS 和 AS 都以微粒分散于 PC 基体中，粒径大约为 $1 \sim 2\mu m$，共混物中均无银纹结构，但分散相的球状结构发生了伸长变形。结果表明，与 AS 本体的脆性截然相反，在共混物中，AS 和 ABS 一样也是很韧的（平均伸长率为 100%，个别可达 400%）。

PC/ABS 共混物由于两组分都是韧性的，所以能量吸收增加并不难理解；而在 PC/AS

共混物中原来几乎不变形的脆性 AS 微粒的应变值可达 400%。这种刚性聚合物对塑料的增韧增强，显然用橡胶增韧机理无法解释。由此，Kuraucki 和 Ohta 首次提出了非弹性体增韧理论。该理论认为，对于含有分散粒子的复合物，在拉伸过程中，由于分散相的刚性粒子（E_2，v_2）和基体（E_1，v_1）的杨氏模量和泊松比之间的差别，在分散相的赤道面上产生一种较高的静压强，当作为分散相的刚性颗粒受到的静压强大到一定数值时，其易屈服而产生冷拉，发生大的塑性转变，从而吸收大量的冲击能量，使材料的韧性得以提高。对非弹性体共混体系而言，在拉伸时，当作用在刚性分散相粒子赤道面上的静压力大于刚性粒子形变所需的临界静压力（σ_c）时，粒子将发生塑性形变而使材料增韧，这就是非弹性体增韧的冷拉机理，脆性材料开始发生塑性形变的临界静压力可用来判断分散相粒子是否屈服[89]。

进一步的研究发现，由韧性基体和刚性聚合物粒子组成的共混体系，很多体系并未发现明显的冷拉现象，因而也不显示刚性有机填料粒子的增韧作用。在 PC/PMMA、PC/SAN、PC/PPS、PBT/SAN、PA/PMMA、PA/PS、PVC/PS 等体系中，只有 PC/PMMA 和 PC/SAN 显示明显的增韧效果。其中，PVC 如果先与 CPE 共混增韧后，再与 PS 共混，则 PS 的增韧效果明显，这表明刚性粒子是否发生屈服冷拉，不能仅仅根据 $E_2 > E_1$、$v_1 > v_2$ 就可作出判断。或者说，仅仅根据压缩应力（σ_x）和临界静压强（σ_c）的大小，判断有无增韧效果还不够准确。Inoue 等认为，共混体系中的刚性粒子能否发生屈服可以借助于金属材料的 Mises 判据条件：

$$(\sigma_x - \sigma_y)^2 + (\sigma_y - \sigma_x)^2 + (\sigma_z - \sigma_x)^2 \geqslant 2\sigma_c^2 \tag{3-7}$$

式中，σ_x、σ_y、σ_z 分别为直角坐标系三个轴向的应力值；σ_c 为发生屈服冷拉时的临界静压强。对于刚性粒子受压应力的情况 $\sigma_x = \sigma_y$，则上式简化为：

$$(\sigma_z - \sigma_x)^2 \geqslant 2\sigma_c^2 \tag{3-8}$$

因此，分散相刚性粒子是否发生屈服冷拉可由 $(\sigma_z - \sigma_x)^2$ 值判断。

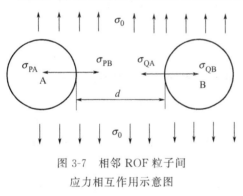

图 3-7　相邻 ROF 粒子间
应力相互作用示意图

以上应力分析皆假设粒子间无相互作用，事实上两相邻 ROF 粒子间相互影响可由图 3-7 表示，在均一的外部应力场 σ_0 作用下，当粒子 A 和粒子 B 相互接近时，在 A 粒子的赤道面位置产生值 σ_{PA} 的压应力，在距离外的粒子界面点处减为 σ_{QA}；因此 B 粒子所受的实际压力为 $\sigma_{QB} - \sigma_{QA}$。同样，粒子 A 所受的压力实际为 $\sigma_{PB} - \sigma_{PA}$；在子午线方向也有同样的应力下降，这样，随着共混物组成比的接近和粒子间距离缩小而会使粒子所受的应力强度显著降低，结果会使增韧效果变差，因此，用于增韧的 ROF 粒子的含量不能高于某一值。

总之，有机刚性粒子对塑料增韧作用，是通过自身的屈服变形（冷拉）过程吸收能量的，可见，刚性颗粒只有发生屈服变形才有助于合金体系韧性的提高。周丽玲等[90]采用扫描电镜和透射电镜研究了 PMMA、SAN 等有机聚合物对 PVC/CPE 共混体系的增韧作用，认为有机刚性聚合物的加入，一方面促进了网络结构的形成和完善，另一方面使试样产生"冷拉"变形，微粒因周围基体发生屈服，吸收大量能量，这两种因素共同作用使得材料的韧性提高。

3.2.2　影响刚性有机粒子增韧效果的因素

刚性聚合物对共混物体系的增韧作用是通过自身屈服形变（冷拉）过程吸收能量的。所以刚性粒子只有发生屈服冷拉才能对共混体系的增韧作出贡献。能否发生屈服冷拉和基体树脂、刚性聚合物的特性有关。

（1）基体的韧性好，有利于刚性粒子发生屈服冷拉　韧性基体组成的共混物，形变能力大，外力作用下能产生较大的横向压应力。例如，PVC/PS 体系无增韧效果，而由 PVC/CPE 组成的共混体再掺混 PS 就具有增韧作用，显然是由于基体韧性获得提高的结果。

（2）刚性聚合物的刚性过大不利于增韧　不言而喻，刚性过大，发生形变的难度增大，不易发生屈服冷拉。SAN 和不少韧性基体组成的体系都有增韧效果，而 PS 对多数体系都无增韧作用，这只能归结于 PS 比 SAN 刚性更大的缘故。

（3）分散相刚性粒子的含量不宜过大　共混物受到外场力作用时，不仅基体对刚性粒子产生压应力，同时刚性粒子之间也会产生相互作用（见图 3-7）。这种粒子间相互作用使粒子所受压应力降低。随刚性粒子含量增大、粒间距减小而愈加显著。所以刚性粒子含量大到一定程度会使增韧效果变差。

（4）两相界面需具有足够大的黏结强度　PA6/SAN 共混体系，按 Mises 判据应该具有增韧效果，但实际上不然，其原因就在于界面黏结力差。当界面黏结力小于 σ_x 时，在微粒的两极处首先会发生脱黏，从而破坏了原有的三维应力场分布，不可能使 SAN 发生屈服冷拉。研究结果表明，在 PA6/SAN 体系中添加聚苯乙烯接枝马来酸酐（SMA）共聚物作增容剂，该共混物的冲击强度显著提高。

3.2.3　两类不同分散相粒子对塑料增韧作用的比较

将橡胶粒子和刚性聚合物粒子对塑料的增韧作用作一比较，有以下不同。

（1）增韧剂种类不同　前者的增韧剂是橡胶或热塑性弹性体，模量低，形变量大，流动性差；后者是刚性塑料，模量高，形变小，流动性好。

（2）增韧的对象不同　前者对脆性基体和韧性基体都有增韧作用；后者要求基体只有一定的韧性才有增韧效果。

（3）增韧剂含量对增韧效果的影响不同　前者大多是随着增韧剂含量增加，共混物冲击强度提高；后者是增韧剂含量只能在一定范围内才显示增韧效果。

（4）改善聚合物合金性能的效果不同　前者对韧性提高的幅度大，但材料的模量、强度、热变形温度等，一般都有不同的程度的降低；后者则在韧性提高的同时，聚合物合金的模量、强度、热变形温度都有一定的提高，但韧性提高的幅度不大。

（5）增韧机理不同　前者是由于橡胶粒子的应力集中效应，引发基体发生剪切带或银纹形变，从而吸收冲击能。后者是由于刚性粒子受基体压应力作用，发生屈服冷拉形变吸收能量的结果。

两类增韧机理对两相界面黏结强度的要求是相同的。没有较高的界面黏结强度，任何复合材料都不会有高的力学性能。由上面两类不同增韧体系的分析比较可以看到，它们各有特点，可对聚合物共混改性起互补作用。因此，把两类增韧体系同时应用于一个聚合物改性的研究工作，已引起重视，它不仅具有理论价值，而且有很大的实际意义，它意味着有可能以廉价的大品种聚合物为原材料，通过两类增韧剂的组合增韧，得到价格低廉的高性能聚合物合金。

本 章 小 结

本章介绍了橡胶增韧塑料体系的形变特点及影响形变的因素，并阐述橡胶增韧塑料的增韧机理以及刚性有机粒子对工程塑料的增韧原理及影响因素。

橡胶增韧塑料体系的形变机理包括银纹化和剪切带形变两种塑性形变机理。银纹化形变是个空化过程，伴随着应力发白，体积增大现象，与拉伸应力垂直的方向不发生明显的尺寸收缩，在外力去除后，银纹体中的分子链经过一定时间后会解取向。剪切形变主要是形状发生改变、无体积变化，但拉伸试验时横向发生明显的收缩，剪切形变的外力去除后仍保留相当的取向程度。

在橡胶增韧塑料体系中，橡胶相存在有利于发生屈服形变；增韧塑料的类型不同，其形变机理不同；可以用高精度的蠕变仪同时精确测定试样在张应力作用下的纵向和横向形变来研究橡胶增韧塑料体系的形变机理。

形变机理受树脂基体、应力和应变速率、温度、橡胶含量、拉伸取向等因素的影响。基体脆性大的共混物，银纹形变是主要的形变机理，基体韧性好的共混物，剪切带形变是主要的形变机理；张力有利于发生银纹形变，压缩应力有利于形成剪切带；应变速率快容易产生空穴，导致银纹形变，而缓慢的蠕变试验有利于产生剪切变形；温度升高使体系更易发生银纹形变；橡胶含量增加使引发银纹的数目增加，橡胶含量增加同样可使剪切形变的速率增大，但影响程度不如银纹形变大；拉伸取向造成银纹化形变机理的比例相对减小。

橡胶增韧塑料体系的增韧机理主要有多重银纹理论、银纹-剪切带增韧机理。多重银纹理论是 Bucknall 和 Smith 在 Mertz 等微裂纹理论基础上提出的。这个理论提出，橡胶颗粒的第一个作用是材料受到冲击时产生的大量银纹可吸收大量的冲击能量，从而保护了材料不受破坏。橡胶颗粒的第二个作用是能控制银纹的发展，使银纹及时终止而不致过早发展成裂纹使材料断裂。银纹-剪切带增韧机理认为，橡胶颗粒同样可以引发剪切带并终止银纹，而且银纹尖端的应力集中效应还可引发新的剪切带，剪切带的引发和增大过程同样可消耗大量能量。因此，在银纹和剪切带同时存在的聚合物合金体系，银纹和剪切带之间存在相互作用和协同作用。两者共同为共混物韧性的提高作出贡献。

组分间相容性、橡胶颗粒尺寸及颗粒间距离、含量、玻璃化转变温度以及橡胶颗粒的形态结构等因素会影响橡胶的增韧效果。橡胶与塑料基体两者完全不相容或完全相容，都不可能有良好的增韧效果，只有相容性适中，橡胶相的颗粒尺寸适中才能达到好的增韧效果；只有当橡胶颗粒的间距小于某一临界值，才能达到较好的增韧效果；橡胶含量增加有利于冲击性能的提高，但强度会下降，所以共混物中的橡胶含量通常都有一个最佳值；橡胶相的玻璃化转变温度 T_g 越低，增韧效果越好；蜂窝状橡胶颗粒起到更好的增强效果。

有机刚性粒子对塑料增韧作用，是通过自身的屈服变形（冷拉）过程吸收能量的，另一方面使试样产生"冷拉"变形，微粒因周围基体发生屈服，吸收大量能量，这两种因素共同作用使得材料的韧性提高。为了发挥刚性粒子的增韧作用，基体的韧性要好，刚性聚合物的刚性不宜过大，含量不宜过多，另外两相界面需具有足够大的黏结强度。

思 考 题

1. 简述橡胶增韧塑料的形变机理及形变特点。

2. 简述橡胶增韧塑料形变机理的研究方法及影响形变机理的因素。

3. 简述橡胶增韧塑料的增韧机理，并列举实例加以说明。

4. 简述刚性有机粒子增韧工程塑料的机理，并查阅文献举例说明（教材内的例子除外）。

5. 试比较橡胶增韧塑料和刚性粒子增韧工程塑料的异同点。

第4章 聚合物合金的性能

>>> **本章提要**

　　本章将从聚合物合金力学性能出发，介绍了聚合物合金的性能及其影响因素，其中重点讨论了相容、工艺相容和不相容体系的玻璃化转变的特征。

4.1 聚合物合金的力学性能

4.1.1 聚合物合金玻璃化转变

4.1.1.1 聚合物合金玻璃化转变的特征

　　前面已经介绍了测定聚合物合金的玻璃化转变温度及评价共混体系相容性的方法，这里将进一步讨论一下聚合物合金的玻璃化转变与相容性的关系。图 4-1 是各种类型共混物的动态力学谱。如果两种聚合物完全相容，其阻尼曲线与无规共聚物一样，只呈现一个损耗峰（曲线 1）；两种聚合物完全不相容呈现两个损耗峰（T_g），其值与原两种聚合物的 T_g 相同（曲线 4）；对于基本相容的体系（实际上是指分散相微区尺寸极小的体系），如曲线 2 所示，虽只有一个峰，但峰宽是大大增宽了；多数不相容聚合物共混物的行为如曲线 3 所示，仍具有两个 T_g，但峰的位置更靠近了，即塑料相的 T_g 比原均聚物的稍低，橡胶相的 T_g 比原橡胶的稍高。多数机械共混物、嵌段共聚物、接枝共聚物的玻璃化转变都类似于曲线 3 所示的行为。

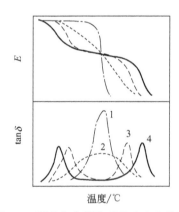

图 4-1　聚合物共混体系的动态力学谱

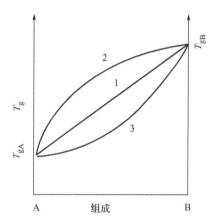

图 4-2　聚合物合金的 T_g-组成关系

　　对于相容聚合物合金的玻璃化转变温度和组成之间的关系，已有一些定量的关系式可以近似描述，最常用的是：

$$T_g = T_{gA}\phi_A + T_{gB}\phi_B \tag{4-1}$$

式中，ϕ_A、ϕ_B 分别是聚合物组分 A 和 B 的体积分数。

有些相容聚合物合金的 T_g 基本随组成呈线性变化（见图 4-2 中的直线 1），例如，硝酸纤维素/聚丙烯酸甲酯、天然橡胶/顺丁橡胶等，但不少相容聚合物合金的 T_g-组成关系不符合线性关系，而是呈现对线性的正偏差或负偏差，如图 4-2 中的曲线 2 和 3 所示。尤以负偏差的情况更多些，聚合物增塑体系均属此类，它们的 T_g 组成关系可用 Fox 方程表示：

$$1/T_g = W_A/T_{gA} + W_B/T_{gB} \qquad (4-2)$$

式中，W_A 和 W_B 分别是聚合物组分 A 和 B 的质量分数。PVC/NBR、双酚 A 聚羟基醚/聚己内酰胺等共混体系均能较好地与式（4-2）相符。

当相容聚合物合金中两种聚合物分子间存在强烈的相互作用时，T_g-组成关系通常符合图 4-2 中的曲线 2，例如，聚硝酸乙烯酯/PVAc、聚硝酸乙烯酯/EVA 等体系属于此类。这类聚合物合金的 T_g-组成关系可用下式表示：

$$T_g = T_{gA}\phi_A + T_{gB}\phi_B + I\phi_A\phi_B \qquad (4-3)$$

式中，I 是和分子间相互作用有关的常数。

尽管普遍认为，相容聚合物合金只有一个玻璃化转变温度，但 Lau 等在 1982 年首次报道了相容聚合物共混体系出现了"两个玻璃化转变温度"[91]，1994 年 Chung 等[92,93] 使用 NMR，报道了相容共混物体系的两个链段松弛现象，他们还提出自身浓度（self-concentration，SC）的概念，那就是由于链的连续性，使得聚合物链的局部浓度要比整体浓度高，因此，在纯组分和报道的共混物的单个玻璃化转变温度之间还会出现一个玻璃化转变温度。2000 年 Lodge 和 McLeish[94] 进一步扩展 SC 概念，提出 i 组分的有效 T_g（$T_{g,\text{eff}}$）等于共混物在某一个有效浓度（ϕ_{eff}^i）下的 T_g，而这个有效浓度与该组分的 SC（ϕ_{self}^i）有关：

$$\phi_{\text{eff}}^i = \phi_{\text{self}}^i + (1 - \phi_{\text{self}}^i)\phi_{\text{bulk}} \qquad (4-4)$$

$$T_{g,\text{eff}}(\phi_{\text{bulk}}^i) = T_g(\phi_{\text{eff}}^i) \qquad (4-5)$$

式中，ϕ_{bulk}^i 为 i 组分整体浓度；$T_{g,\text{eff}}$（ϕ_{bulk}^i）为整体浓度下的有效玻璃化转变温度；T_g（ϕ_{eff}^i）为共混物在有效浓度（ϕ_{eff}^i）下的 T_g。

对于不相容或部分相容体系的 T_g 和组成之间的关系更复杂，目前尚无定量关系式可以描述。

4.1.1.2　玻璃化转变的自由体积模型

高柳索夫（Takayanagi）等以玻璃化转变的自由体积理论为基础，提出了共混物玻璃化转变的自由体积模型。其基本要点是：高分子实现链段运动，共混物中必须提供许多自由体积为几纳米的小体积元。对相容的聚合物共混物，体系中的自由体积是公用化的，即所有的小体积元都同时适用于两种聚合物的链段运动，因此，完全相容的体系两种聚合物具有相同的自由体积分数（f），它们实现玻璃化转变时的自由体积分数（f）当然也是相同的。这样，两种聚合物必然在大致相同的温度下实现链段运动或链段冻结，在动态力学谱上就只有单一的损耗峰。

对于工艺相容或力学相容的体系，自由体积是部分公用化，共混物中只有局部区域（界面层）自由体积是公用的，两组分仍有不同的自由体积分数。如橡胶增韧塑料体系，由于两组分具有一定程度的相容，橡胶相中渗透有部分塑料相的分子或链段，塑料相中也必然混有一些橡胶相的分子或链段。我们知道，橡胶相处于高弹态，其大分子的自由体积分数（f_B）比处于玻璃态的塑料相的 f_A 要大得多。这样，在力学相容的共混体系中，橡胶相的 $f_B^{(P)}$ 自然要小于单组分橡胶的自由体积分数 $f_B^{(S)}$。同样，由于有部分橡胶分子混入塑料相，使得塑

料相的 $f_A^{(P)}$ 比单组分塑料的 $f_A^{(S)}$ 要大。因为不同聚合物在玻璃化转变时的自由体积分数 f_g 是大致相同的，即 f_g 是个定值。因此，自由体积分数降低的聚合物组分要达到 f_g 值，必须比原聚合物实现玻璃化转变时的温度有所升高。相反，$f_A^{(P)}$ 增大时，T_g 有所降低。并且，随着两种聚合物组分相容程度的增加，两个 T_g 愈加靠拢，完全相容就成为一个 T_g。

图 4-3 是各种共混体系自由体积分数分布函数的示意图。图中 PM 曲线是力学相容体系，其两组分的自由体积分数分别为 f_A 和 f_B；PFM 曲线是完全相容体系，只有一个自由体积分数（f）；S 曲线表示完全不相容体系；MH 曲线表示基本相容体系。图中所有曲线的组分含量相等，都是 50%。

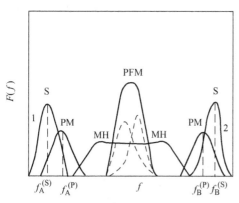

图 4-3　各种共混体系的自由体积分数
分布函数示意图

通常情况下，对于不相容和工艺相容体系，塑料相的 T_g 或保持不变或向橡胶相较低 T_g 方向移动，相反，橡胶相的 T_g 或保持不变或向塑料相高 T_g 方向移动，见图 4-4（a）曲线。然而，对于极细全硫化的橡胶颗粒（UFPR）来讲，能同时提供塑料相和橡胶相的 T_g，见图 4-4（b）[95]。与用在传统橡胶/塑料共混物中的橡胶不同，UFPR 是一种尺寸约为 100nm 完全硫化的橡胶颗粒，它是橡胶乳胶与适当的添加剂和交联剂混合后，经 ^{60}Co 的 γ 射线或电子加速器的电子束照射，然后喷雾干燥制得的橡胶颗粒。UFPR 凝胶含量至少 80%（质量分数），表面交联程度比内部高，橡胶颗粒尺寸与橡胶乳胶颗粒尺寸一样。目前商业化 UFPR 有：硅橡胶（S-UFPR）、羧基-丙烯腈-丁二烯橡胶（CNBR-UFPR）、丙烯腈-丁二烯橡胶（NBR-UFPR）、苯乙烯-丁二烯-乙烯基吡啶橡胶（BSP-UFPR）和羧基苯乙烯-丁二烯橡胶（CBS-UFPR）。这些颗粒能均匀分散在与其相容性好的聚合物基体中，并且能同时提高基体的韧性和玻璃化转变温度。据文献报道，12phr 的 CNBR-UFPR 使环氧树脂基体的 T_g 提高 5℃，并且韧性从 11kJ/m² 提高到 22kJ/m²[96]，5phr 的 CNBR-UFPR 使不饱和聚酯基体的 T_g 从 38.3℃ 提高到 41.0℃，韧性从 2.8kJ/m² 提高到 3.6kJ/m²[97]，加入 5%（质量分数）的 NBR-UFPR 或 NBR-UFPR 使酚醛树脂的 T_g 从 36.1℃ 提高到 46.9℃ 或 51.8℃，韧性从 5.2kJ/m² 提高到 7.7kJ/m² 或 8.7kJ/m²[98]。

同样在热塑性塑料的改性中也观察到同样的异常现象。8phr 的 NBR-UFPR 使 PVC 的 T_g 从 77.5℃ 提高到 85.5℃，缺口冲击韧性从 3.1kJ/m² 提高到 5.5kJ/m²[99]，70%（质量分数）的 CBS-UFPR 使 PA6/CBS-UFPR 中 PA6 的 T_g 从 49.6℃ 提高到 51.1℃[100]。

UFPR 提高热固性塑料基体的 T_g 的主要机理是：在橡胶颗粒和基体界面形成了较强的共价键结合，并且界面的曲率半径很小，因而阻碍了界面在较高温度一定作用力下的变形[95]。但以上机理并不能解释 UFPR 对热塑性塑料的作用，利用正电子淹没寿命谱（PALS）检测聚甲基亚乙基碳酸酯（PPC）CBS-UFPR 及 PPC/CBS-UFPR 的自由体积，发现 PPC/CBS-UFPR 的自由体积并不与 PPC 和 CBS-UFPR 的体积分数成正比，说明两相间存在相互作用和界面层。界面层对热塑性基体的 T_g 有显著的影响，当橡胶粒子尺寸较大时，界面层的含量不够大，因此不至于影响 T_g，但当橡胶颗粒尺寸足够小时，界面层的含量显著增加，从而对 T_g 产生显著的影响。并且，界面作用越强，聚合物分子链的运动越受

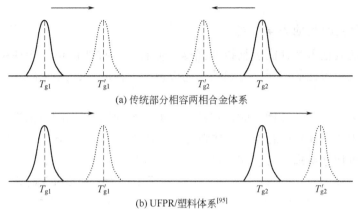

(a) 传统部分相容两相合金体系

(b) UFPR/塑料体系[95]

图 4-4　聚合物合金玻璃化转变温度的变化

阻，T_g 就越高[95]。

4.1.2　聚合物合金的冲击强度

在聚合物合金的力学性能中，冲击强度具有特别重要的意义。实际使用中不少聚合物往往不是由于它们的拉伸强度和模量不高不能使用，而是由于聚合物在冲击负荷作用下易于脆裂，不符合要求。所以不少聚合物共混改性的主要目的就是提高冲击强度，它是聚合物合金最重要的性能指标之一。冲击强度是衡量材料韧性的一种指标，是表征材料在高速外力作用下抵抗破坏的能力。冲击强度不同于一般的力学强度，它是用试样断裂时所消耗的能量来表示的。

在第 3 章我们已经讨论了聚合物合金的增韧机理。弹性体橡胶或有机刚性粒子对塑料的增韧效果与其相容性有关，热力学相容体系和完全不相容体系的增韧效果都不是很好，而具有一定工艺相容性或力学相容性的合金体系，分散相能以适当的尺寸分散在基体中，并且界面黏结性能良好，有利于冲击性能的提高。例如，聚苯醚（PPO）与苯乙烯-乙烯-丁二烯-苯乙烯嵌段共聚弹性体（SEBS）中的 PS 相是热力学相容体系，两者共混后存在一个 T_g；而 PPO 与马来酸酐接枝共聚物（SEBS-g-MA）中的 PS 相部分相容，SEBS-g-MA 可有效地增韧 PPO，并在质量分数为 20% 时，共混物的缺口冲击强度达到 1260J/m² 的超韧性；而 SEBS 由于与 PPO 完全相容，而使其对 PPO 的增韧效果较 SEBS-g-MA 为差。SEBS 和 SEBS-g-MA 增韧 PPO 体系的拉伸强度和拉伸模量下降，而断裂伸长率却有不同程度的提高[101]。PE 接枝马来酸酐能改善 PC/PBT 共混体系两相间的相容性使得共混体系的冲击性能明显地提高[102]。此外，分散相相形态和橡胶粒子在基体中的取向排列对聚合物合金的冲击性能也有影响。王聪等[103]用动态保压注射成型技术研究了分散相相形态和橡胶粒子在基体中的取向排列对 PA6/EPDM-g-MA 力学性能的影响。得出：纯尼龙动态样与静态样具有相同的冲击强度。在加入橡胶后，动态样与静态样的冲击强度变化趋势基本一致，在橡胶含量为 20% 时，体系完成脆韧转变，冲击强度达到最大，在橡胶含量为 30% 和 40% 时冲击强度又下降。但与静态样相比，当橡胶含量为 10% 时，动态样与静态样的冲击强度一致，而当橡胶含量超过 10% 时，动态样的冲击强度较静态样高。结合平行于熔体流动方向的 SEM 照片，在橡胶含量为 10% 时，动态样中的橡胶粒子与静态样一样并未被拉长与取向，而在橡胶含量超过 10% 时，动态样剪切层中的橡胶粒子被拉长且沿熔体流动方向取向。其结果表明：在改善共混物界面相容性的基础上，适当的低剪切应力场能进一步提高橡胶分散相对冲击强度的贡献。

4.1.3 聚合物合金的其他力学性能

聚合物合金的其他力学性能包括拉伸强度、伸长率、拉伸模量、弯曲强度、弯曲模量、硬度等，以及表征耐磨性的磨耗，对弹性体还应包括定伸应力、拉伸永久变形、压缩永久变形、回弹性等。

在对塑料基体进行弹性体增韧时，在冲击强度提高的同时，拉伸强度、弯曲强度等常常会下降。例如，PVC/MBS 共混体系拉伸强度、弯曲强度都随 MBS 含量的增加而下降[104]。非弹性体增韧则可使冲击强度与拉伸强度在一定的改性剂用量范围内同时增高，或者在冲击强度提高时，使拉伸强度及模量保持基本不变。王淑英等[105] 在 PVC/ABS 共混物中添加 SAN 作为增韧剂，结果表明，在 SAN 用量为 3 质量份以内时，共混物的冲击强度、拉伸强度、伸长率、屈服强度都随 SAN 用量增大呈上升之势。

关于耐磨性，某些弹性体与塑料共混，可提高塑料的耐磨性。譬如，粉末丁腈橡胶与 PVC 的共混体系，橡胶的加入能降低 PVC 的磨耗。

4.2 聚合物合金的流变特性

聚合物熔体的流变行为直接影响制品的某些力学性能和表观质量。同时，流变行为又是确定聚合物成型工艺的主要依据。聚合物合金的流变行为与一般聚合物熔体基本相似，显示非牛顿流体行为，具有明显的弹性效应。但是，由于共混物中存在两相结构，它们之间的相互作用、相互影响，又使共混物的流变行为显示出自身的一些特点。

4.2.1 影响熔体黏度的因素

影响"海-岛"结构两相体系熔体黏度的因素很复杂，除了连续相和分散相的黏度、两相的配比以外，两相体系的形态、界面相互作用、剪切应力、剪切速率等因素都对聚合物合金体系的熔体黏度有很大的影响。

4.2.1.1 共混物组成的影响

共混物熔体黏度与组成之间的关系非常复杂，不同的共混体系显示出的行为有很大差异，很难用数学关系式准确地反映黏度与组成之间的关系。现有的一些近似公式都具有一定的局限性。例如：Lin 提出的公式为：

$$1/\eta = \beta(w_a/\eta_a + w_b/\eta_b) \qquad (4-6)$$

式中，w_a、w_b 分别为两种组分的质量分数；β 是修正因子，与流动时所受到的剪切应力和组分间的相互作用有关。对于两组分弹性都较小的共混物，如 PP/PS 体系，熔体黏度与组成间的关系基本与上式相符，如图 4-5 曲线所示。而当聚合物共混体系中有一种组分的弹性较大时，则不能用式 (4-6) 来描述。总的来说，共混物熔体黏度与组成之间既不服从线性加和性，又不具有一定的变化规律。

对橡胶增韧塑料的体系，通常情况下，由于橡胶颗粒的存在，体系黏度显著增大。但体系的黏度与共

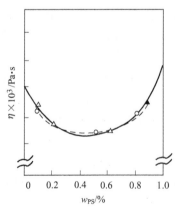

图 4-5 PP/PS 熔体黏度与组成的关系
○按式 (4-6) 计算值；△实测值

混体系各组分的相容性有关。例如，在聚苯醚与 SEBS 及 SEBS-g-MA 共混体系中，纯 PPO、SEBS 及其共混物所有样品均呈现典型的非牛顿流体的流变行为。纯 PPO 的表观黏度在 $10^0 \sim 10^4 \, \mathrm{s}^{-1}$ 剪切速率范围内均远低于 SEBS；PPO 与 SEBS 共混后，共混物熔体的表观黏度显著增加，且 SEBS 含量越高，黏度越大。出现上述现象的原因有两个：①PPO 与 SEBS 中的 PS 链段完全相容[101]，两相间有强烈的相互作用，这种强的相互作用增大了 PPO 熔体的流动阻力，表现为共混物的表观黏度增加；②SEBS 弹性体本身熔体的表观黏度就远高于 PPO，因此，共混物中 SEBS 的存在也增大了 PPO 的流动阻力。但是 PPO 与 SEBS-g-MA 共混后，其表观黏度下降，且变化趋势与 PPO/SEBS 体系相反，随 SEBS-g-MA 含量的增加，共混物的表观黏度下降。PPO/SEBS-g-MA 共混物的表观黏度同样受两个因素制约：①PPO 与 SEBS-g-MA 是部分相容体系，表明两者之间具有弱的相互作用，这种弱的相互作用使 PPO 的黏度趋于增加；②SEBS-g-MA 本身的熔体黏度远远低于 PPO，这有利于降低 PPO 熔体的黏度，且这种降黏作用强于前者的增黏作用[106]。在用熔融共混法制备出甲壳素/聚 ε-己内酯时，加入丁酰化甲壳素后，共混物的复数黏度（η^*）、储能模量（G'）和损耗模量（G''）显著降低；同时表观流动活化能（E_a）也相应地减小，而改变温度对熔体的 η^*、G'、G'' 的影响也减弱，丁酰化甲壳素的含量越多，η^* 及 E_a 越小。

　　嵌段共聚物的熔体黏度与机械共混物的不同。在嵌段共聚物中，两相之间由化学键连接，因而聚合物流动过程对分散相结构形态的破坏更严重，造成熔体黏度显著高于均聚物。嵌段共聚物 SBS 的黏度都高于单组分的 PB 和 PS，并且当 S/B 分子量接近时，熔体黏度最高，表明这时微区破坏所需的能量最高。

　　嵌段共聚物的熔体黏度与共聚物的化学结构有很大关系。例如，星型热塑性弹性体 SBS 比线型 SBS 的熔体黏度低，嵌段结构越是多臂化，流动性越好。这是由于星型结构的 SBS 熔体的分子链更倾向于呈球团状形态，分子尺寸较线型结构的小，有助于流动。把 SBS 溶于溶剂中形成溶液，其溶液黏度也有类似的结果，四臂嵌段共聚物比相同分子量的线型 SBS 黏度低得多。因此，星型结构共聚物对成型加工是极为有利的，用它来改善其他共混体系黏度有着很好的效果。

4.2.1.2　剪切应力和剪切速率的影响

　　共混物熔体与一般聚合物熔体一样，多数为假塑性液体，剪切速率或剪切应力增加时，体系的熔体黏度下降。图 4-6 是 PS/HDPE 体系熔体黏度与剪切应力的关系。在 200℃、220℃、240℃ 条件下，共混物的对数黏度均随剪切应力升高呈线性下降，但是共混物熔体的 η-τ_w 关系并非两种纯聚合物的 η-τ_w 关系的线性组合，而是不同类型显示不同的变化特点。大致表现出三种类型，共混物熔体黏度有些介于两种纯聚合物之间，有些则高于或低于两种聚合物的黏度。

　　嵌段共聚物的熔体黏度与剪切应力的关系如图 4-7 所示，在剪切应力不大时（$<10^4$ Pa），不同温度下的表观黏度相差较大，但当剪切应力增加到 10^5 Pa 以上时，表观黏度不仅下降几个数量级，而且不同温度下的表观黏度相差越来越小。因此加工 SBS 热塑性弹性体时，增加外力对降低体系的黏度非常有效。在不同的 L/D（长径比）测试条件下，剪切应力对表观黏度的影响不同，L/D 较小时，不同温度下的 η_a-τ_w 曲线差别较大。而在 L/D 较大时，温度影响变得较小。

4.2.1.3　温度的影响

　　在接近流动温度（T_f）时，共混物的表观黏度与温度的关系不再遵从 WLF 方程。T_f

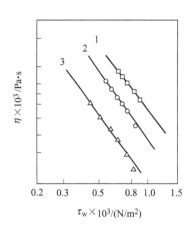

图 4-6　PP/HDPE（75/25）剪切
应力对熔体黏度的影响
1—200℃；2—220℃；3—240℃

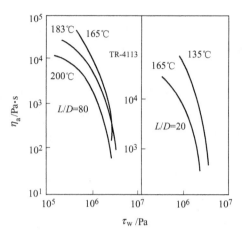

图 4-7　SBS 在不同 L/D 值及不同
温度下的 η_a-τ_w 曲线

以下一般用类似于 Arrhenius 方程的指数式表示：

$$\eta_a = A e^{\Delta E/RT} \tag{4-7}$$

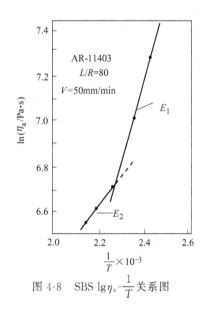

图 4-8　SBS $\lg\eta_a$-$\dfrac{1}{T}$ 关系图

式中，ΔE 为流动活化能；A 为常数；T 为热力学温度。此时 $\lg\eta_a$-$\dfrac{1}{T}$ 作图是一根直线，当两相间有相互作用，例如，SBS 嵌段共聚物两相间是化学键连接，$\lg\eta_a$-$\dfrac{1}{T}$ 不再是一根直线，如图 4-8 所示。SBS 的曲线分成了两段，在不同的温度范围内有不同的流动活化能，在温度较高时，活化能 $E_2 = 10.4\text{kJ/mol}$；在温度较低时，活化能 $E_1 = 28.45\text{kJ/mol}$。这是由于在温度较高时，两种嵌段都能顺利地流动，流动活化能较小。在温度较低时，PS 嵌段运动受阻，而且对 PB 嵌段有牵制作用，使流动阻力增大，因而活化能较大。

4.2.1.4　分子量的影响

大量的实验事实说明，嵌段共聚物熔体黏度对分子量的敏感性比一般聚合物更大，例如，SBS 热塑性弹性体分子量和熔体黏度的关系为：

$$\eta = K M^{5.5} \tag{4-8}$$

而一般均聚物，$\eta = K M^{3.5}$。嵌段共聚物 η 对 M 之所以具有更大的敏感性，与熔体中存在两相结构有关，特别当分子量较大时，PS 微区更不易运动，因而使 SBS 分子量对熔体黏度的影响显得更大。

4.2.2　熔体的弹性效应

和一般聚合物熔体一样，共混物熔体在流动过程存在弹性效应，各种因素对弹性效应的影响也和一般聚合物的情况基本相同。例如，提高温度、降低剪切速率、减小分子量都可减小弹性效应的程度。此外，共混物的弹性效应还存在一些自身的特点。

4.2.2.1　熔体弹性与组成的关系

熔体弹性效应通常可用法向应力差（$\tau_{11}-\tau_{22}$）、出口膨胀比、出口压力（$P_{出}$）、可恢复剪切形变等来表征，它们均与共混物的组成有关。Han 认为，当共混物熔体进入毛细管时会发生形变，储存一部分可恢复的弹性能。但是，由于分散相颗粒的径向迁移作用，分散相流动过程很少接触管壁，消耗的能量少，而连续相接触管壁的过程消耗的能量多，在流动过程消耗的能量少，相对地储存着较多的弹性能。因此，相对于单组分聚合物体系，含有可形变的珠滴状形态的共混体具有较大的出口压力，即弹性效应更大。

但常见的 HIPS、ABS 等体系，挤出时出口膨胀比都比相应的均聚物小，而且随橡胶含量的增加而减小。嵌段共聚物熔体的弹性效应也低于相应的均聚物，这都是两相结构相互作用的结果。例如，在二氮杂萘酮结构的类双酚单体（DHPZ）、对苯二酚（摩尔比 1∶1）和 4,4-二氟二苯酮进行三元共聚而得到的新型聚芳醚酮 HQ-PPEK/PC 共混物体系中，随着共混物中 PC 含量的增加，表征熔体黏弹性的挤出物胀大比 D/D_0 呈反 S 形，少量 PC 的混入胀大比变化不是很明显，但当 PC 含量超过 20% 时，胀大比急剧减小，后又趋于平缓，这主要是因为随着 PC 含量增加，共混物中的连续相由 HQ-PPEK 向 PC 转化，而 D/D_0 主要取决于连续相的性能，由于重力的牵引拉伸，表观黏度又比较小时，出现了在 PC 含量大于 60% 时胀大比小于 1 的情况。

4.2.2.2　熔体流动过程分散相颗粒的变形和取向

含有可变形颗粒的两相体系，流动过程分散相颗粒在剪切力作用下，会发生形变、旋转、取向甚至破碎等现象，这些现象可根据悬浮体系流变学进行解释。

悬浮于连续相中的液滴（如黏流状态的橡胶粒子）在切应力的作用下，在与剪切平面成 45°的方向上，液滴被拉长，与其相垂直的方向上液滴收缩，因此流动过程的液滴变成一个长轴与流动方向成 45°左右的椭圆。当剪切速率很高时，取向角 θ 由 45°会转变为接近流动方向，剪切速率进一步提高时，液滴还会发生破碎。对橡胶增韧塑料的共混物，未交联的橡胶颗粒在流动过程受到强剪切作用时，通常都将发生上述的变形、破碎现象，导致橡胶粒子的尺寸减小。如果橡胶颗粒是交联结构，只发生形变，但不会破裂为更小的粒子。橡胶粒子在流动过程中的变形对共混物加工有重要影响，因为变形后的橡胶颗粒形态有可能部分地保留在注射制品中，特别当表面部分受到急冷时，其分子被冻结在熔体的变形、取向状态。结果使注射制品由中心到表层，橡胶粒子形成明显的三层形态不同的区域。在表层区胶粒呈椭圆形，并在流动方向上取向；中心区胶粒基本上仍为球形；介于中心区和表层区之间的为剪切区，椭圆形胶粒长轴与流动方向成一定的角度。中心层胶粒由于两方面原因基本上不发生变形。其一，远离模壁，出模后冷却缓慢，有较长时间可使弹性形变松弛、恢复；其二，远离模壁受到的剪切作用较小，胶粒的变形也小。

对于注射制品，表层中的分子取向是影响材料性能的一个重要因素。测试时试样沿取向方向受力，测试强度提高，而垂直于取向方向的测试强度将大大降低。注射制品的表面质量受橡胶粒子的影响也较大，制品的光泽取决于胶粒形变过程扰动模制品表层的程度，胶粒尺寸小，形变恢复快，对表层光泽的影响小，制品光泽度就高。HIPS 中的胶粒尺寸比 ABS 大，表面光泽就不如 ABS 好。此外，增加模腔中的压力可明显改善表面光泽，减小因物料中挥发性气体逸出而导致的表面不平整程度。

对挤出成型的制品，上述熔体中胶粒取向情况相对小些，这是因为：①挤出成型熔体受到的剪切速度相对较低，引起的胶粒变形不是很严重；②挤出成型模口温度较高，冷却过程缓慢，有较充裕的松弛过程。橡胶颗粒的存在对挤出制品的表观质量也有影响。挤出物料离开模口，由于温度较高，胶粒容易进行弹性变形和松弛，使胶粒解取向，结果使制品表面呈现一定程度的波浪状而失去光泽，胶粒越大，表面光泽越差。为克服表面光泽差的问题，通过提高剪切速率来增加橡胶颗粒的径向迁移作用，减小橡胶颗粒在表面层的浓度，对改善制品的表面光泽度有一定作用，但这样做的结果可能导致制品表面韧性的降低。

4.3　聚合物合金的其他性能

4.3.1　聚合物合金的透气性

气体透过聚合物主要经由无定形区，晶区是不透气的。对于共混物，气体的穿透主要发生在连续相中，连续相对共混物的透气性起主导作用，但分散相微区的存在使气体分子的穿透途径变得曲折了，并且增加了路程长度，因而使透气性下降。气体分子穿透途径曲折的程度与分散相的形态有关。

聚合物透气性的具体应用主要在薄膜包装和气体的提纯分离等方面。在气体分离中，最引人注目的是富氧膜的研究和应用，所谓富氧膜，是指在压力下使空气通过膜，在膜的另一侧得到比空气中氧的浓度高的透过气体（即富氧空气）。用聚合物共混物作为富氧膜材料，可以把透气性高而选择性较差的材料或透气性差而选择性高的材料获得最有利的结合。例如，聚二甲基硅氧烷（PDMS）对普通气体具有很高的透气性，但选择性不高，强度也不够理想。通过共聚制得以 PDMS 为软段、以聚砜（PSF）或 PC 为硬段的嵌段共聚物，控制两种嵌段的组成比，可兼顾 O_2 的透过速率和分离效果。此外，含氟聚合物对氧气有好的选择性，但透过系数太小，通过有机硅和氟碳化合物的等离子体聚合，可制得氟、硅共聚物，复合膜透气性能显著改善。已经证实，聚二甲基硅氧烷在接枝、嵌段共聚物或共混物中的含量只要在 60% 以上（处于连续相），其对氧气的选择透过性就无大的变化。因此，若选用分离系数高的材料与 PDMS 共混，就有可能获得性能较为理想的富氧膜材料。

气体透过性与气体的扩散密切相关，而扩散主要是在聚合物无定形区中进行的。因此，透过性的高低很大程度上决定于聚合物中无定形区域自由体积的大小。对接枝共聚物而言，由于支链的引入，其相态结构和分子运动都有别于原均聚物，因而对气体的透过性也发生明显的变化。PE 接枝共聚物渗透系数与接枝程度有很大的依赖性。由于接枝程度的提高，PE 中的无定形区逐步缩小，自由体积随之减小，导致扩散系数、渗透系数都下降。但是，随着接枝程度进一步提高，又使结晶区域受到破坏，PE 的结晶度下降，晶粒尺寸急剧减小，导致自由体积又增大，因而扩散系数和渗透系数都在接枝度进一步增大时又显著增大。因此，通过控制共聚物的接枝程度，可获得较高的渗透系数。同时刚性支链 PS 引入分散相微区，对提高薄膜材料的机械强度是有利的。所以，嵌段共聚物、接枝共聚物被广泛用作气体分离膜材料。

4.3.2　聚合物合金的透光性

大多数非晶态聚合物，当其不含杂质、填料、银纹时，都是清澈透明的，而大多数不相容的共混物不再具有光学透明性。例如，PS、PC、PMMA 等都是透明聚合物，当其和其他聚合物共混后，一般都变成透明性较差或不透明的材料，这是两相结构在界面对光线发生反射和折射造成的结果。但是，如果分散相颗粒尺寸很小（胶粒径小于可见光的波长）或者两种聚合物折射率接近，则共混物仍然可以是透明的。因此，制备既具有较高的光学透明性又具有优异力学性能的聚合物合金也是可以做到的。

例如，以 PB 为分散相，PS 为连续相的 SBS 树脂，该体系含橡胶 20%，但粒径很小（0.040～0.050μm）仍具有很好的透明性，可用作食品包装材料。但一般增韧塑料，例如，HIPS 为了满足增韧效果的要求，橡胶粒子的尺寸不能过小，同时橡胶和塑料的折射率相差较大，因而不可能透明。

聚芳酯（PAR）与 PC 分子结构相似，其透明性、力学性能、耐化学品性能好，是一种性能优异的特种工程塑料，利用 PAR 对 PC 进行共混改性，能显著提高制品的综合性能，成为制备高性能 PC 合金的重要途径，通过催化剂和抑制剂的使用，可以改善两相相容性，制备透明性好、机械强度高的 PC/PAR 合金[107]。例如，在成分比为 70/30 的 PC/PAR 合金中加入 0.4%焦磷酸二氢二钠（DSDP），在 270℃密炼 8min，透光性能最佳，透光率可达 83.3%，因此可以作为透明的耐高温材料使用[108]。

Parlak 等利用 PMMA-g-CeO$_2$ 与 PS 共混制得透明的 PS/PMMA 膜，透明性的提高主要是因为 CeO$_2$ 的接枝改性降低了 PMMA-g-CeO$_2$ 与 PS 的折射率的差异[109]。据 2011 年 *Rubber world* 报道，美国 Alliance 聚合物公司近来推出的 Polyman Maxelast C-Series 透明级热塑性弹性体被认为是当今最完美的柔软透明类苯乙烯系热塑性弹性体的产品之一，适用范围覆盖了从柔软的胶鞋鞋垫至健身器材，以及硬质品级材料制作的儿童玩具等领域，也可用于多种日常生活和个人用品方面。该产品是目前所知邵尔 A 硬度范围最宽（0～99）的热塑性弹性体，是一种无毒、无味且不含邻苯二甲酸酯的环境友好型产品，被认为是硅橡胶和 PVC 理想的替代品。

4.3.3　聚合物合金的电性能

聚合物的电性能，包括体积电阻率、表面电阻率、介电损耗等。聚合物共混物的电性能与组成及温度等因素有关。例如，丁基橡胶（IIR）与 PE 的共混体系，丁基橡胶在 20℃时的体积电阻率为 $3 \times 10^{15} \Omega \cdot cm$，PE 的体积电阻率则大于 $10^{16} \Omega \cdot cm$，IIR/PE 共混物在 IIR/PE 配比为 90/10 时，体积电阻率为 $8 \times 10^{16} \Omega \cdot cm$，比纯 IIR 增大了一个数量级，继续增加 PE 用量，体积电阻率呈下降之势，随温度上升，电阻率也呈下降之势。又比如，PEO 可作为导电聚合物加入到基体树脂中形成合金起到永久抗静电效果，纯 PP 的表面电阻率为 $6.3 \times 10^{16} \Omega$，为典型的绝缘材料，PP/PEO 合金的表面电阻率为 $6.7 \times 10^{9} \Omega$，PEO 有利于 PP 电导性能的提高，加入 OMMT、PP/PEO/OMMT 复合材料表面电阻率为 $1.6 \times 10^{9} \Omega$[4]。

某些用途的聚合物，要求表面有抗静电性能，可通过共混改性，添加抗静电剂来解决。抗静电剂包括一些表面活性剂及炭黑等填充剂。

4.3.4　聚合物合金的阻隔性

阻隔性能是指聚合物材料防止气体或化学药品、化学溶剂渗透的能力。阻隔性和透气性实际上是一组对应的概念，阻隔性好的材料，透气性差。某些聚合物，如尼龙，具有优越的阻隔性能，但价格较为昂贵。将尼龙与 PE 共混，可以制成具有优良阻隔性能而且成本又较为低廉的材料。

PA 本身具有良好的阻隔性，为使 PE/PA 共混体系也具有理想的阻隔性，PA 应以层片结构分布于 PE 基体中。PE/PA 共混体系的阻隔效应示意图如图 4-9 所示，当溶剂分子透过

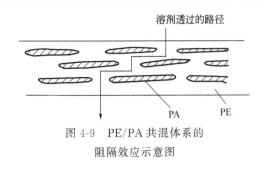

溶剂透过的路径

PA   PE

图 4-9 PE/PA 共混体系的
阻隔效应示意图

片层状结构的共混物时，透过的路径发生曲折，路径较长。将此具有层片状 PA 分散相的 PE/PA 共混物应用于制造容器，相当于增大了容器壁的厚度，阻隔性能显著提高。

在 PE/PA 共混体系的共混过程中，为使 PA 呈层片状的结构，应使 PA 的熔体黏度高于 PE 的熔体黏度。适当调节共混温度，可以使 PA 的黏度与 PE 的黏度达到所需的比例。此外，PA 的层片状结构是在外界剪切力的作用下形成的。因而，适当的剪切速率也是形成层片结构的必要条件。

为改善 PE 与 PA 的相容性，在 PE/PA 共混体系中应添加相容剂。美国 DuPont 公司生产的 SELAR-RB 树脂，就是加有相容剂的 PA 树脂，用于与 HDPE 共混生产阻隔性材料。SELAR-RB 在 HDPE 中的用量一般为 5%～20%，可获得良好的阻隔效果。

研究表明，聚（羟基氨基醚）（PHAE）也可以提高 PA11 基体对氢气的阻隔性，其中相态结构对阻隔性有很大程度的影响[110]。加工工艺影响共混体系的相态结构，因而对聚合物共混体系的气体阻隔性有很大的影响。比如，在有机蒙脱土填充 PET/PA 合金的制备过程中，采用两步法共混可以制得阻隔性更好的合金，那就是蒙脱土首先与亲和性较差的 PET 相共混，然后再加入亲和性较高的 PA 相共混[111]。增加共混物组成相之间的相互作用，有利于提高共混物体系的阻隔性。例如，在 PA6 与马来酸酐接枝的聚（乙烯-1-辛烯）（POE-g-MAH）共混体系中加入乙烯-乙烯醇共聚物（EVOH），各相之间形成强的相互作用，相容性增加，阻隔性提高[112]。

本 章 小 结

聚合物共混物的玻璃化转变温度与共混物组分之间的相容性有关。以两组分共混物为例，如果两种聚合物完全相容，共混体系具有单一的玻璃化转变温度，其值与两组分的相对含量以及两组分之间是否有相互作用有关；如两种聚合物完全不相容，则具有两个玻璃化转变，其值与原两种聚合物的 T_g 相同；对于基本相容的体系，虽只有一个峰，但峰宽是大大增宽了；多数工艺相容聚合物共混物仍具有两个 T_g，但峰的位置更靠近了，即塑料相的 T_g 比原均聚物的稍低，橡胶相的 T_g 比原橡胶的稍高。但由于共混体系的浓度的不均一性或浓度起伏，相容共混物体系有时也会出现两个玻璃化转变。

可以用高柳索夫（Takayanagi）的自由体积理论来解释共混物的玻璃化转变行为，其基本要点是：高分子实现链段运动，共混物中必须提供许多自由体积为几纳米的小体积元。对相容的聚合物共混物，体系中的自由体积是公用化的，因此，完全相容的体系两种聚合物具有相同的自由体积分数（f），它们实现玻璃化转变时的自由体积分数（f）当然也是相同的。这样，两种聚合物必然在大致相同的温度下实现链段运动或链段冻结，在动态力学谱上就只有单一的损耗峰。

对于工艺相容或力学相容的体系，自由体积是部分公用化，共混物中只有局部区域（界面层）自由体积是公用的，两组分仍有不同的自由体积分数。如橡胶增韧塑料体系，由于两组分具有一定程度的相容，橡胶相中渗透有部分塑料相的分子或链段，塑料相中也必然混有一些橡胶相的分子或链段。因此，橡胶相的 T_g 提高，塑料相的 T_g 降低，并且，随着两种聚合物组分相容程度的增加，两个 T_g 愈加靠拢，完全相容就成为一个 T_g。

与用在传统橡胶/塑料共混物中的橡胶不同，完全硫化的橡胶颗粒 UFPR 在增韧塑料基体时，由于在橡胶颗粒和基体界面形成了较强的共价键结合以及橡胶颗粒尺寸小、界面层比例大等因素，使基体的 T_g 也同时得到大幅度提高。

聚合物合金的各种性能，包括流变特性、光学特性、透气性、阻隔性、电性能等都与聚合物合金的相容性及相态结构有着密切的联系，因此，可以通过改变合金组分之间的相容性来调控合金的各项性能，聚合物合金化是聚合物性能多样化、系列化的重要手段之一。

思　考　题

1. 简述热力学相容体系、工艺相容体系、完全不相容体系玻璃化转变温度有何特点？
2. 请用自由体积模型解释传统工艺相容橡胶增韧塑料体系的玻璃化转变温度的特征。

第5章 聚合物合金的共混工艺与共混设备

>>> **本章提要**

　　本章将讲述聚合物合金在共混过程中分散和聚集的剪切能和破碎能的守恒，以及影响破碎和聚集过程的因素；讨论分散相粒径的影响因素，包括共混时间、共混组分的熔体黏度、界面张力及相容性等；最后介绍常规的共混设备以及共混工艺对共混物性能的影响。

　　在聚合物的共混改性中，共混的工艺条件与共混设备是影响共混改性效果的重要因素。为了能够合理地选择共混工艺与设备，应先对共混过程作一探讨。

5.1 分散相的"分散"过程与"凝聚"过程

　　在共混过程中，物料受到剪切、对流、扩散等作用。在剪切力的作用下，分散相产生变形，以致破裂，分散相粒子的粒径变小，分布也发生变化。剪切作用是产生分散混合的必要条件；在简单混合中，物料通过对流而增加分布的随机性；扩散作用主要发生在两相界面处，产生相互扩散的过渡层。在上述作用中，剪切作用对分散混合尤为重要，也是共混过程的重要影响因素。

　　在聚合物共混过程中，同时存在着"分散"过程与"凝聚"过程这一对互逆的过程。首先，共混体系中的分散相物料在剪切力作用下发生破碎，由大颗粒经破碎逐渐变为小粒子。由于在共混过程的初始阶段，分散相物料的颗粒尺度通常是较大的，即使是粉末状原料，其粒径也远远大于所需的分散相粒径，所以这一破碎过程是必不可少的。

　　在共混的初始阶段，由于分散相粒径较大，所以破碎过程占主要地位。但是，在破碎过程进行的同时，分散相粒子互相之间会发生碰撞，并有机会重新凝聚成较大的粒子，这就是与破碎过程逆向进行的凝聚过程，"破碎"过程与"凝聚"过程的示意图如图 2-17 所示。破碎过程是界面能增大的过程，需在外力的作用下才能完成，而凝聚过程则是界面能降低的过程，是可以自发进行的。

　　影响破碎过程的因素，主要来自两个方面，其一是外界作用于共混体系的剪切能，对于简单的剪切流变场而言，单位体积的剪切能可由式（5-1）表示[113]：

$$\dot{E} = \tau\dot{\gamma} = \eta\dot{\gamma}^2 \tag{5-1}$$

式中　$\dot{E}$——单位体积的剪切能；

　　　τ——剪切应力；

　　　η——共混体系的黏度；

　　　$\dot{\gamma}$——剪切速率。

　　影响破碎过程的另一个方面的因素，是来自分散相物料自身的破碎能。分散相物料的破碎能可由式（5-2）表示：

$$E_{Db} = E_{Dk} + E_{Df} \tag{5-2}$$

式中　E_{Db}——分散相物料的破碎能；

　　　E_{Dk}——分散相物料的宏观破碎能；

　　　E_{Df}——分散相物料的表面能。

式中，表面能 E_{Df} 与界面张力 σ 和分散相的粒径都有关系，宏观破碎能则取决于分散相物料的黏滞力，包括其熔体黏度、黏弹性等。

很显然，增大剪切能 E 可使破碎过程加速进行，可采用的手段包括增大剪切应力或增大共混体系的黏度。而降低分散相物料的破碎能（包括降低宏观破碎能 E_{Dk}，或降低分散相物料的表面能），也可使破碎过程加速。

作为破碎过程的逆过程的凝聚过程，是由于分散相粒子的相互碰撞而发生的。因此，凝聚过程的速度就决定于碰撞次数和碰撞的有效率。所谓碰撞的有效率，就是分散相粒子相互碰撞而导致凝聚成大粒子的概率，而碰撞次数则决定于分散相的体积分数、分散相粒子总数以及剪切速率等因素。

在共混过程中，在初始阶段占主导地位的是破碎过程，而随着分散相粒子的粒径变小，分散相粒子数目增多，凝聚过程的速度就会增大。反之，对于破碎过程而言，由于小粒子比大粒子难于被破碎，所以随着分散相粒子的粒径变小，破碎过程速度会逐渐降低。于是，在破碎过程与凝聚过程之间，就可以达到一种平衡状态，达到这一平衡状态后，破碎速度与凝聚速度相等，分散相粒径也达到一平衡值，被称为"平衡粒径"。

Tokita 根据上述关于破碎过程与凝聚过程的影响因素，提出一个关于分散相平衡粒径与共混体系黏度、剪切速率、界面张力、分散体积分数、分散相物料宏观破碎能、有效碰撞概率的关系式[113]：

$$R^* = \frac{\frac{12}{\pi} P \sigma \phi_D}{\eta \dot{\gamma} - \frac{4}{\pi} P \phi_D E_{Dk}} \tag{5-3}$$

式中　R^*——分散相平衡粒径；

　　　P——有效碰撞概率；

　　　σ——两相间的界面张力；

　　　ϕ_D——分散相的体积分数；

　　　η——共混物的熔体黏度；

　　　$\dot{\gamma}$——剪切速率；

　　　E_{Dk}——分散相物料的宏观破碎能。

Tokita 所提出的这一关系式，为进一步探讨降低分散相粒径创造了有利的条件。

5.2　控制分散相粒径的方法

在实际共混过程中，得到的共混物的分散相粒径时常比最佳粒径大。因此，通常受到关注的是如何降低分散相的粒径，以及如何使粒径分布趋于均匀。可从共混时间、物料黏度等方面加以调节，以降低分散相粒径。

5.2.1　共混时间的影响

在共混过程中，分散相粒子破碎的难易与粒子的大小有关，大粒子易于破碎，而小粒子较难破碎。因此，共混过程就伴随着分散相粒径的减小和粒径的自动均化过程，为达到降低分散相粒径和使粒径均化的目的，应该保证有足够的共混时间。

对于同一共混体系，同样的共混设备，分散相粒径会随共混时间延长而降低，粒径分布也会随之均化，直至达到破碎与集聚的动态平衡。当然，共混时间也不可过长，因为达到或接近平衡粒径后，继续进行共混已无降低分散相粒径的效果，而且会导致聚合物的降解。

此外，通过提高共混设备的分散效率，可以大大降低所需的共混时间，改善共混组分之间的相容性，也有助于缩短共混时间。

5.2.2　共混组分熔体黏度的影响

共混组分的熔体黏度对于混合过程及分散相的粒径大小有重要影响，是共混工艺中需考虑的重要因素。

5.2.2.1　分散相黏度与连续相黏度的影响

由式（5-3）中可以看出，分散相物料的宏观破碎能 E_{Dk} 减小，可以使分散相平衡粒径降低。宏观破碎能 E_{Dk} 决定于分散相物料的熔体黏度以及其黏弹性。降低分散相物料的熔体黏度，可以使宏观破碎能 E_{Dk} 降低，进而可以使分散相粒子易于被破碎分散。换言之，降低分散相物料的熔体黏度，将有助于降低分散相粒径。

另一方面，外界作用于分散相颗粒的剪切力是通过连续相传递给分散相的。因而，提高连续相的黏度，有助于降低分散相粒径。

综上所述，提高连续相黏度或降低分散相黏度都可以使分散相粒径降低。但是，连续相黏度的提高与分散相黏度的降低，都是有一定限度的，是要受到一定制约的。"软包硬"规律就是制约黏度变化的一个重要规律。

5.2.2.2　"软包硬"规律

在聚合物共混改性中，可将两相体系中熔体黏度较低的一相称为"软相"，而将熔体黏度较高的一相称为"硬相"。理论研究和应用实践都表明，在共混过程中，熔体黏度较低的一相总是倾向于成为连续相，而熔体黏度较高的一相总是倾向于成为分散相，这一规律被形象地称为"软包硬"规律。

需要指出的是，"软包硬"规律涉及的只是一种倾向性，倾向于成为连续相的物料组分并不一定就能够成为连续相，对分散相也是一样。这是因为熔体黏度并不是影响共混过程的唯一因素，共混过程还要受许多其他因素的影响，譬如，共混物组成的配比。尽管如此，"软包硬"规律仍然是共混过程中发挥重要作用的因素。

5.2.2.3　调控熔体黏度的方法

从以上讨论中可以看出，熔体黏度对共混过程及分散相粒径有重要影响，因而，对熔体黏度进行调控，就成了共混过程的调节中需要考虑的重要因素。

① 采用温度调节　温度调节是对熔体黏度进行调控的最有效的方法。利用不同物料对温度变化的敏感性的不同，常常可以找到接近于两相等黏的温度。

② 用助剂进行调节　许多助剂，如填充剂、软化剂等，可以调节物料的熔体黏度。譬如，在橡胶中加入炭黑，可以使熔体黏度升高；给橡胶充油，则可以使熔体黏度降低。

③ 改变分子量　聚合物的分子量也是影响熔体黏度的重要因素。在其他性能许可的条件下，适当调节共混组成的分子量，将有助熔体黏度的调控。

5.2.3　界面张力与相容剂的影响

在式（5-3）中，若降低界面张力 σ，也可以使分散相粒径变小。通过添加相容剂的方法，可以改善两相间的界面结合，使界面张力降低，从而使分散相粒径变小。譬如，在聚乙烯与聚酰胺的共混体系中，加入聚乙烯-马来酸酐接枝共聚物作为相容剂，与未加相容剂的共混物相比，加入相容剂的共混的分散相粒径明显变小。利用相容剂来控制分散相粒径的方法已获得了广泛的应用。

除了以上讨论的共混时间、熔体黏度以及相容剂可影响分散相粒径之外，设备因素也是影响分散相粒径的重要因素。关于共混设备因素对分散相粒径的影响，将在 5.4 节中讨论。

5.3　两阶共混分散历程

共混改性中的分散历程有些类似高分子聚合中的反应历程。通过对共混分散历程的设计，可以有效地提高共混产品的质量。

除了较为简单的"一步法"共混之外，目前较为成熟的分散历程是两阶共混分散历程。两阶共混分散历程（即母料法）是我国科技工作者提出的。两阶共混的方法，是将两种共混组分中用量较多的组分的一部分，与另一组分的全部先进行第一阶段共混。在第一阶段共混中，要尽可能使两相熔体黏度相等，且使两组分物料用量也大体相等，在这样的条件下，制备出具有"海-海"结构的两相连续中间产物。

在两阶共混的第二阶段，将组分含量较多的物料的剩余部分，加入到"海-海"结构的中间产物中，将"海-海"结构分散，可制成具有较小分散相粒径，且分散相粒径分布较为均匀的"海-岛"结构两相体系。采用两阶共混分散历程，可以解决降低分散相粒径和使分散相粒径分布较窄的问题。

两阶共混分散历程是建立在"等黏点"理论以及共混分散过程的一系列理论的基础之上的，这一分散历程已成功地应用于 PP/SBS、PS/SBS 等共混体系之中。在 PP/SBS 与 PS/SBS 共混体系中，SBS 为分散相，对 PP、PS 起增韧改性的作用。通过采用两阶共混分散历程，制成了 SBS 分散相粒径约为 $1\mu m$，且粒径分布较窄的共混材料，使 PP（或 PS）的冲击强度显著提高。

5.4　共混设备简介

共混设备包括对聚合物粉料进行混合的设备和熔融共混设备。对粉料进行混合的过程相当于"简单混合"。所用的设备有高速搅拌机（又称高速捏合机）以及 Z 型混合机等。粉料的混合设备主要用于使聚合物粉料与各种添加剂均匀混合，以便于进一步的熔融共混。对于 PVC 粉料，特别是软制品或半硬制品，粉料的混合还要使增塑剂等液体助剂渗透到 PVC 粉粒中。

熔融共混的设备包括开炼机、密炼机、挤出机等。开炼机的主要工作部件是可加热的两个相向转动的辊筒，又称双辊开炼机。调节两个辊筒的间隙，可以改变物料所受到的剪切力的大小。调节辊筒温度，可以调整共混物料的熔体温度。开炼机结构简单，操作直观，但操作较为繁重，且安全性、卫生性较差，已逐渐被更先进的共混设备所替代。

密炼机具有密闭的混炼室，操作安全，生产效率也较高。密炼机对物料的剪切作用较强，具有较好的共混分散效果。但是，密炼机属于间歇操作，这就给应用带来了一些不便。

单螺杆挤出机是一种可连续实施共混的设备，不仅可以对聚合物进行共混，而且可以配合口模，挤出成型各种管材、异型材等。单螺杆挤出机的设备参数，包括螺杆直径、长径比、螺槽深度、螺杆各段长度比等。为增强单螺杆挤出机的共混效果，可以采用屏障型、销钉型等混炼元件，这些混炼元件可以增大剪切力，更有利于混合作用的发挥。

单螺杆挤出机具有结构简单、工作可靠、易于操作、维修方便等优点。但是，也有一些不足。首先是混炼效果不理想，难以对共混体系实现理想的分散效果；对于硬质 PVC 物料，不能实现粉料的直接加工；对高填充体系、纤维增强改性体系，混合效果不太好。此外，物料存在逆流与漏流，导致一部分物料在料筒中停留时间过长，可能导致降解。双螺杆挤出机的应用，可以克服单螺杆挤出机的上述缺点。

双螺杆挤出机种类很多，根据分类方法的不同可分为平行和锥形双螺杆挤出机、同向旋转和异向旋转啮合型双螺杆挤出机与非啮合型双螺杆挤出机等。其中，啮合型双螺杆挤出机具有混炼效果好、物料在料筒内停留时间分布窄、挤出量大且能量消耗少等诸多优点。双螺杆挤出机卓越的混合效果，已使其成为聚合物共混改性中最得力的设备。

5.5   共混工艺因素对共混物性能的影响

共混工艺因素，包括共混时间、共混温度、加料顺序、混合方式等诸多因素，它们对共混物的性能有重要的影响。

共混时间对混合效果有重要作用。随着混合时间的延长，两相体系中分散相的粒径变小，粒径分布趋于均匀，这些因素可使共混物性能提高。但是，共混时间过长，则会使聚合物降解，反而导致性能下降。

共混温度对共混体系的性能也很重要。共混温度会影响物料的黏度，进而影响分散相物料的破碎与分散过程，并影响共混体系的形态与性能。对不同的共混体系，都有特定的较为适宜的混合温度。以 PVC/NBR 共混体系为例，在 150℃ 下混炼，拉伸强度和伸长率都较高。

加料顺序也是影响性能的重要因素。例如，对于 PVC/ABS 共混物，混合时应先将PVC 与稳定剂、增塑剂混合，再加入 ABS，即采用"二段加料法"。这是因为 ABS 与助剂的相容性高于 PVC，如果采用一段加料法，PVC 相中就分配不到足够的助剂，无法充分塑化。

混合方式也很重要。前述两阶共混历程就是一种较为有利于改善混合效果的共混方式。张桂云等将"两段加料法"用于 PVC/CPE/SBR 共混体系，即先将部分 PVC 与 CPE 及SBR 制成母料，再与已塑化的 PVC 共混，产物的缺口冲击强度达 $79kJ/m^2$，明显高于其他加料方式[114]。

混沌混合利用对聚合物流体或熔体的拉伸折叠作用，避免了强剪切，减少了对共混物相形态的破坏，易于形成长径比高的纤维结构。而且通过调控混合时间，可以制备不同相态、性能各异的材料[2]。Danesca 等[115]在三维混沌混合器中原位合成聚合物导电复合材料，选用 Ni 粉为导电粒子，得到材料逾渗阈值比一般方法低 27%。经混沌混合后分散相形成了高长径比纤维，Ni 粒子沿纤维形成了尺寸小而导电密度高的多条通路，又以炭黑粉末为导电粒子，炭黑粉末在混沌混合的不断拉伸折叠作用下形成了延展网络，使炭黑的用量仅为0.8%（质量分数）即达到逾渗阈值，相比于传统的 2.8%，有显著降低。Jana 等[116]在二维混沌混合器中，制备了在含 10%PP 的 PA6 体系中加入 1%炭黑粒子的导电共混物，所得产物只沿着转子转动方向能导电，提高了导电复合材料的导电特性。低逾渗阈值取决于分散相在混沌混合作用下形成的层状和纤维状结构双重渗流网络。随混合时间延长，出现导电能力经历先上升后下降的过程，因炭黑先从 PP 相内部迁移到 PP 相与 PA6 相界面处，提高了导电性；继续迁移到 PA6 内部，则共混物不导电。Jana 等[117]用碳纳米纤维（CNF）作为导电粒子，2％即达到逾渗阈值，而使用密炼机混合，逾渗阈值为 6％。因为 CNF 在混沌流拉伸折叠中，纤维从束状结构中抽离出单个纤维，沿着流动方向组成导电网络。当 CNF 量在逾渗阈值附近时，导电性能受混合时间影响很大，时间过长会不导电，而大于逾渗阈值时，基本不受影响。高长径比纤维结构可大大提高热塑性塑料力学性能。在双螺杆挤出机中，一般制得纤维结构的长径比只有 100～150。Zumbrunnen 等[118]在三维间歇和连续混沌混合器中制备了纤维复合材料，长径比达 1000。混沌混合中主要是拉伸流作用，低剪切使纤维不易断裂。

本 章 小 结

在聚合物共混过程中，同时存在着"分散"与"凝聚"这一对互逆的过程。在共混的初始阶段，由于分散相粒径较大，分散相粒子数目较少，所以破碎过程占主要地位。但是，在破碎过程进行的同时，分散相粒子互相之间会发生碰撞，并有机会重新凝聚成较大的粒子，这就是与破碎过程逆向进行的凝聚过程。

影响破碎过程的因素，主要来自两个方面，其一是外界作用于共混体系的剪切能；另一个方面的因素，是来自分散相物料自身的破碎能。在破碎过程与凝聚过程之间，可以达到一种平衡状态。达到这一平衡状态后，破碎速度与凝聚速度相等，分散相粒径也达到一平衡值，被称为"平衡粒径"。分散相平衡粒径与共混体系黏度、剪切速率、界面张力、分散体积分数、分散相物料宏观破碎能、有效碰撞概率相关。因此可以通过控制共混时间、共混组分的熔体黏度、界面张力及相容性来控制分散相的粒径。

常用的熔融共混的设备有开炼机、密炼机、挤出机等，双螺杆挤出机的共混效果要比单螺杆挤出机的效果好，两阶共混历程就是一种较为有利于改善混合效果的共混方式，混沌混合减少了对共混物相态的破坏，易于形成长径比高的纤维结构，而且通过调控混合时间，可以制备不同相态、性能各异的材料。

思 考 题

1. 在熔体共混过程中，如何控制分散相的粒径？
2. 查阅文献，举例说明共混方式对聚合物合金结构和性能的影响。

第6章 聚合物合金各论

>>> 本章提要

　　本章介绍通用塑料、工程塑料、热固性塑料、热塑性弹性体共混改性的研究和发展状况。

　　通用塑料合金中 HIPS、ABS 是开发最早，使用范围最广，产量和牌号最多的聚合物合金。该章将重点介绍 HIPS、ABS 的制备方法、蜂窝状结构形成的机理及影响 HIPS 形态结构的因素；在热固性塑料改性中重点阐述环氧树脂的增韧原理和影响因素；论述热塑性弹性体的结构特点、制备工艺及相态结构形成的原理。该章还将概括各类合金的改性技术、商业化产品、发展方向及应用情况，为聚合物合金的选用、研究和开发提供理论基础和思路。

6.1 通用塑料合金

　　通用塑料主要指聚苯乙烯（polystyrene，PS）、丙烯腈-丁二烯-苯乙烯三元共聚物（acrylonitrile-butadiene-styrene，ABS）、聚乙烯（polyethylene，PE）、聚丙烯（polypropylene，PP）、聚氯乙烯（polyvinyl chloride，PVC）等常用的大品种塑料。这些塑料价格低廉，加工性能好，但大多数耐热性不够高，韧性尤其是低温韧性较差，使它们在某些领域的应用受到限制。实践证明，通过与其他聚合物进行共混改性，是对这些通用塑料改善韧性，提高综合性能最经济、有效的途径。

6.1.1 聚苯乙烯塑料的共混改性

　　聚苯乙烯具有优良的电绝缘性能和加工流动性，透明性极好，染色容易，机械强度高，价格低廉，在电子、日用品、玩具、包装、建筑、汽车等领域有广泛的应用。它的最大缺点是质地很脆，易应力开裂，但橡胶改性的 HIPS 和以苯乙烯为主要原料制成的 ABS，韧性和强度都很好，是聚合物合金产品中最成功的典范，产量位于聚合物合金的首位。早在 1948年，DOW 化学公司就开发出了抗冲聚苯乙烯；1952 年，DOW 化学公司又开发出高抗冲聚苯乙烯（HIPS）。

6.1.1.1 高抗冲聚苯乙烯

　　(1) 高抗冲聚苯乙烯的制备方法　　HIPS 可用机械共混和接枝共聚两种方法制得。机械共混法主要是采用 SBR 和 PS 共混。PS 中 SBR 加入量达到 $10\%\sim15\%$ 时，就显示增韧效果，SBR 超过 25% 时，共混物的冲击强度显著提高，但拉伸强度降低较大。

　　接枝共聚法是目前生产 HIPS 的主要方法，较多是采用顺丁橡胶（BR）和苯乙烯（St）进行接枝共聚。BR 的 T_g 较低，改性效果比 SBR 好。接枝共聚法生产 HIPS 是以橡胶为骨架，接枝聚合苯乙烯单体而制成的。在共聚过程中，也会生成一定数量的 PS 均聚物。聚合过程中要经历相分离和相反转，最终得到以 PS 为连续相，橡胶粒为分散相的共混体系。共聚方法生产的 HIPS 中，大部分还是均聚物 PS，接枝共聚物 PB-g-PS 是少量。还有一些未反应的 PB。所以说，HIPS 是均聚物和共聚物的共混体系。

（2）HIPS 蜂窝状结构形成的机理　下面从聚合反应历程来分析这种特殊结构形成的机理。

我们借助于 St-PS-PB 三元体系相图（见图 6-1）来考察聚合过程的相态变化。该体系起始的组成是 6% 的 PB 溶解于 St 单体形成的溶液（相图中的 M 点）。整个聚合过程是 St 单体转为 PS 的过程，PB 的含量不变。所以总组成应循相图中的 MS 线变化（图 6-1 只是该体系全部相图的一部分）。当有 2% 左右的 St 聚合成 PS 时，总组成达到双节线（N）时，体系开始分相。至 P 点，体系的两相分别为 P' 和 P''，P' 相是 PB 与 St 组成的溶液，P'' 是 PS 与 St 组成的溶液。由杠杆原理可知，此时橡胶溶液相 P' 的体积分数大于 P''，因而，此时 PB 溶液仍处于连续相，PS 溶液为分散相。随着聚合反应的进行，两相组成分别循两箭头指向沿双节线而变，单体的浓度逐渐降低，

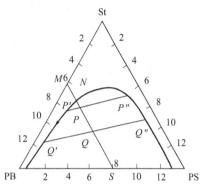

图 6-1　苯乙烯-聚丁二烯-聚苯乙烯
三元体系相图（部分）
（图中数字为体积分数）

每一相的聚合物浓度都在增大，而且 PS/St 相的体积也不断增大。当达到 Q 点，两相的体积分数接近相等（这时 St 的转化率约为 9%～12%），此时，PS 溶液相可从分散相转变为连续相，而 PB 溶液则由连续相转变为分散相，即体系发生相转变（相反转）。这以后，连续相和分散相中的 St 含量仍相当高，当然将继续进行聚合反应。因此，分散相中仍会不断生成 PS，由于体系的黏度愈来愈高，并且聚合过程形成的接枝共聚物，集中于橡胶相粒子的表面，给分散相中的 PS 向连续相迁移造成了困难。随着橡胶相中的 PS 含量逐渐增大，当包容的 PS 超过了均相的浓度极限时，分散相中的 PS 便进而发生相分离，最终形成 PS 被橡胶网络分割的蜂窝状结构。

需要着重指出的是，聚合过程必须具有足够的剪切作用。在无搅拌作用的静止条件下进行反应，直至苯乙烯全部转化为 PS，上述的相反转现象也不可能发生。因为橡胶相的黏度高，再加上反应后期橡胶分子间发生交联反应，原来处于连续相的橡胶分子尽管重量和体积分数都低于 PS，没有足够的外力作用，橡胶仍将处于连续相，只是这时的橡胶变成连续的网膜，将 PS/St 溶液分割成许多小区域。这种橡胶网络处于连续相的体系是一种海绵状物，难以加工，无实用价值。

（3）影响 HIPS 形态结构的因素

① 剪切力的影响　正如上面所讲，为顺利实现相反转，对聚合液施加一定的剪切力是必要的。剪切力的大小对相态结构有很大影响。剪切力小于某一临界值，相反转不能发生；剪切力过高，会造成分散相粒子过小，起不到应有的增韧效果。

② 体系的黏度　要使相反转顺利进行，体系发生相反转时的黏度要控制在一定的范围，黏度太小，即使剪切速率很高，也建立不起足够的剪切力；黏度过高，搅拌阻力大，很难提供足够的剪切作用，给相反转也带来困难。

③ 橡胶的含量　HIPS 中的橡胶含量不宜过大，一般在 12% 以下，过高的橡胶含量，将使相反转延至较高的单体转化率时才会发生。因为体系中 PS 的体积分数达到 50% 以上，

PS 才有可能转变为连续相。因此，橡胶含量增加，相反转就向后推迟，这将使相反转在高黏度的情况下发生，对相反转是不利的。

④ 橡胶中的包容物　橡胶颗粒中的 PS 包容量不仅影响橡胶相体积分数和颗粒尺寸，同时包容量过多，在加工过程中橡胶粒子会破裂，还有可能使被包容的 PS 产生银纹，导致银纹穿过橡胶粒子，这对增韧效果是不利的。因此，控制适度的包容量是个十分重要的问题。

⑤ 共聚物的接枝程度　共聚物的接枝程度是影响最终产物结构的又一个重要因素。接枝共聚物的形成在聚合过程中起着对两相的乳化稳定作用，对最终产物两相界面黏结力起着决定性作用。同时，对胶粒尺寸有直接影响。接枝度愈高，橡胶粒子尺寸愈小。这就是说，要控制橡胶粒子的尺寸，必须控制好接枝度。

⑥ 橡胶相的分子量　用于接枝共聚的聚丁二烯橡胶的分子量影响橡胶相的黏度。分子量过高，将推迟相反转的发生，甚至在正常的搅拌速率下无法实现相反转。同时，随着橡胶黏度的增大，胶粒尺寸相应增大，不易破碎成较小的胶粒。

（4）HIPS 形态结构对性能的影响　接枝共聚 HIPS 因其独特的结构，其力学性能优于机械共混物，综合起来，可归结为以下几个原因。

① 由于橡胶颗粒包容有相当多的 PS，蜂窝状结构的 HIPS 和相同橡胶量的机械共混物相比，橡胶相体积分数大 3～5 倍，大大减小了橡胶颗粒间的距离，使少量的橡胶发挥着较大橡胶相体积分数的作用，强化了增韧效果。

② 接枝共聚的 HIPS，两相界面分散着 PB-g-PS 共聚物改善了界面亲和性，使界面黏结力提高，有利于力学强度、冲击韧性的提高。

③ 接枝共聚的 HIPS 分散相中包容有 PS，其模量比机械共混的分散相模量高，这使得 HIPS 不会因橡胶相存在，使模量、强度降低过多。

④ 蜂窝状结构的 HIPS，在外力作用下，橡胶粒子赤道平面附近不会像一般橡胶粒子那样产生有害的空洞，有利于大量银纹的形成、发展，从而能吸收更多的冲击能，使冲击强度大幅度提高。

因此，接枝共聚的 HIPS，在大幅度提高冲击强度（高于 PS5～10 倍）的同时，拉伸强度降低不大，而且加工流动性、染色性没有大的变化，只有透明性变得差了。HIPS 可用注射成型、挤出成型生产各种板材、管材、仪表外壳、电器设备零件、生活用品等，应用领域比 PS 大大地扩大。

6.1.1.2　ABS 树脂及其改性

ABS 树脂是目前产量最大、应用最广的聚合物合金。它是由苯乙烯/丙烯腈的无规共聚物（SAN）为连续相，聚丁二烯或丁苯橡胶为分散相，以及"就地"接枝聚合形成的共聚物组成的两相体系，是典型的均聚物和共聚物组成的多元共混物。其特性是由三组分的配比及每一种组分的化学结构、物理形态控制，丙烯腈组分在 ABS 中表现的特性是耐热性、耐化学性、刚性、拉伸强度，丁二烯表现的特性是冲击强度，苯乙烯表现的特性是加工流动性、光泽性。这三组分的结合，优势互补，使 ABS 树脂具有优良的综合性能。ABS 具有刚性好、冲击强度高、耐热、耐低温、耐化学药品性、机械强度和电气性能优良，易于加工，加工尺寸稳定性和表面光泽好，容易涂装，着色，还具有可以进行喷涂金属、电镀、焊接和黏结等二次加工性能。

（1）ABS 树脂的生产工艺　ABS 树脂的生产方法很多，目前世界上工业装置上应用较多的是乳液接枝掺合法和连续本体法。

① 乳液接枝掺合工艺　乳液接枝掺合法是在 ABS 树脂的传统方法——乳液接枝法的基础上发展起来的，根据 SAN 共聚工艺不同又可分为乳液接枝乳液 SAN 掺合、乳液接枝悬浮 SAN 掺合、乳液接枝本体 SAN 掺合三种，其中后两者在目前工业装置上应用较多。这三种乳液接枝掺合工艺都包括下面几个中间步骤：丁二烯乳胶的制备、接枝聚合物的合成、SAN 共聚物的合成、掺混和后处理。

丁二烯胶乳的合成：丁二烯胶乳的合成是 ABS 生产过程中的一个主要单元，一般采用乳液聚合工艺生产。此生产技术目前比较成熟，控制胶乳中总的固含量（一般总的固含量越高，生产成本越低），控制橡胶粒子的大小，在 $0.05 \sim 0.6 \mu m$，最好在 $0.1 \sim 0.4 \mu m$ 范围内，粒径呈双峰分布，这样可使 ABS 树脂产品具有优异的表面性能和韧性。

接枝聚合物的合成：聚丁二烯与苯乙烯、丙烯腈接枝是 ABS 生产工艺中的核心单元。粒径呈双峰分布的聚丁二烯胶乳连续送入乳液接枝反应器与苯乙烯和丙烯腈单体混合物进行接枝共聚反应。单体与聚丁二烯之比提高，则接枝聚合物和 SAN 共聚物的分子量及接枝度增加，内部接枝率一般随橡胶粒径的增加和橡胶交联密度的降低而增加。在粒径和橡胶交联密度恒定时，接枝度和接枝密度是决定 ABS 产品性能的因素。

SAN 共聚物的合成：苯乙烯与丙烯腈共聚物合成方法有三种，即乳液法、悬浮法和本体法。本体法采用热引发，连续聚合，产品纯净，质量较高，污染少，在 SAN 合成中正取代悬浮法，尤其在大型 ABS 生产装置上。悬浮法采用引发剂，间歇聚合，产品不如本体法纯净，产生的废水对环境有污染，但工艺简单，流程短，投资少，聚合热易散出，对中小型装置而言悬浮法较为经济。乳液法流程长，技术落后，发达国家已基本淘汰。

掺混和后处理：最后将得到的 ABS 接枝聚合物与 SAN 共聚物以不同比例进行掺混，可以得到多种 ABS 树脂产品，掺混方法使产品具有很大的灵活性。SAN 与接枝聚合物的掺混和后处理工艺上有两种方法：在"湿工艺"中，先将接枝胶液脱去大量水，得到的胶粒或胶块和 SAN 粒子一起送入特殊的挤出机进行干燥、混合和造料。在"干工艺"中，先用离心机将接枝胶液中大量水分脱去，然后用氮氧干燥，干燥的接枝胶粒和 SAN 粒子混合、挤出、干燥。此两种工艺都为连续法生产。

② 连续本体工艺　本体法生产 ABS 类似于 HIPS 本体聚合工艺，所得产物纯净，工艺流程短，产品质量高。近年来连续 ABS 工艺进一步完善，已逐步确立了其为主要 ABS 生产工艺的地位，从环保和投资的观点看本体法是最佳的 ABS 生产工艺，本体工艺的主要缺点是所生产的产品有局限性，如在高抗冲产品的生产上有局限性。

本体工艺与乳液工艺不同，乳液工艺在水相中进行，反应体系黏度较低，传热较好，而在本体工艺生产 ABS 树脂时，为了使黏度容易控制，对橡胶含量控制在 15% 以内，最多不超过 20%，而且普通本体工艺生产的 ABS 树脂中橡胶粒子较大，因此表面光泽差。大部分本体工艺采用 3~5 个连续反应器串联的反应器体系，反应器可以是搅拌槽式、塔式、管式或组合式。近年来，连续本体工艺在改进产品上取得的主要进展有如下几点：控制橡胶粒径小于 $1.5 \mu m$，改进光泽度；控制橡胶粒径和形态，改进抗冲击性；增加橡胶相中的包容物的含量；使橡胶的粒子呈双峰分布；优选引发剂类型和浓度等。

（2）ABS 的结构　接枝共聚法制得的 ABS 和 HIPS 相比，ABS 的组成可变性更大，反应更加复杂，影响因素更多。接枝共聚的 ABS 体系中，由于存在 St 和 AN 两种单体，除了 St/AN 的配比影响共聚物（SAN）结构，还存在两种单体在两相中的分配问题。St 和 AN 对 PB 链的亲和力不同，St 和 PB 链间的溶剂化作用优于 AN 和 PB 链间的作用。因此，在

PB 链周围形成的支链 PSAN 比游离的 PSAN（基体）具有更高的 St 含量，这种接枝链和游离链组分差别达到一定程度（40％左右）时，两种分子链便发生相分离。

接枝链和游离链的差别还表现在两者分子量不同，通常接枝链的分子量总比游离链大，这和两种分子链形成的环境有关，接枝链形成于橡胶链附近，其局部黏度高，终止速度小，故分子量高。此外，引发剂浓度也不同，例如，BPO 对 PB 链的亲和力高于 SAN，即引发剂在 PB 相中的浓度远高于在 SAN 相中的浓度（选择性溶解）。结果，橡胶相的引发剂初级自由基主要消耗于链转移反应而形成 PB 大分子链自由基，由于这种自由基活性低，因而使其聚合反应速率明显降低。同时，PB 自由基浓度高，使其重新偶合的可能性增大，这也使引发剂的效率降低，减小了反应速率，但却可导致支链的分子量提高。

ABS 组成除了受单体、引发剂的影响，当然还与橡胶的种类、比例以及工艺条件、生产方法等因素有关。因此，ABS 的实际组成随着上述因素的变化，会出现千差万别，具有很大的可变性。

ABS 树脂具有复杂的两相结构，影响其性能的因素很复杂，主要可归结为以下几方面。

① 橡胶相的组成、交联度　ABS 大多由聚丁二烯组成橡胶相，若采用丁腈胶、丁苯胶将使橡胶相的 T_g 增高，影响耐寒性。特别是丙烯腈引入共聚物对橡胶 T_g 影响更为严重，故现在很少用丁腈胶作原料。丁苯胶制成的 ABS 流动性较好，现在某些品种仍有采用，但橡胶含量不宜超过 25％，否则严重影响耐寒性。ABS 中所用的橡胶需具有适度的交联度，以保证产品具有良好的冲击韧性。

此外，橡胶的含量、分散相中的树脂包容量、橡胶分子量都对 ABS 树脂性能产生影响。这些因素和一般橡胶增韧塑料的影响基本相同。

② 橡胶的粒径　多种因素对冲击强度和加工流动性会产生相反的影响。例如，增加橡胶含量可使 ABS 树脂的冲击强度提高，但流动性及其他性能下降；降低 SAN 树脂的分子量，可使流动性改善，但冲击强度降低。而用控制 ABS 粒径（0.2μm 以上）的方法来调节性能，既能使冲击强度提高，又可获得较好的流动性。乳液法生产 ABS 树脂粒径小，往往需要采用乳胶粒径增大技术，但粒径也不宜过大，否则乳液体系不稳定，对性能也不利。此外，把不同方法制得的、粒径大小不同的 ABS 进行共混，已被证实对冲击韧性有明显作用。采用粒径不同的两种 PB 颗粒（320nm 和 575nm）接枝共聚制得的 ABS 具有更高的冲击韧性[119]。

③ 共聚物的接枝度、接枝层厚度　接枝共聚物具有改善体系相容性，强化增韧效果的作用，其影响程度与接枝度大小有关。不同粒径的橡胶相要求有适当的接枝度与其匹配，接枝度过高过低都不利于改善冲击韧性。

橡胶粒子表面的接枝层厚度，对 ABS 树脂的流动性，存在着一个最适宜的范围。因此，适当控制接枝层厚度也是 ABS 树脂制造技术中的一个重要步骤。

（3）ABS 树脂的改性　为了提高 ABS 树脂的某些性能指标，可采用物理和化学方法对 ABS 进行改性。ABS 合金是为使 ABS 树脂达到某一性能通过改性所得的塑料聚合物的统称。常见的 ABS 合金有 ABS/PC、ABS/PA、ABS/PBT、ABS/PVC 等。

ABS 的阻燃性较差，这一缺点使其作为电气绝缘材料受到一定限制。为改善 ABS 的阻燃性，除了用小分子阻燃剂进行改性外，用阻燃性好的氯化聚乙烯、聚氯乙烯、PC 等聚合物与其共混，对改善 ABS 的阻燃性能有明显效果。

为提高 ABS 的冲击强度和耐磨性，可用聚氨酯（PU）和 ABS 共混，共混物兼有 PU 的良好冲击韧性、耐磨性和 ABS 的刚性、良好的加工性等。ABS 与 PMMA 共混可改善透明性。ABS/PC 合金中 PC 贡献耐热性、韧性、冲击强度、强度、阻燃性，ABS 优点为良好加工性、表观质量和低密度，以汽车工业零部件为应用重点；ABS/PA 耐冲击、耐化学品、良好流动性和耐热性材料，用于汽车内饰件、电动工具、运动器具、割草机和吹雪机等工业部件、办公室设备外壳等；苯乙烯-马来酸酐共聚物（SMA）可以用来改善 PA6/ABS 的相容性，能明显地提高 PA6/ABS 共混体系的力学性能，随着 SMA 含量的增加，PA6/ABS 共混体系中橡胶相的粒径不断减小[120]。

ABS 的耐热性不够高，通用型 ABS 的热变形温度仅 90℃ 左右，提高 ABS 的热变形温度对提高 ABS 的使用档次、扩大其使用领域有重要意义。ABS 和耐热工程塑料共混的合金，强度和耐热性都有显著提高，甚至可列入工程塑料合金的行列。例如 ABS/PC 合金，热变形温度可达 125℃，ABS/PSF 热变形温度高达 140℃ 以上，同时，兼有优良的冲击韧性和加工流动性。

原美国通用（GE）公司推出 ABS/PBT 合金，与原有的 ABS/尼龙树脂相比，该合金吸湿性低，对湿气不敏感，有较高的尺寸稳定性。GE 公司利用生产 PC 的优势，开发了 PC/ABS 合金，采用特殊的聚合工艺，使 ABS 具有较高的橡胶含量，从而提高了低温冲击性能。Monsanto 公司开发的第四代 ABS 树脂，具有高的熔融流动性和表面平整度，主要用于电子计算机软盘。

为了提高 ABS 的耐热性，除了与其他耐热树脂组成合金或添加无机填料外，主要手段就是导入刚性分子，提高主链刚性、减弱对称性、增加侧链位阻。Borg-Warner 公司首先用 α-甲基苯乙烯（α-MS）作为第四组分开发了这类产品，类似产品还有叔丁基苯乙烯、PMS 等。采用 α-MS 时，ABS 最高热变形温度可达 120℃，例如，用 N-苯基马来酰亚胺（PMI）作 ABS 共聚体，1% 的 PMI 可使热变温度提高 1℃，同时还保持良好的流动性与耐热性的平衡。

ABS 不仅可与许多聚合物共混，而且可与玻纤等材料制成玻纤增强 ABS 合金，这类复合材料具有很高的刚性和尺寸稳定性，同时兼有优良的耐热性和冲击韧性。广泛应用于制造打字机、复印机等设备的外壳、框架等，而且整体成本比金属材料可降低 20%～30%。

以丙烯酸酯弹性体取代聚丁二烯进行接枝共聚而得的 AAS 合金，耐候性优于 ABS，在室外曝露 9～15 个月后，冲击强度和伸长率几乎没有降低。AAS 的使用温度很宽，可在 −20℃～70℃ 范围内保持良好的使用性能。适于制作室外用的各种器具，如汽车车身、农机零部件、交通路标以及仪表外壳、家具等。

ABS 树脂由于聚丁二烯橡胶中存在不饱和双键，在光、氧作用下容易老化。用不含双键的氯化聚乙烯（CPE）取代 ABS 中的聚丁二烯制得的 ACS 树脂，可使耐候性大幅度提高。ACS 中由于引入了氯原子，阻燃性也比 ABS 有明显改善。且成型收缩率低，尺寸稳定性较好。ACS 主要用途是可代替木材、制造室外用品等。以"相反转"乳液聚合的新方法合成 EPDM-g-SAN，并与 SAN 树脂共混，用 EPDM 取代 ABS 中的 PB，可制备出耐天候老化黄变性能优异的高抗冲工程塑料 AES[86]。用甲基丙烯酸甲酯代替丙烯腈制得的甲基丙烯酸甲酯-丁二烯-苯乙烯的共聚物（MBS）首先由美国 RohnHaas 公司研发生产，其后日本的钟渊、昊羽公司，英、法、德的多家厂商都实现了 MBS 的工业化生产。MBS 具有核-壳结构，粒子的核心是经过轻度交联，具有低剪切模量的丁苯橡胶核，外壳是苯乙烯和甲基丙烯酸甲酯接枝形成的硬壳层。MBS 的最大特点是透明性好，透光率可达 85%，其他性能与

ABS 相近。

6.1.2　聚氯乙烯（PVC）的共混改性

聚氯乙烯是最早工业化的树脂品种之一，目前产量仅次于聚乙烯，居第二位。聚氯乙烯是由氯乙烯单体采用悬浮、乳液、溶液或本体聚合方法按自由基历程聚合而成。分子呈无定形线型结构，无支链。分子中氯原子赋予该聚合物较大的极性与刚性，并具有良好的耐化学性、绝缘性和透光性。加入增塑剂可制得柔软曲折的聚氯乙烯制品。聚氯乙烯广泛用于制作各种管材、异型材、板材和薄膜。

PVC 的最大缺陷是热稳定性差，在 100℃即开始分解并放出氯化氢，当温度超过 150℃后分解更加迅速。PVC 的 T_g 为 87℃左右，熔融温度约为 210℃，因受热分解，PVC 加工成型一般要求在熔融状态下进行，给加工造成困难。PVC 分解后放出氯化氢，使主链产生双键，双键属于不稳定结构，可进一步分解或交联，使 PVC 力学性能下降，同时还伴有颜色变化，严重影响产品质量。

PVC 韧性差，受冲击后易脆裂，影响使用性能。PVC 耐低温性差，硬质 PVC 使用温度一般不得低于−15℃，软质聚氯乙烯也只有−30℃。超过使用极限温度，PVC 制品迅速变硬变脆，以致无法使用。

PVC 共混改性的主要目的是改善以上各种缺陷，使其具有较好的综合性能。PVC 合金是利用物理共混或化学接枝的方法而获得的高性能、功能化、专用化的一类新材料。PVC 合金产品可广泛用于汽车、电子、精密仪器、办公设备、包装材料、建筑材料等领域。它能改善或提高现有塑料的性能并降低成本，已成为塑料工业中最为活跃的品种之一，增长十分迅速。

6.1.2.1　硬质 PVC 的增韧

（1）PVC 和 CPE 共混　在 PVC 硬制品中添加 CPE，主要是起增韧改性的作用。CPE 是 PE 经氯化的产物，它和 PVC 的化学结构相似，具有较好的力学相容性，氯含量为 25%～40%的 CPE 具有弹性体的性质。用 CPE 增韧的 PVC，不但冲击韧性好，而且耐候性、阻燃性也得到改善，特别适宜用于制造室外建筑用管道、门窗、容器等制品。

用于 PVC 增韧改性的 CPE，一般是含氯量为 35%左右的非结晶弹性体，加入量 10%左右就能有很好的改性效果。实验结果证实，CPE 用量少于 7 份增韧效果差，高于 15 份，冲击强度进一步提高不明显，显示出 CPE 用量对增韧效果存在一个最佳含量范围。这可能与 CPE 的增韧机理有关，CPE 对 PVC 发挥增韧作用的最有利形态是形成连续的网络结构，这种网络结构对传递能量、消散能量有利，对阻止银纹的发展较为有效。CPE 量少，不足以在整个体系中形成连续性网络，因而不能有效地传递和消散能量，冲击强度不高；CPE 量过多，有可能导致 CPE 形成较大的聚集粒子，不利于吸收冲击能。CPE 在最佳的用量范围（12～15 份）可使共混物的冲击强度提高 5 倍甚至更高，而拉伸强度仍可维持在较高的水平（40MPa 左右）。同时，由于 CPE 分子链不含双键，耐候性比用不饱和橡胶增韧的 PVC 要好得多，并且，热稳定性有所改善。CPE 对共混物还有一定的润滑作用，熔体黏度低于 PVC，因而 PVC/CPE 共混物的加工流动性也有所改善。

（2）PVC 和 EVA 共混　PVC 用 EVA 共混可采用机械共混和接枝共聚两种方法。接枝共聚法由于体系中共聚物的增容作用，分散相微区粒子较小，改性效果比机械法好。EVA 分子中 VAc 的含量对增韧效果影响很大，因为 PVC 与 VAc 酯基间具有较强的相互作用，随着酯基密度增加，相互作用愈强烈，愈有利于两组分间的相容。因此，VAc 含量不同的

EVA 对改进共混物冲击强度的作用有很大差别，含 VAc 为 40%～45% 的 EVA 对冲击强度提高最佳，对 EVA 的熔融指数亦有一定的要求，熔融指数值过高，EVA 强度低，改性效果不好，熔融指数值过低，其流动性不好。EVA 用量在 10% 左右对 PVC 的增韧作用就很明显。

　　PVC 中掺混 EVA 可使共混物的表观黏度降低，加工流动性显著改善，因而可适当降低加工温度。由于这种特性，共混物中有可能加入更多的填料，碳酸钙用量为树脂量的 65% 时，共混物仍具有较好加工流动性，冲击强度仍达到 20kJ/m²，这对降低共混物成本有重要意义。PVC/EVA 共混物使用范围很广泛，除了生产硬质 PVC，还可生产 PVC 软制品，硬质产品以挤出冲击级管材为主，也可用于生产注射制品，如管件、工业用部件等。

　　(3) PVC 和 ABS、MBS 共混　ABS 和甲基丙烯酸甲酯-丁二烯-苯乙烯（MBS）作为 PVC 的增韧改性剂主要是生产具有一定透明性的高抗冲击制品，它具有热稳定性好、加工性优良的特点。

　　用于 PVC 增韧的 ABS 大多是高丁二烯含量的 ABS，其组分比为：PB（50）、AN（18）、St（32）。而通用级 ABS 的丁二烯含量只有 30% 左右。这说明 ABS 对 PVC 的增韧作用主要是来自其中的橡胶相，同时，ABS 中的 SAN 和 PVC 具有很好的相容性。这样 ABS 中的橡胶粒子就可充分发挥其弹性粒子吸收冲击能的作用。基体组分（SAN）又对 PVC 的耐热性和加工性有改性作用，但改性后的 PVC 阻燃性有所下降。

表 6-1　PVC/ABS 共混物的物理机械性能

PVC 聚合度	ABS 用量（100 份 PVC）	密度/(g/cm³)	拉伸强度/MPa	断裂伸长率/%	硬度(R)	软化温度/℃	冲击强度/(kJ/m²)		透光率/%
							20℃	−20℃	
720	0	1.39	54	120	120	67.1	3	2	88.0
	5	1.37	49	140	118	67.8	5	3	67.8
	10	1.34	48	165	116	67.0	13	6	87.5
	15	1.31	44	173	114	66.5	90	8	85.0
850	0	1.40	59	125	121	67.4	4	3	88.0
	5	1.33	52	143	118	67.7	7	4	88.0
	10	1.35	47	167	116	67.0	18	5	85.8
	15	1.32	42	180	114	66.7	97	7	85.4
1040	0	1.40	57	125	122	67.6	4	3	87.5
	5	1.38	57	147	119	68.1	8	4	86.5
	10	1.35	47	170	117	67.8	22	5	85.8
	15	1.33	42	183	115	66.8	105	8	84.0

　　PVC/ABS 共混物的物理机械性能列于表 6-1。从表中的数据可知，掺混 15 份 ABS，抗冲击强度提高了几十倍，而拉伸强度仍可维持在 40MPa 以上，透光性比未改性 PVC 略有下降，其增韧改性效果在 PVC 改性塑料品种中是最佳的。而耐候性、阻燃性较 CPE、EVA 的改性产品逊色，因而这种改性 PVC 不宜制作室外制品，可用于制造机械零部件、纺织器材、箱包等。

　　机械共混法制备 PVC/ABS 必须采用二段法操作，即先使 PVC 和添加剂混合，然后加入 ABS，这是因为 ABS 和一些配合剂的相容性显著大于它们和 PVC 的相容性。此外，PVC/ABS 共混物在加工成型过程的摩擦热较大，因此成型温度不宜过高，以免破坏 PVC 的初级粒子。

　　MBS 是甲基丙烯酸甲酯-丁二烯-苯乙烯的共聚物，具有核-壳结构，其溶度参数与 PVC

相近，两者的热力学相容性好，能提高 PVC 的低温冲击强度。并且 MBS 与 PVC 折射率相近，故两者熔融共混容易达到均一的折射率，因此用 MBS 增韧 PVC 不会影响 PVC 的透光性，增韧效果和 ABS 基本相同。随着 MBS 中的 SBR 含量增高（50％以上），MBS 的增韧作用逐步增大。通常，共混物中 MBS 含量低于 8％，增韧效果不明显，含量在 10％～17％范围内，共混物的冲击强度很高（最大可提高 30 倍以上），含量再高，增韧作用反而降低。因为 MBS 含量过高在 PVC 中难以分散均匀，甚至会以连续相出现，对增韧效果不利。另外，MBS 除了能提高 PVC 的冲击性能外，还可以改善制品的耐寒性和加工流动性，因此，MBS 作为 PVC 抗冲改性剂得到了广泛的应用。

（4）PVC 与丙烯酸酯类聚合物共混　丙烯酸酯类弹性体（ACR）是 PVC 的一种新型抗冲改性剂，它是以丙烯酸酯弹性体为核，甲基丙烯酸甲酯的共聚物为壳组成的核壳结构体系。ACR 抗冲改性剂在 PVC 中的含量以 8％～10％为最佳，共混物的冲击强度比未增韧的 PVC 可提高 10 倍以上。共混物的耐气候性、加工流动性也很良好，适宜制造透明、抗冲击制品。

（5）PVC 与其他聚合物弹性体共混　一些双烯类橡胶可作为 PVC 的增韧改性剂，如丁腈橡胶（NBR）、氯丁橡胶（CR）以及带极性基团的其他弹性体。

NBR 是最早用于改性 PVC 的橡胶弹性体，随丙烯腈（AN）含量的增加，与 PVC 的相容性增大，AN 含量达 40％左右，与 PVC 已基本相容，此时模量显著降低，这种 NBR 不宜作增韧剂。用作增韧 PVC 的 NBR，一般采用含 AN 为 10％～20％的 NBR，冲击强度最佳。随 AN 含量增高，共混物拉抻强度线性增大。除了能提高 PVC 的冲击韧性外，NBR 还能提高 PVC 的耐油性，PVC/NBR 合金主要应用于生产管、卷材、泡沫塑料、密封件等制品。

近年来，出现了一些 PVC 高效增韧改性剂，其中共聚型改性剂更引人注目。例如氯乙烯-丙烯酸酯接枝共聚物、氯乙烯-EVA 接枝共聚物、氯乙烯-CPE 接枝共聚物、含氧 EVA 共聚树脂（CO-EVA）等。它们的增韧效果比一般单组分增韧剂更好。CO-EVA 是近年来公认的高效 PVC 耐候抗冲击改性剂，在 PVC 中加入 4～6 份就显示出高的冲击韧性，而且对 PVC 的刚性和拉伸强度影响很小，其耐老化性能比一般不含双键的增韧剂更佳。

（6）PVC 的多元共混　为了使 PVC 的增韧改性取得更好的效果，多元共混是个有效的途径，可以弥补二元共混物某些性能的不足。PVC/ABS 共混物静弯曲强度和热变形温度不够高。为克服此缺点，可掺混第三组分 α-SAN，它是以 α-甲基苯乙烯为主与苯乙烯、丙烯腈进行悬浮聚合制得三元共聚物。PVC 和 ABS、α-SAN 的溶度参数很接近，PVC 利 SAN 基本相容形成连续相，ABS 中的橡胶组分均匀分布于基体中组成分散相。共混物在室温以上只显示一个玻璃化转变温度，而且 T_g 值随共混比而改变，表明塑料相三种组分是相容的。α-SAN 的引入，赋予共混物更好的耐热性、刚性、热稳定性和加工流动性。但 α-SAN 用量增加，共混物冲击韧性下降。α-SAN 的分子量提高有利于共混物的冲击韧性增大，但熔融指数降低，流动性变差。

PVC 和 PE 是不相容的，但加入第三组分 EVA 接枝氯乙烯的共聚物（EVA-g-VC），则该三元共混物具有力学相容性。EVA-g-VC 显示良好的增容作用，使得两个产量最大的通用塑料组成聚合物合金成为可能，有着很大的实际意义。在 PVC/PE 体系中加入 5～10 份 EVA-g-VC，共混物的断裂强度、断裂伸长率、冲击强度比 PVC/PE/EVA、PVC/CPE/PE 等共混体系的性能均有明显提高。此外，PVC/CPE/ACR、PVC/ABS/α-甲基苯乙烯、PVC/ABS/ACR、ABS/PVC/CPE[121] 等都是很好的多元共混物，它们在某一方面都显示出各自的特点。

6.1.2.2　软质 PVC 的持久增塑

目前市售的软质 PVC 大多是用小分子增塑剂增塑的产品，存在耐久性差（易挥发、易迁移、易抽出）的缺点，大大影响软质 PVC 的使用效果和寿命。PVC 和聚合物弹性体形成的均相聚合物共混体系，不但对 PVC 的某些性能有显著改善，还具有持久增塑作用，可大大提高 PVC 软制品的耐久性，这种具有增塑作用的聚合物称高分子增塑剂（polymeric plasticizers）。

用作 PVC 的高分子增塑剂必须符合以下三个基本条件：

① 能和 PVC 发生特殊的相互作用，包括分子间形成氢键或很强的偶极-偶极相互作用，使共混过程发生放热效应，即产生负的混合热形成均相体系；

② 具有很低的玻璃化转变温度 T_g，使共混物的 T_g 降至室温以下（共混物 T_g 具有线性加和性）；

③ 在室温上下几十度范围内不结晶。结晶高聚物是不能起增塑作用的，有些高聚物自身虽然可结晶，但在增塑体系中可抑制其结晶发生，还是可作增塑剂使用。

（1）PVC/NBR 共混物　NBR 是极性较强的聚合物弹性体，和 PVC 之间具有较强的偶极-偶极相互作用，因而含 AN 40％以上的 NBR 和 PVC 可以形成相容体系。NBR 是 PVC 使用最早的高分子增塑剂。

PVC 软制品用 NBR 粉末胶改性，对制品力学性能、低温性能、耐久性、耐性油和加工性能等均可有明显改进，特别是耐久性更具有独特的功效，是小分子增塑剂无法比拟的。

（2）PVC/CO-EVA 共混物　CO-EVA 三元共聚物是一种新型的 PVC 高分子增塑剂，美国杜邦公司商品名为 Elvaloy 741 及 742。由于共聚物分子中碳-氧双键，与 PVC 中的 α-氢原子具有近似于形成氢键的强烈相互作用，产生负的 ΔH_M，因而能和 PVC 相容形成均相共混体系。CO-EVA 室温下具有橡胶的特性，$T_g = -32℃$，脆化温度 $-70℃$，能有效地对 PVC 进行增塑改性，是目前公认的 PVC 优良的高分子增塑剂。其制品广泛用于汽车装饰件、电缆、防水卷材、密封材料、人造皮革及制鞋工业等行业。

（3）其他增塑体系　PVC 和很多聚甲基丙烯酸酯、聚丙烯酸酯类以及其他一些聚酯类聚合物都能相容，它们之间的相容性来源于酯基与 PVC 间形成类似氢键的强烈相互作用。但是有些含酯基的 T_g 较高，不能作增塑剂使用。能作为高分子增塑剂的大多是脂肪族聚酯，如己二酸酯、聚辛二酸酯系列等，它们的 T_g 大多低于 $-50℃$。但这些聚酯还需进行适当改性，以阻止它们的结晶作用。聚酯类增塑剂是高分子增塑剂使用比较普遍的一个大类，它们的分子量一般为 2000～8000，室温下是液态黏稠体，增塑效果低于小分子增塑剂，但高于橡胶类增塑剂，制品的低温性能和耐久性介于橡胶类和小分子增塑剂之间，机械性能良好。

乙烯共聚物中除了 CO-EVA 外，EVA、乙烯-氧化碳共聚物（ECO）、乙烯二氧化硫共聚物（ESO$_2$）都是 PVC 的高分子增塑剂。EVA 作为增塑剂所含 VAc 必须为 65％～70％，低于此值，不能和 PVC 完全相容，这是因为 VAc 含量低的 EVA，分子链中酯基密度偏低，它和 PVC 的特殊相互作用还不足以产生负的混合热。

6.1.3　聚烯烃的共混改性

6.1.3.1　聚乙烯的共混改性

不同方法制得的聚乙烯结构和性能有所差别，但都存在一些不足之处。如强度不高、耐热性不高、染色性差、易应力开裂。通过和其他热塑性材料或弹性体进行共混，聚乙烯某些性能可获得明显改善。

（1）高低密度聚乙烯共混　低密度聚乙烯（LDPE）较柔软，强度较低，而高密度聚乙烯（HDPE）硬度大，韧性较差。两者进行共混可取长补短，制得软硬适中的 PE 材料，可适用更广泛的用途。两种密度不同的聚乙烯按各种混合比共混可得一系列介于中间性能的共混物，其密度、结晶度、软化点、硬度等均随共混比而改变。例如 LDPE 和 20%～30% HDPE 共混后，其薄膜的透气性仅为原来的 1/2，并且由于共混后 LDPE 强度提高，用作包装的薄膜的厚度可降低近一半，使成本下降。HDPE/LDPE 共混物的物理性能见表 6-2[104]。

从表 6-2 可以看出，通过改变 HDPE/LDPE 的共混组成，可以获得不同硬度、不同熔体流动速率、不同软化点的共混物。断裂伸长率在 HDPE 用量高于 60% 时，则基本不变。在 LDPE 中加入适量的 HDPE，可降低药品渗透性，还可提高刚性，更适合于制造薄膜和容器。不同密度的 PE 共混可使熔融的温度区间加宽，这一特性对发泡过程有利，适合于 PE 发泡制品的制备。

（2）PE 和 EVA 共混　PE 为非极性聚合物，印刷性、黏结性能较差，且易于应力开裂。EVA 则具有良好的黏结性能和耐应力开裂性能，且挠曲性和韧性也很好。PE 和 EVA 的共混物具有优良的柔韧性、透明度，较好的透气性和印刷性，受到广泛重视。PE/EVA 共混物的性能可在很宽的范围内变化，这和共混物中 EVA 的含量以及 EVA 中醋酸乙烯（VAc）含量、EVA 的分子量有关。EVA 中 VAc 含量低时，EVA 有一定的结晶度，这种 EVA 不宜和 PE 共混，通常含 VAc 40%～70% 的 EVA 较好，共混物的柔韧性、伸长率随 EVA 含量增大而增加。

HDPE 和 EVA 的共混物适宜作泡沫塑料，具有模量低、柔软、压缩变形小等特点。但由于共混物中 EVA 的存在，对 PE 的交联反应有阻滞作用。因此，HDPE/EVA 作泡沫塑料生产时，需适当多加些交联剂。

表 6-2　HDPE/LDPE 共混物的物理性能

HDPE/LDPE	密度 /(g/cm³)	结晶度 /%	邵尔硬度 (D)	熔体流动速率 /(g/10min)	软化点 /℃	拉伸强度 /MPa	断裂伸长率 /%	热变形温度 /℃
0/100	0.920	48	4951	1.86	106.5	0.13	750	43.9
10/90	0.923	50	5355	3.24	109.2	0.12	400	51.6
20/80	0.926	52	5255	5.94	109.4	0.13	275	51.6
30/70	0.929	54	5356	10.58	110	0.14	100	52.7
40/60	0.931	55	5657	17.06	115	0.15	75	57.7
50/50	0.933	57	5557	33.00	115.6	0.17	25	56.1
60/40	0.937	59	5859	60.0	115.6	0.17	10	57.7
70/30	0.934	64	5961	76	118.3	0.16	10	60
80/20	0.947	63	6162	144	118.8	0.15	10	61.1
90/10	0.950	69	6264	255	119.4	0.14	10	65.5
100/0	0.952	70	6365	467	121.1	0.14	10	65

（3）PE 和 PMMA 共混　PE 大量用于生产包装薄膜、装饰薄膜，但其印刷性不佳，和 PMMA 共混可显著提高其对油墨的黏结力。PE 中掺混 5%～20% 的 PMMA，薄膜对油墨的黏结力可提高 7 倍。PMMA 和 PEMA 所以能改善 HDPE 的印刷性，是由于它们和 PE 工艺相容性较差，共混后 PMMA 倾向于向薄膜表层分布，而丙烯酸酯和油墨的亲和力较强。

（4）HDPE 和 POE 的共混改性　牌号为 Engage 的聚烯烃弹性体 POE（polyolefin elas-tomers）是 Du Pont-Dow 弹性体公司用 Insite 工艺和限定几何构型催化技术（CGCT）制成的新型聚烯烃弹性体材料，具有窄相对分子质量分布和均匀的短支链分布等特点，很多性能指标超过了普通的弹性体，如 POE 具有较高的强度和伸长率、耐老化性能好。对于某些耐热等级、永久变形要求不高的产品，直接用 POE 即可加工成型，这样不但可以较大幅度地提高生产效率，还可以重复使用，所以 POE 有可能取代传统的 EPDM。POE 的优异性能使其在汽车、电线电缆护套、塑料增韧剂等方面获得了广泛的应用。

热塑性弹性体 POE 能赋予塑料基体优异的柔韧性，有利于基体树脂的加工性和冲击性能的提高，显示了增韧增强的复合效应。此外，由于 POE 分子链中没有双键，具有更高的稳定性，采用挤出工艺或直接注射成型都很方便。Guimaraes 等[122]研究了 HDPE 和 POE 共混物的力学性能和热性能，热分析表明，HDPE 和 POE 有一定的相互作用；共混物的拉伸强度和断裂伸长率也得到了提高；当 POE 质量分数不小于 5% 时，材料在室温下超韧。曾宪通[123]等采用聚烯烃弹性体（POE）和重质碳酸钙对 HDPE 薄膜进行改性，并研究了 POE 和重质碳酸钙的用量对 HDPE 流变性能及其所制备的薄膜力学性能的影响。研究结果表明，POE 的加入使 HDPE/POE 薄膜的单位落锤冲击破损质量增加，当 POE 的质量分数为 10% 时，薄膜的单位落锤冲击破损质量提高了 51.1%，在 HDPE/POE/CaCO$_3$ 体系中，当 POE、重质碳酸钙的质量分数分别为 10% 和 5% 时，薄膜的单位落锤冲击强度比纯 HDPE 提高 95.6%，且拉伸强度不降低。

如何减少增韧剂 POE 的用量，降低成本而又不影响到增韧效果，是通用塑料 POE 体系研究开发的热点和方向。在共混物中添加无机或有机填料可使制品的原料成本降低，或使制品的性能有明显的改善，近年来，在通用塑料/POE 共混体系中加入无机填料的报道很多。王雄刚[124]等针对回收高密度聚乙烯（r-HDPE）制得的管材刚度不足的缺点，采用滑石粉和自制的改性 POE（MPOE）对 r-HDPE 进行了改性。随着 MPOE 用量的增加，三元体系的冲击强度大幅上升。当质量分数为 10% 时体系的冲击强度从 9.3MPa 上升到 15.2MPa，但拉伸强度和弯曲模量下降较多；而滑石粉的加入使体系刚性大幅增加，在滑石粉质量分数为 40% 时，制得的 r-HDPE 管材的环刚度增加了 54%，达到了工业生产的要求。

（5）PE 和 PA 共混　线型低密度聚乙烯（LLDPE）是应用广泛的包装材料，具有优良的低温冲击、耐环境应力开裂性能，但是也存在强度小、刚性低等问题。如能以工程塑料 PA6 对 LLDPE 进行共混增强，可以形成高性能合金材料。由于 PA6 与 LLDPE 无法直接相容，需要加入相容剂改善两者的相容性。在这方面研究最多的是 PE-g-MAH 接枝共聚物。肖德凯[125]应用 PE-g-MAH 提高了 LLDPE/PA6 的相容性，但是，马来酸酐的毒性较大，不适用于卫生装备、包装材料。LLDPE-g-AA 可作为 LLDPE/PA6 合金相容剂，LLDPE-g-AA 的加入极为显著地增加了 LLDPE/PA6 体系两相界面的相互作用，当 PA6 加入量为 10%，接枝物 LLDPE-g-AA 加入量为 5% 时，合金体系的冲击强度达到最高，较纯 LLDPE 增加了 170%[42]。

此外，在 PE 中掺混氯化聚乙烯可以提高 PE 的印刷性、阻燃性和冲击韧性。

6.1.3.2　聚丙烯的共混改性

聚丙烯的耐热性和机械性能都高于聚乙烯。但是，聚丙烯低温冲击强度低，尺寸收缩率较大，刚性不足，使其在很多方面的应用受到限制。聚丙烯通过合金化技术，综合性能显著提高，大大扩大了它的应用范围。用作汽车的零部件、装饰件的品种和数量都在逐年增长。

某些高性能 PP 合金已可取代工程塑料使用，大大提高了 PP 的使用价值。

（1）PP 和 PE 共混　PP 为结晶性聚合物，其生成的球晶较大，这是 PP 易于产生裂纹、冲击性能较低的主要原因。若能使 PP 的晶体细微化，则可使冲击性能得到提高。PP 和 PE 虽然分子结构差异不大，但两者并不完全相容，共混物仍是两相结构，但是 PP 晶体和 PE 晶体之间发生相互制约作用，这种制约作用可破坏 PP 的球晶结构，PP 球晶被 PE 分割成晶片，使 PP 不能生成球晶。随着 PE 用量的增大，PP 晶体进一步被细化。PP 晶体尺寸的变小，使其冲击性能提高。

PP 中掺混 PE 后，拉抻强度明显降低，但冲击强度提高，特别是低温韧性大大提高。例如 PP 中掺混 10%～40%HDPE 的共混物，在 −20℃ 下落球冲击强度可提高 8 倍以上，且加工流动性好，适合大型容器的注射成型[126]。梁基照研究了 PP/LDPE 共混物的加工流动性，结果表明，LDPE 可提高 PP 的熔体流动速率，改善加工性能[127]。PP 与 PE 相容性不好，应添加相容剂。此外，交联也是改进 PP/PE 体系性能的方法，可在 PP/PE 体系中添加三烯丙基异三聚氰酸酯（TAIC），并进行辐射交联。由于 TAIC 主要分布在 PP/PE 共混物的界面，所以交联反应可以改善两相间的界面结合，使 PP/PE 共混物性能提高[128]。

（2）PP 和弹性体共混　添加弹性体也是 PP 增韧改性的方法，常用于 PP 共混的弹性体有乙丙共聚物（EPR）、三元乙丙橡胶（EPDM）、SBS、SBR 等。PP/弹性体共混与 PP/PE 共混类似，也是通过改变 PP 的结晶形态，使 PP 的球晶细化，达到增韧的目的。

PP 与 EPR 在化学结构上相似。两者共混增韧效果明显，但耐热性及耐老化性能有所下降。EPDM 增韧效果优于 EPR，10%～15% 的 EPDM 可使 PP 在 −20℃ 和 −40℃ 的无缺口冲击强度分别增加 13 倍和 17 倍。

PP/PE/EPR 三元共混物具有更好的综合性能。它是以 PP 为连续相，以 EPR 橡胶包藏 PE 微晶组成分散相的特殊结构。这种结构类似于 HIPS 的蜂窝结构，因而可发挥更好的增韧效果。此种共混物的结构和性能与各组分的熔体黏度有很大关系，当三种组分的熔体黏度相近时，共混物分散相分布均匀；当 EPR 的黏度高于 PP 时，则 EPR 分散性不好，微区尺寸粗大；当 EPR 黏度低于 PP，EPR 分散很好，微区较小。EPR 黏度过高或过低对 PP 的增韧效果均不佳。EPR 熔体门尼黏度在 60～80 范围内，共混物的冲击强度最高，脆化温度最低。

PP 与顺丁橡胶（BR）共混增韧效果显著。所得共混物的冲击强度比一般 PP 提高 6 倍以上，且挤出膨胀比小，尺寸稳定性好，不易发生翘曲变形。PP/PE/BR 三元共混在工业上也获得应用，共混物不但具有良好的冲击韧性，同时具有较高的拉伸强度和弯曲强度，适用于作管材。

PP 与 SBS 热塑性弹性体共混，随 SBS 含量增高，缺口冲击强度显著增大，SBS 含量低于 17% 时，室温冲击强度增加很快，SBS 含量进一步增高，室温冲击强度变化不显著，而低温冲击强度在 SBS 含量高于 17% 时才明显增大，这与聚丙烯在不同温度下所处的力学状态有关。室温下 PP 中的非晶区处于高弹态，SBS 主要对晶区部分的晶粒尺寸、形态发生影响，少量的 SBS 就可发挥这种功能，产生增韧效果。而低温时，连续相 PP 的非晶区部分处于玻璃态，甚至低于脆化温度，这时 PP 的增韧对象不再局限于晶态，非晶区同样需要足够多橡胶粒子才能诱发银纹并抑制银纹的扩展。所以，SBS 用量增大，才能对低温冲击韧性的提高发挥作用。PP/SBS 共混物的加工性比 PP 有明显改善，随着 SBS 含量增加，熔融指数几乎线性增大。这与一般橡胶含量增大，熔融指数下降的情况正好相反。因为 SBS 是热塑性弹性体，加工流动性大大好于一般橡胶弹性体。SBS 的用量不宜过多，一般聚丙烯中 SBS 含量低于 20%，既具有较高的冲击韧性和加工流动性，同时能保持较高的强度和硬度。

（3）PP 与 PEO 共混　聚氧化乙烯（PEO）具有完全溶于水、自然条件可降解等特点，PP 与 PEO 共混可望获得具备某些特性（如抗静电）的新型材料。但 PP 与 PEO 相容性较差，有机化蒙脱土（OMMT）的加入有助于改善两者的相容性。秦舒浩等[129]的研究表明，OMMT 对 PP/PEO 共混物起到增容作用，OMMT 的加入使 PEO 相粒径得到细化。Ke-larakis[130]的研究表明，加入 OMMT 能降低 PP/PEO 两相界面张力，对两相起到乳化的作用。于杰等采用 TEM、SEM 和 TGA 等手段对 PP/PEO/OMMT 复合材料注塑样条断口不同部位材料的组成及聚集态结构进行了研究。结果表明，OMMT 选择性分布在 PEO 分散相中，PP 基体中 OMMT 很少；OMMT 的加入导致注塑样条中 PEO 分散相从表皮层、过渡层到芯层依次出现层状-椭圆状-圆球状形态，OMMT 在三个层中的质量分数分别为 3.2%、2.4%、1.9%，而 PEO 的含量分别为 21%、17%、15%，PEO 和 OMMT 含量都逐渐降低；OMMT 的加入使复合材料的热分解温度提高了 30℃，表面电阻率降低到 $1.6 \times 10^9 \Omega$[4]。

（4）PP 的反应性共混　PP 和其他聚合物共混时，加入反应性增容剂作为第三组分，增韧改性效果更为显著。可与 PP 反应形成反应性增容剂的官能团有酸酐、羟基和环氧基。例如，采用马来酸酐接枝 PP 的共聚物，可作 PP/PA 共混体系的反应性增容剂，使分散相具有更好的分散程度，形成的合金性能有更大改善。此类合金可用于摩托车的发动机盖、汽车发动机及其他耐热性要求高的部件。

利用反应性增容剂对 PP/EPDM 或 PP/HDPE/EPDM 体系共混改性，可制得超高抗冲 PP 合金。由于具有上述官能基的化合物在聚烯烃分子链间形成部分交联结构，进一步改善了两相间的相容性，所得的 PP 合金冲击韧性高，而拉伸强度下降不大。目前轿车上使用的保险杠材料，很多都是用此法改性的 PP 合金。

（5）PP 的嵌段共聚物　嵌段共聚物 PP 的冲击强度与其化学结构密切有关，例如，PP 链段与 EP 链段的比例、EP 链段中 E 与 P 的比例、PP 与 EP 两相之间的界面强度、EP 链段的玻璃化转变温度等。

通常，PP 增韧改性后的制品表面光泽差，流动性欠佳。但多嵌段共聚物 PP 的光泽可与 ABS 媲美，制品既具有高冲击强度，又具有极好的流动性，MI 达 30g/10min。

（6）增强 PP 合金　PP 共混体系中，再掺混无机填料制成的 PP 复合材料，具有高刚性、高耐热性和良好的冲击强度。广泛应用于汽车的门板、仪表板、保险杠以及发动机室内的功能部件、空调箱等。

6.2　工程塑料的共混改性

6.2.1　概述

工程塑料主要指能作为工程结构材料的塑料，它们比一般塑料能承受更高的机械应力和更苛刻的化学物理环境。工程塑料按档次分类，可分为通用型工程塑料和高性能工程塑料，通用型工程塑料的品种有聚酰胺（polyamide，PA）、聚甲醛（polyoxymethylene，POM）、热塑性聚酯（如 polyethylene terephthalate，PET；polybutylene terephthalate，PBT）、聚碳酸酯（polycarbonate，PC）、聚苯醚（polyphenyleneoxide，PPO）等。高性能工程塑料包括聚砜（polysulfone，PSF）、氟塑料、聚酰亚胺（polyimide，PI）、聚苯硫醚（polyphe-nylene sulfide，PPS）、聚芳酯（polyacrylate，PAR）等。和通用塑料相比，工程塑料在机械强度和耐温性方面显示出很优异的特性。以工程塑料为主体的共混物通常称为工程塑料合金。工程塑料合金和一般工程塑料相比，具有更优异的综合性能，应用于汽车、电子电气、航天航空等部门，对于这些领域的设备轻型化、功能化、高性能化有着很重要的意义。

6.2.2 PA的共混改性

尼龙（聚酰胺PA）是一种古老的工程塑料品种，产量品种均居工程塑料之首。它具有许多优异的性能，以强韧、自润滑、耐磨、耐油、耐腐蚀、易染色等特点而著称。但是尼龙也有不足之处，热变形温度较低，易吸湿，蠕变性较大，干态和低温下的冲击强度较低，尤其在带有金属嵌件的情况下，往往容易发生开裂。因此，提高尼龙干态和低温下的冲击强度是尼龙改性的主要目标。国内外在这方面做了大量的研究工作，并取得了很大的成效。第一个PA合金品牌是1975年由美国DuPont公司开发的超韧PA ZytelST，是由尼龙（母体树脂）和少量分散在母体树脂中的微细聚烯烃弹性体EPDM组成，其冲击强度超过了工程塑料中韧性最好的聚碳酸酯，并保持了尼龙的耐化学性、挠曲性、耐磨性。

尼龙合金的品种很多，大致有四种类型：A类，高冲击类，主要有PA/弹性体、PA/ABS、PA/PC等；B类，耐冲击、高玻璃化转变温度类，如PA/PPO、PA/PAR（聚芳酯）、PA/无定形尼龙等；C类，低吸水低气密性类，如PA/PP等；D类，其他功能型，如尼龙/IPN/碳纤维增强尼龙合金等。通常，尼龙通过合金化后冲击强度提高，吸水性吸湿性改善，尺寸稳定性提高，成型加工性有所改善。制备尼龙合金，常常需使用增容剂，尤其是反应性增容剂使用更为有效。

6.2.2.1 尼龙的超韧化

超韧尼龙通常是指尼龙与化学改性的聚烯烃类弹性体形成的合金。它具有极高的冲击强度，尤其使尼龙干态和低温冲击韧性差的缺点大大改观。

尼龙的分子链上有极强的酰胺基团，分子间存在氢键，分子间作用力很大，和聚烯烃共混相容性很差。因此，改善相容性是超韧化技术的关键。由于尼龙分子链端具有可反应的氨基和羟基，为进行反应性共混提供了可能。尼龙的超韧化都是通过接枝共聚反应"就地"产生增容剂，来改善尼龙分子与聚烯烃间的相容性，达到大幅度提高韧性的目的。

最先开发的超韧尼龙，是用乙烯-丙烯酸乙酯（EEA）共聚物和己内酰胺单体进行接枝聚合制得的，接枝反应的产物包括EEA、EEA-g-PA6、PA6三部分。在反应中"就地"反应所得接枝反应物在体系中起增容作用。经接枝共聚改性的尼龙6，其缺口冲击强度是相同组分机械共混物的20倍。

制取超韧尼龙还可用带有特殊官能基的EPDM和尼龙共混，方法是将EPDM与不饱和羧酸进行接枝反应，借助于羧酸基与尼龙分子端氨基间的化学反应，达到EPDM与尼龙分子的化学键连接。用EPDM增韧尼龙的体系，分散相EPDM的粒径在 $0.1\sim1\mu m$ 的范围，增韧效果最佳。

工业上制取超韧尼龙多采用反应挤出。此法的特点是利用熔融挤出混炼的条件，同时实现聚合物间的化学反应，达到增韧改性的目的。把化学改性、熔融混炼和挤出成型（或造粒）在双螺杆挤出机中一次完成。熔融挤出过程先使马来酸酐（MAH）接枝到EPDM分子上，然后，马来酸酐化的EPDM再与端氨基反应，完成化学改性。此外，预先制备PP与MAH的接枝共聚物（外加型增容剂），加入尼龙与PP的共混体系中，同样具有改善相容性的效果。

超韧尼龙除屈服强度、弯曲模量、热变形温度低于单组分尼龙，其他一般物理性能和尼龙 6、尼龙 66 基本相同，而缺口冲击强度高达 $80\sim90kJ/m^2$，比改性前提高 20 倍左右，低温性能更为突出，是所有工程塑料中低温韧性最好的品种。

超韧尼龙的冲击强度受厚度和缺口半径的影响小，冲击疲劳性也优于其他工程塑料。同时，它的冲击强度不受成型加工时分子流动方向或浇口位置的影响，这些特性作为结构材料是极为可贵的。

超韧尼龙的品种很多，有耐热级、阻燃级、玻纤增强级等。例如，Zytel ST801HS 经 180℃，750h 热老化试验后，机械强度仅下降 30%，而一般尼龙同样条件下却降低了 80%。采用 POE 增韧尼龙 6 是近年尼龙 6 高韧化研究的一个新方向，以 POE 作为增韧剂，POE-g-MAH 为相容剂增韧 PA11，共混体系中引入 POE-g-MAH 后，增加了 PA11 和 POE 两相间的界面亲和力，体系分子间的作用力增大，黏度增加，导致内耗明显增大；且损耗峰向高温方向移动，导致 T_g 升高。加入 POE 和 POE-g-MAH 可以有效降低 PA11 的吸水性，PA11 与 POE 各个共混体系的 β 松弛峰高显著低于纯 PA11。共混物冲击断面的 SEM 分析结果显示，PA11 仅与 POE 共混时，两相界面清晰，界面黏结松散，形成所谓的"海-岛"结构，为典型的两相不相容体系；而当 PA11/POE-g-MAH/POE 三元共混时，两相界面变得模糊，分散相颗粒细化，分散相与基体材料黏结强度高，成为典型的"海-海"结构。DSC 研究结果表明，POE 或 POE-g-MAH 的加入，起到异相成核的作用，可以提高 PA11 的结晶速率，降低晶体生长对时间的依赖性；相容剂 POE-g-MAH 的引入，使得 PA11 和 POE 的分子链发生缠结，增大了 PA11 体系的黏度，导致结晶速率下降。另外体系中形成的这些交联网络不易熔融，起到异相成核的作用，使得某些结晶不完善的小晶粒趋于完善，表现为低温熔融峰变小；纯 PA11 的成核方式只有均相成核方式，加入相容剂和弹性体后，结晶成核方式不仅存在均相成核方式，还存在异相成核方式，由于成核作用的影响，诱发其生长向高维数发展。PA11 与 POE 共混体系中引入 POE-g-MAH 时，可以起到细化 POE 粒径的作用，同时它可以在 PA11 和 POE 之间形成连接点，使 POE 分子链接枝到 PA11 链上，进而提高了尼龙 11 的冲击韧性，三元体系 PA11/POE/POE-g-MAH 的冲击强度可提高到 $80kJ/m^2$ 以上。

超韧尼龙的耐溶剂性与改性前基本相同，染色性良好，添加颜料、染料对物性无影响，且制品表面光洁，从而大大提高了它的商品价值。超韧尼龙的成型工艺和一般尼龙无大的区别，可在普通的成型设备上进行挤出或注射，它比一般尼龙的脱模性好，同时在低剪切应力下黏度大，不像一般尼龙在高于熔点温度以上时黏度急剧下降，所以更适宜于挤出管、棒和各种型材制品。还可用作齿轮、滑轮、链轮、汽车保险杠、车顶、油盘、引擎罩、摩托车轮、汽车发动机散热器、冷却风扇等。

6.2.2.2　尼龙与低玻璃化转变温度聚合物的合金

除了超韧尼龙系列外，尼龙与其他通用塑料、弹性体的合金品种还很多。尼龙/ABS 合金具有很好的低温韧性和表面光泽，耐热性、耐磨性、耐化学药品性、成型加工性都很优良。

以无定形尼龙为基体，与聚烯烃类弹性体共混的系列合金产品克服了一般尼龙 66 产品因吸湿而使刚性和玻璃化转变温度降低的缺点，同时具有耐热、耐冲击、成型收缩率低、不因吸湿而降低刚性等特点。与聚酰胺共混的聚烯烃（PO）品种主要有乙烯系列无规 PE、

LLDPE、LDPE、UHMWPE 和 PP 等。PA/PO 合金是一类生产成本低、附加值高的产品，是目前 PA 合金中应用量较多的产品。PA/PO 合金中由于 PO 的加入，使 PA 的吸水量大大降低。例如，PA6、PA66 在室温的吸水率分别为 1.8% 和 1.3%，形成 PA/PO 合金后，吸水率至少降低 60%，这无疑对制品尺寸稳定性是有益的。聚酰胺和聚烯烃二者在化学组成、结构、结晶性能方面有很大差别，极性的 PA 与非极性的 PO 溶度参数相差较大（远远大于 0.2），彼此不相容，因此 PA 与聚烯烃采用简单的机械共混，分散相不稳定，成型后会产生相分离，制品发脆。为了使 PA/PO 合金获得单一聚合物不可能得到的优异特性，必须添加相容剂，采用相容化技术和共混技术，制得具有微观相分离结构的实用高性能合金。

不饱和羧酸类，如丙烯酸酯类（丙烯酸丁酯、丙烯酸乙酯、甲基丙烯酸甲酯等）、丙烯酸、马来酸酐、马来酸、富马酸、衣康酸等含有多官能团化合物，它们活性极强，易与 PO 发生化学反应接枝在聚烯烃上。其中最为常用的是马来酸酐（MAH），它的反应活性较大，且不易自聚，是增容剂开发应用最为广泛的原料之一。经马来酸酐接枝的聚合物可与含有端氨基的聚酰胺进行反应，马来酸酐官能化的 PO 与 PA 共混可明显提高 PA 的冲击强度、拉伸强度，并改善吸水性。

除采用增容技术外，辐射也可提高尼龙合金的相容性，比如 SBS/PA6 共混物在 ^{60}Co 的 γ 射线下，空气气氛中，辐照至 100kGy，SBS 相发生化学交联而在共混物中产生网络结构，使两相间产生特殊的强制互容作用。辐射交联后 SBS/PA6 体系的黏度和弹性模量增大，SBS 交联后，由于强制增容使得缺口冲击强度、拉伸强度及弯曲强度均有不同程度的增加，吸水性降低。SBS 辐射交联可有效改善 SBS/PA6 共混物的机械性能和吸水性[131]。

以尼龙 66、尼龙 6 为基体，用丙烯酸酯类橡胶进行接枝改性的柔性尼龙高温低温性优良，可在 −40∼121℃ 范围使用，而且冲击韧性很好，这类合金产品多用作汽车发动机罩、工业部件以及对耐油和在高低温下具有较高韧性要求的零部件。

6.2.2.3　尼龙与其他工程塑料的合金

尼龙与聚苯醚、聚碳酸酯、聚芳酯、无定形尼龙等非弹性体聚合物形成的共混物合金，具有刚性大、耐热性高的特点，同时兼有好的冲击韧性。这类共混物的两组分之间必须具有较强的界面黏结力，往往需添加增容剂改善界面状况。这类合金主要有 PA/ABS、PA/PC、PA/PPO、PA/PBT 等，广泛应用于汽车、电子等领域。

尼龙与 ABS 不相容，可以用苯乙烯-马来酸酐共聚物（SMA）、ABS 与马来酸酐的接枝共聚物、线型环氧树脂等作相容剂，提高尼龙与 ABS 的相容性。SMA 分子链中的苯乙烯结构可与 ABS 相容；同时所含的二酸酐可以在挤出过程中与尼龙的端氨基反应形成化学键，所以是尼龙和 ABS 的较好的增容剂。Laeasse 等[132]采用苯乙烯-丙烯腈-马来酸酐共聚物（SAN-MAH）增容 PA6/ABS 共混物，得到缺口冲击强度为 820J/m 的超韧材料，因为 SAN-MAH 既能与 ABS 中的 SAN 相容，又能与 PA6 的端氨基反应。Majumdar 等[133]用酰亚胺化丙烯酸（IA）增容 PA6/ABS 共混体系，在 PA6/ABS（45/45）中加入 10 份的 IA，通过聚甲基丙烯酸甲酯与甲胺反应挤出制得的 IA 中含有至少 4 种不同的化学重复单元，其中包括能与尼龙端氨基反应的戊二酸酐和甲基酸官能团，提高了 PA6 与 ABS 的相容性，因此制得了缺口冲击强度为 979J/m 的超韧 PA6/ABS。

PA6 与 PC 共混体系属于典型的结晶和非结晶的组合体系。李志君 等[134]研究了甲基丙烯酸缩水甘油酯（GMA）和苯乙烯（St）多单体熔融接枝聚丙烯 [PP-g-(GMA-co-St)] 对 PA6/PC 共混物的反应增容作用，发现 PP-g-(GMA-co-St) 有效地降低了共混物相间的界面张力，提高了共混物相界面的黏着力。当 PP-g-(GMA-co-St) 的质量分数为 20% 时，共混物的韧性提高的同时，其强度和伸长率也提高。

聚酰胺/聚苯醚（PA/PPO）合金及复合材料在共混物基础理论和工程塑料制品应用研究方面都具有重要的意义。PPO 和 PA 在耐热性、耐溶剂性、耐水性、尺寸稳定性以及加工性能等方面具有很强的互补性，同时作为工程塑料，都具有优良的物理机械性能。因此用 PPO 和 PA 共混制备的材料，具有热变形温度高，尺寸稳定性好，耐化学性和加工性良好等优点，是近年来发展较快的塑料合金之一，在机械、电气电子、汽车和家电等领域都得到了广泛的应用。

简单共混的 PA/PPO 合金由于组分相容性差，不能满足实际应用要求，同时为满足更高性能和更广泛功能的使用要求，需要对其进行各种改性。李波[135]用苯乙烯-马来酸酐共聚物（SMA）和通过反应性挤出制备的马来酸酐化的 PPO（PPO-g-MA）对 PA/PPO 合金进行了有效的增容，降低了共混物分散相尺寸，使两相间界面黏结力得到了增强，而 PPO-g-MA 具有比 SMA 更好的增容效果。对 PPO-g-MA 的合成机理和增容机理研究结果表明，PPO-co-PA6 的生成对合金中的 PPO 起到了乳化增容的作用。PPO-g-MA 只有在适当用量时，才会起到改善 PA/PPO 合金力学性能的最佳作用。

尼龙/PPO 合金以美国 GE 公司的 NorylGTX、日本东丽公司的 PPA 等品种最有影响。这种合金的耐热性好，用于汽车车身能耐流水线 160℃ 以上的喷漆温度；冲击强度高，在 -20~-30℃ 低温下不发脆；吸水性低，且随吸水吸湿的尺寸变化小；成型加工性好，成型时不发生滞流，所得制品的物性稳定；刚性随温度的变化小，耐蠕变性良好。

PA6 和 PBT 是汽车行业、家电、工业等领域广泛应用的工程塑料。由于 PA6 与 PBT 的熔点和黏度比较接近，且 PBT 的价格远低于 PA6，因此，研究开发 PA6/PBT 共混体系具有重要的应用价值。国内外的研究主要集中在解决其相容性问题上，并用相的形态和力学性能相结合来反映相容效果。罗筑[136]等通过熔融共混制备了 SMA 增容的 PA6/PBT 共混物，研究了增容剂对 PA6/PBT 共混体系聚集态结构及力学性能的影响。研究表明，SMA 能有效地提高 PA6/PBT 共混体系两相间的相容性，降低分散相尺寸，使分散相分布均匀，同时有效地提高了共混体系的力学性能。热处理温度会影响 PA6/PBT 共混合金力学性能，热处理能提高共混物的拉伸强度，但导致共混物的缺口冲击强度下降。

以 PA66 和 PA12 为主的 IPN 尼龙比一般尼龙合金具有更高的冲击韧性和耐热性，润滑性和加工性也有改善。一种商品名为 Rimplast 的 IPN 尼龙，是尼龙与带不同侧基的有机硅树脂的共聚物，在微量铂催化剂存在下，在熔体成型加工过程，两种硅树脂上的官能团分别进行交联反应，形成 IPN 的超高分子量有机硅/尼龙合金。此合金吸水率低，尺寸稳定性好，耐热、耐磨性优良，可以在普通的成型加工设备上进行成型。由于 Rimplast 尼龙合金中的硅含量可以在 3%~10% 范围内变动，而且可以加入玻纤或其他的热塑性塑料，例如，四氟乙烯进一步改性，所以这种 IPN 尼龙的性能会在更大范围内得到改善。

6.2.2.4　浇铸尼龙合金

单体浇铸 PA6（MCPA6）是采用阴离子聚合方法制备的 PA6（MCPA6），具有质量轻、强度高、自润滑、耐磨、防腐和绝缘等多种性能特点，可取代不锈钢铝合金等金属制品使用，应用于机械、纺织、石油化工及国防工业等领域，达到延长整机及零件的使用寿命，降低成本，显著提高经济效益的作用，但是其韧性差、热稳定性和尺寸稳定性不高等缺点限制了 MCPA6 的应用，因此针对其的改性成为研究热点。

目前，国内外学者针对 MCPA6 的改性主要采用添加聚合物、小分子、固体润滑剂和填料以及聚合物增容剂等方法，其中添加聚合物改性是利用具有柔性链段的预聚物共聚，或者具有反应性基团共聚物，通过嵌段共聚合和改变分子链段的结构达到化学改性的目的。比如，李枭[137]等选用带有反应性氰基基团的丙烯腈-丁二烯-苯乙烯（ABS）树脂，加入到己内酰胺单体中，通过阴离子聚合制备 MCPA6/ABS 聚合物合金，研究了 ABS 的加入对浇铸 PA6 的微观结构、热性能以及力学性能影响。得出：ABS 通过氰基在己内酰胺的阴离子聚合过程中发生共聚合反应，生成的 ABS-MCPA6 共聚物对合金两相起到增容作用；合金两相之间相容性随 ABS 中丁二烯含量的降低有所提高；热稳定性随丁二烯含量的减少而提高，但较 MCPA6 均有所降低。ABS 的加入提高了合金的韧性，其中 MCPA6/ABS749S（质量比 90/10）较 MCPA6 缺口冲击强度提高 39.73%，但硬度有所下降。Liu[138]等研究了蒙脱土对 MCPA6/PS/MMT 三元体系的结构及性能的影响，得出：Na^+ 基蒙脱土的加入使 PA6 在基体 PS 中分散相粒径显著增加，从几个微米增加到几十微米，并且发现 Na^+ 基蒙脱土只分散在 MCPA6 微球中。然而，当加入有机化蒙脱土 OMMT 时，尤其当 OMMT 的含量＞1%（质量分数）时，相态结构发生了变化，从原来的 PA 微球分散在 PS 基体中，变为分散的 PA 网络中包含局部的 PA6 微球/PS 基体相。有趣的是，当 OMMT 的含量较少，如 0.5%（质量分数）时，OMMT 分散在 PA6 微球中，而当 OMMT 含量较高时，如≥1%（质量分数）时，OMMT 分散在 PA6 网络结构相中。不同含量的 MMT 的加入影响 PA6 相的结晶行为，MMT 片层导致 α、γ 结晶相共存。此外，MMT 含量越高，γ 相的含量越高；另外一个有趣的现象是，根据 GPC 的结果，PA6 网络相和分散相微球的分子量有显著的差异，网络相的分子量比分散相微球的分子量高。

有关浇铸尼龙合金的研究报道并不多，并且没有成熟的产品问世，因此如何提高浇铸尼龙的耐热性、韧性和尺寸稳定性仍是一个富有挑战性的研究课题。

6.2.2.5　增强尼龙合金

尼龙合金中掺混增强塑料是为了改善刚性、降低成本、提高耐热性。单纯以纤维增强的尼龙，弹性显得不够，而只用聚合物共混改性，有时刚性又显得不足，增强尼龙合金具有刚韧兼备综合性能优良的特点。

PA 主要的增强剂有：①玻纤，PA66、PA6 中最多可加 50%，PA6、PA10、PA11、PA12 中最高加入量为 30%；②玻璃微珠，PA66、PA12 中可加 50%；③碳纤维和石墨纤维，PA6 中可加 20%，PA66、PA11、PA12 中可加 40%，炭黑和石墨添加量一般不超过 5%；④金属粉末（铝、铁、青铜、锌、铜）可提高树脂热变形温度和导电性；⑤二氧化硅和硅酸盐，最多可加 40%；⑥液晶聚合物（LCP），最高加入量为 30%。其中最常用的增强剂是玻纤，这是因为 PA 熔体黏度较低，且玻纤与 PA 亲和性好，当添加较多的玻纤时，仍能保持在良好的加工黏度范围内，且增强效果显著[139]。

在 PA 树脂中加入玻璃纤维、碳纤维、钛酸钾晶须短纤维、无机矿物填料等，不仅保持了 PA 树脂的耐化学性、加工性等固有优点，而且力学性能、耐热性有了大幅度提高，尺寸稳定性等也有明显改善。碳纤维增强的尼龙制品密度更轻，性能更好。碳纤维增强的尼龙除了有很高的强度和模量，而且能承受更高的应力作用，具有稳定的摩擦系数。由于碳本身具有自润滑特性，因而能赋予增强尼龙合金以极好的耐磨性。含 30% 碳纤维的增强尼龙，其摩擦系数为 0.02，约为含量相同玻纤制品的 25%、纯尼龙（0.3~0.4）的 10%，优于聚四氟乙烯（0.04~0.15）的耐磨性。碳纤维增强尼龙合金用于泵壳及齿轮等零件，使用寿命可从 6 个月延长到 4 年以上。而玻纤增强尼龙通常摩擦系数不够稳定。

辽宁大学和沈阳金建短纤维复合材料有限公司共同研究了高性能短纤维增强材料钛酸钾晶须的结构形态、表面处理技术、含量及其与 PA6 的掺混工艺对钛酸钾晶须增强 PA6 力学性能和加工性能的影响。研制开发的含 35% 钛酸钾晶须增强 PA6 的主要性能指标为：拉伸强度 130MPa，弯曲强度 180MPa，弯曲弹性模量 6.5GPa，缺口冲击强度 6.8kJ/m²，热变形温度（1.82MPa）185℃。可用于制作形状复杂、尺寸精度要求高、表面要求十分光洁和精小的薄壁精密注塑件等[140]。

氧化锌晶须具有导电性及特殊的四针状三维空间结构，其四个伸出的针状晶体部位可以十分有效地与相邻晶须的针尖部位接触，形成良好的立体导电网络；另外，晶须结构完整，几乎无任何结晶缺陷，其强度和模量均很高，可各向同性地改善材料的力学性能，如拉伸、弯曲、耐磨性能。马雅琳[141]采用半导体四针状氧化锌晶须（T-ZnO₂）作为抗静电填料，并利用其特有的三维四针状结构及较高的强度和模量同时改善了复合材料的力学性能。在尼龙 11 中加入适量的偶联剂处理过的 T-ZnO₂ 粒子后，不仅使尼龙 11 的表面电阻和体积电阻降低 1 个数量级，而且复合材料的拉伸强度、常温冲击强度、低温冲击强度和弯曲强度分别较纯 PA11 提高了 15.7%、281%、60.4% 和 19.1%。

液晶高分子以其高强、高模、液晶态下易流动性、热稳定性和尺寸稳定性好、耐化学腐蚀、耐候性好、线胀系数和密度低等优良的综合性能，近年来成为备受青睐的一种新型高性能高分子材料。将液晶高分子与 PA11 共混，可以使 PA11 的力学性能及耐热性得到大幅度提高。Moilanen 等[142]曾用一种带柔性侧链的 2-烷氧基-4-烃基苯甲酸的聚合物的液晶高分子改性 PA11。得出：带有中短长度烷氧基的液晶高分子与 PA11 的黏结力非常好，在 PA11 基体中添加 1% 的液晶聚合物就能够提高 PA11 的强度。

6.2.3　聚甲醛的共混改性

聚甲醛又名聚氧化亚甲基（POM），是分子链中含有—CH₂—O—结构单元的线型高分子化合物。聚甲醛是高密度、高结晶性的聚合物，密度为 1.42g/cm³，物理机械性能优良，是塑料中机械性能最接近金属材料的品种之一。尺寸稳定性好，耐水、耐油、耐化学药品及耐磨耗等性能都十分优良。最突出的优点是弹性模量高，表现出很高的刚性和硬度，冲击韧性良好。但是，在有缺口存在下，冲击强度显著降低。POM 结晶度很高，因此成型收缩率较大，尺寸稳定性较差。

（1）POM/TPU 共混体系　聚甲醛和其他工程塑料不易相容，一般需要通过化学改性或增容以改善其和其他聚合物分子间的亲和力。聚甲醛合金起步较晚，1983 年 DuPont 公司在超韧尼龙技术的基础上开发成功超韧均聚甲醛合金 POM/TPU 共混体系。它保留了聚甲醛的耐溶剂、耐疲劳和耐应力开裂的性能，又大大提高了冲击韧性。缺口冲击强度是未改性聚甲醛的 7 倍，对缺口的敏感性显著减小。

聚甲醛的超韧化技术和尼龙相似，也是通过接枝共聚共混的途径实现的。当采用聚氨酯热塑性弹性体对聚甲醛进行接枝改性时，聚甲醛的分子量对改性效果有很大影响，分子量太高，和聚氨酯相容性差；分子量过低，熔体黏度低，不利于聚氨酯在聚甲醛中均匀分散。一般聚甲醛分子量在 3 万～7 万为宜。聚氨酯含量在 15%～40% 范围，具有较好的综合改性效果。聚氨酯软段的 T_g 越低，对增韧效果越有利，一般其 T_g 应低于－15℃。

超韧聚甲醛目前以 DuPont 公司的 Derlin 100ST 的性能最优，它的冲击强度可与超韧尼龙相比，更为可贵的是对缺口的敏感性大为改善。Derlin 100ST 制品的性能受成型条件影响较大，在机筒温度为 190～210℃，模具温度较低时，可保证 TPU 粒子的充分分散，且又能迅速冷却以稳定其分散状态，可获得较佳的冲击性能。

超韧聚甲醛高温下的刚性降低较小，不仅比未增韧聚甲醛好，也优于超韧尼龙，超韧聚甲醛的吸湿性、成型收缩率和耐磨性也比普通聚甲醛好。聚甲醛中无添加剂存在可观察到球晶形态，当有添加剂存在，添加组分起成核剂的作用，使球晶尺寸减小，数量增多。而在聚甲醛增韧后的合金体系中，观察到的球晶尺寸很大，数量减小。这可能与共混体系中添加剂向分散相迁移有关，使连续相中成核剂减少，因而出现消成核作用。结晶形态的这种变化会导致熔体凝固速率减慢，但实际生产过程表明，这时的结晶速率对快速模塑周期已足够了。超韧聚甲醛挤出的薄壁制品不发生变形，充分说明已具有足够的凝固速度。

超韧聚甲醛主要应用于材料易受往返冲击和受损后不允许急速破坏的场合，以及对耐湿、耐磨要求高的场合，如机械传动零件、各种连接器、紧固体、汽车保险杠、车窗提升机械、座位架以及运动器材、安全罩等。

（2）POM 与其他聚合物的共混体系　POM 可与 PTFE 共混，用于制造滑动摩擦制品。POM 本身有一定的自润滑性，但在高速、高负荷的情况下作为摩擦件使用时，其自润滑性难以满足需要，制品会因摩擦发热变形。POM/PTFE 共混物可克服上述缺点，典型品种有DuPont 公司的 Derlin 100AF 等。

国内也有关于 POM/EPDM 共混物的研究报道，以 EPDM-g-MMA 作为相容剂，使拉伸强度、缺口冲击强度提高[143]。此外，共聚尼龙对 POM 的增韧作用也有报道[144]。

6.2.4　PET、PBT 的共混改性

聚对苯二甲酸乙二酯（PET）在相当长的时期内，主要用于制造纤维和薄膜。在塑料用途方面，PET 主要用于制造薄膜和吹塑瓶。在塑料薄膜中，PET 薄膜是力学性能最佳者之一。但是，PET 的结晶速率较慢，因而不适合于注射和挤出加工成型。对 PET 进行共混改性，可使上述性能得到改善。此外，不同的 PET 共混体系还可用于增韧以及制备共混型纤维等用途。

聚对苯二甲酸丁二酯（PBT）是 20 世纪 70 年代发展起来的一种工程塑料，分子链较PET 柔软，结晶速率快，流动性好，模塑加工较容易，模温 50℃就可迅速结晶，PBT 树脂的主要缺点是变形温度低，冲击韧性对缺口的敏感性大，高温下的尺寸稳定性和刚性较差，耐热水性不好。PBT 共混改性主要就围绕这些性能上的不足进行的。例如，为改进 PBT 的耐热水性，与 EVA 共混；为提高 PBT 的缺口冲击强度，与 PU、ABS、PCL 共混；为提高PBT 的耐磨耗性，与聚四氟乙烯共混；为改进 PBT 制品的翘曲变形及耐应力开裂，与PET、PC 共混等等。

6.2.4.1　PET/PBT 共混体系

PET 与 PBT 化学结构相似，共混物在非晶相是相容的，因而 PET/PBT 共混物只有一个 T_g。但是二者晶相不相容，分别结晶，所以，共混物有两个熔点。PET/PBT 共混既可提高 PET 的结晶速率，改善加工流动性，又可解决 PBT 单独使用成本高的问题。PET/PBT 合金成型收缩率低，尺寸稳定性好，而且结晶度得到控制，具有优良的化学稳定性、强度、刚性和耐磨性，其制品具有良好的光泽。

PET/PBT 共混过程中易发生酯交换反应，最终可生成无规共聚物，使产物性能降低。因此 PET/PBT 共混物应避免酯交换反应发生。可采取的措施包括预先消除聚合物中残留催

化剂（促进酯交换反应），控制共混时间（避免时间过长），外加防止酯交换的助剂，等等。

美国 GE 等公司有 PET/PBT 共混物商品树脂。PET/PBT 共混物价格较 PBT 低，表面光泽好，适合于制造家电把手、车灯罩等。

6.2.4.2　PET 的共混改性

限制 PET 成为工程塑料的一个主要原因是其结晶速率过慢，模塑加工性差，难以实现工业化生产。20 世纪 70 代末，美国 DuPont 公司、日本帝人公司在提高 PET 结晶速率和增强增韧技术方面取得了显著成效，开发了玻璃化转变温度降低约 40℃，模具温度在 70℃ 左右（未改性的 PET 模温需 130℃ 以上）的 FRPET，它兼有耐热性高、成型加工性好、冲击韧性高等优良性能。因而近年来 PET 工程塑料得到了很快的发展。改性后 FRPET 和 FRPBT 相比，机械强度约高 20%，光泽好，耐热性高，而且价格比 PBT 低廉，被公认为很有发展前途的工程塑料之一。

（1）提高 PET 结晶速率的方法　PET 分子链的刚性较 PBT 大，其结晶速率也比 PBT 慢得多，在低于 130℃ 下结晶，PET 的结晶度低，性能差，无使用价值。要使 PET 结晶度提高，达到较好的物理机械性能，只有在高温、长时间的模塑条件下成型。但在这样的条件下进行生产实际上是不可能的。因此，提高结晶速率成了 PET 作为工程塑料改性的关键问题，成型过程的模具温度成为评价 PET 工程塑料技术水平的主要指标之一。

提高 PET 的结晶速率，除采用无机、有机化合物作为成核剂外，近年来更多的是采用共聚、共混的方法，使 PET 分子链上引入一些柔性的链节、链段，改善分子链的活动能力，达到降低 T_g，提高结晶速率的目的，或者在 PET 中加入少量高分子结晶促进剂（成核剂），改善 PET 的结晶行为。例如，在 PET 中加入共聚醚酯、聚酯弹性体、丙烯酸接枝共混物、聚氧化乙烯等。这些结晶促进剂有些是与 PET 机械共混，起成核剂的作用，有些与 PET 发生化学键合，成为 PET 分子链的一部分，既可改善 PET 分子链的柔顺性，又能作为促进结晶速率提高的成核剂，具有"化学成核"的作用。

（2）共混改性　PET 具有优良的机械性能和耐化学药品性，但作为工程塑料使用，其冲击强度较差。原因是 PET 分子链中的酯基与苯环形成共轭体系，增大了分子链的刚性。PET 与橡胶类弹性体共混是改善其冲击韧性的主要途径。

① PET/PE 共混体系　PET 和 PE 是两种结构和性能完全不同的材料，两种材料之间的相容性差，要制备 PET/PE 共混材料，需要对 PE 进行接枝改性，才能与 PET 进行共混。通常用马来酸酐对 PE 进行改性。经马来酸酐改性的 PE 与 PET 共混，可以显著提高 PET 的结晶速率，并使冲击强度提高。在废弃 PET 饮料包装瓶的回收再利用方面，PET/PE 合金是研究的热点之一。与其他高分子材料相比，废弃 PET 饮料包装瓶具有易分离和纯化的特点，制备 PET/PE 共混物是研究 PET 瓶再利用的一个重要途径。张洪生等[145]以苯乙烯含量为 30% 的 SEBS-g-MA（壳牌化学的产品）为相容剂，研究了 SEBS-g-MA 对回收 PET（r-PET）/LLDPE/SEBS-g-MA 共混物中的增容作用。得出：添加 10% 质量分数的 SEBS-g-MA 时，共混物的缺口冲击强度和断裂伸长率都得到明显的改善，分别从 7.3kJ/m² 和 10.4%±4.4% 提高至 14.73kJ/m² 和 267.5%±16.6%。热分析结果表明，即使是在使用 SEBS-g-MA 的条件下，LLDPE 也不能分散到 PET 相中，SEBS-g-MA 对两种聚合物的增容作用是通过化学物理作用降低两相之间的界面能实现的，LLDPE 和 PET 的熔点都没有发生变化，但 PET 的熔融峰出现双峰。过量的 SEBS-g-MA 会诱导部分 PET 进入分散相。

② PET 与弹性体共混　采用 EPDM 对 PET 增韧改性，加入烷基琥珀酸酐改善两者的

相容性，可制成高抗冲 PET 合金，缺口冲击强度达 $736J/m^2$[146]，可用于制造电子仪器外壳、汽车部件等。采用 EPR 与 PET 共混，添加少量的 PE-g-MAH 接枝共聚物，也可获得良好的增韧效果。PE-g-MAH 不仅起到相容剂的作用，还可提高 PET 的结晶速率。PET 中混入 α-烯烃与 α、β 不饱和羧酸缩水甘油酯的共聚物，可明显改善 PET 的冲击韧性。这种共混物中可混入通用的添加剂和填料（如滑石、云母、碳酸钙等），可挤出成型和注射成型。PET/弹性体工程塑料合金具有较高的刚性和韧性，同时模塑周期短，流动性好。可用作汽车车体零件、方向盘和发动机罩下的部件。用 NBR 增韧 PET 具有很好的效果，若同时再用玻纤增强，不仅缺口冲击强度高，而且具有很高的模量和拉伸强度。

③ PET 与其他树脂共混　PC 的引入对提高 PET 的韧性有显著作用，为了不使 PET 的耐化学性降低，PC 含量不宜大，若再掺混 EPDM 的接枝共聚物，增韧效果更好。郭卫红等[147]以聚对苯二甲酸乙二酯（PET）瓶片为主要原料，加入聚碳酸酯（PC）、热塑性弹性体及扩链剂，采用低温固相反应挤出制备 PET/PC 合金，在加工过程中产生 PET 相和 PC 相互穿的网络结构的同时，反应性扩链剂在 PET 相中发生交联反应，形成了次级网络结构。由于这些网络结构的存在，使合金材料的力学性能得到明显提高，特别是缺口冲击性能有了明显的改善，达到 $57.65kJ/m^2$。

PET 和 ABS、HIPS 等共混，可提高加工流动性，改善冲击韧性，同时也可降低成本。PET 和苯乙烯/马来酰亚胺共聚物、苯乙烯/丙烯酸酯共聚物共混，其共混物的耐热性有很大提高。

6.2.4.3　PBT 的共混改性

（1）PBT/PC 合金　PBT 与 PC 的溶度参数接近，可在任意比例下进行共混。但是共混产物仍属两相结构。PC 的玻璃化转变温度比 PBT 高，冲击强度也大大优于 PBT，因而它们的合金产品兼有 PC 优良的耐热性、耐冲击韧性及 PBT 良好的耐化学药品性和成型加工性，具体性能随混合比例而改变。聚碳酸酯的冲击强度优异，但仅用 PC 来改性 PBT，其缺口冲击强度还不十分理想，若其中再加入一些弹性体进行三元共混，例如加入一定量丁二烯接枝共聚体，EVA、聚丙烯酸酯类、聚氨酯等弹性体，PBT 合金的冲击韧性将获得更大改善。

（2）PBT 与烯烃类聚合物共混　由于聚烯烃与 PBT 的溶度参数相差较大，如两者直接共混，易产生分层现象，改性效果差。通常采用乙烯的共聚体改性 PBT 为好，例如 EVA 和 PBT 共混，当 EVA 中的 VAc 含量大于 50%，不但使 PBT 的冲击韧性得到提高，而且成型加工性有所改善。用 20%马来酸酐接枝的 PE 和 PBT 共混，可使 PBT 缺口冲击强度提高一倍以上。

在 PBT 中掺入 ABS 树脂，可使冲击韧性和成型收缩率大大改善，制品的翘曲性、黏结性也获得改善，广泛用作大型电容器壳体、骨架以及其他电子电气部件。此外，MBS、丁腈橡胶、丙烯酸酯类共聚物等对 PBT 都有良好的改性效果。

（3）PBT 与其他树脂共混　PBT 树脂中加入 $5\%\sim30\%$ 具有橡胶特性的热塑性聚氨酯或聚酰胺，除了可改善冲击韧性外，聚酰胺的引入还可使 PBT 的耐水解性、耐蠕变性及脱模性得到改善。与聚氨酯共混还能使制品的成型收缩率减小，并改善制品的挠曲性和蠕变性。PET 和聚酰胺之间相容性差，简单的机械共混改性效果较差，常用化学改性的方法制取 PBT/PA 合金。

PBT 与聚砜共混可提高它的热变形温度和硬度、耐电弧性；与聚酰亚胺共混可提高机械性能；与 PPO 共混可提高热变形温度和耐水解性；与聚苯硫醚（PPS）共混可改善高温下的刚性。

（4）增强 PBT 的共混改性　PBT 用作工程塑料 80％以上都需用玻璃纤维进行增强，以提高其机械强度和热变形温度。但玻纤增强的 PBT（FRPBT）在各个方向上的成型收缩率不同，容易发生起翘、弯曲，特别对薄壁制品是致命的缺点。

为了改善 FRPBT 的挠曲性，在其中掺混 PMMA、PS、ABS、PC、PET 等有明显效果。尤其与 PET 共混，使 PBT 的结晶速率降低，其制品表面的结晶速率受到抑制，有利于降低制品的挠曲度，同时使制品的表观光泽度提高。混入 SAN、PMMA、PS 等非结晶性聚合物，可提高 FRPBT 对溶剂的溶解性，从而改善与涂料的黏着性能。

6.2.5　PC 的共混改性

聚碳酸酯（PC）是指主链上含有碳酸酯基的一类高聚物，是一种综合性能优良的工程塑料。最常用的 PC 是双酚 A 聚碳酸酯，具有突出的冲击韧性和耐蠕变性，较高的耐热性和耐寒性，可在 −100～140℃ 范围内使用。可见光的透光率达 90％，拉伸、弯曲强度较高，电性能优良，吸水性低。PC 的缺点是熔体黏度高，流动性差，尤其是制造大型薄壁制品时，因 PC 的流动性不好，难以成型，且成型后残余应力大，易于开裂。此外，PC 的耐磨性、耐溶剂性也不好，而且售价也较高。为了改善 PC 的这些不足之处，20 世纪 60 年代中期与 ABS 共混，开发成功了第一个工程塑料合金。现在 PC 系列的合金已有几十种，广泛应用于机械、汽车、电子电气、仪器仪表等领域。

（1）PC/ABS 合金　PC/ABS 合金是最早实现工业化的 PC 合金，其综合性能好，既保持了 PC 的优良特性，又具有 ABS 加工性好的优点，且价格比较低廉，显著地改善了缺口敏感性。PC/ABS 合金的性能随 ABS 含量和类型而发生变化，冲击强度呈现明显的非线性关系，当 PC/ABS 共混比为 75/25 时，达到最大值，拉伸强度、热变形温度随 ABS 量增加有所下降。ABS 量增加，加工流动性变好，成型温度降低。若选用超冲击型 ABS 树脂和PC 共混，PC 的应力开裂性有显著改善，冲击强度有较大提高，但机械强度、模量有所下降。PC 与 ABS 为部分相容体系，ABS-g-MAH 和 PE-g-MAH 可以改善合金的相容性，从而提高了合金材料的综合力学性能[148]。

德国拜耳（Bayer）材料科技公司商品名为拜本兰®（Bayblend®）的产品就是基于聚碳酸酯（PC）和丙烯腈-丁二烯-苯乙烯共聚物（ABS）以及橡胶改性聚碳酸酯（PC）和苯乙烯-丙烯腈共聚物（SAN）的共混物。这类产品具有高冲击及缺口冲击强度、高刚性、高尺寸精度和稳定性、低翘曲、低整体收缩率、良好的光稳定性、良好的加工性能，有普通品级、增强品级和阻燃品级，其中，阻燃 FR 品级产品不含锑、氯及溴，FR 级别产品符合灼热金属丝试验要求。

ABS 本身具有良好的电镀性能，因而，将 ABS 与 PC 共混，可赋予 PC 良好的电镀性能。日本帝人公司开发出电镀级的 PC/ABS 合金，可采用 ABS 的电镀工艺进行电镀加工。

ABS 具有良好的加工流动性，与 PC 共混，可改善 PC 的加工流动性。GE 公司已开发出高流动性的 PC/ABS 合金。PC/ABS 合金还有阻燃级产品，可用于汽车内装饰件、电子仪器的外壳和家庭用具等。

（2）PC/PE 合金　聚碳酸酯与聚乙烯共混主要是为了降低熔体黏度，改善成型加工性能。同时，使 PC 的抗冲击强度、拉伸强度、断裂伸长率和在四氯化碳中的耐应力开裂性得到改善。PC 中加入少量 PE，可使冲击强度提高 4 倍，熔融黏度降低 1/3，耐沸水性、耐热老化性均很好，经100℃，24h沸水处理，合金的冲击强度为同样条件下处理的一般PC的三倍以上，而拉伸强度、弯曲强度几乎不变，PE量超过5%，拉伸强度、断裂伸长率、热变形温度有较大下降，所以PE的用量要控制在5%以下。

PC与PE相容性较差，可加入EPDM、EVA等作为相容剂。在共混工艺上，可采用两步共混工艺。第一步制备PE含量较高的PC/PE共混物，第二步再将剩余PC加入，制成PC/PE共混材料。此外，PC、PE品种及加工温度的选择，应使其熔融黏度较为接近。

日本帝人化成公司分别开发了PC/PE合金品种。PC/PE合金适合于制作机械零件、电工零件以及容器等。

（3）PC/PET、PC/PBT合金　PC为非结晶聚合物，PET、PBT为结晶性聚合物，共混时，其性能上互相补充，PC/PET、PC/PBT共混物可以改善PC在成型加工性能、耐磨性和耐化学药品性方面的不足，同时又可克服PET、PBT耐热性差、冲击强度不高的缺点。PC/PET、PC/PBT合金可用于汽车保险杠、车身侧板等。

在PC与PBT或PET进行熔融共混时，易于发生酯交换反应。会导致共混物的耐热性等性能下降。因此，在PC与PBT、PET共混中，应避免酯交换反应的发生。在PC/PET、PC/PBT体系中，可以适当添加弹性体作为第三组分，以保证一定的冲击性能。

德国拜耳（Bayer）材料科技公司商品名Makroblend®的产品是基于聚碳酸酯（PC）和聚对苯二甲酸丁二酯（PBT）共混物或聚碳酸酯（PC）和聚对苯二甲酸乙二酯（PET）共混物。该类产品具有高韧性（即使在低温环境中）、良好的耐化学品性能、不易发生应力开裂、良好的涂覆性能、低吸湿率。可用于汽车工程、电气工程/电子、照明技术、运动和休闲等领域。

（4）PC的增韧　针对PC缺口敏感、易应力开裂的缺点，有文献报道以添加少量的丙烯酸酯类共聚物（ACR）的方法来提高PC的缺口冲击强度。ACR为核壳结构粒子，Cho等[149]的研究表明，用ACR增韧PC，ACR的粒径存在一个最佳尺寸，即0.25μ。徐会军等[150]通过改变壳层单体组分，增加ACR与PC的界面黏结力，考察ACR的粒径以及ACR的壳层引入甲基丙烯酸缩水甘油酯（GMA）单体后对PC/ACR共混物冲击强度的影响。结果表明，壳层引入GMA的ACR提高PC缺口韧性的效果并不明显；而ACR的粒径对PC/ACR冲击韧性的影响较大。运用积分断裂韧性分析比较了ACR粒径对共混物断裂过程中弹性形变区-塑性形变区能量吸收能力的影响。塑性形变作为主要能量吸收途径在提高共混物韧性方面起主要作用，粒径为177.5nm的ACR提高PC的断裂韧性效果最好，与悬臂梁冲击实验得到的冲击强度数据一致。

（5）透明PC合金　普通型聚碳酸酯（PC）具有高透明性、抗冲击性、刚性和成本低廉等优点。但包括电气电器、仪表、航空航天、汽车、医疗等众多高新技术领域则对PC的机械性能、光学性能、热性能、厚壁和缺口敏感性等提出了更高的要求。因此，实现PC的高强度、耐高温、透明性等高性能化是PC的发展方向之一。聚芳酯（PAR）为双酚A型聚酯结构，从结构上看与PC具有一定的相容性，且透明性好，如果将PAR与PC共混，能显著提高PC的耐热性并保持其透明性，大大扩大了PC的使用范围。Mondragon[151]曾研究了PAR/PC二元体系在不同时间、温度时的酯交换反应。雷佑安等[108]通过使用不同催化剂和抑制剂控制PC/PAR熔融共混酯交换反应程度来改善PC/PAR相容性，制备了透明性好、耐热性高、综合性能优异的PC/PAR合金。研究结果表明，加入研究结果表明，加入焦磷酸二氢二钠（DSDP）可有效提高酯交换共混物模量、相容性和热稳定性，加入0.4%DSDP

在 270℃密炼 8min，性能最佳，350℃时的失重率仅为 2.81%，透光率可达 83.3%，可作为透明的耐高温材料使用。Khatua 等[152]利用原位悬浮聚合的 PMMA/clay（Na+ MMT）与 PC 共混制得透明的 PC 合金，当 PMMA 分子量较低时，PMMA/clay 形成剥离型纳米复合材料与 PC 形成热力学相容体系，保持了 PC 原有的透明性。

透明 PC 合金的研究和开发为扩大 PC 作为高耐热、透明材料获得更广泛的应用，为挤出、注射等常规方法制备厚壁的大型 PC 制品提供了有益的途径。拜耳公司商品名为雅霸®（APEC®）共聚碳酸酯（PC-HT），它是在模克隆®聚碳酸酯的基础上进一步开发而成的产品系列。凭借其高耐热性、韧性、透明度、光稳定性和流动性性能的独特组合，雅霸®不同于其他任何一种工程热塑性塑料。特别值得一提的是其卓越的耐热性能、透明性，其中某些品级别的产品甚至可耐热温度高达 220℃。因此，雅霸®是使其注塑件可在较高的热应力环境下使用模制品的理想材料，而在这些场合下通用型聚碳酸酯不再适用。由于雅霸®产品独一无二的性能组合（优异的透明度、耐热性和韧性），其注塑产品的应用领域非常广泛，可应用在电子/电气工程、家用电器行业、汽车行业、照明、医疗技术等行业。

（6）PC 的其他合金　聚碳酸酯与氟树脂形成的合金既保持了 PC 优良的耐热性、尺寸稳定性、冲击韧性，又大大改善了耐磨性。氟树脂起着内润滑的作用，加入少量聚四氟乙烯粉末，可使 PC 的耐磨性提高五倍。这种合金由于耐磨性优良并有较好的综合性能，适宜用作齿轮、凸轮、轴、轴承等制品，该合金若用玻纤增强，各项性能将有进一步提高。

聚碳酸酯与偏二氟乙烯-六氟丙烯共聚物共混，对改进聚碳酸酯的韧性和缺口敏感性有着突出的效果，缺口冲击强度不受试样厚度的影响。

聚碳酸酯与丁腈橡胶共混产物的突出优点在于克服了 PC 的缺口敏感性，其缺口冲击强度基本不受试样厚度的影响。含丁腈橡胶 15%的共混物，其悬臂梁缺口冲击强度是一般 PC 的六倍左右。特别适用于挤出板材及各种型材，或制作室外用制品。

聚碳酸酯与聚甲醛可在任意比例下形成合金，它既能在很大程度上保持 PC 优良的机械性能，又能显著提高它的耐溶剂性、耐应力开裂性。PC/POM 为 50/50 时，还显示优良的耐热性和较高的热变形温度，但随着聚甲醛含量增高，其冲击强度有所下降。

6.2.6　PPO 的共混改性

聚苯醚（PPO）的代表性品种是聚 2,6-二甲基-1,4-苯醚，它是由 2,6-二甲基苯酚通过缩聚反应而制得的。是一种耐较高温度的工程塑料，其玻璃化转变温度为 210℃，长期使用温度 120℃。PPO 硬而坚韧，硬度比尼龙、PC、POM 高，蠕变量很小。热膨胀系数在塑料中是最小的，接近于金属。无可水解的基团，故耐水解性优良，吸湿性低，尺寸稳定性好，其成型收缩率比尼龙等结晶性工程塑料要小得多。其缺点是熔融流动性差，成型困难，不经改性不能成为工程塑料，市售的 PPO 大部分是合金化的改性产品。

（1）改性 PPO 合金　PPO/PS 共混体系是最主要的改性 PPO 体系，PPO 与 PS 相容性良好，PPO 与聚苯乙烯（PS）的混合热 ΔH_M 是负值，其在全部组分范围内已经达到了分子水平的互容，用 DSC 测试 PPO/PS 共混物的 T_g，发现共混物只存在一个 T_g，且与组分之间符合 Fox 方程。此外，PPO 与等规 PS、聚（对甲基苯乙烯）、聚（α-甲基苯乙烯）、卤化苯乙烯-苯乙烯共聚物、聚（2-甲基-6-苯基-1,4-苯）醚、聚（2-甲基-6-苄基-1,4-苯）醚和溴化 PPO 之间存在部分或完全相容。PPO 与大多数的工程塑料完全不相容或部分相容。

为提高 PPO/PS 共混体系的冲击性能，在共混体系中要加入弹性体，或采用 HIPS 与 PPO 共混。PPO/PS/弹性体共混物力学性能与纯 PPO 相近，加工流动性明显优于 PPO，且保持了PPO成型收缩率小的优点，可以采用注射、挤出等方式成型，特别适合于制造尺寸精确的结构件。

改性PPO的代表性品种有美国GE公司的Noryl，Noryl有适应不同用途的品级牌号超过150个；另一类是接枝改性的聚苯醚，以PS接枝PPO的Xyron为代表。Noryl的PPO合金的耐热性比未改性PPO稍差，与PC相当，其他性能基本与改性前接近，但熔融流动性得到了很大改善，成型加工性能优良，价格低廉，因此，改性PPO一经问世，便得到了迅速发展。目前，仅Noryl PPO合金就有几十个品级，有耐热阻燃级、玻纤增强级、电镀级、低发泡级等等。PS改性PPO的耐热性比纯PPO低，纯PPO热变形温度（1.82MPa）为173℃，改性PPO的热变形温度因不同品级而异，一般在80～120℃[153]。

另一种PPO合金的商品名为Prevex，它是2,6-二甲基苯酚和2,3,6-三甲苯酚的共聚物与高抗冲聚苯乙烯的共混物。比Noryl PPO具有更好的综合性能，悬臂梁冲击强度达到293J/m²，热变形温度为102～129℃，而价格与Noryl相当。

由PPO和PS接枝共聚制得的Xyron合金，在成型过程的吸水性很低，制品的吸水率大大低于其他工程塑料，而且制品的物理机械性能和尺寸稳定性不受水分的影响，具有优异的耐热水、耐水蒸气性。Xyron冲击强度和刚性的均衡性在所有塑料中是最好的。而且在升高温度的情况下，其机械强度下降较小，适宜在高温下长期使用。

PPO除了用聚苯乙烯和HIPS共混改性，还可用ABS改性。用ABS改性的PPO冲击强度比未改性的PPO高5～6倍，而且应力开裂性和加工性也得到很大程度的改善。用于改性的ABS其含量对改性效果影响很大，AN低于5%，改性效果差，高于8%，相容性不好，一般含丙烯腈6%～8%为最佳。ABS的最佳用量在15%左右，用量再大增韧效果不显著。

（2）第二代PPO系列合金　Noryl树脂虽然具有很多优异的性能，但PS作为一种通用塑料，其与PPO的共混物存在HDT相对较低、耐油和耐溶剂性差的缺点。为克服这些缺点，开发出了以PPO/PA合金为代表的第二代合金产品，主要是PPO与一些工程塑料的共混物，包括有较好耐水性的PPO/PBT合金，其商业化产品如前GE公司的Noryl APT系列产品；PPO/PPS合金HDT高，可以达到270℃；刚性大、强度高、尺寸稳定性好的PPO/PTFE合金商品化的产品如前GE公司的NorylNF系列产品。而新一代的PPO合金产品主要是PPO与一些热固性树脂的共混物，如PPO/环氧树脂（EP）主要用于覆铜板行业。

在增容剂作用下，PPO与其他工程塑料组成的合金有第二代PPO系列合金之称，如PPO/PA、PPO/PBT、PPO/PPS、PPO/PTFE等，在20世纪80年代中期都相继进入实用化阶段。

将非结晶性的PPO与结晶性的PA共混，可以使两者性能互补。但是，PPO与PA的相容性差。因此，制备PPO/PA合金的关键是使两者的相容性提高。PPO/PA合金主要采用反应型相容性，如MAH-g-PA。如果加入的相容剂本身又是一种弹性体，则可以进一步提高PPO/PA共混物的冲击强度。这样的弹性体相容剂有SEBS-g-MAH、SBS-g-MAH等。PPO与尼龙的合金Noryl-GTX是由PA66与乙烯-丙烯酸缩水甘油酯接枝共聚，再与PPO共混而成，接枝共聚物在其中起增容作用。此外，PS-g-MAH、PS-g-MI（马来酰亚胺）等都可作增容剂。这类合金具有较高的耐热性和冲击强度，加工流动性也显著改善。适宜作汽车的外饰件制品，如保险杠、汽车轮盖、散热器、阻流板、视镜固定件等，玻纤增强的PPO合金热变性温度可高达205℃，成型收缩率小于1%，具有很好的尺寸稳定性和优良的冲击韧性。

PPO 与 PPS（聚苯硫醚）共混，可提高 PPO 的耐热性和耐溶剂性。PPO 和 PTFE 共混，主要是为了提高 PPO 的耐磨性，摩擦系数为 0.5～0.21。PPO 和 PA 共混，除了可改善其加工成型性，冲击强度、断裂伸长率均获得显著提高。PPO/PA 是继 PPO/PS 合金之后发展最快、品种最多的 PPO 合金。与 PPO 共混的尼龙可采用 PA-MXD6 和 PA-12 等，聚苯醚除用通常的 PPO 外，还可用马来酸酐化的 PPO 和偏苯三酸酐氧化物改性的 PPO，其目的是提高聚苯醚合金的热变形温度和冲击强度。

PPO/PBT 合金的特点是产品的尺寸和物理机械性能不因吸水而变化。同时，耐热性、冲击强度很高，适宜作电子电气零件。

6.2.7　特种工程塑料合金

特种工程塑料是指耐温性和机械强度特别高的一类工程塑料，也称高性能工程塑料。合金化是这类工程塑料进一步高性能化的主要发展方向，可使它们的冲击强度、成型加工性、尺寸稳定性、耐化学性、阻燃性等获得改善，成为综合性能更加优良的高强度、耐高温工程结构材料，而应用于原子能、航天、航空、汽车、电子电气等高技术领域。

6.2.7.1　聚砜的共混改性

聚砜（PSF）是高分子链上含有砜基和苯环的一类聚合物，它能在 $-100\sim150$℃范围内长期使用，其 T_g 为 190℃，热变形温度为 175℃，在 100℃以上仍保持很高的机械强度和刚性。聚砜的不足之处是成型温度较高（300℃以上），加工流动性较差。此外，它对缺口敏感性强，耐溶剂开裂性差。

PSF 与 PC、PET 及 ABS 具有一定程度的相容性，尤以 ABS 和聚砜的共混物具有较好的综合性能，熔体流动性有显著改善。高黏度聚砜（$\eta=0.68$）未改性时无法注射成型，经改性的聚砜合金熔融指数大幅度提高，完全可用注射法成型。ABS 中加入 3％PE，再与聚砜共混，改性效果更好，对改善聚砜的抗应力开裂性有显著作用。改性后聚砜的缺口冲击强度提高 1 倍以上，大大改善了 PSF 的缺口敏感性。热变形温度稍有降低，基本保持了聚砜原有的耐热性特点。

聚砜合金适宜于制造高强度、低蠕变性、高尺寸稳定性以及在较高温度下长期使用的制品。如可用于电子产品中的积分线路板及各种电器设备的壳体、小型电子元件等，还可制造各种精密机械零件、食品机械的零部件等，在交通运输和医疗器械方面也有广泛应用。

6.2.7.2　聚酰亚胺的共混改性

聚酰亚胺（PI）是分子主链中含有酰亚胺基团的芳杂环聚合物。最常见的是由均苯四甲酸二酐和 4,4′-二氨基二苯醚制得的聚酰亚胺（均苯型），它是一种不熔性 PI；由含醚键的四羧酸二酐与各种二元胺缩合而成的产物称醚酐型 PI，它是可挤出、注射成型的热塑性 PI；另一类热塑性 PI 是分子链中同时含酰亚胺基和酰胺基的聚合物，称为聚酰胺酰亚胺。

由于 PI 分子链上含有杂环和芳环，它具有很高的耐热性和耐腐蚀性，同时具有优良的介电性、机械性能、阻燃性、耐辐射性。PI 广泛用于高新技术领域，作高温绝缘材料、耐辐射密封材料、耐高温气体分离膜、印刷线路基材、导电黏合剂、半导体表面钝化涂层，以及在原子能反应堆、宇航空间技术方面作设备、仪表的零件等。

PI 常用有机硅低聚体进行化学改性。一种是在一端带有两个氨基的聚硅氧烷，另一种是在聚硅氧烷的两端都带有氨苯基或氨丙基的。在一端带有二氨基的聚硅氧烷与二胺、二酐共聚，得到的是以聚酰亚胺为主链，聚硅氧烷为支链的梳型接枝共聚物。由于聚硅氧烷具有优异的气体选择透过性，因而这种改性后的 PI 是一种耐高温、高强度的气体分离膜材料，适于作富氧膜。

用两个末端都带有氨基的有机硅改性 PI 的较多，改性后的产物是一种由聚硅氧烷和聚酰亚胺组成的嵌段共聚物，其 T_g 比一般 PI 略有下降。在 PI 主链上引入聚硅氧烷链段，可使其溶解性得到提高，从而改善了加工性能，而对耐热性和机械性能影响不大。有机硅的骨架（—Si—O—）结构引入 PI 的主链，还可提高 PI 对无机物的黏结性。

目前 PI 在宇航工业中广泛用作复合材料，和玻纤、碳纤维并用制成浸渍物，再加工成无空隙的层压制品。在超大规模集成电路芯片中，PI 可用作芯片的耐氧化涂层、芯片与基片的黏合剂或作芯片中的电介质。在这些领域中应用 PI，对提高其黏结性有重要意义。

6.2.7.3   聚苯硫醚的共混改性

聚苯硫醚（PPS）又称为聚亚苯基硫醚。由于 PPS 主链上硫具有芳环结构，因此 PPS 具有许多优异的性能，良好的耐热性、自身具有阻燃性、机械强度高、耐疲劳和磨损性好、耐腐蚀性强、尺寸稳定性好、电性能优良和易于成型加工等。PPS 凭借其优异性能，被广泛应用于电子电气、汽车、精密机械、化工以及航空航天等领域和行业。

PPS 作为一种最常用的特种工程塑料，其加工流动性较差，通过与其他聚合物制成聚合物合金或聚合物复合材料来改善 PPS 的某些性能，例如，对 PPS 进行增强、增韧、提高 PPS 的加工性及降低成本等。基于 PPS 的聚合物合金近来发展迅速，部分 PPS 合金已经得到了广泛的应用。然而，由于 PPS 的加工温度比较高，在制备 PPS 合金时使得另一种聚合物的选择受到很大的限制。例如，制备 PPS 与某些通用塑料或工程塑料聚合物合金时，在 PPS 的加工温度下，另一相聚合物难免发生一定程度的降解。另外，如何提高 PPS 与共混组分间的相容性也是 PPS 合金开发需要解决的关键问题之一。

PMMA 可提高 PPS 的加工性能，PPS/PMMA 共混物中 PPS 与 PMMA 呈"海-岛"状结构。当提高 PPS/PMMA 体系中 PMMA 的含量时，PMMA 相区尺寸增大，PPS 与 PMMA 之间的结合变差。在 PPS/PMMA 体系中引入纳米碳酸钙后，PPS/PMMA 复合体系中 PMMA 相的相区尺寸减少，相区分布更均匀。但由于 PPS 的加工温度较高，PPS/PMMA 体系中的 PMMA 相发生一定程度的分解；随着注射温度的提高，PMMA 相的降解程度增加[154]。

与 PA 共混也可以扩展 PPS 的应用领域，但 PA 与 PPS 相容性较差，甲基丙烯酸缩水甘油酯（EMG）可以提高 PA66 与 PPS 的相容性，阻止分散相的凝聚，增强界面间的相互作用，得到综合性能好、价格便宜的 PPS 合金[45]。

6.2.7.4   聚醚醚酮（PEEK）共混物

PEEK 是结晶性耐高温工程塑料，具有优良的综合性能，特别是耐辐射性能优良。应用于航天、原子能工程部件以及矿山、油田、电气工业等。PEEK 可以注射成型，也可用于制成单丝。PEEK 可制成纤维增强复合材料。于蕾研究了 PEEK 与聚醚砜（PES）的共混物，结果表明，PEEK/PES 相容性良好，改性后的 PEEK 玻璃化转变温度提高，加工流动性则明显改善，加工温度可降低 100℃[155]。

6.2.7.5   氟塑料的共混改性

近年以来，聚偏二氟乙烯（PVDF）作为重要的热释电、压电高分子材料，受到人们的广泛研究。PVDF 是一种部分结晶聚合物，具有 α、β、γ、δ 和 ε 五种晶相，其中主要以 α、β 两种晶相为主。α 晶相是非极性相，分子链为（TGTG'）构型，是自然状态最普通的构型和最稳定的晶相。晶型 β 相是一种铁电体相，分子链为平面锯齿（TTT）构型，是一种极性构型。β 相中每个晶胞单元具有最大的自发极化度（P），即 β 相的存在是 PVDF 具有铁电性的主要原因。因此，提高 PVDF 的 β 相含量成为人们研究的主要热点。例如，Mohajir 等[156]研究了 PVDF 在熔融状态下，β 相的形成工艺条件。Virk 等[157]通过高能电子辐射诱导 PVDF 产生 β 相变。Kaito 等[158]采用复合共混提高 PVDF 的 β 相含量，将 PA11 与 PVDF 共混，研究晶型变化。PMMA 是一种非晶态高聚物，对于 PMMA/PVDF 的这种非结晶/结晶共混体系，其相分离温度高于 PVDF 的结晶温度，该共混体系具有很好的相容性。牛小玲等[159]采用溶液法制备了不同含量的聚甲基丙烯酸甲酯/聚偏二氟乙烯（PMMA/PVDF）共混薄膜，利用 FTIR、XRD 和 DSC 对共混薄膜的结晶行为进行了分析。结果表明，共混物中 PMMA 的含量对 PVDF 的 β 相构型有明显影响，PMMA/PVDF＝30/70 共混物中 β 相含量最高，为提高 PVDF 薄膜的铁电性能提供了新的研究方法。

6.3　热固性塑料的共混改性

热固性树脂具有较高的机械强度，良好的电性能，耐热性、耐腐蚀性优良，尺寸稳定性好，尤其因在受热和应力作用下仍表现出优良的物理机械性能而受到人们的重视，是电子电气、机械、化工、交通运输等工业部门不可缺少的重要材料。但是，大多数热固性树脂质地较脆，冲击强度低。因此，对热固性树脂进行增韧改性一直是一个热门话题。

6.3.1　环氧树脂的增韧

环氧树脂（EP）是一种应用十分广泛的热固性树脂，除了具有一般热固性树脂的特性外，还具有优良的黏结性，较低的收缩率，广泛用作电子材料的浇铸、塑封以及涂料、黏结剂、复合材料基体等方面。环氧树脂的增韧改性是热固性树脂中研究得最多、最富有成效的一个品种。对它进行增韧改性主要可通过以下几个途径。

① 用弹性体、热塑性塑料增韧。不论是反应性共混还是机械共混，都是通过形成颗粒第二相对环氧树脂增韧的，这种改性后的体系是两相结构。

② 通过改变环氧树脂交联网络的化学结构，以提高网络链分子的活动能力。即通过制备柔性环氧树脂或带有柔性链段的固化剂，把柔性链段引入环氧固化物的交联网络中。这种增加网络链柔性的增韧方法，其最终固化物一般是均相结构，在提高固化物冲击强度的同时，环氧树脂的耐热性、模量往往有较大的损失。

③ 使弹性体和环氧树脂形成互穿网络结构。这是环氧树脂增韧技术的新发展，具有增韧效果好、耐热性和模量不降低的特点。

④ 通过控制分子交联状态的不均匀性，形成有利于塑性变形的非均匀结构。

以上几种增韧途径中，应用最广、增韧效果最好的还是弹性体和热塑性塑料增韧环氧树脂的方法。

6.3.1.1　反应性丁腈橡胶增韧环氧体系的相分离原理

用具有活性端基的液体橡胶增韧环氧树脂，效果显著，但液体橡胶必须是：①至少带有两个可与环氧树脂反应的活性端基；②在固化反应前，液体橡胶能溶于环氧树脂中，以利于两组分进行反应；③固化反应进行到一定程度能发生相分离，形成两相结构。

下面以端羧基丁腈橡胶（CTBN）增韧环氧树脂为例，讨论形成颗粒第二相的相分离原理及其对性能的影响。

反应性液体橡胶对环氧树脂的增韧以 CTBN/环氧体系研究得最多，增韧效果最好，可使环氧树脂的断裂能提高几十倍，其他活性端基的丁腈橡胶，如端氨基丁腈、端酚基丁腈、端环氧基丁腈、端羟基丁腈等都对环氧树脂有增韧作用。由 CTBN 作增韧剂所得固化物的断裂能最高，其次是端酚基、端环氧基的丁腈橡胶。带硫醇基的 MTBN 活性最高，与环氧树脂的反应最快，以至于橡胶来不及从基体中分离出来，体系就已凝胶化，因而不能形成橡胶颗粒第二相结构。橡胶完全溶于环氧基体中，这种互溶体系增韧效果差，断裂能很小。因此，橡胶在环氧凝胶化前发生相分离，是获得优良增韧效果的前提。

CTBN 增韧环氧（以叔胺作固化剂）的反应历程，是 CTBN 中的羧基先与胺类固化剂反应形成羧酸盐：

$$HOOC \fbox{R'} COOH + R_3N \longrightarrow HNR_3-O-\overset{\overset{O}{\|}}{C}-R'-\overset{\overset{O}{\|}}{C}-O-R_3HN$$

式中，R′为

$$[(CH_2-CH=CH-CH_2)_x\fbox{CH_2-CH}_y\underset{\underset{C\equiv N}{|}}{}]_n$$

羧酸盐生成后很快与环氧基作用，形成带酯基的线型共聚物：

$$HNR_3-O-\overset{\|}{C}-R'-\overset{\|}{C}-O-R_3NH + CH_2-CH-DGEBA-CH-CH_2 \longrightarrow$$

$$CH_2-CH-DGEBA-\underset{OH}{CH}-CH_2-O-\overset{\|}{C}-R'-\overset{\|}{C}-O-CH_2-\underset{OH}{CH}-(DGEBA) + 2NR_3$$

CTBN 改性环氧树脂的增韧效果受很多因素影响，如 CTBN 中的丙烯腈（AN）含量、CTBN 的分子量、固化剂的类型、固化温度等。分子量高增韧效果好，但分子量太高也不行，会使 CTBN 在反应前难溶于环氧树脂，影响聚合反应。CTBN 中丙烯腈含量对断裂能的影响如图 6-2 所示，AN 为 24% 时，环氧固化物韧性最差，AN 为 14% 和 30% 左右增韧效果好。解释这些实验结果，需从共混体系相分离过程的热力学和动力学两方面进行讨论。

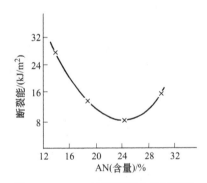

图 6-2　CTBN 的丙烯腈含量对环氧
树脂断裂能的影响

（1）影响相分离过程的热力学因素　CTBN 增韧环氧树脂的体系和一般的共混物具有类似的相态结构，完全可以运用共混体系相分离的原理和判据来讨论。根据相容性热力学理论，共混体系的相容性与两组分的溶度参数（δ）有关，而影响 CTBN δ 值的最主要因素是丙烯腈含量，δ 值随 AN 含量线性增加，如图 6-3 所示。我们知道，要使 CTBN 和环氧树脂在反应前两者互溶，必须满足，$|\delta_R - \delta_E| < \Delta\delta_C$（$\delta_R$ 和 δ_E 分别是 CTBN 和环氧树脂的溶度参数）。$\Delta\delta_C$ 是发生相分离时两组分溶度参数差的临界值，可作为判别共混体系是否相容的判据。它主要和两组分的分子量有关，如式（6-1）所示：

$$\Delta\delta_C = \left(\frac{\rho RT}{2}\right)^{1/2}\left(\frac{1}{M_R^{1/2}} + \frac{1}{M_E^{1/2}}\right) \tag{6-1}$$

式中，ρ 是共混物的平均密度；R 是气体常数；M_R 和 M_E 分别是橡胶和环氧树脂的分子量。在运用式（6-1）讨论 CTBN 增韧环氧树脂这类共混体系时，必须强调指出，两组分混合、固化的过程，同时又是聚合反应的过程，环氧树脂的分子量（M_E）是随着固化过程

的进行逐步增大的，因而 $\Delta\delta_C$ 值在固化过程是逐步减小的。所以这类热固性树脂反应性增韧体系，在固化反应前两组分是相容的均相（$|\delta_R-\delta_E|<\Delta\delta_C$），而当固化反应进行到一定程度，有可能发生相分离（$|\delta_R-\delta_E|>\Delta\delta_C$）。现以 CTBN 增韧环氧 618 树脂的体系为例，对固化过程的 $\Delta\delta_C$ 值进行估算，并进一步讨论发生相分离的具体条件。

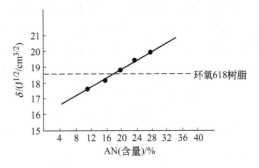

图 6-3　CTBN 中 AN 含量对其 δ_R 值的影响（计算值）

设反应前环氧树脂的分子量（M_E）为 400，CTBN 的 M_R 为 4000。固化过程由于 M_E 增大而使 $\Delta\delta_C$ 减小的情况，按式(6-1)计算结果列于表 6-3。

由表 6-3 中的数值可知，在固化反应前，为使两组分相容，必须满足：

$$|\delta_R-\delta_E|<2.59(\mathrm{J^{1/2}/cm^{3/2}}) \tag{6-2}$$

式(6-2)中的 δ_E 可从资料中查得（环氧 618 树脂的 δ_E 值为 $18.5\mathrm{J^{1/2}/cm^{3/2}}$），将 δ_E 值代入式(6-2)，可得 $\delta_R\leqslant21.1$，与 CTBN 的 δ_R 值相对应的 AN 含量可从图 6-2 得到，即 AN<36％的 CTBN，能保证在固化反应开始前两组分互溶。但要满足固化过程发生相分离的条件，CTBN 中的 AN 含量必须控制在更严格的范围，否则有可能因 $|\delta_R-\delta_E|$ 值太小，直到固化反应结束仍不会发生相分离，形成不了分散相的橡胶颗粒。固化过程的相分离发生在不同的固化阶段，其 $\Delta\delta_C$ 值不同，若要求固化进行到环氧分子量（M_E）为 10^3 时发生相分离，由表 6-3 中的数据，这时必须满足：

$$|\delta_R-\delta_E|>1.87(\mathrm{J^{1/2}/cm^{3/2}}) \tag{6-3}$$

将 δ_E 值代入式(6-3)，δ_R 值有两个解，分别为 $\delta_R>20.4\mathrm{J^{1/2}/cm^{3/2}}$，或 $\delta_R<16.6\mathrm{J^{1/2}/cm^{3/2}}$；若要求固化进行到 $M_E=10^4$ 时发生相分离，必须满足：

$$|\delta_R-\delta_E|>0.75(\mathrm{J^{1/2}/cm^{3/2}}) \tag{6-4}$$

同样可得 δ_R 的两个结果：大于 $19.3\mathrm{J^{1/2}/cm^{3/2}}$ 或小于 $17.7\mathrm{J^{1/2}/cm^{3/2}}$。因此，为使改性环氧的相分离现象在 M_E 增加到 $10^3\sim10^4$ 时发生，CTBN 的 δ_R 值应为 $19.3\sim20.4\mathrm{J^{1/2}/cm^{3/2}}$ 或为 $16.6\sim17.7\mathrm{J^{1/2}/cm^{3/2}}$。由图 (6-3) 可知，这时 CTBN 的 AN 含量为 8％和 30％左右。这一结论与图 6-2 的实验结果相当吻合。如果选用 AN 为 16％～22％的 CTBN，由图 6-2 可得：$|\delta_R-\delta_E|<0.5$ $(\mathrm{J^{1/2}/cm^{3/2}})$；环氧树脂在固化过程的分子量即使增高到 10^6，也无法满足相离的条件（$\Delta\delta_C=0.64$）。实际上，环氧树脂分子量达到这样大，体系早就凝胶化了，也就是说这种情况下橡胶颗粒第二相不可能形成，这就从相分离热力学理论较好地解释了图 6-2 中 CTBN 的 AN 含量在 24％左右断裂能最低的原因，同时也使对应于高断裂能的丙烯腈含量为什么有两个含量范围的问题，得到了比较圆满的解答。

表 6-3　环氧树脂/CTBN 体系反应前后的 $\Delta\delta_C$ 值

反应状态	环氧分子量	CTBN 分子量	$\Delta\delta_C/(\mathrm{J^{1/2}/cm^{3/2}})$
	M_E	M_R	
反应前	400	4000	2.59
固化反应过程	10^3	4000	1.87
	10^4	4000	0.75
	10^6	4000	0.64

CTBN 的分子量对环氧树脂固化物性能的影响也可从上面的讨论中得到解释，由式(6-1) 可知，CTBN 的分子量增大，$\Delta\delta_C$ 值减小，其结果使体系的相分离提前发生，有利于橡胶颗粒的长大，能更好地发挥其吸收冲击能的作用。但是，橡胶分子量不宜过大，否则有可能使 $\Delta\delta_C$ 值过小，导致体系在开始混合时就不相容，使部分 CTBN 以机械共混的状态存在于体系中，这当然不利于增韧作用。

（2）影响相分离过程的动力学因素　上面从热力学方面讨论了相分离过程，它指出了在一定条件下，能否发生相分离的必然性。但是，实际上相分离能否按热力学规律顺利进行，还受动力学因素制约，特别对我们所讨论的体系，相分离过程是在固化反应的过程中进行的，在此期间反应物的分子量和黏度都在不断变化，动力学因素起着十分重要的作用。

众所周知，热固性树脂固化反应进行到一定程度便发生凝胶化，它是线型分子向交联网络结构的临界转变，宏观上伴随着黏度的急剧增大。体系一旦发生凝胶化，大尺寸的分子运动就被冻结，整个体系的结构形态就被固定下来。因此，橡胶增韧环氧这类反应性共混体系，相分离必须先于凝胶化。否则，即使热力学因素决定体系能发生相分离，动力学因素仍可使相分离过程受阻，难以形成橡胶颗粒第二相，达不到很好的增韧效果。

橡胶相颗粒的形成和长大，是通过橡胶分子（链段）的扩散、聚集的结果，需要一定的时间才能完成，从开始相分离（浊点）到发生凝胶化这段时间，是橡胶相颗粒形成、长大的最大时间，称最大相分离时间 (t_{ps})，因此：

$$t_{ps} = t_{gel} - t_{cd} \tag{6-5}$$

式中，t_{gel} 是凝胶化时间；t_{cd} 是刚发生相分离的时间，从式(6-5)可知，t_{gel} 值大，有利于橡胶颗粒的长大；t_{gel} 值小，橡胶相颗粒没有足够的时间生长，颗粒尺寸小，数量少，甚至不发生相分离，增韧效果差。此外，相分离还受橡胶分子的扩散速率影响。当体系的黏度变大，相分离时橡胶分子的扩散时间长，这时扩散系数就成为影响相分离速度和橡胶颗粒尺寸的主要因素。扩散系数 D_{AB} 随着固化过程的黏度增大而变小，扩散时间 t_{dif} 则相应增大，如式 (6-6)、式(6-7) 所示：

$$D_{AB} = kT/6\pi R_B \eta_A \tag{6-6}$$

$$t_{dif} = L^2/2D_{AB} \tag{6-7}$$

式中，R_B 是橡胶分子（链段）的半径；η_A 是环氧基体的黏度；L 是胶粒之间的平均距离。t_{dif} 值大，不利于橡胶粒子生长，当 t_{dif} 增大到大于实际的相分离时间（相分离到凝胶化这段时间），相分离受阻，橡胶粒径不再能增大。因此控制固化过程黏度增长的速度是关系到相分离能否顺利进行的又一个重要因素。

凝胶化时间 (t_{gel}) 和黏度的增长速率都与固化反应的温度有关，固化温度又受体系临界相容温度的制约，它只能控制在一定的范围内，其上限是凝胶点时的临界相容温度 (T_{sg})，下限是两组分未反应时共混物的临界相容温度 (T_{so})（见图 6-4）。若固化温度低于 T_{so}，一开始就不相容；若固化温度高于 T_{sg}，体系已凝胶化，仍不会发生相分离。这两种情况都不符合反应性橡胶对环氧树脂增韧的基本要求。在 T_{so} 和 T_{sg} 之间存在一个最有利相分离的固化温度 (T_c)，高于 T_c，固化反应速率较大，使凝胶化时间按指数规律减小，如式(6-8) 所示：

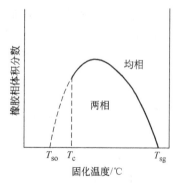

图 6-4　橡胶相体积分数与
固化温度的关系

$$T_{gel} = Ae^{\Delta E/RT} \tag{6-8}$$

式中，ΔE 是固化反应的活化能。同时，高的固化反应速率使体系黏度的增长速率加快，这两方面的影响都不利于相分离过程的进行，不利于橡胶粒子的长大。固化温度太低，体系开始反应时的黏度就较大，尽管这时的 t_{gel} 值很大，但使 t_{dif} 值也增大，而且这时的反应速率慢，使 t_{cd} 相应增大。因而这种低温下的固化条件也不利于橡胶粒子的形成和长大。

影响固化反应速率的另一个因素是固化剂类型。一般认为活性较差的固化剂比活性高的固化剂更有利于相分离。例如以哌啶作固化剂，固化反应速率慢，凝胶化时间长，而对 t_{dif} 无明显影响，有利于相分离和橡胶颗粒的生长，所得胶粒直径一般在 $0.7\sim3\mu m$ 范围内，粒径分布宽，而且胶粒有"包裹"现象，橡胶颗粒中包藏着部分环氧树脂一起分相出来，使橡胶相的体积分数比加入的液体橡胶体积分数大，强化了增韧效果。

总之，在用带端活性基的橡胶增韧环氧树脂的体系，其相分离过程受热力学的相容性和动力学橡胶链段的迁移性这两者竞争效应的影响。体系的形态发展最终受凝胶化作用而终止，被固定下来。为了获得良好的增韧效果，关键在于使体系顺利实现相分离，形成具有一定粒径和一定量体积分数的橡胶颗粒第二相。

上面讨论的有关 CTBN 增韧环氧树脂的原理，对其他液态活性橡胶原则上也是适用的。但不同胶种分子链的柔性程度，反应活性不同，增韧效果有所差别。

6.3.1.2　其他反应性橡胶对环氧树脂的增韧作用

CTBN 增韧环氧树脂的效果已得到公认，然而由于 CTBN 制造工艺较困难，价格昂贵，使其大量应用受到限制，因此开发价廉易得的其他橡胶来增韧环氧树脂仍很有意义。

（1）聚硫橡胶　聚硫橡胶作为环氧树脂的增韧改性剂应用历史较长，广泛用于各种环氧黏结剂、保护性涂料、电气浇灌材料的改性环氧中，聚硫橡胶是硫醇为端基的亚乙基缩甲醛二硫聚合物。化学结构式为：

$$HS-(CH_2-CH_2-O-CH_2-O-CH_2-CH_2-S-S)_n-C_2H_4-O-CH_2-O-C_2H_4SH$$

低分子量液态聚硫橡胶，分子量约 1000，它们和环氧树脂反应具有较快的固化速率，其产物的机械性能较高，而分子量较高的聚硫橡胶和环氧树脂的反应较慢，得到的环氧固化物硬度较低。

在实际应用中，环氧树脂和聚硫橡胶反应，一般与胺类固化剂配合使用，能取得较好的增韧效果。常用的固化剂为 DMP-30 和 DMP-10 等芳香族胺。随聚硫橡胶用量增加，改性环氧固化物的拉伸强度、硬度降低，相对伸长率、冲击强度显著提高。因此，通过改变聚硫橡胶的用量，可使环氧固化物冲击强度大幅度提高，而拉伸强度仍维持在较高的水平上。同时耐低温性、耐化学药品性提高。但用聚硫橡胶改性的环氧树脂耐热性不高，一般不超过 80℃。

（2）液态聚醚类橡胶　用液态聚醚改性环氧树脂，价格低廉，在经济上比 CTBN 具有明显的优势，增韧效果也较好。例如端羧基四氢呋喃聚醚及其共聚物、端羧基氧化丙烯醚等，对环氧树脂都有明显的增韧作用。

（3）硅橡胶　以 CTBN 增韧的环氧树脂，虽增韧效果好，但其电性能降低较大，用作电气绝缘材料不够理想。用端羟基硅橡胶增韧环氧树脂的最大优点是，增韧后的固化产物仍保持着较高的电性能，和端羟基丁腈橡胶相比，在 130℃ 下介电损耗低十倍，体积电阻系数高三个数量级。

以硅橡胶增韧环氧树脂遇到的最大困难是两者的相容性极差，必须采用适当的方法进行增容。例如，用 N,N'-二甲基苯胺作固化剂，由于它能溶解于环氧树脂中，又可对硅橡胶的羟基与环氧基之间的反应起促进作用，有一定的增容效果。也可采用含环氧基的有机硅偶联剂，它兼有环氧基和硅氧烷两类基团，具有较好的增容作用。这种改性环氧固化物的冲击强度、耐热性均比改性前有明显提高，同时吸水率有所降低。

6.3.1.3　环氧树脂增韧改性的新方法

橡胶弹性体增韧环氧树脂，虽然对提高冲击强度成效显著，但固化物的耐热性和模量有所降低，因而不尽如人意。为了弥补弹性体对环氧改性的不足，近年来研究了一些新的改性方法，如用耐热的热塑性工程塑料和环氧树脂共混，使弹性体和环氧树脂形成 IPN 体系；用热致性液晶聚合物对环氧树脂增韧改性等，这些方法的一个共同点，都可使环氧树脂在提高冲击韧性的同时，耐热性、模量不降低，甚至还略有提高。

（1）热塑性树脂增韧方法　采用热塑性树脂改性环氧树脂，其研究始于 20 世纪 80 年代。使用较多的有聚砜醚（PES）、聚砜（PSF）、聚酰亚胺醚（PEI）、聚酮醚（PEK）、聚苯醚（PPO）等热塑性工程塑料，人们发现它们对环氧树脂的改性效果显著。这些热塑性树脂不仅具有较好的韧性，而且模量和耐热性较高，作为增韧剂加入到环氧树脂中同样能形成颗粒分散相，它们的加入使环氧树脂的韧性得到提高，而且不影响环氧固化物的模量和耐热性。

起初用 PES 改性效果不明显，后来实验发现两端带有活性反应基团的 PES 对环氧树脂改性效果显著，如苯酚、羟基封端的 PES 可使韧性提高 100%[160]，另外双氨基封端、双羟基封端的 PES 也是有效的改性剂[161,162]。环氧基封端的 PES 由于环氧基体能促进相间渗透，因而也提高了双酚 A 环氧树脂（DGEBA）的韧性[163]。在 PES 改性的 Ag-80/E-51 中，混合体系中两种固化反应有协同效应[164]，以二氨基二苯砜（DDS）为固化剂，PES 增韧环氧树脂，随固化反应的进行可形成半互穿网络结构，分相后的 PES 颗粒受到外场力作用产生自身变形（冷拉现象）而吸收了大量能量，使体系韧性提高。

用 PSF 改性 DGEBA，DDS 为固化剂，结果显示 PSF 分子量愈大，所占比重愈大，树脂获得的韧性越大[165]。扫描电镜显示，PSF 含量增大时，微相结构从典型的微粒分散态转为连续相，同时韧性增强。Shell 公司开发了用热塑性树脂混合物改性的 EP，改性剂用的是聚砜（Udel P1700）和聚酰亚胺醚（Ultem 1000）的混合物，改性后的 EP 用新型芳香二胺固化后，T_g 很高，吸水率降低，耐湿热性能有很大改善[166]。在研究 PEI 改性环氧树脂中，发现 PEI 对多官能团的环氧树脂的改性效果显著，其韧性提高随 PEI 含量增加呈良好的线性关系。

聚酮醚（PEK）的改性效果也令人满意，几种氨基封端的聚芳基酮醚改性环氧树脂，其韧性提高许多，而几乎不损失模量。

（2）使环氧树脂形成互穿网络聚合物（IPN）　国内外对环氧树脂的互穿网络聚合物体系进行了大量的研究，其中包括：环氧树脂-丙烯酸酯体系、环氧树脂-聚氨酯体系、环氧树脂-酚醛树脂体系和环氧树脂-聚苯硫醚体系等，增韧效果满意。主要表现在环氧树脂增韧后，不但冲击强度提高，而且拉伸强度不降低或略有提高，这是一般增韧技术无法做到的。

于浩等[167]对同步法制造的环氧树脂/聚氨酯（EP/PUR）IPN 进行了研究，发现 EP/PUR 配比（质量比）在 90/10 时，IPN 体系剪切强度、拉伸强度出现极大值，耐冲击强度在质量比 EP/PUR＝95/5 时最高。对不同聚合物组成对 IPN 性能的影响进行了考察，认为双酚 A 型环氧树脂形成的 EP/PUR IPN 性能最佳，其热稳定性比 EP 和 PUR 都高。台湾大学 Hsieh 等人研究了 PUR 与 EP 的接枝互穿网络聚合物，PUR 可进入 EP 的 α 和 β 过渡区，当 PUR 进入 α 区时，接枝 IPN 拉伸强度最大，若过量 PUR 进入 α 区和 β 区时，IPNs 的拉伸强度反而下降。Shah 等人合成了聚（环氧-氨基甲酸乙酯-丙烯酸）IPN 涂层，涂层抗腐蚀性好，拉伸强度和黏结强度很高。而且发现只有环氧量较低的环氧预聚物形成的 IPN 性能较好。

闻荻江等用同步法合成聚丙烯酸正丁酯/环氧树脂（PnBA/EP）IPN，与纯环氧树脂相比，使用不同固化剂，其冲击强度可提高 20%～200%，当加 10%PnBA 时，其弯曲强度和模量都有所提高，而且挠度增加，IPN 试件耐热性能有所下降。固化剂的选择以及 PnBA 量的控制是得到最佳 IPN 性能的影响因素。杨卫疆等人采用优化工艺合成环氧树脂-丙烯酸酯树脂的混合物乳液，IPN 有助于材料的玻璃化转变温度 T_g 和热分解温度 T_d 的提高。

冯青等分别用丙烯酸酯封端的聚硫橡胶（Acry-LP）和环氧封端的聚硫橡胶（EP-LP）与双酚 A 环氧树脂（EP-51）合成互穿网络和共聚网络聚合物，这两种体系都具有低温柔顺性和良好的力学性能。

（3）热致性液晶聚合物增韧环氧树脂　液晶聚合物（LCP）中都含有大量的刚性介晶单元和一定量的柔性间隔段，其结构特点决定了它的优异性能，它比一般聚合物具有更高的物理机械性能和耐热性。它的拉伸强度可达 200MPa 以上，比 PET、PC 高 3 倍，比 PE 高 6 倍，其模量达 20GPa 以上，比 PE 高 20 倍，比 PC、PEK 高 8.5 倍。LCP 还有另一个重要特点，它在加工过程中受到剪切力作用具有形成纤维状结构的特性，因而能产生高度自增强作用。因此，当用热致性液晶聚合物（TLCP）和环氧树脂进行共混改性时，在提高韧性的同时，弯曲模量保持不变，T_g 还略有升高，固化物为两相结构。LCP 以原纤形式分散于环氧基体中，在应力作用下提高了材料的韧性。LCP 和热塑性工程塑料相比，用量仅为其 25%～30%，却可达到同样的增韧效果。

梁伟荣等[168]采用热致性液晶聚合物 KU9221 增韧 E-51，E-51 树脂中加入 2%～4% 的 KU 9221 时，其固化物冲击强度提高 2 倍左右，并可使弹性模量和耐热性提高。Garfagna 等用 2% 的 TLCP 来改性环氧树脂，其断裂韧性提高 20%，并且在一定范围内随着 TLCP 的含量增加，材料韧性急剧增加。姚康德等发现，环氧树脂中含有少量 LCP 如聚（对羟基苯甲酸酯-co-对苯二甲酸乙二酯）作为分散相，可大幅度改善固化物 T_g 附近的伸长率。此时 LCP 在固化物中呈微相分散，类似于分子复合材料的增强效应。

随着研究的进展，热致性液晶高聚物增韧环氧树脂作为一种新的技术，有着广阔的前景和内在潜力。

（4）刚性高分子改性环氧树脂　采用原位聚合技术使初生态刚性高分子均匀分散于刚性树脂基体中，得到准分子水平上的复合增韧是探索改性脆性高聚物得到高强度和高韧性聚合物的一种新途径。张影等[169]研究了原位聚合聚对苯甲酰胺（PNM）对环氧树脂和粒子填充环氧树脂的改性作用，加入 5% 左右的 PNM，环氧树脂拉伸强度从纯环氧树脂的 50.91 MPa 和粒子填充（30phr）环氧树脂的 69.21MPa，分别提高到 94.25MPa 和 91.85MPa；断裂韧性从纯环氧树脂的 0.83MPa·m$^{1/2}$ 和粒子填充环氧树脂的 0.72MPa·m$^{1/2}$，分别提高到 1.86MPa·m$^{1/2}$ 和 1.98MPa·m$^{1/2}$，而其他性能也有不同程度的改善。关于液晶聚合物原位聚合改性环氧树脂的研究也有报道。

原位增韧是通过两阶段反应，使在交联后形成分子量呈双峰分布的热固性树脂交联网络，这种方法制得树脂韧性可以是常规树脂韧性的 2～10 倍。其增韧机理可能是由于形成的固化物交联网的不均一性，从而形成了微观上的非均匀连续结构来实现的。这种结构从力学上讲有利于材料产生塑性变形，所以具有较好的韧性。

（5）核壳结构聚合物增韧环氧树脂　核壳结构聚合物（core-shell latex polymer, CSLP）是指由两种或两种以上单体通过乳液聚合而获得一类聚合物复合粒子。粒子的内部和外部分别富集不同成分，显示出特殊的双层或者多层结构，核与壳分别具有不同功能，通过控制粒子尺寸及改变CSLP组成，改性环氧树脂，可以获得显著增韧效果。与传统橡胶增韧方法相比，不容性的CSLP与环氧树脂共混，在取得好的效果同时，T_g基本保持不变，而利用相容性的CSLP则可获得更好的结果[170]。用核壳聚合物改性环氧树脂黏合剂能减少内应力，提高黏结强度和冲击性。张明耀等研究PnBA/PMMA核壳结构增韧剂对环氧树脂的力学性能的影响，冲击实验结果表明，加入30份增韧剂后，环氧树脂的冲击强度有显著提高，断裂方式由脆性断裂转为韧性断裂。对于酸酐固化体系，冲击强度提高约32倍，超过ABS等工程塑料。中村吉仲等对比了就地聚合PBA-P（BA-IG）0.2～1μm的橡胶粒子分散体以及用晶种乳液聚合制成的PBA/PMMA、P（BA-IG）/P（MMA-IG）橡胶粒子分散体分别在环氧树脂体系中的内应力减低效果。发现前者固化产物T_g下降了，而后者T_g完全没有影响。SEM观察，前者形成了IPN结构，而后者仅仅是粒子界面附近形成IPN，同时后者制成的黏合剂的性能有了明显的提高。就地聚合获得的第一代丙烯酸橡胶粒子其核壳结构基本上是均一的，它们作为结构胶，剥离强度、冲击性能还不很好。晶种核壳聚丙烯酸橡胶粒子是第二代产品，其薄壳部分具有絮凝性，核部分担负着增强韧性作用。研究中发现，后者环氧树脂固化后核部分的丙烯酸橡胶粒子呈微分散型，因此冲击性、剥离强度较高。

6.3.1.4　环氧树脂的增韧机理

用橡胶弹性体、热塑性塑料增韧环氧树脂，其增韧效果和颗粒第二相的形成关系极大，这一点已得到共识。这种分散于环氧基体中的颗粒，通过何种机制吸收能量，一直是人们研究、探讨的热点。对弹性体颗粒第二相增韧热固性树脂，有橡胶颗粒拉伸撕裂吸收能量的机理、弹性体颗粒诱发基体银纹化和产生剪切屈服的机理，以及孔洞化剪切屈服的机理。实际上，这类热固性树脂的增韧机理确实很难用单一的增韧机制来说明、解释，它比热塑性塑料的增韧更复杂，影响的因素更多。大量实验结果证实，随着树脂基体结构、颗粒相结构、相界面状况等的变动，增韧效果随之变化。增韧作用不仅来自于弹性体颗粒，也与基体树脂的结构、性质密切相关。

（1）弹性体增韧机理

① 弹性体颗粒诱发基体塑性形变吸收能量机理　在弹性体增韧学说中占主导地位的观点认为，环氧树脂的增韧作用主要是由于弹性体颗粒诱发基体产生塑性形变的结果。而对塑性形变的形成机理又有不同的观点。早期的学者沿袭了橡胶增韧热塑性树脂的理论，认为在环氧基体中的橡胶颗粒同时引发银纹和剪切带，从而达到耗能的效果。但以后许多学者的研究工作，并未发现热固性树脂增韧体系中存在纤维状银纹结构，并且证实了所谓银纹实际上是拉长了的微空洞。现在普遍认为在高交联密度的热固性树脂中不易产生银纹。

微孔洞和剪切屈服理论认为，由于裂纹前端的应力场与弹性体颗粒固化残余应力的叠加作用，使得颗粒内部或颗粒与基体的界面产生孔洞，造成宏观上的体积增大。此外，由于橡胶颗粒在赤道平面上的高度应力集中，可诱发相邻颗粒间的基体产生局部剪切屈服，并且这种屈服过程还可导致裂纹尖端的钝化，从而延缓、阻止了材料向断裂方向发展。在孔洞和剪切屈服的形成、发展过程中大量吸收能量，从而达到了增韧效果。

微孔洞和剪切屈服增韧机理目前被认为是环氧树脂增韧的主要机理，它不仅指出了橡胶相在增韧过程中的关键作用，同时也将基体对韧性的贡献作了充分肯定，承认最终的耗能过程是通过基体的塑性形变来实现的，基体的韧性大小对增韧效果有明显影响。实验结果证实，基体的网络链长度（M_c）较大，网络链柔性较好，有利于塑性形变，从而能消耗更多的能量，增韧效果大。同样的 CTBN，不同的环氧树脂和固化剂，其增韧效果不同，这充分说明了基体的结构、特性对增韧作用的贡献。

② 橡胶颗粒拉长撕裂吸收能量机理　持这一观点的人认为，橡胶颗粒对增韧的贡献主要来源于裂纹扩张时橡胶颗粒被拉长、撕裂而吸收能量，并提出了吸收能量与橡胶颗粒的体积分数、撕裂伸长比、撕裂能以及环氧树脂基体的断裂能、模量等有关的定量关系式，以此来论证改性环氧的韧性与拉断橡胶粒子所需的能量直接有关。实际上按其定量关系式计算所得的耗能值仅为实测值的三分之一，说明这一理论很不完善。主要缺点在于它完全忽视了基体在形变过程的能量吸收，也不能解释应力发白等韧性断裂行为。对于像环氧树脂这类基体塑性变形能力很小的热固性树脂体系，橡胶粒子拉长、撕裂对固化物的增韧无疑有一定的贡献，但它不是主要的，更不是唯一的能量吸收机理。

（2）热塑性树脂增韧机理　热塑性树脂增韧环氧树脂的机理和橡胶增韧环氧树脂的机理没有实质性差别，一般仍可用孔洞剪切屈服理论或颗粒撕裂吸收能量理论。但是从实验结果看，热塑性树脂增韧环氧树脂时，基体对增韧效果影响较小，而分散相热塑性树脂颗粒对增韧的贡献起着主导作用。孙以实等提出下述桥联约束效应和裂纹钉锚效应。

① 桥联约束效应　与弹性体不同，热塑性树脂常具有与环氧基体相当的弹性模量和远大于基体的断裂伸长率，这使得桥联在已开裂脆性环氧基体表面的延性热塑性颗粒对裂纹扩展起约束闭合作用。

② 裂纹钉锚效应　颗粒桥联不仅对裂纹前缘的整体推进起约束限制作用，分布的桥联力还对桥联点处的裂纹起钉锚作用，从而使裂纹前缘呈波浪形的弓出状。

（3）IPN 增韧机理　IPN 是由两种或两种以上交联网状聚合物相互贯穿，缠结形成的聚合物混合物，其特点是一种材料无规则地贯穿到另一种材料中去，起着"强迫包容"和"协同效应"的作用。

影响 IPN 性能的主要因素有网络的互穿程度、组分比、交联程度，全互穿 IPN 明显高于半互穿 IPN 的性能。IPN 的橡胶相组分过大，拉伸强度、抗剪切强度、抗弯曲强度都急剧降低，增韧效果也差。适当的交联都可获得最佳力学性能，不但韧性大幅度提高，而且拉伸强度也有所提高。但交联含量过高，对提高固化物韧性不利，因为网络链太短，不利于外力作用下的应变，吸收冲击能减小。

（4）热致性液晶聚合物增韧机理　TLCP 增韧环氧树脂的机理主要是裂纹钉锚作用机制。TLCP 作为第二相（刚性与基体接近），本身又有一定的韧性和较高的断裂伸长率，第二相体积分数适当，就可以发生裂纹钉锚增韧作用，即 TLCP 颗粒对裂纹扩展具有约束闭合作用，它横架在断裂面上，从而阻止裂纹进一步扩展，像一座桥将裂纹的两边连接起来，同时，桥联力还使两者连接处的裂纹起钉锚作用。少量 TLCP 原纤存在可以阻止裂缝，提高脆性基体的韧性，而不降低材料的耐热性和刚度。

6.3.2　其他热固性树脂的共混改性

6.3.2.1　不饱和聚酯树脂的共混改性

不饱和聚酯（UP）一般是由不饱和二元酸、饱和二元酸和二元醇缩聚而成的线型聚合物。工艺性能好，可在室温下固化，常压下成型。其固化产物的强度高、坚硬耐磨、抗蠕变性优良。不足之处是成型收缩率大，冲击韧性较低。

近年来，开展了用液态活性橡胶增韧不饱和聚酯树脂的改性研究，经增韧改性的不饱和聚酯树脂断裂能可提高 4～5 倍。增韧改性的基本原理与环氧树脂相同。

（1）CTBN 对不饱和聚酯的增韧　CTBN 改性不饱和聚酯的增韧效果不及环氧树脂，它在不饱和聚酯树脂中的粒径太大，达 $100\mu m$ 左右。这是由于 CTBN 和聚酯在反应前的相容性不好，固化物中的橡胶相颗粒并不完全是聚合过程发生相分离析出的，一部分是由于相容性差在反应前就存在，导致橡胶相尺寸不可能很小。

CTBN 和不饱和聚酯树脂之间也发生化学反应，但反应机理与环氧树脂不同。红外光谱的研究结果证实，反应过程体系的—COOH、—CO—、—OH 官能团的谱带强度无明显变化，因而它们之间不是官能团间的缩聚反应。而是在引发剂作用下，聚酯中的不饱和双键和 CTBN、苯乙烯中的双键三者间的自由基共聚反应。

（2）其他反应性液体橡胶的增韧　末端为乙烯基的 VTBN，其双键的反应活性比 CTBN 更强，有利于共聚反应的进行，因而该体系的橡胶相颗粒分散较好。当加入 5% VTBN 时，观察到的粒径为 $1～10\mu m$；当加入 10% 时，粒径为 $1～6\mu m$。UP 经 VTBN 增韧改性后，表面能可提高近 4 倍，同时成型过程的收缩率有明显降低。

用聚氨酯（PU）改性不饱和聚酯，能使 UP 的韧性、耐腐蚀性、耐热性以及黏结性都得到提高。近年美国开发的 PU/UP 合金引起了人们很大的兴趣，它是一种双组分液态聚合物，A 组分以甲苯二异氰酸酯为主，B 组分以低分子量不饱和聚酯为主。A 和 B 在使用时进行混合，即可产生分子量很高的线型聚合物，这种热固性塑料合金把不饱和聚酯和聚氨酯弹性体的特性结合于一体，具有优良的韧性和耐水性，很高的模量和强度，电性能和不饱和聚酯相当。

用 PU 弹性体增韧改性的不饱和聚酯主要用于复合增强材料，如汽车和电气零件、卫生和运输设备、户外设备、建筑材料以及娱乐用品等。

此外，端氨基液体丁腈橡胶、端羟基液体丁腈橡胶、端羟基液体聚醚橡胶、端羧基 SBS 热塑性弹性体等都对不饱和聚酯有增韧效果。

（3）橡胶增韧 SMC 和 BMC 体系　不饱和聚酯的主要用途是制取玻纤增强复合材料，其基体韧性的提高对改善玻纤增强材料的抗裂纹破坏能力有重要作用。近年来，已出现不少液体橡胶增韧的不饱和聚酯树脂，它们应用于片状模塑料（SMC）和预制整体模塑料（BMC），大大提高了 SMC 和 BMC 的冲击强度。例如，以端乙烯基液体丁腈橡胶增韧的聚酯应用于 BMC 中，用量为 5% 时，冲击强度提高了 2 倍；用量为 10% 时，可提高 4 倍。应用于 SMC，其缺口冲击强度提高更显著，而对其他力学性能影响不大。原则上，凡能对不饱和聚酯树脂有增韧效果的液体橡胶，都可应用于玻纤增强的 SMC 等复合材料体系。

用热塑性塑料对不饱和聚酯进行共混改性，主要目的是为降低收缩率。一般不饱和聚酯固化后，体积收缩率达 7%～8%，直接影响产品的外观和质量，在聚酯中加入聚乙烯、聚氯乙烯、改性聚苯乙烯、聚甲基丙烯酸酯等，收缩率可降低至 0.5% 以下。不过这种方法生产的低收缩聚酯只适用于热固化成型的工艺。

6.3.2.2　酚醛树脂的共混改性

酚醛树脂（PF）是最早实现工业化生产的塑料品种。由于原料易得、价格便宜、工艺简单，并具有优异的耐热、难燃、电气绝缘和尺寸稳定性，广泛用于电气电子、电信仪表、汽车、交通、纺织等领域。但酚醛树脂也存在多数热固性树脂的共同缺点，质地硬而脆。通过共混、增强、成型加工技术等途径，可使 PF 的缺点得到有效克服。

用橡胶弹性体或反应性液体橡胶可对酚醛树脂进行增韧。例如，1980 年美国通用电器公司研制了一种注射成型的耐冲击酚醛模塑料（MX528P），它是用线型酚醛树脂和热塑性弹性体共混，并以玻纤增强的改性产物，其冲击韧性和耐热性都有明显提高。这种新品种酚醛塑料应用于计算机和汽车工业中，能与玻纤增强的工程塑料和其他热固性塑料竞争。

CTBN 对酚醛树脂的增韧是先将 CTBN 和双酚 A 型环氧树脂在 180℃反应制得共聚物，然后将其加入线型酚醛中，在三乙胺存在下反应，即得抗冲型改性酚醛树脂。用改性树脂和木粉等混合、热炼，即得冲击酚醛模塑料。若这种酚醛树脂中再增加聚乙烯醇纤维，可进一步提高酚醛模塑料的冲击韧性。

酚醛树脂与聚四氟乙烯粉末的共混物在高负荷下具有良好耐磨性，可用作制造轴承和密封环，聚氯乙烯、尼龙与酚醛树脂共混，也有一定的增韧作用。

6.4　热塑性弹性体

6.4.1　概述

热塑性弹性体（thermoplastic elastomers，TPE）是高分子合金的重要组成部分，它是一种兼具橡胶和热塑性塑料特性的材料，在室温下显示橡胶特性，在高温下又能塑化成型。它是继天然橡胶、合成橡胶之后的所谓第三代橡胶，已有约 50 年的历史。20 世纪 50 年代出现了热塑性聚氨酯，20 世纪 60 年代又出现了苯乙烯嵌段共聚物，20 世纪 70 年代后又有许多热塑性弹性体相继问世。

TPE 用途非常广泛，包括：胶鞋、黏合剂、汽车零部件、电线电缆、胶管、涂料、挤出制品、掺入剂等；涉及的范围包括汽车、电气、电子、建筑及工艺与日常生活等各领域。2001 年全球 TPE 的消费量为 158 万吨，据美国 Freedonia 咨询公司 2011 年的研究报告称，全球热塑性弹性体（TPE）需求预计将以 6.3%的年均增速继续增长，到 2015 年将增至 560 万吨。2005～2010 年间，因为汽车生产需求推动热塑性弹性体需求快速增长，未来几年随着新经济发展地区汽车等产业的发展将继续带动全球热塑性弹性体需求增长，特别是使用热塑性弹性体可以减轻汽车质量，进而促进该类材料的需求增加。其中亚太地区将继续成为热塑性弹性体消费规模最大地区，并引领该产品需求快速增长，到 2015 年，亚太需求将占到全球需求的近一半市场。中国已成为世界上热塑性弹性体的最大消费国，未来几年还将继续强劲增长。另外，印度也将以近两位数的增速继续增长，而在北美和西欧的需求将继续改善，一改经济衰退困扰。

6.4.1.1　热塑性弹性体的特点

热塑性弹性体是指在常温下显示橡胶弹性，而在高温下能塑化成型的一类聚合物，加工方法和一般热塑性塑料相同。TPE 的主要性能接近橡胶，具有很大的形变能力，相对伸长率在 300%～1000%，具有良好的回弹性和拉伸强度，但永久变形略高于一般硫化橡胶，硬度可在很大的范围内进行调节，制品的尺寸精度优于普通硫化橡胶。

热塑性弹性体大多都是两相结构，可以是共聚物也可以是共混物。但不论是哪一种，其组成总包括橡胶相和塑料相两部分，橡胶相主要为材料提供弹性，塑料相主要起增强作用。橡胶相可以处于连续相，也可以处于分散相，这两种情况都能赋予材料优良的高弹性。但是当橡胶分子（链段）处于连续相时，必须是线型（或支化、星型）结构，不需化学交联，否则就不会有高温下的流动性；当橡胶分子处于分散相时，适当的化学交联又成了赋予材料高弹性的关键因素。这两种不同类型的热塑性弹性体，制造技术和相态结构完全不同，但基本特性是相同的。

6.4.1.2　热塑性弹性体的分类

热塑性弹性体的种类很多，目前已工业化的主要是嵌段共聚物和机械共混物两大类型，前者的代表性品种有 SBS、热塑性聚氨酯等，后者的代表性品种有 EPDM/PP 热塑性硫化胶等。从热塑性弹性体形成网络的交联键性质来分，又可将它们分成物理交联型、离子键交联型、共价键交联型三类。

（1）物理交联型　嵌段共聚物 TPE 的交联网络多数是物理交联型，当其硬段是非结晶性（如 PS）时，常温下的硬段依靠次价力聚集在一起，形成玻璃态微区（分散相），对橡胶链段起物理交联作用，从而约束了橡胶链段（连续相）受外力作用时的相对滑移，如图 6-5所示。同时，玻璃态的塑料相分散于橡胶基体中还具有增强作用，使之具有优良高弹性的同时，还有着较高的机械强度。当 TPE 受热温度升高至硬段（塑料相）的流动温度以上时，玻璃态微区消失，共聚物表现出良好的流动性，因而可像热塑性塑料一样进行挤出、注射、吹塑成型。

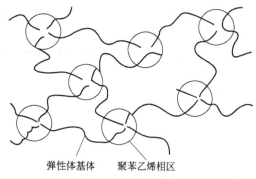

弹性体基体　　聚苯乙烯相区

图 6-5　SBS 热塑性弹性体的两相结构示意图

TPE 中的硬段如果是结晶性的（如聚酯 TPE 中的芳族聚酯），常温下这些硬段聚集在一起则形成结晶性微区，也起物理交联和增强作用。当其温度高于硬段的熔点时，微区不复存在，像 SBS 一样具有热塑流动性。并且由于结晶性微区的晶格能较高，这种类型的 TPE 通常具有较高的耐热性和机械强度。热塑性聚氨酯的硬段就是结晶的，硬段之间还存在氢键或轻度的化学交联键。然而，不管是形成氢键微区还是轻度化学键微区，在高温下都会自行解离，因而同样具有热塑流动性。

（2）离子键交联型　含离子基团的热塑性弹性体，它通常是由 α-烯烃和 α-烯类、β-烯类的不饱和羧酸共聚物，与金属离子或铵阳离子给予体形成的离子型聚合物（离聚体）。常温下，有些离聚体（如三元乙丙磺酸盐离子交联体）呈连续相，有些离聚体（如丙烯酸酯-磺化苯乙烯、丙烯酸酯-丙烯酸盐离子交联聚合体等）发生相分离。后者分散相微区由离子簇组成，在高温下离子键（连续相）和离子簇都将解离，使聚合物具有热塑流动性，冷却至室温，这些含离子基团的链段又聚集形成离子簇微区。这类离子键交联型 TPE，由于离子基团间的作用导致熔融黏度很高，流动性较差，加入增塑剂有助于改善加工流动性。其强度随离子基团增多而提高，伸长率则降低。

（3）共价键交联型　用动态硫化技术制成的热塑性硫化胶（thermoplastic vulcanizate，TPV）是一种共混型热塑性弹性体。这种 TPV 不同于普通硫化橡胶，橡胶组分处于分散相，尽管橡胶是交联的，但粒径很小（1μm 左右），TPV 仍具有热塑流动性。这种由共价键形成的交联结构是热不可逆的，高温下不会解离。

另一类化学交联型热塑性弹性体与 TPV 的交联键特性不同，是热可逆性共价交联键。

弹性体在较低温度下发生化学交联反应，而在较高温度下交联键又自行解离，使其具有热塑流动性，一种特定组成的热塑性聚氨酯就存在这种热可逆性共价键。

6.4.2 共聚型热塑性弹性体

6.4.2.1 苯乙烯类热塑性弹性体

这类热塑性弹性体主要指以苯乙烯和丁二烯或异戊二烯为原料，通过阴离子聚合而得的嵌段共聚物，包括三嵌段 ABA 型（SBS、SIS）、星型 $[(AB)_n R、(ABA)_n R]$、嵌段 ABC 型（聚苯乙烯-聚丁二烯-聚乙烯吡啶）等。因其生产过程中均使用烷基锂作引发剂，故又称锂系聚合物。锂系聚合物主要是以苯乙烯、丁二烯或异戊二烯为单体，以烷基锂为引发剂，采用阴离子溶液聚合合成的热塑性弹性体。引发剂通常为单锂化合物，也可以是双锂或多锂化合物。使用的溶剂主要是饱和烷烃及环烷烃，可以是单一组分，也可以是混合溶剂。同时，还视需要加入适量的极性调节剂以调节产品的分子结构。嵌段共聚物的制备中，常使用偶联剂，以合成星型或线型嵌段共聚物。使用的偶联剂通常是单一组分，也可以是混合偶联剂。

SBS 是 ABA 型热塑性弹性体中最重要的品种，预计到 2013 年全球苯乙烯类嵌段共聚物市场需求将达到 200 万吨，接近所有 TPE 需求的一半。在常温下，这种弹性体的物理机械性能接近硫化橡胶制品，拉伸强度可达 30MPa，断裂伸长率比天然橡胶还高，硬度可在较大范围内调整。SBS 的最大缺点是耐热性及耐候性较差，这是由其化学结构决定的，两端的 PS 塑料段分子量一般控制在 $1 \times 10^4 \sim 2 \times 10^4$，其玻璃化转变温度仅 80℃左右，限制了它的使用温度。用 α-甲基苯乙烯取代苯乙烯硬段，其 T_g 可提高 20℃左右。共聚物中不饱和双键的存在是耐候性差的根源，将 SBS 进行加氢反应得到饱和的 SEBS 产物，耐热性和耐候性均可得到明显改善。然而经加氢后的聚 1,4-丁二烯嵌段成了直链聚乙烯（易结晶），高弹性便丧失了。为此，橡胶段必须含有 30% 左右 1,2-加成的丁二烯。

SBS 优良的机械性能不仅与其化学组成和两相结构有关，在很大程度上还取决于网络结构的形成。具有相同化学组成的三嵌段共聚物 BSB 拉伸强度仅为 SBS 的 2%，而且回弹性很差。这是由于所有 PB 嵌段都只有一端固定于玻璃态微区，不能形成交联网络结构。虽然形成了玻璃态微区，但它不具有物理交联的功能，所以对材料的高弹性和强度无大的贡献。同样的原因，二嵌段共聚物 SB 的机械性能、回弹性也很差，没有实用价值。

如果用多官能团（$n > 2$）引发剂分步引发两种合适的单体，那么就能制得星型嵌段共聚物。星型嵌段共聚物的聚集态结构基本与线型结构类似，但其物理交联区的密度较大，相的排列也较规整，在同样的条件下，其弹性模量和耐热性较线型的高。在分子量和丁/苯含量相同的情况下，其熔体的流动性较线型的好。在温度升高时，其拉伸强度的下降趋势较线型的小，表 6-4 列出了国产 SBS 主要性能指标。

表 6-4 线型和星型 SBS 性能的比较

项　　目	YH791 线型	YH792 线型	YH801 星型	YH802 星型	YH795 线型	YH805 星型
S/B(质量比)	30/70	40/60	30/70	40/60	48/52	40/60
充油率/%	—	—	—	—	33	33
拉伸强度/MPa	18.6	22.6	15.7	21.6	11.8	13.7
300%定伸强度/MPa	1.96	2.94	1.96	2.94	1.37	1.18
断裂伸长率/%	700	500	600	550	950	900
永久形变率/%	40	65	45	65	70	55

续表

项 目	YH791 线型	YH792 线型	YH801 星型	YH802 星型	YH795 线型	YH805 星型
硬度(邵尔 A)	60	85	65	80	60	55
对应国外牌号	Kraton 1101	Tnfprene A	Kraton 1102	Solprene 411	Kraton 4122	Solprene 475
主要用途	黏合剂	塑料改性 黏合剂等	沥青改性	鞋类、沥青 改性	鞋类、 塑料改性	鞋类、工业橡胶、 黏合剂、油漆等

为了改善 SBS 的某些性能并降低成本，在 SBS 中常加入各种配合剂，如软化剂、填料、塑料改性剂、抗氧剂等。SBS 中加入分子量低的 PS、PE、EVA 等热塑性树脂，可提高其硬度、模量和抗撕裂性，并改善 SBS 的加工流动性。加入填料（可高达 150%）对降低成本效果显著，而且对某些性能的影响不大；加入软化剂脂肪烃油，可对 SBS 中的聚丁二烯嵌段起增塑、软化作用，使 SBS 的硬度大幅度降低，流动性、回弹性有所增加，但使拉伸强度降低。酯类增塑剂不可用于 SBS，因为它与 PS 嵌段相容导致微区破坏。

SBS 的低温性能优良，在 -40℃ 时还能保持较高的弹性，用它制作的鞋底在冬季不裂，且抗滑性、透气性好，耐磨、抗挠曲性能优良，着色容易，色彩鲜艳，也可制成透明的牛筋底。SBS 还可制成高透明、高光泽、耐磨、耐低温的透明光亮油，广泛用于汽车、制鞋和涂料工业等方面。少量 SBS 加入沥青中，可大大改善沥青的低温柔韧性和高温下的强度及抗流动性。热塑性塑料如聚丙烯（PP）经常被用于改性 SEBS 弹性体。一方面，用热塑性塑料改性 SEBS 可以降低其熔融黏度，使 SEBS 易于加工；另一方面，热塑性塑料可有效地改善 SEBS 弹性体体系的力学性能；此外，热塑性塑料价格低廉，可降低 SEBS 弹性体材料的成本。

SBS 和 SIS 的最大问题是不耐热，使用温度一般不超过 80℃。同时，其强伸性、耐候性、耐油性、耐磨性能等也都无法同橡胶相比。其改性后的氢化 SBS（SEBS）和氢化 SIS 在实际应用中的性能远高于普通的线型和星型 SBS，使用温度可达 130℃，尤其是具有优异的耐臭氧、耐氧化、耐紫外线和耐天候性能，在非动态用途方面可与乙丙橡胶媲美。

巴陵石化作为我国最大的苯乙烯热塑性弹性体的生产基地，通过对 SBS、SEBS 极化改性，对 SBS 选择性加氢等技术，以达到提高产品性能、降低成本的目的。关于 SEBS 的研究主要集中在两个方面：一是 SEBS 自身作为相容剂和增韧剂；二是 SEBS 作为基体参与材料的共混。为增加 SEBS 与聚合物的相容性，减小界面张力，通常采用溶液接枝改性和共混改性的方法。最常见的 SEBS 改性方法是将其与马来酸酐接枝，作为尼龙（PA）、聚碳酸酯（PC）等工程塑料类合金的增容剂[171]。

据报道，美国 Alliance 聚合物公司近来推出的 Polyman Maxelast C-Series 透明级热塑性弹性体被认为是当今最完美的柔软、透明类苯乙烯系热塑性弹性体的产品之一，适用范围覆盖了从柔软的胶鞋鞋垫至健身器材，以及硬质品级材料制作的儿童玩具等领域，也可用于多种日常生活和个人用品方面。该产品是目前所知邵尔 A 硬度范围最宽（0～99）的热塑性弹性体，是一种无毒、无味且不含邻苯二甲酸酯的环境友好型产品，被认为是硅橡胶和 PVC 理想的替代品。

近年来，随着人们对生态环境的关注，低烟、环保的阻燃聚苯乙烯类弹性体的研究和开发在国内外学者的努力下得到了很大的发展，无卤阻燃塑性弹性体电缆料正逐渐代替常规的 PVC 电缆料。无卤阻燃苯乙烯类热塑性弹性体可用于制造电线、电缆、电气元件、仪表和办公设备的配件，以及其他需有阻燃性能的用品。目前所应用的阻燃剂主要是氢氧化铝、氢氧化镁和一些磷氮类的复合型阻燃剂，要达到较高的氧指数就必须添加大量的阻燃剂，复合无卤阻燃剂可提高体系的阻燃性能，在获得一定的阻燃效果时，体系的拉伸性能仍能满足使用要求。聚苯乙烯类弹性体本身具有较高的填充性能，在添加大量的阻燃剂的情况下，仍然具有较高的拉伸强度和伸长率、较好的物理机械性能和阻燃性能，可以作为一些要求高阻燃性能的电线电缆材料。谷慧敏等[172]采用熔融插层法制备了热塑性弹性体 SEBS/蒙脱土复合材料，用锥形量热仪测试复合材料的热释放速率、质量损失等燃烧参数，评价了材料的阻燃性能。无卤阻燃苯乙烯类热塑性弹性体具有广泛地开发和应用潜力，但目前品种相对来说还较少，我国在 TPE 阻燃方面与发达国家的差距很明显，对阻燃机理等基础性课题的探索是研究的根本，在此基础上，也应该重视探求新的阻燃体系，开发新的阻燃技术，使其更符合环境友好的要求。

6.4.2.2　聚氨酯热塑性弹性体

聚氨酯类热塑性弹性体（TPU）一般是由平均分子量为 600～4000 的长链多元醇（聚醚或聚酯）和分子量为 61～400 的扩链剂及多异氰酸酯加成聚合的线型高分子材料。TPU大分子主链中长链多元醇（聚醚或聚酯）构成软段，主要控制其低温性能、耐溶剂性和耐候性，而扩链剂及多异氰酸酯构成硬段。由于硬、软段的配比可以在很大范围内调整，因此所得到的热塑性聚氨酯既可以是柔软的弹性体，又可以是脆性的高模量塑料，也可制成泡沫塑料、橡胶弹性体、纤维、涂料以及黏合剂。聚氨酯热塑性弹性体（TPU）是聚氨酯橡胶中的一种类型，它和混炼型、浇铸型聚氨酯橡胶的主要区别在于，后两类形成交联结构，是热固性的，而前者是线型或轻度交联的，可用热塑性成型方法进行加工。

聚氨酯的种类繁多，化学结构很复杂，但无论哪种类型的聚氨酯，都是由聚酯或聚醚等多元醇的柔性链段、与二异氰酸酯和低分子扩链剂等构成的刚性链段组成的嵌段共聚物。

生产 TPU 常采用预聚物工艺路线，先合成聚醚型或聚酯型中间体（分子量为 800～2500）。然后，再与二异氰酸反应，制得以异氰酸酯为端基的预聚物与过量未反应的二异氰酸酯的混合物，这种混合物再进一步和扩链剂、低分子量二元醇或二胺反应，就可得高度极性的聚氨酯或聚脲链段（硬段）与聚合物 O—A—O（软段）交替组成的嵌段共聚物，其反应过程如下：

① (n-1)HO—R₂—OH + 混合物 $\longrightarrow$ ⊢O—A—O—C—NH—R₁—NH—C—(O—R₂—O—C—NH—R₁—NH—C)ₙ₋₁⊣
（二元醇）
├——软段——┤├——————硬段——————┤
（聚醚或聚酯）　（聚氨酯）

② (n-1)H₂N—R₃—H₂N + 混合物 $\longrightarrow$ ⊢O—A—O—C—NH—R₁—NH—C(HN—R₃—HN—C—NH—R₁—NH—C)ₙ₋₁⊣
├——软段——┤├——————硬段（聚脲）——————┤

随着二异氰酸酯的过量程度变化，所得产品具有不同的物理性能。二异氰酸酯用量越多，所得弹性体的硬度越高。因为二异氰酸酯与链延伸剂反应，决定了所得聚氨酯的长度。在聚氨酯的反应过程中，如果严格控制两端含羟基的化合物与二异氰酸酯等量配比，则可得到高分子量的线型聚氨酯弹性体。但如果二异氰酸酯过量，主链上的氨基甲酸酯（或脲）和二异氰酸酯可进一步反应形成脲基甲酸酯交联结构，这些少量的交联键在高温下会解离成线型结构。因此，这种轻度交联的 PU 仍具有热可逆性。此外，组分中含有三羟基聚酯（或聚醚）及低分子量的三元醇都可导致形成交联结构。

热塑性聚氨酯的化学结构受原料种类、配比的变化而变化，它们的性能也随之有很大差异。例如线型结构聚氨酯 Estane 系列和轻度交联的 Texin 系列相比，后者的压缩永久变形大大优于前者。显然，这是由于少量共价键的存在抑制了 TPU 塑性形变的结果。此外，软段和硬段的组成、结构对性能也有很大的影响。例如，高分子量的柔性链段虽然具有较高的拉伸强度、断裂伸长率，但是会使冷硬化的倾向增加，这是由于柔性链段在停放期间产生缓慢结晶所致；聚醚作柔性链段，其弹性体的强度较聚酯低，但具有较好的耐水性，因为醚键比酯基的水解稳定性好。选择二胺作扩链剂，使主链中引入脲基，可弥补聚醚结晶性变差导致强度下降的缺点。

尽管由于软段、硬度的化学结构不同造成各种不同的聚氨酯弹性体性能有不少差别，但是，作为这一类 TPU，也有它性能上的共同特点：耐磨性优异，具有较好的弹性，相比于其他类型的 TPE，PU 硬度较高，具有良好的机械强度、耐油性、黏结性，低温性能也很优良。缺点是：耐热性较差（一般允许使用温度低于 80℃），热老化性能差，压缩永久形变较大。

TPU 具有极好的耐磨性、耐油性和耐寒性，对氧、臭氧和辐射等都有足够的抵抗能力，同时作为弹性体具有很高的拉伸强度和断裂伸长率，还兼具压缩永久变形小，承载能力大等优良性能。近年 TPU 已在国民经济的许多领域，如制鞋行业、医疗卫生、服装面料和国防用品等行业得到了广泛的应用，在运输工业上可作为传送带、运输带等；利用其耐油性特点，可用于制作印刷胶辊、油封、擦油圈、阀座等。还可作自润滑性材料及电气工业的绝缘材料，在汽车工业上也用作制造小型零件。但其缺点是耐老化性差，湿表面摩擦系数低，容易打滑。而且 TPU 具有强极性，在加工过程中，当剪切作用强烈时，内部易发热，从而发生降解，其熔体黏度对温度依赖性强，较小的温度变化就能引起其黏度的急剧变化，因而加工温度范围窄，再加之成本较高，价格昂贵，进一步限制了 TPU 的推广应用[171]。

近年来，国内外对 TPU 聚合物共混技术的研究比较活跃，通过相容共混技术，在 TPU 中掺杂廉价聚合物，如 TPU 与 PVC 共混，从而达到降低成本、改善某些特殊性能的目的；或者将 TPU 作为一些聚合物的改性剂，适宜的 TPU 种类和 CPE 制成的二元 TPU/CPE 合金能明显改善 TPU 的加工性能，并基本保持 TPU 优良的耐油性和耐寒性；TPU 与 ABS 可以任意比共混，产生协同作用，得到相应各组分的性能，满足不同用途的需要。在 ABS 中添加 TPU，材料的耐磨性、韧性、低温性能提高，同时材料的涂饰性能、耐化学性能及耐油性能有明显的改善；在 TPU 中添加 ABS，材料的密度、断裂伸长率下降，撕裂强度、模量增加，成本下降，而且耐臭氧及加工性能有所改善；在 TPU 中加入适量填料（如炭黑等），对改善模量和老化性能有一定作用。

6.4.2.3 含能热塑性弹性体

含能热塑性聚氨酯弹性体（ETPE）是指含有 $-NO_2$、$-ONO_2$、$-N_3$、$-NF_2$、$-NNO_2$ 等能量基团的热塑性弹性体。将能量基团引入热塑性弹性体分子中形成 ETPE，不但仍能保持热塑性弹性体原有的特点，还可使材料的能量进一步得到提高，被认为是解决推进剂高能、低易损性和低特征信号等问题的技术关键之一，也是 PBX 炸药和高能低敏感发射药的潜在黏结剂。含能热塑性弹性体作为火炸药的黏合剂已经成为目前火炸药研究的热点之一。

（1）ETPE 的性质　从所含能量基团来分类，ETPE 大体上划分为三大类：①基于

GAP（叠氮缩水甘油醚）的 ETPE；②基于叠氮基取代氧丁环衍生物的 ETPE；③硝酸酯基取代氧丁环衍生物以及硝酸酯缩水甘油醚为单体制成的 ETPE。ETPE 一般是 ABA 三嵌段共聚物或（AB）$_n$ 嵌段共聚物，在 ABA 嵌段共聚物中，A 嵌段为能量基团对称取代的链段在低于熔点时为结晶体，B 嵌段为能量基团不对称取代的链段，在低温下为无定形体。嵌段 A 在室温时提供结晶结构赋予材料强度，嵌段 B 在室温时提供无定形结构赋予材料韧性。（AB）$_n$ 嵌段共聚物中也含有软段和硬段两部分，分别提供热塑性弹性体的塑性和弹性。ETPE 结构中，由于存在微观相分离，使得硬段部分在嵌段共聚物中相互聚集从而产生了分散的小微区，并通过化学键与软段部分连接。这些微区形成链间有力的缔合，使之形成物理交联，这种物理交联与硫化橡胶中的化学交联具有同样的功能。因此 ETPE 在具有能量的同时，又有良好的物理机械性能，作为火炸药用黏合剂使用而备受关注。

（2）ETPE 的合成方法　　目前报道的 ETPE 的合成方法主要有官能团预聚体法、活性顺序聚合法、大分子引发剂法[173]。

① 官能团预聚体法主要是指聚氨酯加成聚合法，即在少量催化剂存在下，将羟基封端的低分子量含能聚醚或聚酯类预聚体先与过量的二异氰酸酯反应生成异氰酸酯基封端的预聚体，然后加入扩链剂（如二元醇、肼和二元胺等）进行扩链，即可得到聚氨酯类含能热塑性弹性体。有时不加扩链剂，直接将羟基封端的低分子量含能聚醚或聚酯类预聚体和等量的二异氰酸酯反应，也可生成聚氨酯类含能热塑性弹性体。常用的羟基封端的低分子量含能聚醚或聚酯主要有 GAP（聚叠氮缩水甘油醚）、PAMMO（聚 3-叠氮甲基-3-甲基氧丁环）、BAMO/AMMO［3,3-二（叠氮甲基）氧丁环/3-叠氮甲基-3-甲基氧丁环］、BAMO/THF［3,3-二（叠氮甲基）氧丁环-四氢呋喃共聚物］、GAP/THF（聚叠氮缩水甘油醚-四氢呋喃共聚物）、PNIMO（聚 3-硝酸甲酯基-3-甲基氧杂环丁烷）和 PGLYN（聚硝化缩水甘油醚）等；所用二异氰酸酯有 MDI（4,4′-亚甲基二苯基异氰酸酯）、TDI（2,4-甲苯二异氰酸酯）、HMDI（1,6-亚己基二异氰酸酯）和 IPDI（异氟尔酮二异氰酸酯）等；常用的扩链剂一般为二元醇有 1,4-丁二醇、1,3-丙二醇、2,4-戊二醇、乙二醇和 1,6-己二醇等。

美国 ATK Thiokol 公司从 20 世纪 80 年代就开始致力于结晶性聚合物作为硬链段合成聚氨酯类 ETPE 的研究。所采用的硬链段主要有含能 PBAMO、PBFMO 和不含能 PBEMO、PBMMO 等。软链段主要是 BAMO/AMMO 无规共聚物、PAMMO、GAP、PNMMO 和 PGLYN 等。合成的方法通常是在溶液中，在锡催化剂存在下，先用过量的二异氰酸酯（如 TDI）和二羟基封端的双官能度预聚物（硬链段 PBAMO 和软链段如 BAMO/AMMO 无规共聚物、PAMMO、GAP、PNMMO 和 PGLYN）共聚合，生成异氰酸酯封端的聚氨酯预聚体，然后用扩链剂（如丁二醇）将聚氨酯预聚体连接起来，就得到了 ETPE。得到的 ETPE 具有良好的力学性能，最大拉伸应力大于 1MPa，断裂伸长率大于 240%，模量大于 3.68MPa。随着 BAMO 含量的增加，ETPE 综合力学性能逐步上升。其中经过扩链的 BAMO 最大拉伸应力达到 6.16MPa，断裂伸长率为 609%，模量高达 102.76MPa。

美国麻省理工大学 Chien 等也采用官能团预聚体法合成了 BAMO-NMMO 的 ETPE。首先将二羟基封端的 PNMMO 预聚体和 TDI 进行扩链反应，然后加入 PBAMO 预聚体继续进行反应，得到了 BAMO-NMMO 多嵌段共聚物。同时 Chien 等还采用官能团预聚体法合成了 BAMO-NMMO-BAMO 三嵌段共聚物[174]。

加拿大 Drev 从 1990 年开始研究开发聚氨酯作为硬链段的 ETPE。和美国 ATK Thiokol 公司不同的是他们没有引入结晶性聚合物作为硬段，而是以存在氢键相互作用的氨基甲酸酯链段作为硬段。硬段选用线型的 MDI，线型易于分子链平行排列，而且苯环倾向于堆积排列，也有助于分子链平行排列，从而在分子链间易形成氢键，使得氨基甲酸酯链段作为硬段。最先使用的含能软段是支化 GAP，但发现形成的聚氨酯热塑性弹性体易发生交联，导致加工成型困难，后来选用线型的 GAP、PNIMO 和 PGLYN 作为软段。他们指出影响反应的关键因素有两个：a. 水分，微量水分也将导致化学交联，当环境中的湿度超过 60% 时，反应将很难顺利进行；b. NCO/OH 摩尔比，为了避免化学交联，实现反应的可控性和可重复性，要严格控制 NCO/OH 摩尔比等于 1。此外，扩链剂以及加料顺序也对产物的结构和性能具有一定的影响。他们所得 ETPEs 的分子量分布比较宽，分散系数在 1.1～4.5，重现性不好。虽然生成热相差较大，但燃烧热相差不大。

左海丽等[175]以一缩二乙二醇（DEG）为扩链剂，采用熔融预聚二步法合成了聚叠氮缩水甘油醚（GAP）基含能热塑性聚氨酯弹性体（GAP/MDI/DEG-ETPE），结果表明，当—NCO/—OH 摩尔比（R 值）为 0.98，在 30℃ 下熟化 1 天，在 90℃ 下熟化 3 天，硬段质量分数为 35% 时，ETPE 的数均分子量为 84530，重均分子量为 202400，分散指数为 2.39，且具有较佳的力学性能和动态力学性能，其拉伸强度为 14.6MPa，断裂伸长率为 414%，玻璃化转变温度为 -29.6℃。

② 官能团预聚体法引入了氨基甲酸酯键，在环境水分的作用下会缓慢发生水解，并且分子链中大量氨基甲酸酯键的存在，导致分子链间大量氢键的生成，从而使黏度增大，加工成型温度过高。因此，研究者们尝试采用活性顺序聚合法直接将软硬链段连接在一起合成 ETPE。原则上所有活性聚合方法都可用于含能嵌段共聚物的合成，但由于目前所用单体多是环状醚化合物，如 AMMO、BAMO、NIMO、GLYN 等，因此获得广泛应用的是阳离子活性顺序聚合法。

Talukder 等用 DCC/ASF 双（α,α-二甲基氯甲基）苯/六氟锑酸银作为引发体系，于 -70℃ 依次加入 NMMO 和 BAMO 单体进行聚合得到 BAMO-NMMO-BAMO 三嵌段共聚物。其分子量高达 220000，分子量分布指数等于 1.2，T_g 为 -27℃，接近于 NMMO 均聚物的 T_g，熔点为 56℃，比 BAMO 均聚物的低大约 30℃，共聚物在 204℃ 开始热分解[176]。

张弛等以三氟化硼-乙醚/1,4-丁二醇作引发体系，利用阳离子开环共聚合的方法合成了3,3′-双叠氮甲基环氧丁烷/3-叠氮甲基-3′-甲基环氧丁烷（BAMO/AMMO）三嵌段共聚物。合成的 BAMO/AMMO 三嵌段共聚物的分子量可控，且分布窄，共聚物的玻璃化转变温度为 -38.93℃，软段与硬段之间产生了相分离，具有含能热塑性弹性体的性质。用 Vyzaovkin 的非线性无模型函数方法研究其热分解动力学，得到叠氮基团的分解活化能约为 150kJ/mol，三嵌段共聚物在叠氮基团分解之后形成了交联网络结构[177]。

Chiu 等以三氟甲磺酸酐为引发剂，分别采用本体顺序聚合法和溶液顺序聚合法得到了不同分子量的 BAMO-THF-BAMO。本体聚合法得到的三嵌段共聚物的分子量介于 12000～56000，分子量分布指数为 1.23～1.28。溶液法得到的分子量介于 1500～2100，分子量分布指数为 1.25～1.25。三嵌段共聚物热分解分两个阶段：第 I 阶段的热分解峰值温度为 242℃，对应于 BAMO 嵌段的叠氮基的分解，分解热随 BAMO 含量的增多而升高；第 II 阶段的热分解峰值温度为 341℃，没有热量放出。断裂伸长率和断裂应力随分子量增大而升高。分子量为 55000 时，断裂伸长率为 300%，断裂应力达到 4.7MPa[178]。

甘孝贤等以 3-溴甲基-3-甲基氧杂环丁烷（BrMMO）为单体，聚合形成溴代聚醚。叠氮溴代聚醚为叠氮聚醚 PAMMO；以 3,3-双叠氮甲基氧杂环丁烷（BAMO）为单体，直接开环聚合形成叠氮聚醚 PBAMO。以四氢呋喃为溶剂，PBAMO 为硬段预聚物，PAMMO 为软段预聚物，甲苯二异氰酸酯（TDI）为二异氰酸酯单体，丁二醇氨酯型低聚醇为扩链剂，按照一步法溶液聚合工艺，制成了数均分子量在 25000 左右的含能热塑性弹性体（ETPE）。ETPE 具有可熔可溶的特点，室温拉伸强度和延伸率约为 5MPa 和 400%[179]。

Manser 等以 $BF_3 \cdot Et_2O$/BDO 为引发剂，采用顺序聚合法合成了 BEMO-BAMO/AMMO-BEMO 嵌段共聚物，得到的 BEMO-BAMO/AMMO-BEMO 嵌段共聚物分子量为 18800，分子量分布很宽，T_g 约为 $-40℃$，熔点为 90℃ 左右。BEMO-BAMO/AMMO-BEMO 嵌段共聚物熔融后也发生相分离，呈乳白色，100℃ 熔体黏度高达 8000～11400P[180]。

③ 大分子引发剂法所用大分子是无定形的，其末端一般带有羟基官能团，在共催化剂协同作用引发环状醚单体或内酯单体进行阳离子开环聚合，形成结晶性嵌段 ETPE。与活性顺序聚合法相比，该方法可选用的单体范围更广。

Amplemann 用 GAP/丁氧基锂作为大分子引发剂体系，先引发 CMMPL（聚 α-氯甲基-α-甲基-β-丙内酯）或 BMMPL（聚 α-溴甲基-α-甲基-β-丙内酯）单体聚合生成 PMMPL-GAP-PCMMPL 或 PBMMPL-GAP-PBMMPL 三嵌段共聚物，然后在有机溶剂中进行叠氮化反应，得到了 PAMMPL-GAP-PAMMPL 三嵌段共聚物。用 GAP2000 得到的三嵌段共聚物的数均分子量等于 7300g/mol，T_m 介于 80～85℃。用高分子量 GAP 50000 得到的三嵌段共聚物的 T_g 约为 $-31℃$，熔点为 86℃[181]。

Subramanian 提出利用 GAP 与 HTPB 制备嵌段共聚物的思路。利用 $BF_3 \cdot Et_2O$ 作催化剂使环氧氯丙烷（ECH）通过阳离子开环聚合与丁羟（HTPB）反应生成 PECH-GAP-PECH，然后由 NaN_3 进行叠氮化制得 GAP-PB-GA 嵌段共聚物[182]。Mohan 和 Raju 成功地合成了 GAP-HTPB 的接枝共聚物，该共聚物有两个 T_g，分别为 $-74.03℃$ 和 $35.84℃$，这主要是由于 HTPB 和 GAP 链段的不相容性造成的[183]。

6.4.2.4　其他共聚物热塑性弹性体

（1）聚酯型热塑性弹性体　聚酯型热塑性弹性体（TPEE）是一种新型的线型嵌段共聚物弹性体，和其他热塑性弹性体相比，它具有高性能、低成本的优点。

聚酯型热塑性弹性体是由芳香族聚酯硬链段（如 PBT）或脂肪族聚酯［如聚丙交酯（PLA）、聚乙交酯（PGA）、聚己内酯（PCL）等］与聚醚软链段［如聚乙二醇醚（PEG）、聚丙二醇醚（PPG）、聚丁二醇醚（PTMG）等］组成的嵌段共聚物。硬段是结晶的，处于分散相，软段是无定形的，为连续相。一般来说，软段的链段较长，称长链酯链段，硬段的链段短，称短链酯链段。调整硬段和软段的相对配比，可在一定范围内改变制品的性能。增加硬段的比例，硬度、模量、强度、耐热性增高；增加软段比例，则高弹性、低温屈挠性提高。利用电子束辐照对 TPEE 进行适度的交联处理，可以改善 TPEE 在常温下的力学性能，如电子束辐照剂量在 100～200kGy 的范围内，交联度大于 50%，拉伸强度得到明显的提高[184]。

聚酯热塑性弹性体的主要原料为：二羧酸及其衍生物或二羧酸的酯及其衍生物、长链可聚二醇（分子量为 600～6000）、低分子量二醇（分子量不超过 250）。由长链可聚二醇和二羧酸缩合而成的嵌段为长链酯链段，由于含醚键多，柔性好，主要对材料提供高弹性；由低分子量二醇和二羧酸缩合而成的嵌段为短链酯链段，具有较好的结晶性，对弹性体材料起增强作用。常用的原料有对苯二甲酸、间苯二甲酸、1，4-丁二醇、聚环氧丁烷二醇等。

TPEE 研究始于 20 世纪 40 年代末期，由美国 DuPont 公司于 1972 年率先推向市场，商品名为 Hytrel。此后荷兰、美国、日本等国的企业相继生产出聚酯类热塑性弹性体，目前，国外生产 TPEE 的厂家主要有 DuPont、DSM、LG、GE 和 Eastman Chemical 等。我国对 TPEE 材料的研究较晚，始于 20 世纪 70 年代末。

TPEE 与苯乙烯类 TPE 相比，TPEE 的强度高，回弹性好，耐弯曲疲劳，耐油，耐化学药品优良，结晶速率快，加工成型性优良，但比一般弹性体的硬度高，具有较宽的使用温度范围（-70～200℃）。由于 TPEE 的综合性能优良，其在汽车部件、液压软管、电线电缆、电子电气、建筑等领域得到了广泛应用。由于其微晶（硬段）具有较高的熔融温度，使弹性体能经受比苯乙烯类 TPE 和氢键型 TPU 更高的温度条件。由于其特有的流变特性，使其可采用各种塑料的成型方法加工，如注塑、挤出、喷涂、流化床涂层等。

2010 年全球 TPEE 消费量达约 14 万吨以上，其中我国需求量约为 2.3 万吨以上。近年来，国内外还相继开发出医用型 TPEE 和阻燃、防水解等高性能 TPEE 品种，大大拓宽了 TPEE 材料的应用领域。

（2）聚硅氧烷类热塑性弹性体　硅橡胶在耐热性、耐低温性、耐溶剂性和电性能方面都优于天然橡胶和一般双烯烃合成橡胶，但这类橡胶同样需经硫化和加填料补强，在制品加工和物料回收方面存在困难。聚硅氧烷热塑性弹性体，既可保持聚硅氧烷固有的材料特性，又可克服其加工方面的不足。聚硅氧烷 TPE 的种类很多，其软段都是聚硅氧烷，硬段多为结晶性的链段，如聚烯烃、聚芳香烯烃、聚芳醚、聚芳酯等，也有以两种不同类型的聚硅氧烷作为硬段和软段制成 TPE，但性能不及聚芳醚、聚芳酯为硬段的性能好，后者具有较高的热稳定性和机械强度。这是因为这些聚酯、聚醚型硬段在弹性体中形成结晶性微区，有着很好的增强和物理交联作用。

6.4.3　共混型热塑性弹性体

共混型热塑性弹性体是指橡胶和塑料按适当比例混合，通过特殊加工技术形成的一类弹性体材料。20 世纪 70 年代初首先开发成功以 EPDM/PP 为代表的聚烯烃热塑性弹性体（TPE），它是用部分动态硫化（part dynamic vulcanization）法制成的，在其橡胶相中存在少量交联键，制品性能比相同组成的一般共混物好，但仍与普通硫化橡胶制品有较大差距。20 世纪 80 年代初，美国 Monsanto 公司进一步革新 TPE 的制造技术，采用完全动态硫化（fully dynamic vulcanizatcion）工艺开发成性能可与普通硫化橡胶媲美的热塑性硫化胶（TPV），使共混型热塑性弹性体在制造技术、材料性能方面有了重大突破。从此，共混型 TPE 进入了一个崭新的发展阶段。

共混型 TPE 和嵌段共聚物弹性体相比，最大的优点是制备工艺简单，设备投资少，制品性能可调性大，因而更有利于发展多品种以适应多方面的用途。

6.4.3.1　动态硫化技术和 TPV 的相态结构

所谓动态硫化是指橡塑共混物在硫化剂的存在下，在熔融混炼的同时，发生"就地硫化"（in-situ vulcanization）。部分动态硫化和完全动态硫化的区别主要在硫化程度上不同，前者是轻度硫化，只有部分橡胶分子发生交联；后者是充分硫化，凝胶含量高达 97% 以上。在相态结构上两者有实质性不同。部分动态硫化的 TPE 橡胶组分高于 50 份时，橡胶为连续相，塑料为分散相。这种部分交联的橡胶处于连续相，使 TPE 的热塑性流动性变得很差。因此，TPE 中的橡胶含量一般不超过 50 份，以保证塑料处于连续相，橡胶处于分散相。部分硫化的 TPE 硬度高，橡胶感不强，性能与普通橡胶差距较大，应用范围受到很大限制。

完全动态硫化的 TPV，橡塑混合比可在较大范围内变化，当橡塑组分比高达 75/25 时，橡胶仍处于分散相，塑料为连续相，尽管橡胶是交联结构，但是交联仅局限于橡胶粒子尺寸范围，因而仍具有良好的加工流动性。

为什么含量高的橡胶能以微粒状态（分散相）存在呢？下面结合动态硫化的工艺条件，探讨一下 TPV 相态结构的形成机理。

在前面的章节中已经讨论过聚合物共混体系的相态结构，通常是含量高、黏度低的组分倾向于形成连续相。而当含量高、黏度也高的情况下哪个组分构成连续相，这就要看两组分的共混比和黏度比这两个因素哪一个对相态起主导作用。对 TPV 体系来说，橡胶在混炼过程受到强剪切力的作用，初期是以纤维状形式构成连续相，随着硫化反应进行，橡胶相的黏度不断增大，当达到一定硫化程度时黏度逐步转化成为决定相态的主要因素，加之受高剪切力的作用，橡胶被破碎成液滴状而转变为分散相。另一方面随着交联程度的提高，使破碎的橡胶粒子自黏力下降，阻碍了小粒子重新聚集成块或形成连续相的可能。因此，这种情况下，即使橡胶含量较高（50%～75%），同样可成为分散相。当剪切力足够大时，橡胶尺寸可小到 1μm 左右，以这样小的微粒均匀分散于具有热塑流动性的塑料相中，不会对体系的流动性产生不利影响。对部分硫化的体系来说，由于其硫化程度低，在橡胶组分含量很高的情况下，黏度的上升还不足以使橡胶转化成分散相。因此，橡胶组分具有足够的交联程度及共混过程存在足够大的剪切力作用，是形成 TPV 相态结构的两个最重要条件，缺一不可。

动态硫化技术在废旧轮胎、橡胶的回收再利用方面也得到了充分的应用。将废旧轮胎橡胶（GTR）与聚烯烃材料采用动态硫化方法制备成热塑性弹性体是近年来废旧橡胶高值化利用的一个重要方向。郑庆余等[185]采用固相力化学技术实现了废旧轮胎橡胶（GTR）的脱硫化及与高密度聚乙烯（HDPE）的复合，并采用动态硫化技术成功制备了 HDPE/GTR 热塑性弹性体。结果表明，经化学碾磨后，胶粉的凝胶含量显著降低。碾磨 20 次后，共混材料的拉伸强度由碾磨前的 5MPa 提高到 8.6MPa；断裂伸长率由碾磨前的 9.7% 提高到 63.3%。经动态硫化制备热塑性弹性体，材料的力学性能进一步提高，碾磨 20 次的复合粉体制备的 TPE 拉伸强度和断裂伸长率分别提高到 10.6MPa 和 76.5%。所制备的 TPE 均保持了橡胶良好的回弹性，拉伸永久变形均保持在 20% 以内。扫描电子显微镜（SEM）研究表明，经化学处理制备的 HDPE/GTR 热塑性弹性体两相间具有良好的界面结合。

6.4.3.2　聚烯烃类热塑性弹性体

聚烯烃热塑性弹性体（TPO）主要是指橡胶 EPM、EPDM、NBR 等与 PP 或 PE 共混形成的不需硫化即可加工成型的一类热塑性弹性体，经硫化后得到的弹性体称为 TPV。全动态硫化的 EPDM/PP 热塑性硫化胶是开发最早、技术最成熟的 TPV，除美国 Monsanto 公司生产的 Santoprene 商品外，还有意大利 Montepolymeri 公司生产的 Dutralene。这类 TPV 保持了 EPDM 弹性体的耐臭氧、耐老化、耐化学药品性等优良性能。

用于制备 TPV 的 EPM 或 EPDM，与普通的乙丙硫化胶有所不同，要求共聚物中的乙烯含量较高（乙烯的摩尔分数为 60% 以上），并含有一定的结晶度，用于制备 TPV 的聚烯烃树脂主要有聚乙烯、聚丙烯、结晶性 1,2-聚丁二烯等。橡塑共混比大多采用 EPEM/PP=60/40 或 50/50。

聚烯烃 TPV 所使用的配合剂和一般硫化橡胶基本相同，也可进行充油和填充。常用的软化剂为石蜡油或环烷烃油，用量一般不超过 80 份，否则不仅会延长共混时间，而且混合过程中，物料会在密炼机中打滑而影响混合均匀。填料通常和充油搭配使用，主要为降低成本，对调节硬度和改善制品尺寸的稳定性也有一定作用。

聚烯烃 TPV 不但有较好的物理机械性能，而且加工性能良好，熔融黏度对温度依赖性小，易于注射和挤出成型，挤出收缩变形小，适合挤出异形材制品。该产品已广泛用于电子、电气、汽车、建筑等领域。改变橡胶和聚烯烃树脂的共混比，可使共混物成为近似橡胶或半硬质塑料的材料。在汽车配件方面，用作保险杠、空气分配器、挡泥板以及汽车内部的顶棚、门窗防水密封条、手柄把手、车灯垫片、各种送风、输水胶管等；在绝缘材料方面，用作电线电缆的绝缘及护套，特别适用于制造高压电缆和海底电缆；在建筑上，可作为防水材料、嵌缝材料；在家用电器上，可用作各种胶管、密封条和垫片等。

6.4.3.3　其他热塑性弹性体

（1）NBR/PP 热塑性硫化胶　NBR/PP 热塑性硫化胶是美国 Monsanto 公司继聚烯烃 TPV 后，于 1985 年开发成功的又一个重要的 TPV 品种，商品名为 Geolast，它是一种具有优良的耐油、耐热老化、耐屈挠疲劳性的 TPV，加工性能好，成本低，与 NBR 硫化橡胶相比，可节省费用 20%～30%，具有很大的发展前景。

由于 NBR 和 PP 工艺相容性差，制备这种共混型 TPV，必须采用增容剂技术。可以外加嵌段共聚物作增容剂，也可"就地"形成 NBR/PP 共聚物进行增容。共聚物增容剂大多采用马来酸酐或羟甲基酚醛树脂、羟甲基马来酰胺酸等对 PP 进行化学改性，使其生成侧挂马来酸酐基的 PP（MA-PP）、羟甲基或羟苯基取代的聚丙烯（PP-MA）等，然后再与活性端氨基液体丁腈橡胶（ATBN）进行反应，生成 NBR-PP 共聚物。美国 Monsanto 公司生产的 Geolast 系列 TPV，就是采用这种增容技术制成的，目前有五种不同硬度的产品，其主要性能指标接近一般的 NBR 硫化橡胶。

（2）NBR/PVC 热塑性弹性体　用动态硫化方法制备 PVC/NBR 热塑性弹性体与一般 NBR-40 增塑的 PVC 软制品相比，性能上更接近橡胶弹性体，在组分比相同的情况下，经动态硫化的共混体系，强度提高 1～2 倍，撕裂强度增大 40%，永久变形有显著降低，达到了一般硫化橡胶的水平。同时，热老化性能、耐热油性、硬度对温度的敏感性都有所改进。

用于制造热塑性弹性体的 PVC，采用高聚合度树脂对性能更为有利，采用丙烯腈含量 40% 的 NBR 能与 PVC 完全相容，强度更高。这种共混型 TPE 中通常还添加一般软 PVC 的增塑剂、稳定剂和填料等，以改善其加工性能，调节制品的硬度。

（3）聚氯乙烯热塑性弹性体　PVC 热塑性弹性体是一种以 PVC 为主要成分的弹性体材料，它最大的特点是价格为各种热塑性弹体中最低，而性能比一般 PVC 软制品有显著改进。具有优异的消光特性和橡胶手感，克服了一般软 PVC 耐油、耐热性较差和压缩永久变形大等缺点。PVC 热塑性弹性体可以通过多种途径制取，仅日本就提出四种技术途径：用高聚合度 PVC 为原料生产 TPE；普通 PVC 与含凝胶 PVC 共混；PVC 与含凝胶的橡胶共混；离子改性型 PVC 与 NBR 共混。

① 高聚合度 PVC 弹性体　生产 TPE 的高聚合度 PVC 树脂平均聚合度为 2500～8000（普通 PVC 树脂聚合度为 1000～2000）。这种由高聚合度 PVC 生产的弹性体与一般软 PVC 制品在制造技术和制品的相态结构上并无实质性区别，只因采用的 PVC 分子量高，使制品的弹性、强度较接近于橡胶，所以把这类 PVC 软制品也列入热塑性弹性体的行列。

② 含凝胶的 PVC 弹性体　制备 PVC 弹性体技术的进一步改进是将聚氯乙烯与多官能团单体（如二乙烯基苯）共聚，制成含部分化学交联结构（即凝胶）的 PVC，这种新型 PVC，在加工性能得到极大改进的同时，压缩永久变形明显减少，因而成为 PVC 热塑性弹

性体开发的主要方向。它的耐热保形性、蠕变性都非常好，大大优于高聚合度的 PVC，比较不同类型 PVC 弹性体的主要性能可知，用含凝胶的 PVC 进一步与其他部分交联弹性体共混，压缩永久变形和热保持性可进一步得到改进。

含凝胶的 PVC 弹性体是一种两相结构体系，化学交联的 PVC（凝胶）为分散相，增塑的线型结构 PVC 处于连续相，分散相和连续相是同一种组成，两者对弹性和强度都有贡献。交联结构 PVC 的存在，对降低压缩永久变形和热保持性有着决定性的影响。但是，随着交联程度增大，PVC 聚合度增高，加工性能变差。两者相比，前者对压缩永久变形的影响更大，后者对加工性能影响更大。PVC 弹性体中的凝胶成分（交联的分散相）可以由氯乙烯与分子内具有乙烯基双键的多官能单体共聚制得，也可将 PVC 与部分交联的 NBR 或其他橡胶（NBR、NR、CPE 等）共混来制得。尤其后一种方法制得的 PVC 弹性体，它的耐热性、回弹性、压缩永久变形、高温下的抗蠕变性均获得很大改进。此外，PVC 和氯丁橡胶、氯磺化聚乙烯、氯化聚乙烯、EVA 等共混均可制备热塑性弹性体。

③ PVC 弹性体的进展与应用　离子交联型 PVC 与橡胶共混是制取 PVC 弹性体的新进展。它在高温强度、定伸强度、回弹性、耐油性等方面较前面两种 PVC 弹性体的性能又有了很大提高。共混物中的离子交联型 PVC 为连续相，交联的 NBR 为分散相（微粒）。在 70℃ 的压缩永久变形为 30%，达到一般硫化橡胶的水平。

将动态硫化技术和增容剂技术结合起来开发新型 PVC 热塑性硫化胶，在我国有很大的发展前景。PVC 热塑性弹性体的某些性能虽然与硫化橡胶还有一些差距，但是由于它是廉价的大品种树脂，具有极大的潜在市场，应用领域十分广泛。在日本等国 PVC 热塑性弹性体在很多方面已取代橡胶制品，其主要用途有以下几个方面：①电缆及电气方面，如耐高温、耐低温电缆、移动式电线电缆、电器插头、插座、防震垫片等；②汽车及运输，如密封条、封油环、内外装饰件、座椅靠背、方向盘、行李架、缓冲垫等；③管道及设备材料，如各种软管、防腐耐油密封垫、密封圈、通风管道等；④建材及其他，如鞋用材料、防水卷材、密封填料、防腐防滑胶板、装饰材料、运输带面胶、玩具、笔类、防雨布等。

（4）热塑性天然橡胶（TPNR）　天然橡胶和 PP（或 PP、PE 混合物）共混物经动态硫化，采用不同的共混比，可制得软质和硬质两种品级的 TPV，目前已有商品供应。用 PP 改性的 NR 热塑性弹性体在性能上的一个重要特点，温度的变化对模量和硬度的影响较小，特别在高温区的温度敏感性大大小于其他类型的热塑性弹性体。共混物中充填填料可对制品的耐磨性和尺寸稳定性有所改善。例如，在 NR/PP 共混型热塑性弹性体中填充纳米 SiO_2，当填充量小于 3phr，SiO_2 主要分散在 PP 基体相中时，对热塑性弹性体有明显的补强作用[7]。

NR 不但可与 PP、PE 共混，在增容剂的存在下，NR 还可与其他树脂共混制得 TPNR。

（5）氯化聚乙烯热塑性弹性体　含氯量在 25%～40% 范围的 CPE，通常显示橡胶弹性的特征。用作热塑性弹性体的 CPE 含氯量一般为 30%～40%，其对应的玻璃温度为 -30～ -20℃。这种 CPE 除要求氯原子在分子内是无规分布，还要求分子间分布较窄。这样的 CPE 是非结晶性的，残留结晶度 <1.3%，断裂伸长率 >700%。

CPE 的含氯量变化，其内聚能密度（CED）、溶度参数、玻璃化转变温度（T_g）随之改变，对其他性能也有一定影响，随着氯含量增加（在 30%～40% 范围内），耐油性、耐化学药品性、阻燃性、气体透过性有所提高，而降低氯含量，CPE 的耐热性、耐寒性、耐压缩变形等变得较好。

CPE 热塑性弹性体有一个重要特点，可填充大量的无机填料，如炭黑、轻质碳酸钙、陶土、滑石粉等，而且对加工性、物性影响较小，并且使弹性体的成本大幅度下降。此外，CPE 中通常还加入各种配合剂，PVC 常用的一些稳定剂、抗氧剂、增塑剂、加工助剂等均可采用。

CPE 的熔体黏度较大，通常需加增塑剂、润滑剂并与其他聚合物共混，很少单独使用。CPE 和不少聚合物（PVC、PE、EVA 及氯丁橡胶、丁腈橡胶、氯磺化聚乙烯等）具有较好的相容性，与这些聚合物共混而制成 CPE 热塑性弹性体，例如，PVC/CPE 体系、NBR/CPE 体系等已有热塑性弹性体产品问世。

（6）聚酰胺类热塑性弹性体 现研究最多并得到广泛应用的是烯烃类 TPV，但烯烃的耐热变形性能不佳，严重影响了其应用范围。为拓宽 TPV 的应用范围，选择性能优异的工程塑料聚酰胺（PA）作为塑料组分，与橡胶进行动态硫化，制得性能优异的共混型 PA 类热塑性弹性体（TPAE）。TPAE 既具有 PA 的较高强度、韧性和耐磨性等优良的物理性能以及优异的加工性能，还兼具橡胶良好的回弹性等。目前，PA 与橡胶共混制得的 TPV 中，商品化且应用较多有 PA/NBR、PA/EPDM 和 PA/IIR TPV。此外，PA/丙烯酸酯橡胶（ACM）TPV 因具有优异的耐热、耐油和加工性能，可用于高性能汽车油封而受到关注[186]。

PA 具有质量轻、易加工、制品尺寸稳定性和综合物理性能好的特点，其热分解温度高于 350℃，NBR 具有优异的耐油、耐老化和耐磨性能。NBR 和 PA 经动态硫化工艺制备的 TPV 具有较高的拉伸强度、较好的耐磨性能以及比 PP/EDPM TPV 优异的耐油性能，广泛用于汽车的密封系统和发动机系统。但交联的 NBR 难以粒径均匀地分散在 PA 相中，导致 PP/EDPM TPV 压缩永久变形偏大，物理性能波动较大。赵素合等[187]研究了橡塑预混法、二步法和母炼胶法三种工艺对 PA/NBR TPV 相态结构、流变性能、物理性能和耐溶剂性能的影响。结果表明，NBR 与 PA 在高温、高剪切作用下，两相界面间可发生微化学反应，但并不影响动态硫化时两相之间的相反转过程；采用橡塑预混法可制得分散相粒径小且分布均匀的 TPV，该 TPV 的 100% 定伸应力大，压缩永久变形小，耐溶剂性能不佳，表观黏度略大，但挤出物外观光滑。研究热成型条件对 PA/NBR TPV 性能的影响发现，在保证物料能充分塑化的前提下，热成型温度越低，TPV 熔融熔越高，耐溶剂性能越好；TPV 最佳成型条件为 170℃、12min，加工过程中快速冷却，可得到结晶结构更完整的 PA α 晶体，从而显著提高 TPV 的耐溶剂性。Chowdhury 等[188]采用不同羧基含量的羧基丁腈橡胶（XNBR）分别与三元 PA 和 PA6 动态硫化制备热塑性弹性体。研究发现，在熔融状态下，XNBR 的羧基与 PA 的氨基能够发生反应，在两者的界面上就地生成嵌段共聚物，共聚物的生成增大了橡胶和尼龙的界面作用力，使硫化胶粒径减小，硫化胶性能提高。

PA/IIR TPV 兼具 IIR 优良的气密性、耐热性和 PA 优良的加工性能和物理性能，广泛应用于电冰箱软管、轮胎气密层等对气密性要求高的领域。但 PA 与 IIR 相容性较差，界面黏合力小，通过加入适量相容剂或对 IIR 进行适当改性，可以改进两相间的界面相容性，制备性能优异的 PA/IIR TPV。目前国外在该方面有大量研究，但在国内相关研究刚刚起步。van Dyke 等[189]研究了 PA 和 IIR 在高温高剪切环境中混合时两者之间的相互作用。结果表明，两个看上去不相容的体系在没有硫化剂的情况下混合产生了少量的接枝或嵌段共聚物并且发生了交联；使用电子束照射共混物，交联加强，但尼龙出现一定程度的降解。使用 PA12 分别与不同型号的 IIR、氯化丁基橡胶（CIIR）和溴化丁基橡胶（BIIR）共混，比较动态硫化和非动态硫化产物的物理性能。试验结果表明，动态硫化产物的性能明显优于非动态硫化产物，且橡胶是否被卤化对共混物的拉伸性能影响显著；当 PA12 用量为 40 份时，共混物拉伸强度和断裂伸长率的降幅由大到小依次为 PA12/CIIR、PA12/BIIR 和 PA12/IIR。试验还证明，在 TPV 中，橡胶的含量、不饱和度和门尼黏度对共混物的物理性能影响并不显著，比较不同硫化体系 PA/IIR TPV 的物理性能时发现采用硫黄作硫化剂制得的产物性能更优异。PA12 熔融温度的改变证明了动态硫化过程不仅影响橡胶相，也影响尼龙相。动态硫化过程显著影响了 PA/CIIR 体系的流变性能，动态硫化共混物的熔体黏度随着剪切速率的升高而降低，显示了明显的非牛顿流体特性。刘丛丛等[190]研究 PA12/CIIR 共混比、硫化剂用量、相容剂品种和动态硫化加工工艺对 PA12/CIIR TPV 物理性能、流变性能和气密性的影响。结果表明，采用双螺杆挤出机进行动态硫化，当 PA12/CIIR 共混比为 35/65～40/60，N,N'-间亚苯基双马来酰亚胺用量为 2 份，相容剂马来酸酐接枝聚丙烯用量为 5 份时，PA12/CIIR TPV 的物理性能、流变性能和气密性较好。黄桂青[191]研究发现，以 CIIR 为基体制备的 TPV 各项物理性能优于以 BIIR 为基体制备的 TPV，CIIR 和 PA 具有更好的相容性。在哈克动态硫化工艺和开炼机动态硫化工艺对 TPV 性能影响的研究中发现，当转子转速为 50r/min、温度为 200℃时，动态硫化 10min 制备的 TPV 性能较优。在硫黄硫化体系、树脂硫化体系、氧化锌硫化体系对 TPV 硫化效果的研究中发现，氧化锌硫化体系是 TPV 比较理想的硫化体系，经氧化锌硫化的 TPV 物理性能、流动性和反复加工性均优于其他硫化体系。

　　与 PP/EPDM TPV 相比，PA/EPDM TPV 具好更好的物理性能和耐热、耐油性能，但 PA 与 EPDM 的相容性不好，共混时必须加入相容剂，其有效相容剂有马来酸酐 MAH 接枝 EPDM（MAH-g-EPDM）、MAH 接枝 EPR（MAH-g-EPR）和氯化聚乙烯 CPE 等。谢志赟[192]采用动态硫化技术制备了 PA/EPDM TPV。结果表明，采用 13 份 CPE 作相容剂对该共混体系的增容效果最好；硫黄硫化体系是 PA/EPDM TPV 的最佳硫化剂，当硫黄用量为 2 份时，既保证了该 TPV 中橡胶相能充分交联，又可避免过硫化对胶料性能造成负面影响；PA 用量为 35 份的 PA/EPDM/TPV 具有良好的物理性能、耐溶剂性能和耐热老化性能；EPDM 以平均粒径为 2～5μm 的粒子形态均匀分布于 PA 连续相中。对比 PA6/MAH-g-EPDM 两相共混体系和 PA/MAH-g-EPDM/EPDM 三相共混体系，发现两相共混体系性能更优。Wu 等[193]研究了 PA/EPDM TPV 结构与性能的关系。结果表明，由于 EPDM 和 PA6 不相容，导致聚合物材料复合界面在外力作用下容易被破坏，因此 PA/EPDM TPV 的性能比其他 TPE 差；硫化前阶段 PA/EPDM 相型态是 PA6 均匀分布在 EPDM 中，在动态硫化时发生相反转化，即动态硫化产生的 EPDM 微粒分散在 PA6 相中，随着 PA 用量的增大，TPV 减震效果变好。Gallego 等[194]研究了共混工艺和相容剂对 PA/EPDM TPV 性能的影响，结果表明，加入 20 份 MAH-g-EPDM 作相容剂对共混体系的增容效果最好，复合材料的综合物理性能好，且相容剂对复合材料性能的影响比共混工艺大。Huang 等[195]的研究结果表明，MAH-g-EPDM 和 PA 发生了增容反应，但相反转在 PA/MAH-g-EPDM/EPDM TPVs 中依然存在；随着相容剂 MAH-g-EPDM 用量的增大，交联的橡胶粒子均匀分散在 PA 基质中。对于使用 MAH-g-EPR 作相容剂的 TPVs，由于硫黄不能使 EPR 交联，因此体系中存在 3 个相。当 MAH-g-EPR 用量增大到 26 份时，可以观察到交联的 EPDM 颗粒分散在 PA 相和 MAH-g-EPR 相中，MAH-g-EPR 与 PA 和交联 EPDM 粒子的界面也逐渐减小；当 MAH-g-EPR 用量增大到 52 份时，相形态转变为交联的 EPDM 颗粒和 PA 分散在 MAH-g-EPR 基质中。刘欣等[196]研究发现，以 CPE 和 MAH-g-EPR 为相容剂的 PA/EPDM TPV 具有最佳的物理性能。当以 CPE 为相容剂，选用不同的硫化体系对共混物进行硫化时，发现硫黄为硫化剂时共混物具有最佳的综合性能。

随着汽车工业的高速发展及其高性能化，汽车制造业对发动机内橡胶制品的耐热性能和耐油性能提出了更高要求，普通 NBR 已无法满足要求，而耐油、耐热性能优异的 ACM 则越来越受到重视。ACM 具有优异的耐热性能，其耐热温度可达 150～175℃，仅次于氟橡胶（FKM）和硅橡胶（MVQ）。在耐油性能方面，ACM 对发动机油、齿轮油、喷气发动机油等都具有良好的抗耐性。ACM 还具有极优异的耐臭氧、耐紫外线性能，而其价格仅为 NBR 的 1/5、MVQ 的 1/3、FKM 的 1/12。但是，ACM 存在着加工性能差，需要二次硫化，储存稳定性差等缺点。采用动态硫化法制备的 PA/ACM TPV 既拥有 ACM 的优良性能，还具备 PA 的优良加工性，易于成型加工，不需要二次硫化，还可回收重复利用，节约资源且清洁环保。

日本瑞翁（Zeon）公司动态硫化制备了 PA/ACM TPV，商品名为 Zeotherm。Zeotherm 具有优异的耐热老化性能和耐油性能。Zeon 公司宣布：100 系列的 Zeotherm 热塑性硫化橡胶显著提高了耐热性和耐油性，而且新的牌号耐热油浸渍，在 150℃ 下能耐超过 3000h，并可以通过 175℃ 的脉冲峰值。公司声称用未填充、增强、高温尼龙过压成型时，材料表现出极其优异的黏合强度。Zeon 公司目前提供产品有邵尔 A 硬度为 80、90 以及 70 用于管线，它们都被用于动态密封件、接线盒、管道、CVJ 护套、齿条和小齿轮护套、介质过滤装置和非汽车用接头。最初的商业用途是欧洲 2005 车用引擎盖保护罩。Zeotherm 热塑性硫化橡胶不但填补了传统 TPV 在高温应用领域的空白，而且覆盖了传统热固性橡胶 -40～+175℃ 的整个应用温度范围。相对于基于烯烃的 TPVs 和共聚酯，Zeotherm 提供了杰出的长期耐热和耐油性能，该材料已被证实满足美国汽车工程师学会（SAE J 2236）提出的持续耐 150℃ 热空气、无机油和有机油 3000h 的要求[197]。

PA 类热塑性弹性体目前存在的问题是形态结构控制困难，物理性能波动大，重复性差。主要原因是：PA 熔点高，熔体强度低，交联橡胶的相尺寸形态及分散均匀程度不稳定，现阶段 TPAE 多采用熔点低、价格贵的 PA12 作为连续相基体材料，制备出的 TPV 价格较高，不利于 TPAE 的发展。因此，开发新型高温硫化体系和加工工艺，采用熔点较高、价格便宜的 PA6 制备 PA 类 TPV 具有更高的实用价值，并将成为 TPAE 的发展方向。

（7）新型热塑性硫化胶　一些创新热塑性硫化橡胶（TPV）系列不断商业化，有可能刺激热塑性弹性体在新的、富有挑战性的工业品领域和消费品领域的需求。"超级热塑性硫化橡胶"正是由其发展演变而来，它设计用于替代高成本的热固性橡胶，或提高传统热塑性硫化橡胶在更苛刻环境下的性能，特别是汽车引擎盖、仪表、在有润滑油和润滑脂情况下承受高温的工业部件（135～170℃）。

传统热塑性硫化橡胶包括一个聚丙烯基（PP）和一个硫化三元乙丙橡胶（EPDM）相。新型"超级热塑性硫化橡胶"有着类似的结构，但所含部件完全不同。举例说明，道康宁公司的一种超级热塑性硫化橡胶就由一个交联硅橡胶嵌入尼龙或热塑性聚氨酯（TPU）基体组成。他们还以其他工程热塑性基体为基础，开发其他热塑性硅硫化橡胶（TPSiV）。

第二种新型热塑性硫化橡胶处于中级性能水平，它仍保留聚丙烯作为基体，但结合了一个苯乙烯类弹性体作为硫化橡胶段，这种产品由 Teknor Apex 公司推出，并由固特异化学公司（Goodyear）以色母粒形式提供。这些热塑性硫化橡胶提高了压缩率、耐油性和传统热塑性硫化橡胶的黏性，被用于过压成型的高性能夹具、密封件和隔膜。

杜邦公司也发布了工程热塑性硫化橡胶（ETPV）系列，它结合了一个共聚酯基、一个高度交联的橡胶作为硫化部分，而橡胶部分是 AEM，一种改性乙烯丙烯酸酯。杜邦公司的 EPTV 可以模塑或者挤出成型，标准型和热稳定型都有邵尔 A 硬度 60 和 90 两种。标准型耐油在 150℃时超过 1000h；而热稳定型同样情况下超过 3000h。杜邦的 ETPV 已经商业应用于火花塞护套、卡车制动软管和燃油通气软管。其他可能的用途包括管道、点火密封圈、插头主体和 CVJ 护套。据介绍，杜邦的 ETPV 在 40～160℃ 的温度范围内，可提供优异的耐机油性，在 180℃下的测试也呈现出很好的结果。这些产品中较早的成功范例是 Teleflex Fluid Systems 公司为 2005 年车辆开发的燃油蒸汽管，PTV 被用在一个三层管的外层，直接接触引擎高温和机油，该结构还包括一个阻隔蒸汽的中心材料层和一个导电内层，与其替代的热固性橡胶管相比，此设计减少了排放，降低了成本，而且 EPTV 的弹性便于用螺纹接头安装。

固特异公司推出了一种新型交联弹性体，以粒状色母料的形式使用，更显示了传统烯烃热塑性硫化橡胶和热塑性橡胶（SEBS）型热塑性弹性体（TPE）的不足，即高温下耐油性和耐压缩变形性很差。固特异公司的新型 Serel 母料正是苯乙烯-丁二烯橡胶（SSBR）在聚丙烯载体中的解决方案。当 SSBR 与聚丙烯或热塑性橡胶共混时，会生成混合热塑性硫化橡胶，具有较高的压缩变形和耐油性，与传统热塑性弹性体相比，湿摩擦系数也得到改善，过压成型时的长期键合强度也会提高。Serel 有预交联和可交联两种型号，也可以定制其他不同类型（如过氧化物）和不同的交联程度。固特异公司有关人员介绍说，可以配制不同型号，在保持热塑性弹性体的优点，如循环时间短和设计灵活性的同时，使夹具和密封件性能提高。其适用范围包括水管、下水管、窗户和船只用动力工具和密封件。

同时，Teknor Apex 公司已经开发了一种高性能热塑性硫化橡胶，使用聚丙烯为基体，但硫化相以一种氢化苯乙烯嵌段共聚物（SBC）替代三元乙丙橡胶。生成的苯乙烯类热塑性硫化橡胶（STPV）表现出优异的长期弹性回复，125℃下长期测试压缩变形降低只有 5%，而传统热塑性硫化橡胶为 20%～50%。据报道，STPV 的耐热油和耐溶剂性能也得到改善，拉伸强度最高比传统热塑性硫化橡胶高 20%。

Teknor Apex 公司研究人员指出，其优异性能得益于纳米级（30nm）级硬聚苯乙烯在橡胶相中的二级网络。这不仅增强了交联，也使得 STPV 具有弹性。Teknor 公司的 Uniprene XL 牌号邵尔 A 硬度从 45 到 80，被用于模塑密封件、扣眼、插头汽车管件和波纹管、抛光条、耐候密封件等产品。在这些用途中，据说其性价比高于热塑性硫化橡胶。

美国热塑性工程塑料生产商 RTP 公司已推出一系列具有生物相容性的苯乙烯基热塑性弹性体（TPE）复合物，适用于医疗设备。RTP 2700 SMD 系列中的材料已通过预测试，符合 ISO 标准中的 10993-5/10/11 生物相容性标准，现有材料邵尔 A 硬度范围为 30～80。这种生物相容性复合物是适于许多卫生保健产品的理想材料，因其配方已预先经过细胞毒性、刺激性和急性全身毒性测试，可用于替代医用级热塑性弹性体材料，在硬度和价格方面均拥有竞争力。

日本大金公司采用独特的共交联技术，开发出一种耐热、耐寒、耐油性优良的新型弹性体材料 DAI-EL Alloy，DAI-EL Alloy 是综合性能处于 FKM 和 ACM 之间的一种聚合物合金。其主要特点在于：耐热性比 ACM 高约 25℃；耐油添加剂性、低温性能优于 FKM；压缩永久变形十分良好，密封性能与 FKM 相当。最适用于汽车发动机部位使用的各种橡胶制品。

据报道，美国分销商 Alliance 聚合物公司推出其用于挤出制品领域的 Polymax Maxelast D Series 热塑性弹性体新品，可经济有效地替代硫化胶和三元乙丙橡胶。该热塑性弹性体作为传统热固性橡胶部件的廉价替代品，可用于制备挤出型玻璃装配衬垫和冰箱、洗碗机及其他器具的密封条、十字管接密封垫、梯形支脚、止水片以及低密度吹制密封件。其他应用领域还包括汽车和建筑门窗的密封及太阳能设备等，此款 Maxelast 产品也可共挤出加工。无论是用于室内还是室外，该热塑性弹性体产品都具有耐候性和抗紫外线能力较好，使用寿命较长，质量轻便以及重复加工和循环使用性能较好等优点，另外该产品还易于加工。

另外，还有报道称，美国 ExxonMobil 化学公司开发的新型 Santoprene 121-XXM 200 高流动性热塑性硫化弹性体可增强汽车部件的外观美感，同时提高其加工性能，适合于汽车三角窗和侧固定玻璃所用的玻璃封装耐候密封件等。Santoprene121-XXM 200 热塑性硫化弹性体表现出较低的动力黏度特征，这将增强其在各种剪切速率下的流动性，进而生产出具有良好外观，且无流痕的模压密封件。加工性能的提高表现在，根据零部件尺寸和壁厚的不同，注射压力可减小约 30％～40％，注射温度可降低 10℃，并且还有可能缩短注射周期。

本 章 小 结

HIPS 和 ABS 是通用塑料中合金化最成功，并且应用最广泛的典范。HIPS 的制备主要有机械共混和接枝共聚两种方法，其中接枝共聚是目前生产 HIPS 的主要方法。接枝共聚法生产 HIPS 是以橡胶为骨架，接枝聚苯乙烯单体而制成的。在共聚过程中，也会生成一定数量的 PS 均聚物。聚合过程中要经历相分离和相反转，最终得到以 PS 为连续相、橡胶粒为分散相的共混体系。共聚方法生产的 HIPS 中，大部分还是均聚物 PS，接枝共聚物 PB-g-PS 是少量，还有一些未反应的 PB。所以说，HIPS 是均聚物和共聚物的共混体系。接枝共聚法生产的 HIPS 中，橡胶分散相中包容一定量的塑料相，具有蜂窝状结构。由于橡胶颗粒包容有相当多的 PS，蜂窝状结构的 HIPS 和相同橡胶量的机械共混物相比，橡胶相体积分数大 3～5 倍，大大减小了橡胶颗粒间的距离，强化了增韧效果；接枝共聚的 HIPS，两相界面分散着 PB-g-PS 共聚物改善了界面亲和性，使界面黏结力提高，有利于力学强度、冲击韧性的提高；接枝共聚的 HIPS 分散相中包容有 PS，其模量比机械共混的分散相模量高，这使得 HIPS 不会因橡胶相存在，使模量、强度降低过多；蜂窝状结构的 HIPS，在外力作用下，橡胶粒子赤道平面附近不会像一般橡胶粒子那样产生有害的空洞，有利于大量银纹的形成、发展，从而能吸收更多的冲击能，使冲击强度大幅度提高。

HIPS 的结构受聚合反应过程中剪切力、体系的黏度、橡胶的含量、橡胶中包容物、接枝程度及橡胶分子量等因素的影响。为顺利实现相反转，对聚合液施加剪切力大小要适当，剪切力过小，相反转不能发生；剪切力过高，会造成分散相粒子过小，起不到应有的增韧效果；体系发生相反转时的黏度要控制在一定的范围，黏度太小或黏度过高都不利于相反转；HIPS 中的橡胶含量不宜过大，一般在 12％以下，过高的橡胶含量对相反转是不利的；橡胶颗粒中的 PS 包容量过多，在加工过程中橡胶粒子会破裂，可能使被包容的 PS 产生银纹，导致银纹穿过橡胶粒子，这对增韧效果是不利的；接枝共聚物的形成在聚合过程中起着对两相的乳化稳定作用，对最终产物两相界面黏结力起着决定性作用，并对胶粒尺寸有直接影响，接枝度愈高，橡胶粒子尺寸愈小，要控制橡胶粒子的尺寸，必须控制好接枝度；用于接枝共聚的聚丁二烯橡胶的分子量影响橡胶相的黏度，分子量过高，将推迟相反转的发生，甚至在正常的搅拌速率下无法实现相反转，并且，随着橡胶黏度的增大，胶粒尺寸相应增大，不易破碎成较小的胶粒。

ABS 树脂是目前产量最大、应用最广的聚合物合金。它是由苯乙烯/丙烯腈的无规共聚物（SAN）为连续相，聚丁二烯或丁苯橡胶为分散相，以及"就地"接枝聚合形成的共聚物组成的两相体系，是典型的均聚物和共聚物组成的多元共混物。丙烯腈组分在 ABS 中表现的特性是耐热性、耐化学性、刚性、抗拉强度，丁二烯表现的特性是冲击强度，苯乙烯表现的特性是加工流动性、光泽性。这三组分的结合，优势互补，使 ABS 树脂具有优良的综合性能。

PVC 的共混改性主要是提高其热稳定性和韧性，通过与 CPE 等的共混可以得到改善；聚烯烃强度不高，耐热性不高，染色性差，易应力开裂。通过和其他热塑性材料或弹性体进行共混，聚乙烯某些性能可获得明显改善。工程塑料具有高强度、高模量等特性，其改性的目的主要着重于改善其加工性能。降低成本和特殊的应用特性。不管是哪种合金，相容性都是决定合金性能的关键，因此，对于不相容或热力学相容合金体系，如何提高相容性是保证得到综合性能优良的合金的关键，增容剂的使用被公认为一种有效的方法。

环氧树脂（EP）是一种应用十分广泛的热固性树脂，具有优良的黏结性，较低的收缩率，广泛用作电子材料的浇铸、塑封以及涂料、黏结剂、复合材料基体等方面。但其缺点是冲击韧性差，因此环氧树脂的增韧是热固性树脂合金的重要内容。用具有活性端基的液体橡胶（如 CTBN）增韧环氧树脂，效果显著，但液体橡胶必须是：①至少带有两个可与环氧树脂反应的活性端基；②在固化反应前，液体橡胶能溶于环氧树脂中，以利于两组分进行反应；③固化反应进行到一定程度能发生相分离，形成两相结构。CTBN 中的丙烯腈（AN）含量、CTBN 的分子量、固化剂的类型、固化温度等对增韧效果有很大的影响。

热塑性弹性体（TPE）是指在常温下显示橡胶弹性，而在高温下能塑化成型的一类聚合物，加工方法和一般热塑性塑料相同。热塑性弹性体大多都是两相结构，可以是共聚物也可以是共混物，其组成总包括橡胶相和塑料相两部分，橡胶相主要为材料提供弹性，塑料相主要起增强作用。橡胶相可以处于连续相，也可以处于分散相，这两种情况都能赋予材料优良的高弹性。但是当橡胶分子（链段）处于连续相时，必须是线型（或支化、星型）结构，不需化学交联，否则就不会有高温下的流动性；当橡胶分子处于分散相时，适当的化学交联又成了赋予材料高弹性的关键因素。

共聚型 TPE 的交联网络多数是物理交联型，当其硬段是非结晶性（如 PS）时，常温下的硬段依靠次价力聚集在一起，形成玻璃态微区（分散相），对橡胶链段起物理交联作用，从而约束了橡胶链段（连续相）受外力作用时的相对滑移。同时，玻璃态的塑料相分散于橡胶基体中还具有增强作用，使之具有优良高弹性的同时，还有着较高的机械强度。当 TPE 受热温度升高至硬段（塑料相）的流动温度以上时，玻璃态微区消失，共聚物表现出良好的流动性，因而可像热塑性塑料一样进行挤出、注射、吹塑成型。

共混型热塑性弹性体是指橡胶和塑料按适当比例混合，通过特殊加工技术，如部分动态硫化或全动态硫化技术形成的一类弹性体材料。完全动态硫化的 TPV，橡塑混合比可在较大范围内变化，当橡塑组分比高达 75/25 时，橡胶仍处于分散相，塑料为连续相，尽管橡胶是交联结构，但是交联仅局限于橡胶粒子尺寸范围，因而仍具有良好的加工流动性。

本章还概括了各类合金的改性技术、商业化产品、发展方向及应用情况，为聚合物合金的选用、研究和开发提供理论基础和思路。

思 考 题

1. 简述接枝共聚 HIPS 蜂窝状结构形成机理。

2. 为什么接枝共聚 HIPS 的力学性能优于机械共混 HIPS。

3. 简述 ABS 的相态结构及影响其相态结构的因素。

4. 简述环氧树脂增韧的几个途径。

5. 用具有活性端基的液体橡胶增韧环氧树脂效果显著，但液体橡胶必须具备什么样的条件？

6. 简述 CTBN 中的丙烯腈（AN）含量、CTBN 的分子量、固化剂的类型、固化温度等对环氧树脂增韧效果的影响。

7. 热塑性弹性体的概念？

8. 简述 TPV 相态结构形成机理。

第7章 聚合物合金的进展

>>>> 本章提要

　　本章将介绍聚合物合金的研究和发展近况，主要介绍聚合物合金新技术，包括反应加工技术、IPN 技术、反应器技术等。同时，本章还将概括新型聚合物合金的研究和开发状况，包括功能性聚合物合金、液晶聚合物合金和具有自组装相形态的聚合物合金。通过本章的学习，可以拓展读者聚合物合金化的思路。

7.1 合金化的制造技术

　　20 世纪 70 年代以后，聚合物合金化技术出现了崭新局面，不再是简单共混而已，进入了以增容剂技术为重要特征的合金化技术的第三个发展阶段（第一、第二阶段为简单共混和接枝共聚），研究开发了 IPN 技术、动态硫化技术、反应加工技术、原位微纤化增强技术、自组装技术等。由于这些合金化技术的成功应用，使聚合物合金在形态结构、性能特点、成型方法等方面都有了新的突破，推动着聚合物合金向高性能化、功能化方向发展。

7.1.1 反应加工技术

　　所谓聚合物反应加工（reaction processing for polymer，RPP）技术是指在加工过程中，使不相容的共混物组分之间产生化学反应，从而实现共混改性的方法，即共混物在成型加工过程中完成化学改性。反应挤出（REX）、反应注射（RIM）、动态硫化都是反应加工技术在不同成型方法中的具体应用。

7.1.1.1 反应挤出技术

　　REX 技术把化学改性、熔融混炼、挤出成型三个过程合并一步完成，大大缩短了聚合物高温下的停留时间，不仅节省能耗，而且使高温下的降解反应减至最低程度，有利于合金性能的提高。对降低加工成本、改善环境污染、提高生产效率都有显著作用。

　　反应挤出技术是聚合物加工工艺中最活跃的领域之一，在超韧尼龙的制造等方面已获得成功应用，随着理论研究工作的深入，结合计算机、测试仪器的运用，可以预计，REX 技术将会不断完善，在更广泛的范围获得应用。

7.1.1.2 反应注射（RIM）技术

　　将两种或多种高反应活性的液体（单体）或低聚物按一定比例加入混合器中，在高压（14～20MPa）高温下经激烈混合后，注入模具内，完成聚合、交联固化、成型等一系列过程，此称为反应注射成型（reaction injection moulding）技术。它具有混合速度快，混合质量好，对产品适用性强，产品性能优良，节能、成本低等优点。已成功地在一些热固性树脂、热塑性树脂的共混改性中获得应用。

　　RIM 技术应用于制造尼龙 6 合金，产品韧性好，强度高。为进一步提高 RIM 尼龙的模量，还可将增强填料加到混合物中，进行复合材料注射成型，即增强注射成型（RRIM）。

利用 RIM 技术，用端基为异氰酸酯基的聚硅氧烷改性尼龙，制造耐热性尼龙嵌段共聚物已开发成功。其制品可用作汽车的零部件，如挡泥板、门板、发动机罩等。反应注射技术在热固性树脂方面的应用早于热塑性树脂，在聚氨酯弹性体的成型中应用最多。环氧树脂是成功应用注射成型技术的又一个品种，用带有异氰酸酯基的聚醚和环氧树脂进行反应性共混改性，环氧树脂的冲击强度可显著提高，应用于汽车工业的零部件，具有很大的竞争优势。

7.1.2　IPN 技术

互穿聚合物网络（IPN）是由两种或两种以上聚合物网络相互穿透或缠结所构成的化学共混网络合金体系。IPN 由于其特殊的结构和优异的性能，在聚合物合金领域的地位和作用，是其他类别合金所不能替代的。近年来在研究开发新品种、新工艺的同时，IPN 也大大加快了工业化的进程，应用领域不断扩大，IPN 技术是发展高性能聚合物合金的又一重要方向。

7.1.2.1　IPN 的类型

（1）半互穿 IPN　是指只有一种聚合物形成交联网络，而另一种聚合物是线型结构的共混体系。由这样两种聚合物组成的共混物，虽然对性能改进的程度不及两种聚合物都是交联网络结构的全互穿 IPN，但是，比较容易实现工业化生产和推广，美国在 20 世纪 80 年代初最先推向市场的是有机硅/聚酰胺、有机硅/聚氨酯及有机硅/SEBS 三种半互穿 IPN（商品名 Rimplast）。Rimplast 材料的基体由线型的热塑性塑料组成，如尼龙、聚酯、聚氨酯、聚碳酸酯、聚砜等，分散相是带有特殊官能团的硅树脂，它们在与基体树脂混合后，再在催化剂作用下自身形成交联网络，并可与基体的线型聚合物分子间产生一定数量的化学键，使互穿网络结构得以稳定。由于有机硅的引入，不仅能将硅树脂良好的润滑性、脱模性、耐高温性等优点与基体树脂的特性获得有机地结合，同时还提高了材料的冲击强度、拉伸强度和耐热性。

半 IPN 产品已成功地获得实际应用，如环氧/PU 半-IPN 可作黏合剂，聚丙烯酸酯/PS半-IPN 是一种高抗冲的塑料，PMMA/聚乙基乙烯酮半-IPN 可作光学材料等。

Pandit 等[198]利用化学方法制备了环氧树脂/不饱和聚酯（EP/UPR）的半互穿网络结构合金，UPR 的添加量分别是 5.9％和 11.2％，采用三亚乙基四胺室温固化，发现含11.1％UPR 的合金体系具有最好的机械性能，用芳香族二苯胺（DPA）和对二氨基联苯（Bz）进一步处理，10％的 DPA 和 Bz 分别使缺口冲击强度提高 268.6％和 38.8％，DPA 的加入使拉伸强度提高 45％，而 Bz 使拉伸强度降低 32.8％。

Liu 等[199]用乳液聚合法制备了醋酸乙烯酯-乙烯共聚物（VAE）、丙烯酸-丁酯（BA）和醋酸乙烯酯（VAc）的半互穿网络结构，分散剂和交联剂对制备过程有很大的影响，交联剂对聚合体系的转化率影响很大，乳化剂及其用量影响乳液的稳定性，所制得的互穿网络结构耐水性和黏结性都得到了提高。

（2）热塑性 IPN　若 IPN 中各组分的网络由非共价键相互作用而形成，这类材料可像一般热塑性塑料一样进行成型加工，形成网络的键可以是氢键、离子键，或者是嵌段共聚物中的玻璃态微区、结晶态微区的物理交联。制备热塑性 IPN 可用机械共混和化学共混。机械共混 IPNs 即在熔融状态或在共同溶剂下的机械共混，包括属于反应性共混的动态硫化型热塑性弹性体；化学共混 IPNs（又叫模板聚合技术）把单体Ⅱ溶胀到聚合物ⅠⅡ中或在单体Ⅱ中溶解聚合物Ⅰ，并就地聚合形成 IPNs。例如，SEBS/聚（苯乙烯-甲基丙烯酸钠）共聚物是用化学法制备热塑性 IPN。其方法是，先用苯乙烯和甲基丙烯酸（90/10）溶胀

SEBS，然后进行热聚合，再将聚合所得的共混物转移到密炼机中进行熔融混炼并缓慢加入一定量的氢氧化钠水溶液，水蒸发后便得到热塑性 IPN。又如，用 SEBS/PA（或热塑性聚酯）进行熔融共混制备热塑性 IPN，它们分别由玻璃态和结晶态微区的物理交联作用形成两个交联网络。聚酰胺这类高熔点树脂通常是和 SEBS 嵌段共聚物不相容的，如果只是简单的混合而不形成网络的互穿，则不能得到具有良好性能的弹性体。

（3）梯度 IPN　一般 IPN 材料在宏观上都是均匀的。然而梯度 IPN 的宏观结构是不均匀的。结构随位置而变化，材料中的组成发生不连续的阶梯式变化，如按线型的、S 形的或抛物形的梯度变化。

制备梯度 IPN 的方法是将聚合物网络 1 的材料放入单体 2 中溶胀（单体从一面溶胀或从两面溶胀均可），在溶胀过程未达到平衡状态时，便迅速引发第二种单体聚合，使第二种聚合物形成由表至内的浓度梯度。例如将交联的 PS 和 PMMA 板材，把它们分别浸入丙烯腈和丙烯酸甲酯中，浸渍一定时间后，用紫外线照射进行光照聚合即得梯度 IPN。

（4）交联 IPN　在两个交联互穿网络之间也存在化学键的体系称交联 IPN。很多橡胶/橡胶共混物制品，它们都是先用线型的橡胶进行共混，然后将共混物用硫黄等硫化剂进行共硫化，不仅同种橡胶中发生交联反应，同时不同橡胶分子间也会形成化学键。很多汽车轮胎实际上都是交联 IPN，如 SBR/BR 胎面胶就是将丁苯胶的耐磨性和顺丁胶优良的弹性有机结合在一起的交联 IPN。

7.1.2.2　IPN 的制备方法

（1）顺序 IPNs（sequential IPNs）　顺序 IPNs 的制备方法是先制备一种交联聚合物 I，再将聚合物 II 的单体与引发剂、交联剂混合后加入交联聚合物 I 中，然后在特定反应条件下使聚合物 II 单体聚合，并与交联聚合物 I 互穿，即形成 IPNs。若构成 IPNs 的 2 种聚合物都是交联的，则称为完全 IPNs。若仅有 1 种聚合物是交联的，另一种聚合物是线性的，则称为半互穿-IPNs。2 种网络的网链间无化学作用，仅存在物理的相互贯穿。改变反应顺序可制得相应的逆-IPNs。Patri[200] 采用顺序互穿的方法制备了丁苯橡胶和聚甲基丙烯酸酯类 IPNs，IPNs 的拉伸性能和动态机械性能明显优于纯丁苯橡胶。其中 PMMA IPNs 显示出较高的拉伸强度和断裂伸长率。Raul 等[201] 制备了氨基甲酸酯改性醇酸树脂/聚甲基丙烯酸丁酯（UA/PBMA）顺序半互穿-IPNs 和顺序全互穿-IPNs 材料。半互穿-IPNs 和全互穿-IPNs 的拉伸强度随着 PBMA 在 IPNs 中含量的增加呈递减趋势，且半互穿-IPNs 比全互穿-IPNs 具有更高的伸长百分率。这可能是由于在半互穿-IPNs 中组分之一是线性的，具有较高的流动性；而在全互穿-IPNs 中较高的交联密度限制了 PBMA 链的运动。

（2）同步 IPNs（simultaneous IPNs）　在同步 IPNs 法制备互穿网络聚合物中，2 种聚合物是同时生成的，不存在先后次序。其制备方法是：将 2 种不同类型的单体与引发剂、交联剂混合均匀，然后按不同反应机理同时进行 2 个互不干扰的平行反应，得到 2 个互相贯穿的聚合物网络。应当指出，在同步 IPNs 中，2 种组分的聚合速率一般并不相同，虽然同时开始聚合，但 2 种聚合物网络形成的速度是有快慢的。所以同步 IPNs 只是对制备方法而言，并非真正意义上的 2 种网络同时形成。同步 IPNs 与分步 IPNs 相比具有初始黏度小、易成型加工的特点，此外，更易得到互穿程度高的聚合物网络。该法广泛用于聚氨酯类互穿网络聚合物的制备。Eren 等[202] 研究了溴代丙烯酸蓖麻油基聚氨酯同步互穿网络聚合物的性能特点，研究表明，所制得的 IPNs 材料具有良好的耐热性，在 25～240℃ 范围内的热失重只有 6%～10%，500℃ 左右才有明显的失重。在室温条件下与其他 IPNs 材料相比，甲基丙烯酸甲酯型 IPNs 显示出最高的玻璃化转变温度（$T_g = 126℃$），而苯乙烯型 IPNs 具有最高的储能模量（$8.6×10^9 Pa$）。

（3）胶乳 IPNs（latex IPNs，LIPNs）　LIPNs 是指用乳液聚合法制得的 LIPNs，是目前 LIPN 应用技术方面最活跃的领域之一，某些品种已进入工业化生产。它可克服一般 IPN 难以加工成型的缺点，应用领域十分广泛。因为互穿网络仅限于各个乳胶粒范围之内，所以也称微观 LIPNs。LIPNs 有两种情况：①将交联的聚合物 I 作为"种子"胶乳，加入聚合物 II 的单体、交联剂和引发剂，使聚合物 II 的单体在"种子"乳胶粒表面进行聚合和交联，制得的 IPNs 具有核壳结构；②2 种含交联剂乳液的共混体系通过交联反应制得 LIPNs。

① LIPN 乳胶粒的形态结构　LIPN 结构有两层、三层、多层等多种类型，各层的交联情况又有全交联、部分交联、都不交联三种。每层都有其独特的功能，因而可通过层之间的协同效应制得集各种优良性能于一身的 IPN 材料。以三层 LIPN 为例，各层的聚合物排列又有橡胶（软组分）包裹塑料（硬组分）或塑料包裹橡胶之分，组合后的类型有软-硬-软、硬-软-硬、软-硬-硬等。组分相同，组合方式不同，形成的 LIPN 形态结构及性能大不一样。不论是哪种类型的 LIPN，为了便于成型加工，各层聚合物的交联程度都不宜过大。

LIPN 乳胶粒结构模型，种子乳胶粒（聚合物 1）构成核（芯），聚合物 2 构成壳。但事实上仅当单体 2 完全不溶胀聚合物 1，而聚合物 1 的亲水性又远比聚合物 2 小，才可能形成这种理想的核壳结构。

实际上，每种 LIPN 的具体形态结构受很多因素的影响，单体的加入方式，单体 1、单体 2 及聚合物 1、聚合物 2 相对亲水性的大小等。在不同条件下会形成各种不同的形态结构。如一般芯壳结构、反芯壳结构、浆果状结构、半月状结构等。

② LIPN 的性能和应用　LIPN 可视为胶粒范围的分步 IPN，不同的是在 LIPN 的情况下，聚合物 2 构成连续性较大的相，这和分步 IPN 的情况正好相反，但两者对玻璃化转变行为的影响基本一致。当两种聚合物间相容性较好时，两个 T_g 相互靠近，形成一个宽广的转变区，这对作阻尼材料尤为有利。

LIPN 在力学性能上与 IPN 有相似之处，表现为明显的协同效应，良好的综合性能，不符合简单的混合法则。由于相之间的互穿，其力学性能常优于同组成的一般共混物和共聚物。LIPN PBA/PS 力学性能与交联程度、聚合顺序、PBA 含量有关，组成相同而聚合顺序不同时，产物的性能相差很大。当 PS 为种子时，颗粒间的相互作用来自于强度较小的 PBA，PS 对体系无明显增强效应。当以 PBA 为种子时，形成两相连续的交织网络，颗粒间相互作用来自于强度高的 PS 链，因而产物的力学强度明显提高。夏修旸等[203]采用甲苯-异氰酸酯、聚丙二醇和环氧树脂等原料合成了聚氨酯（PU）/环氧树脂（EP）胶乳互穿聚合物网络。所制备的 PU/EP LIPN 在分子尺度上为完全的均相互穿，且胶乳粒子具有非核壳结构。当 EP 含量小于 30% 时，主要表现出 PU 网络的性质；EP 含量大于 30% 时，为 EP 网络的性质。PU/EP LIPN 具有良好的力学性能，表现出 PU 与 EP 之间良好的协同效应。

LIPN 的最大特点是，能采用热塑性聚合物的加工成型方法成型。因为其交联互穿网络仅局限在乳胶粒尺寸范围内，受热时仍可发生流动，流动单元为轻度交联的、易变形的、微米级乳胶粒。同时，温度和增塑剂对 LIPN 体系的黏度影响较小。因为当核层和壳层都为网络结构时，作为流动单元的粒子形态是稳定的，外界条件的变化对其流变性能影响不大。

LIPN 可根据实际应用对材料性能的要求，合理地设计，制造成不同组成的多层结构，每层的组成还可加入其他单体进行改性。这样，LIPN 材料就有可能把多种聚合物的优良性能集于一身，从而可明显地提高聚合物耐水、耐磨、耐候、耐辐射、透明性、拉伸强度、冲击强度及黏结强度等性能，并可显著地降低成膜速度，改善加工性能。

LIPN 可以乳液形式直接使用，也可凝析成粉末状固态物料再成型加工，应用范围十分广泛，在塑料改性、橡胶增强、涂料、黏合剂、阻尼材料、医用高分子、纺织助剂、皮革涂层等领域都有宽广的应用前景。

7.1.2.3　IPN 的应用新进展

由于 IPNs 材料具有强迫互容性，因而使不完全互容聚合物可以被人为地从动力学上控制相分离程度，从而产生特殊的"协同效应"，致使其机械、热学和阻尼等性质在特定组成下出现极值。因此，20 世纪 80 年代以来，IPNs 在补强橡胶、增韧塑料、热塑性弹性体、阻尼材料及复合材料等方面获得了广泛应用，而且随着 IPNs 研究的不断深入，其在功能材料方面的研究又有了一些新的应用进展[204]。

（1）橡塑改性领域　IPN 用于橡塑改性主要有两种途径：其一，通过调整 IPNs 组分达到改性的目的；其二，通过 IPNs 方法合成改性剂，再与待改性的基体共混达到改性目的。最典型的例子是由 EPDM 与等规聚丙烯制备热塑性弹性体的方法。用 LIPNs 方法合成塑料改性剂近年来发展很快，以这种方法合成的聚丙烯酸酯（ACR）类改性剂和 MBS 树脂已经投入市场。

（2）减震阻尼材料当聚合物与振动物体接触时会吸收一定的震动能量，结果使震动受到阻尼。

在聚合物玻璃化转变温度（T_g）范围之内，对震动能的吸收最大，阻尼作用最强。一般均聚物和共聚物的 T_g 范围很窄，因此在减震、阻尼方面的应用受到限制。两种聚合物共混时常可以加宽 T_g 范围，特别是当两种聚合物制成 IPNs 时，T_g 范围加宽的效果更显著。例如，聚丙烯酸乙酯（PEA）/聚甲基丙烯酸甲酯（PMMA）形成的 IPNs，其 T_g 范围可以达 100℃，因而具有良好的阻尼性能[205]。

（3）人造革　IPNs 技术用于皮革改性具有广阔的前景。在鞣革、涂饰方面，IPNs 技术都具有很大的市场。常用单体为丙烯酸酯类、苯乙烯、乙烯基单体等。例如，德国拜耳公司将 IPNs 技术用于 PUR 涂饰剂的制备，制得了性能优越的皮革涂饰剂。

（4）涂料工业　Shailesh 等[206]制备了耐热 IPNs 涂层。研究显示互穿网络聚合物分子中产生了 Si—O 键，且硅晶粒均匀地分散在环氧树脂内部，因此材料的耐热性及耐盐雾性均有明显的提高。Simi 等[207]通过紫外线-热双固化制备了互穿网络聚合物，可用于制备固化快、耐划痕的汽车修补漆。其中超支聚酯丙烯酸酯（HBP）部分通过紫外线固化，而聚氨酯部分则通过热固化来实现。单一的 T_g 显示 IPNs 是均相而未发生相分离。HBP 在IPNs 中起增塑剂的作用，随着 HBP 的增加，IPNs 的 T_g 降低，交联密度增加而弯曲性降低；当 HBP 与丙烯酸-2-乙基己酯的质量比为 50/50 时，IPNs 的热稳定性最好。

（5）反应注塑和模塑制品　反应注塑已广泛用于制备高模量的塑料制品。例如，将 PUR 与 CER、不饱和聚酯以及甲基丙烯酸类单体等复合生成以 PUR 为基体的 IPNs，可以提高反应注塑制品的模量。一般模塑材料是在不饱和聚酯、苯乙烯混合物中添加填充物制得。但是填料容易沉降，而使填料分散不佳，可以采用 IPNs 技术来克服这些缺点，得到质量稳定的制品。例如，在不饱和聚酯/苯乙烯体系中引入 PUR，由于 PUR 可先生成网络而使体系黏度增加，从而防止填料下沉[208]。

（6）离子交换树脂　IPNs 技术制备离子交换树脂可追溯到 1955 年。用 IPNs 方法制备离子交换树脂时，IPNs 中的一种聚合物网络是高度交联的，它赋予离子交换树脂必要的力学强度；另一种聚合物网络轻度交联、易溶胀，赋予离子交换树脂必要的离子交换能力[209]。

（7）导电材料　利用 IPNs 导体具有较高的室温离子电导率和较好的机械性能的特性，开发出具有潜在应用背景的固体电解质材料。Lee 等[210]制备了环氧（EP）/磺化聚酰亚胺（SPI）IPNs 半互穿网络聚合物。SPI-EP IPNs 在室温下显示出良好的成膜特性和机械性，与商品化的 Nafion 117 质子交换膜相比，SPI-EP IPNs 电导率随温度的升高而增加得更迅速，并显示出较低的甲醇渗透性。Fu[211]采用苯乙烯、p-乙烯基苄氯和二乙烯基苯在聚氯乙烯（PVC）薄膜上浸渍共聚，再与甲基丙烯酸丙酯三甲氧基硅烷反应，后经溶胶-凝胶、磺化反应等制备了一系列用于甲醇燃料电池的半互穿聚合物网络共价有机/无机复合质子导电膜。共聚物互穿链在 PVC 薄膜上生成半互穿网络结构，无机硅构成了其中的嵌段共聚物，这些特点使得膜具有较高的机械强度。且随着二氧化硅含量的增加，质子电导率和水含量降低，氧化稳定性提高；甲醇渗透性和甲醇吸收性随二氧化硅含量的增加而大幅度减低。

（8）药物控释体系　疏水性聚合物以一定的浓度梯度分布于亲水聚合物外层构成 IPNs 膜可制备新型药物控释体系。Banerjee 等[212]利用"油包水"（w/o）乳液交联方法制备羧甲基纤维素钠（NaCMC）和聚乙烯醇（PVA）聚合物互穿网络，用于口服非甾体抗炎药双氯芬酸钠（DS）的可控释放。研究了不同配比微球在酸性和碱性条件下的药物释放，所有配方都表现出较好的物理化学特性和体外释放行为，释放机制遵循非纯 Fickian 扩散（Non-Fickian）机制。表明：载 DS 的 IPN 微球适合于口服控释药领域的应用。Ekici 等[213]研究了用于运载肠胃道药物的壳聚糖基互穿网络水凝胶，水凝胶的整体孔隙度由戊二醛的浓度控制。水凝胶中药物释放取决于介质中 pH 值的大小及 IPN 中交联剂的比例，释放机制遵循非纯 Fickian 扩散（Non-Fickian）机制。Wang 等[214]采用自由基聚合技术获得了聚丙烯酸/三唑改性聚乙烯醇互穿网络聚合物（TMIPNs），IPNs 中三唑的引入降低了交联度从而导致 T_g 的降低。扫描电镜研究表明：TMIPNs 干凝胶在 pH 值为 7.05 和 10.02 的水溶液中显示出较松散的结构，表现出较高的溶胀/消胀速率和平衡溶胀度，TMIPNs 水凝胶在研究范围内具有较好的 pH 和盐敏感性能，TMIPNs 的控制释放和溶胀/消胀行为受 pH 值、盐和其他的物理刺激影响。

（9）功能膜　功能膜材料则是利用膜的选择透过性来实现分离（气体或液体）、提纯、离子交换等目的。Jamal[215]等采用溶胶-凝胶技术，通过双马来酰亚胺在聚醚酰亚胺和聚砜中原位聚合制备了半互穿网络聚合物，得到的聚合物密度低于热塑性聚合物，且在相反转时水更容易渗透。T_g 有所提高，但热稳定性降低。在常温条件下，这些半互穿网络聚合物与原料聚合物相比，显示出优异的气体分离特性。例如，在气体分离试验中，渗透率提高了 12～15 倍，而空气中，氧氮分离性能并未出现明显降低。

随着 IPN 技术的成熟和品种的增多，IPNs 的应用渗透到多个领域，其中比较突出的主要有以下领域。

①电子、电气工业是 IPNs 应用前景广阔的一个重要领域。用作电子部件灌封材料的 IPNs 已令人注目。PA/硅树脂类型的 IPNs 可望大量用在电线、电缆的绝缘材料和管材；②在汽车工业中，为减轻质量大量采用各种模塑和反应性注塑制件。由于 IPNs 的高强度、高冲击性能，IPNs 可望在汽车工业获得广泛的应用；③在医疗器械、减震以及特性涂料和黏合剂等方面也有巨大潜力。

7.1.3　反应器合金

反应器合金技术是将聚合反应生成的聚合物直接经反应器制备得到弹性体和热塑性塑料的过程，该方法不需合成橡胶粉碎和共混挤出过程，其中最具代表性的技术是聚烯烃热塑性弹性体的反应器合成，直接用反应过程中生成的 PE 替代 EPDM，节约了生产成本。

随着世界经济的高速发展，市场对反应器合成 TPO 的需求量越来越大，且该方法生产 TPO 的性能优越，是今后 TPO 发展的主要方向。如 Basell 公司采用特种催化剂在聚合阶段制备软聚合物，反应器直接制备 TPO 大大降低产品成本，Exxon Mobil 公司开发的新型反应器结合茂金属技术制得柔性聚烯烃（TPOs），实现了硬度和冲击的平衡。

目前，反应器合成 TPO 产品一种是釜内合金，另一种则是茂金属聚烯烃弹性体。反应器合金的关键是工艺制备技术，目前应用较多的工艺制备技术有 Montell 公司 Catalloy 工艺、日本三井公司 Hypol 的釜式工艺和 Dow 公司 Unipol 气相工艺。茂金属聚烯烃弹性体的关键是茂金属催化剂，这种催化剂使用了限定几何构型，具有合成简单、均聚和共聚性能优异等特点。欧美国家已经开始使用反应器技术制备热塑性聚烯烃，并将逐渐替代混合技术制备热塑聚烯烃，而我国反应器合成 TPO 技术正处于研发起步阶段。

除了聚丙烯反应器合金外，聚酰胺反应器合金也有研究和报道，这里重点介绍聚丙烯反应器合金。

聚丙烯釜内合金技术是伴随着 Ziegler-Natta 催化剂体系和茂金属催化剂体系技术的不断进步而发展起来的，20 世纪 80 年代中后期 Basell（前身是 Himont Montell）公司在 Ziegler-Natta 催化剂体系的基础上发展了革命性的反应器颗粒技术（reactor granule technology，RGT），它通过控制烯烃单体在多孔球形载体催化剂上聚合增长得到完全复制催化剂形态的聚合物粒子，该粒子具有球形多孔结构，可作为微反应器进行多种烯烃单体的共聚生成聚烯烃合金，该技术使多单体分级共聚成为可能，制备新材料的自由度大大增加。基于这一概念开发了一系列先进的烯烃聚合工艺技术，包括已广泛应用的聚丙烯 Spheripol 工艺、Catalloy 工艺以及多催化剂反应器颗粒技术和多区循环反应器技术 Spherizone 等新工艺[216]。

7.1.3.1　Catalloy 技术

Basell 公司开发成功的 Catalloy 工艺是应用粒子反应器技术最成功的范例。首先进行丙烯均聚，制得多孔球形等规聚丙烯（i-PP）粒子，并在粒子内部保存大量活性中心；再将活性粒子引入第二反应器，通入第二单体、第三单体或它们的混合物，在 i-PP 粒子内部进行均聚或共聚。无论是本体聚合、气相聚合还是淤浆聚合，应用粒子反应器技术所得结果完全相同。例如，本体与气相相结合的聚合工艺有以下特点：①产物许多重要指标，如分子量、分子量分布、结晶度以及共聚物组成可自由调控；②在球形多孔聚丙烯粒子内部进行乙丙共聚时，无定形乙丙共聚物被包埋在 i-PP 粒子硬壳内部，有效地避免了粒子间黏结。传统聚合工艺中，在 i-PP 中最多可引入 15% 乙丙共聚物，而采用 Catalloy 工艺可引入高达 70% 甚至 80% 共聚物而不会出现黏釜问题；③由于第一段均聚所得的 i-PP 粒子内部均匀分布着大量空隙，具有类似海绵状结构，因而引入第二单体、第三单体后填满这些空隙，得到互穿网络结构，即两相均为连续相，这种结构使合金各种机械性能互补，抗冲性、硬度、拉伸性能可与许多非烯烃树脂如尼龙、PET、PVC 等媲美；④在聚合釜内可直接生产适合于各种用途专用料的聚丙烯釜内合金，且成本低、性能好。

1988 年 Basell 公司建立第一套 Catalloy PP 工业化生产装置，十年后该公司三套 Catalloy

装置的总生产能力已达 35 万吨/年。Basell 的 Catalloy 合金获得了广泛应用,例如,Hosta-com CA 199P 含有 70%的弹性体,脆化温度为−51℃,是首例模塑着色反应器 TPO,具有低温韧性,用于 2006 款 Buick Lucerne 安全气囊罩,获得 SPE 汽车大奖的材料革新奖。Ford 汽车公司 2005 型 Freestar 小货车的仪表板及立柱使用了两种 Catalloy 合金,Adflex KF051P 用于 A、B 下柱以及 C、D 上柱,其 MFR 为 10,弯曲模量为 820MPa,23℃时的缺口 Izod 冲击强度为 52kJ/m²,−40℃的为 8kJ/m²;Hostacom XFBR712A 替代 PC/ABS 用作仪表板基材,具有工程塑料的力学性能,聚烯烃的易加工性,其 MFR 为 6,邵尔 D 硬度为 58,弯曲模量为 1800MPa,缺口 Izod 冲击强度为 34kJ/m²,−40℃时为 3kJ/m²,0.455MPa 下的 HDT 为 100℃,1.82MPa 的 HDT 为 55℃。该 TPO 具有出色的耐化学性,减少噪声,同时还具有易焊接性,减少了部件的复杂程度,同时增加整体的刚性。

7.1.3.2 多催化剂粒子反应器技术

Basell 公司将茂金属催化剂与粒子反应器技术结合在一起发展了多催化剂粒子反应器技术,该技术是用粒子反应器技术合成多孔 i-PP 球形粒子作茂金属催化剂的载体,使茂金属催化剂引发的聚合继续复制第四代 Ziegler-Natta 催化剂形貌,得到非均相催化剂,共聚单体高达 80%时,仍具有很好的流动性。

多催化剂粒子反应器技术共分三步:第一步,丙烯在活性 MgCl₂ 负载催化剂上增长,并完全复制催化剂结构,得到活的、球形、多孔粒子反应器,制得粒子反应器孔隙率在 10%以上;第二步,使 Ziegler-Natta 催化剂失活;第三步,由茂金属催化剂在气态下引发共聚,共聚单体除乙烯外还可用碳原子为 2~10 的其他 α-烯烃。多催化剂粒子反应器技术将 Ti 系催化剂优良的控制粒子形貌能力与 Zr 系催化剂单一活性中心特点成功地结合在一起,不但能控制产品粒子大小和粒径分布,还能精密控制共聚物分子量分布和链段长度分布,制得各方面性能均优良的聚烯烃产品。

7.1.3.3 Hivalloy 和 Homoalloy 技术

20 世纪 90 年代初,Basell 公司又推出了 Hivalloy 技术,即将非烯烃功能性单体引入到用第四代 Ziegler-Natta 催化剂合成的多孔 i-PP 球形粒子中进行聚合,在反应器中直接合成 i-PP/非烯烃聚合物合金。苯乙烯、丙烯腈、甲基丙烯酸甲酯等极性功能性单体的引入可以制得高热变形温度、高抗冲性和耐化学腐蚀合金,这些合金是无法用传统共混技术制得的。例如,1995 年该公司推出商品化 Hivalloy PP-PS 合金,这种合金不但具有 PP 赋予的质轻和耐化学腐蚀等优点,且具有 PS 赋予的高刚性,该合金中 PP 占 70%、PS 占 20%、PP-g-PS 占 10%,其抗冲性和刚性超过了传统 PP,其中 PP-g-PS 是相容剂。该公司还将把茂金属催化剂用于 Hivalloy 技术,制得新型工程塑料。Hivalloy PP 反应器合金成为最好的工程塑料之一,其耐候性和光泽性使其可与 ABS 和 PC 相竞争,且成本较低。

Basell 公司进一步提出了 Homoalloy 概念,即应用粒子反应器技术制备以聚丙烯为基体的工程塑料,可这种材料中只含有碳和氢两种原子。

7.1.3.4 Spherizone 工艺

Basell 公司接着又开发的一种多区循环反应器(MZCR)技术,人们称之为 Spherizone 工艺,它代表了目前聚丙烯生产工艺的最高水准。Spherizone 的概念开发始于 20 世纪 90 年代晚期,巴塞尔的工程师为发挥世界上应用最广泛的 Spheripol 技术的潜力,创新性地将循环床的概念应用于聚合过程,开始建立了 100kg/h 的中试工厂。1999 年,产量为 500kg/h 的中试工厂开始运作,仅仅三年后就在意大利 Brindisi 建成了第一套工业化装置,产量约

20t/h。

Spherizone 循环反应器有两个互通的区域，起到由其他工艺的多个气相和淤浆环管反应器所起的作用，这两个区域能产生具有不同分子量和/或单体组成分布的树脂。用 Spherizone 工艺技术得到的聚合物材料更加均一且容易加工，树脂具有较少的凝胶，挤出和造粒需要的能量减少。这种独特的环状反应器能生产聚丙烯共聚物、三元共聚物、双峰均聚物和具有更好刚性/韧性平衡、耐热性、熔体强度的反应器共混物。该反应器也可再连接 Basell 公司的气相反应器，生产具有更高冲击强度或较大柔性的多相共聚物。Spherizone 工艺技术的投资和运转费用与 Spheripol 工艺相近，但是牌号切换较快，牌号切换费用较低。据称，该技术生产聚丙烯的利润是传统方法的 2 倍。

从 2003 年开始 Basell 公司向全球转让技术，我国中石化天津石化公司和中石油大庆炼化公司在建的各 30 万吨聚丙烯装置上采用该技术。迄今为止，全球采用该技术的聚丙烯产能已超过 300 万吨。

用 Spherizone 工艺生产的 PP 合金典型产品性能如下：熔体流动速率 25g/10min；拉伸强度 19MPa；弯曲模量 950MPa；Izod 缺口冲击强度 500J/m；－40℃ 100J/m；Vicat 软化温度（10N）140℃；HDT（0.455MPa）89℃。

7.1.4　增容剂技术

聚合物合金能获得今天这样的成就，可以毫不夸大地说，增容剂技术起了关键性作用。而聚合物合金的进一步发展，仍然依赖于增容剂技术。近年来，增容剂的品种、应用和增容效果都有了新发展，特别是"就地反应型"增容剂在越来越多的聚合物合金体系中的成功应用，使合金化技术面貌焕然一新。其详细内容已在 1.5.3 节中作了介绍，这里就不再重复。

7.2　功能性聚合物合金

功能性聚合物合金（functional polymer alloy）是一类具有高附加值和特殊功能的聚合物材料。近年来先后研究开发了各种功能性弹性体和塑料合金，而且很多品种已实现工业化或正在趋向工业化。

7.2.1　生物降解性聚合物合金

随着塑料在各行各业的普遍应用，大量的不可分解的聚合物垃圾，不但污染了城市环境，同时也污染了海洋和农田，已成为严重的社会公害。以往大部分聚合物废弃物的处理方法是焚烧或填埋，但那样做对空气污染和土质变坏的问题仍相当严重，研究开发可分解性聚合物是解决废弃物污染最有效的方法。可分解性聚合物大体上可分为三大类：光分解性、生物分解性、生物/光分解性。从实用性出发，开发后两类可分解性聚合物意义更大。生物降解性聚合物可分为天然可降解聚合物和合成可降解聚合物。以下主要介绍合成生物降解性聚乳酸合金的发展状况。

聚乳酸 PLA [poly（lactic acid）]来源于可再生资源农作物（如玉米、高粱、秸秆、木薯等），其最突出的优点是生物可降解性，其使用后能被自然界中微生物完全降解，最终生成二氧化碳和水，不污染环境，对保护环境非常有利。同时聚乳酸的广泛使用还可以缓解目前全球共同面临的可持续发展难题——资源危机和温室效应。对我国来说，还可以缓解我国农产品出路问题。聚乳酸由于具有很好的力学性质、热塑性、成纤性、透明度高，适用于吹塑、挤出、注塑等多种加工方法，加工方便，部分性能优于现有通用塑料聚乙烯、聚丙烯、聚苯乙烯等材料。因此，采用聚乳酸替代现有石油基高分子材料是一个能同时解决资源和环境问题的完美选择，聚乳酸已被全球公认为新世纪最有发展前途的塑料。作为最重要的生物质高分子材料，有人大胆预言：在不久的将来，以聚乳酸基材料为代表的"绿金材料"（来源于农作物）将替代聚烯烃为代表的"黑金材料"（石油基合成树脂）制备各种塑料和纤维制品。

作为一种可降解材料，聚乳酸在有诸多优良性质的同时，也存在一些缺点，如：①聚乳酸成本限制，最终聚乳酸产品价格一般比 PE、PP 产品高 50%，使其仍被限制于高端、低容量的市场；②聚乳酸本身性能的局限，使得不同的制品对原料性能的要求也千差万别，因此没有足够的改性复合与加工技术成为限制聚乳酸发展的最核心的问题，性能问题同时可以转化为成本问题（如厚度较大的膜）；③加工与应用技术缺乏，由于聚乳酸树脂的应用广泛性，如何形成系列化制品加工技术，是亟待解决的技术。因此除了聚乳酸的制备外，聚乳酸的改性和聚乳酸的加工技术研究同样是聚乳酸能否真正成为广泛使用的高分子材料产品的关键问题。

7.2.1.1　PLA 完全生物降解共混体系

组成共混体系的另一组分是完全生物降解的高分子。这类共混材料使用后，在自然条件下可以被逐渐破坏，最后被完全降解为小分子，与环境同化，从而在根本上解决塑料消费后造成的污染问题。像这样完全生物降解高分子有生物合成的聚羟基脂肪酸酯（PHA）、化学合成的聚（ε-己内酯）（PCL）、聚氧化乙烯（PEO）、聚 N-乙烯基吡咯烷酮（PVP）、苯二甲酸-己二酸-1,4-丁二醇三元共聚酯（PBAT），还有天然大分子，例如淀粉等。

（1）PLA/PHA 共混体系　PHA 是由微生物合成的最具有代表性的一类脂肪族聚酯。由于 PHA 具有同通用塑料相似的热塑性，又能够在环境中完全降解为水和二氧化碳，因此，作为生态环境材料而受到重视。PHA 的分子式为：

$$\underset{n}{\left[\!\!\!\begin{array}{c} R \\ | \\ CH-CH_2 \end{array}\!\!\!-\!\!\!\begin{array}{c} O \\ \| \\ C-O \end{array}\!\!\!\right]}$$

式中，R 为正烷基侧链，范围从甲基至壬基。当 R 为—CH$_3$ 时，PHA 为聚 3-羟基丁酸酯（PHB），是 PHA 中发现最早且研究最为深入的一种。

在 PLLA 与 PHB（$M_w = 650000$）的共混体系中，各组分的分子量对体系的相容性影响很大，特别是 PLLA 的分子量决定了共混组分的相容性。当 PLLA 的分子量高于 20000 时，在 200℃时发生相分离；而当 PLLA 分子量低于 18000 时，组分表现为完全相容[217]。同样 Ohkoshi、Abe 和 Doi 研究 PLLA（$M_w = 680000$）和无规立构的 PHB（ataPHB）的共混体系[218]，从玻璃化转变温度的变化分析，PLLA 同高分子量的 ataPHB（$M_w = 140000$）共混，共混物有两个介于纯 PLA 和纯 PHB 的玻璃化转变温度（59℃和 0℃）之间的玻璃化转变温度，说明两组分是不相容的；而 PLLA 同低分子量的 ataPHB（$M_w = 9400$）共混，直至 ataPHB 的含量达到 50% ，共混物仍只有一个玻璃化转变温度，从而可以认为该体系是相容的。

（2）PLA/PCL 共混体系　PCL 的 T_g 在 -60℃，T_m 在 60℃左右。将 PLA 和 PCL 共混，共混物存在两个明显的玻璃化转变温度，PLA/PCL 共混体系是不相容的。为了改善不相容组分相界面之间的黏结力，在混合过程中可以加入催化剂，通过组分之间发生化学反应来改善不相容共混体系的相容性。Wang[219] 等在 PLLA/PCL 体系中，以亚磷酸三苯酯

（TPP）为催化剂，在熔融状态下进行混合。结果表明，在共混过程中发生酯交换反应，生成界面相容剂，促进组分均匀分布，提高体系的机械性能。基于这种思想，Dell′Erba等[220]在 PLLA/PCL 共混体系中加入三嵌段共聚物 PLLA-PCL-PLLA，用以增进两组分的相容性。

（3）PLA/PBAT 共混体系 PLA 质脆、韧性和抗冲性差，Ecoflex® 是由 BASF 公司研发的聚对苯二甲酸-己二酸-1,4-丁二醇三元共聚酯（PBAT），也是一种可完全生物降解的材料，并兼具了 PBA 链段的柔顺性及 PBT 链段的耐热性和冲击性，因此将 PBAT 与聚乳酸共混改性可以有效提高聚乳酸的性能。但是 PLA 与 PBAT 的相容性不佳，导致 PLA/PBAT 的共混物力学强度降低较多。为了能扩大其应用范围，须在共混物中引入增容剂以减小两相界面张力，增大界面结合力，改善共混体系的力学相容性和冲击性。如 Joncryl ADR-4368 为增容剂，可以增加 PLA/PBAT 共混体系的界面结合力，从而提高共混物的拉伸强度和断裂伸长率；Joncryl 的加入导致结晶温度向高温方向偏移和结晶度下降；SEM 断面形貌表明增容剂 Joncryl 的加入使得共混两组分之间有较强的界面结合力，增容效果显著[221]。Shahlari 等[222]用 PLA 来提高 PBAT 拉伸强度和弯曲强度，并用 OMMT 改善 PLA 和 PBAT 的相容性，使分散相粒径降低。

（4）PLA/淀粉共混体系 淀粉是一种可再生可降解的天然高分子，产量丰富，价格低廉，通常以颗粒形式存在于玉米、小麦、大米和土豆等大量的植物中。将 PLA 与淀粉共混，可以降低 PLA 的价格，改善它的降解性。Ke 等[223]研究了淀粉中原始水含量（MC）以及加工条件对 PLLA/淀粉体系的物理性能影响。MC 及淀粉凝胶化程度对 PLLA 的热力学和结晶性能以及淀粉/PLLA 间的相互作用影响较小，而淀粉中 MC 的含量对体系的微观形态有很大的影响，MC 低含量的淀粉只是起到填料的作用嵌入 PLLA 的基体中，高含量的淀粉在共混体系中发生糊化，使共混体系更加趋于均一。另外，加工条件还影响 PLLA 淀粉体系力学性能，注塑样品与压模样品相比有高的拉伸强度和伸长率、低的模量、低的吸水性。

Park 等[224]将 PLLA 与淀粉共混，将淀粉用不同含量的甘油进行糊化后再与 PLLA 进行共混。淀粉的糊化破坏了淀粉颗粒之间的结晶，降低了淀粉的结晶度，增强了淀粉与 PLLA 界面间的黏结性。共混物中淀粉作为一种成核介质，甘油作为增塑剂，增强了混合物中 PLLA 的结晶能力。但是，加入淀粉使 PLLA 的力学性能明显下降，这说明体系存在明显的相分离。为了解决这个问题，Wang[225]用二苯基甲烷-4,4-二异氰酸酯（MDI）来增强 PLLA/淀粉共混物，MDI 发生原位聚合反应，形成的共聚物作为一种增容剂降低了 PLLA 与淀粉两相之间的界面张力，增强了两相间的结合力。

Wootthikanokkhan 等[226]研究了共混工艺对马来酸酐化的热塑性淀粉（MTPS）与 PLA 共混物机械性能、热性能和流变性能的影响。发现，随着淀粉含量、混合稳定和时间的升高，MTPS/PLA 共混物的拉伸强度和模量提高，但冲击韧性和延伸率有所下降。熔融指数也随着淀粉含量、共混时间和温度的升高而增大，说明共混过程中分子链发生剪切断裂。形貌分析结果表明，随着温度的升高，共混物结构更均一，并且 MTPS/PLA 的机械性能优于一般的 TPS/PLA 共混物。

7.2.1.2 PLA 部分生物降解共混体系

PLA 的另一种共混体系是部分生物降解体系，即共混物的另一组分是非生物降解性聚合物。这样的聚合物主要有聚对乙烯基苯酚（PVPh）、聚乙酸乙烯酯（PVAc）、聚甲基丙烯酸甲酯（PMMA）、聚丙烯酸甲酯（PMA）、线型低密度聚乙烯（LLDPE）、聚氯乙

（PVC）等。在 PLA 发生降解后，共混体系的第二组分仍以微小的固体颗粒形式存在，不能被环境逐渐同化，这些微小碎片极有可能造成二次污染。因此，这类共混体系只能在一定程度上减轻环境污染问题，这里就不作——介绍。

7.2.2 永久防静电性聚合物合金

聚合物防静电能力与聚合物导电性有关，降低聚合物的体积电阻率和表面电阻率，则防静电性提高。以往研制防静电塑料通常是在聚合物中添加小分子抗静电剂。近年来，通过不同聚合物共混开发永久性防静电聚合物合金的工作，取得了显著成效。掺混物多为亲水性树脂及其共聚物，使共混物表面形成连续的水膜，以提高聚合物的导电性。

一种商品名为 STAT-RITE C-2100 的混合型防静电树脂，将它混入通常的塑料制品中，获得了永久防静电的功能。PP、PS 及 HIPS 中混入 20% 以上的 C-2100，则上述聚合物的体积电阻可降至 $10^{12}\Omega \cdot cm$ 以下，基本达到了防静电的要求。即使经过加热老化、水淋及溶剂洗涤等苛刻试验，防静电效果也不降低。

在 PP/PEO 合金中添加适量的 OMMT 可使复合材料的表面电阻率降低到 1.6×10^9 Ω[4]。添加炭黑（CB）可提高 HIPS/SBS 合金的抗静电性能，比如添加 15% 的 CB 可使厚度为 0.4mm、0.6mm 和 1mm 的 HIPS/SBS 复合膜的表面电阻分别下降到 $2.3 \times 10^7\Omega \cdot$ cm、$6.8 \times 10^6\Omega \cdot cm$ 和 $1.6 \times 10^5\Omega \cdot cm$[227]。聚苯胺（PANi）也常用来提高聚合物合金体系的导电性或抗静电性[228~230]。

7.2.3 高吸水性聚合物合金

传统的吸水材料（棉、纸、海绵）吸水能力有限，而且保水能力差。高吸水性树脂是一种具有低交联度、亲水性的聚合物，它不仅能吸收自身重量数百倍的水，而且吸水后不像海绵、纸那样受压就析出水来。因此，高吸水性树脂广泛用于国民经济的各个部门，作为脱水剂、保水剂、干燥剂、保鲜剂、土壤改良剂及卫生材料等。

数据表明，高吸水性树脂吸水率达到几百，而且保水能力强，吸水膨胀度高。但是，高吸水性树脂通常都经过交联，几乎不溶不熔，给加工制品带来很大困难。将高吸水性树脂与塑料、橡胶共混，不仅可改善高吸水性树脂的物理机械性能，更主要的是共混物易于加工成型，可制成各种制品应用于各方面，从而进一步扩大了吸水性材料的应用领域。

高吸水性树脂的类型很多，有淀粉（或纤维素）的接枝共聚物及羧甲基化产物、聚合物改性树脂（如聚丙烯酸、聚丙烯腈、聚乙烯醇、聚丙酰胺等经化学改性的产物）及其共聚物。它们与一般聚合物共混，共混物的吸水率、吸湿率与高吸水性树脂的含量有关，吸水量随高吸水性树脂的含量增大而增大。总的说，共混物的吸水性低于纯吸水性树脂，但加工性和其他性能有所改进，适用于制造吸水量要求不太高的制品。

共混物中混入各种无机填料（$CaCO_3$ 含量在 50% 以下），吸水速度提高，吸水率增大，这是由于填料中存在着微孔，有利于水渗入其中。Nakason 等[231]利用间歇反应器制备了木薯淀粉-g-聚丙烯酰胺（PAM）超吸水聚合物，吸水量达 650g/g。淀粉是表面光滑、形状不规则、大小不一的颗粒，而接枝淀粉表面粗糙、多孔，加入膨润土可进一步提高接枝淀粉的吸水性，使吸水量达 730g/g，相反，加入 SiO_2 会导致吸水性下降。

7.2.4 形状记忆聚合物合金

形状记忆材料是智能材料的一种，指能够感知并响应环境变化（如温度、力、电磁、溶剂等）的刺激，对其力学参数（如形状、位置、应变等）进行调整，从而恢复预先设定状态的材料。在一定条件下，被赋予一定的形状，当外部条件发生变化时，它可相应改变形状并将其固定。如果外部环境以特定的方式和规律再一次发生变化，形状记忆材料便可逆地恢复至起始状态，完成"记忆起始态－固定变形态－恢复起始态"的循环。其中，形状记忆高分子聚合物（shape memory polymer，SMP）因为形变量大，易包装和运输，易加工，价格便宜，耐腐蚀，电绝缘性和保温效果好等优势，成为被大力发展的一种新型形状记忆材料。

从结构方面，SMP 总的可以分为两大类：一类是共聚物，包括共价键交联和物理交联非晶或结晶共聚物；另一类为聚合物共混物。由化学交联和物理连接产生回复力是聚合物回复到原来形状的必要条件，SMP 可以通过玻璃化转变、链缠结或熔点作用发生形状改变。相分离是形状记忆机理不可缺少的条件，硬段为分散相，起交联作用，软段为基体，起到形状转变的作用。聚合物共混提供了一种简便的制备 SMP 的方法，文献描述的共混物通常由非晶聚合物和结晶聚合物构成，两种组分在熔融状态下应当能够相容或热力学相容，如PVDF/PMMA、PVDF/PVAc 和 PLA/PVAc 等。

以苯乙烯-乙烯-丁烯-苯乙烯嵌段共聚物（SEBS）热塑性弹性体与 LDPE 为主要原料，采用硫化工艺可制备共混型的 SMP 合金，固定相 LEPE 与可逆相 SEBS 配比是影响 SMP 互穿网络相尺寸和形状、SMP 结晶度、玻璃化转变温度、形状回复率及形状固定率等的重要因素。随着 LDPE/SEBS 配比减小，SMP 形状回复率增加，形状固定率缓慢降低；当LDPE/SEBS 配比为 2/3 时，固定率只有 80% 左右；形变温度对形状回复率和固定率影响不显著。回复率随回复温度变化明显，25℃ 时，形状回复率约为 15%；温度在 60℃ 以上，影响十分显著；95℃ 时，回复率高达 90%；LDPE/SEBS 共混型 SMP 为互穿网络结构，拉伸变形使 SMP 的结晶度明显增大、晶粒细化、结晶取向[232]。Liu 等[233] 以中等交联的LLDPE/PP 共混物（LLDPE-PP）作相容剂，采用熔融共混的方法制备热响应性的 LLDPE/PP 形状记忆合金，该体系中，PP 分散相为固定相，LLDPE 连续相为可逆相；LLDPE-PP提高了 LLDPE/PP 共混物的相容性，但 LLDPE/PP/LLDPE-PP 的比例为 87/13/6 时，形状记忆功能最好。Le 等[234] 采用动态硫化技术制备了乙烯-辛烯共聚物（EOC）/EPDM 共混物，添加炭黑来提高共混物的导电性，使其具有电响应性形状记忆功能，形状回复率可达到 95%。当 PVDF 含量为 50% 时，PVDF/丙烯酸酯共混物具有很好的形状记忆功能，形状固定率大于 90%，形状回复率大于 80%[235]。

近年来，生物降解材料，如 PLA、聚乙交酯（PGA）和乙交酯丙交酯共聚物（PLGA），由于优异的生物降解性和生物相容性，被作为药物载体在医药工业、手术缝合线、骨移植和骨固定等方面有越来越多的应用。具有形状记忆和生物降解多功能材料尤其适合用于微创外科的医疗器械，以及手术缝合线。PLA 及其共聚物由于其良好的生物可降解性、生物相容性和良好的力学性能，已被用于生物吸收缝合线和药物载体等领域，PLA 也具有形状记忆功能，但是 PLA 回复率低，回复温度较高，T_g 为 60℃，比人体的温度要高得多，所以限制了 PLA 形状记忆材料在人体上的应用。此外，纯 PLA 降解会造成局部酸性上升，导致自动加速的降解行为，用于人体甚至会造成炎症反应。因此，PLA SMP 的改性显得十分重要。例如，引入 HDI 和丁二铵（BDA）制备的 PLA 基聚氨酯（PLAU）不仅为SMP 提供硬段，还增加了碱性基团，能够很好地控制降解速率和酸值[236]。聚醚链段［聚酰胺和聚四氢呋喃（PTMEG）的共聚物 PAE］能够与 PLA 很好地相容，其链段还能与PLA 反应提供很好的 PLA 和 PAE 界面黏合作用，增强 PLA 基体，PAE 均匀分散在 PLA 基体中。随着 PAE 含量上升，断裂伸长率增加，脆性断裂转变为韧性断裂；当 PAE 含量达到 10%，拉伸强度与纯 PLA 相近，断裂伸长率上升到 194.6%；当 PAE 含量上升到 20% 和 30%，拉伸强度分别为 23.7MPa 和 24.6MPa，断裂伸长率明显增加到 184.6% 和 367.2%。同时，这种共混物显示出惊人的形状记忆功能，PAE 区域作为应力集中区域，阻止 PLA 基体在高形变下断裂，并引导 PLA 的分子取向[237]。Lendlein 等人[238] 报道了一种具有形状记忆功能的 PLA-co-PC（PLLCA）和 PLA-co-PLGA（PLLGA）的共混物，回复率随 PLLGA 含量增加而升高，特别是 PLLGA 含量高于 50%（质量分数）以后，SEM 分析发现，由于 PLLCA 和 PLLGA 的不相容性，所有的共混物都显示出相分离，随着 PLLGA 含量增加，PLLGA 相从珠状分散相转变为连续相。所有样品都显示出大于 98% 的形状保持率（R_f）。另外，随着 PLLGA 含量的增加，R_f 从 98.7% 稍微增加到 99.7%。PLLGA 含量少于 50%（质量分数）时，分散的 PLLGA 相作为固定相，固定相能够阻止形变力造成黏弹性变形。因此，PLLCA/PLLGA 共混物的形变回复率随着 PLLGA 含量增加而增加，PLLGA 含量高于 50%（质量分数）后仍然保持着高的形变回复率。

此外，采用共聚的方法也可改变 PLA 的形状记忆功能及玻璃化转变温度，例如，聚三亚甲基碳酸（PTMC）是一种非晶弹性体，T_g 为 −15℃，并且有良好的力学性能，高的柔韧性和拉伸强度，在体内降解不会释放出酸类物质。将 PLA 与 PTMC 共聚，制备的共聚物 PTDLA 具有形状记忆效应，PTDLA 聚合物的 T_g 为 24℃[239]。Meng 等[240] 报道了 PLLA 与壳聚糖复合物的形状记忆功能，PLLA 和壳聚糖能合成新型的具有生物降解和生物相容性的复合物，壳聚糖没有明显影响 PLLA 的 T_g，纯 PLLA 和 PLLA/壳聚糖都表现出具有半结晶结构 PLLA 的黏弹性形状记忆效应。PLLA/壳聚糖复合物的形状回复率随着壳聚糖含量增加而降低，在壳聚糖含量为 15%（质量分数）以下时能够得到好的形状记忆效果。另外，这种复合物还可能具有抗菌作用。

除了热响应型形状记忆聚合物合金外，某些聚合物合金还可表现为干-湿刺激响应，纤维素-PU 体系中，无定形纤维素相和 PU 分别起到固定相和回复相的作用，在干-湿刺激下表现出良好的形状记忆特性[241]。疏水性聚酯和 PEO 的接枝共聚物也具有良好的形状记忆特性，通过加热或浸在水里，材料可以快速或缓慢地回复到原来的形状[242]。

7.3　液晶聚合物的合金化

液晶聚合物（LCP）是一种特种工程塑料，具有耐高温、高强度、耐腐蚀、耐辐射、阻燃、耐紫外线、不吸水等优良特性。但价格昂贵，存在各向异性、焊接线强度低、染色性差等缺点。使其应用受到一定的限制。LCP 合金化大大拓展了它的应用领域，通过与工程塑料共混改性，不仅降低了成本，且综合性能获得改善，成为聚合物合金高性能化的重要方向之一。近年来，出现了 LCP/POM、LCP/PPO 等一系列高性能合金和材料，已在航天航空、军事工程、电子电气、汽车等领域获得应用。

LCP 作为塑料使用的主要是聚酯类热致性液晶及其合金。如美国的 Davtco Manufacturing 公司开发的可注射的热致性液晶聚合物 Xydar，Hoechst Celanese 公司的可模塑、挤塑、成纤的液晶聚合物 Vectra。

7.3.1　LCP 合金的类型

7.3.1.1　高分子液晶和低分子液晶共混

LCP 的分子结构特点是刚性强，因而熔融温度高，加工流动性差。通过与低分子共混，

能使共混物的熔融温度降低，改善加工性。低分子量液晶化合物的存在对 LCP 合金的力学
性能没有大的影响。

低分子量的 LCP 在体系中起增塑和降低黏度的作用，使高分子共聚酯的熔融温度降低，
低分子 LCP 含量为 24％时，熔融温度降低 20℃，从而大大改善了 LCP 的加工性能，可以
在一般聚酯的设备上进行共混。共混的液晶聚合物在高于液晶转变温度下挤出成型可使混合
液晶取向，取向物冷却，再加热到稍低于熔点的温度，LCP 和低分子液晶便发生酯交换反
应，使低分子液晶引入聚合物主链，最终得到高度取向化、芳香化的高模量、高强度的聚合
物液晶产品。

7.3.1.2　两种不同结构的液晶聚合物共混

两种不同的 LCP 合金化，有物理和化学两种方法。物理共混法是通过溶液、熔融共混
使两种 LCP 进行机械混合。这种 LCP 合金成本高，仅当为改善某个特定性能并发生某种协
同效应才选用此法。例如，全芳香族液晶聚酯 K161 与液晶聚合物 PET/PHB60 共混，
PET/PHB60 是可纺的，而 K161 的热稳定性好，这样得到的共混 LCP 合金纤维既具有可纺
性，又具有很高的耐热性。化学法制 LCP 合金又有两种类型，一类是多元共聚制得的嵌段
聚合物合金，另一类是将两种带有末端可反应基团的 LCP，在一定条件下相互进一步进行
缩聚反应，形成两组分的嵌段共聚物。例如，全芳族的液晶聚酯与液晶 PHB/PET 进行扩
链反应的产物，就属于这一类。

7.3.1.3　液晶聚合物和一般聚合物共混

非液晶性的热塑性塑料与 LCP 共混，可使热塑性塑料的某些性能显著提高，从而
提高了材料的档次，并扩大了液晶聚合物的应用领域，而合金的成本比一般塑料提高
不多，这是目前研究的最多最广的体系。这种共混物以热塑性聚合物为基体，液晶聚
合物在熔融混炼过程由于受剪切力作用形成纤维状结构，分散于基体中，组成复合材料。
由于在复合材料中起增强作用的液晶纤维是在共混过程原地形成的，所以称它为"原位
复合材料"。

7.3.2　LCP 合金的相容性

具有刚性链结构的液晶聚合物（LCP）与大多数热塑性聚合物的相容性均较差，从而导
致所得材料的力学性能没有预期的高。因此，如何改善液晶组分与聚合物之间的相容性已受
到人们广泛的关注，加入增容剂是提高共混体系相容性的一种有效且经济的方法，增容剂一
般分为反应型与非反应型两类，反应型增容剂多为含活性基团的聚合物。Baird 等[243,244]首
先考察了含酸酐的聚合物对非极性聚合物 PP/LCP 共混体系的增容效果，发现引入少量增
容剂可以降低分散相的尺寸，使 LCP 分散得更加均匀，注射样条的横向和纵向力学性能均
得到显著提高，但他们没有发现酸酐基团与液晶组分之间发生化学反应的直接证据，只认为
可能是加入的增容剂在 LCP 与 PP 之间形成了某种极性力（如氢键作用），改善了 PP 与
LCP 之间的相容性。乙烯丙烯酸共聚物（EAA）可以提高 PP/Vectra A950 LCP 合金的相
容性，进而大幅度提高合金的模量、最终断裂强度和硬度[245]。Seo 等[246~250] 以 EPDM-
MAH 为增容剂，考察了其对极性聚合物 PBT/LCP、PA/LCP 等共混体系的增容效果，发
现 EPDM-MAH 可明显降低分散相尺寸，同时使本来难于在上述基体树脂中成纤的 LCP 组
分在较低剪切速率下即可成纤，他们采用 FT-Raman、NMR 等技术证明了在聚合物界面有
化学反应发生，并生成接枝共聚物。

7.4   具有自组装相形态的聚合物合金

材料的微观相形态直接显著地影响材料的宏观性能，相形态的形成机理已成为材料领域一项非常重要的研究内容，而自组装高分子在分子电路、生物纳米技术等方面具有重要的应用价值。自组装过程是一种不需要外力介入就能按照体系自身的要求向更稳定状态自发进行的过程。这里介绍了两类具有自组装相形态的聚合物合金。一类是三相均为液相的聚合物体系，另一类是液相-液相-固相体系。在一定的条件下，这两类体系都能自组装形成特定结构的相形态。这些相形态的形成不仅改善了聚合物的机械性能，还赋予材料许多功能，用于选择性膜、催化剂、光材料和导电材料等新材料。这两类体系的研究对新材料研究与开发有重要的理论与实际意义。

7.4.1   具有自组装核-壳结构相形态的三元不相容聚合物合金

关于二元相容或不相容聚合物合金的研究比较多，而对于更为复杂的多相多组分聚合物合金的研究却很少。最近多相合金体系开始受到关注。三元合金相形态主要由热力学条件控制，可能存在的一种相形态是由两分散相形成核-壳二相包覆结构再分散于第三组分基体中，该相形态是以热力学因素为动力形成的一种自组装相形态，能使三元合金的机械性能变得更好，可用于聚合物增强增韧。

三元聚合物体系具有三种不同类型的可能相形态[251]。第一种相形态为基体连续相中独立分散着两个分散相；第二种较为极端的情况是，一个分散相把另一分散相包裹起来，形成"核-壳"（core-shell）结构再分布于连续相中；第三种情况是一种中间过渡状态，两个分散相在基体中形成并非单一的分散结构。上述三种相形态中，令人感兴趣的是第二种，然而并不是任何三元合金都能形成这种特殊结构自组装相形态的。通常，三元聚合物合金体系能否自组装形成"核-壳"结构，可由 Harkins 方程的变换式（7-1）加以预测。该式是由 Hobbs 等[252]从 Harkins[253]的铺展系数概念衍生出来的，可作为解释三元聚合物合金中不同相形态形成原因的一个简单热力学判据。

$$\lambda_{31} = \gamma_{12} - \gamma_{32} - \gamma_{13} \tag{7-1}$$

式中，γ_{12}、γ_{32} 和 γ_{13} 分别指体系中每对组分之间的界面张力。而 λ_{31} 则表示壳组分 3 与核组分 1 之间的铺展系数，组分 2 为基体。三元合金要形成核-壳结构，核、壳组分之间的铺展系数 λ_{31} 必须为正值。此外，利用变换式（7-2）可知，形成核-壳结构的组分与式（7-1）中的刚好相反。

$$\lambda_{13} = \gamma_{23} - \gamma_{12} - \gamma_{13} \tag{7-2}$$

若式（7-2）中的 $\lambda_{13} > 0$，则形成 1 为壳组分、3 为核组分、2 仍为基体的核壳结构。其核、壳组分与式（7-1）中的核、壳组分刚好相反。但若式（7-1）的 λ_{31} 和式（7-2）中的 λ_{13} 都 < 0，则因自组装动力的不存在，而不会形成这种核壳结构相形态，形成的是组分 1 和 3 各自独立分散于基体 2 中的相形态。

研究 3 组分或 4 组分聚合物合金体系发现，体系的相形态与计算得到的铺展系数之间是互相吻合的。其他的研究对的计算也得到相同的结论[251]。即能自组装形成核-壳结构的三元合金体系必满足 λ_{31} 或 $\lambda_{13} > 0$ 的条件。热力学判据是形成核-壳结构自组装相形态的必要条件，也是能否形成这种相形态的定性判据。

三元合金中相形态与 λ_{31} 值之间有一简单的关系[254]。当 $\lambda_{31} \approx 0$ 时，壳组分在核组分表面只能部分铺展，不能形成完整的核-壳结构；$\lambda_{31} > 0$ 时，壳组分在核组分表面完全铺展，在这种热力学动力的推动下，两分散相能自组装形成核-壳结构分散于基体中。而当 $\lambda_{31} < 0$ 时，壳组分与核组分只能形成各自独立分散于基体中的相形态，与不相容二元合金体系的无异。此外，还将讨论核-壳自组装相形态的相反转行为，根据式(7-3)：

$$\lambda_{32} = \gamma_{12} - \gamma_{31} - \gamma_{32} \tag{7-3}$$

式中，下标 3 指壳组分，2 指核组分，1 指基体组分。$\lambda_{32} > 0$ 时，表示能形成组分 3 和组分 2 的核-壳结构分散于组分 1 基体中的相形态。对比式(7-1) 和式(7-3) 表示的两种情况，不难发现式(7-3) 中的核组分和基体组分与式(7-1) 中的刚好相反。更有趣的是，两式右边的表达式是等同的，即一旦式(7-1) 中 $\lambda_{31} > 0$ 的条件满足，那么式(7-3) 中 $\lambda_{32} > 0$ 也必满足；也即是，如果核组分与基体组分的浓度发生变化就会实现核相与基体相的相反转。注意相反转过程中，只要壳相浓度控制在一定范围，那么壳组分仍是原来的壳组分。

这种核相与基体相之间的相反转现象，已获得实验有力的支持。Luzinov[255] 在保持壳组分 SBR 不变（25%，质量分数）的条件下，改变基体相 PS 与核相 HDPE 的组成比后，发现核相 HDPE 含量达到一定程度（HDPE/PS 中 HDPE 含量在 40%～60%，质量分数）时，先形成三相连续结构；当 HDPE 含量超过 60%（质量分数）后，就出现相反转现象，即 HDPE 成为新的基体相，PS 成为新的核相。

然而，研究也表明，相形态不仅仅由热力学条件（即铺展系数 > 0 的判据）控制，也受动力学因素的影响[256]。各种动力学因素诸如黏度等会影响到达最终平衡态或亚平衡态所需的时间，即这种相形态的自组装有速率条件的限制，热力学判据只是三元合金体系形成核-壳结构相形态的必要条件而非充要条件。

7.4.2　固体纳米粒子填充的二元不相容聚合物合金体系

约 70% 的聚合物材料是由固体粒子填充的，往往比纯聚合物体系具有较高的强度、较好的耐热性以及更低的气体透过率。虽然填充粒子特别是纳米粒子能赋予聚合物基体许多所期望的性能，但是人们对于影响材料相形态、相行为和最终制品性能各因素的了解还很肤浅，特别是关于纳米粒子对多组分聚合物流体结构演变的影响还不甚清楚。最近国外对这类固体粒子填充二元不相容合金体系的相形态与动力学进行了不少研究。认为这类合金体系的流体-流体相分离与流体-粒子润湿之间的动力学耦合对相形态和动力学行为有着显著影响。

加入的固体粒子通常能被其中一种聚合物所润湿，润湿粒子会影响流体的形态演变，要深入理解填充体系的行为有必要把研究焦点放在混合流体的动力学行为方面。按基体的不同纳米固体粒子填充的相分离二元合金体系可简单分为纳米粒子填充不相容共混合金和纳米粒子填充不相容嵌段共聚物合金体系。这两类体系与不含粒子体系相比较，相形态和相行为均有明显差异。特别是后者，不相容嵌段共聚物因链段间的热力学不相容性及存在着化学键连接，会使体系发生自组装，形成周期性有序微结构；而加入无机粒子后，体系自组装行为的研究对于获得新功能材料更具有特殊的意义。

7.4.2.1　粒子填充二元聚合物合金

在一些二元聚合物合金中，即使加入很低浓度的硬粒子也会显著改变合金的相形态和相分离过程动力学。特别是可移动粒子会在某一相中优先分布，从而抑制流体的颗粒化，使相微区的生长速率比不含粒子体系的慢。此外，流体-粒子相互润湿作用也会影响体系的微观结构。例如，在 50∶50 具有临界行为的不相容二元聚合物混合物中，两相分离流体经过亚稳界线衰变之后形成双连续结构（图 7-1）。然而，加入可被其中一相（A 相）润湿的可移动固体粒子后，原来的双连续结构被破坏；能润湿粒子的 A 相形成连续相，不能润湿粒子的 B 相成为分散相[257]。关于这类填充体系的相形态演化的模拟研究已有报道。Ginzburg 等[258]的二维模拟结果表明，50∶50 具有临界行为的混合物在加入可移动粒子后的起始阶段，粒子首先成为 A 球形微区的核，同时这种包含有粒子的 A 球形微区又为一层 B 薄层所包裹。随着系统的演变，被 A 相包裹的可移动粒子会切入到 B 相区域；此后，B 微区在 A 连续相中形成孤岛（图 7-2）。这种模拟结构与 Tanakau[257]的研究结果定性吻合。但当两聚合物含量为 53∶47 时，粒子的加入不会使原双连续结构产生变化。因而不相容聚合物组分的相对含量也是相形态的一个重要决定因素。

白色的为A相，黑色的为B相

白色的为A相，黑色的为B相

图 7-1 长时稳定后 50∶50AB 合金
形成的双连续结构

图 7-2 加入少量固体纳米粒子的 50∶50AB
合金体系经二维模拟

此外，从 Ginzburg 等的模型出发，Qiu[259]等研究了二元合金/粒子体系在剪切作用下的相行为。在不含粒子的情况下，施加大剪切应变会使流体微区沿变形及剪切方向取向，从而使流体微区的形状呈明显的各向异性。当加入达到一定临界体积分数（依赖于剪切速率）的粒子后，原来的似条状 B 相微区会被运动粒子有效破坏，从而使微区结构变为各向同性。这一现象表示，达临界体积分数的粒子的加入使得微区结构"由各向异性向各向同性的转变"成为可能；也说明在剪切条件下，填料粒子的加入会显著促进流体之间的混合，提高体系的混合效率及均一性，从而改善材料的机械性能。

除了上述可移动粒子填充的二元合金体系外，还有其他不可移动粒子填充的二元合金体系。两者的不同之处在于，不可移动粒子比可移动粒子不易受外场影响而移动，且一般更易对聚合物中的某相产生选择性吸附。粒子在两相中的定位及最终导致的自组装相形态的改变，与粒子和两聚合物相之间及两聚合物相之间的界面张力密切相关。因此，可借助热力学判据来解释此处无机粒子填充体系的相形态形成原因。

7.4.2.2 纳米粒子填充的不相容双嵌段共聚物

自组装行为对发掘材料功能、拓展材料用途有着重要影响。例如，通过导电粒子对二嵌段共聚物中某一相的选择性吸附制成的结构化聚合物，可使原不导电的材料适用于制作纳米电子元件。此外，对这些材料的相形态自组装研究无疑对电子元件向微型化方向发展有着重要的意义。

用 AB 双嵌段共聚物浇铸的方法来制作横向均一或结构化的聚合物膜[260]，经退火后，对称二嵌段共聚物发生微相分离，形成垂直于膜表面的薄层，在膜层自由表面形成了条状结构。这些条状结构的尺寸与嵌段的长度直接相关，约为数十纳米，比起以前用照相平版方法制作的低一个数量级。如果选择合适的 A、B 嵌段使金属粒子能有效润湿其中的一种条状结构，那么沉积到聚合物基上的粒子就能够高度自组装。

最近，用这种方法成功制作了含纳米金粒子的 PS-PMMA（聚甲基丙烯酸甲酯）对称双嵌段共聚物膜和 PS-P2VP（聚 2-乙烯吡啶）不对称双嵌段共聚物膜[261]。在 PS-PMMA 中，Au 粒子会自组装到 PMMA 岛状区域中，而在 PS-P2VP 中，Au 粒子会自组装到 P2VP 的球形微区中。因而，这两种膜的相形态就如同其中的某一嵌段被金属粒子装饰；而其自组装动力源于某一嵌段组分与粒子之间的选择性相互作用。

令研究者特别感兴趣的是，粒子是否会影响以及怎样影响这类聚合物的微观结构。因此，出现了许多关于可移动及不可移动固体粒子对双嵌段共聚物膜结构的影响的计算机模拟研究。对可移动固体粒子体系的模拟主要集中于粒子三维及二维形状对于两嵌段微相分离的影响上。对不可移动固体粒子体系的模拟主要集中于粒子与某一聚合物嵌段组分间的相互作用强度对合金相形态的影响方面。可通过选择粒子和合金的种类，改变粒子与某一嵌段组分间的界面作用，来控制微观结构及尺寸。而改变界面作用强度的一种办法就是在粒子表面接上聚合物链段。Tsutsumi[262]就是用这种方法来控制 P2VP-PIP 嵌段共聚物中钯（Pd）粒子定位区域的，经过 P2VP 接枝，使包覆有 P2VP 的 Pd 粒子被裹入 P2VP 微区，而用 P2VP-PIP 嵌段共聚物接枝的 Pd 粒子则定位在 P2VP 相与 PIP 相之间的界面区域中。

由于聚合物合金的相形态可通过添加固体粒子来控制，而合金相形态是决定材料宏观性能的非常重要的因素。因此对这些聚合物合金体系相形态及相形态自组装动力的研究对于控制材料性能具有指导性的意义。一旦这方面研究取得突破性进展，相信对于聚合物材料领域以致整个材料科学领域来讲一定会产生深远的影响。

上述具有特定自组装相形态的两大类合金体系存在一个共同点，即第三相（前者中为核相，后者中为粒子相）的加入均是为了获得具有不同于原二元合金的特定结构自组装相形态。这种因第三相的加入而形成的相形态，能改善原体系的某些性能（如机械性能等）或使体系具有原有体系所不具备的新性能（如电学、光学、催化性能等）。合金体系自组装形成的特殊结构对于提高或扩展材料的性能，拓展材料应用范围具有重要的意义。

本 章 小 结

本章介绍了聚合物合金的最新研究和发展近况，主要介绍聚合物合金新技术，包括反应加工技术、IPN 技术、反应器技术等。同时，本章还概括新型聚合物合金的研究和开发状况，包括功能性聚合物合金、液晶聚合物合金和具有自组装相形态的聚合物合金等。

聚合物合金化技术发展到现在已经进入第三个发展阶段，出现了崭新局面，不再是简单共混而已，进入了以增容剂技术为重要特征的合金化技术。开发了反应加工技术、IPN 技术、动态硫化技术、反应器合金技术、原位微纤化增强技术、自组装技术等。由于这些合金化技术的成功应用，使聚合物合金在形态结构、性能特点、成型方法等方面都有了新的突破，推动着聚合物合金向高性能化、功能化方向发展。

聚合物反应加工技术，是指在加工过程中，使不相容的共混物组分之间产生化学反应，从而实现共混改性的方法，即共混物在成型加工过程中完成化学改性。包括：反应挤出（REX）、反应注射（RIM）、动态硫化等。反应加工技术把化学改性、熔融混炼、成型三个过程合并一步完成，大大缩短了聚合物高温下的停留时间，不仅节省能耗，而且使高温下的降解反应减至最低程度，有利于合金性能的提高。对降低加工成本、改善环境污染、提高生产效率都有显著作用。

互穿聚合物网络（IPN）是由两种或两种以上聚合物网络相互穿透或缠结所构成的化学共混网络合金体系。从结构上，IPNs 可分为半互穿和全互穿 IPNs；IPNs 制备方法通常有：顺序 IPNs、同步 IPNs、胶乳 IPNs 等。由于 IPNs 材料具有强迫互容性，因而使不完全互容聚合物可以被人为地从动力学上控制相分离程度，从而产生特殊的"协同效应"，致使其机械、热学和阻尼等性质在特定组成下出现极值。因此，20 世纪 80 年代以来，IPNs 在补强橡胶、增韧塑料、热塑性弹性体、阻尼材料及复合材料等方面获得了广泛应用。

反应器合金技术是将聚合反应生成的聚合物直接经反应器制备得到弹性体和热塑性塑料的过程，该方法不需合成橡胶粉碎和共混挤出过程，其中最具代表性的技术是聚烯烃热塑性弹性体的反应器合成，直接用反应过程中生成的 PE 替代 EPDM，节约了生产成本。

增容技术是聚合物合金发展的最大功臣之一，近年来，增容剂的品种、应用和增容效果都有了新发展，特别是"就地反应型"增容剂在越来越多的聚合物合金体系中的成功应用，使合金化技术面貌焕然一新。

随着聚合物合金技术的发展，一些具有特殊功能性的聚合物合金也得到了相继的发展，如生物降解性聚合物合金、永久防静电性聚合物合金、高吸水性聚合物合金、形状记忆聚合物合金、液晶聚合物合金、具有自组装核-壳结构相形态的聚合物合金等。

思 考 题

1. 什么是反应加工技术？查阅文献，举例说明其在聚合物合金领域中的应用？

2. 各列举 2 例全互穿 IPNs 和半互穿 IPNs 合金。

3. IPNs 合金的制备方法主要有哪些？举例说明 IPNs 合金在实际生活或生产领域的应用。

4. 什么是反应器合金技术？查阅文献，概括反应器合金技术在 PA 合金领域的应用。

5. 分别列举一种生物降解性聚合物合金、永久防静电性聚合物合金、高吸水性聚合物合金、形状记忆聚合物合金、液晶聚合物合金、具有自组装核-壳结构相形态的聚合物合金研究或应用实例。

参 考 文 献

[1]　封朴. 聚合物合金. 上海：同济大学出版社. 1997.

[2]　杨弋纬，王嘉骏，顾雪萍等. 高分子材料科学与工程，2012，28：186.

[3]　Gu S Y, Zhang K, Ren J, et al. Carbohydrate Polym, 2008, 74：79.

[4]　于杰，罗筑，秦舒浩. 高分子材料科学与工程，2011，27：70.

[5]　Tiwari R R, Paul D R. Polymer, 2011, 52：1141.

[6]　于清泉，杨其，黄亚江. 高分子材料科学与工程，2008，24：92.

[7]　王蕊，黄茂芳，吕明哲. 高分子材料科学与工程，2012，28：76.

[8]　Motaung T E, Luyt A S, Thomas S. Polym Compos, 2011, 32：1289.

[9]　陈义康，李立华，田冶等. 功能高分子学报，2005，18（1）：80.

[10]　朱国全，胡婉莹. 淄博学院学报：自然科学与工程版，2002，4（2）：74.

[11]　Arai F, Takeshita H, Dobashi M, et al. Polymer, 2012, 53：851.

[12]　夏建峰，邱枫木，张红东等. 化学学报，2005，63：1109.

[13]　刘伯林. 东华大学学报：自然科学版，2001，27：1.

［14］　朱思君. 功能高分子学报，2005，18（3）：465.

［15］　Li X D，Goh S H. J Polym Sci，Part B：Polym Phys，2003，41：789.

［16］　Wanchoo R K，et al. Eur Polym J，2003，39：1481.

［17］　Garca R，Melad O，Gómez C M，et al. Eur Polym J，1999，35：47.

［18］　Mathew M，Ninan K N，Thomas S. Polymer，1998，39：6235.

［19］　Kuleznev V N，Mel'nikova O L，Klykova V D. Eur Polym J，1978，14：455.

［20］　Singh Y P，Singh R P. Eur Polym J，1983，19：535.

［21］　Chung T S，Chen P N. Polym Eng Sci，1990，30（1）：1.

［22］　Chen Y，Li H. Polymer，2005，46（18）：7707.

［23］　陈敏伯. 计算化学：从理论化学到分子模拟. 北京：科学出版社，2009.

［24］　Glotzer S C，Paul W. Ann Rev Mater Res，2002，32：401.

［25］　Hoogerbrugge P J，Koelman J M V A. Europhys Lett，1992，19：155.

［26］　Doi M. Journal of Comput Appl Math，2002，149：13 -25.

［27］　Groot R D，Warren P B. J Chem Phys，1997，107：4423.

［28］　Yang H，Li Z S，Lu Z Y，et al. Eur Polym J，2005，41：2956.

［29］　付一正，刘亚青，兰艳花. 物理化学学报，2009，25：1267.

［30］　赵贵哲，冯一柏，付一政等. 化学学报，2009，67：2233.

［31］　Jawalkar S S，Aminabhavi T M. Polymer，2006，47：8061.

［32］　Jawalkar S S，Susheelkumar A G，Sairam M，et al. J Phys Chem B，2005，109：15611.

［33］　Fu Y，Liao L，Lan Y，et al. J Mol Struct，2012，1012：113.

［34］　Moolman F S，Meunier M，Labuschagne P W，et al. Polymer，2005，46：6192.

［35］　Fermeglia M，Cosoli P，Ferrone M，et al. Polymer，2006，47：5979.

［36］　石楠，原续波，盛京. 高分子通报，2006，（11）：12.

［37］　游长江，魏秀萍. 合成橡胶工业，1992，15：115.

［38］　Anderson P G. USP 4，174358（1979）.

［39］　Holsti-Miettinen R，Seppala J，Ikkala O. Polym Eng Sci，1992，32：868.

［40］　Holsti-Miettinen R，Seppala J，Ikkala O. Polym Eng Sci，1994，34：395.

［41］　谢邦互，李光宪. 高分子学报，1998，（1）：8.

［42］　张彦军，田丰，刘长军等. 高分子材料科学与工程，2009，25：96.

［43］　陈文宝，葛铁军，迟晓云等. 当代化工，2007，36：264.

［44］　Lin Z，Chen C，Li B，et al. J Appl Polym Sci，2012，125：1616.

［45］　Wu B，Zheng X，Leng J，et al. J Appl Polym Sci，2012，124：325.

［46］　Shokooli S，Arefazar A，Naderi G. Polym Adv Tech，2012，23：418.

［47］　Cambell J R，Conroy R M，Florence R A. Am Chem Soc，Polym Prepr，1986，27：33.

［48］　Tselios C，Bikiaris D，Maslis V，et al. Polymer，1998，39：6807.

［49］　Leroy E，Jacquet P，Coativy G，et al. Carbohydrate Polym，2012，89：955.

［50］　Goodarzi V，Jafari S H，Khonakdar H A，et al. J Appl Polym Sci，2012，125：922.

［51］　罗春燕，郝永亮，韩霞. 功能高分子学报，2009，22：109.

［52］　Huang W，Luo C，Li B，et al. Macromolecules，2006，39（23）：8075.

［53］　Kim S H，Misner M J，Russell T P. Adv Mater，2004，16（23-24）：2119.

［54］　De Rosa C，Park C，Thomas E L，et al . Nature，2000，405：433.

［55］　Park C，De Rosa C，Thomas E L. Macromolecules，2001，34：2602.

［56］　Park C，Rosa C De，Lotz B，et al. Macromol Chem Phys，2003，204：1514.

［57］　Yoo N J，Lee W，Thomas E L. Adv Mater，2006，18：2691.

［58］　Amundson K，Helfand E，Davis D D，et al. Macromolecules，1991，24：6546.

［59］　Amundson K，Helfand E，Davis D D，et al. Macromolecules，1993，26：2698.

［60］　Amundson K，Helfand E，Davis D D，et al. Macromolecules，1994，27：6559.

[61] Morkved T L，Lu M，Urbas A M，et al. Science，1996，273：931.

[62] Xiang H，Lin Y，Russell T P. Macromolecules，2004，37：5358.

[63] Xu T，Goldbach J T，Russell T P. Macromolecules，2003，36：7296.

[64] Keller A，Pedemonte E，Willmouth F M. Nature，1970，225：538.

[65] Folkes M J，Keller A，Scalisi F P. Colloid Polym Sci，1973，251：1.

[66] Skoulios A. J Polym Sci Polym Symp，1977，58：369.

[67] Okamoto S，Saijo K，H ashimoto T. Macromolecules，1994，27：5547.

[68] Albalak R J，Thomas E L. J Polym Sci B Polym Phys，1993，31：37.

[69] Albalak R J，Thomas E L，Capel M S. Polymer，1997，38：3819.

[70] Cohen Y，Albalak R J，Dair B J，et al. Macromolecules，2000，33：6502.

[71] Mansky P，Chaikin P，Thomas E L. J Mater Sci，1995，30：1987.

[72] Han X，Xu J，Liu H，et al . Macro Rapid Commun，2005，26：1810.

[73] Mansky P，Liu Y，Huang E，et al. Science，1997，275：1458.

[74] Huang E，Rockford L，Russell T P，et al. Nature，1998，395：757.

[75] In I，La Y H，Park S M，et al. Langmuir，2006，22：7855.

[76] Ryu D Y，Shin K，Dro ckenmuller E，et al. Science，2005，3089：236.

[77] Binnig G，Quate C F，Gerer C H. Phys Rev Lett，1986，56 (9)：930.

[78] Albrecht T R，Dovek M M，Lang C A，et al. J Appl Phys，1988，64：1178.

[79] 王铀，李英顺，宋锐等. 高等学校化学学报，2001，22：1940.

[80] Yang J E，Lee J S. Electrochi Acta，2004，50：614.

[81] Elzein T，Houssein A H，Eddine M N，et al. Thin Solid Films，2005，483：388.

[82] Yang K，Yang Q，Li G X，et al. Mater Lett，2005，59：2680.

[83] Mertz G，Baer C M. J Polym Sci，1956，22：325.

[84] Newman S，Strella S. J Appl Polym Sci，1965，9：2797.

[85] Bucknall C，Bucknall R，Smith P. Polymer，1965，6：437.

[86] 代惊奇，王炼石，蔡彤等. 高分子材料科学与工程，2008，24：54.

[87] Wu S H. Polymer，1985，26：1855.

[88] Kuraucki T，Ohta T. J Mater Sci，1984，19：1699.

[89] Matsushige K. J Appl Polym Sci，1976，20：1853.

[90] 周丽玲，吴其晔，杨文君. 高分子学报，1996，(1)：87.

[91] Lau S F，Pathak J，Wunderlich B. Macromolecules，1982，15：1278.

[92] Chung G C，Kornfield J A，Smith S D. Macromolecules，1994，27：5729.

[93] Chung G C，Kornfield J A，Smith S D. Macromolecules，1994，27：964.

[94] Lodge T P，McLeish T C B. Macromolecules，2000，33：5278.

[95] Wang X，Qi G，Zhang X，et al. Sci China Chem，2012，55：713.

[96] Qi G C，Zhang X H，Li B H，et al. Polym Chem，2011，2：1271.

[97] Huang F，Qiao J L，Liu Y Q，et al. China Patent，01136381 (2004) .

[98] Ma H Y，Wei G S，Liu Y Q，et al. Polymer，2005，46：10568.

[99] Wang Q G，Zhang X H，Liu S Y，et al. Polymer，2005，46：10614.

[100] Zhang X H，Liu Y Q，Gao J M，et al. Polymer，2004，45：6959.

[101] 汪晓东，张强，冯威等. 北京化工大学学报，2001，28：33.

[102] 朱亚峰，李及珠. 塑料科技，2005，(1)：13.

[103] 王聪，苏鹃霞，杜荣昵等. 塑料工业，2005，33：228.

[104] 吴培熙，张留成. 聚合物共混改性. 北京：中国轻工业出版社，1998.

[105] 王淑英，陈碧筠. 聚氯乙烯，1996，(1)：1.

[106] 汪晓东，张强，冯威等. 北京化工大学学报，2001，28：22.

[107] 雷佑安，周志勇，熊传溪等. 塑料科技，2008，36：56.

[108] 雷佑安，熊传溪，曾繁涤. 功能材料，2008，39：1497.

[109] Parlak O，Demir M M. Appl Mater Interfaces，2011，3：4306.

[110] Lafitte G，Espuche E，Gerard J F. Eur Polym J，2011，47：1994.

[111] Donadi S，Modesti M，Lorenzetti A，et al. J Appl Polym Sci，2011，122：3290.

[112] Wang B，Yang Y，Guo W. Mater Design，2012，40：185.

[113] Okita N. Rubber Chem Technol，1977，(2)：292.

[114] 张桂云，毕丽景. 聚氯乙烯，1997，(5)：1.

[115] Danesca R I，Zumbrunnen D A. Conference Proceedings at Antec 98：Plastics on My Mind，1998，44：1192.

[116] Dharaiya D P，Jana S C. Lyuksyutov S F. Polym Eng Sci，2006，46：19.

[117] Jimenez G A，Jana S C. Compos A，Appl Sci Manuf，2007，38：983.

[118] Gonmillion B L，Wang J，Zumbrunnen D A，et al. Abstract s of Papers of the American Chemical Society，1998，215：156.

[119] Li G，Lu S，Pang J，et al. Mater Lett，2012，66：219.

[120] 于杰，姜岩世，朱红. 高分子材料科学与工程，2009，25：82.

[121] 乔巍巍，王国英. 塑料工业，2004，32：20.

[122] Guimaraes M. J Appl. Polym Sci，2001，81：3471.

[123] 曾宪通，左建东. 塑料工业，2007，35：16.

[124] 王雄刚，曾宪通，左建东等. 塑料工业，2006，34：41.

[125] 肖德凯，王胜平，徐洪波等. 工程塑料应用，2005，33：9.

[126] 周正亚，陈显东，杨晓华. 现代塑料加工应用，1998，(4)：1.

[127] 梁基照. 合成树脂及塑料，1995，(1)：19.

[128] 宣兆龙，易建政. 塑料科技，1999，(6)：17.

[129] 秦舒浩，黄浩，于杰等. 复合材料学报，2011，28：27.

[130] Kelarakis A，Yoon K. Eur Polym J，2008，44：3941.

[131] 张艳，谢雷东，盛康龙. 辐射研究与辐射工艺学报. 2009，27：345.

[132] Laeasse C，Favis B D. Adv Polym Tech，1999，18：255.

[133] Majumdar B，Keskkula H，Paul D R. Polymer，1994，35：5453.

[134] 李志君，郭宝华，胡平等. 高等学校化学学报，2001，22：1244.

[135] 李波. 聚苯醚/聚酰胺 6 合金和复合材料的结构与性能研究 [D]. 上海：上海交通大学，2009.

[136] 罗筑，朱红，于杰等. 高分子材料科学与工程，2008，24：107.

[137] 李枭，黄伯芬，杨桂生等. 塑料工业，2011，39：52.

[138] Liu Y，Chen Z，Xie T，et al. J Mater Sci，2011，46：2700.

[139] 郭云霞. 超韧尼龙 11 结构与性能的研究及其共混合金相容性介观模拟 [D]. 太原：中北大学，2010.

[140] 吕通建，魄学礼，赵宽放等. 工程塑料应用，1995，(6)：5.

[141] 马雅琳. 增强型抗静电 PAn/T-Znow 复合材料的研究 [D]. 山西：中北大学，2007.

[142] Moilanen A M，Hormi O E O，Taskinen K A. Macromolecules，1998，31：8595.

[143] 徐卫兵. 现代塑料加工应用，1995，(3)：7.

[144] 徐卫兵. 塑料工业，1994，(3)：21.

[145] 张洪生，郭卫红，李滨耀等. 高分子材料科学与工程，2007，23：140.

[146] 宋学智. 工程塑料应用，1992，(1)：50.

[147] 郭卫红，王晓光，徐东东等. 高等学校化学学报，2007，28：2200.

[148] 司春雷，包建华，吴全才. 石油化工高等学校学报，2008，21：45.

[149] Cho K，Yang J，Yoon S，et al . J Appl Polym Sci，2005，95：748.

[150] 徐会军，唐颂超，杨龙. 功能高分子学报，2009，22：276.

[151] Mondragon I. J Appl Polym Sci，1986，32：6191.

[152] Dhibar S，Kar P，Khatua B B. J Appl Polym Sci，2012，125：E601.

[153] 丁浩. 塑料工业实用手册. 北京：化学工业出版社. 1995.

［154］ 李伟. PPS用MMA聚合物合金的制备及性能研究［D］. 成都：四川大学，2007.

［155］ 于全蕾，于笑梅. 塑料工业，1990，（3）：25.

［156］ Mohajir B E，Heymans N. Polymer，2001，42：5661.

［157］ Virk H S，Chandi P S，Srivastava A K. Nucl Instrum Methods Phy Res B，2001，183：329.

［158］ Li Y J，Kaito A. Polymer，2003，44：8167.

［159］ 牛小玲，刘鹏，刘卫国等. 高分子通报，2010，（3）：31.

［160］ Hedrick J H，Yilgor I. Polym Bull，1985，13：201.

［161］ Hedrick J L，Lewis D A. Polym Prep Am Chem Soc Div Polym Chem，1988，29：363.

［162］ Fu Z，Sun Y. Polym Prep Am Chem Soc Div Polym Chem，1985，26：263.

［163］ Yamanaka K，Inoue T. Polymer，1989，30：662.

［164］ 吴金坤，黄郁琴. 化工新型材料，1997，（10）：3.

［165］ Cecere J A，McGrath J E. Polym Prepr，1986，27：299.

［166］ 姚康德. 热固性树脂，1992，3：52.

［167］ 于浩. 热固性树脂，1996，1：13；于浩. 热固性树脂，1996，2：8；于浩. 热固性树脂，1996，3：9.

［168］ 梁伟荣. 玻璃钢复合材料，1997，4：1.

［169］ 张影. 高分子材料科学与工程，1998，14：136.

［170］ 邱宏斌. 高分子通报，1997，3：179.

［171］ 刘丛丛，伍社毛，张立群. 中国橡胶，2009，25：17.

［172］ 谷慧敏，张军. 弹性体，2008，18：12.

［173］ 吕勇，罗运军，葛震. 化工新型材料，2008，366：31.

［174］ Xu B，Li n Y G，Chien J C W. J Appl Polym Sci，1992，46：1603.

［175］ 左海丽，肖乐勤，菅晓霞. 高分子材料科学与工程，2010，26：20.

［176］ Talukder M A H. Energetic polyoxetane thermoplastic elastomer synthesis and characterization ［R］. AD-A209612，1998.

［177］ 张弛，罗运军，李晓萌. 火炸药学报，2010，33：11.

［178］ Hsiue G H，Liu Y L，Chiu Y S. J Polym Sci A Polym Chem，1994，32：2155.

［179］ 甘孝贤，李娜，卢先明等. 火炸药学报，2008，31：81.

［180］ Manser G E，Rose D I. Energetic Thermoplastic Elastomers ［R］. DTIC file. AD-A122909，1982，10.

［181］ Amplemann. USP 6417290（2002）.

［182］ Subramanian K. Eur Polym J，1999，35：1403.

［183］ Mohan Y M，Raju M P，Raju K M. J Appl Polym Sci，2004，94：2157.

［184］ 王强，斯琴图雅，张玉宝等. 中国新技术新产品，2010，（3）：19.

［185］ 郑庆余，张新星，卢灿辉等. 高分子材料科学与工程，2010，26：148.

［186］ 邱贤亮，游德军，岑兰等. 橡胶工业，2012，59：187.

［187］ 赵素合，贺春江. 合成橡胶工业，2004，27：305.

［188］ Chowdhury R，Baner M S. J Appl Polym Sci，2007，104：372.

［189］ van Dyke J D，Gnatowski M，Koutsandreas A，et al. J Appl Polym Sci，2004，93：1423.

［190］ 刘丛丛，伍社毛，张立群. 橡胶工业，2009，506：645.

［191］ 黄桂青. 动态硫化IIR PATPV热塑性硫化胶的制备与研究［D］. 北京：北京化工大学，2008.

［192］ 谢志赟. 聚酰胺/聚烯烃热塑性弹性体共混物性能和结构的研究［D］. 上海：上海交通大学，2003.

［193］ Wu J H，Li C H，Chiu H T，et al. J Appl Polym Sci，2008，108：4114.

［194］ Gallego R，Garcia-Lopez D，Lopez-Quintana S，et al. Polym Bull，2008，60：665.

［195］ Liu X，Huang H，Zhang Y，et al. Polym Polym Comp，2003，11：179.

［196］ 刘欣，谢志赟，黄华等. 合成橡胶工业，2002，25：117.

［197］ Dickerhoof J E，Cail B J，Harber S C. Society of Plastic Engineers，2004，（3）：4167.

［198］ Pandit J A，Athawale A A. J Appl Polym Sci，2012，125：836.

［199］ Luo S，Liu Z，Liu B，et al. Bull Mater Sci，2011，34：1531.

[200]　Patri M et al. J Appl Polym Sci，2007，103（2）：1120.

[201]　Raul S，Athawale V. Eur Polym J，2000，36：1379.

[202]　Eren T，Colak S，Kusefoglu S H. J Appl Polym Sci，2006，100：2947.

[203]　夏修旸. 高分子材料科学与工程，2008，24（2）：14.

[204]　吴婷，文秀芳，皮丕辉等. 材料导报，2009，23：53.

[205]　秦川丽，蔡俊，唐冬雁等. 材料工程，2003，（7）：36.

[206]　Shailesh K D，Palraj S，Maruthan K，et al. Prog Org Coat，2007，59：21.

[207]　Simi S，Dunji B，Tasi S，et al. Prog Org Coat，2008，63：43.

[208]　黄音. 绝缘材料，2005，（2）：8.

[209]　张留成. 互穿网络聚合物. 北京：中国轻工业出版社，1990.

[210]　Lee C H，Wang Y Z. J Polym Sci Part A：Polym Chem，2008，46：2262.

[211]　Fu R Q，Woo J J，Seo S J，et al. J Power Sources，2008，179：458.

[212]　Banerjee S，Siddiqui L，Bhattacharya S S，et al. Int J Biological Macromol，2012，50：198.

[213]　Ekici S，Saraydin D. Polym Int，2007，56：1371.

[214]　Wang B，Liu M Z，et al. Int J Pharmaceutics，2007，331（1）：19.

[215]　Jamal K，Ashwani K. J Membrane Sci，2006，280：234.

[216]　杨桂生. 高分子通报. 2008，（7）：77.

[217]　Koyama N，Doi Y. Polymer，1997，38：1589.

[218]　Ohkoshi I，Abe H，Doi Y. Polymer，2000，41：5985.

[219]　Wang L，Ma W，Gross R A，et al. Polym Degrad Stab，1998，59：161.

[220]　Dell'Erba R，Groeninckx G，Maglio G，et al. Polymer，2001，42：7831.

[221]　赵正达，刘涛，顾书英. 材料导报，2008，22：416.

[222]　Shahlari M，Lee S. Polym Eng Sci，2012，52：1420.

[223]　Ke T，Sun X. J Appl Polym Sci，2001，81：3069.

[224]　Park J W，Im S S，Kim S H，et al. Polym Eng Sci，2000，40：2539.

[225]　Wang H，Sun X Z，Seib P. J Appl Polym Sci，2001，82：1761.

[226]　Wootthikanokkhan J，Wongta N，Sombatsompop N，et al. J Appl Polym Sci，2012，124：1012.

[227]　Tang W，Liu B，Liu Z，et al. J Appl Polym Sci，2012，123：1032.

[228]　Yan J，Wang C，Gao Y，et al. Chem Eng J，2011，172：564.

[229]　Soroudi A，Skrifvars M. Polym Eng Sci，2012，52：1606.

[230]　Jafarzadeh S，Thormann E，Ronnevall T，et al. Appl Mater Interfaces，2011，3：1681.

[231]　Nakason C，Wohmang T，Kaesaman A，et al. Carbohydrate Polym，2010，81：348.

[232]　吴智华，周聪，孟兵等. 高分子材料科学与工程，2010，26：95.

[233]　Liu H，Li S，Liu Y，et al. J Appl Poly Sci，2011，122：2512.

[234]　Le H H，Scho B，Ilisch S，et al. Polymer，2011，52：5858.

[235]　You J，Dong W，Zhao L，et al. J Phys Chem，2012，116：1256.

[236]　Wang Y L，Huang M N，Luo Y F，et al. Polym Degrad Stabil，2010，95：549.

[237]　Zhang W，Chen L，Zhang Y. Polymer，2009，50：1311.

[238]　Lendlein A，Zotzmann J，Feng Y K，et al. Biomacromolecules，2009，10：975.

[239]　Yang J，Liu F，Yang L，et al. Eur Polym J，2010，46：783.

[240]　Meng Q H，Hu J L，Chen S J. Poym Environ，2009，17：212.

[241]　Luo H，Hu J，Zhu Y，et al. J Appl Polym Sci，2012，125：657.

[242]　Feng Y，Zhang S，Zhang L，et al. Polym Adv Tech，2010，22：2430.

[243]　Datta A，Baird D G. Polymer，1995，36：505.

[244]　O'Donnel H J，Baird D G. Polymer，1995，36：3113.

[245]　Mandal P K，Siddhanta S K，Chakraborty D. J Appl Polym Sci，2012，124：5279.

[246]　Seo Y，Hong S M，Hwang S S，et al. Polymer，1995，36：515.

［247］ Seo Y，Hong S M，Hwang S S. Polymer，1995，36：525.

［248］ Seo Y. J Appl Polym Sci，1997，64：359.

［249］ Seo Y，Hong S M，Kim K U. Macromolecules，1997，30：2978.

［250］ Seo Y. J Appl Polym Sci，1998，70：1580.

［251］ Luzinov I，Xi K. Polymer，1999，40：2511.

［252］ Hobbs S Y，Dekkers M E J. Polymer，1988，29：1598.

［253］ Harkins W D. The Physical Chemistry of Surface Films. New York：Reinhold Pub Co，1952，23.

［254］ Horiuchi S，Matchariyakul N. Polymer，1996，37：3065.

［255］ Luzinov I，Pagnoulle C. Polymer，2000，41：3381.

［256］ Nemirovski N，Siegmann A. J Macromol Sci Phys，1995，34B：459.

［257］ Tanakau H，Lovinger A J. Phys Rev Lett，1994，72：2581.

［258］ Ginzburg V V，Qiu F. Phys Rev Lett，1999，82：4026.

［259］ Qiu F，Ginzburg V V. Langmuir，1999，15：4952.

［260］ Walton D G，Kellog G J. Macromolecules，1994，2：6225.

［261］ Lin B，Morkved T L. J Appl Phys，1999，85：3180.

［262］ Tsutsumi K，Funaki Y，Hirokawa Y，et al. Langmuir，1999，15：5200.

第2篇　填充改性及纤维增强聚合物基复合材料

第8章　复合材料概述

>>> **本章提要**

　　复合材料作为一门学科出现虽然才几十年，但是其已经有了快速的发展，尤其是在工业应用和科学研究中。本章将介绍聚合物基复合材料的种类、性能及界面作用机理，以及典型聚合物基复合材料的应用。

8.1　复合材料发展史

　　近几十年来，材料科学得到了突飞猛进的发展。材料科学的发展史与现状表明，人类在科学技术上的进步往往是与新材料的出现和应用分不开的。总结材料发展的历史，特别是近几十年来，对于材料的研究由靠经验摸索的办法发展到不仅可以通过分子合成、材料改性及多种材料的复合而得到新材料，而且还可以从分子结构设计来研制预定性能的材料，形成较完整的材料科学体系。

　　复合材料是一种多相复合体系。单一材料有时不能满足实际使用的某些要求，人们就把两种或两种以上的材料制成复合材料，以克服单一材料在使用上的性能弱点，改进原来单一材料的性能，并且通过各组分匹配的协同作用，还可以出现原来单一材料所没有的新性能，制成复合材料可达到材料综合利用的目的。

　　作为一门学科，复合材料的出现及发展不过才几十年，但是人类在很早之前就开始使用复合材料。比如说，以天然树脂虫胶、沥青作为黏合剂制作层合板，以砂、砾石作为廉价骨料，以水和水泥固结的混凝土材料，它们大约在100年前就开始使用了。混凝土的抗张强度比较好，但比较脆，如处于拉伸状态就容易产生裂纹，而导致脆性断裂。若在混凝土中加入钢筋、钢纤维之后，就可以大大提高混凝土抗拉伸及抗弯曲强度，这就是钢筋混凝土的复合材料。而使用合成树脂制作复合材料，始于20世纪初，人们用苯酚与甲醛反应，制成酚醛树脂，再把酚醛树脂与纸、布、木片等复合在一起制成层压制品，这种层压制品，具有很好的电绝缘性能及强度。20世纪40年代，玻璃纤维增强合成树脂的复合材料——"玻璃钢"的出现是现代复合材料发展的重要标志。玻璃纤维复合材料1946年开始应用于火箭发动机壳体，20世纪60年代在各种型号固体火箭上的应用取得成功。如美国将玻璃纤维复合材料用于制作火箭的发动机壳体以及燃料用的高压容器，20世纪60年代末期则用玻璃纤维复合材料制作直升机旋翼桨叶等。

在 20 世纪 60～70 年代，复合材料不只可用玻璃纤维来增强，一类新型的纤维材料如硼纤维、碳纤维、碳化硅纤维、芳纶（kevlar）纤维的出现，使得复合材料的综合性能得到了很大的提高，从而使复合材料的发展进入了新的阶段。这些材料中，以碳纤维为例，其复合材料的比强度不但超过了玻璃纤维复合材料，而且比模量达玻璃纤维复合材料的 5～8 倍以上，这使其结构的承压能力和承受动力负荷能力大为提高。目前碳纤维复合材料不仅已应用于一般的航空结构件，而且已应用于制作主要承载结构件。

20 世纪 70 年代研究与发展起来的有机纤维，重量更轻，在航空航天工业中也开始受到重视。减轻重量是航天航空技术的关键，要使飞机及各种飞行器飞得更快、更高和更远，就必须减轻飞行器的重量。目前，用金属制成的飞机最高时速大约为 3000km，最高飞行高度约 30km，最大飞行距离约 20000km。如果飞机的重量减轻一半，则飞行速度可提高一倍，飞行高度可达 40km 或 50km 以上，飞机绕地球一周也无需加油。可见重量轻、综合性能好的复合材料在航天航空工业中具有其他材料不可取代的重要性。

对于典型的纤维增强复合材料来说，其性能主要要求是重量轻，强度高，力学性能好。但是作为复合材料的使用不仅仅是限于提高力学性能，而且要根据产品所提出的应用要求，通过复合设计使材料在电绝缘性、化学稳定性、热性能等方面与力学性能一样，达到综合性能的提高。与此同时，还要考虑到其生产工艺及成本。目前在各个产业部门当中，复合材料的使用是多种多样的，除了在航空航天领域外，在建筑、机械、交通、能源、化工、电子、体育器材及医疗器械等方面的应用也在日益增多，而且作为功能材料的用途也是非常广泛的。随着复合材料及其制品的成型工艺的不断改进与完善，其成本会逐步降低，应用范围也会进一步扩展。

复合材料在工业中的应用和科学研究的速度非常快。复合材料的基体已由一般的天然材料，如水泥、石灰、砂土、天然树脂等发展成各种合成的热固性树脂、热塑性树脂及特种耐高温的树脂；增强材料也由矿物纤维、金属纤维发展到玻璃纤维、合成纤维、碳纤维等至目前的新一代特种纤维。

8.2　复合材料的种类

8.2.1　聚合物基复合材料

8.2.1.1　概述

聚合物基复合材料是以有机聚合物为基体，纤维类增强材料为增强剂的复合材料。纤维的高强度、高模量的特性使它成为理想的承载体。基体材料由于其黏结性能好，把纤维牢固地黏结起来。同时，基体又能使载荷均匀分布，并传递给纤维，允许纤维承受压缩和剪切载荷。纤维和基体之间的良好复合显示了各自的优点，并能实现最佳结构设计，具有许多优良的特性。聚合物基复合材料是结构复合材料中发展最早、研究最多、应用最广、规模最大的一类复合材料。

20 世纪 40 年代初到 20 世纪 60 年代中期，是聚合物基复合材料发展的第一阶段，以 1942 年玻璃钢的出现为标志，1946 年出现玻璃纤维增强尼龙，后来相继出现其他的玻璃钢品种。因此，这一阶段主要是玻璃纤维增强塑料（GFRP）的发展和应用。

然而，玻璃纤维模量低，无法满足航空、航天等领域对材料的要求，人们努力寻找新的高性能纤维。1964 年，硼纤维研制成功，其模量达 400GPa，强度达 3.45GPa。硼纤维增强塑料立即被用于军用飞机的次承力构件，如 F-14 的水平稳定舵、垂尾等。但由于硼纤维价格昂贵，工艺性差，其应用规模受到限制，随着碳纤维的出现和发展，硼纤维的生产和使用逐渐减少，除非用于一些特殊场合，如增强金属、卫星、宇航等领域里的特殊构件。

1965 年，碳纤维在美国诞生。1966 年，碳纤维的拉伸强度和拉伸模量还分别只有 1.1GPa 和 140GPa，其比强度和比模量还不如硼纤维和铍纤维。到 1970 年，碳纤维的拉伸强度和拉伸模量就分别达到 2.76GPa（早期 Toray-T-300）和 345GPa。现在，碳纤维的强度和模量已高达 7.0GPa（Toray T-1000）和 827GPa（Thornel P-120）。因此，碳纤维增强树脂基复合材料得到迅速发展和广泛应用，碳纤维及其复合材料的性能也不断提高。

1972 年，美国杜邦公司研制出高强、高模的有机纤维-聚芳酰胺纤维（商品名 Kevlar），其强度和模量分别达到 3.4GPa 和 130GPa，使树脂基复合材料的发展和应用更为迅速。

20 世纪 60 年代中期到 20 世纪 80 年代初，是复合材料发展的第二阶段，也是复合材料日益成熟和发展阶段。作为结构材料，复合材料在许多领域获得应用。同时，金属基复合材料也在这一时期发展起来，如硼纤维、碳化硅纤维增强的铝基、镁基复合材料。

20 世纪 80 年代后，聚合物基复合材料的工艺、理论逐渐完善，除了玻璃钢的普遍使用外，复合材料在航空航天、船舶、汽车、建筑、文体用品等各个领域都得到全面应用。同时，先进热塑性复合材料以 1982 年英国 ICI 公司推出的 APC-2 为标志，向传统的热固性树脂基复合材料提出了强烈的挑战，热塑性树脂基复合材料的工艺理论不断完善，新产品的开发和应用不断扩大。同时，金属基、陶瓷基复合材料的研究和应用也有较大发展，因而进入了复合材料发展的第三阶段。

由于组成聚合物基复合材料的纤维和基体的种类很多，决定了其种类和性能的多样性，例如，玻璃纤维增强热固性塑料（俗称玻璃钢）、短切玻璃纤维增强热塑性塑料、碳纤维增强塑料、芳香族聚酰胺纤维增强塑料、碳化硅纤维增强塑料、矿物纤维增强塑料、石墨纤维增强塑料、天然纤维增强塑料等。这些聚合物基复合材料具有较高的比强度和比模量，抗疲劳性能好，减震性能好，耐高温，安全性好，可设计性强，成型工艺简单等共同特点，同时还有其本身的特殊性能。

8.2.1.2　玻璃纤维增强热固性塑料（GFRP）

玻璃纤维增强热固性塑料是指玻璃纤维（包括长纤维、布带、毡等）作为增强材料，热固性塑料（包括环氧树脂、酚醛树脂、不饱和聚酯等）作为基体的纤维增强塑料，俗称玻璃钢。

GFRP 的特点是密度小，比强度高。密度为 $1.6 \sim 2.0 \text{g/cm}^3$，比最轻的金属铝还要轻，而比强度比高级合金钢还高。"玻璃钢"这个名称便由此而来。

GFRP 具有良好的耐腐蚀性，在酸、碱、有机溶剂、海水等介质中均很稳定，其中玻璃纤维增强环氧树脂的耐腐蚀性最为突出，其他 GFRP 的耐腐蚀性虽然不如玻璃纤维增强环氧树脂，但其耐腐蚀性也都超过了不锈钢。

GFRP 也是一种良好的电绝缘体，主要表现在它的电阻率和击穿电压强度两项指标都达到了电绝缘材料的标准。一般电阻率小于 $1 \Omega \cdot \text{cm}$ 的物质称为导体，大于 $10^6 \Omega \cdot \text{cm}$ 的物质称为电绝缘体。而 GFRP 的电阻率为 $10^{11} \Omega \cdot \text{cm}$，有的甚至可达到 $10^{18} \Omega \cdot \text{cm}$，电击穿强度达 20kV/mm，所以它可用于耐高压的电气零件。

另外，GFRP 不受电磁作用的影响，它不反射无线电波，微波透过性好，可用来制造扫雷艇和雷达罩。GFRP 还具有保温、隔热、隔声、减震等性能。

GFRP 也有不足之处，其最大的缺点是刚性差，弯曲弹性模量仅为 0.2×10^3 GPa，而钢材为 2×10^3 GPa，它的刚度比木材大 2 倍，但比钢材小 10 倍。其次，玻璃钢的耐热性虽然比塑料高，但低于金属和陶瓷，玻璃纤维增强聚酯连续使用温度在 280℃ 以下，其他 GFRP 在 350℃ 以下。此外，GFRP 的导热性也很差，摩擦产生的热量不易导出，从而使 GFRP 的温度升高，导致其破坏。GFRP 的基体材料是易老化的塑料，所以 GFRP 会因日光照射、空气中氧化作用、有机溶剂的作用而产生老化现象，但比塑料要缓慢些。虽然 GFRP 存在上述缺点，但它仍然是一种比较理想的结构材料。玻璃纤维增强环氧、酚醛、聚酯树脂除具有上述共同的性能特点外，各自有其特殊的性能。

玻璃纤维增强环氧树脂是 GFRP 综合性能最好的一种，这是与它的基体材料环氧树脂分不开的。因环氧树脂的黏结能力最强，与玻璃纤维复合时，界面剪切强度最高，它的机械强度高于其他 GFRP。由于环氧树脂固化时无小分子放出，使得玻璃纤维增强环氧树脂的尺寸稳定性最好，收缩率只有 1%～2%。环氧树脂的固化反应是一种放热反应，一般易产生气泡，但因树脂中添加剂少，很少发生鼓泡现象。唯一不足之处是环氧树脂黏度大，加工不太方便，而且成型时需要加热。如在室温下成型会导致环氧树脂固化不完全。因此不能制造大型的制件，使用范围受到一定的限制。

玻璃纤维增强酚醛树脂是各种 GFRP 中耐热性最好的一种，它可以在 200℃ 下长期使用，甚至在 1000℃ 以上的高温下，也可以短期使用。它是一种耐烧蚀材料，因此可用它做宇宙飞船的外壳。玻璃纤维增强酚醛树脂具有耐电弧性，可用于制作耐电弧的绝缘材料。它的价格比较便宜，原料来源丰富。但它的不足之处是性能较脆，机械强度不如环氧树脂。固化时有小分子副产物放出，故尺寸不稳定，收缩率大。酚醛树脂对人体皮肤有刺激作用，会使人的手和脸肿胀。

玻璃纤维增强聚酯的特点是加工性能好，树脂中加入引发剂和促进剂后，可以在室温下固化成型，由于树脂中的交联剂（苯乙烯）起着稀释剂的作用，所以树脂的黏度大大降低，可采用各种成型方法进行加工成型，因此它可制作大型构件，扩大了应用范围。此外，它的透过性好，透光率可达 60%～80%，可制作采光瓦，价格也很便宜。其不足之处是固化时收缩率大，可达 4%～8%，耐酸、耐碱性差些，不宜制作耐酸碱的设备及管件。各种 GFRP 与金属性能比较见表 8-1。

表 8-1 各种玻璃钢与金属性能的比较[1]

性能	聚酯玻璃钢	环氧玻璃钢	酚醛玻璃钢	钢	铝	高级合金
密度/(g/cm³)	1.7～1.9	1.8～2.0	1.6～1.85	7.8	2.7	8.0
拉伸强度/MPa	70.3～298.5	180～350	70～280	700～840	70～250	1280
弯曲强度/MPa	210～250	180～300	100～270	350～420	30～100	
吸水率/%	0.2～0.5	0.05～0.2	1.5～5	—		
热导率/[W/(m·K)]	1038	630～1507		155～748	726～828	
线膨胀系数(×10⁻⁶℃⁻¹)		1.1～3.5	0.35～1.07	0.012	0.023	
比强度/MPa	160	180	115	50	—	160

8.2.1.3 玻璃纤维增强热塑性塑料 (FR-TP)

玻璃纤维增强热塑性塑料是指玻璃纤维（包括长纤维和短切纤维）作为增强材料，热塑性塑料（包括聚酰胺、聚丙烯、低压聚乙烯、ABS 树脂、聚甲醛、聚碳酸酯、聚苯醚等工程塑料）为基体的纤维增强塑料。

玻璃纤维增强热塑性塑料除了具有纤维增强塑料的共同特点外，它与玻璃纤维增强热固性塑料相比较，其特点是具有更轻的密度，一般在 $1.1 \sim 1.6 \mathrm{g/cm^3}$，为钢材的 $1/5 \sim 1/6$；比强度高，蠕变性大大改善。例如，合金结构钢 50CrVA 的比强度为 162.5MPa，而玻璃纤维增强尼龙 610 为 179.9MPa。各种玻璃纤维增强热塑性塑料的比强度见表 8-2。

表 8-2　几种典型金属及 FR-TP 的比强度比较

材料名称	密度/(g/cm³)	抗拉强度/MPa	比强度/MPa
普通钢 A3	7.85	400	50
不锈钢 1Cr18Ni9Ti	8	550	68.8
合金结构钢 50CrVA	8	150	162.5
灰口铸铁 HT25-47	7.4	250	34
硬铝合金 LY12	2.3	470	167.3
普通黄铜 H59	3.4	390	46.4
增强尼龙 610	1.45	250	179.9
增强尼龙 1010	1.23	130	146.3
增强聚碳酸酯	1.42	140	98.3
增强聚丙烯	1.12	90	80.4

（1）玻璃纤维增强聚丙烯（FR-PP）　玻璃纤维增强聚丙烯的特点是，机械强度与纯聚丙烯相比大大提高，当短切玻璃纤维含量增加到 $30\% \sim 40\%$ 时，其强度达到峰值，抗拉强度达 100MPa，大大高于聚碳酸酯、聚酰胺等工程塑料。尤其使聚丙烯的低温脆性得到了大大的改善，随着玻璃纤维含量的提高，低温时的冲击强度提高。FR-PP 的吸水率很小，是聚甲醛和聚碳酸酯的 1/10；在耐沸水和水蒸气方面表现更加突出，含 20% 短切纤维的 FR-PP，在水中煮 1500h，其抗拉强度比初始强度只降低 10%；如在 23℃ 水中浸泡，则强度不变；但在高温、高浓度的强酸、强碱中会使机械强度下降；在有机化合物的浸泡下机械强度也会降低，并有增重现象。聚丙烯为结晶型聚合物，当加入 30% 玻璃纤维以后，其热变形温度有显著提高，可达 153℃（1.86MPa），已接近纯聚丙烯的熔点，但是必须在复合时加入硅烷偶联剂（如不加，则变形温度只有 125℃）。

（2）玻璃纤维增强聚酰胺（FR-PA）　聚酰胺是一种热塑性工程塑料，本身的强度就比一般通用塑料的强度高，耐磨性好，但因它的吸水率太大，影响其尺寸稳定性。另外，聚酰胺的耐热性也较低。用玻璃纤维增强的聚酰胺，这些性能得到大大的改善。玻璃纤维增强聚酰胺的品种很多，有玻璃纤维增强尼龙 6（FR-PA6）、玻璃纤维增强尼龙 66（FR-PA66）、玻璃纤维增强尼龙 1010（FR-PA1010）等。一般玻璃纤维增强聚酰胺中，玻璃纤维含量达到 $30\% \sim 35\%$ 时，其增强效果最为理想，抗拉强度可提高 $2 \sim 3$ 倍，抗压强度提高 1.5 倍，耐热性幅度提高最大。例如，尼龙 6 的使用温度为 120℃，而玻璃纤维增强尼龙 6 的使用温度可达 $170 \sim 180$℃，在这样的高温下，往往材料易产生老化现象，因此应加入一些热稳定剂。FR-PA 的线膨胀系数比 PA 降低了 $1/4 \sim 1/5$，含 30% 玻璃纤维的 FR-PA 的线膨胀系数为 0.22×10^{-4}℃$^{-1}$，接近金属铝的线膨胀系数 $0.17 \times 10^{-4} \sim 0.19 \times 10^{-4}$℃$^{-1}$。另一特点是耐水性得到了改善，聚酰胺的吸水性直接影响了它的机械性能和尺寸稳定性，甚至影响了它的电绝缘性，而随着玻璃纤维加入量的增加，其吸水率和吸湿速度显著下降。例如 PA6 在空气中饱和吸湿率为 4%，而 FR-PA6 则降到 2%，吸湿后 FR-PA6 的机械强度比 PA6 高 3

倍。因而 FR-PA6 吸湿后的机械强度仍然能满足工程上的要求，同时电绝缘性也比纯 PA 好，可以制成耐高温的电绝缘零件。

在聚酰胺中加入玻璃纤维后，唯一的缺点是使耐磨性变差。因为聚酰胺的制品表面光滑，光洁程度越好越耐磨，而加入玻璃纤维以后，如果将制品经过二次加工或者被磨损时，玻璃纤维就会暴露于表面上，使材料的摩擦系数和磨耗量增大，因此，如果用它来制造耐磨性要求高的制品时，一定要加入润滑剂。

（3）玻璃纤维增强聚苯乙烯塑料 聚苯乙烯树脂目前已成为系列产品，多为橡胶改性树脂，例如丁二烯-苯乙烯共聚物（BS）、丙烯腈-丁二烯-苯乙烯共聚物（ABS）等。这些共聚物大大改善了纯聚苯乙烯的性能，如再用长玻璃纤维或短切玻璃纤维增强，其机械强度及耐高低温性、尺寸稳定性均有大幅度提高。例如，丙烯腈-苯乙烯共聚物（AS）的抗拉强度为 66.8～84.4MPa，而含 20％玻璃纤维的 FR-AS 的抗拉强度达到 135MPa，提高了近一倍，而且弹性模量也提高了几倍。FR-AS 比 AS 的热变形温度提高了 10～15℃，而且随着玻璃纤维含量的增加，热变形温度也随之提高，使其在较高的温度下仍具有较高的刚度，制品的形状不变。此外，随着玻璃纤维含量的增加，线膨胀系数减小，含有 20％玻璃纤维的 FR-AS 线膨胀系数为 $0.29 \times 10^{-4} ℃^{-1}$，与金属铝相接近。

对于脆性较大的 PS、AS 来说，加入玻璃纤维后冲击强度提高，而对于韧性较好的 ABS 来说，加入玻璃纤维后，会使韧性降低，直到玻璃纤维含量达到 30％后，冲击强度才不再下降，达到稳定阶段，接近 FR-AS 的水平，这对于 FR-ABS 来说，是唯一的不利因素。

玻璃纤维与聚苯乙烯类塑料复合时也要加入偶联剂，不然聚苯乙烯类塑料与玻璃纤维黏结不牢，会影响强度。

（4）玻璃纤维增强聚碳酸酯（FR-PC） 聚碳酸酯是一种透明度较高的工程塑料，它的刚韧相兼的特性是其他塑料无法相比的，唯一不足之处是易产生应力开裂，耐疲劳性能差。加入玻璃纤维后，FR-PC 比 PC 的疲劳强度提高 2～3 倍，耐应力开裂性能可提高 6～8 倍，耐热性比 PC 提高 10～20℃，线膨胀系数缩小为 $1.6 \times 10^{-6} \sim 2.4 \times 10^{-6} ℃^{-1}$，因而可用于制造耐热的机械零件。

（5）玻璃纤维增强聚酯 作为基体材料的聚酯主要有两种，一种是聚对苯二甲酸乙二酯（PET），另一种是聚对苯二甲酸丁二酯（PBT）。未增强的聚酯结晶性高，成型收缩率大，尺寸稳定性差，耐高低温性差，而且质脆。用玻璃纤维增强后，其机械强度比其他玻璃纤维增强热塑性塑料均高，抗拉强度为 135～145MPa，抗弯强度为 209～250MPa，耐疲劳强度高达 52MPa，最大应力与往复弯曲次数的曲线（S-N 曲线）与金属一样，具有平坦的坡度。耐热性提高的幅度最大，PET 的热变形温度为 85℃，而 FR-PET 的热变形温度为 240℃，而且在这样高的温度下仍然能保持它的机械强度，是玻璃纤维增强热塑性塑料中耐热温度最高的一种。它的耐低温性能也好，超过了 FR-PA6，因此在温度高低交替变化时，它的物理机械性能变化不大。电绝缘性能也好，可用来制作耐高温电器零件。更可喜的是，它在高温下耐老化性好，胜过玻璃钢，尤其是耐光老化性能好，所以它使用寿命长。唯一不足之处是，在高温下易水解，使机械强度下降，因而不适于在高温水蒸气环境下使用。

（6）玻璃纤维增强聚甲醛（FR-POM） 聚甲醛是一种性能较好的工程塑料，加入玻璃纤维后，不但起到增强作用，而且最突出的特点是耐疲劳性和耐蠕变性有很大的提高。含有 25％玻璃纤维的 FR-POM 的抗拉强度为纯 POM 的 2 倍，弹性模量为纯 POM 的 3 倍，耐疲劳强度为纯 POM 的 2 倍，在高温下仍具有良好的耐蠕变性，同时耐老化性能也很好。但不耐紫外线照射，因此在塑料中需加入紫外线吸收剂。另外，加入玻璃纤维后，其摩擦系数和磨耗量大大提高，即耐磨性有所降低，为了改善其耐磨性，可用加入聚四氟乙烯粉末作为填料，或加入碳纤维来改性。

（7）玻璃纤维增强聚苯醚（FR-PPO）　聚苯醚是一种综合性能优异的工程塑料，但存在着熔融后黏度大、流动性差、加工困难和容易发生应力开裂、成本高等缺点。与其他树脂共混或共聚可改善上述缺点，但这往往会使其力学性能和耐热性有所下降，故加入玻璃纤维使其增强效果很好。加入 20％玻璃纤维的 FR-PPO，其抗弯模量比纯 PPO 提高了两倍，含30％玻璃纤维的 FR-PPO 则提高 3 倍，因此可用它制作高温高载荷的零件。

FR-PPO 最突出的特性是，蠕变性很小，3/4 的变形量发生在 24h 之内，因此蠕变性的测定可在短期内得出估计的数值，这一点是任何高分子复合材料难以达到的。它耐疲劳强度很高，含 20％玻璃纤维的 FR-PPO，在 23℃往复次数为 2.5×10^6 次的条件下，它的弯曲疲劳极限强度仍能保持 28MPa，如果玻璃纤维含量为 30％时，则可达到 34MPa。

FR-PPO 的又一特点是热膨胀系数非常小，是 FR-TP 中最小的一种，接近金属，因此与金属配合制成零件，不易产生应力开裂。它的电绝缘性也是工程塑料中居第一位的，其电绝缘性不受温度、湿度、频率等条件的影响。它耐湿热性能良好，可在热水或有水蒸气的环境中工作，因此它可以制作耐热性的电绝缘零件。

8.2.1.4　高强度、高模量纤维增强塑料

高强度、高模量纤维增强塑料主要是指以环氧树脂为基体，以各种高强度、高模量的纤维（包括碳纤维、硼纤维、芳香族聚酰胺纤维、各种晶须等）作为增强材料的一类纤维增强塑料。

该类纤维增强塑料由于受增强纤维高强度、高模量这一性能的影响，使其具有以下共同的特点。

① 密度小、强度高、模量高和热膨胀系数低。

② 加工工艺简单。该类增强塑料可采用 GFRP 的各种成型方法，如模压法、缠绕法、手糊法等。

③ 价格昂贵。该种材料唯一的缺点是价格比较贵，除芳香族聚酰胺纤维以外，其他纤维由于加工比较复杂，原料价格昂贵，致使其增强塑料价格昂贵，限制了其大量应用。

（1）碳纤维增强塑料　碳纤维增强环氧树脂是一种强度、刚度、耐热性均好的复合材料，这方面的性能是其他材料无法相提并论的。它的质轻（密度小），如果采用钢材、GFRP 以及碳纤维增强塑料这三种材料分别制成长途客车的车身时，其中碳纤维增强塑料最轻，比 GFRP 车身轻 1/4，比钢车身轻 3～4 倍。从车顶的挠曲度可以比较材料的刚度，GFRP 车顶弯曲下沉将近 10cm，钢车顶下沉 2～3cm，碳纤维增强塑料下沉不到 1cm。碳纤维增强塑料的冲击强度也特别突出，假如用手枪在 10 步远的地方射向一块不到 1cm 厚的碳纤维增强塑料板时，竟不会将其射穿。它的耐疲劳强度很大，而摩擦系数却很小，这些方面性能均超过了钢材。

碳纤维增强塑料不但机械性能好，耐热性也特别好，在 12000℃的高温下经受 10s，其性能保持不变，这对其他材料是无法想象的。陶瓷被认为是耐高温的材料，但是在这样高的温度下，根本无法存在。

碳纤维增强塑料的不足之处，一是碳纤维与塑料黏结性差，而且各向异性，这方面不如金属材料。目前已有解决的办法，使碳纤维氧化和晶须化可以提高其黏结性，用碳纤维编织

法来解决各向异性的问题。另一个不足之处是，价格比较昂贵，但是，随着生产技术的不断成熟，规模的不断扩大，碳纤维的价格在不断下降，所以应用领域已从原来的航天航空领域，渗透到各民用领域。

（2）芳香族聚酰胺纤维增强塑料 芳香族聚酰胺纤维增强塑料的基体主要是环氧树脂，其次是热塑性塑料的聚乙烯、聚碳酸酯、聚酯等。芳香族聚酰胺增强环氧树脂的抗拉强度大于 GFRP，与碳纤维增强环氧树脂相似。它最突出的特点是有压延性，与金属相似。它的耐冲击性能超过了碳纤维增强塑料，自由振动的衰减性为钢筋的 8 倍，GFRP 的 4～5 倍；耐疲劳性比 GFRP 或金属铝还好。

（3）硼纤维增强塑料 硼纤维增强塑料主要指硼纤维增强环氧树脂。该种材料突出的优点是刚度好，它的强度和弹性模量均高于碳纤维增强环氧树脂，是高强度、高模量纤维增强塑料中性能最好的一种。

（4）碳化硅纤维增强塑料 碳化硅纤维增强塑料主要是指碳化硅纤维增强环氧树脂。碳化硅纤维与环氧树脂复合时，不需要表面处理，黏结力很强，材料层间剪切强度可达1.2MPa。它的抗弯强度和冲击强度为碳纤维增强环氧树脂的 2 倍，如果与碳纤维混合叠层进行复合时，会弥补碳纤维的缺点。

8.2.1.5 天然纤维增强塑料

目前，随着人们对环境关注度不断上升，激发了人们对天然纤维复合材料和生物降解材料研究和开发的兴趣。天然纤维增强塑料中，纤维作为增强体分散在基体中，起最主要的承载作用。目前已经把麻、竹纤维大量用作木材、玻璃纤维的替代品来增强聚合物基体，与合成纤维相比，天然纤维具有价廉质轻，比强度和比模量高等优良特性，最为关键的是天然纤维属可再生资源，可自然降解，不会对环境构成负担。以天然纤维为增强体的复合材料同样具有优良的性能，随着技术的提高，应用领域已经从航空航天和国防军工扩展到建筑与土木工程、陆上交通运输、船舶和近海工程、化工腐蚀、电气与电子、体育与娱乐用品、医疗器械与仿生制品以及家庭办公用品等各个部门。例如，竹纤维、麻纤维/聚乳酸复合材料，是以竹纤维、麻纤维为增强材料，聚乳酸为基体材料，通过一定的成型方式复合而成的一种生物可降解复合材料，目前已成为植物纤维增强可降解复合材料的研究热点。天然竹纤维和麻纤维具有长径比大、比强度高、比表面积大、密度低、价廉、可再生以及可生物降解等诸多优点；聚乳酸是一种完全生物降解性塑料，具有良好的机械性能、物理性能和加工性能，降解后最终生成 CO_2 和 H_2O，不会对环境产生任何污染。两者复合以后，对材料的机械强度、抗拉性能、吸湿性、降解性都有了较大的提高。

随着可降解高分子材料开发研究的不断深入，用天然纤维与可降解基体制成的复合材料已开始应用于许多工业制造领域，发展前景十分广阔。预计天然纤维复合材料市场在 2016年将增至 5.313 亿美元，今后 5 年的复合材料年均增长率达到 11％。由于公众环保意识的日益增高和这些材料相对较低的成本及其低密度，它们日趋盛行。对可靠、耐用、轻质和高力学性能材料的需求正推动着天然纤维在建筑、汽车和建设等各种行业中应用的日益增长。美国 Lucintel 公司在其《2011～2016 天然纤维复合材料市场趋势、预测和机遇分析》的研究报告中，分析和介绍了它的研究发现。Lucintel 的研究表明，天然纤维复合材料的应用已经上升，其优势正在赶超玻璃纤维。尤其是天然纤维复合材料在汽车中的应用驱动着市场的增长，预计到 2016 年，天然纤维复合材料的最大市场会是汽车。现在有数种汽车部件使用天然纤维复合材料制造，它们一般使用聚酯或聚丙烯为基体树脂，使用亚麻、大麻、洋麻或剑麻纤维为增强材料。产品范围已不再限于内饰件和车门、后架之类的非结构件。汽车工业选用天然纤维复合材料主要动力是价格、重量和营销优点而不是技术需求。

8.2.1.6　其他纤维增强塑料

其他纤维增强塑料是指以石棉纤维、矿棉纤维、合成纤维等为增强材料，以各种热塑性塑料和热固性塑料为基体的复合材料。这方面的复合材料发展得比较早，应用也比较广。其中石棉纤维、矿棉纤维等因其对人体健康的危害渐渐被认识，目前已慢慢地被其他材料所取代。

8.2.2　碳基复合材料

8.2.2.1　概述

碳/碳复合材料是由碳纤维或各种碳织物增强碳，或石墨化的树脂碳（或沥青）以及化学气相沉积（CVD）碳所形成的复合材料，是具有特殊性能的新型工程材料，也被称为碳纤维增强碳复合材料。用 XRD 多重分离软件分别对不同热处理温度下碳/碳复合材料进行衍射分峰处理，得出该类材料由三种不同组分构成，即树脂碳、碳纤维和热解碳。由此可以看到，它几乎完全是由元素碳组成，故能承受极高的温度和极大的加热速率。通过碳纤维适当地取向增强，可得到力学性能优良的材料，在高温下这些性能保持不变，甚至某些性能指标有所提高。在机械加载时，碳/碳复合材料的变形与延伸都呈现出假塑性，最后以非脆性方式断裂。它抗热冲击和抗热诱导能力极强，且具有一定的化学惰性。碳/碳复合材料的优缺点可归纳于表 8-3。

表 8-3　碳/碳复合材料的主要优缺点

优　点	缺　点
高温形状稳定	材料：非轴向力学性能差
升华温度高	破坏应变低
烧蚀凹陷低	空洞含量高
平行于增强方向具有高强度和高刚度	孔分布不均匀
在高温条件下的强度和刚度可保持不变	纤维与基体结合差
抗热应力	热导率高
抗热冲击	抗氧化性能差
力学性能为假塑性	抗颗粒浸蚀性差
抗裂纹传播	成本高
非脆性破坏	加工：制造加工周期长，可还原性差
衰减脉冲	设计：设计与工程性能受限制
化学惰性	缺乏破坏准则
重量轻	设计方法复杂
抗辐射	环境特性曲线复杂
性能可调整	各向异性
原材料为非战略材料	尚无较好的非破坏检验方法
易制造和加工	使用经验不足
	连接与接头困难

关于碳/碳复合材料的研制工作，可一直追溯到 20 世纪 60 年代初期，当时碳纤维已开始商品化，人们采取了一系列步骤用它来增强如火箭喷嘴一类的大型石墨部件，结果在强度、耐高速高温气体（从喷嘴喷出）的腐蚀方面都有非常显著的提高。之后，又进一步地研究了致密低孔隙部件的制造，反复地浸渍热的液化天然沥青和煤焦油——制造整体石墨原料。制造碳/碳复合材料时，不必选择强度和刚度最好的碳/石墨纤维，因为它们不利于用编

织工艺来制备碳/碳复合材料所需的纤维基体。还有一些研究工作利用在低压下就能浸渍的树脂基体代替来源于石油或煤焦油中的碳素沥青，通过多次热解和浸渍获得焦化强度很高的产物。也可以通过化学蒸气沉积技术在复合材料内部形成耐热性很好的热解石墨或碳化物结构，这进一步扩大了碳/碳复合材料的应用领域。总之，目前人们正在设法更有效地利用碳和石墨的特性，因为不论在低温或很高的温度下，它们都有良好的物理和化学性能。

　　碳/碳复合材料的制备方法很多，各种工艺过程大致可归纳为图8-1所示的几种方法，主要工序是坯体的预成型，浸渍、碳化、致密化、石墨化和抗氧化涂层等。

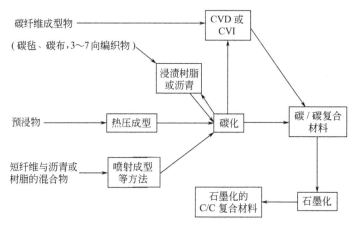

图 8-1　碳/碳复合材料的制造方法

8.2.2.2　碳纤维与基体的选择

　　在制造碳/碳复合材料时，对碳纤维的基本要求是碱金属等杂质含量尽量低，具有高强度、高模量和较大的断裂伸长率，至于是否进行表面处理则需根据实际情况而定。

　　用于耐烧蚀材料使用的碳/碳复合材料要求钠等碱金属含量愈低愈好，因为碱金属是碳的氧化催化剂。在 20 世纪 70 年代，制造碳/碳复合材料大多数采用钠含量在 100×10^{-6} 以下的黏胶基碳纤维，到了 20 世纪 80 年代中后期，PAN 基碳纤维的碱金属含量已降低到 10×10^{-6} 以下，被广泛用来制造碳/碳复合材料。此外，当碳/碳复合材料用来制造宇航飞行器的耐烧蚀部件时，飞机在飞行过程中，由于热烧蚀而在尾部形成含钠离子流，易被敌方探测和跟踪，因此希望碳纤维中的钠含量尽可能低。

　　采用高模中强或高强中模碳纤维制造碳/碳复合材料时，不仅强度和模量的利用率高，而且具有优异的热性能，例如，选用 HM、MP 或 MJ 系列碳纤维时，由于完善的石墨片层和良好的择优取向，抗氧化性能不仅优于通用的乱层石墨结构碳纤维，而且热膨胀系数小，可减小浸渍与碳化过程中产生的收缩，减少因收缩而产生的裂纹，使整体的综合性能得到提高。

　　碳纤维表面处理对碳/碳复合材料的性能有着显著的影响，如图8-2所示。图中A、B、C是经过表面处理的石墨纤维 M40 与呋喃基体树脂的界面黏结强度，在碳化过程中由于两相断裂应变不同，在收缩过程中纤维受到剪切应力或被剪切断裂，同时基体收缩产生的裂纹在通过黏结界面时，产生应力集中，严重时导致纤维断裂。这些不利因素使碳纤维的增强作用得不到充分发挥，导致碳/碳复合材料的强度下降。未经表面处理的碳纤维，两相界面黏结薄弱，基体的收缩使两相界面脱黏，纤维不会损伤，当基体中裂纹传播到两相界面时，薄弱界面层可缓冲裂纹传播速度或改变裂纹传播方向，或界面剥离吸收掉集中的应力，从而使碳纤维免受损伤而充分发挥其增强作用，使复合材料的强度得到提高。石墨化处理正相反，这可能是因为，基体树脂碳经石墨化处理后转化为具有一定塑性的石墨化碳，使碳化过程中产生的裂纹支化，从而缓和或消除了集中的应力，使纤维免受损伤，强度得到提高。

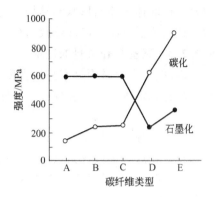

图 8-2　碳纤维表面处理对碳/碳复合材料强度的影响（呋喃树脂）

A—表面处理；未上浆（M40-90）；B—表面处理，上浆（M40-50A）；C—表面处理，上浆（M40-40B）；D—未表面处理，未上浆（M40-90）；E—未表面处理，上浆（M40-59）；

　　碳/碳复合材料的设计应精心选择浸渍用的基体树脂，它应具有残碳率高、有黏性、流变性好以及与碳纤维具有良好物理相容性等特点。常用的浸渍剂有呋喃树脂、酚醛树脂、糠酮树脂等热固性树脂和石油沥青、煤焦油沥青等。酚醛树脂经碳化后转化为难石墨化的玻璃碳，耐烧蚀性能优异；石油沥青 A-240 等的石墨化程度高，与碳纤维一样具有良好的物理相容性。物理相容性主要是指热膨胀系数和固化或碳化过程中的收缩行为。图 8-3 为液相浸渍和气相沉积致密化的示意图，沥青与气孔壁有良好的润湿和黏结性，碳化后残留的碳向孔壁收缩，有利于第二次再浸渍和再碳化；树脂与孔壁黏结不良而自身黏结强，碳化后树脂碳与孔壁脱黏，自身成为一团而堵塞气孔，不利于再浸渍和密度的再提高。

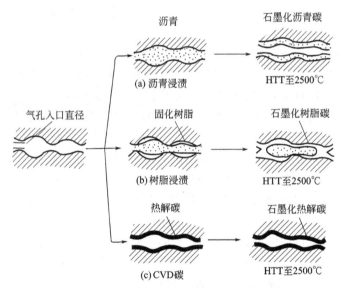

图 8-3　液相浸渍和气相沉积的填孔和堵塞图解

　　沥青是含有多种稠环芳烃的混合物，其残碳量高，在热处理过程中形成易石墨化的中间相，具有更优异的机械性能。在浸渍过程中随着温度的升高，呈现出流变特性，黏度下降，润湿性得到改善，接触角 θ 减小，易与孔壁黏结。目前，针对浸渍沥青的改性，使之既具有高残碳率又具有良好的高温流动性的研究逐渐引起人们的重视，认为高性能/价格比的浸渍沥青的制备可能是目前低成本制造高性能碳/碳复合材料的重要途径之一。美国以 A-240 石油沥青为原料开发了软化点约在 200℃ 的优质浸渍沥青。

　　碳/碳复合材料基体树脂除上述的树脂碳外，还有低碳烃类的热解碳。这些基体碳的作用是固定坯体的原始形状和结构,与增强纤维组成一个承载外力的整体,可将承载外力有效地传递给增强纤维,使坯体致密化。

8.2.2.3　碳基复合材料的应用

碳/碳复合材料因具有高比强度、比模量和耐烧蚀性,而且还具有传热、导电、自润滑性、本身无毒等特点,在导弹、宇航工业、航空工业、汽车工业、化学工业等领域具有广泛的应用。

(1) 导弹、宇航工业　碳/碳复合材料的发展主要是受导弹、宇航工业的要求所推动,因而首先在这些领域开始试用,民用方面只是利用研究成果而已。

碳/碳复合材料保留了石墨的特性,而且由于碳纤维的增强作用,其机械性能得到了提高。碳/碳复合材料具有极佳的低烧蚀率、高烧蚀热、高温力学性能优良等特点,故被人们认为是非常有前途的高性能烧蚀材料。20 世纪 70 年代以来,美国战略武器的头部防热材料的研制已从硅基转向碳基,碳/碳复合材料已成为第三代战略核武器头部防热的主要材料。碳/碳复合材料制成的截圆锥和鼻锥等部件已能够满足不同型号洲际导弹再入防热的要求。美国最新式的战略核武器"民兵-Ⅲ"型导弹是分导式 MK12A 多弹头,该导弹的鼻锥是由碳/碳复合材料制成的。

对于火箭来说,要求耐烧蚀的另一个部位是发动机的燃烧室和喷管系统。由喷管喷出数千度的高温高压气体,把推进剂燃烧产生的热能转换为推进动能。显然喷管喉部是烧蚀最严重的部位,作为喷管材料应承受:耐温 2000~3500℃;点火后在表面极高的热速率引起的热冲击;高的热梯度引起的热应力;压力达 69MPa;经得起超高速浸蚀气体几分钟的作用。

石墨材料已成功地用作喷管材料。但是,对于大型固体火箭来说,随着喉径增大和时间延长,烧蚀率显著增加,这不仅使石墨制造大型喷管变得困难,而且会出现环向断裂现象,因而不能满足要求,促进了新的碳纤维增强复合材料喷管的研制。

据报道,阿波罗指挥舱的姿态控制发动机的喷管是用碳/碳复合材料制成的,在 F_2/肼液体燃料发动机上进行了试验(3837℃),经 255s 后,线烧蚀率仅为 0.005mm/s。美国的"民兵-Ⅲ"火箭第三级的喷管喉衬材料采用碳布浸渍树脂制成,喉衬直径 150mm,可满足在 3260℃下工作 60s 的要求。美国"北极星"A-7 两级发动机喷管的收敛段采用缠绕石墨纤维浸渍酚醛树脂制成,用玻璃钢作壳体,使其射程增加一倍,发动机的工作效率提高 30%左右。

(2) 航空工业　飞机的质量是决定其性能的主要因素之一。飞机质量轻,可以实现加速快;起飞时的离地速度高,可缩短滑行跑道的距离;在高空飞行时,爬升快,转弯变向灵活,航程远,有效载荷大。表 8-4 为碳/碳复合材料在飞机上的应用示例。利用碳/碳复合材料摩擦系数小和热容大的特点可以制成高性能的飞机刹车装置,速度可达每小时250~350km。

表 8-4　碳/碳复合材料在飞机上的应用示例

机　种	构　件	说　明
麦道公司 F-15 空中优势战斗机	刹车盘	减重 24%,使用寿命长;全机用量占结构总重量的 1.2%
通用动力公司 F-16 轻型战斗机	刹车盘	全机用量占结构总重量的 3.4%
诺斯罗普公司 F-18 轻型舰载战斗机	刹车盘	定盘和转盘都用碳/碳复合材料,减重 24%,使用寿命延长一倍
英法研制的协和号	刹车盘	减重 544kg,使用寿命可提高 5~6 倍

（3）其他方面的应用　碳/碳复合材料在汽车工业、化学工业、电子电气工业、医疗等领域也有广泛的应用。

汽车工业是今后大量使用碳/碳复合材料的行业之一。目前，石油资源日益短缺，要求降低汽车消耗燃料量，为了逐步改变目前以金属材料为中心的汽车结构（现在金属材料约占80%），逐步塑料化，轻质化，具有轻质和一材多用的碳/碳复合材料是理想的选材之一。

碳/碳复合材料所制成的各种汽车零部件主要有：①发动机系统，如推杆、连杆、摇杆、油盘和水泵叶轮等；②传动系统，如传动轴、万能箍、变速器、加速装置及其罩等；③底盘系统，如底盘和悬置件、弹簧片、框架、横梁和散热器等；④车体，如车顶内外衬、地板、侧门等。目前，碳/碳复合材料在汽车工业不能大量使用的主要原因是成本太高。随着生产碳/碳复合材料的工艺革新，产量的扩大，其价格必然下降，它将成为汽车工业的新型材料。

在化学工业中，碳/碳复合材料主要用于耐腐蚀设备、压力容器和密封填料等。

碳/碳复合材料是优良的导电材料，利用它的导电性能可制成电吸尘装置的电极板、电池的电极、电子管的栅极等。

另外，因碳/碳复合材料对生物体的相容性好，可作骨状插入物以及人工心脏瓣膜阀体。

碳/碳复合材料已广泛应用于各个领域，其应用范围越来越广，消费量日益扩大，但有些问题仍需继续改进和提高。例如它的强度受随机分布的缺陷所限制，因此强度的波动范围大，从而使复合材料的重复性较差，影响制品使用的可信赖度，同时也影响材料的大量生产和应用的推广。所以研制强度高和波动率小的碳/碳复合材料是碳基复合材料研究单位和生产厂家的工作重点。

8.2.3　混杂纤维复合材料

8.2.3.1　概述

一般地讲，混杂纤维复合材料是指两种或两种以上纤维混杂增强一种基体构成的复合材料，最早研制和投入应用的是碳纤维与玻璃纤维混杂增强环氧树脂复合材料，它既有碳纤维增强树脂基复合材料的高比强度和高比模量，又利用了玻璃纤维的良好断裂韧性和低成本。一般，混杂纤维增强复合材料中的两种增强纤维，一种是高模量，低断裂延伸率（$\varepsilon_b \leqslant 1\%$）的高性能增强纤维，如碳纤维、硼纤维、碳化硅纤维和氮化硅纤维等；另一种为普通增强纤维，其断裂延伸率及强度均较高，但模量一般要比金属材料低一个数量级，如常用的玻璃纤维等。

混杂纤维复合材料研究的重要意义在于：

① 节约成本，通过采用便宜的玻璃纤维取代昂贵的碳纤维来降低成本；

② 通过对所用纤维及其体积分数的优化选择，从而达到较宽范围的物理和机械性能；

③ 可以得到独特的单项或组合的性质，这是只用单一类型纤维所不易得到的。

8.2.3.2　混杂纤维复合材料的结构形式[2]

研究表明，影响混杂纤维复合材料性能的因素，除了包括一般复合材料性能的影响因素之外，还与所用混杂纤维的类型、混杂比、混杂方式等有关，其中增强纤维的混杂方式（亦称混杂复合材料的结构形式，即两种纤维在混杂复合材料中的分布状况）有较大的影响。

关于混杂纤维增强复合材料的结构形式，目前还没有统一的分类方法，下面介绍一种较易为人们所接受的分类法。

① 层内混杂复合材料——A 型　由两种纤维按一定的混杂比均匀地分散在同一基体中而构成的复合材料。

② 层间混杂复合材料——B 型　由两种不同的单纤维复合材料层以不同的比例及方式交替地铺叠在一起所构成的复合材料。

③ 夹芯结构——C 型　通常是由一种普通纤维增强复合材料作为芯层（core），另一种高性能纤维增强复合材料作为表层（shell）所构成的复合材料，在力学分析中可以看成是一种结构。

④ 层内/层间混杂复合材料——AB 型　由 A 型和 B 型两种结构形式叠加而成。

⑤ 超混杂复合材料——D 型　由金属材料、各种单一复合材料（包括蜂窝夹芯、泡沫塑料夹芯等）所组成的复合材料。

上述几种混杂纤维增强复合材料示意图见图 8-4。

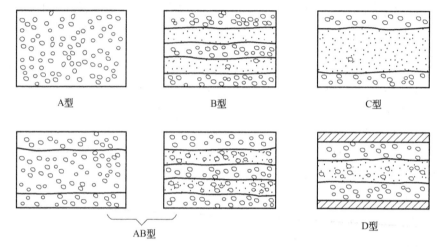

图 8-4　混杂纤维复合材料示意图

8.2.3.3　混杂纤维复合材料的特性

混杂纤维复合材料最大的特点是多种材料性能的兼容性，可以最大限度地针对不同的应用条件和要求，进行复合材料结构设计，充分发挥混杂纤维和基体的性能，获得具有更好的综合性能及更高性能价格比的复合材料，甚至包括同时兼有相反性能的复合材料，如导电而绝热，强度优于钢而弹性优于橡胶等性能的材料。另外，选定最佳的纤维混杂比及混杂方式，可以使材料的某单项性能指数达到最大值，来满足工程上的特殊要求。

混杂纤维增强复合材料的特性具体表现为以下几个方面。

（1）冲击强度和断裂韧性显著提高　普通碳纤维/环氧复合材料的冲击强度很低，该材料在冲击载荷下呈明显的脆性破坏，在复合材料中属脆性材料。若将该材料中 15% 的碳纤维用玻璃纤维代替，构成"碳纤维-玻璃纤维-环氧复合材料"混杂纤维复合材料，其冲击强度可以增加 2～3 倍，而且加入玻璃纤维后，混杂纤维复合材料的破坏应变可提高 40%。又如，欧荣贤等[3]将 Kevlar 纤维（KF）经氢化钠活化后与 3-氯丙烯和 3-氯丙基三甲氧基硅烷反应进行表面接枝改性，然后与木粉和高密度聚乙烯（HDPE）熔融复合制备了 KF-木粉/HDPE 混杂复合材料（KWPCs）。研究结果表明，将烯丙基和三甲氧基硅丙基同时接枝到 KF 表面，能改善 KF 与基体 HDPE 的界面相容性；与未添加 KF 的木粉/HDPE 复合材料相比，添加少量（2%～3%）接枝改性处理的 KF 能明显改善 KWPCs 的拉伸和弯曲性能，同时冲击性能得到显著提高。

（2）混杂纤维增强复合材料的成本明显降低　相对于高性能增强材料，如碳纤维、硼纤维、碳化硅纤维等，它们的模量比普通玻璃纤维约高出一个数量级，但价格却比玻璃纤维高出数十倍到数百倍，故用这些纤维制作的复合材料价格十分高昂，且其综合性能并不理想，而将少量的高级增强纤维以合理的方式加入到一般纤维复合材料中，则可能得到综合性能好的混杂纤维增强复合材料，成本大大降低。

（3）疲劳强度提高　相对于普通纤维复合材料，混杂纤维复合材料的疲劳强度大为提高，在某些特定纤维含量及铺叠形式下，混杂纤维复合材料的疲劳强度可高于构成它的普通纤维复合材料中的最高者。如玻璃纤维复合材料的疲劳强度随应力循环次数呈非线性递减，由于碳纤维具有较高的模量和损伤容限，所以引入碳纤维后，混杂复合材料的疲劳性能有所改善，当加入 50％的碳纤维时，混杂复合材料的疲劳强度转变为线性递减，而加入 65％的碳纤维时，混杂复合材料的疲劳寿命可接近于单一碳纤维增强复合材料的水平。徐灯等[4]采用原位复合的方法制备了热致性液晶（TLCP）/玻璃纤维（GF）/不饱和聚酯（UP）原位混杂复合材料，研究了 TLCP 的种类对 TLCP/GF/UP 原位混杂复合材料的冲击、弯曲、蠕变、应力松弛、流变等性能的影响。结果表明，热致性液晶聚合物的加入能提高 TLCP/GF/UP 复合材料的冲击和弯曲性能，其中加入 5％LC 的复合材料的冲击强度达到 5.7kJ/m^2，是未改性体系的 2.1 倍，弯曲强度提高了 1.2～1.6 倍；蠕变和应力松弛研究表明，反应型的热致性液晶聚合物 LC 与不饱和聚酯发生交联，提高了复合材料的固化交联度，从而有效提高了复合材料的抗蠕变和应力松弛性能，对复合材料的疲劳强度也有一定的贡献；液晶聚合物的加入，对复合材料的流变性能也有一定的影响。

（4）改善刚度性能　一般而言，高级增强纤维均具有高模量，它的加入可使普通纤维复合材料的刚度大大提高，尤其夹芯结构的混杂纤维复合材料更是如此。如玻璃纤维复合材料由于模量较低，在一些主承力构件上的应用受到限制，如加入 50％的碳纤维复合材料作为表层的夹层结构，其模量可达碳纤维增强复合材料的 90％，故可采用这种夹层结构制得不易失稳破坏的大面积无支撑的薄板和薄壳。

（5）特殊的热膨胀性能　诸如石墨、芳纶等高级增强纤维，沿纤维轴向具有负的热膨胀系数，用这些纤维和具有正的热膨胀系数的纤维混杂，可以获得预定的热膨胀系数，甚至零膨胀系数的复合材料，这在实际应用中具有特殊的意义，如前者和热膨胀系数相同的材料构成结构件时，可以避免热应力的不利影响，后者可在计量仪器及通信卫星等领域发挥重要作用。

由于混杂复合材料具有多种材料性能的兼容性，而且可具有上述一种或数种优异特性，因此，必将不断扩大和完善复合材料的应用领域。

8.2.3.4　混杂纤维复合材料的应用

混杂纤维增强复合材料作为复合材料家族中的代表，除了具有普通复合材料的特点外，还具有一般复合材料不可比拟的许多优点，因此在短短的 20 多年间，混杂纤维复合材料无论是作为结构材料还是作为功能材料，不仅广泛地应用于航空、航天工业、汽车工业、造船工业等领域，而且还作为优良的建筑材料、体育用品材料、生物工程材料等被广泛地采用。例如，碳纳米管与碳纤维具有优异的力学、电学等性能，广泛用作复合材料的增强体，如果两者协同作用，复合材料会表现出更优异的特性。

近年来，碳纳米管作为改性剂用于环氧树脂（EP）复合材料的制备中，碳纳米管改性的复合材料可明显延迟形成 EP 基体交联固化所产生的微裂纹。研究表明，碳纳米管的分散使复合材料断裂韧性提高和残余热应变的降低，这是导致基体裂纹延迟形成的原因；碳纳米管的分散使 CF/EP 复合材料刚度和强度的增加；与未改性的复合材料的断裂韧性相比，碳纳米管改性的复合材料断裂韧性增加；此外，采用 SEM 分析断裂表面的结果显示，碳纳米管对 CF/EP 复合材料中的微裂纹有锚定效果。因此，碳纳米管改性的复合材料可改善基体的抗裂纹性能和提高复合材料的断裂韧性[5]。目前大多数关于纳米材料的改性都集中在两相纳米复合材料体系（如碳纳米管改性的 EP），将纳米填料引入到 CF/EP 中，形成三相复合材料体系，如图 8-5 所示，将会达到很好的协同作用。

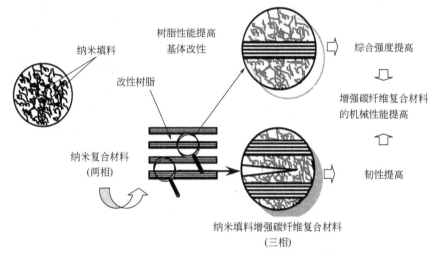

图 8-5   纳米填料改性 CF/EP 复合材料的示意图[6]

Iwahori 研究小组[7]制备了碳纳米管改性 CF/EP 复合材料结构，他们研究这种结构的机械性能时发现这种三相体系在刚性和强度方面相对于两相体系都有提高。Song 等[8]研究了碳纳米管的加入对复合材料裂纹的影响，碳纳米管的加入明显延迟了基体的断裂，复合材料的断裂韧性提高了 40%，降低了耐热应变，从而造成基体结构裂纹变形的延迟。Zhou 等[9]采用碳纳米管改性环氧树脂的办法，制备了碳纤维增强含有碳纳米管的环氧树脂，结果表明 0.3%（质量分数）的碳纳米管使得三相体系的抗弯曲强度、T_g、热变形温度等都得到提高。

邱军研究小组[6]以环氧树脂（E-51）为基体，与经己二胺修饰的碳纳米管（MWNTs）复合，制备了氨基化碳纳米管/碳纤维/环氧树脂（MWNTs/CF/EP）复合材料。研究表明，己二胺可以有效地修饰多壁碳纳米管表面，己二胺修饰后的碳纳米管在乙醇有机溶剂中分散性提高。与未修饰的 MWNTs 相比，氨基化 MWNTs 的加入能明显地改善复合材料的力学性能。随碳纳米管用量增加，制备的 MWNTs/CF/EP 复合材料的冲击强度、弯曲强度和弯曲模量有明显提高，且全部保持先增长后减小的趋势。当 MWNTs 的添加量为 1%（质量分数）时，MWNTs/CF/EP 复合材料的冲击强度、弯曲强度和弯曲模量与 CF/EP 复合材料相比，分别提高了 34%、16% 和 53%；通过扫描电镜分析了己二胺修饰的 MWNTs 对复合材料的增韧机理，MWNTs 的表面活性中心多，可以与树脂基体充分结合形成相互作用较强的交联体系，对复合材料起到了较好的增强作用。

混杂纤维复合材料因不同纤维的协同作用，复合材料会表现出更优异的特性。因此在航天、航空工业、交通运输等领域有潜在的应用价值。

（1）在航空、航天工业中的应用   一般复合材料在航空、航天技术中的应用已有相对长的历史，但仅限于非受力构件及一般的承力结构，如 GFRP 制造的雷达天线罩、GFRP 制造的人造卫星的 Helios 光学管道等。混杂纤维复合材料的开发，使人们认识到它在航空、航天技术上的巨大潜力，并获得了一般复合材料无法比拟的效果。

① 火箭发动机壳体　CF-KF 混杂纤维复合材料用于固体火箭发动机壳体，使其性能得到明显提高。衡量火箭性能的主要依据是它的理想速度，理想速度是忽略了空气阻力及重力产生的速度损失后，推进剂燃烧终了时，火箭的最高速度，它随 μ 值（$\mu = W_p / W_t$）而增加，其中，W_p 为消耗推进剂的质量；W_t 为发射时火箭的全部质量。由此看出，减轻 W_t 或火箭的结构质量的主要部分，即发动机的质量，对提高火箭速度及性能有着突出的意义。

② 人造卫星　混杂纤维复合材料作为人造卫星构件材料得到了比较多的应用，包括卫星天线、摄像机支架、卫星蒙皮及遥控协调电机的壳体等。选择热膨胀性能截然相反的纤维进行组合，得到零膨胀系数的混杂复合材料，可以保证在较大温差范围内天线反射器的高瞄准性和卫星的摄像精度。

③ 战略战术导弹　20 多年来，复合材料从只制作战术导弹的雷达天线罩开始，到今天已能制造战术导弹的弹体和弹翼。近年来，混杂复合材料也开始用于战略导弹，典型的例子是，用 CF-GF 混杂增强酚醛树脂制成的导弹头锥，这就有效地解决了重返大气时结构材料与烧蚀材料统一的问题。

④ 飞机构件　复合材料包括混杂复合材料在飞机结构中的应用，不论是所应用的飞机种类，还是构件的类型以及复合材料的用量都在日益扩大。实践证明，混杂纤维复合材料用于飞机结构，具有如下特点：疲劳性能好，混杂纤维复合材料构件（如旋翼）的疲劳寿命大大高于金属材料，且不会出现突然性的脆断事故；抗腐蚀，耐冲击，并且能够减少飞机飞行时的振动；大幅度减少维修的工作量；降低质量与成本。

采用混杂纤维复合材料制造飞机构件的实例很多。首先是在军用飞机上的开发利用，经过非受力构件和次受力构件的应用之后，目前混杂纤维复合材料已经开始用于战斗机及其他军用飞机的机翼、机身、头罩等主受力结构部件。军用直升机中，混杂纤维复合材料的应用更为突出，从头罩、方向舵、稳定箱等到机身、旋翼等。如美国的 YOH-60A、德国的 BO-117 及我国的延安 2 号等直升机的旋翼、桨叶，现已全部采用混杂纤维复合材料代替金属制造，从而使结构质量大幅度下降。

对于民用客机，由于其可靠性和安全性的要求，复合材料目前主要在受力不大的构件上使用，但其范围却相当广泛。例如波音公司的 B-767 上的前后翼身整流罩、发动机整流罩、机翼固定内外侧后缘板、重尾固定后浮板、主起落架舱门等都采用了 CF-KF 混杂纤维增强复合材料；另外该机上的前起落架舱门、发动机舱皮、货舱衬里等采用了 CF-GF 混杂纤维复合材料。据统计，B-767 客机上共用了 246 kg 的混杂纤维复合材料。

（2）在船舶工业中的应用　船舶工业一直是复合材料应用最多的领域之一。早在 20 世纪 40 年代，国外就开始用聚酯玻璃钢造船，目前在小型、低速船艇（包括渔船、游艇、内河气垫船、救生艇等）中，玻璃钢的使用十分普遍。但现代船舶朝大型化、高速化方向发展，除了要求结构材料具有一定的强度、刚度外，还应该同时具备优良的冲击韧性、减振性、抗压能力以及质量轻以节省能耗等特点。混杂纤维复合材料优良的综合性能和设计自由度，被认为是现代船艇最有发展前途的材料。其中，以 CF-GF 混杂、CF-KF 混杂复合材料在高速船艇（包括赛艇）和大型豪华游艇等方面取得较快的进展。

20 世纪 80 年代初，日本首先开始了混杂纤维复合材料在船体结构中的应用研究，开展了 8m 长摩托赛艇的研制，由于采用 CF-GF 交替铺层的混杂纤维复合材料制作赛艇的外板，船体纵向弯曲试验结果与原来的 GFRP 外板结构相比，刚度明显提高，截面变形非常小，减重 35%，试制艇时速超过 804.5km。

英国在研制 CF-KF 混杂纤维复合材料快艇方面很有优势，他们认为在 CF 中混杂 KF，可以提高航速 20%，节约燃料费用 33%。因此，早在 20 世纪 70 年代末，RAE 公司就设计制造了长 15.8m，以混杂纤维复合材料为面板的夹层结构作为主受力构件的赛艇，这种赛艇轻便灵活，刚度大，能保证高速度下船体的流线外形，并有良好的减震性能，因此，在比赛中具有相当的竞争优势。

（3）在汽车工业中的应用　复合材料（包括混杂纤维复合材料）在汽车工业中的应用非常广泛，包括汽车的车身、驱动轴、弹簧、引擎、保险杠、操纵杆、方向盘、客舱隔板、底盘、结构梁、发动机罩、散热器罩、车门等上百个部件，其用量也在迅速增长。其主要原因有两个方面：一是材料的综合性能好，尤其是混杂复合材料，具有较高的比强度和比刚度，良好的耐腐蚀性与耐候性，尺寸稳定性与整体结构化，以及耐磨、减震、隔声等多项特点，非常适合在汽车上使用。二是应用效果良好，大大地减轻了整车质量，从而使汽车在节约能源、提高速度、降低成本等方面取得了显著的经济效益。

（4）在建筑设施中的应用　混杂纤维复合材料在建筑工业中的应用，已不再满足用于各种内装饰、门窗、卫生设备、各种管道等，而主要用作建筑结构材料。国外已有报道，建筑工业所需的各种型材、管材等均可使用混杂复合材料来制造。

混杂纤维复合材料作为建筑结构材料的典型实例是混杂复合材料工字梁。这种工字梁可以用碳纤维复合材料作为梁翼表面，而以一般无规短切玻璃纤维增强复合材料作为梁腰，这两部分可以依据不同的准则进行优化设计，这种工字梁的刚度比单纯的 GFRP 的情况有了明显的提高，因为当沿翼缘方向加入单向 CFRP 时，梁的刚度随 CF 含量而增加。另一个实例是混杂纤维复合材料的建筑结构板，通常是以 CF-GF 或 CF-KF 混杂复合材料作为面板，以 SMC、蜂窝或泡沫塑料为芯材制成的大型夹层结构板材。

混杂纤维复合材料作为建筑结构材料，还有一个显著的特点是它的预成型性和大型轻量化，即可在工厂按设计要求大批量生产各种预制构件，运输到现场进行装配和施工，非常适合现代建筑技术的发展和要求。

（5）在体育和医疗卫生领域中的应用　随着体育竞技水平的不断提高，对体育用品及器材的要求越来越高，从而对所用材料提出了新的要求。一般来讲，既要求具有较高的刚度，又要有良好的冲击韧性；既要求较高的静态强度，还要有良好的动态性能（如疲劳特性、衰减率等）。而且大多数运动器材各部分的应力分布不同，受力状态非常复杂，这些都为混杂纤维复合材料的开发和应用提供了广阔的前景。

事实上，混杂纤维复合材料在体育运动器材方面已经有了相当多的应用实例，例如，自行车车架、赛艇、赛车、球拍、球棍、钓鱼竿、雪橇、滑雪板、标枪、撑竿、箭弓、头盔等，几乎应有尽有。采用 CF（或 GF）与 KF 混杂纤维增强复合材料制造的自行车车架，除了具有足够的静态强度和冲击性能外，可以使车的外形成水滴状流线形，气动阻力比原来下降 19%，有骑手时还可降低 5%～7%，而且行驶平稳、震动小。另外，使用 CF-GF 混杂纤维增强复合材料制成的棒球棍，是在 GF 增强聚氨酯泡沫的芯材上，再铺上石墨纤维复合材料而制成，可以根据打球部位的需要采用 CF 局部增强。这种球棒与木棒相比，轻质高强，平衡感好，有优异的黏弹性，具有一定的变形能力，击球时感觉好，球速快，提高了棒球的飞行距离。

混杂纤维复合材料在医疗卫生领域中的应用包括三个方面：①作为人体体内置换材料；②作为人体外部的支撑材料；③作为医疗设备材料。

混杂纤维复合材料在外科整形医疗中有着重要作用，可以用它来制造人造骨骼、人造关节及人造韧带等。如采用 CF-GF 混杂纤维增强 PMMA 制造的颅骨修补材料已获国家发明专利，而以 CF 混杂增强纯刚玉复合材料制成的人工关节，在保持刚玉的强度及耐磨性条件下，克服了其固有的脆性，现已进入临床试验。

采用混杂纤维复合材料制作的人体外部支撑系统为残疾人和瘫痪者带来了福音。例如采用 CF-GF 混杂纤维复合材料制成的假肢接受腔的支撑构架，再配合聚丙烯软性接受套，有效地分离了假肢接受腔的接受功能和承力功能，减轻了结构的质量，增加了使用寿命，改善了患者残肢与接受腔的配合状况，消除了患者的痛苦。

混杂纤维复合材料不仅有效地应用于临床医学，而且在医疗设备方面也有应用实例，如用 CF-GF（或 KF）混杂纤维增强的复合材料制作的用于诊断癌肿瘤位置的 X 射线发生器上的悬臂式支架，它除了能满足刚度要求外，还能满足最大放射性衰减限制值的要求。另外，混杂纤维复合材料还可用于 X 射线床板样机和 X 射线底片暗盒等的生产和制作。

8.2.4　功能复合材料

功能复合材料是指除具有良好的力学性能外，还同时具备某一其他特殊性能的复合材料。它一般是通过力学性能与其他性能进行材料设计与复合，以期产生特殊的功能。如由电性能与力学性能复合产生的导电复合材料、光学性能与力学性能复合形成的光功能复合材料等。尽管功能复合材料的发展历史还不长，但已初步形成了体系，比较有代表性的分类情况为导电复合材料、磁性复合材料、压电复合材料、摩擦功能复合材料、含能复合材料、隐身复合材料、电磁屏蔽复合材料、抗声纳复合材料、抗 X 射线辐射复合材料、烧蚀复合材料等。

8.2.4.1　导电复合材料

导电复合材料目前主要是指复合型导电高分子材料，它是由聚合物与各种导电物质通过一定的复合方式构成。包括导电塑料、导电橡胶、导电涂料、导电纤维和导电胶黏剂等。最常用的成型加工方法有表面导电膜形成法、导电填料分散复合法、导电材料层积复合法等。

表面导电膜形成法，可以用导电涂料蒸镀金属或金属氧化物膜（包括真空蒸镀、溅射、离子镀等），也可以采用金属热喷涂、湿法镀层（化学镀、电解电镀）等形成表面导电膜。例如，聚酯薄膜上蒸镀金、铂或氧化铟等制成透明的导电性薄膜。用电镀法可以在聚四氟乙烯表面镀上各种金属，从而得到表面导电性良好的材料，可用来制作电容器，也可用于需要降低表面电阻、消除静电的场合。

导电填料分散法是目前生产导电高分子材料的主要方法，可用于制造各类导电高分子材料。导电填料过去常用炭黑（如乙炔黑、石油炉墨、热裂法炭黑等），现在多采用碳纤维、石墨纤维、金属粉、金属纤维及碎片、镀金属的玻璃纤维及其他各种新型导电填料。

导电材料层积复合法是将碳纤维毡、金属丝、片、带等导电层与塑料基体层叠压在一起制成的导电塑料。采用的金属丝、片、带主要有钢、铝、铜和不锈钢。

复合导电塑料采用的基体树脂范围相当广泛，常用的有 ABS、PE、PVA、PA、PC、PP、PET、POM，以及改性的 PPO、PBT、PVC 和掺合物 PC/ABS 等。

目前，复合型导电高分子材料的应用日趋广泛，在电子、电气、石油化工、机械、照相、军火工业等领域，用于包装、保温、密封、集成电路材料等。

这里我们以碳基材料掺杂聚合物为例介绍其导电机理和导电性能。

（1）碳基材料掺杂聚合物的导电机理 复合型导电聚合物的导电机理非常复杂，主要涉及导电通路如何形成和导电通路形成后如何导电两个方面。研究发现，复合型导电聚合物的电导率随导电填料含量增加不断增大，达到临界值时电导率会有几个数量级的飞跃，这是因为此时导电填料在基体中形成了三维导电网络，即导电通道[10,11]。Miyasaka 等[12]对这一现象作了详细解释，认为聚合物与导电填料之间的界面效应对该体系中导电通道的形成具有很大的影响。复合材料制备过程中，导电填料粒子的自由表面变成湿润的界面，形成高分子-填料界面层，体系产生了界面能过剩，随着导电填料增加，复合体系的界面能过剩不断增加，当体系界面能过剩到一个与聚合物类型无关的普适常数后，导电粒子开始形成导电网络即导电通道，宏观上表现为体系的电导率急剧增大。导电通道形成以后，分布于聚合物基体中的导电填料的载流子传输决定材料的导电能力。目前广泛研究的有渗滤理论、隧道效应和场致发射三种导电机理[13]。

① 渗滤理论 渗滤是指当导电填料的量增加至临界值时，在聚合物基体中形成三维导电网络，电导率突然提高，此临界值称为渗滤阈值，即形成连续导电网络所需导电填料的最低浓度。多种数学模型对此现象进行了解释，目前最常用的是 Kirkpatrick 等[14]提出的幂指数定律，即当填料浓度达到渗滤阈值以上时，电导率和填料含量有以下关系：

$$\sigma = \sigma_0 (V - V_c)^t$$

式中，σ 为复合体系的电导率；σ_0 为导电填料的电导率；V 为导电填料的体积分数；V_c 为渗滤阈值；t 为常数，与填料的维度、尺寸和形态有关。对于二维填料，t 值为 1.1；普通三维体系中，t 值为 1.5~1.6。此理论只适用于解释阈值附近的电导率急剧增大现象。

② 隧道效应 复合体系在导电填料用量较低时，导电粒子间距较大，混合物微观结构中尚未形成导电通道，此时仍具有导电现象，主要是因为复合体系内部的热振动电子能够在导电粒子之间发生迁移。导电电流是导电粒子间隙宽度的指数函数。隧道效应仅仅发生在距离很接近的导电粒子之间，间隙过大的导电粒子间没有此种电流传导行为。

③ 场致发射理论 Vanbeek 等[15]认为当导电填料含量较小，导电粒子间的间距较小，且导电粒子间电场很强时，电子有很大的概率飞跃聚合物界面层势垒而迁移到相邻的导电粒子上产生场致发射电流而导电。由于受温度和导电填料浓度影响较小，故有普适性。

图 8-6 是复合型导电聚合物的等效电路模型。尽管对填充导电聚合物的导电机理研究较多，但目前对此还没有定论，通常碳基材料掺杂聚合物的导电特性是三种导电机理竞争的结果。当导电填料很少且外加电场很弱时，以隧道效应为主；当导电填料含量较少且外加电场很强时，聚合物基体相当于电容，以场致发射为主；当导电填料含量很多时，易形成导电网络，此时以渗滤理论为主。

（2）碳基材料掺杂对聚合物导电特性的影响 碳基材料掺杂聚合物是通过一定的加工方法将碳基材料分散到聚合物基体中，改善其导电特性的一类复合材料。目前常用的碳基材料主要有炭黑、碳纳米管和石墨烯等。通过一定的加工方式将炭黑均匀地分散到聚合物基体中可得到具有一定导电性的聚合物。影响炭黑掺杂聚合物导电特性的因素主要有炭黑种类、填充量、粒度、结构和空隙率、聚合物基体的结构、结晶度、分子量、表面张力及加工方式等。大量研究表明，炭黑粒子的直径越小，表面积越大，结构有序度越高，空隙率越低，所得复合体系的电导率就越高[16]。此外，若要获得高导电性的炭黑掺杂聚合物，需提高炭黑

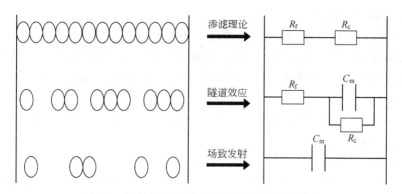

图 8-6 复合型导电聚合物的等效电路模型[13]

R_f—填料的固有电阻；R_c—导电粒子间的接触电阻；C_m—聚合物基体间的电容

的掺杂浓度，但这样会增加熔体黏度并降低聚合物的力学性能[17]。碳纳米管和石墨烯将在第 3 篇中介绍。

8.2.4.2 磁性复合材料

磁性复合材料或称为塑料永磁体，是 20 世纪 70 年代发展起来的一种新型永磁材料。根据所用的磁粉不同可分为两大类：铁氧体复合材料和稀土复合材料。塑料永磁体与烧结永磁体不同，它是将各种磁粉与树脂基体均匀混合，经过压铸或注射成型制得的一种磁性复合材料。塑料永磁体兼有磁铁的特性和塑料的性能，因此，它弥补了以往传统铸造和烧结磁铁脆弱易坏的缺点，特别是对于复杂形状的制品的大批量生产，可以一次成型无需后加工，并保证较高的尺寸精度，从而提高了生产效率和成品合格率，有效地促进了机电设备、电子仪器、家用电器、医疗保健等制品向轻型化、薄型化和微型化方向发展。

虽然塑料永磁体的磁性比烧结永磁体低一些，但在生产和应用中具有许多独特的优点：

① 工艺简单，生产效率高，简化了烧结工序，节约了大量能源；

② 产品尺寸精度高，成品综合合格率比烧结法提高 20% 以上；

③ 韧性好，抗压强度高，制品不易开裂或破碎，有利于各种异形、高精度复杂制品的成型和加工，特别是薄片和微型磁体的成型和加工；

④ 材料利用率高，可以回收利用，特别是热塑性塑料永磁体，可以反复加工成型，降低成本；

⑤ 良好的化学稳定性，对酸、碱、油、水等介质稳定性好；

⑥ 密度小（$5\sim6g/cm^3$），磁性能均匀稳定，是实现产品"轻、微、薄、小"较为理想的基础材料之一。

磁性复合材料的主要应用领域如下。

① 机电设备 各类电机及转动机械，汽车发动机、触发器、燃料分配器、油面传感器等。

② 电子仪器及仪表 印刷机磁头、磁放大器、磁性过滤器、电磁吸盘、相位传感器、时间继电器等，以及温度计、流量计、转速计等。

③ 医用磁体 磁疗背心、腰带、磁疗鞋、磁疗椅、磁疗眼镜、手表、磁性按摩器、旋磁机等。

④ 其他 磁导线开关、磁性门锁、磁水器、节油器、电磁灶、磁性玩具、各类磁卡等。

随着科学技术的进步和发展，磁性复合材料的应用前景将日益广阔，但目前的材料性能需从以下几个方面予以提高。

① 提高磁特性　目前塑料磁体的性能还比不上同类型的烧结磁体。作为稀土类磁粉，现在多用钐钴系磁粉，第三代磁粉钕铁硼的出现和开发，将会提高磁性复合材料的磁性能。

② 提高耐热性　目前磁性复合材料的耐热上限仅为 150℃，为适应各种用途，需将耐热上限提高到 200℃。

③ 提高力学性能　通过对磁粉结构、基体树脂、偶联剂、助剂进行研究和筛选，进一步提高磁性复合材料的机械性能。

8.2.4.3　压电复合材料

信息检测需要各种换能器及换能材料，压电材料就是一种换能材料，即给材料施加一定的外应力，材料相应地产生一定的电荷；或者反之，给材料施加一定的电压，材料产生相应的变形。比较早的压电材料有石英晶体、酒石酸乙二胺（EDT）、酒石酸二钾（DKT）等，而应用得最多的还是陶瓷多晶体钛酸钡、锆钛酸铅，这些无机压电材料虽然压电性好，但硬而脆，难以加工成型。而将锆钛酸铅粉末分散在以聚缩醛为主体的树脂基体中构成复合驻极体，不仅制成柔性易加工成型的压电材料，而且使压电系数 g_h 有所提高，这是因为：

$$g_h = k \overline{d_n} / \varepsilon \tag{8-1}$$

式中　$\overline{d_n}$——材料的平均流体静压压电系数；

　　　ε——材料介电常数；

　　　k——比例常数。

由于锆钛酸铅的介电常数太大，所以尽管 $\overline{d_n}$ 也大，但仅影响 g_h 值。与高分子复合后，ε 明显降低，从而提高了 g_h 值。特别是在高分子基体中再加入导电填料（如碳、锗、硅等），使极化电场均匀，则 g_h 值还能进一步提高，这些数据列入表 8-5 中。

表 8-5　压电复合材料的压电系数

压 电 材 料	ε	$\tan\delta$	$\overline{d_n}$	g_h
PZT（固体锆钛酸铅）	1800	0.015	30	2
PZT(70)＋树脂(30)	100	0.030	10	10
PZT(68.5)＋碳粉(1.5)＋树脂(30)	120	0.078	30	30
PZT(66)＋锗粉(4)＋树脂(30)	90	0.081	17	22
PZT(68.5)＋硅粉(1.5)＋树脂(30)	85	0.075	18	23

8.2.4.4　摩擦功能复合材料

摩擦功能复合材料（frictional composites）具有低摩擦系数或高摩擦系数的复合材料。前者常称为减摩复合材料、自润滑复合材料，而后者则称为摩阻复合材料。

承受压力作用的互相接触的两个物体在其接触面作相对运动时产生摩擦。有些场合，高摩擦是必要的，否则机械或车辆不能及时停止运动或改变运动的速度和方向，故摩阻复合材料常用来制作制动器、离合器或转向机构中的摩擦件；有些场合，低摩擦是必要的，这样可以减小摩擦功引起的能耗以及摩擦热造成的材料性能恶化，因而在高真空、超低温、强辐照、腐蚀介质等润滑油脂难起作用的苛刻环境中，或需防止油脂污染及难以补偿油脂的机械中，用自润滑复合材料制作摩擦件是有效的减摩手段。

减摩复合材料的低摩擦特性是由具有低摩擦系数的固体润滑剂提供的。常用的固体润滑剂有石墨、二硫化钼等层状结构物质，聚四氟乙烯（PTFE）、聚乙烯等聚合物，银、铅等软金属以及某些耐高温的氟化物。减摩复合材料的基体可为聚合物或金属。最广泛采用的聚合物基体是聚四氟乙烯，它的摩擦系数低，耐低温性、耐化学性优异，通过加入石墨、玻璃纤维、青铜粉等填料，可改善其耐磨性、承载性及耐热性。金属基减摩复合材料以 20 世纪60 年代发明投产的 Cu 材料为优，它由不锈钢背衬、烧结的青铜粒子中间层及聚四氟乙烯-铅混合物面层构成，以低摩擦、高承载、导热良好等特性著称。PTFE 乳液包覆的碳纤维再经等离子体处理能有效增大复合材料的界面结合力，并提高拉伸强度，降低磨损，当处理时间为 9min 时，复合材料的拉伸强度为 24.3MPa，断裂伸长率为 340%，磨损率为 $2.4 \times 10^{-6} mm^3/N \cdot m$，与纯 PTFE 相比，拉伸强度和断裂伸长率分别提高了 48% 和 100%，磨损率下降 55.6%[18]。

　　摩阻复合材料高而稳定的摩擦特性是其各组分宏观表面特性的综合表现。以改性酚醛树脂等聚合物为基体，以石棉纤维或经表面处理过的玻璃纤维、碳纤维、有机纤维、矿石纤维、钢纤维为增强纤维，以莫氏硬度为 2~9 的天然矿石粉、合成氧化物粉、石墨粉、橡胶粉、金属粉为摩擦性能调节剂的摩阻复合材料，广泛应用于 250℃ 以下的各种环境中。当金属粉与石墨粉的含量超过一半时，使用温度可高达 500℃。以铁、铜等金属为基体的金属陶瓷摩阻复合材料采用粉末冶金工艺成型，价格虽高，但可应用于温度更高的特殊机械结构中。新开发的碳/碳摩阻复合材料价格昂贵，但摩擦系数稳定，耐磨损，传热和耐热性能优良，现已应用到飞机、汽车的盘式制动器中。

8.2.4.5　含能复合材料

　　主要由黏合剂和氧化剂组成的固态非均相体系，是一类特殊的能源材料，广泛应用于军事和民用领域，如复合推进剂、塑料黏结炸药等。

　　作为固体推进剂，含能复合材料是目前发展最迅速的一类。常用的固体推进剂可分为三大类：双基推进剂系列、复合推进剂系列和复合双基推进剂系列（又称改性双基推进剂系列）。

　　复合推进剂系列主要是由无机氧化剂和金属粉为填料分散在高分子黏合剂中所组成的非均相固态体系，用作固体火箭发动机的能源。燃烧时迅速生成大量的高温燃气，并通过喷管膨胀而产生推力。常用的氧化剂有高氯酸盐和硝酸盐系，其中以高氯酸铵应用最广泛。金属粉一般为铝粉。常用的黏合剂是高分子化合物，如聚氨酯、聚丁二烯、聚氯乙烯等。采用配浆浇铸工艺成型，易制成与壳体黏结的内孔燃烧药柱。

　　复合双基推进剂系列是综合双基推进剂系列和复合推进剂系列的优点发展起来的一类新型推进剂系列。以硝酸酯增塑聚醚推进剂（NEPE）就是一种新型改性双基推进剂，它具有高能量和良好力学性能，达到当前固体推进剂技术的高峰，这种高性能推进剂可以采用简单的浇铸工艺。

　　含能复合材料用作固体推进剂，要求具有高能量水平，良好的燃烧性能和工艺性能，制造工艺简单。表 8-6 给出三种固体推进剂的主要性能。

表 8-6　三种固体推进剂的主要性能比较

性　　能	双基	复合	复合双基
密度/(g/cm³)	1.54~1.65	1.72~1.83	1.76~1.82
理论比冲	1666~2156	2200~2600	2400~2646
燃速	5~30	2.5~25	10~30
压力指数	0.25~0.65	0.2~0.4	0.35~0.6
抗拉强度/MPa	1303~2157	70~117	117~268
延伸率/%	10~40	>40	>40

复合黏结炸药又称高分子复合炸药，是以高分子化合物为黏合剂，以黑索金、奥克托金等为氧化剂的复合含能材料。这种以化学交联为基础的浇铸塑料黏结炸药具有平滑的爆轰波和高能量、低感度特点，并易于制造。

8.2.4.6　隐身复合材料

隐身复合材料是通过吸收、干涉和散射等物理机制使入射的电磁波（主要是微波和红外线）的能量转换成热能和其他形式的能量，从而使材料表面的电磁波反射大大衰减，降低雷达和红外反射的一类复合材料，在现代军事隐身技术上得到广泛的应用。

军用吸波材料最早的应用出现在第二次世界大战时期的德国，当时德国人为了保护己方潜艇不被联军的机载搜索雷达发现，在潜艇外壳包覆了一层泡沫塑料，内衬 7 层含碳粉的纸用来吸收雷达波，此举对保护潜艇不被联军发现起到了一定的作用。到了 20 世纪 60 年代，美国人经研究发现在环氧树脂中加入炭黑和银粉，便可吸收 90% 的入射电磁波。后来 20 世纪 70 年代出现了 Jauman 吸波材料理论模型，虽然这种多层复合材料与实验结果相差太远，未得到实际应用，但却引发了材料计算学的变革，一门全新的学科由此兴起。从 20 世纪 70 年代到 80 年代初，吸波材料在军事强国中转入了实用性研究的秘密阶段，直至 20 世纪 80 年代末期，美国空军已成功在 F-117A 轻型战斗机和 B2 重型轰炸机上采用了大量的吸波材料，达到了很好的隐身效果。"隐身"并不是物体真的能凭空消失，而是当吸波材料的吸收率值达到或超过某一指标时，该物体对某频段的"隐身"。随着各种高性能探空雷达不断面世，导弹、舰艇、战车、坦克、火炮等多种重型军事装备的研制对装备隐身特性需求和技术提出了更高的要求，吸波材料便是其重要组成部分[19~22]。

吸波材料的机理本质是，电磁波与物质的相互作用就像黑色物体能有效吸收热能一样，入射的电磁波通过吸波材料转变成热能或其他形式的能量，从而最大限度减少雷达回波，达到隐身效果，表征吸波效果的优劣主要参数是损耗因子、复介电常数、复磁导率。雷达波吸收材料就是靠雷达波在材料中感生的传导电流，产生磁滞损耗或介电损耗，使雷达波的电能转化为热能散发掉，以达到衰减雷达波而减少雷达反射截面（RCS）从而达到隐身的目的。对吸波材料，除要求轻、薄外，还要求衰减大于-10dB 的频率范围尽可能宽，适应频率越宽则材料吸波性能越好；兼作功能材料和结构材料时，还要具有既能吸收雷达波又能有效减弱红外辐射的数种功能[23]。

电磁波在理想介质中传播时，一般以电场矢量 E 和磁场矢量 H 来描述波阻抗 Z，即

$$Z = \frac{E}{H} = \sqrt{\frac{\mu}{\varepsilon}} \tag{8-2}$$

式中，μ 和 ε 分别是隐身材料的磁导率和介电常数。如果电磁波由介质 1 入射到介质 2 时，其反射系数为：

$$\upsilon = \frac{E_v}{E_i} \tag{8-3}$$

式中，E_i 和 E_v 分别为入射电磁波及反射电磁波的电场强度，若以波阻抗表示 υ，则为：

$$\upsilon = \frac{Z_2 - Z_1}{Z_2 + Z_1} \tag{8-4}$$

式中，Z_1 和 Z_2 分别为介质 1 和介质 2 的波阻抗。假设介质 1 为空气，无反射的条件必须是方程(8-4)的 $\upsilon = 0$，即

$$\mu_r = \varepsilon_r \tag{8-5}$$

式中，$\mu_r = \dfrac{\mu_2}{\mu_0}$，$\varepsilon_r = \dfrac{\varepsilon_2}{\varepsilon_0}$，$\mu_r$ 和 ε_r 分别称为隐身材料的相对磁导率和相对介电常数。满足方程式(8-5)也称为阻抗匹配。但经半个世纪的研究，人们始终未能在宽频带范围内找到保持 $\mu_r = \varepsilon_r$ 的材料。

隐身材料按照电磁波吸收剂的使用可分为涂覆型和结构型两类，它们都是以树脂为基体的复合材料。涂覆型材料是以树脂型和胶束型等高分子溶液或乳液为原料，把吸波剂按一定配比加入其中而制成的。目前最先进的有：美国已研制成功的锂-镉氧体、锂-锌氧体、镍-镉氧体和陶瓷铁氧体等系列铁氧吸波材料，用来制作飞机、导弹表面的涂料，该系列吸波材料对雷达波的吸收率可达到 99%；此外还有等离子体涂料，便是利用飞行过程中放射出的 α 射线使机体周围空气电离，形成包围整个飞机的等离子体层，从而达到衰减雷达波而减少 RCS 来达到隐身的效果，该材料具有吸收频带宽、吸收率高、使用时间长等特点，如钋-20、镉-242、锶-90、钋-210 等放射性同位素涂料便属此类。涂覆型材料工艺简单，使用方便，易于更换；缺点是增加附加重量、耐高温性差、频宽窄和涂层表面粗糙等，在应用上受到一定限制。因此，兼具隐身和承载双功能的结构型隐身材料应运而生。结构型吸波材料具有承载和吸波的双重功能，通常是将吸收剂分散在层状非金属聚合物或树脂类结构材料中，或是制成强度高、透波性能好的高聚物复合材料（如玻璃钢、纤维复合材料等）面板，以蜂窝状、波纹体或角锥体为夹芯的复合结构，其吸收频带可通过加入物质的数量种类来调节。各国主要选用的树脂品种有环氧树脂、聚酰亚胺树脂和先进的热塑性树脂；主要选用的纤维有碳纤维、芳纶纤维、混杂纤维、陶瓷纤维等，此外，还有薄的铝片和铁氧体、镍、钴粉末。一些雷达吸波结构材料的研制已达到产品批量生产状态，马可尼公司（GEMC）设计制造的雷达吸波材料（RAM）、雷达吸波结构（RAS）、蜂窝吸波构件、吸波胶带、吸波泡沫、雷达罩以及其他织物型吸波结构，吸波频率范围在 2～18GHz，甚至可以达到 2～100GHz 的范围，这些产品已广泛应用于雷达散射截面减缩和电磁干扰衰减，电磁波在材料中传播的衰减特性是复合材料吸波的关键[24~26]。实际上振幅不同的波束往返传播，包括折射和散射，最后使射入复合材料的电磁波能得到衰减，达到吸收的目的，使材料表层介质的特性尽量接近空气的特性，从而达到在材料表面反射小的目的，就是电屏蔽设计的基本原理[23]。

复合材料基体的类型、增韧改性、成型工艺、基体与吸收剂是否有反应等因素对复合材料的吸波性能都有影响。环氧、酚醛、聚氨酯、热塑性树脂中，以酚醛树脂的吸收性能最好，基体的分子结构、主键上有极性基团对电参数影响很小，而极性基团在侧基上则其影响要大一些。各种官能团的环氧树脂吸波性能无明显差异，即使用橡胶增韧，引入极性基团对吸波性能影响也很小。

混杂纤维复合材料有良好的吸波性能。混杂化是降低 RCS 的有效途径之一。RCS 的降低率依次为：碳纤增强复合材料（CFRP）＜玻纤增强复合材料（GFRP）＜芳纶增强复合材料（RFRP）。如要获得较大的 RCS 降低率，应选择合适的混杂结构参数，界面数尽量增多，以 CFRP 为芯层，铺层厚度应根据频率范围合理确定。

蜂窝结构型隐身复合材料有如下规律：芯材高度一定，反射率随蒙皮厚度增加而增加；蒙皮厚度一定，改变芯材高度时，在一定频率范围内反射率由大变小周期性变化。非对称结构夹层板，芯材的最佳厚度可由其两种蒙皮制成的对称最低时的芯材厚度确定。

蜂窝结构吸收电磁波的特点是，单层蜂窝结构中采用电磁混合吸收剂较好；而多层蜂窝结构中，12GHz 频率除外，其他均采用电损耗吸收剂较好；夹层结构的吸波性能随蜂窝泡沫吸收体层数的增加而提高，蜂窝吸收体在三层以上，频率为 8～12GHz 时，吸收性能达到 15dB。

由于外形隐身和电子对抗技术的局限性，各国军方对隐身材料的研究和应用非常重视。作为新的军用材料，隐身材料在现代兵器领域中应用日趋广泛。

（1）航空领域　隐形飞机是应用隐形手段最多、发展速度最快的航空器，它的投入使用使战役和战术突袭能力得到大幅度提高。美国 F-22 "猛禽" 战斗机采用先进的隐形/气动一体化外形技术、吸波材料技术和推力矢量技术，实现了隐形和高机动性的统一，其 RCS 达到 $0.1m^2$，并且红外辐射强度较小。F-35 联合攻击战斗机是美国正在研制的主战战斗机，美军方要求保持其隐形性能比前一代隐形飞机提高 90%。美空军的 B-3 隐形战略轰炸机，机身雷达反射截面大大小于 F-117A，能以 5 倍音速 1h 内横越大西洋，去轰炸世界任何目标，具有强大的隐形攻击能力。俄罗斯目前在 TY-95H 战略轰炸机、"海盗旗" 战略轰炸机、米格-29、米格-31、苏-27 歼击机等作战飞机上尝试使用多项隐形技术。俄罗斯 S-37 "金雕" 战斗机采用了类似 F-22 的平滑流线型外形、尾翼向内倾斜、内部武器吊舱、隐形进气道和二元矢量喷管等设计，前掠翼几乎全部采用复合材料制成，机体外涂刷雷达吸波材料，具有非常高的隐形性能和机动性能。英国、德国、意大利正在联合开发具有一定隐形性能的 "欧洲战斗机"；英国、法国、德国、意大利、荷兰 5 国正在联合研制 ACA 隐形战斗机；日本也正在研发 TV 隐形无人机、F-1 隐形战斗机；以色列、印度、瑞典、韩国等在隐形技术装备的发展上，也都取得了长足的进步[25,27]。

（2）导弹领域　目前最先进的美国的 AGM-129 巡航导弹，采用大曲率半径流线型弹性体、外表光滑、翼身融合体尺寸较小，采用埋入式进气道和二维开缝式排气装置，整个导弹的雷达散射截面积只有 $0.005m^2$。英国的空地导弹 Storm Shadow 是一种远距离导弹，击中目标的准确率极高，这种可隐身导弹白天黑夜、任何气候条件下都可执行任务，它重约 1.3t，射程 250km。法国也已开始研究下一代隐身的多用途巡航导弹[25,28]。

（3）装甲领域　使坦克隐形的技术目前各国军方大多从以下 4 个方面研发：①采用新型复合材料（吸波、隔热、消声功能的）制造坦克车体或炮塔外壳。②采用绝热式发动机（在燃油中加入添加剂，使排气的红外频谱大部分处于大气窗口之外等方法来降低坦克的红外辐射）。③在坦克表面涂覆迷彩涂料或挂伪装网，使其兼具吸波效能，减弱坦克在雷达和热像仪上的图像。④使用红外烟幕装置。现代先进主战坦克使用的防红外线探测的烟幕弹，可有效遮蔽 $0.3～14\mu m$ 的坦克红外辐射波。美国陆军推出了 "未来作战系统"，为降低雷达信号特征，预计在 2015 年开始武装一种全新坦克，大量采用复合材料和涂料来有效降低反射雷达波能量；相关技术将在未来的装甲侦察车、装甲人员输送车、步兵战车等车辆上也大量应用，目前已推出 M-113 隐形装甲车。英国陆军目前正在抓紧研制具有隐形性能的全塑料车体坦克。该车体采用电发动机驱动，车体低矮光滑涂有防红外涂层，表面能够根据环境不同改变颜色，用电磁炮发射超速动能穿甲弹可击穿任何坦克的新式装甲[27]。

（4）舰船领域　现代化目标探测技术的发展是促进隐身技术进步的原动力，雷达、光电、音响、电磁探测手段的应用使隐身技术的范围不断扩大，不同时期的舰艇不断发展充实着隐身技术的思想[25]。20 世纪 80 年代开始，世界各国局部或全面采用隐身技术的水面舰艇相继出现。如美国的 "阿利·伯克" 级驱逐舰、法国的 "拉斐特" 级护卫舰、俄罗斯的 "无畏" 级护卫舰、英国的 23 型护卫舰、以色列的 "萨尔-5" 级轻型护卫舰、瑞典的 "维斯比" 导弹艇，我国海军 168 型、170 级驱逐舰也成功运用了该技术，已经达到与 "拉斐特"

级护卫舰相当的标准[25,27~29]。法国和瑞典则走在了中、轻型水面舰艇隐身技术发展的前列。

由于水面舰艇需要保护的面积大而且对承重要求不高，各国多采用涂覆型吸波材料。舰艇的应用比飞机相对广泛，面对的威胁条件更为复杂，所以舰艇用吸波涂料的吸收频率更广，需要达到8~18GHz。理论上全面采用吸波涂料的水面舰艇，无需对其结构和布局进行大的改变，就能够将雷达发现距离降低一半[28,29]。国外目前开发的舰艇用吸波材料主要是采用锂-镉、锂-锌、镱-镉铁氧体和陶瓷铁氧体等铁磁型材料，铁磁-介电复合型吸波材料也已经开始应用。

（5）其他领域　除此以外，隐形技术还可以应用到军事的许多方面：①隐形军服。采用变色材料技术，以金属涂层置于军服织物表面，用内置电源来调节温度和热辐射度，使之与背景相一致，可有效隐蔽，提高士兵的生存能力。②隐形帐篷。这种隐形帐篷顶部和墙面采用Kevlar材料，设计成棱锥台形，不易被雷达发现。③低雷达反射掩体。在铝或复合材料表面涂覆雷达波吸收材料制成的主构件，雷达回波峰值能降低20dB[27]。

8.2.4.7　电磁屏蔽复合材料

电磁屏蔽复合材料是解决电磁干扰、射频干扰和信息防窃的功能复合材料。由于电磁波吸收率依赖于材料的导电率，因此利用具有一定导电性的复合材料，可以满足电磁屏蔽的需要。以高分子材料为基体，填充导电材料可构成适合用于电磁屏蔽的复合材料。它具有使用性能好、成型工艺简单和成本低的优点，成为当前国际上电子材料研究的热点。

电磁屏蔽复合材料有以下两种类型。

① 填充导电体。填料形成的导电体网络是提供屏蔽功能的基本要素。这种电磁屏蔽复合材料通常由绝缘性能良好的热塑性高分子（如ABS、PC、PP、PE、PVC、PBT、PA及它们的改性和共混的树脂）和导电性填料（如炭黑、铝片粉、金属纤维及表面金属化的有机和无机纤维）及其他添加物复合而成。其屏蔽效果为40~60dB。现致力于探索导电填料的组合效应，以便降低填充量，改善加工性能，提供屏蔽效果整体均一的电磁屏蔽复合材料。电子设备的数据传输通常采用电视显示方式，如计算机的终端显示器、监视器、仪表的图显和数显，都要求透明而能阻隔电磁波的材料，即所谓安全屏蔽窗材料。它由两层或多层玻璃（或有机玻璃），其中引入直径0.05mm以下的金属丝织物或表面金属化的导电纤维织物，或以透明导电膜为中间层复合而成。这种屏蔽复合材料透光率为40%~70%，透视文字和图表清晰，没有畸变，屏蔽效果为50~80dB，可满足军事和"信息防窃"设备中应用。

② 用金属丝与无机或有机纤维的混纺纱制成织物作为电磁波反射体，并在表面上用树脂或SMC预浸料加压复合制成片材或构件。在12GHz频率下，其反射系数为0.99（以铝的反射系数为1），表面电阻系数为$0.2\Omega/cm^2$。这类反射型的复合材料虽然主要用于无线通信天线的电磁波反射装置，但也可用作计算机、传真机、复印机等电子设备的电磁波的屏蔽板。

8.2.4.8　抗声呐复合材料

抗声呐复合材料是吸收声呐发射的探测声波，使从被测目标表面反射的回波能量衰减，因而使声呐的作用距离减小，甚至无法探测到目标的复合材料，又称声呐隐身复合材料，现在主要用于潜水艇隐身。

声波在材料内传递时，在声能的作用下材料的分子亦随之运动，但材料分子运动的相位滞后，使在材料内的部分声能转变为热能而被吸收。为获得良好的吸声性能，水中吸声材料必须满足两个重要条件：

① 材料的特征阻抗（材料中声速与材料密度乘积）同水的特征阻抗（水中的声速与水的密度乘积）匹配，这样在水内吸声材料的界面上，声波才能几乎无反射地进入吸声材料内；

② 材料应有大的损耗因子（表示波传播单位距离衰减的分贝数，单位为 dB/cm），使进入材料的声波能迅速衰减。

为满足上述要求，在动态力学黏弹曲线上选择内耗峰较宽的黏弹材料如合成橡胶、聚氨酯可作为吸声复合材料的基材。为了进一步拓宽材料吸声的频率，增大吸收效果，也可采用互穿网络（IPN）高分子材料和高分子合金，将上述基材同金属粉末、多孔或片状材料共混构成复合材料，加入多孔、片状类材料有利于将在声能作用下材料产生的压缩形变转变为剪切形变，使声能损耗增大，最后用复合材料做成阻抗连续过渡吸声结构、共振吸声结构或有利于声散射的结构。抗声呐吸声材料吸声是由于基材、填料和声学结构共同作用的效果，一般把上述带结构的吸声复合材料称作消声瓦。

第二次世界大战中，德国首先在潜艇表面敷设了吸声材料以增加潜艇的隐蔽性，战后各大国继续对材料、结构和吸声机理进行研究。至 20 世纪 80 年代，前苏联、美国、英国、法国等国潜艇表面都有敷设消声瓦的情况，在潜艇外壳体上敷设一层 70～150mm 厚的消声瓦，不但能吸收对方声呐发射的探测声波，而且能部分抑制潜艇自噪声辐射，声呐吸收到的回波可降低 10～20dB 以上。

8.2.4.9　抗 X 射线辐射复合材料

抗 X 射线辐射复合材料是用于抵抗 X 射线辐射造成对材料结构的破坏效应的一类复合材料。材料吸收系数是衡量光子和材料作用的能力，它取决于光子能量和材料所含元素的性质。一般讲元素的原子序数越大，吸收系数越大。X 射线照射到材料上，光子与材料的原子发生作用，X 射线在物质中迁移时，被物质吸收变成物质的内能，即 X 射线能量在物质中沉积；同时，X 射线能流密度大，释放的时间极短，使材料的比内能急剧增加而升高温度，并且在材料表面处形成很高的压力；结果在材料表面形成一个峰值极高、持续时间极短的压力脉冲-热击波，使材料产生"层裂"效应，同时产生瞬时过载，结构产生变形，乃至破坏。

为了防止 X 射线的破坏作用，曾提出一种物理模型，它由迎光层、屏蔽层、衰减层和过渡层 4 层结构组成。衰减层采用泡沫塑料，其他层分别采用碳-酚醛、高硅氧-酚醛等复合材料。利用密度小、质量轻的硅酸盐类多孔复合材料，既可防止大能量的 X 射线的辐照，同时也是解决能量沉积行为。

8.2.4.10　烧蚀复合材料

烧蚀复合材料是一种固体防热复合材料。在高温高压气流冲刷的条件下，烧蚀复合材料发生热解、汽化、熔化、辐射等作用，通过材料表面的质量迁移带走大量热量，从而达到耐高温的目的。

导弹、飞船和航天飞机，再入大气层时都处于严重的气动加载和气动加热的环境中，温度急剧升高。洲际导弹弹头以马赫数 20～25 的速度再入大气层，弹头的驻点温度可达 8000～12000℃，瞬时压力达 100 大气压，而飞船和航天飞机的再入时间长，熔值高。飞船的返回舱和航天飞机的鼻锥最高温度分别为 1800℃ 和 1650℃，以"双子星座"飞船和"阿波罗"飞船的总加热量为例，它们分别为 149000kJ/m² 和 506000kJ/m²，这些"热障"技术问题是导弹和航天飞行器研制成败的关键。

烧蚀复合材料按烧蚀机理分为升华型、熔化型和碳化型 3 类。以石墨、碳材料、聚四氟乙烯等为基体的属于升华型，以石英、玻璃类材料为基体的属于熔化型，以酚醛树脂为基体的属于碳化型。其增强体目前基本上为碳（石墨）纤维，也有陶瓷或玻璃等纤维。它们都属于高密度烧蚀材料，一般密度大于 $1g/cm^3$，根据导弹和航天器的再入环境和战术技术指标要求，选用在洲际导弹弹头或喷管、航天飞机的鼻锥和机翼前缘等部位。此外，还有低密度烧蚀复合材料，是以轻质填料作为填充剂，以酚醛树脂、硅橡胶作基体的复合材料。还有填充在蜂窝内形成的复合结构，使之改进碳化层性能，这类材料的密度可以根据使用要求在 $0.2\sim0.9g/cm^3$ 范围内调整，用作飞船返回舱的防热材料。

8.2.5　生物体复合材料

生物体用材料与工业材料相比最大的差别是，前者要在生理环境下使用，而且这种环境非常复杂，是实验室中几乎无法再现的动态反应系统。植入生物体内的材料，除了应达到所要求的力学性能及功能外，还必须满足生物学、生理学、解剖学、病理学及临床医学等的功能及性能要求。长期的研究和实验表明，尽管用于置换不同生物组织的生物体材料所应具备的条件各不相同，但作为生物体材料必须满足的基本生物学要求是：①化学性质稳定，不会因与生物组织接触而发生变化；②生物适应性好，包括组织适应性和血液适应性，不产生排斥反应和凝血现象；③不显毒性和过敏反应，无致癌性和抗原性；④不产生代谢异常；⑤在生物体内不产生劣化或分解。

同时，材料还应具备优良的力学性能（强度、弹性、硬度、耐疲劳、抗磨损等）以及长期埋植在体内不会丧失其性能指数；另外，还应能够经受必要的消毒措施而不发生变性，易加工成所需要的、复杂的形态等。

近年来，高分子材料在生物医学领域的研究和应用的发展非常迅猛，尤其是在人工脏器的研制工作中占有突出地位，已经出现了一门新的分支学科——医用高分子（medical polymers），即用高分子化学的理论及研究方法和高分子材料，根据医学的需要来研究生物体的结构、生物体器官的功能以及解决人工器官的应用。早在 1947 年，美国就提到有三种塑料和一种橡胶可作为医疗用途，即用聚甲基丙烯酸甲酯作头盖骨和股关节，聚乙烯作体内埋植，聚酰胺（尼龙）纤维作缝合线，以天然橡胶作为医用插管等。随着医用高分子研究的不断进步，人工脏器制造的逐步完善，越来越多的高分子材料逐渐用于人体器官和人工脏器。有人预测，不久的将来，除了大脑以外，人体的所有脏器都可以高分子材料制成的人工脏器所取代。表 8-7 归纳了医用高分子材料在人工脏器方面的应用概况。

医用高分子材料的研究证明，从现有的材料中筛选具备力学适应性和生物适应性的生物材料的方法已经不能满足人们的要求，前面提到的各种生物材料尽管取得了明显的应用效果，但不可否认都还存在一些目前自身还无法解决的问题。因此，人们已经将生物材料研究的主要力量转向既能满足各种生物学和力学性能要求，又具备生物体功能的材料，为了达到这一目的，比较可行的方法是，采取多种材料进行复合，既能保持单一材料的功能，又能同时满足各项要求的生物体复合材料或混合材料，这无疑是生物体材料的发展方向。

生物体复合材料作为一个崭新的领域，其理论研究和实际应用都还处在发展初期，目前，生物体复合材料主要建立在前面介绍的各种生物用金属、生物陶瓷和医用高分子材料的基础之上。随着科学技术的发展，多种学科的相互渗透，生物体复合材料势必向既能满足各种生物学和力学性能要求，同时又具备某一生物功能（如人工筋肉和人工心脏的伸缩功能、人工肾脏的选择渗透功能、人工血液的输氧功能等）的方向发展。

表 8-7 医用高分子材料应用概况

用途	材料
人工血管	涤纶、聚四氟乙烯、聚乙烯醇缩甲醛海绵、硅橡胶、尼龙等
人工心脏	聚氨酯、硅橡胶、聚四氟乙烯、尼龙、聚甲基丙烯酸甲酯、天然橡胶、聚氯乙烯糊、环氧树脂
人工心脏瓣膜	聚氨酯、硅橡胶、聚四氟乙烯、聚甲基丙烯酸甲酯、聚乙烯、聚乙烯醇缩甲醛、天然橡胶
人工气管	聚乙烯、聚乙烯醇、聚四氟乙烯、涤纶、尼龙
人工食道	聚乙烯、聚乙烯醇、聚四氟乙烯、硅橡胶、天然橡胶、聚氯乙烯、涤纶
人工头盖骨	聚甲基丙烯酸甲酯、聚碳酸酯
人工骨和人工关节	聚甲基丙烯酸甲酯、聚氯乙烯、聚四氟乙烯、超高分子量聚乙烯、聚酯、缩醛树脂、环氧树脂
人工皮肤	聚乙烯醇缩甲醛、尼龙、涤纶、聚丙烯织物、环氧乙烯与环氧丙烷的聚合物、聚氨酯、多肽
人工腱	尼龙、聚氯乙烯、涤纶、聚四氟乙烯、硅橡胶
人工脂肪	聚硅氧烷海绵、聚乙烯醇海绵、水凝胶(聚甲基丙烯酸羟乙酯)
人工乳房	聚乙烯醇缩甲醛海绵、硅橡胶海绵、涤纶
齿科材料	尼龙、聚甲基丙烯酸甲酯、聚碳酸酯、氯乙烯与醋酸共聚物、聚苯乙烯、环氧树脂等
人工耳、人工鼻	硅橡胶、聚乙烯
人工血浆	葡聚糖(右旋糖酐)、聚乙烯醇、聚乙烯吡咯烷酮
人工血红蛋白	氟碳化合物乳剂

8.2.6 智能复合材料

材料的发展和应用历史可划分为：第一代天然材料（如石材、木材等）；第二代加工材料（金属、陶瓷等）；第三代高分子合成材料；第四代应用复合材料。对于未来的下一代材料，有人预测将会是具有潜在能力的智能材料。所谓智能材料，是指材料特性智能化，更具体地讲就是材料特性随时间和场所相应地变化。这里所说的变化不是指材料的长年时效变化、劣化、老化、腐蚀等被动变化。

材料智能化已不止是一种梦想性的东西，已经在很多场合及领域得到了应用。关于智能材料的构成，人们已经达到共识，智能材料必须走多种材料复合、多种学科相结合的道路，传统的单质材料，甚至一般复合材料，单独或少数学科都无法满足材料特性智能化的要求。

① 能变软变硬的材料 生物体具有适应性变软或变硬的能力，如由于经常劳动，人的手掌会出现膙皮（硬度）。小孩开始走路后，随着年龄增长，脚底也会慢慢硬化。人在跑动过程中，腿部肌肉蹬地和抬腿时也会出现可逆性的适应性软硬变化。如果材料能够像生物体那样根据需要具备这种可逆性的适应性软化或硬化特性，那么它的应用前景将是非常广泛的。设想采用这种材料制造各种机械、设备，例如汽车车体，在通常情况下具有足够的强度和刚度，发生碰撞时，材料瞬间由硬变软，同时产生弹性，则可以减少车辆碰撞时造成的损失。同样道理，这种材料还可用来制造道路的护栏、隧道或涵洞的内壁、水坝的闸口等设施。

② 能向外部告知状态的材料 生物的功能之一是能告诉与正常情况的偏离。如平常不爱动的人，偶尔运动就会出现腰腿酸痛；长时间开夜车，眼睛就会充血等，这些都是对异常的警告，向外部报告身体处于不适状态。

材料是否也能具备这一功能，当它在外力反复作用下产生疲劳，或长时间加载产生蠕变而接近断裂时，材料自身出现颜色变化或以其他方式向外部告诉这种变化情况。即使材料本身做不到这一点，也可以在材料中的重要部位上埋入小的传感器（不能影响材料的强度）。选择何种传感器，目前尚不清楚，也许光色器或因受应力反复作用而特性发生变化的半导体能起这种作用。这种材料自身或通过非接触检测仪随时向外界告之材料所处的状态，当材料快要达到疲劳极限或将要发生断裂破坏时，发生变色或向外部发出信息，以便材料得到休息和修理。

这种功能只有多种材料复合或材料学与其他学科融合才有可能实现，上面提到的设想实际上是材料学与电子学相结合，暂且把它叫做材料电子学。

③ 能产生新陈代谢的材料　新陈代谢是生物体医治伤残的自我修复功能的根源，这种功能已成为对工业材料的一项研制目标。对于材料来讲，所谓新陈代谢就是使已经产生疲劳、磨损或龟裂的材料休息一段时间之后（不使用）能够恢复到原来的状态，不断延长材料的使用寿命。

本 章 小 结

本章主要介绍了复合材料的种类，包括聚合物基复合材料、碳基复合材料、混杂纤维复合材料、功能复合材料、生物体复合材料和智能复合材料，并且概述了各种材料在各个领域的应用。

聚合物基复合材料是以有机聚合物为基体，纤维类增强材料为增强剂的复合材料。纤维的高强度、高模量的特性使它成为理想的承载体。基体材料由于其黏结性能好，把纤维牢固地黏结起来。同时，基体又能使载荷均匀分布，并传递到纤维上，允许纤维承受压缩和剪切载荷。纤维和基体之间的良好的复合显示了各自的优点，并能实现最佳结构设计，具有许多优良的特性。聚合物基复合材料主要有玻璃纤维增强热固性塑料（GFRP）、玻璃纤维增强热塑性塑料（FRTP）、高强度、高模量纤维增强塑料、天然纤维增强塑料等。在航空航天、船舶、汽车、建筑、文体用品等各个领域都得到了全面应用。

碳/碳复合材料是由碳纤维或各种碳织物或石墨化的树脂碳（或沥青）以及化学气相沉积（CVD）碳所形成的复合材料，具有高强度、高模量和较大的断裂伸长率。在制造碳/碳复合材料时，碳纤维中碱金属等杂质含量应尽量低；基体树脂应具有残碳率高、有黏性、流变性好以及与碳纤维具有良好物理相容性的特点。碳/碳复合材料由于具有高比强度、高比模量、耐烧蚀性，而且还具有传热导电、自润滑性、无毒等特点，因此广泛应用于导弹、宇航工业、航空工业、汽车工业、化学工业等领域。

混杂纤维复合材料是指两种或两种以上纤维混杂增强一种基体构成的复合材料。混杂纤维复合材料相对一般复合材料性能上有较大的提高：疲劳强度、冲击强度和断裂韧性显著提高，刚度改善，具有特殊的热膨胀性能。影响混杂纤维复合材料性能的因素主要是增强纤维的类型、混杂比和混杂方式。混杂纤维复合材料被广泛地用作建筑材料、体育用品材料、生物工程材料等。

功能复合材料指除具有良好的力学性能外，还具备某一其他特殊性能的复合材料。可以分为导电复合材料、磁性复合材料、压电复合材料、摩擦功能复合材料、含能复合材料、隐身复合材料、电磁屏蔽复合材料、抗声呐复合材料、抗 X 射线辐射复合材料、烧蚀复合材料等。

生物体复合材料要在生理环境下使用，这种环境非常复杂。植入生物体内的材料，除了应达到所要求的力学性能及功能外，还必须满足生物学、生理学、解剖学、病理学及临床医学等的功能及性能要求；化学性质稳定，不会因与生物组织接触而发生变化；生物适应性好，包括组织和血液适应性，不产生排斥反应和凝血现象；不显毒性和过敏反应，无致癌性和抗原性；不产生代谢异常；在生物体内不产生劣化或分解。

智能材料是指材料特性智能化，更具体地讲就是材料特性随时间和场所相应地变化。目前智能材料研发尚处于初级阶段，有待人们进一步去探究。

思 考 题

1. 简述制造碳/碳复合材料时碳纤维和基体的选择条件及依据。

2. 作为生物体材料必须满足的基本生物学要求和力学条件分别是什么？目前已经研发出的生物体复合材料有哪些？试举一两个典型的例子。

3. 聚合物基复合材料是目前研究最多、应用最广的一类复合材料，查阅文献，简述某种聚合物基复合材料在各个领域的应用。

第9章 填充改性聚合物基复合材料及其制备方法

>>>> **本章提要**

　　本章将介绍填充剂的种类及基本特性、填充改性复合材料的制备方法，主要包括热塑性塑料的填充改性。

　　聚合物的填充改性是指在聚合物基体中添加与基体在组成和结构上不同的固体添加物，这样的添加物称为填充剂，也称为填料。聚合物填充改性的目的，有的是为了降低成本，有的是为补强或改善加工性能，还有一些填料具有阻燃或抗静电等作用。

9.1 填充剂的种类及基本特征

9.1.1 填充剂的种类

　　填充剂的种类繁多，可按多种方法进行分类。按化学成分，可分为有机填充剂和无机填充剂两大类，实际应用的填充剂大多数为无机填充剂。进一步划分，可分为碳酸盐类、硫酸盐类、金属氧化物类、金属粉类、金属氢氧化物类、含硅化合物类、碳素类等。其中，碳酸盐类包括碳酸钙、碳酸镁、碳酸钡，硫酸盐包括硫酸钡、硫酸钙等；金属氧化物包括钛白粉、氧化锌、氧化铝、氧化镁、三氧化二锑等；金属氢氧化物如氢氧化铝，金属粉如铜粉、铝粉；含硅化合物如白炭黑、滑石粉、陶土、硅藻土、云母粉、硅酸钙等；碳素类如炭黑、碳纳米管（将在第3篇里讨论）等[30]。此外，还有有机填充剂如木粉、果壳粉等。填充剂按形状划分，有粉状、粒状、片状、纤维状等[31~37]。现将一些主要填充剂品种简介如下。

　　(1) 碳酸钙　碳酸钙（$CaCO_3$）是用途广泛而价格低廉的填料。因制造方法不同，可分为重质碳酸钙和轻质碳酸钙。重质碳酸钙是石灰石经机械粉碎而制成的，其粒子呈不规则形状，粒径在 $10\mu m$ 以下，相对密度为 $2.7\sim2.95 g/cm^3$。轻质碳酸钙是采用化学方法生产的，粒子形状呈针状，粒径在 $10\mu m$ 以下，其中大多数粒子在 $3\mu m$ 以下，相对密度为 $2.4\sim2.7 g/cm^3$。近年来，超细碳酸钙、纳米级碳酸钙也相继研制出来。将碳酸钙进行表面处理，可制成活性碳酸钙。活性碳酸钙与聚合物有较好的界面结合，可有助于改善填充体系的力学性能。

　　在塑料制品中采用碳酸钙作为填充剂，不仅可以降低产品成本，还可改善性能。例如，在硬质 PVC 中添加 $5\sim10$ 质量份的超细碳酸钙，可提高冲击强度。碳酸钙广泛应用于 PVC 中，可制造管材、板材、人造革、地板革等，也可用于聚丙烯、聚乙烯中，在橡胶制品中也有广泛的应用。

　　(2) 陶土　陶土又称高岭土，是一种天然的水合硅酸铝矿物，经加工可制成粉末状填充剂，相对密度为 $2.6 g/cm^3$。

　　作为塑料填料，陶土具有优良的电绝缘性能，可用于制造各种电线包皮。在 PVC 中添加陶土，可使电绝缘性能大幅度提高。在 PS 中添加陶土，可用于制备薄膜，具有良好的印刷性能。在 PP 中，陶土可用作结晶成核剂。陶土还具有一定的阻燃作用，可用作辅助阻燃改性。

陶土在橡胶工业也有广泛应用，可用作 NR、SBR 等的补强填充剂。经硬脂酸或偶联剂处理的改性陶土用作补强填充剂，效果可与沉淀法白炭黑相当。

（3）滑石粉　滑石粉是天然滑石经粉碎、研磨、分级而制成的。滑石粉的化学成分是含水硅酸镁，为层片状结构，相对密度为 $2.7\sim2.8g/cm^3$。

滑石粉用作塑料填料，可提高制品的刚性、硬度、阻燃性能、电绝缘性能、尺寸稳定性，并具有润滑作用。滑石粉常用于填充 PP、PS 等塑料。

粒度较细的滑石粉可用作橡胶的补强填充剂，超细滑石粉的补强效果可更好一些。

（4）云母　云母是多种铝硅酸盐矿物的总称，主要品种有白云母和金云母。云母为磷片状结构，具有玻璃般光泽。云母经加工成粉末，可用作聚合物填料，云母粉易于与塑料树脂混合，加工性能良好。

云母粉可用于填充 PE、PP、PVC、PA、PET、ABS 等多种塑料，可提高塑料基体的模量，还可提高耐热性，降低成型收缩率，防止制品翘曲。云母粉还具有良好的电绝缘性能。

云母粉呈鳞片状形态，在其长度与厚度之比为 100 以上时，具有较好的改善塑料力学性能的作用。在 PET 中添加 30% 的云母粉，拉伸强度可由 55MPa 提高到 76MPa，热变形温度也有大幅度提高。

云母粉在橡胶制品中应用，主要用于制造耐热、耐酸碱及电绝缘制品。

（5）二氧化硅（白炭黑）　用作填料的二氧化硅大多为化学合成产物，其合成方法有沉淀法和气相法。二氧化硅为白色微粉，用于橡胶可具有类似炭黑的补强作用，故被称为"白炭黑"。

白炭黑是硅橡胶的专用补强剂，在硅橡胶中加入适量的白炭黑，其硫化胶的拉伸强度可提高 10～30 倍。白炭黑还常用作白色或浅色橡胶的补强剂，对 NBR 和氯丁胶的补强作用尤佳。气相法白炭黑的补强效果较好，沉淀法则较差。

在塑料制品中，白炭黑的补强作用不大，但可改善其他性能。白炭黑填充 PE 制造薄膜，可增加薄膜表面的粗糙度，减少粘连。在 PP 中，白炭黑可用作结晶成核剂，缩小球晶结构，增加微晶数量。在 PVC 中添加白炭黑，可提高硬度，改善耐热性。

（6）硅灰石　天然硅灰石的化学成分为 β 型硅酸钙，经加工制成硅灰石粉，形态为针状、棒状、粒状等多种形态的混合。天然硅灰石粉化学稳定性和电绝缘性能好，吸油率较低，且价格低廉，可用作塑料填料。若对填料性能要求较高时，则可用化学合成方法制备 α 型硅酸钙。硅灰石可用于 PA、PP、PET、环氧树脂、酚醛树脂等，对塑料有一定的补强作用。

硅灰石粉白度较高，用于 NR 等橡胶制品，可在浅色制品中代替部分钛白粉。硅灰石粉在胶料中分散容易，易于混炼，且胶料收缩性较小。

（7）二氧化钛（钛白粉）　二氧化钛俗称钛白粉，在高分子材料中用作白色颜料，也可兼作填充剂。根据结晶结构不同，钛白粉可分为锐钛型、金红石型等，其中，金红石型钛白粉效果更好一些。钛白粉不仅可以使制品达到相当高的白度，而且可使制品对日光的反射率增大，保护高分子材料，减少紫外线的破坏作用。添加钛白粉还可以提高制品的刚性、硬度和耐磨性。钛白粉在塑料和橡胶中都有广泛应用。

（8）氢氧化铝　氢氧化铝为白色结晶粉末，在热分解时生成水，可吸收大量的热量。因此，氢氧化铝可用作塑料的填充型阻燃剂，与其他阻燃剂并用，对塑料进行阻燃改性。作为填充型阻燃剂，氢氧化铝具有无毒、不挥发、不析出等特点，还能显著提高塑料制品的电绝缘性能。经过表面处理的氢氧化铝，可用于 PVC、PE 等塑料中。氢氧化铝还可用于氯丁胶、丁苯胶等橡胶中，具有补强作用。

（9）炭黑　炭黑是一种以碳元素为主体的极细的黑色粉末。炭黑因生产方法不同，分为炉法炭黑、槽法炭黑、热裂法炭黑和乙炔炭黑。

在橡胶工业中，炭黑是用量最大的填充剂和补强剂。炭黑对橡胶制品具有良好的补强作用，且可改善加工工艺性能，兼作黑色着色剂之用。

在塑料制品中，炭黑的补强作用不大，可发挥紫外线遮蔽剂的作用，提高制品的耐光老化性能。此外，在 PVC 等塑料制品中添加乙炔炭黑或导电炉黑，可降低制品的表面电阻，起抗静电作用。炭黑也是塑料的黑色着色剂。

（10）粉煤灰　粉煤灰是热电厂排放的废料，化学成分复杂，主要成分为二氧化硅和氧化铝。粉煤灰中含有圆形光滑的微珠，易于在塑料中分散，因而可用作塑料填充剂。可将经表面处理的粉煤灰用于填充 PVC 等塑料制品。粉煤灰在塑料中的应用具有工业废料再利用和减少环境污染的作用，对于塑料制品则可降低其成本。

（11）玻璃微珠　玻璃微珠是一种表面光滑的微小玻璃球，可由粉煤灰中提取，也可直接以玻璃制造。由粉煤灰中提取玻璃微珠可采用水选法，产品分为"漂珠"与"沉珠"，漂珠是中空玻璃微珠，相对密度为 $0.4 \sim 0.8 g/cm^3$。

直接用玻璃生产微珠的方法又分为火焰抛光法与熔体喷射法。火焰抛光法是将玻璃粉末加热，使其表面熔化，形成实心的球形珠粒。熔体喷射法则是将玻璃料熔融后，高压喷射到空气中，可形成中空小球。

实心玻璃微珠具有光滑的球形外表，各向同性，且无尖锐边角，因此没有应力高度集中的现象。此外，玻璃微珠还具有滚珠轴承效应，有利于填充体系的加工流动性。玻璃微珠的膨胀系数小，且分散性好，可有效地防止塑料制品的成型收缩及翘曲变形。实心玻璃微珠主要应用于尼龙，可改善加工流动性及尺寸稳定性，此外，也可应用于 PS、ABS、PP、PE、PVC 以及环氧树脂中。玻璃微珠一般应进行表面处理以改善与聚合物的界面结合。

中空玻璃微珠除具有普通实心微珠的一些特性外，还具有密度低、热传导率低等优点，电绝缘、隔声性能也良好，但是，中空玻璃微珠壳体很薄，不耐剪切力，不适用于注射或挤出成型工艺。目前，中空玻璃微珠主要应用于热固性树脂为基体的复合材料，采用浸渍、模、压塑等方法成型。中空玻璃微珠与不饱和聚酯复合可制成"合成木材"，具有质量轻、保温、隔声等特点。

（12）木粉与果壳粉　木粉是由松树、杨树等木材，经机械粉碎、研磨而制成，一般多采用边角废料制造。木粉的细度为 50～100 目，主要用作酚醛、脲醛等树脂的填充剂。

果壳粉由核桃壳、椰子壳、花生壳等粉碎而成。填充于塑料之中，制品的耐水性比木粉要好。

用木粉或果壳粉填充塑料，可降低其密度，并使制品有木质感。但也会使力学性能下降，所以用量不宜过多。

9.1.2　填充剂的基本特性

填料的基本特性包括填料的形状、粒径、表面结构、相对密度等等，这些基本特性对填充改性体系的性能有重要影响[38]。

（1）填料的细度　填料的细度是填充剂最重要的性能指标之一。颗粒细微的填充剂粉末，可在聚合物基体中均匀分散，从而有利于保持基体原有的力学性能；而颗粒粗大的填充剂颗粒，则会使材料的力学性能明显下降。填充剂的改性作用，如补强、增韧、提高耐候性、阻燃、电绝缘或抗静电等，也要在填充剂颗粒达到一定细度且均匀分散的情况下，才能实现。

填料的细度可用目数或平均粒径来表征。对于超细粉末填料，亦常用比表面积表征其细度。譬如，纳米级粒子的比表面积可达 $30m^2/g$ 以上。

（2）填料的形状 填料的形状多种多样，有球形（如玻璃微珠）、不规则粒状（如重质碳酸钙）、片状（如陶土、滑石粉、云母）、针状（如轻质碳酸钙）以及柱状、棒状、纤维状等。

对于片状的填料，其底面长度与厚度的比值是影响性能的重要因素。陶土粒子的底面长度与厚度的比值不大，属于"厚片"，所以提高塑料刚性的效果不明显。云母的底面长度与厚度的比值较大，属于"薄片"，用于填充塑料，可显著提高其刚性。

针状（或柱状、棒状）填料的长径比对性能也有较大影响。短纤维增强聚合物体系也可视作纤维状填料的填充体系，因而，其长径比也会明显影响体系的性能。

（3）填料的表面特性 填料的表面形态也多种多样，有的光滑（如玻璃微珠），有的则粗糙，有的还有大量微孔。填料表面的化学结构也各不相同，譬如，炭黑表面如有羧基、内酯基等官能团，对炭黑性能有一定作用。填料也常常通过表面处理，使表面包覆偶联剂等助剂，以改善其表面特性。

（4）填料的密度与硬度 填料的密度和硬度不宜过大。密度过大的填料会导致填充聚合物的密度增大，不利于材料的轻量化。硬度较高的填料可增加填充聚合物的硬度，但硬度过大的填料会加速设备的磨损。

（5）其他特性 填料的含水量和色泽也会对填充聚合物体系产生影响。含水量应控制在一定限度之内。色泽较浅的填料可适用于浅色和多种颜色的制品。填料特性还包括热膨胀系数、电绝缘性能等。

9.2 填充改性复合材料的制备方法

早期的理论认为，塑料的填充技术只是利用廉价的填充剂填充塑料空间，起到增加数量、降低成本的作用。随着各种新型填充剂、偶联剂的出现，人们逐渐认识到，填充技术已成为改善塑料的某些性能，赋予新特征、扩大应用范围的重要手段。

9.2.1 热塑性塑料的填充改性

用于塑料填充改性的填充剂，是指球状、粉状或纤维状等各种形状的有机物及无机物，其种类繁多，常用的有碳酸钙类、炭质类、纤维素类、硅酸盐类、二氧化硅类、氧化物、金属粉等。

在塑料填充改性中，塑料基本上是以树脂为连续相，填充剂为分散相而构成的复合材料。虽然填充剂的添加并不影响树脂的组成与构型，但却影响到其构象和超分子聚集态结构。因此，填料的种类、添加量的多少以及填料的形状、结构、表面性质、粒径大小、尺寸分布、填料与树脂的相-相界面特性及作用等对填充改性后的塑料性能具有决定性影响。如何有效提高填充复合材料性能，扩大应用范围，填充剂及偶联剂的选择和应用是塑料填充改性的关键。

9.2.2　填充改性效果应与其他工艺技术环节相结合

塑料加工是一门多种工艺技术环节综合的流程，如原材料质量、规格、性能是否符合要求，配方是否合理，填料改性是否产生物理、化学效应，聚合物改性相容性效果，配混料是否相辅相成混合均匀，物料的干燥措施，各种加工设备的合理选型配套，混炼塑化，各种技术参数是否合理设定，机头模具的合理设计、定型、冷却装置有效的配套等，这些环节有一不合理或操作失误都能影响产品质量。再者，塑料加工中可变因素很多，采取符合技术要求的调整措施也是必要的。目前有些塑料加工单位，缺乏塑料加工专业技术人员，在正常生产情况下，他们能维持，在异常情况或发生问题时，就处于被动困难的境地，经常为产品质量和市场竞争而犯愁。

有些加工单位对偶联剂在塑料填充、增强改性中的功能作用认识不全面，他们幻想通过改性措施能将加工中存在的问题都解决，这是不现实的。因偶联剂不是"万能剂"，经常有些加工单位反映：他们应用改性技术没有效果或效果不明显。分析原因主要有两个：一为改性技术应用不当，二为其他工艺技术环节的不协调或失误。这二者有各自的特点，也有密切的关系。因此在应用填充、增强改性技术时，也应熟悉了解塑料加工中其他工艺技术环节的作用和技术要求，这样，如加工中出现问题，就可正确地分析，找原因和采取有效的整改措施，提高了效率，少走了弯路。塑料加工中有些工艺技术环节的重要作用并不亚于塑料填充增强改性。

9.2.3　塑料挤出成型加工设备

挤出成型设备一般由挤出机、挤出口模（机头）及冷却定型、牵引、切割等辅机组成。塑料挤出是将固体塑料熔化，并在加压下通过口模成为截面与口模相仿的连接体，然后冷却定型变成固体，加工设备有不同规格、型号的单螺杆挤出机、双螺杆挤出机。

单螺杆挤出机，设计简单，制造容易，得到广泛应用，缺点：混炼效果差，不易粉料加工，提高加工压力后逆流大。生产效率低，有较大的局限性。

双螺杆挤出机，进料稳定，混合分散效果好，可直接加工硬 PVC 粉料，改性混合效果好，物料在机筒里停留时间短，产量高，机筒有自洁作用，应用日益广泛。双螺杆挤出机与单螺杆挤出机的根本差别是挤出机中的物料输送形式不同，单螺杆挤出机输送靠拖拽，双螺杆挤出机物料输送是靠螺纹推力，即正向位移输送，或强制输送，基本存在倒流或滞流，双螺杆挤出加工中有以下特点：①良好的进料特征，从根本上解决了单螺杆挤出机难适应的摩擦性能不良和对黏度很高或很低的物料难塑化加工问题；②更充分的物料混合，温度分布均匀，及排气良好功能；③自洁作用，由于两根螺杆的螺棱与螺槽在啮合处存在速度差，运动方向相反，因而能够相互剥离，或刮去黏附在螺杆上的积料，使物料在机筒内停留时间短，防止物料降解，且混合均匀。

双螺杆挤出机，有较高挤出效率，物料挤出时，双螺杆啮合处对物料剪切，使物料表层不断更新，大幅度增加受热面积，同时啮合处对物料的剪切、压延转化的热量比较激烈，有效促进混炼和塑化，加速物料由固体向熔体转化的时间和周期，因此双螺杆挤出机的螺杆比单螺杆挤出机短，而生产能力却远高于单螺杆挤出机。

最近，国内外挤出机制造商为了提高产量，纷纷推出大直径、大长径比、高扭矩、高产量的平双机型，并设计更加灵活的结构形式，但挤出主机出产量提高后，却产生了新问题，如挤出机传动系统和螺杆转速扭矩需要增加，给挤出机带来额外磨损，在产量提高的同时，如何保证产品质量不受影响,如挤出模具的适应、冷却系统的配套等,因为挤出产量越高,对定型、冷却、真空系统要求越高,必须重新设计。

本 章 小 结

填充剂的种类繁多,而应用较多的是无机填充剂。本章主要介绍了碳酸钙、陶土、滑石粉、云母、二氧化硅、硅灰石、二氧化钛、氢氧化铝、炭黑、粉煤灰、玻璃微珠、木粉与果壳粉等填充剂的基本特性,包括填料的细度、形状、表面特性、密度和硬度等;以及填充改性复合材料的制备方法。

碳酸钙作填充剂不仅可以降低产品成本,还可以改善性能;陶土可以改善材料的电绝缘性和一定的阻燃性;滑石粉用作塑料填料,可提高制品的刚性、硬度、阻燃性能、电绝缘性能、尺寸稳定性,并具有润滑作用;云母可提高塑料基体的模量,还可以提高耐热性,降低成型收率,防止制品翘曲;二氧化硅用于橡胶可具有类似炭黑的补强作用;硅灰石粉化学稳定性和电绝缘性能好,吸油率较低,且价格低廉,可用作塑料填料;二氧化钛可以使制品达到相当高的白度,增大制品对日光的反射率,减少紫外线的破坏作用,而且还可以提高制品的刚性、硬度和耐磨性;氢氧化铝可用作塑料的阻燃剂,具有无毒、不挥发、不析出等特点;炭黑在橡胶工业中,用作填充剂和补强剂,在塑料制品中,可发挥紫外线遮蔽剂的作用,提高制品的耐光老化性能。

颗粒细微的填充剂粉末,在聚合物基体中均匀分散,从而有利于保持基体原有的力学性能。填充剂的改性作用要在填充剂颗粒达到一定细度且均匀分散的情况下才能实现;填充剂的细度可用目数或平均粒径来表述;填料的形状多种多样,对于片状的,其底面长度与厚度的比值是影响性能的重要因素,对于针状(或柱状、棒状)的,其长径比对性能有较大影响;填料的表面形态和表面化学结构对其性能有影响,可以通过表面处理,使表面包覆偶联剂等助剂,以改善其表面特性;填料的密度不宜过大,密度过大的填料会导致填充聚合物的密度增大,不利于材料的轻量化。硬度较高的填料可增加填充聚合物的硬度,但硬度过大的填料会加速设备的磨损。另外填料的含水量和色泽也会对聚合物产生影响。

在塑料填充改性中,塑料基本上是以树脂为连续相,填充剂为分散相而构成的复合材料。虽然填充剂的添加并不影响树脂的组成与构型,但却影响到其构象和超分子聚集态结构。因此,填料的种类、添加量的多少以及填料的形状、结构、表面性质、粒径大小、尺寸分布、填料与树脂的相-相界面特性及作用等对填充改性后的塑料性能具有决定性影响。如何有效提高填充复合材料性能,扩大应用范围,填充剂及偶联剂的选择和应用是塑料填充改性的关键。

塑料挤出成型设备一般有单螺杆挤出机和双螺杆挤出机。单螺杆挤出机,设计简单,制造容易,但是混炼效果差,不易粉料加工,生产效率低,有较大的局限性;而双螺杆挤出机,进料稳定,混合分散效果好,改性混合效果好,物料在机筒内停留时间短,产量高,有自洁作用,应用日益广泛。

思 考 题

1. 填充剂的基本特性有哪些?对填充剂改性体系的性能有什么影响?
2. 比较单螺杆挤出机和双螺杆挤出机的优缺点。

第 10 章　纤维增强聚合物基复合材料及其制备方法

>>> **本章提要**

　　本章主要介绍增强纤维的种类及基本特性；纤维增强聚合物基复合材料的工艺特点和制备方法。

　　纤维增强是提高聚合物力学性能的重要手段。纤维增强复合材料分为以热固性树脂为基体和以热塑性树脂为基体两大类。

10.1　增强纤维的种类及基本特性

　　用于纤维增强复合材料的纤维品种很多，主要品种有玻璃纤维、碳纤维、芳纶纤维，此外还有尼龙、聚酯纤维以及硼纤维、晶须等[39~44]。

　　(1) 玻璃纤维　玻璃纤维是一种高强度、高模量的无机非金属纤维，其化学组成主要是二氧化硅、三氧化硼及钠、钾、钙、铝的氧化物。

　　玻璃纤维的主要性能如下。

　　① 拉伸强度很高，但模量较低，它的扭转强度和剪切强度均比其他纤维低。

　　② 耐热性非常好。玻璃纤维的主要成分是二氧化硅（石英），石英的耐热性可以达到 2000℃，因此玻璃纤维的软化点也可以达到 850℃ 左右。

　　③ 是良好的绝缘材料。其电绝缘性取决于其成分尤其是含碱量。因碱金属离子在玻璃结构中结合不太牢固，因此作为载流体存在，玻璃的导电性主要取决于碱金属离子的导电性。

　　④ 具有不燃、化学稳定、尺寸稳定、价格便宜等优良性能。

　　由于玻璃纤维具有以上优异性能，所以被广泛地应用于交通运输、建筑、环保、石油化工、电子电气、航天航空、机械、核能等领域。最常见的就是玻璃纤维增强塑料（GFRP），即玻璃钢。

　　(2) 碳纤维　碳纤维属于聚合的碳。它是由有机纤维经固相反应转化为碳纤维，如 PAN 纤维或者沥青纤维在保护气氛下热处理生成含碳量在 $90\%\sim99\%$ 范围的纤维。

　　碳纤维的主要性能如下。

　　① 力学性能　碳纤维密度小，具有较高的比强度和比模量，断裂伸长率低。其弹性模量比金属高 2 倍；抗拉强度比钢材高 4 倍，比铝高 6 倍。一根手指粗的碳纤维制成的绳子，可吊起几十吨重的火车头。其比强度是钢材的 16 倍，铝的 12 倍。

　　② 热性能

　　a. 碳纤维的耐高低温性能良好。一般在 $-180℃$ 低温下，石墨纤维仍然很柔软。在惰性气体保护下，2000℃ 以上仍保持原有的强度和弹性模量。此外，碳纤维还具有耐高温蠕变性能，一般在 1900℃以上才能出现永久塑性变形。

b. 碳纤维的导热性能好，而且随着温度升高，热导率由高逐渐降低。

c. 碳纤维的线膨胀系数很小，比钢材小几十倍，接近于 0。在急冷急热的情况下，很少变形，尺寸稳定性好，耐疲劳性能好，所以用它制成的复合材料可制造精密仪器零件。

③ 化学性能。碳纤维比玻璃纤维有更好的耐腐蚀性，它可以在王水中长期使用而不被腐蚀。

④ 电性能。碳纤维沿纤维方向的导电性好，其导电性可以与铜相比，它的电阻值可以通过在制造中控制碳化温度来调节，其值可以达到很高，成为电阻加热有前途的材料。

此外，碳纤维的摩擦系数小，具有自润滑性，有很好的抗辐射能力和耐油、吸收有毒气体、减速中子的作用。以碳纤维织成的布或毡既不怕酸、碱腐蚀，又耐高温，是一种高效耐用的吸附材料。

这么多的优良性能使它在科学技术研究、工业生产、国防工业等领域起着相当重要的作用，尤其是为宇航工业的发展，提供了宝贵的材料。当前，国内外碳纤维主要运用于航空与航天工业，其次是汽车工业、体育用品与一般民用工业。对飞行器工业，首先要求碳纤维有足够的抗拉强度、模量和断裂伸长率。其中断裂伸长率尤为重要，因为复合材料构件设计方法之一是采用限制应变法，当材料的弹性模量相同时，断裂伸长率越大，它的许用应变值也越高。

(3) 芳纶纤维　芳香族聚酰胺（凯芙拉纤维，Kevlar）由对苯二甲酸和对苯二甲酰氯缩聚反应制得。

芳纶纤维的性能特点如下。

① 力学性能

a. 具有无机纤维一样的刚性，它的强度超过了任何有机纤维。

b. 密度最小，强度高，弹性模量高，强度分散性大。

c. 具有良好的韧性，抗压性能，抗扭性能较低。

d. 抗蠕变性能好，抗疲劳性能好。

② 热性能

a. 耐热性很好，可以在 −195～260℃的温度范围内使用。

b. 热稳定性好，不易燃烧。

③ 阻尼性能好，电绝缘性好。

④ 其他性能

a. 抗摩擦，磨耗性能优异；

b. 易加工、耐腐蚀；

c. 具有良好的尺寸稳定性，与树脂黏附力强。

芳纶纤维是一种密度小、强度高、模量高的增强材料，可以与塑料复合制成代替钢材的结构材料。主要用于橡胶增强，制造轮胎、三角皮带、同步带等。芳纶纤维复合材料当前在航空与宇航工业中已大量应用，20 世纪 70 年代以来，很多品种的玻璃纤维复合材料制件已被它取代。

(4) 晶须　晶须是直径小于 30μm，长度只有几微米的针状单晶体，是强度和弹性模量很高的增强材料。

晶须又分为金属晶须和陶瓷晶须。其中陶瓷晶须的强度极高，接近原子结合力。它的密度低，弹性模量高，耐热性能好，例如，气相法生产的硼化硅晶须。在金属晶须中，主要有铁晶须，它的特点是可以在磁场中取向，容易制成定向纤维增强复合材料。此外还有铜晶须、铝晶须等。

由于晶须可制成高弹性模量、高强度的复合材料，所以被认为是宇航工业中最具有潜力的增强材料。

（5）石棉纤维　石棉纤维是天然矿产，比玻璃纤维便宜，而且强度较高，是一种较好的增强材料。石棉的种类较多，但主要使用的是温石棉和闪石棉，闪石棉又分为透闪石和直闪石。

如果把天然石棉加热到 300～500℃，除个别品种外，其强度要比室温时降低很多。以温石棉为例，其强度要下降 1/3，而且材料变脆，因而在加工和应用时均不能使其温度过高。但直闪石棉例外，直闪石棉在加热至较高的温度时仍能保持其强度。但大量的研究表明，石棉吸入体内对人体健康有很大的危害作用。

（6）碳化硅纤维　碳化硅纤维是一种连续纤维，直径为 $10～15\mu m$。

碳化硅纤维的性能特点是：

① 力学性能　密度小，为 $2.55g/cm^3$，抗拉强度和弹性模量较高；

② 化学性能　有良好的耐化学腐蚀性，它的线膨胀系数很小；

③ 电性能　具有半导体的性能，在某种程度上，可以控制其导电性。

（7）钛酸钾纤维　钛酸钾纤维也叫钛酸钾毛晶，它是纯白色微细的单晶体纤维。它的平均直径为 $0.1～0.3\mu m$，长度只有 $20～30\mu m$。它有很高的强度和弹性模量，抗拉强度为 70GPa，而弹性模量为 2.8GPa。

钛酸钾纤维与玻璃纤维相比有同样的力学性能，同时它又克服了玻璃纤维的一些缺点，例如，玻璃纤维的加入导致复合材料表面不平整，焊接时焊接部位强度不够，加工时模具易损伤等缺点。而钛酸钾纤维由于细又短，而且很轻，不会产生上述缺点，是一种很有希望的增强材料。

（8）矿物纤维　矿物纤维（PMF）是由矿渣棉派生出来的一种短玻璃纤维。PMF 呈白色或浅灰色，直径为 $1～10\mu m$，长度为 $40～60\mu m$，密度为 $2.7g/cm^3$，质脆，但不易燃烧，耐热温度为 760℃，熔点为 $1260～1315℃$，单纤维的抗拉强度为 490MPa，弹性模量为 1050GPa。

PMF 纤维近年来主要用来增强聚丙烯、聚酯等。加入 PMF 与加入碎玻璃的效果相同，但使用 PMF 的成本仅为使用碎玻璃的成本的 1/3，所以用来代替碎玻璃作为复合材料的填充物更为有利。

（9）金属与陶瓷纤维　金属纤维过去只用于导线、电热丝、织金属网等，现在已用它作为增强材料使用。特别是熔点较高的钨丝、钼丝等金属纤维和不锈钢纤维等更引人注目。其中应用较多的是不锈钢纤维，它多用于作为导电、屏蔽电磁波等复合材料的分散质。

另外还有碳化硼、二氧化钴、碳化硅等陶瓷纤维，这些纤维作为复合材料的增强剂，可提高复合材料的力学性能和耐热性。

（10）天然纤维　天然纤维增强塑料由天然纤维和基体组成。纤维作为增强体分散在基体中，起最主要的承载作用。目前已经把麻、竹纤维大量用作木材、玻璃纤维的替代品来增强聚合物基体，与合成纤维相比，天然纤维具有价廉质轻、比强度和比模量高等优良特性。最为关键的是天然纤维属可再生资源，可自然降解，不会对环境构成负担。

天然植物纤维增强热固性塑料是一种新型的、可持续发展的绿色环保型复合材料，具有广阔的应用前景。剑麻纤维（SF）作为高性能天然纤维中的一种，与许多无机及合成纤维相比具有价廉、易得、密度低、纤维长、较高的拉伸强度和模量、耐摩擦、耐海水腐蚀等优良性能，且具有生物降解性及可再生性等优点[45~47]，但是亲水性植物纤维与疏水聚合物基体之间相容性很差；同时较强的纤维分子内氢键使得其在和聚合物基体共混时易聚集成团，造成分散性不佳[48]。这使得应力不能在界面有效传递，导致复合材料性能下降。

（11）混杂纤维　混杂纤维是将两种或者两种以上的连续纤维用于增强同一种树脂基体。混杂纤维与单一纤维的不同是多了一种增强纤维，因此混杂纤维复合材料除了具有一般复合材料的特点外，还具备一些新的性能。通过两种或者多种纤维混杂，可以得到不同的混杂复合材料，以提高或改善复合材料的某些性能，同时还可能起到降低成本的作用。如玻璃纤维与碳纤维制成的混杂复合材料，可以不降低纤维复合材料的强度，而又提高其韧性，并降低材料的成本，同时可根据零件和实际使用要求进行混杂纤维复合材料的设计。常所用的增强纤维有碳纤维、凯芙拉纤维、玻璃纤维、碳化硅纤维等。

10.2　纤维增强聚合物基复合材料的制备方法

10.2.1　聚合物基复合材料的工艺特点

聚合物基复合材料在性能方面有许多独到之处，其成型工艺与其他材料加工工艺相比也有其特点。

首先，材料的形成与制品的成型是同时完成的，复合材料的生产过程也就是复合材料制品的生产过程。在复合材料制品的成型中，增强材料的形状虽然变化不大，但基体的形状却有较大改变。复合材料的工艺水平直接影响材料或制品的性能。如复合材料制备中纤维与基体树脂之间的界面黏结是影响纤维力学性能发挥的重要因素，它除与纤维的表面性质有关外，还与制品中的空隙率有关，它们都直接影响到复合材料的层间剪切强度。又如，在各种热固性复合材料的成型方法中都有固化工序，为使固化后的制品具有良好的性能，首先应科学地制订工艺规范，合理确定固化温度、压力、保温时间等工艺参数。成型过程中纤维的预处理、纤维的排布方式、驱除气泡的程度，是否挤胶，温度、压力、时间控制精确度等都直接影响制品性能。利用树脂基复合材料形成和制品成型同时完成的特点，可以实现大型制品一次整体成型，从而简化了制品结构，减少了组成零件和连接件的数量，这对减轻制品质量、降低工艺消耗和提高结构使用性能十分有利。

其次，树脂基复合材料的成型比较方便。因为树脂在固化前具有一定的流动性，纤维很柔软，依靠模具容易制得要求的形状和尺寸。有的复合材料可以使用廉价简易设备和模具，不用加热和加压，由原材料直接成型出大尺寸的制品。这对制备单件或小批量产品尤为方便，也是金属制品生产工艺无法相比的。一种复合材料可以用多种方法成型，在选择成型方法时应该根据制品结构、用途、生产量、成本以及生产条件综合考虑，选择最简单和最经济的成型工艺。

10.2.2　聚合物基复合材料的制造方法

聚合物基复合材料的制造大体包括如下的过程：预浸料的制造、制件的铺层、固化及制件的后处理与机械加工等[49]。复合材料制品有几十种成型方法，它们之间既存在着共性又有着不同点，从原材料到形成制品的过程，可用图 10-1 来表示。

10.2.2.1 预浸料及其制造方法

预浸料是将树脂体系浸涂到纤维或纤维织物上，通过一定的处理过程后储存备用的半成品，预浸料是一个总称。根据实际需要，按照增强材料的纺织形式预浸料可分为预浸带、预浸布、无纺布等；按照纤维的排布方式有单向预浸料和织物预浸料之分；按纤维类型则可分为玻璃纤维预浸料、碳纤维预浸料和有机纤维预浸料等。一般预浸料在 $-18℃$ 下存储以保证使用时具有合适的黏度、铺覆性和凝胶时间等工艺性能，复合材料制品的力学及化学性质在很大程度上取决于预浸料的质量。

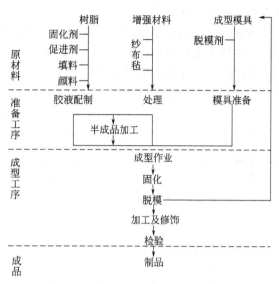

图 10-1 聚合物基复合材料制品的生产流程

（1）热固性预浸料的制备 按照浸渍设备或制造方式的不同，热固性纤维增强树脂预浸料的制备分轮鼓缠绕法和陈列排铺法，按浸渍树脂状态分湿法（溶液预浸法）和干法（热熔预浸法）。

轮鼓缠绕法是一种间歇式的预浸料制造工艺，其浸渍用树脂系统通常要加稀释剂以保证黏度足够低，因而它是一种湿法工艺，其原理如图 10-2 所示。从纱团引出的连续纤维束，经导向轮进入胶槽浸渍树脂，经挤胶器除去多余树脂后，由喂纱嘴将纤维依次整齐排列在衬有脱模纸的轮鼓上，待大部分溶剂挥发后，沿轮鼓母线将纤维切断，就可得到一定长度和宽度的单向预浸料。该法特别适用于实验室的研究性工作或小批量生产。

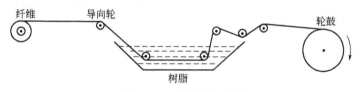

图 10-2 轮鼓缠绕法工艺

陈列排铺法是一种连续生产单向或织物预浸料的制造工艺，有湿法和干法两种。具有生产效率高、质量稳定性好、适于大规模生产等特点。湿法原理是许多平行排列的纤维束或织物同时进入胶槽，浸渍树脂后由挤胶器除去多余胶液，经烘干炉除去溶剂后，加隔离纸并经辊压整平，最后收卷。干法浸渍工艺也称热熔预浸法，是在热熔预浸机上进行的。熔融态树脂从漏槽流到隔离纸上，通过刮刀后在隔离纸上形成一层厚度均匀的胶膜，经导向辊与经过整经后平行排列的纤维或织物叠合，通过热鼓时树脂熔融并浸渍纤维，再经辊压使树脂充分浸渍纤维，冷却后收卷。

（2）热塑性预浸料制造 热塑性纤维增强复合材料预浸料制造，按照树脂状态的不同，可分为预浸渍技术和后浸渍技术两大类。预浸渍技术包括溶液预浸和熔融预浸两种，其特点是预浸料中树脂完全浸渍纤维。后预浸技术包括膜层叠、粉末浸渍、纤维混杂、纤维混编等，其特点是预浸料中树脂以粉末、纤维成包层等形式存在，对纤维的完全浸渍要在复合材料成型过程中完成。

溶液浸渍是将热塑性高分子树脂溶于适当的溶剂中，使其可以采用类似于热固性树脂的湿法浸渍技术进行浸渍，将溶剂除去后即得到浸渍良好的预浸料。该工艺的优点是可使纤维完全被树脂浸渍并获得良好的纤维分布，可采用传统的热固性树脂的设备和类似浸渍工艺。缺点是成本较高并造成环境污染，残留溶剂很难完全除去，影响制品性能，只适用于可溶性聚合物，对于其他类溶解性差的聚合物应用受到限制。

将熔融态树脂由挤出机挤到特殊的模具中浸渍连续通过的纤维束或织物，称为熔融预浸。原理上，这是一种最简单和效率最高的方法，适合所有的热塑性树脂，但是，要使高黏度的熔融态树脂在较短的时间内完全浸渍纤维却是相当困难的，这就要求树脂的熔体黏度要足够低，且高温长时间内稳定性要好。

膜层叠是将增强剂与树脂薄膜交替铺层，在高温高压下使树脂熔融并浸渍纤维，制成平板或其他一些形状简单的制品的方法。增强剂一般采用织物，使之在高温、高压浸渍过程中不易变形。这一工艺具有适用性强、工艺及设备简单等优点。粉末浸渍是将热塑性树脂制成粒度与纤维直径相当的微细粉末，通过流态化技术使树脂粉末直接分散到纤维束中，经热压熔融即可制成充分浸渍的预浸料的方法。粉末浸渍的预浸料有一定柔软性，铺层工艺性好，比膜层叠技术浸渍质量高，成型工艺性好，是一种被广泛采用的纤维增强热塑性树脂复合材料的制造技术。纤维混编或混纺技术是将基体先纺成纤维，再使其与增强纤维共同纺成混杂纱线或编织成适当形式的织物，在物品成型过程中，树脂纤维受热熔化并浸渍增强纤维。该技术工艺简单，预浸料有柔性，易于铺层操作，但与膜层叠技术一样，在制品成型阶段，需要足够高的温度、压力及足够的时间，且浸渍难以完全。

图10-3是以片状模塑料为代表的短切纤维增强复合材料预浸料的工艺流程。连续纤维被切成一定长度的短纤维，散落在连续输送的塑料薄膜上，在薄膜上涂有一层含填料的糊状树脂，将含有纤维、填料和树脂混合物的塑料薄膜卷绕起来就成为片状模塑料。如果把这种半成品按要求尺寸剪裁、撕去表面保护塑料薄膜，铺叠在模具中经热压固化即可制成复合材料成品。玻璃纤维毡增强热塑性树脂片材是法国Arjomair公司研制成功的一种片状复合材料半成品，它是将玻璃短切纤维或连续纤维与粉状热

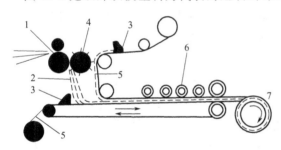

图10-3 片状模塑工艺

1—连续纤维；2—短切纤维；3—树脂/填料糊状物；4—切刀；
5—塑料薄膜；6—压辊；7—卷料装置

塑性树脂如聚丙烯等配制成悬浮液，搅拌均匀后沉积制成网状坯料，再经层合、烘干制成片状半成品，剪裁后通过模压或冲压成型可制成各种复合材料制品。

10.2.2.2 手糊成型工艺

手糊成型工艺（hand lay-up）是聚合物基复合材料中最早采用和最简单的方法。其工艺过程是先在模具上涂刷含有固化剂的树脂混合物，再在其上铺贴一层按要求剪裁好的纤维织物，用刷子、压辊或刮刀挤压织物，使其均匀浸胶并排除气泡后，再涂刷树脂混合物和铺贴第二层纤维织物，反复上述过程直至达到所需厚度为止。然后热压或冷压成型，最后得到复合材料制品，其具体工艺流程如图10-4所示。为便于在树脂固化前排除多余的树脂和从模具上取下制品，预先应在模具上涂覆脱模剂。脱模剂的种类很多，包括石蜡、黄油、甲基硅

油、聚乙烯醇水溶液、聚氯乙烯薄膜等。手糊工艺使用的模具主要有木模、石膏模、树脂模、玻璃模、金属模等，最常用的树脂是能在室温固化的不饱和聚酯和环氧树脂。

手糊成型是一种劳动密集型工艺，通常用于性能和质量要求一般的玻璃钢制品。具有操作简单、设备投资少、产品尺寸不受限制、制品可设计性好等优点，适于多品种和小批量生产。同时也存在着生产效率低，产品质量不易控制、操作条件差、生产周期长、制品性能较低等缺点。

手糊成型法可以制作汽车车体，各种渔船和游艇、储罐、槽体、卫生间、舞台道具、波纹瓦、大口径管件、机身蒙皮、整流罩、火箭外壳、隔声板等复合材料制品。

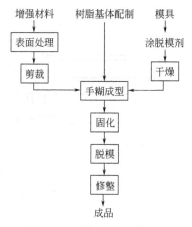

图 10-4　手糊成型工艺流程

10.2.2.3　喷射成型工艺

用喷枪将纤维和雾化树脂同时喷到模具表面，经辊压、固化制取复合材料的方法称为喷射成型工艺（spray-up）。它是从聚合物基复合材料手糊成型开发出的一种半机械化成型技术。

世界上许多公司和厂家生产的各种型号和性能的喷射设备各具特点，根据使用喷射压力分为高压和低压机；根据树脂和固化剂的混合方式以及树脂和纤维的混合方式，分为枪内和枪外混合。一般认为，采用低压树脂和固化剂枪内混合，而短切纤维和树脂在空间混合较好，并称为低压无气喷射成型。

喷射成型对所用的原材料有一定的要求，例如树脂体系的黏度应适中，容易喷射雾化、脱除气泡和润湿纤维以及不带静电等。最常用的树脂是在室温或稍高温度下即可固化的不饱和聚酯等。喷射法使用的模具与手糊法类似，而生产效率却可以提高数倍，劳动强度降低，能够制作大尺寸制品。用该方法虽然可以成型形状比较复杂的制品，但其厚度和纤维含量都较难精确控制，树脂含量一般在60%以上，孔隙率较高，制品强度较低，施工现场污染和浪费较大。利用喷射法可以制作浴盆、汽车壳体、船身、广告模型、舞台道具、储藏箱、建筑构件、机器外罩、容器、安全帽等。

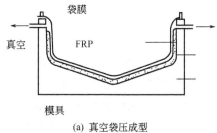

(a) 真空袋压成型

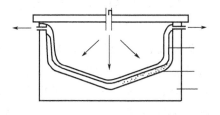

(b) 压力袋压成型

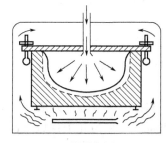

(c) 热压罐成型

图 10-5　袋压成型方法

10.2.2.4　袋压成型工艺

袋压成型（bag-molding）是最早及最广泛用于预浸料成型的工艺之一。将纤维预制件铺放在模具中，盖上柔软的隔离膜，在热压下固化，经过所需的固化周期后，材料形成具有一定结构的构件。

袋压成型可分为三种（图 10-5）：真空袋压成型、压力袋压成型和热压罐成型。

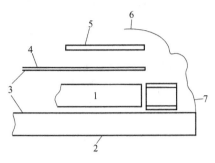

图 10-6　真空袋压法示意图

1—预制件；2—台板；3—脱模层；

4—排胶层；5—压板；6—真空袋；

7—真空袋密封圈

真空袋压法是在纤维预制件上铺覆柔性橡胶或塑料薄膜，并使其与模具之间形成密闭空间，将组合体放入热压罐或热箱中，在加热的同时对密闭空间抽真空形成负压，进行固化。大气压力的作用可以消除树脂中的空气，减少气泡，排除多余的树脂，使制品模具表面更加致密，图 10-6 为真空袋压法示意图。由于真空袋压法产生的压力小，只适于强度和密度受压力影响小的树脂体系，如环氧树脂等。对于酚醛树脂等，固化时有低分子物逸出，利用此方法难以获得结构致密的制品。如果向真空袋内通入压缩空气或氮气等对预制件进行加压固化，则真空袋压法就成为压力袋压法。

热压罐法相当于将真空袋压法的抽气、加热及加压固化放在压力罐中进行，一般热压罐是圆筒形的压力容器，可以产生几个大气压。采用热压罐成型工艺时，加热和加压通常要持续整个固化工艺的全过程，而抽真空是为了除去多余树脂及挥发性物质，只是在某一段时间内才需要。用热压罐法制成的纤维复合材料制品，具有孔隙率低，增强纤维填充量大，致密性好，尺寸稳定、精确，性能优异，适应性强等优点，但该方法也存在着生产周期长、效率低、袋材料昂贵、制件尺寸受热压罐体积限制等缺点。因而该法主要用于制造航空航天领域的高性能复合材料结构件。

10.2.2.5　模压成型工艺

模压成型工艺（compression molding）是在封闭的模腔内，借助加热和压力固化成型复合材料制品的方法。具体地讲，将定量的模塑料或颗粒状树脂与短纤维的混合物放入敞开的金属模中，闭模后加热使其熔化，并在压力作用下充满模腔，形成与模腔相同形状的模制品，再经加热使树脂进一步发生交联反应而固化，或者冷却使热塑性树脂硬化，脱模后得到复合材料制品。模压成型是广泛使用的对热固性树脂和热塑性树脂都适用的纤维复合材料的成型方法。

用模塑料成型制品时，装入模内的模塑料由于与模具表面接触加热，黏度迅速减小，在 3～7MPa 成型压力下就可以平滑地流到模具的各个角落。模塑料遇热之后迅速凝胶和固化。依据制品的尺寸，成型时间从几秒钟到几分钟不等。SMC（模塑料）模压工艺一般包括在模具上涂脱模剂、SMC 剪裁、装料、热固化成型、脱模、修整等几个主要步骤。关键步骤是热压成型，要控制好模压温度、模压压力和模压时间三个工艺参数。

SMC 和 BMC 模压制品性能受纤维类型、含量、分布、长度及树脂类型等因素影响，一般使用碳纤维或环氧树脂的制品性能好，长纤维比短纤维的制品性能好。表 10-1 列出了典型 SMC 制品的主要性能数据。

模压成型工艺广泛用于生产家用制品、机壳、电子设备和办公室设备的外壳、卡车门和轿车仪表板等汽车部件，也用于制造连续纤维增强制品。当生产批量为几千件以上时，一般使用钢模，或表面作适当处理的钢模。在生产批量比较少或产品开发阶段，模具也可以用高强度环氧树脂浇铸而成。

表 10-1　各种 SMC 复合材料的性能[50]

性　　能	SMC-R25	SMC-R50	SMC-R65	SMC-C20R30	XMC3
密度/(g/cm³)	1.83	1.87	1.82	1.81	1.97
E-GF 含量/%	25	50	65	50	75
填料含量/%	46	16	—	16	—
树脂含量/%	29	34	35	34	25
拉伸强度/MPa	82.4	164	227	298/84	561/70
拉伸模量/GPa	13.2	15.8	14.8	21.4/12.4	35.7/12.4
断裂伸长率/%	1.34	1.73	1.67	1.73/1.58	1.66/1.54
压缩强度/MPa	183	225	241	306/166	480/160
弯曲强度/MPa	220	314	403	645/165	973/139
弯曲模量/GPa	14.8	14.0	15.7	25.7/5.9	34.1/6.8
层间剪切强度/MPa	30	25	45	41	55
热膨胀系数/$10^{-6}℃^{-1}$	23.2	14.8	13.7	11.3/24.6	8.7/28.6

注：在斜线"/"前后的数据分别为复合材料的纵向和横向性能。

10.2.2.6　缠绕成型工艺

缠绕成型（filament winding）是一种将浸渍了树脂的纱或丝束缠绕在回转芯模上，常压下在室温或较高温度下固化成型的一种复合材料制造工艺，是一种生产各种尺寸回转体的简单有效的方法。具体工艺流程如图 10-7 所示。缠绕机类似一部机床，纤维通过树脂槽后，用轧辊除去纤维中多余的树脂。为改善工艺性能和避免损伤纤维，可预先在纤维表面涂覆一层半固化的基体树脂，或者直接使用预浸料。纤维缠绕方式和角度可以通过计算机控

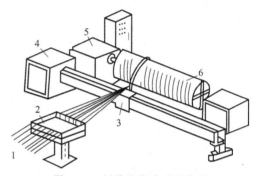

图 10-7　纤维缠绕成型示意图
1—连续纤维；2—树脂槽；3—纤维输送架；4—输送架驱动器；5—芯模驱动器；6—芯模

制。缠绕达到要求厚度后，根据所选用的树脂类型，在室温或加热箱内固化、脱模便得到复合材料制品。

按基体浸渍状态，缠绕工艺分为湿法和干法两种。湿法缠绕是将增强材料浸渍基体和缠绕成型相继连续进行；干法缠绕又称预浸带缠绕，为浸渍工艺和缠绕成型分别进行。近年来出现湿干法工艺，是干法工艺的发展，不同之处仅在于树脂基体不存在凝胶化阶段，仍处于"湿"状态。增强材料在芯模表面上的铺放形式称为缠绕线型。主要有螺旋缠绕、平面缠绕（极缠绕）和环向缠绕三种线型。所用的主要工艺设备是纤维缠绕机，有卧式螺旋缠绕机、立式平面缠绕机和球形容器缠绕机等。基本型卧式缠绕机主要由芯模旋转系统和带动绕丝头平行于芯模轴线往复运动的"小车"两部分组成。三轴以上称为多轴机，目前轴数最多的是九轴缠绕机。卧式缠绕机常用于湿法工艺，有螺旋缠绕线型和环向缠绕线型。湿法工艺对各类制品的适用性强，应用广泛。采用热熔预浸工艺制备的预浸材料，基体含量、均匀性和纱带宽度均能实现精确控制，这种干法工艺多用于航空、航天和重要的工业和民用制品。

纤维缠绕成型的主要特点是：能按性能要求配置增强材料，结构效率高；自动化成型，产品质量稳定，生产效率高。主要用于固体火箭发动机及其他航天航空结构，压力容器、管道及管状结构，电绝缘制品，汽车、飞机、轮船和机床传动轴，储罐及风力发电机叶片等。缠绕成型的发展方向主要是提高缠绕制品竞争能力，扩大应用领域，三通、弯头类管件等非

回转体缠绕成型的实用化，热塑性复合材料缠绕成型研究。

10.2.2.7　拉挤成型工艺·

拉挤成型工艺（pultrusion）是将浸渍过树脂胶液的连续纤维束或带状织物在牵引装置作用下通过成型模定型，在模中或固化炉中固化，制成具有特定横截面形状和长度不受限制的复合材料型材的方法。一般情况下，只将预制品在成型模中加热到预固化的程度，最后固化在加热箱中完成。图 10-8 为拉挤成型工艺示意图。

按工艺过程的连续性，分为间断拉挤成型和连续拉挤成型两种。早期主要是间断拉挤成型。在直线型等截面复合材料型材生产领域，它很快被连续拉挤成型所取代。现代拉挤成型复合材料有 95% 以上是采用连续拉挤成型。20 世纪 80 年代，间断拉挤成型演变成拉模成型（pulforming），它实际上是拉挤和模压的结合，主要用于制造汽车板簧、工具手柄之类截面积不变、截面形状改变的直的或弯曲形状的制品。主要增强材料是玻璃纤维无捻粗纱、连续纤维毡及聚酯纤维毡、碳纤维和芳纶及其混杂纤维。热固性基体和热塑性基体均可用于拉挤成型。热固性树脂，尤其是聚酯树脂和乙烯基树脂应用量广泛，其次是环氧树脂和改性丙烯酸树脂。酚醛树脂由于发烟量特别低，近年来得到重视。热塑性复合材料的拉挤已进入实用阶段，主要基体有 ABS、PA、PC、PES、PPS 及 PEEK 等。拉挤设备种类很多，但基本原理和组成大致相同，都是由基体浸渍装置、预成型模、加热主成型模、牵引装置和切断装置五部分组成，设备能力基本上以型材横断面尺寸和牵引力表示。拉挤速度与基体材料、制品壁厚、加热方法等多种因素有关。拉挤工艺参数还与增强材料种类有关。采用玻璃纤维和芳纶时，可以采用射频加热，而采用碳纤维时则只能采用感应加热。

拉挤成型的最大特点是：连续成型，制品长度不受限制，力学性能尤其是纵向力学性能突出，结构效率高，制造成本较低，自动化程度高，制品性能稳定。主要用作工字型、角型、槽型、异型截面管材，实芯棒以及上述断面构成的组合截面型材，主要用于电气、电子、化工防腐、文体用品、土木工程和陆上运输等领域。

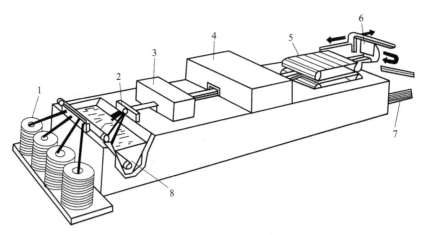

图 10-8　拉挤成型工艺示意图

1—纤维；2—挤胶器；3—预成型；4—热模；5—拉拔；6—切割；7—制品；8—树脂槽

近年来，在复合材料的成型方法上也出现了几种工艺"复合"使用的情况，即用几种成型方法同时完成一件制品。例如成型一种特殊用途的管子，在采用纤维缠绕的同时，还用布带缠绕或用喷射方法复合成型。随着复合材料生产的发展，复合材料工艺朝着省力、节能、机械化和自动化的目标努力。表 10-2 列出了各种复合材料成型方法的详细比较。

表 10-2　FRP 成型方法一览表

工艺		树脂系统	增强材料	纤维含量/%	制品厚度/mm	固化温度/℃	模具类型与材料
手糊		聚酯、环氧、呋喃	玻璃纤维、碳纤维和其他纤维	25～35	2～25（一般 2～10）	室温～400	单模,木材,玻璃钢等
喷射		聚酯、环氧	玻璃纤维	25～35	2～25（一般 2～10）	室温～40	单模,木材,玻璃钢等
袋压		聚酯、环氧预浸料、SMC	玻璃纤维、碳纤维和其他纤维	25～60	2～6	室温～50(预浸料,SMC80～160)	单模,玻璃钢、金属等
树脂注射模压		环氧、聚酯	连续粗纱毡和布	25～30	2～6	室温～50	对模 玻璃钢或铝
压缩模压	冷压	聚酯、环氧	玻璃纤维、碳纤维及其他纤维	25～50	1～10	40～50	对模玻璃钢或金属
压缩模压	热压	酚醛预混料预浸料 DMC、SMC	玻璃纤维、碳纤维及其他纤维	25～60	1～10	100～170	对模 金属

工艺		制品尺寸	使用设备	生产量（考虑模具成本）	生产效率	劳动强度	制品质量	典型制品
手糊		不限	手辊和刷子	一件以上	低	大	取决于操作者,制品只有一个光滑面	船身、建筑用平板、大型制品
喷射		不限	喷射机、喷枪和手辊	一件以上	低	大	取决于操作者,制品只有一个光滑面	中等制品
袋压		受真空袋加压设备、功率、尺寸的限制	热压罐真空泵气压机等	一件以上	低	大	取决于装袋技术,两个光滑面	机身,各种板件及结构件
树脂注射模压		取决于模具尺寸	树脂注射泵	10～1000 件	中等	中等	制品质量好,有两个光滑面	船身,雷达罩等复杂形状零件
压缩模压	冷压	取决于压机能力	油压机	100～1000 件	高	低	制品各部分都较光滑	汽车,电气用中小型零件
压缩模压	热压	取决于压机能力	热压机	1000 件以上	高	低	质量好	汽车,电气用中小型零件

本 章 小 结

增强复合材料的纤维品种有很多,主要有玻璃纤维、碳纤维、芳纶纤维、尼龙、聚酯纤维以及晶须等。

玻璃纤维拉伸强度高,但模量较低,扭转强度和剪切强度较低,耐热性非常好,绝缘性好、化学稳定性好,尺寸稳定且价格便宜。碳纤维具有较高的比强度和比模量,断裂伸长率低,耐高低温性能良好,导热性好,线膨胀系数很小,耐腐蚀,沿纤维方向的导电性好。芳纶纤维的强度超过任何有机纤维,密度最小;强度高,弹性模量高,强度分散性大,具有良好的韧性,抗压性能、抗扭性能较低,抗蠕变性能与抗疲劳性能好。晶须是直径小于

$30\mu m$，长度只有几微米的针状单晶体，其强度和弹性模量都很高。

聚合物基复合材料的成型工艺和其他材料加工工艺相比有其特点，聚合物基复合材料的形成和制品的成型是同时完成的。在复合材料制品的成型中，增强材料的形状虽然变化不大，但基体的形状却有较大改变。利用树脂基复合材料形成和制品成型同时完成的特点，可以实现大型制品一次整体成型，从而简化了制品结构，减少了组成零件和连接件的数量；其次，树脂基复合材料的成型比较方便，因为树脂在固化前具有一定的流动性，纤维很柔软，依靠模具容易制得要求的形状和尺寸。

聚合物基复合材料的制备过程包括预浸料的制备、制件的铺层、固化及制件的后处理与机械加工等工艺过程。预浸料是将树脂体系浸涂到纤维或纤维织物上，通过一定的处理过程后储存备用的半成品。一般预浸料在 $-18℃$ 下存储以保证使用时具有合适的黏度、铺覆性和凝胶时间等工艺性能，复合材料制品的力学及化学性质很大程度上取决于预浸料的质量。

复合材料制品还有多种成型工艺，包括手糊成型工艺，通常用于性能和质量要求一般的玻璃钢制品，操作简单，但是生产效率低，产品质量不易控制。喷射成型工艺，用喷枪将纤维和雾化树脂同时喷到模具表面，经辊压、固化制取复合材料的方法，可以成型形状比较复杂的制品，但其厚度和纤维含量都较难精确控制，孔隙率高，制品强度较低。袋压成型工艺，将纤维预制件铺放在模具中，盖上柔软的隔离膜，在热压下固化，经过所需的固化周期后，材料形成具有一定结构的构件，制品孔隙率低，增强纤维填充量大，致密性好，尺寸稳定、精确，性能优异，适应性强，但该方法也存在着生产周期长，效率低，袋材料昂贵，制件尺寸受热压罐体积限制等缺点。模压成型工艺，在封闭的模腔内，借助加热和压力固化成型复合材料制品，是广泛使用的对热固性和热塑性树脂都适用的纤维复合材料的成型方法。缠绕成型工艺，将浸渍了树脂的纱或丝束缠绕在回转芯模上，常压下在室温或较高温度下固化成型，能按性能要求配置增强材料，结构效率高，自动化成型，产品质量稳定，生产效率高。拉挤成型工艺，是将浸渍过树脂胶液的连续纤维束或带状织物在牵引装置作用下通过成型模定型，在模中或固化炉中固化，制成具有特定横截面形状和长度不受限制的复合材料型材的方法，拉挤成型的最大特点是连续成型，制品长度不受限制，力学性能尤其是纵向力学性能突出，结构效率高，制造成本较低，自动化程度高，制品性能稳定。近年来，复合材料的成型方法也朝着几种工艺"复合"的方向发展，逐步实现省力、节能、机械化和自动化。

思 考 题

1. 简述几种典型的增强纤维的主要性能，并各举一例说明其在生产、生活中的应用。
2. 聚合物基复合材料的成型工艺与其他材料加工工艺相比有哪些特点？
3. 简述各种成型工艺的特点。

第 11 章　复合材料的界面

>>> **本章提要**

　　本章将主要介绍复合材料的界面效应，界面层的形成的两个阶段，界面层的作用机理，填充、增强材料的表面处理以及界面分析技术。

11.1　概述

　　复合材料的界面是指基体与增强物之间化学成分有显著变化的、构成彼此结合、能起载荷传递作用的微小区域。界面虽然很小，但它是有尺寸的，约几个纳米到几个微米，是一个区域或一个带或一个层，厚度不均匀，它包含了基体和增强物的原始接触面、基体与增强物相互作用生成的反应产物、此产物与基体及增强物的接触面、基体和增强物的互扩散层、增强物上的表面涂层、基体和增强物上的氧化物及它们的反应产物等。在化学成分上，除了基体、增强物及涂层中的元素外，还有基体中的合金元素和杂质、由环境带来的杂质。这些成分或以原始状态存在，或重新组合成新的化合物。因此，界面上的化学成分和相结构是很复杂的。

　　界面是复合材料的特征，可将界面的机能归纳为以下几种效应。

　　(1) 传递效应　界面能传递力，即将外力传递给增强物，起到基体和增强物之间的桥梁作用。

　　(2) 阻断效应　结合适当的界面有阻止裂纹扩展、中断材料破坏、减缓应力集中的作用。

　　(3) 不连续效应　在界面上产生物理性能的不连续性和界面摩擦出现的现象，如抗电性、电感应性、磁性、耐热性、尺寸稳定性等。

　　(4) 散射和吸收效应　光波、声波、热弹性波、冲击波等在界面产生散射和吸收，表现为透光性、隔热性、隔声性、耐机械冲击及耐热冲击性等的变化。

　　(5) 诱导效应　一种物质（通常是增强物）的表面结构使另一种（通常是聚合物基体）与之接触的物质的结构由于诱导作用而发生改变，由此产生一些现象，如强的弹性、低的膨胀性、耐冲击性和耐热性等。

　　界面上产生的这些效应是任何一种单体材料所没有的特性，它对复合材料具有重要作用。例如，粒子弥散强化金属中微型粒子阻止晶格位错，从而提高复合材料强度；在纤维增强塑料中，纤维与基体界面阻止裂纹进一步扩展等。因而在任何复合材料中，界面和改善界面性能的表面处理方法是关于这种复合材料是否有使用价值，能否推广使用的一个极重要的问题。

　　界面效应既与界面结合状态、形态和物理-化学性质等有关，也与界面两侧组分材料的浸润性、相容性、扩散性等密切相联。

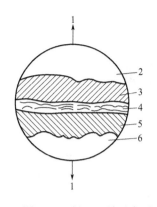

图 11-1　界面区域示意图

1—外力场；2—树脂基体；3—基体
表面区；4—相互渗透区；5—增强
剂表面区；6—增强剂

复合材料中的界面并不是一个单纯的几何面，而是一个多层结构的过渡区域，界面区是从与增强剂内部性质不同的某一点开始，直到与树脂基体内整体性质一致的点间的区域。此区域的结构与性质都不同于两相中的任一相，从结构来分，这一界面区由五个亚层组成，包括树脂基体、基体表面区、相互渗透区、增强剂表面区、增强剂，见图 11-1。每一亚层的性能均与树脂基体和增强剂的性质、偶联剂的品种和性质、复合材料的成型方法等密切相关。

基体和增强物通过界面结合在一起，构成复合材料整体，界面结合的状态和强度无疑对复合材料的性能有重要影响，因此对于各种复合材料都要求有合适的界面结合强度。界面的结合强度一般以分子间力、溶解度指数、表面张力（表面自由能）等表示，而实际上有许多因素影响着界面结合强度。例如，表面的几何形状、分布状况、纹理结构、表面吸附气体和蒸气程度，表面吸水情况、杂质存在，表面形态（形成与块状物不同的表面层），在界面的溶解、浸透、扩散和化学反应，表面层的力学特性、润湿速度等。

由于界面区相对于整体材料所占比重甚微，欲单独对某一性能进行度量有很大困难，因此常借用整体材料的力学性能来表征界面性能，例如，层间剪切强度就是研究界面黏结的良好办法，如再能配合断裂形貌分析等即可对界面的其他性能作较深入的研究。由于复合材料的破坏形式随作用力的类型、原材料结构组成不同而异，故破坏可开始在树脂基体或增强剂，也可开始在界面。有人通过力学分析指出，界面性能较差的材料大多呈剪切破坏，且在材料的断面可观察到脱黏、纤维拔出、纤维应力松弛等现象。但界面间黏结过强的材料呈脆性也降低了材料的复合性能。界面最佳态的衡量是当受力发生开裂时，这一裂纹能转为区域化而不产生进一步界面脱黏，即这时的复合材料具有最大断裂能和一定的韧性。由此可见，在研究和设计界面时，不应只追求界面黏结而应考虑到最优化和最佳综合性能。例如，在某些应用中，如果要求能量吸收或纤维应力很大时，控制界面的部分脱黏也许是所期望的。用淀粉或明胶作为增强玻璃纤维表面浸润剂的 E 粗纱已用于制备具有高冲击强度的避弹衣，就是利用了这一原理。

由于界面尺寸很小且不均匀，化学成分及结构复杂，力学环境复杂，对于界面的结合强度、界面的厚度、界面的应力状态尚无直接的、准确的定量分析方法，对于界面结合状态、形态、结构以及它对复合材料性能的影响尚没有适当的试验方法，需要借助拉曼光谱、电子质谱、红外扫描、X 衍射等试验逐步摸索和统一认识，对于成分和相结构也很难作出全面的分析。因此，迄今为止，对复合材料界面的认识还是很不充分的，更谈不上以一个通用的模型来建立完整的理论。尽管存在很大的困难，但由于界面的重要性，所以吸引着大量研究者致力于认识界面的工作，以便掌握其规律。

11.2　聚合物复合材料界面的形成及作用机理

前面已经讲到了界面在复合材料中的重要性。因此，在研究和应用复合材料时，就应当了解界面是如何形成以及界面的作用机理。

11.2.1　界面层的形成

　　增强材料与聚合物间界面的形成首先要求增强材料与基体之间能够浸润和接触，这是界面形成的第一阶段。能否浸润，这主要取决于它们的表面自由能，即表面张力。表面张力是物质的主要表面性能之一，不同的物质由于其组成和结构不同，其表面张力也各不相同，但不论表面张力大小，它总是力图缩小物体的表面，趋向于稳定。例如，两种密度相同但不互混的液体，让其中一种液体在另一种液体中分散，结果总是以球形小珠分散而存在，这是因为球形体表面积最小。

　　我们以液/气表面为例来讨论一下表面张力。表面张力的分子理论认为，液面下厚度约等于液体表面分子作用半径的一层液体，称为液体的界面层。界面层内的分子，一方面受到液体内部分子的作用，另一方面又受到液体外部气体分子的作用。但是，气体密度比液体密度要小得多，气体分子对液体表面分子的作用力也就很小，一般可把气体分子的作用忽略不计。因此，在液体的表面层中，每个分子都受到垂直于液面并且指向液体内部的不平衡力的作用。而处在液体内部的任何一个分子则是四面八方都受到相同分子力的作用，在单位时间里，由于呈各向对称，故所受合力为零，因而是处在平衡的稳定状态。所以，要把一个分子从液体内部迁移到表面层，就必须反抗液体内部的作用力而做功，这样，就会增加这个分子的位能，也就是说在表面层的分子比在液体内部的分子具有较大的位能。这种表面分子所特有的位能，就称为表面能或表面自由能。

　　一个体系处于稳定平衡时，应有最小的位能，所以液体表面的分子为了减小位能，有尽量挤入液体内部的趋势，使得液面愈小，位能也愈小。液体有尽可能缩小其表面的趋势，在宏观上，液体表面就好像是一张绷紧了的弹性膜，沿着表面有一种收缩倾向的张力。这时候，如果要增加该体系的表面积，就相当于要把更多的分子从液相内部迁移到液体表面层上来，其结果就会使该体系的总能量增加，而外界为增加表面积所消耗的功就叫作表面功。

　　假定在恒温、恒压或恒组成的情况下，以可逆平衡的方式增加了 ΔS 的新表面积，而环境所做的表面功 ΔW 则应与增加的表面积 ΔS 成正比，此处 γ 作为常数系数看待，所以 ΔW 应为：

$$\Delta W = \gamma \Delta S \tag{11-1}$$

　　表面积的增加意味着表面能也相应增加，以 ΔE 表示表面能的增量，这应当与外力所做的功相等，即

$$\Delta E = \Delta W = \gamma \Delta S \quad 或 \quad \gamma = \Delta E / \Delta S \tag{11-2}$$

　　这就是每产生一新的单位表面积所需做的功。比例常数 γ 就称为表面张力或界面张力，可定义为增加单位表面积所需的功，或增加单位表面积时表面能的增量，其单位为 $10^{-3}\mathrm{J/m^2}$ 或 $10^{-3}\mathrm{N/m}$。

　　表 11-1 为一些物质在液态时的表面张力。从表 11-1 中可以看到，不同物质的表面张力是不一样的，这与分子间的作用力大小有关，相互作用力大的表面张力高，相互作用力小的则表面张力低。对于各种液态物质，金属键的物质表面张力最大，其次是离子键的物质，再次为极性分子的物质，表面张力最小的是非极性分子的物质。

表 11-1   某些物质液态时的表面张力[51]

物质	温度/℃	表面张力/($\times 10^{-3}$N/m)	物质	温度/℃	表面张力/($\times 10^{-3}$N/m)
正己烷	20~25	18.4	Al_2O_3	2080	700.0
正戊烷	20~25	16.0	Ag	1100	878.5
正辛烷	20~25	21.8	Cu	1080	1300.0
苯	20~25	29.0	Pb	450	438
氯	−30	25.6	Zn	450	755
水	20~25	72.8	Ti	450	514
甘油	20~25	63.4	Hg	20	484
二碘甲烷	20~25	50.8	Pt	1773.5	1800.0
Na_2SiO_3	1000	250.0			

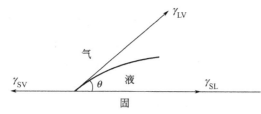

图 11-2   气、液、固表面张力的平衡状态

如果我们把不同性质的液滴放在不同的固体表面上，有的液滴就聚积成球形，有的液滴会铺展开来遮盖固体的表面，后一现象我们称为"浸润"或"润湿"；反之，如果不铺展而是球状的则称为是"不浸润"或"润湿不好"。"浸润"或不浸润取决于液体对固体和液体自身的吸引力大小，当液体对固体的吸引力大于液体自身的吸引力时，就会产生浸润现象。

液体对固体的润湿程度，一般可用接触角 θ 大小来表征，如图 11-2 所示。

图中 γ_{SV} 为固体表面在液体饱和蒸气压下的表面张力，γ_{LV} 为液体在它自身饱和蒸气压下的表面张力，γ_{SL} 为固液间的表面张力，θ 就是气、液、固达到平衡时的接触角。当液滴在固体表面上三种表面张力达到平衡时，就满足以下的计算式：

$$\gamma_{SV} = \gamma_{SL} + \gamma_{LV}\cos\theta \quad 或 \quad \cos\theta = \frac{\gamma_{SV} - \gamma_{SL}}{\gamma_{LV}} \tag{11-3}$$

对式(11-3)可进行以下讨论：

① 若 $\gamma_{SV} < \gamma_{SL}$，则 $\cos\theta < 0$，$\theta > 90°$，此时液体不能润湿固体。特别是当 $\theta = 180°$ 时，表示完全不润湿，液滴此时呈球状；

② 若 $\gamma_{LV} > \gamma_{SV} - \gamma_{SL} > 0$，则 $1 > \cos\theta > 0$，$0° < \theta < 90°$，此时液体能润湿固体；

③ 若 $\gamma_{LV} = \gamma_{SV} - \gamma_{SL}$，则 $\cos\theta = 1$，$\theta = 0°$，此时液体能完全润湿固体；

④ 若 $\gamma_{SV} - \gamma_{SL} > \gamma_{LV}$，则式(11-3)在这里已不适用了。

由式(11-3)可知，改变研究体系中的界面张力，就可以改变接触角 θ，也就可以改变体系的浸润状况。增强材料与基体材料之间界面形成的第一阶段就是增强材料要与基体材料之间的浸渍。一般体系黏结的优劣取决于浸润性，浸润得好，被黏结体和黏结剂分子之间紧密接触而产生吸附，则黏结界面形成了巨大的分子间作用力，同时排除了黏结体表面吸附的气体，减少了黏结界面的空隙率，提高了黏结强度。固体表面的润湿性能与其结构有关，改变固体的表面状态，即改变其表面张力，就可以达到改变浸润状况的目的。例如，对增强材料进行表面处理，就可以改变其与基体材料间的浸润状态，也就可以改善它们之间的黏结状况。

增强材料与基体材料之间界面形成的第二阶段就是增强材料要与基体材料间通过相互作用而使界面固定下来，形成固定的界面层。界面层可以看作是一个单独的相，但是，界面相又依赖于两边的相，界面两边的相要相互接触，才可能产生出界面相，界面与两边的相结合得是否牢固，对复合材料的力学性能有着决定性的影响，界面层的特性主要取决于界面黏合力的性质、界面层的厚度和界面层的组成。界面黏合力存在于两相之间，可分为宏观结合力与微观结合力。宏观结合力不包含化学键及次价键，它是由裂纹及表面的凹凸不平而产生的机械铰合力，而微观结合力就包含有化学键和次价键，这两种键的相对比例取决于组成成分及其表面性质。化学键结合是最强的结合，是界面黏结强度贡献的积极因素，因此，在制备复合材料时，要尽可能多的向界面引入反应基团，增加化学键合比例，这样就有利于提高复合材料的性能。例如，碳纤维及芳纶纤维增强的复合材料，用低温等离子体对纤维表面进行处理之后，就可提高界面的反应性。对于碳纤维复合材料来说，纤维表面的羧基可增加2.34%；羟基可增加 3.49%，与未经表面处理的碳纤维复合材料相比，单向层间剪切强度从 60.4MPa 提高到了 104.7MPa，提高率为 72%；而经表面处理的芳纶纤维复合材料与未经表面处理的芳纶纤维复合材料相比，其层间剪切强度可从 60.0MPa 提高到 81.3MPa，提高率为 36%。由此可见，表面处理对提高复合材料层间剪切强度的重要性。

　　界面层是由复合材料中增强材料表面与基体材料表面的相互作用而形成的，或者说界面层是由增强材料与基体材料之间的界面以及增强材料和基体材料的表面薄层构成的。它的结构及性能均不同于增强材料表面和基体材料表面，它的组成、结构和性能是由增强材料与基体材料表面的组成及它们间的反应性能决定的。例如，玻璃纤维复合材料的界面层中，就还包括有偶联剂等物质。复合材料界面层的厚度一般随增强材料加入量的增加而减少，对于纤维复合材料来说，基体材料表面层的厚度约为增强纤维的几十倍。基体材料的表面层厚度为一个变量，它在界面层的厚度会影响到复合材料的力学性能及韧性。界面层的结构如图 11-3 所示。增强材料与基体材料表面之间的距离受原子或原子团的大小、化学结合力以及界面固化后的收缩量等方面因素的影响。

　　界面层的作用是使基体材料与增强材料形成一个整体，并通过它传递应力。为使界面层能够均匀地传递应力，就要使复合材料在制造过程中形成一个完整的界面层。若纤维与基体树脂间结合不好，形成的界面不完整，则应力的传递仅为纤维总面积的一部分，将会明显地影响复合材料的力学性能。

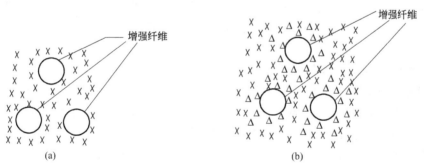

图 11-3　界面层结构模型图

（a）未加表面处理剂的增强材料增强高聚物基体的界面层结构模型（沿纤维径向截面）

（b）加表面处理剂的增强材料增强高聚物基体的界面层结构模型（沿纤维径向截面）

图中：×—表示高聚物基体　△—表示表面处理剂

11.2.2　界面层的作用机理

　　界面作用机理是指界面发挥作用的微观机理，许多学者从不同的角度，提出了不同的有价值的理论，主要有化学键理论、弱边界层理论、物理（浸润）吸附理论、机械黏结理论等。虽然这些理论还有争论，还不存在公认的统一理论，但均有各自可取的观点，目前仍在不断地发展与完善中。

11.2.2.1　化学键理论

化学键理论认为增强材料与基体材料之间必须形成化学键才能使黏结界面产生良好的黏结强度，形成界面。例如，无机增强材料表面用硅烷偶联剂处理后，能使其与聚合物基体材料间的黏结强度大大提高，这是由于界面上形成化学键的结果，因为硅烷偶联剂一头具有的官能团能与无机增强材料表面的氧化物反应生成化学键，另一头具有的官能团能与基体材料发生化学反应形成化学键，因此提高了界面黏结强度。又比如，硫化橡胶与黄铜黏结时，在黄铜界面上生成了硫化亚铜，这是发生了化学反应，生成化学键的证明；用聚氨酯黏结金属/橡胶或酚醛/铝片，用差热分析法进行分析的结果也证明发生了化学反应，生成了化学键。这一系列事实证明了化学键理论的正确性。尤其重要的是，界面有了化学键的形成，对黏结接头的抗水和抗介质腐蚀的能力有显著提高，而且界面化学键的形成对抗应力破坏，防止裂纹的扩展也有很大的贡献。但是，化学键的形成，必须满足一定的化学条件，不像次价键那样具有普遍性。次价键中的色散力虽然键能小，但键的密度大，总和起来是可观的。而化学键键能虽然高，但只能在有限的活性原子与基团之间发生化学反应而成键。化学键的密度受到表面活性原子与基团数量和化学活性的制约，和色散力的密度比较要小得多，因此，总和起来也不一定很高。因此我们在讨论研究黏结过程与机理时，必须分析各种力的贡献及作用，才能取得合理的结果。

11.2.2.2　弱边界层理论

通常边界层主要是指液体、固体、气体紧密接触的部分，一般是指流经固体表面最接近的流体层，对传热、传质和动量均有特殊影响，但是它没有独立的相，在这一点上和界面是有一定的区别的。如果边界层内存在有低强度区域，则称为弱边界层。

在聚合物基体内部，形成弱边界层的原因可能是由以下的因素造成的：①是由于聚合过程中所带入的杂质；②是聚合过程中未完全转化的低分子量物质；③是加入的各种助剂；④是在商品储存及运输过程中不慎带入的杂质等。

弱边界层对于胶结体系的黏合是有危害的，因为破坏的发生一般是因为哪里存在有弱点就在哪里发生。因此，我们应当尽量避免弱边界层，实际上，弱边界层不但是可以避免，而且也是可以改造及消除的。

11.2.2.3　物理（浸润）吸附理论

这种理论主要是考虑两个理想清洁表面，靠物理作用来结合的，实际上就是以表面能为基础的吸附理论。此理论认为基体树脂与增强材料之间的结合主要是取决于次价力的作用，黏结作用的优劣决定于相互之间的浸润性。浸润得好，则被黏体与黏合剂分子之间紧密接触而发生吸附，则黏结界面形成了很大的分子间作用力，同时排除了黏结体表面吸附的气体，减少了黏结界面的空隙率，提高了黏结强度，而偶联剂的主要作用就是促使基体树脂与增强材料表面完全浸润。而实际上，黏结过程是非常复杂的，受许多因素的影响，一些试验表明，偶联剂不一定会促进增强材料与基体树脂互相间的浸润作用，有时可能导致完全相反的结果。因此，仅根据浸润理论来解释是不够的。

11.2.2.4　机械黏结理论

这是一种直观的理论。这种理论认为，被粘物体的表面粗糙不平，例如，有高低不平的凹凸结构及疏松孔隙结构，因此有利于胶黏剂渗入到凹坑中去，固化之后，黏合剂与被黏合物体表面发生啮合而固定。机械黏结的关键是被粘物体的表面必须有大量的槽沟、多孔穴，黏合剂经过流动、挤压、浸渗而填入到这些孔穴内，固化后就在孔穴中紧密地结合起来，表现出较高的黏合强度。机械黏结的例子有很多，如皮革、木材、塑料表面镀金属、纺织品的黏结等都属于此类。一般认为，被粘物体表面形状不规整的孔穴越多，则黏合剂与被粘物体的黏合强度也就越高。

11.3　填充、增强材料的表面处理

前面已经讲到，聚合物基复合材料是由填充或增强材料与基体树脂两相组成的，两相之间存在着界面，并通过界面的作用使两种不同种类的材料结合在一起，使复合材料具备了原单一组成材料所不能体现出来的性能。例如，玻璃纤维增强聚合物基复合材料，由于玻璃纤维的表面光滑且有水膜形成，因而与聚合物之间的黏合性能很差，实用价值不高。所以，玻璃纤维的表面状态及其与聚合物基体之间的界面状况对玻璃纤维增强复合材料的性能有很大的影响。下面，介绍一些常用的填充、增强材料的表面处理理论及具体的实施方法。

11.3.1　粉状填料的表面处理

硅烷偶联剂通常用来处理粒状或粉状的填料，Morel[52] 等分别用烷基和氟代烷氧基硅烷衍生物对纳米沉淀二氧化硅涂覆的碳酸钙填料（PCC-Si）进行了改性。FTIR 和 XPS 元素分析得出，两种烷氧基硅烷衍生物进行表面处理改性得到的填料接枝密度相似，大约为 $3.2\mu mol/m^2$。经过烷氧基硅烷处理后的填料其亲水性显著降低，与聚偏氟乙烯（PVDF）熔融共混得到的纳米复合材料（改性填料 10%，质量分数）没有颜色变化，分散性提高，分散相的粒径小于 150nm，高温下的热稳定性提高，且聚偏氟乙烯的结晶形态没有变化。由全氟辛基三乙氧基硅烷改性填料制备的纳米复合材料，其透过性下降。除了硅烷偶联剂外，现常采用钛酸酯偶联剂来处理填料，而且效果显著，钛酸酯也可用于聚合物的改性。钛酸酯偶联剂主要有四种结构类型。

11.3.1.1　单烷氧基脂肪酸型

这类偶联剂特别适合于处理不含游离水，只含化学键合水或物理键合水的干燥填料体系，如水合氧化铝、碳酸钙等。其分子结构通式为：

$$(CH_3)_2CHOTi(-O-\overset{\overset{\displaystyle O}{\|}}{C}-R_1)_3$$

11.3.1.2　单烷氧基焦磷酸酯型

这类偶联剂适合处理陶土、滑石等含湿量较高的填料。在反应过程中，除单烷氧基与填料表面的羟基反应形成偶联外，焦磷酸酯基还可分解形成磷酸酯类，结合一部分水。其分子结构通式为：

$$(CH_3)_2CHOTi\left[-O-\overset{\overset{\displaystyle O}{\|}}{P}-O-\overset{\overset{\displaystyle O}{\|}}{P}\overset{OR_2}{\underset{OR_2}{\diagup}}\right]_3$$

$$OH$$

11.3.1.3　螯合型

这类偶联剂较适合于高湿填料和含水聚合物体系，如湿法二氧化硅、水处理玻璃纤维、硅酸铝、炭黑等。在高温体系中，一般的单烷氧基型钛酸酯由于水解稳定性较差，偶联效果不好，而螯合型钛酸酯具有良好的水解稳定性，适于在高温状态下使用。其分子结构通式为：

$$R_3 \underset{O}{\overset{O}{\diagdown}} Ti \underset{OR_4}{\overset{OR_4}{\diagup}}$$

表 11-2   常用的钛酸酯偶联剂

化学名称	结构式	牌号	应用范围
三异硬脂酰基钛酸异丙酯	$H_3C-\overset{CH_3}{\underset{H}{C}}-O-Ti-\left[O-\overset{O}{C}-OC_{17}H_{35}\right]_3$	KR TTS	聚烯烃、环氧、聚氨酯、碳酸钙、二氧化钛、石墨、滑石
三(4-十二烷基苯磺酰基)钛酸异丙酯	$H_3C-\overset{CH_3}{\underset{H}{C}}-O-Ti-\left[O-\overset{O}{\underset{O}{S}}-C_{12}H_{25}\right]_3$	KR 9S	PP、PE、EVA、PAA、聚酯、炭黑、滑石、高岭土
三(二辛基焦磷酰基)钛酸异丙酯	$H_3C-\overset{CH_3}{\underset{H}{C}}-O-Ti-\left[O-\overset{O}{\underset{OH}{P}}-O-\overset{O}{P}(OC_8H_{17})_2\right]_3$	KR 38S	聚烯烃、PA、环氧、PVC、PET、碳酸钡、炭黑、石棉粉、TiO₂
二(二辛基焦磷酰基)氧化乙酰肽	结构式	KR 138S	聚烯烃、环氧、PA、PVC、PET、碳酸钙、石棉粉、玻璃纤维、玻璃粉、TiO₂、云母、水泥、炭黑、石墨、SiO₂、碳酸钡、滑石粉
二(二辛基磷酰基)钛酸亚乙酯	结构式	KR 212	PET、PE、PP、PS、云母、TiO₂、玻璃粉、高岭土、石棉、金刚砂、瓷粉、水泥、铁粉、MoS₂
二(二辛基焦磷酰基)钛酸亚乙酯	结构式	KR 238S	PAA、ABS、PAN、丁腈橡胶、氧化铝、氧化镁、Fe₂O₃、Sb₂O₃、Cr₂O₃、ZnO、CaCO₃、BaCO₃、硅酸铝、硅酸锆
二(甲基丙烯酰基)-异硬脂酰基钛酸异丙酯	结构式	KR 7	PE、PP、聚酯，适用于大多数填料
钛酸四异丙酯二(亚磷酸二月桂酯)	结构式	KR 36S	适合大多数高分子材料和大多数填料，尤其适用于水溶性高分子及潮湿填料
三(二苯基丙烷基)-异丙基钛酸酯	结构式	KR 34S	PE、PP、环氧、PET、SiO₂、BaCO₃、滑石、石墨

11.3.1.4　配位体型

为了避免四价钛酸酯在某些体系中的副反应，例如，在聚酯中的酯交换反应等，制造了配位体型偶联剂。其分子结构通式为：

$$(R_5O)_7Ti(OR_6)_2$$

钛酸酯偶联剂的偶联机理与硅烷偶联剂的机理相似。主要是通过烷氧基团与无机填料的亲水表面发生化学结合，其余的基团可以与高聚物基体发生化学及物理的结合，从而把无机填料与聚合物联结在一起。另外，这种偶联剂还能够增加复合体系的流动性，降低体系的黏度，提高了无机填料在聚合物中的分散能力。加入钛酸酯偶联剂还可改善复合体系的一些力学性能，如可使冲击强度得到提高，减小机械磨损和动力消耗，使复合材料具有较好的成型加工性。常用的钛酸酯偶联剂见表 11-2。

此外，山梨糖醇酐单硬脂酸酯（Span-60）也常用来处理无机填充物，以改善其与聚合物基体之间的相互作用力。比如，经过 Span-60 处理过的电气石表面带有疏水烷基，增加了粒子表面的疏水性，从而改善了电气石在聚丙烯基体中的分散性[53]。

11.3.2　玻璃纤维的表面处理

玻璃纤维的主要成分是硅酸盐，与聚合物的界面黏合性不好，因此常常要采用有机硅烷偶联剂与有机铬合物偶联剂对玻璃纤维的表面进行处理。

有机硅烷偶联剂的研究已经在工业上的应用都比较成熟，下面就硅烷偶联剂的结构、偶联机理、改性效果和应用技术等方面予以介绍。

目前工业上所使用硅烷偶联剂的一般结构式为：

$$R-Si-X_n$$
$$(CH_3)_{3-n}$$

式中的 X 表示可水解基团，遇水溶液、空气中的水分或无机物表面吸附的水分均可分解为—SiOH，能与无机物表面有较好的反应性。X 基团可以是 Cl、OR、O（OCH$_3$）、—N(CH$_3$)$_2$、Br 等，R 为能与聚合物反应的有机官能团，可以是—CH＝CH$_2$、—CH$_2$CH$_3$、—C$_6$H$_5$、$H_2C-\overset{H}{\underset{O}{C}}-$、—CH$_2CH_2CH_2NH_2$ 等。由于通过这两种不同的基团的反应，能够把两种不同性质的材料连接起来，因此称为偶联剂。

硅烷偶联剂对玻璃纤维表面的处理机理有以下四个方面：

① 首先为硅烷偶联剂水解：

② 硅醇之间进行缩合反应，形成低聚体：

③ 吸水玻璃纤维的表面与硅醇之间形成氢键：

④ 最后干燥脱水，玻璃纤维表面与硅醇之间形成共价键。

这样，硅烷偶联剂就跟玻璃纤维的表面结合起来，硅烷当中的 R 基团可以与基体树脂反应，使得玻璃纤维的表面具有了亲聚合物的性质。

表 11-3　常用的硅烷偶联剂

牌号	化学名称与结构	相对分子质量	适用范围		
			热固性	热塑性	橡胶
A-151	乙烯基三乙氧基硅烷 $CH_2=CHSi(OC_2H_5)_3$	190.3	不饱和聚酯、环氧树脂	聚乙烯、聚丙烯、聚四氟乙烯	丁苯橡胶
A-172	乙烯基-三(β-甲氧乙氧基硅烷) $CH_2=CHSi(OC_2H_4OCH_3)_3$	280.4	不饱和聚酯、环氧树脂	聚丙烯	乙丙橡胶
KH550 A-1100	γ-氨基丙基三乙氧基硅烷 $H_2N(CH_2)_3Si(OC_2H_5)_3$	221.4	环氧酚醛、蜜胺、腈/酚醛	聚碳酸酯、聚乙烯、尼龙、聚氯乙烯、聚丙烯、聚甲基丙烯酸甲酯	聚硫橡胶、聚氨酯橡胶
KH570 A-174	γ-甲基丙烯酸丙酯基三甲氧基硅烷 CH_3 | $CH_2=CCOOC_3H_6Si(OCH_3)_3$	248.4	不饱和聚酯、环氧树脂	聚乙烯、聚丙烯、聚苯乙烯、聚甲基丙烯酸甲酯	乙丙橡胶
KH560 A-187 Z-6040	γ-缩水甘油醚基丙基三甲氧基硅烷	236.3	环氧树脂、酚醛树脂、三聚氰胺	聚丙烯、尼龙、聚苯乙烯	聚氨酯橡胶
KH590 A-189 Z6062	γ-巯基丙基三甲氧基硅烷 $HSC_3H_6Si(OCH_3)_3$	196.4	环氧树脂、酚醛树脂、不饱和聚酯	聚苯乙烯	天然橡胶、丁苯橡胶
A-143 Y-4351	γ-氯丙基苯甲氧基硅烷 $ClC_3H_6S(OCH_3)_3$	198.7	环氧树脂	聚苯乙烯、尼龙	
南大-42	苯氨甲基三乙氧基硅烷 $C_6H_5-NHCH_2Si(OC_2H_5)_3$		环氧树脂、酚醛树脂、不饱和聚酯	聚乙烯、尼龙、聚氯乙烯	
A186 Y-4086	β-(3,4-环氧环己基)乙基三甲氧基硅烷	246.4	不饱和聚酯	聚乙烯、聚苯乙烯、ABS	聚硫橡胶
A-1120	γ-(乙二氨基)丙基三甲氧基硅烷 $H_2NCH_2CH_2NHC_3H_6Si(CH_3)_3$	222.4	环氧树脂、三聚氰胺	聚碳酸酯、聚乙烯、聚氯乙烯	

硅烷偶联剂的品种有很多，表 11-3 列出了具有代表性的品种及适用范围。硅烷偶联剂一般要配制成溶液后使用，常常用乙醇和水配制成 0.1%～2% 的稀溶液，也可以单独用水溶解，但要先配成 0.1% 的醋酸水溶液，以改善溶解性和促进水解，一般来说，pH 值为4～6时，偶联效果较好。

目前，工业上采用硅烷偶联剂处理玻璃纤维表面的方法主要有三种：①在玻璃纤维清洁的表面涂覆硅烷偶联剂；②在玻璃纤维纺丝的过程中就用硅烷偶联剂进行处理；③在玻璃纤维增强聚合物成型时，把偶联剂直接掺混到基体当中去，这时偶联剂的用量要大一些，为基体树脂用量的 1%～5%，依靠偶联剂分子的扩散作用迁移到界面处，起到偶联剂的作用。这三种方法相比，第三种的偶联效果要差一些。主要原因可能是由于硅烷偶联剂分子未迁移到玻璃纤维表面之前就已水解，缩合成硅氧烷聚合物而失去偶联剂的作用；或者是由于在黏稠的树脂中不易迁移到玻璃纤维表面，因此效果降低。

硅烷偶联剂作为表面处理剂，在复合材料中应用得比较广泛，效果也比较明显。比如玻璃纤维经表面处理之后，可改善玻璃纤维增强复合材料的耐水性、电绝缘性及耐老化性能等。表 11-4 列出了硅烷偶联剂对玻璃纤维增强不饱和聚酯复合材料弯曲性能的影响。

表 11-4　硅烷偶联剂对玻璃纤维增强不饱和聚酯复合材料弯曲性能的影响

硅烷偶联剂	弯曲强度/MPa	
	干态	8h 水煮
A-151	462	400
A-172	483	427
KH-570	495	465

除了硅烷偶联剂之外，玻璃纤维常用的另一大类偶联剂为有机络合物，是玻璃纤维最早使用的偶联剂。它们是有机酸与氯化铬的络合物。目前应用得较多的是甲基丙烯酸氯化铬盐，也叫做"沃兰"（Volan），它与聚合物和玻璃纤维的反应是按照以下反应式进行的：

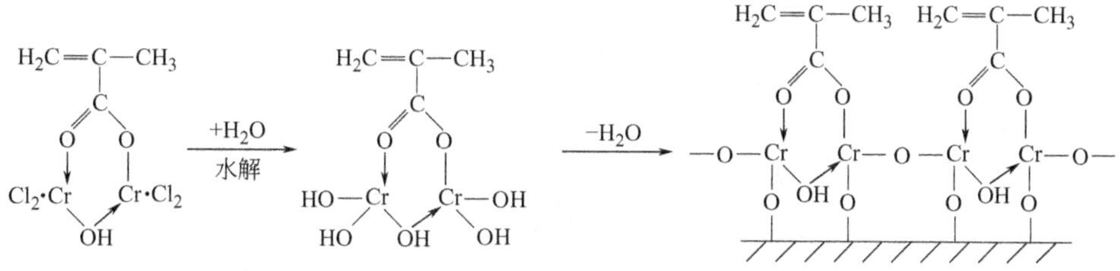

沃兰的 R 基团$^{(H_2C=C-CH_3)}$ 及 Cr-OH（Cr-Cl）将与聚合物发生反应。这种偶联剂常用于酚醛、环氧、不饱和聚酯及三聚氰胺等热固性树脂中，效果比较明显。

11.3.3　碳纤维的表面处理

碳纤维是经过 $1300\sim1600℃$ 高温碳化制得的含碳量高达 93% 以上的新型碳材料[54,55]。碳纤维属于乱层石墨结构，具有显著的皮芯结构，其表皮层结构致密，取向度高，芯部排列紊乱，折叠褶皱多，孔隙多。表面呈现憎液性，与基体树脂的浸润程度偏低。碳纤维的比表面积比较小，一般在 $0.25\sim1.2m^2/g$，其中活性比表面积更小，一般来说，活性比表面积仅为总比表面积的 $5\%\sim14\%$。因此，需要对碳纤维进行表面处理，除去表面沉积物，而且使其呈现亲液性。

液体润湿固体表面的基本条件是固体表面张力或表面能大于液体，也就是要求固体表面具有高的表面能，液体为低的表面能。表面引入不同原子而改善润湿性能的顺序为：N>O>I>Br>Cl>H>F。在使用碳纤维前，通常要对碳纤维表面进行氧化处理，发生的化学反应，如图 11-4 所示。化学反应使碳纤维表面产生酸、碱官能团，如图 11-5 所示。氧化后碳纤维表面含氧量显著增加，对水的润湿性能显著提高。碳纤维致密的表皮层经氧化刻蚀，碳网平面端部的边缘不饱和碳原子易于氧化，成为新的活性点[56]。

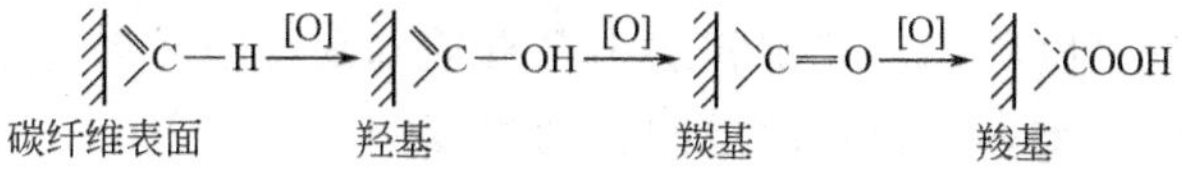

图 11-4　碳纤维表面化学反应

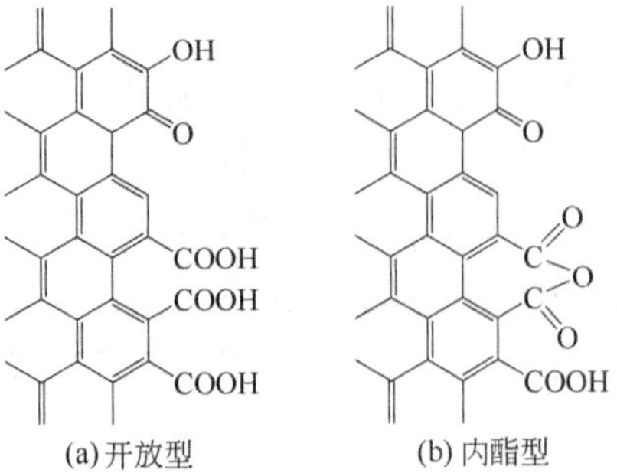

图 11-5　碳纤维表面的酸、碱官能团[57]

(a) 开放型　　(b) 内酯型

碳纤维具有很高的比强度与比模量，因此在复合材料中应用得比较广泛。但是由于未经表面处理的碳纤维与聚合物之间的黏结性较差，导致复合材料的层间剪切强度比较低。为了提高层间剪切强度，许多学者对碳纤维表面进行改性研究，以改善碳纤维的表面性能，增加它与聚合物的黏结力。常用的表面改性方法主要有氧化法、气相沉积法、电沉积与电聚合法、等离子体处理法、分子自组装发等。

11.3.3.1　氧化法

氧化法主要有气相氧化法、液相氧化法、阳极氧化法。

气相氧化法中使用的氧化剂有空气、氧气、臭氧或二氧化碳等。最常使用的方法为空气氧化法。空气氧化法是在空气中不同的温度下氧化碳纤维，一般是在空气中 $400 \sim 500 \, ^\circ\text{C}$ 条件下进行处理，处理过程中采用铅和铜的盐作为催化剂。这种方法使用的设备简单，容易实现连续化处理，但是操作比较困难，氧化程度也难以控制，有时会使碳纤维发生严重损伤。

液相法的种类比较多，所使用的氧化剂有浓硝酸、次氯酸钠、次氯酸钠/硫酸、磷酸等。处理的方法就是把碳纤维在一定的温度下浸入到氧化剂里浸泡一段时间，然后将碳纤维表面残存的酸液洗去，这种方法可增加碳纤维表面的粗糙程度和羧基含量，改善纤维的表面性能，提高复合材料的层间剪切强度。

阳极氧化法是目前工业上普遍采用的一种碳纤维表面处理的方法。该方法就是将碳纤维作为阳极、石墨及其他金属材料作为阴极，在含有 NaOH、HNO_3、H_2SO_4 等电解质溶液中通电对碳纤维的表面进行电解表面阳极氧化处理，阳极氧化处理的效果较好，均匀性好，层剪切强度可提高 $40\% \sim 80\%$。缺点是比空气氧化法工序多，需经水洗、干燥等工序，碳纤维强度稍有降低。

11.3.3.2　气相沉积法

沉积法是指在高温及还原性气氛中，使烃类、金属卤化物等以碳、碳化物的形式在碳纤维表面形成沉积膜或生长晶须，从而可对碳纤维表面进行改性。沉积到碳纤维表面的碳膜活性较大，容易被树脂润湿，并能提高碳纤维复合材料的层间剪切强度。另外，在高温晶须生长炉中，采用高温气相沉积的方法，可在碳纤维表面生长出 β 碳化硅单晶晶须。晶须垂直于纤维轴向，因此改变了纤维表面的形状、面积及活性，提高了它与树脂间的黏结能力。一般沉积法对纤维力学性能影响不大，很少损失纤维的强度，主要是利用沉积膜及晶须来增加纤维与聚合物之间的界面结合力。此法缺点是工艺较复杂，不易连续化、工业化，均匀性也差。Casalegno 等[58]利用沉积的方法在 C/C 复合材料表面沉积 W、Mo 和 Cr 以提高复合材料与 Cu 之间的润湿性。

11.3.3.3　电沉积与电聚合法

用电沉积或电聚合的方法将一些有机物沉积或聚合到碳纤维表面之后，可以针对性地改进纤维表面对某些聚合物基体的黏附作用。

电沉积法就是利用电化学的方法使聚合物层均匀而致密地覆盖在碳纤维的表面上，提高了纤维表面对聚合物的黏附作用。若沉积层中含有羧基则可跟环氧树脂进行反应，形成很好的黏附性能，提高了碳纤维复合材料的层间剪切强度。

电聚合的方法是以碳纤维作为电极，以一些单体溶解在溶剂中为电解液。单体可选用带有不饱和键的苯乙烯、丙烯腈、醋酸乙烯等，这些单体在电场的作用下聚合在碳纤维的表面。电聚合的过程很快，只需要几秒钟就可在纤维的表面形成聚合物的薄膜。采用电聚合的方法，可使聚合材料的层间剪切强度、冲击强度以及韧性得到提高。有资料报道，经电聚合处理后，复合材料的层间剪切强度可提高 20％左右。其原因就是因为此方法改变了复合材料界面层的结构与性能，使得界面在电场的作用下形成了较多的化学键，从而提高了界面的黏结强度。另外，电聚合的涂层还可对碳纤维起到补强的作用，提高了碳纤维本身的强度。

11.3.3.4　等离子体处理法

近几年来，等离子体技术在处理碳纤维表面上得到了发展。等离子体是一种全部或者部分电离了的气体状态物质，含有原子、分子、离子亚稳态和激发态，并且电子、正离子与负离子的含量大致相等，因而称为等离子体。等离子体共有三种，即高温（热）等离子体、低温（冷）等离子体、混合等离子体，其中低温等离子体的能量较低，作用强度高而穿透力小，反应温度低，操作简单，不污染环境，经济实用，因而在处理碳纤维的表面是引人注目的一种方法。

低温等离子体的纤维表面处理可使用空气、氧气、氮气、氩气等气体，处理时间一般为几秒钟至几十分钟，处理时间的长短与气体的种类有关。经低温等离子体处理后，可改变纤维的表面状态，使碳纤维表面的沟槽加深，粗糙度增加，并在纤维的表面产生一些活性基团。如采用等离子氧处理后的碳纤维表面可与前述氧化法处理一样使表面的—COOH、$>$C=O、$-\overset{|}{\underset{|}{C}}$—OH、$-\overset{O—}{\underset{|}{C}}$=O 等含氧活性基团大为增加。这样就改善了碳纤维表面浸润性和与聚合物基体的反应性。另外，通过低温等离子体处理技术，还可达到在碳纤维的表面发生聚合接枝的目的，从而改善碳纤维的表面性质，并能有效地增强纤维复合材料的层剪切强度、断裂韧性、弹性模量以及玻璃化转变温度。郭建君等[59]在空气气氛下，对 T300 碳纤维进行不同时间的等离子处理。发现随着处理时间的增长，纤维表面沟槽长度加长，程度加深，表面粗糙度增大，但纤维表面并没有明显的活性基团产生。将处理后的碳纤维制备成单向增强板，测得试样的弯曲模量达到 109GPa；弯曲强度在处理时间为 16min 之内增加较快，达到 1241.5MPa，超过 16min 之后开始下降。与等离子处理前后的力学性能相比，弯曲模量提高了 51％，弯曲强度提高了 47％。等离子处理 16min 能够得到比较好的界面结合性能和力学性能。

11.3.3.5　分子自组装法

以上的改性方法无一例外地导致了所形成的纤维表面官能团数量及其分布的分散性、无规性和随机性，各种官能团、表面形貌、界面作用的复杂性，不利于对界面作用机理的认识。迫切需要在界面上建立一种模型来实现纤维表面官能团的可控性以及复合材料微界面相区的可控定向性，这对于界面作用规律的研究是至关重要的。最近二十年发展起来的分子自组装成膜技术（self-assembled membranes，SAMs）则为复合材料界面优化提供了新的途径[57]。

分子自组装成膜技术包括 LB（langmuir blodgett）技术及自组装（self-assembly，SAMs）技术[60]。SAMs 是近 20 年来发展起来的一种新型的有机超薄膜，体系主要包括有机硅烷/羟基化表面（SiO_2/Si、Al_2O_3/Al、玻璃等）；硫醇/Au、Ag、Cu；双硫醇/Au；醇和胺/Pt；羧酸/Al_2O_3、Ag 等[61~64]，其中硫醇在金基底上的自组装膜是最具有代表性和研究最多的体系。它可作为一个简单的理想模型体系考察结构与功能的关系，加深对诸多界面现象的认识。金表面的稳定性、S-Au键的结合强度、反应条件的易控制性、膜的高度有序性以及密堆积、低缺陷以及表面化学性质的可设计性等特点使目前SAMs研究工作的70%集中在此类体系[65]。贾近等[57]采用分子自组装方法对碳纤维（CF）表面进行改性，从而在CF复合材料界面形成可调控、定向有序排列的界面相。并通过分子动力学（MD）模拟方法，在分子水平上探索了碳纤维聚合物基复合材料的界面作用规律，这对于推动我国复合材料界面科学理论及表面处理技术的发展，具有重要的理论和实际意义。

11.3.3.6　碳纤维复合材料表面表征方法

对于界面的各种表征，国内外已经在纤维表面的精细结构与形貌、动态浸润性、表面化学结构、界面应力、界面结合性能等方面进行了大量的研究工作，并发展了许多物理技术可观察聚合物或复合材料的表面。常用的CF复合材料界面强度表征方法具体见表11-5。

表 11-5　CF复合材料界面表征方法[57]

序号	复合材料界面表征方法	评定内容
1	复合材料宏观实验：界面剪切（短梁剪切）、横向（或偏轴）拉伸、导槽剪切、Iosipescu剪切和圆筒扭转等	界面剪切强度依赖于纤维、基体的体积含量、分布及其性质以及复合材料中孔隙及缺陷的含量与分布
2	微复合材料实验：临界纤维长度、单纤维拔出	直接定量或半定量界面剪切强度
3	复合材料原位（微观）实验：微脱黏和单纤维顶出	利用轴向压力，通过有限元分析得到界面剪切强度
4	激光拉曼光谱：特征频移与纤维应变率的线性关系	界面区域的应力分布及应力传递
5	碱滴定中和法、标识探针法、傅里叶变换红外光谱衰减全反射法（FTIR-ATR）、X射线光电子能谱法（XPS）	碳纤维表面化学结构
6	扫描电子显微镜（SEM）、扫描探针显微镜（SPM）、透射电子显微镜（TEM）、原子力显微镜（AFM）等	碳纤维表面形貌
7	BET（brunauer-emmett-telller）法、压汞法、小角X散射法（SAXS）等	碳纤维微结构

11.3.4　Kevlar 纤维的表面处理

与碳纤维相比，适于Kevlar纤维表面处理的方法不多，目前主要是基于化学键理论，通过有机化学反应和等离子体处理，在纤维表面引进或产生活性基团，从而改善纤维与基体之间的界面黏结性能。前者常常因使用强酸、强碱等试剂，容易给纤维力学性能带来不良影响。尽管等离子体处理纤维表面的机理尚不十分清楚，但就效果而言，既不明显损害纤维性能，又能较有效地改进纤维与基体的界面状况，所以应用较多。

经等离子体处理后的聚对苯二甲酰对苯二胺（PPTA）纤维表面可产生多种活性基团，如—COOH、—OH、—OOH、$>$C$=$O、—NH₂等。有利于改进纤维与基体之间的界面结合力，改善复合材料的层间剪切性能。若用可聚合的单体气体等离子体处理Kevlar纤维表面，则可在纤维表面或内部发生接枝反应，不仅提高了纤维与基体的界面结合力，而且可使纤维在复合材料发生断裂破坏时不易被劈裂。通过控制接枝聚合物的结构，还可设计具有不同性质的界面区域，使复合材料显示出更佳的综合性能。等离子体接枝改性Kevlar纤维的表面处理时间短，耗能少，如能解决好密封等技术问题还可实现连续化处理。研究发现，等离子体处理后，纤维应尽快与基体复合，否则表面活性会发生退化。等离子体处理过程中还应严格控制温度、时间等，防止纤维大分子因过度处理而裂解。

Liu等[66,67]采用Friedel-Crafts反应对芳纶纤维进行表面化学处理。经过表面处理后，芳纶纤维/环氧树脂复合材料单纤维拉出试验结果得出，由于经过表面改性后环氧官能团含量的增加，芳纶纤维/环氧树脂复合材料的界面剪切强度提高了大约 50%。XPS 表面元素分析结果显示 O/C 的比例提高了，并且芳纶纤维的结晶晶型没有发生变化，芳纶纤维表面形貌结构没有受到明显的腐蚀或损坏，芳纶纤维的固有拉伸强度总体上保持稳定，几乎没有下降，树脂在纤维上的润湿性、表面自由能提高。

11.3.5　超高分子量聚乙烯纤维的表面处理

超高分子量聚乙烯纤维是继碳纤维、Kevlar 纤维之后又一种力学性能优异的高强、高模纤维。由于聚乙烯大分子中只含有 C 和 H 两种元素，无任何极性基团，所以这种纤维很难与基体形成良好的界面结合，影响了复合材料的整体力学性能。目前，较常用的改性方法为等离子体处理。在 He、Ar、H_2、N_2、CO_2 和 NH_3 等离子体中处理时，聚乙烯主要是被热蚀，交联很少，但经 O_2 等离子体处理后交联深度可达 30nm 左右，并伴随发生氧化和引入许多羰基和羧基。用频率 40MHz 的氧等离子体处理装置，在功率 70～100W，压力 13～26Pa 条件下处理超高分子量聚乙烯纤维 300s 后，纤维与环氧树脂的界面黏结强度可提高 4 倍以上。但随着等离子体处理深度的增加，纤维力学性能亦受到较大损伤。利用高分子共混技术，在超高分子量聚乙烯冻胶纺丝溶液中混入乙烯-醋酸乙烯共聚物（EVA），可制成共混改性超高分子量聚乙烯纤维。这种纤维与环氧树脂具有较好的黏结性能，而纤维原有的优异力学性能变化很小，制造工艺亦比较简单。

11.3.6　天然纤维的表面处理

天然纤维富含极性的羟基，导致其与聚合物基体的相容性很差，且极性的纤维易聚结成块，分散性不好，降低了复合材料的力学性能。另外，天然纤维与其他助剂的性能均有较大的差异，表面化学组成与结构不同，导致了天然纤维与助剂之间结合不紧密，也影响了复合材料的性能。因此需要对天然纤维的表面进行物理、化学方法的改性处理，提高纤维与其他助剂之间的浸润性、反应性以及黏结性能等。

Reddy 等[68]利用有机硅烷、7-辛基二甲基氯硅烷和氯二甲基辛硅烷对木纤维进行表面处理。由于有机硅烷的活性氯官能团和木纤维的羟基之间发生化学反应，使改性木纤维表面具有良好的亲有机物质的性质，木纤维在有机基体中表现出良好的分散特性，在聚丙烯原位聚合中，木纤维和聚丙烯具有较强的相互作用。这种乙烯基有机硅烷改性后的木纤维，使得原位聚合法得到的聚丙烯在纤维表面具有良好的覆盖率，因此使用传统的熔融共混或挤出方法制备的复合材料的性能提高。

Kalia 等[69]利用细菌纤维素酶和甲基丙烯酸甲酯（MMA）对剑麻纤维进行改性，使其制得的复合材料具有更好的性能，特别是细菌改性和微波辅助接枝都使剑麻纤维的热稳定性提高，这些处理也使剑麻纤维的结晶性提高。相比较而言，经过细菌纤维素酶处理的剑麻纤维比接枝处理的剑麻纤维的热稳定性能和结晶性能更好，MMA 接枝的剑麻纤维表面变得很粗糙，而细菌处理的表面光滑且有光泽。

Qu 等[70]用 3-甲基丙烯酰氧基丙基三甲氧基硅烷（MEMO）对纤维素微纤（CNF）进行表面处理，以改善亲水 CNF 和疏水性的聚乳酸（PLA）之间的界面黏合性。FTIR 分析表明，MEMO 中的羟基与 CNF 表面形成了很强的氢键，改性过的 CNF 的热稳定性稍有下降，但保持着完整的形态。含 1.0%（体积分数）MEMO 和 1.0%（质量分数）CNF 的 PLA 复合材料的拉伸强度最高，改性 CNF 在 PLA 基质中分散均匀。

杨香莲等[71]分别采用碱、硅烷偶联剂（A-1120）及阻燃剂（硼砂-HCHO-NaHSO$_3$）

对剑麻纤维进行表面处理，通过模压成型工艺制备了剑麻纤维/酚醛树脂（SF/PF）共混复合材料。SF 经偶联剂处理后，SF/PF 共混复合材料的储能模量达到 6310MPa，玻璃化转变温度（T_g）达到 216℃，其储能模量和 T_g 分别比未处理复合材料提高 2 倍和 15℃；SF 经阻燃剂处理后，SF/PF 共混复合材料的蠕变和应力松弛性能得到提高，SEM 观察表明，SF 表面处理对提高材料的界面黏结性具有一定的作用。丁芳等[72]采用玉米秸秆纤维对聚丁二酸丁二酯（PBS）进行改性，利用热压工艺得到了玉米纤维/PB 复合材料。研究了在相同浓度的碱液中，水煮、微波及超声波三种处理工艺对纤维得率及复合材料性能的影响，发现三种方法对纤维均有一定的活化作用，扫描电镜（SEM）观测到微波和超声波处理的纤维表面较纯净，纤维束较疏松，得到复合材料的力学性能较优。利用 X 射线能谱仪（EDS）分析不同处理方式的纤维表面元素含量得出，微波和超声波处理的纤维表面氧含量较高，有利于秸秆表面和 PBS 形成更多的氢键，从而提高了复合材料的界面黏结力。

11.4   复合材料界面分析技术

11.4.1   红外光谱法

红外光谱法是通过红外光谱分析，研究聚合物表面与界面的物理性质及化学性质。由于红外辐射的能量比较低，不会对聚合物本身产生破坏作用，因而是一种常用的研究手段。

红外吸收是由于在分子振动时引起偶极矩的变化而产生的吸收现象，对分子的极性基团及化学键比较敏感。现在已有很多方法可获得聚合物界面的红外光谱，比如透射光谱法、表面研磨法、内反射光谱法、漫反射光谱法、反射-吸收光谱法等。现在，对于聚合物表面性能的研究，常采用一种内反射光谱法，这是一种非常简便的表面测定方法。当入射的红外线以一个大于临界角 θ 的入射角 θ_1 射入具有高折射率（n_s）的物质中，然后再投射到试样（折射率为 n_c，且 $n_s > n_c$）的表面上，就会立即被试样反射出来，这称为内反射。θ 是入射光刚好发生全反射时的入射角，被称为临界角。当入射角大于或等于临界角时，则入射光不会发生折射，而是在界面处发生全反射。当一个能选择性地吸收辐射光的试样与另一个折射率大的反射表面紧密接触时，则部分入射光就会被吸收，而不被吸收的光就会被反射或透过，这时辐射光发生了衰减，其衰减程度与试样的吸光系数大小有关。被衰减了的辐射光通过红外分光光度计测量，对强度与波长或波数作图，即为试样的内反射吸收光谱，或称为衰减全反射吸收光谱，一般都称作 ATR 光谱，图 11-6 为内反射光谱法所使用的内反射元件。

内反射光谱法可用于许多方面的表面研究，比如，聚合物薄膜、黏合剂、粉末、纤维、泡沫塑料表面等的定性分析；透明聚合物折射率等的测定；聚合物表面发生氧化、分解及其他反应的研究；聚合物表面的定量分析；聚合物表面的扩散、吸附及聚合物内低分子成分迁移表面的研究以及单分子层的研究等。原则上来讲，对于特别黏稠的液体，在普通溶剂中不溶解的固体、弹性体以及不透明表面上的涂层，都可以使用 ATR 技术。

ATR 技术对于聚合物表面的研究已有许多实

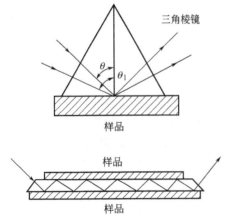

图 11-6   内反射光谱法使用的内反射元件

际应用的例子。例如，聚氯乙烯中增塑剂表面迁移的过程，通过 ATR 的研究，就可知增塑剂外迁的过程首先是由基体到表面，再由表面到周围介质。又如，经 ATR 研究之后可知，聚丙烯经光氧化后，在表面上形成了—OH、$-\overset{|}{\underset{|}{C}}-O-\overset{|}{\underset{|}{C}}-$ 、$\overset{|}{C}{=}O$ 和—COOR 基团，另外，聚丙烯在加工过程中，表面上因受热氧化也能产生一些氧化基团等。

傅立叶变换红外光谱（简称 FT-IR）技术在研究复合材料界面方面已经成为经常使用的一种方法。这种光谱是非色散型的，通过干涉仪将两束受干涉的光束经过试样，探测放大后，通过计算机的数学运算而得到精确度较高的红外光谱。

例如，用 FT-IR 法可用来研究在溶液状态下将苯乙烯嵌入蒙脱土层间进行共聚反应来制备纳米复合材料的可行性。经研究发现，在二甲基甲酰胺溶剂中，苯乙烯能够与用甲基丙烯酰氧乙基三甲基氯化铵（DMC）改性的蒙脱土进行聚合反应，并通过离子吸附接枝在蒙脱土晶层上。苯乙烯在溶胀状态下能够接近进入蒙脱土片晶夹层中的 DMC，进而发生共聚反应，生成聚苯乙烯（PS）。图 11-7 为聚苯乙烯与改性蒙脱土的 FT-IR 图谱。

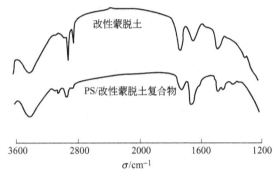

图 11-7　PS/改性蒙脱土复合材料的红外光谱

从图 11-7 可知，DMC 改性后的蒙脱土在 $3450cm^{-1}$ 处为氮原子上甲基中的伸缩振动峰，而 $2850cm^{-1}$ 和 $2919cm^{-1}$ 处为 CH 的非对称伸缩振动，$1726cm^{-1}$ 处为 C=O 的伸缩振动，$1480cm^{-1}$ 处为 CH 的变形振动，溶液聚合所得的聚苯乙烯/改性蒙脱土复合材料存在着聚苯乙烯的红外吸收峰，复合材料经过甲苯萃取后在 FT-IR 谱图中依然有明显的聚苯乙烯分子的特性，其特征峰 $1606cm^{-1}$、$1490cm^{-1}$、$1452cm^{-1}$ 处为芳环的骨架振动。这说明苯乙烯与 DMC 进行共聚生成聚苯乙烯，并通过 DMC 与改性蒙脱土晶层的离子吸附作用而接枝到改性蒙脱土片晶上。

又如，用 FT-IR 研究乙烯基硅烷和 SiO_2 的反应时发现，在 $970cm^{-1}$ 处的 SiO_2 表面的硅羟基和在 $894cm^{-1}$ 处的水解硅烷上的硅羟基消失，而在 $1200cm^{-1}$ 到 $1000cm^{-1}$ 区域内出现了新的 Si—O—Si 键。它既不同于纯二氧化硅中的 Si—O—Si 键，也不同于乙烯基硅烷水解后缩聚产物中的 Si—O—Si 键，因此认为这是界面反应所特有的症状。

11.4.2　电子显微镜法

常用的电子显微镜主要有透射电子显微镜（TEM）、扫描电子显微镜（SEM）。它们可以对聚合物的表面及复合材料的断面等进行研究。

使用 TEM 可研究聚合物合金内部的结构和分散状态、交联聚合物的网络、交联程度和交联密度以及聚合物的结晶形态等。例如，使用 TEM 对聚氯乙烯/聚丁二烯复合体系及聚氯乙烯/丁腈橡胶的复合体系进行观察时发现，聚氯乙烯/聚丁二烯是不相容的体系，其相畴粗大，相界面明显，因而两相之间的结合力小，冲击强度小。而对于聚氯乙烯/丁腈橡胶的复合体系来说，当丙烯腈的含量为 20% 左右时为半相容体系，其相畴适中，相界面模糊，因而两相结合力较大，冲击强度很高。而当丙烯腈含量超过 40% 时，基本上为一种完全相容的体系，其相畴极小，冲击强度也很小。又如，根据在复合材料中表面处理剂的处理机理，处理剂在玻璃纤维表面的最理想状态是单分子层，通过 TEM 对用硅烷处理的玻璃纤维进行观察时发现，只要用 $0.03\%\sim0.04\%$ 硅烷水溶液就可在玻璃纤维纸表面形成单分子层。

SEM 现已广泛地被应用于研究高聚物复合材料，包括纤维增强复合材料以及高聚物与金属黏合的复合材料等，可以通过观察复合材料破坏表面的形貌来评价纤维与树脂、金属与高聚物界面的黏结性能，以及结构和力学性能之间的关系，SEM 还可用于研究聚合物共聚物和共混物的形态、表面断裂及裂纹发展形貌、两相聚合物的细微结构、聚合物网络、交联程度与交联密度等。

利用 SEM 观察复合材料断面时，如果观察到基体树脂黏结在纤维表面上时，则表示纤维表面与基体之间有良好的黏结性；如果基体树脂与纤维黏结得不好，则可观察到纤维从基体中拔出，表面仅有很少树脂或很光滑，并在复合材料的断面上留下了孔洞。还有一些研究者用 SEM 观察纤维复合材料的断口形貌，研究不同纤维增强材料和基体树脂界面的黏结情况对复合材料力学性能影响时发现，基体树脂在玻璃纤维表面能形成一层厚薄均匀的包覆层，复合材料的破坏主要发生在包覆层和基体树脂之间；而未经表面处理的碳纤维增强材料则不同，其表面没有基体包覆层，破裂发生在碳纤维和基体之间。另外，用 SEM 研究聚酰亚胺-聚四氟乙烯共混合金的断面时发现，采用不同的共混方式，所得的聚合物合金的性能是不一样的。气混粉碎共混法与普通机械共混法相比，可使聚四氟乙烯的粒径变小，分散均匀，相对减少了应力集中，而使共混合金的冲击强度有所提高。如果使用备有拉伸装置附件的扫描电镜，还可以观察复合材料在加载条件下断裂发生的动态过程，研究其裂纹萌生、扩展和断裂的微观断裂过程。

11.4.3 X 射线光电子能谱

X 射线光电子能谱（XPS）是利用光电效应，以一束固定能量的 X 射线来激发试样的表面，并对其光电子进行检测。XPS 技术的典型取样深度小于 10nm，是通过测定内层电子能级谱的化学位移，进而确定材料中原子结合状态和电子分布状态，并根据元素具有的特征电子结合能及谱图的特征谱线，可鉴定出除氢、氦以外的元素周期表上的所有元素。XPS 作为一种非破坏性表面分析手段，除了可测定试样表面的元素组成外，还可给出试样表面基团及其含量的状况，因此已被认为是研究固态聚合物表面结构和性能最好的技术之一。这种方法在黏结、吸附、聚合物降解、聚合物表面化学改性以及聚合物基复合材料的界面化学研究中得到了广泛的应用。

黏结是一种很普遍的现象。涂料在涂件表面上附着就是一个界面黏结的问题，而复合材料的复合工艺质量与增强剂及基体间界面黏结状况有关。因此深入了解界面状况对提高界面黏结质量是很重要的。过去对黏结现象的了解很不全面，而近些年来，由于先进的表面分析技术的出现，如电子能谱的出现，才对黏结现象有了更深入的认识。例如，为改善聚苯乙烯的表面性能，将铜真空沉积在表面经氧等离子体处理过的聚苯乙烯基片和未经表面处理过的聚苯乙烯基片上，发现前者涂层黏结得非常牢固，胶带黏结不脱落，而后者黏结不牢，胶带一粘贴就会脱落。用 X 射线电子能谱研究证实铜和处理过的聚苯乙烯基片界面之间确实发生了相互作用，而形成了金属-氧-聚合物的络合物，从而使黏结强度提高。

另外，聚烯烃类聚合物，如聚乙烯、聚丙烯等的表面，表面能低且又无活性基团，因此作为基体材料使用时与增强材料的黏结性很差。通常是通过表面氧化处理之后，可以提高其黏结性能。比如，用重铬酸溶液（$K_2Cr_2O_7/H_2O/H_2SO_4=7/12/15$，质量比）刻蚀聚乙烯、聚丙烯表面，并用 XPS 技术研究表面处理与黏结性的关系。结果表明，未经处理的聚乙烯 O/C 比为 0.25%，而在 $20℃$ 的温度下，经 1min 表面处理后的 O/C 比增加到 4.4%，强度也提高了近 14 倍,聚丙烯也有相似的情况。由此可见,通过化学改性可在聚烯烃表面引入—CO—、—OH、—COOH 等含氧基团,从而使聚烯烃表面活性增加,也就使得它们的黏结性能提高了。

又如,为提高碳纤维复合材料的抗剪切性能,可用硝酸对碳纤维表面进行氧化处理后,再与环氧树脂复合,并用 XPS 对碳纤维表面性能的改变及黏结性能进行研究。结果如表 11-6 所示。这表明,碳纤维表面经化学处理后,其黏结强度的提高主要是由于增加了—COOH 和—OH 基团,使 O/C 比增加,因而改善了碳纤维与环氧树脂之间的浸润性。

表 11-6　碳纤维表面性能与黏结强度的关系

氧化时间/min	XPS 分析 O/C	表面化学基团/μm		浸润性(25℃)	剪切强度/MPa
		—COOH	—OH		
0	4.5	37	1	61	60.3
5	18.1	80	3	57	62.2
10	20.0	81	26	53	61.1
15	25.0	85	31	52	63.6

注:浸润性是用纤维对六氢苯二甲酸环氧树脂的接触角大小来表征的。

11.4.4　反气相色谱法

反气相色谱法(inverse gas chromatoghy,IGC)利用已知的探针分子,研究固定相中聚合物聚集性质的一种聚合物材料分析方法,是一种十分有效的表征方法。它可以较全面地了解材料表面的宏观热力学性质,研究表面热力学参数与表面组成及形态的关系;它可以用于研究填充材料表面改性的效果,表征表面改性对聚合物复合材料组成及形态的影响,从而预测填充材料与聚合物之间可能的相互作用;它可以表征材料的表面活性,从而为材料的使用、复合材料的设计提供理论依据。自 20 世纪 70 年代问世以来,由于所采用的气相色谱实验技术成熟,操作简便,设备简单,而且可得到的数据量大,在研究聚合物的热转变、结晶行为、溶液的热力学性质以及聚合物共混的热力学相容性等方面获得了广泛应用。

IGC 是传统气相色谱的延伸,它是以装入色谱柱中的不挥发的固体物质作为固定相,惰性气体为流动相,通过测定性能已知的挥发性低分子(又称探针分子)的保留情况,如保留时间,从而了解固定相的各种性质以及固定相与探针分子之间的相互作用,这种方法称为反气相色谱。之所以称为反气相色谱的原因是,该方法分析的对象是色谱柱中的固定相而不是流经固定相的探针分子,情形刚好与一般的气体色谱分析相反,这种方法是于 1967 年被提出的[73],随后于 1976 年[74]开始发展反气相色谱的理论及研究方法,直到今天逐渐成为材料科学的研究兴趣之一。

反气相色谱法研究是基于探针分子在固定相与流动相之间的分配不同,因此探针分子与固定相相互作用不同即影响探针分子的流出时间,由此,反气相色谱最初用来研究聚合物与探针分子的相互作用参数,可以计算聚合物与聚合物之间的相互作用,近年来研究者们将这一技术推广在聚合物、纤维、无机粉体等表面性质的研究中。它可以根据不同的极性、非极性探针分子在被测物填充柱上的保留性质,可以得到被测物的表面能,酸碱性以及其他物理化学性质。相对于其他常规表征方法(如接触角),反相气相色谱技术的突出优势在于该技术可以在一个宽广的温度范围内对材料的表面性质进行表征,具有简便、快速、准确的特点。

反气相色谱法的应用领域包括聚合物、纸与其他纤维素、填料和颜料、香料、矿物等无机物、食物、包装材料和涂料、药物、建筑材料、化妆品、天然和合成纤维、负载型催化剂和多微孔材料等。IGC法测定作为固定相的固体的各种物理化学数据，主要包括以下方面：测定聚合物与聚合物之间、聚合物与溶剂之间的相互作用参数；测定计算固体的表面热力学参数，研究表面热力学参数与表面的组成及形态的关系，表征表面改性对聚合物复合材料的组成及形态的影响；测定结晶聚合物的结晶度和结晶动力学曲线，低分子溶剂在聚合物中的扩散系数、扩散活化能等方面。

(1) 固体表面热力学参数测定　表面能或表面张力是表征物质表面性质的重要参数，在研究物质的实际应用中，如复合材料的黏结、吸附、涂料、印刷和摩擦等方面，都有重要的参考价值。通常，固体物质的表面能或表面张力是通过固-液接触角法间接推算的，如临界表面张力法、等张比容法、聚合物熔体外推法、状态方程法等。而采用IGC，通过研究探针分子与固体表面的分子间相互作用可以直接测定固体表面能[75]，具有简便、快速、准确等优点，在未知聚合物聚集态性质、理论研究领域内得到了广泛的应用。Shui等[76]用聚丙烯酸PAA处理超细碳酸钙粉末填料表面，使碳酸钙表面包覆1%、2%、3%和4%的聚丙烯酸，再用IGC法和XPS测定填料的表面性能，发现填料表面改性后表面张力随PAA量增加有所下降，但4%时增大，这可能是由PAA在填料表面的排列方式引起，因为PAA的量已经超过了单层覆盖所需要的量。Papirer等[77]用IGC法测试了无限稀释和有限浓度两种条件下石墨、炭黑和富勒烯（C60）三种不同碳原料的表面性能，发现各种样品的表面性能不同，炭黑的非极性表面能非常大，是因为炭黑表面有少量高能吸附位点，并不像液体表面，能代表表面的所有表面吸附能。Dominkovics等[78]用20% NaOH溶液在105℃处理木粉不同时间（5～360min），将这些木粉添加到聚丙烯中制备成复合材料，并测试了材料的机械性能，用IGC法测定了木粉的表面性能，发现表面处理2h就使表面的大部分活性羟基被苯基取代，降低了木粉的表面张力，改变木粉与聚合物的相互作用，使复合材料的机械性能有轻微降低，但化学处理降低了木粉对水的吸附，有利于复合材料的加工。Castellano等[79]用一系列有机硅烷对二氧化硅颗粒表面进行处理，提高粒子在弹性体中的分散，可用于轮胎的生产，用IGC法表征了各种二氧化硅粒子的表面能，改性后极性提高，因为硅烷的环氧基团水解产生了OH基团，由于有长碳链取代基，降低了二氧化硅的非极性表面能，将改性的氧化硅粒子添加到SBR中，对比未改性的氧化硅粒子，从电镜上可以看到，硅烷偶联剂改性的粒子的分散性提高了，由于偶联剂降低了氧化硅粒子的表面极性，提高粒子与聚合物的相容性，这与IGC的热力学预测是一致的。于中振等[80]利用IGC法研究未经处理的高岭土和分别用硅烷偶联剂KH560、钛酸酯偶联剂NDZ-201处理的高岭土的表面性质，同时用扫描电子显微镜研究表面处理对高岭土在尼龙6基体中分散行为的影响，结果表明，表面处理明显改变了高岭土的表面性质，从而影响到高岭土在尼龙6基体中的分散效果。

Partlett等[81]用各种方法对商业PET纤维进行表面处理，包括用非离子表面活性剂清洗、用丙酮溶剂清洗、用1%和10%两种浓度的氢氧化钠溶液清洗，用IGC法测定了十一烷烃在各种纤维表面的比保留体积和吸附热，结果发现丙酮溶剂能将纤维表面的上浆剂完全清洗干净，而表面活性剂只能清洗部分上浆剂。氢氧化钠溶液对纤维表面的刻蚀作用是复杂的过程，随初始条件不同而不同，因为纤维表面的上浆剂会阻止碱溶液对纤维表面的刻蚀。采用IGC法测定纤维，例如棉花纤维[82]、PBO纤维[83]、碳纤维[84]等表面能也有不少报道。

（2）界面酸碱相互作用　　路易斯酸碱理论认为：具有给电子性（electro-donating）的物质为碱，具有受电子性（electro-accepting）的物质为酸。界面酸碱理论将复合物复合材料中的基体与填料可视为广义的酸碱，要实现好的黏结，则需要进行界面优化，使界面酸碱匹配。该理论在对复合材料界面性质表征及界面黏结性能研究中有重要意义，并得到很好的结果。Sun 等[85]对不同测定表面酸碱性的方法进行了比较，认为反气相色谱法适合测定固体表面准确酸碱常数。Voelkel 等[86]用 IGC 对几种医用补牙材料表面进行了研究，测定了材料表面的酸性参数 K_A 和碱性参数 K_B，发现其表面为显著的酸性，且不同产品表面的黏合能力不同，其界面的黏结性能会随着存放时间而变化。Walinder 等[87]用接触角法和 IGC 法测定了枫树木颗粒、PVC 颗粒、尼龙 6 颗粒的表面的非极性表面能和酸碱参数，结果发现尼龙 6 的表面极性比 PVC 和枫树木颗粒大，PVC 的 K_B 值较低，碱性较弱，这预示若对枫树木颗粒的表面进行改性，提高它的碱性，可以促进它与 PVC 和尼龙 6 的界面作用，提高复合材料性能。Liang 等[88]用 IGC 法测试了 LLDPE 和 PVC 以及三种共聚物界面改性剂的表面酸碱性、界面张力，预测其中两种改性剂能乳化 LLDPE 和 PVC 的不相容体系，有好的改性效果，这个预测结果与实际的实验结果是相吻合的。通过测试材料表面的酸碱常数，可以从理论上指导基体与填料树脂的选择[89]。

11.4.5　原子力显微镜

近年来，一些科学家运用原子力显微镜研究聚合物薄膜的相分离以及相分离后所形成的两相之间的界面能[90~93]。当聚合物或者聚合物共混物涂覆在基片表面形成薄膜后，在外界条件的影响下，由于聚合物和溶剂之间不同的相互作用、各组分与基片之间不同的相互作用及两相之间界面能的影响，两种聚合物开始发生相分离[94,95]。根据聚合物溶液浓度和共混物组分不同配比可能出现海岛状结构、规整条带结构以及坑状结构；当形成海岛状结构时，由于岛状结构一般高度远小于直径，因此可以近似看作是一个球壳结构，通过测量球壳结构与平面之间所形成的角度就可以计算出一种聚合物在基片或另外一种聚合物上的接触角，进而得到两种聚合物之间的界面能。Shull 等[90]运用 AFM 测量 PVP 在 PS 薄膜表面所形成的微米级液滴岛状结构，从而计算了 PVP 与 PS 之间的界面能与去润湿现象，建立了用 AFM 测量高分子薄膜的表面能与界面能的方法。Clarke[93]等利用 AFM 计算出 PS 在 P4VP 薄膜上的接触角。

Mansky 等[96]运用活性自由基引发剂合成了单分散 PS-*b*-PMMA 嵌段共聚物。运用 AFM 测量了 PS-*b*-PMMA 嵌段聚合物薄膜的表面性质、相分离以及表面能随着组分的变化。当 PS、PMMA 在 PS-*b*-PMMA 表面形成液滴状岛状结构时，单个组分与嵌段共聚物之间的界面能可以从单体组分的表面能以及所形成的接触角测得。Slep 等[92]运用场发射 X 射线显微镜（STXM）、原子力显微镜（AFM）、近角 X 射线吸收精细结构光谱仪（NEXAFS）和光电子发射电子显微镜（PEEM）系统讨论了 PBrS 在 PS 薄膜上的去润湿现象以及形成原理。AFM 检测表明，PBrS 所形成的液滴结构的接触角随着 PS 膜厚的增加而减小。PEEM 和 STXM 数据表明，PBrS 核在 PS 薄膜表面是被一层 PS 完全包裹的。相对于单纯液体在固体表面所形成的接触角，聚合物液滴在另一种高聚物薄膜表面的接触角受到两相之间的界面能、薄膜厚度、聚合物分子量等因素影响的。

毛志清[97]用 AFM 研究环氧树脂在改性玻璃表面的润湿情况。KH-570 改性玻璃表面由于含有不饱和双键，可以作为甲基丙烯酸缩水甘油醚酯（GMA）接枝到玻璃表面的活性点。

研究发现 PGMA 改性的玻璃与环氧树脂之间具有很好的润湿性。

11.4.6　界面细观力学实验及理论分析

纤维增强树脂基复合材料具有比强度、比刚度高、可设计性强等优点，故其在航空、航天等领域得到了广泛的应用。界面相是复合材料的重要组成部分，是影响复合材料宏观力学性能和使用可靠性的关键因素之一。因此，有必要建立界面与复合材料宏观力学性能的关联性分析。然而，这是一个从细观到宏观的复杂过程，属于跨尺度领域的研究范围。而纤维单丝、界面相以及树脂基体组成的单丝复合体系是这一过程得以实现的必经阶段。因此，进行单丝复合体系界面力学行为的研究，建立单丝复合体系应力传递及失效破坏过程的分析方法，对实现上述的跨尺度分析过程具有重要的意义和一定的必要性。王晓宏以纤维单丝、界面相以及树脂基体组成的单丝复合体系为研究对象，综合利用单丝复合体系界面力学性能表征的细观力学实验（单丝复合体系断裂实验和微滴脱黏实验）、细观力学理论（剪滞理论）以及数值分析的方法，对单丝复合体系，在受载状态下的应力传递过程和损伤破坏过程，进行理论分析和数值模拟研究。为解决从界面到复合材料宏观性能预测的跨尺度研究奠定基础[98]。

王晓宏[98]首先基于剪滞理论，建立单丝复合体系应力传递过程的理论分析方法。分析中充分考虑了体系在外载荷作用下可能出现的两种损伤模式，即界面相脱黏和基体损伤破坏，详细分析不同损伤模式下，体系内纤维轴向应力以及界面剪应力的分布。在此基础上，对单丝复合体系断裂实验"饱和状态"下的实验数据进行分析，针对现有的单丝断裂实验界面剪切强度的计算公式，提出新的临界长度的确定方法，以获得更加真实的界面性能表征参数。此外，考虑纤维强度分布的离散性特征，建立单丝复合体系断裂破坏过程的蒙特卡洛模拟方法，并利用实验验证该方法的正确性，在此基础上评价纤维强度分布的统计参数以及损伤模式对单丝复合体系断裂破坏过程的影响。

上述的理论分析方法很好地描述了单丝复合体系断裂破坏过程的"宏观"实验现象，即随外载荷的增加体系内纤维逐渐脆断的过程。但是，该方法无法表征体系内纤维断口处的细观损伤模式。因此，需要采用数值分析的方法。随着数值分析方法在复合材料宏观力学性能分析中的广泛应用，基于内聚力理论，用于描述复合材料界面力学性能的界面相单元也随之产生。但是，由于界面相的几何尺寸以及界面相形成的特点，该单元的相关性能参数难于确定。因此，王晓宏[98]发展了实验与数值分析相结合的方法，分析确定界面相单元的性能参数（该参数的确定为复合材料宏观力学性能数值分析方法的建立提供必要的参数）。在此基础上，建立基于界面相内聚力单元的单丝复合体系应力传递以及损伤破坏过程的数值分析方法。将碳纤维单丝电阻与应变的线性关系应用于单丝复合体系应力传递过程的实验研究，表征体系内界面相的传递载荷的能力。同时，建立基于内聚力单元的单丝复合体系应力传递过程的数值分析方法，并研究数值模型的几何尺寸以及网格划分方式对数值计算结果的影响，以确定适合的数值计算模型。在此基础上，将实验与数值分析方法有效结合，分析确定单丝复合体系内界面相内聚力单元的弹性性能参数。

利用微滴脱黏实验表征单丝复合体系界面相的黏结强度，同时，建立针对该实验的数值模型（数值模型中纤维与树脂基体之间的界面相采用了内聚力单元）。通过数值的方法分析实验结果离散性的主要原因。在此基础上，提取有效的实验数据，结合基于内聚力单元损伤模型的数值分析方法，分析确定单丝复合体系内界面相内聚力单元的强度参数。在确定了内聚力单元参数的基础上，以通用有限元软件 ABAQUS 为计算平台，进行二次开发，建立基于用户自定义子程序的单丝复合体系断裂破坏过程的数值分析方法。通过与实验表征结果的对比，验证了该模拟方法的正确性，为实现复合材料单向板的渐进损伤分析提供计算方法的依据。

本 章 小 结

复合材料的界面是指基体与增强物之间化学成分有显著变化的，构成彼此结合的，能起载荷传递作用的微小区域。界面通常有传递、阻断、不连续、散射和吸收以及诱导效应，这些效应是任何一种单体材料所没有的特性，对复合材料有重要作用。它们既与界面结合状态、形态和物理-化学性质等有关，也与界面两侧组分材料的浸润性、相容性、扩散性等密切相联。

复合材料的界面形成包括两个阶段：第一阶段是增强材料要与基体材料之间浸渍。一般体系黏结的优劣取决于浸润性，浸润得好，被黏结体和黏结剂分子之间紧密接触而产生吸附，则黏结界面形成了巨大的分子间作用力，同时排除了黏结体表面吸附的气体，减少了黏结界面的空隙率，提高了黏结强度；第二阶段是增强材料要与基体材料间通过相互作用使界面固定下来，形成固定的界面层。界面层的结构主要取决于界面黏合力的性质、界面层的厚度和界面层的组成。界面黏合力存在于两相之间，可分为宏观结合力与微观结合力。宏观结合力是由裂纹及表面的凹凸不平而产生的机械铰合力，而微观结合力就包含有化学键和次价键，这两种键的相对比例取决于组成成分及其表面性质。化学键结合是最强的结合，是界面黏结强度贡献的积极因素，因此，在制备复合材料时，要尽可能多地向界面引入反应基团，增加化学键合比例，这样就有利于提高复合材料的性能。

界面层的作用机理主要有：化学键理论认为增强材料与基体材料之间必须形成化学键才能使黏结界面产生良好的黏结强度；弱边界层理论、物理（浸润）吸附理论认为基体树脂和增强材料之间的结合主要是取决于次价力的作用，黏结作用的优劣决定于相互之间的浸润性；机械黏结理论认为，被黏物体的表面粗糙不平，如有高低不平的凸凹结构及疏松孔隙结构，因此有利于胶黏剂渗入到坑凹中去，固化之后，黏合剂与被黏合物体表面发生啮合而固定，一般认为，被黏物体表面形状不规整的空穴越多，黏合剂与被黏物体的黏合强度也就越高。

对填充、增强材料进行表面处理有利于提高界面间的结合力，本章介绍了一些常用增强材料的表面处理理论。比如，用硅烷偶联剂、钛酸酯偶联剂等可以对粉状填料进行表面处理，效果显著；常用有机硅烷偶联剂和有机络合物偶联剂对玻璃纤维表面进行处理；可以用氧化法、气相沉积法、电沉积与电聚合法、等离子体处理法、分子自组装等方法对碳纤维进行表面处理；针对 Kevlar 纤维的表面处理方法，目前主要是基于化学键理论，通过有机化学反应和等离子体处理，在纤维表面引进或产生活性基团，从而改善纤维与基团之间的界面黏结性能。

复合材料界面分析技术主要有红外光谱法、电子显微镜法、X 射线光电子能谱、反气相色谱法、原子力显微镜法等分析手段。红外辐射的能量较低，不会对高聚物产生破坏；电子显微镜法可以对聚合物表面及复合材料的断面等进行研究；X 射线光电子能谱可测定试样表面的元素组成、试样表面基团和含量，因此被认为是研究固态聚合物表面结构和性能最好的技术之一；反气相色谱法可以用于研究填充材料表面改性的效果，表征表面改性对聚合物复合材料的组成及形态的影响，从而预测填充材料与聚合物之间可能的相互作用，它可以表征材料的表面活性，从而为材料的使用、复合材料的设计提供理论依据；原子力显微镜可以测量聚合物薄膜的相分离以及相分离后所形成的两相之间的界面能。

思　考　题

1. 请简述界面层的形成过程。目前界面层的作用机理主要有哪些？

2. 碳纤维的表面处理方法有哪些？各自有什么特点？

3. 复合材料常用的界面分析技术有哪些？它们主要用于研究复合材料的哪些性质？

第 12 章 聚合物基复合材料

>>> **本章提要**

　　本章主要介绍聚合物基复合材料的基本性能、材料设计和结构设计以及复合材料的应用。包括：玻璃纤维增强热固性塑料、玻璃纤维增强热塑性塑料、高强度、高模量纤维增强塑料、天然纤维增强可降解塑料及其他一些纤维增强塑料的应用。

12.1　聚合物基复合材料的基本性能

　　纤维增强聚合物复合材料是由物化性质截然不同的纤维增强材料和有机高分子化合物通过一定工艺方法复合而成的多相固体材料。与传统的均质材料相比，聚合物基复合材料具有许多优异的性能，以最常见的玻璃纤维增强聚酯——聚酯玻璃钢为例，它不仅在设计制造方法有许多优点，如投资少，上马快，设计自由度大，成型工艺简单，制品尺寸不限及着色自由等，而且还具有优异的基本性能，如热固性，比强度和比刚度高，电性能和热性能良好，耐化学腐蚀性良好，耐水性优异，耐候性和耐紫外线性良好，阻燃性和半透明/透明等特点。

　　由于原材料选择、结构设计方法确定及成型工艺的选定具有较大的自由度，因此，影响聚合物基复合材料性能的因素也具有复杂多样性。首先，增强材料的强度及弹性模量以及基体材料的强度及化学稳定性等是决定复合材料性能的最主要因素；原材料一旦选定，则增强材料的含量及其排布方式与方向又跃居重要地位；此外，采用不同的成型工艺，制品性能亦有较大差异；最后，增强纤维与基体树脂的界面黏结状况在一定条件下也会影响复合材料的性能。由此可见，纤维增强树脂基复合材料的基本性能是一个多变量函数。表 12-1 和表 12-2 分别列出了不同成型工艺、不同原材料的复合材料的基本性能数据和玻璃纤维制品类型及成型方法对树脂基复合材料性能的影响。

表 12-1　增强材料及成型方法和强度的关系

性能 ＼ 成型方法	手糊成型	真空袋成型	加压袋成型	热压釜成型	模压成型
增强材料	玻璃毡(600g/m²) 无捻粗纱布(900g/m²) 玻璃布(340g/m²)	玻璃毡(600g/m²) 玻璃布(340g/m²)	玻璃毡 (600g/m²)	玻璃毡(600g/m²)	玻璃毡(600g/m²)
成型压力/MPa	0～0.07	0.84	10.5～28.0	17.5～70.0	35.0～120.0
纤维含量/%	23,51,46	38,50	41	48	50
密度/(g/cm³)	1.52,1.64,1.63	1.50,1.67	1.53	1.61	1.63

表 12-2　FRP 的一般性能

性能数据	手　糊	手　糊	喷　射
增强材料	短切纤维毡	玻璃布	无捻粗纱
树脂	聚酯	聚酯	聚酯
纤维含量/%	30～40	45～55	30～40
密度/(g/cm³)	1.4～1.8	1.6～1.8	1.4～1.6
拉伸强度/MPa	70～140	210～350	60～130
拉伸模量/GPa	5.6～17.2	10.5～31.6	5.6～12.7
延伸率/%	1.0～1.5	1.6～2.0	1.0～1.2
压缩强度/MPa	110～180	210～390	110～180
弯曲强度/MPa	140～180	310～530	110～200
弯曲模量/GPa	8.0～13.0	14.0～28.0	7.0～8.4
冲击强度/(kJ/m²)	0.9～4.6	3.7～3.5	0.9～2.8
洛氏硬度	H40～105		H40～105
热导率/[W/(m·K)]	0.18～0.26	0.26～0.32	0.17～0.21
比热容/[J/(g·K)]	1.25～1.38	1.08～1.17	1.29～1.42
线膨胀系数/(10⁻⁶K⁻¹)	18～32	7～11	22～36
热变形温度/℃	180～200	180～200	180～200
常用温度极限/℃	65～150	65～150	65～150
绝缘强度/(10³V/cm)	79～160	79～160	79～160

性能数据	模　压	模　压	模　压
增强材料	毡或预成型坯	预混料	预浸布
树脂	聚酯	聚酯、环氧、酚醛	聚酯、环氧、酚醛
纤维含量/%	30～50	10～45	50～65
密度/(g/cm³)	1.5～1.7	1.8～2.2	1.5～1.9
拉伸强度/MPa	70～170	35～70	280～390
拉伸模量/GPa	10.5～31.6	10.5～14.1	10.5～31.0
延伸率/%	1.0～1.5	0.3～0.5	1.6～2.0
压缩强度/MPa	130～210	90～190	250～420
弯曲强度/MPa	180～320	40～180	350～560
弯曲模量/GPa	8.8～13.0	11.0～18.0	18.0～28.0
冲击强度/(kJ/m²)	1.8～3.7	0.2～4.6	3.7～3.5
洛氏硬度	H40～105	H80～112	H80～112
热导率/[W/(m·K)]	0.18～0.25	0.18～0.24	0.28～0.32
比热容/[J/(g·K)]	1.25～1.38	1.04～1.46	1.08～1.17
线膨胀系数/(10⁻⁶K⁻¹)	18～32	23～34	7～11
热变形温度/℃	180～200	200～260	180～200
常用温度极限/℃	65～180	100～200	65～220
绝缘强度/(10³V/cm)	79～160	59～236	59～275

性能数据	SMC 模压	挤　压	缠　绕
增强材料	无捻粗纱	无捻粗纱	无捻粗纱
树脂	聚酯	聚酯	聚酯、环氧
纤维含量/%	29～36	50～80	60～90
密度/(g/cm³)	1.5～1.9	1.6～2.2	1.7～2.3
拉伸强度/MPa	90～140	560～1300	560～1800
拉伸模量/GPa	10.5～11.6	28.0～42.0	28.0～63.0
延伸率/%	1.5～1.7	1.6～2.5	1.6～2.8
压缩强度/MPa	150～270	210～490	350～530
弯曲强度/MPa	190～300	700～1300	700～1900
弯曲模量/GPa	9.5～12.5	28.0～42.0	35.0～49.0
冲击强度/(kJ/m²)		8.3～11.0	7.4～11.0

续表

性能数据	SMC 模压	挤压	缠绕
洛氏硬度		H80～112	H98～120
热导率/[W/(m·K)]		0.28～0.32	0.28～0.32
比热容/[J/(g·K)]		0.96～1.04	0.96～1.04
线膨胀系数/(10^{-6}K^{-1})		5～14	4～11
热变形温度/℃		160～190	180～200
常用温度极限/℃		65～240	100～240
绝缘强度/(10^3V/cm)		79～160	79～160

12.1.1　力学性能

12.1.1.1　力学性能的特点

(1) 比强度高　纤维增强树脂基复合材料的密度在 $1.4～2.2$g/cm^3，约为钢的 1/5～1/4，而强度与一般碳素钢相近。因此，树脂基复合材料的比强度很高。

(2) 各向异性　纤维增强树脂基复合材料的力学性能呈现明显的方向依赖性，是一种各向异性材料。因此在设计和制造该类复合材料时，应尽量在最大外力方向上排布增强纤维，以求充分发挥材料的潜力，降低材料消耗。

(3) 弹性模量和层间剪切强度低　玻璃纤维增强树脂的弹性模量较低，因此作为结构件使用时，常感到刚度不足。例如，含玻璃纤维 30% 的单向复合材料板，其弹性模量为 50GPa，为钢的 1/4，铅的 1/10。双向复合材料板，主应力方向的弹性模量为钢的 1/14，铅的 1/5。玻璃纤维增强树脂的剪切弹性模量更低。一般金属的剪切弹性模量为其拉压弹性模量的 40%，而双向复合材料的仅为拉压弹性模量的 20%，单向的则不到 10%。纤维增强树脂基复合材料的层间剪切强度亦很低，一般不到其拉伸强度的 10%。碳纤维增强树脂基复合材料的弹性模量和层间剪切强度较高，60% 体积含量的碳纤维增强环氧树脂具有 135GPa 的弹性模量，高于铅（70GPa）和钛合金（110GPa）（6A1-4V）的弹性模量值。

(4) 性能分散大　由于纤维增强树脂基复合材料受一系列因素（甚至包括操作人员熟练程度和工作态度）的影响，因此其性能是不稳定的，离散系数较大。例如 3 号钢屈服强度极限的离散系数为 3%，而手糊平衡型双向复合材料的强度离散系数有时可达 15%。

12.1.1.2　力学性能

(1) 拉伸性能　实验表明，单向增强树脂基复合材料沿纤维方向的拉伸强度 σ_L 及拉伸模量 E_L 均随纤维体积含量 V_L 的增大而正比例增加。对于采用短切纤维毡和玻璃布增强的复合材料层合板来讲，其拉伸强度及拉伸模量虽不与 V_f 成正比增加，但仍随 V_f 增加而提高。一般，等双向复合材料的纤维方向的主弹性模量大约是单向的 $0.5～0.55$ 倍；混杂纤维增强树脂基复合材料近似于各向同性，其弹性模量大约是 E_L 的 $0.35～0.40$ 倍。表 12-3 给出了手糊成型不饱和聚酯复合材料的力学性能。

(2) 压缩性能　树脂基复合材料的压缩破坏取决于基体材料的破坏，而拉伸破坏取决于纤维增强材料的破坏。因此，提高树脂基复合材料压缩性能应着眼于选用抗压强度较高的树脂基体。纤维增强树脂基复合材料的压缩特性类似于拉伸特性，在应力很小，纤维未压弯时，压缩弹性模量与拉伸弹性模量接近。另外，增强材料的选择也会影响复合材料的压缩特性，玻璃布增强的玻璃钢的压缩弹性模量大体是单向增强的 $0.5～0.55$ 倍，纤维毡增强的玻璃钢的压缩弹性模量大体上是单向增强的 0.14 倍。

表 12-3　手糊成型不饱和聚酯复合材料的力学性能

项　目	手糊成型	手糊成型	喷射成型
增强材料	短切纤维毡	玻璃纤维布	无捻粗纱
纤维含量/%	30~40	45~55	30~40
密度/(g/cm³)	1.4~1.8	1.6~1.8	1.4~1.6
延伸率/%	1.0~1.5	1.6~2.0	1.0~1.2
拉伸强度/MPa	70~140	210~340	60~130
压缩强度/MPa	110~180	210~380	110~180
弯曲强度/MPa	140~180	310~530	110~200
冲击强度/(kJ/m²)	90~440	360~540	90~230
拉伸模量/GPa	6~17	10~31	6~17
弯曲模量/GPa	8~13	14~27	7~9

注：树脂配方为不饱和聚酯树脂 100 份、固化剂 4 份、促进剂 2 份。

（3）弯曲性能　玻璃钢的弯曲强度和弯曲弹性模量都随体积含量的上升而提高，而且依纤维增强材料的种类、铺层方式、纤维织物种类的不同而各异。纤维增强树脂复合材料的弯曲破坏首先表现为增强纤维与基体材料界面的破坏，其次是基体材料的破坏，最后才是增强材料的破坏。

（4）剪切性能　由于纤维增强树脂复合材料的剪切强度与纤维的拉伸强度并无多大关系，而与纤维-树脂界面黏结强度和基体树脂强度有关。因此纤维增强树脂复合材料的层间剪切强度与纤维含量有关，常取值在 100~130MPa。实验表明，随纤维含量增大，复合材料的剪切弹性模量上升，剪切特性亦呈现方向性。

12.1.2　疲劳性能

影响树脂基复合材料疲劳特性的因素很多，其疲劳强度随静态强度的提高而增大，若以疲劳极限比（疲劳强度/静态强度）表示，则 10^7 次时比值大约在 0.22~0.41。每种纤维增强复合材料都存在一个最佳纤维体积分数，如无捻粗纱玻璃布增强的玻璃钢层合板的最佳纤维体积分数约为 35%，斜纹玻璃布增强的玻璃钢层合板的最佳纤维体积分数约为 50%。当纤维体积分数低于或高于最佳值时，其疲劳强度都会下降。表 12-4 所列为各种树脂基复合材料的疲劳强度值。

12.1.3　冲击性能

纤维增强树脂基复合材料的冲击特性主要决定于成型方法和增强材料的形态。不同成型法的制品的冲击强度不同，一般地说，纤维缠绕制品的冲击性能最佳，500kJ/m² 左右；模压成型的次之，50~100kJ/m² 左右；手糊成型和注射成型的较低，在 10~30kJ/m²；玻璃布增强树脂基复合材料的冲击性能在 200~300kJ/m² 左右，玻璃毡增强的复合材料则在 100~200kJ/m²。

此外，纤维的体积含量、种类、基体材料及界面黏结状况等因素都会影响复合材料的冲击强度。实验表明，纤维含量提高，冲击强度提高；而疲劳次数增加，冲击强度亦降低。

12.1.4　蠕变性能

复合材料在恒定应力作用下，形变随时间的延长而不断增大，这种现象称为蠕变。这是由于基体材料的链段或整链运动不能瞬间完成，而需要一定时间的结果。蠕变严重时将导致材料或制品尺寸不稳定。提高材料抗蠕变性能的途径有：提高基体材料的交联度，选用碳纤维等能增加制品刚性的增强材料。

表 12-4　FRP 的疲劳强度

树脂	增强材料	成型方法	纤维含量/%	试验机形式	疲劳强度/MPa
聚酯树脂	M	压制	54.5	定振幅	70
	M	压制	21.5	定振幅	30
	SC	压制	52.2	定载荷	90
	SC＋M＋PC	真空袋	59.3	定振幅	55
	PC＋M＋R＋M＋PC	手糊	30.0	定振幅	35
	PC	手糊	30.0	定振幅	27
	无	压制	40.0	定振幅	70
		浇铸	0	定载荷	16
环氧树脂	SC＋R′	压制	58.0	定载荷	250
	SC	压制		定载荷	150
酚醛树脂	SC	压制	54.0	定载荷	120
	PC	压制		定振幅	70
	TC	压制		定振幅	25
	P	压制			25
	TC	压制	50	定载荷	29
	FC	压制	50	定载荷	27
	PC	压制	40	定载荷	57

注：M 为玻璃毡，SC 为斜纹布，PC 为平纹布，R 为无捻粗纱布，R′为无捻粗纱，TC 为粗棉布，FC 为细棉布，P 为纸。测试值为经受 10^7 次平面弯曲的疲劳程度。

12.1.5　低温冲击性能

低温液体的有效安全储运，不仅具有重要的经济价值，也事关人民群众生命和国家财产安全，尤其在航天工业、国防工业等高科技研究应用领域，以低温液体作为能量供应源（如液氢、液氧、液化天然气等）或冷量供应源（如液氮、液氦等），直接关系国家尖端科技发展、国土安全防卫等根本性战略保障问题，具有重要的研究价值和意义。

刘康[99]针对冲击特种低温液体储运容器内支撑结构在设计、选材、性能测试、热-结构耦合场分析、冲击性能分析等方面做了深入的研究工作，确认采用玻璃纤维增强环氧树脂基复合材料作为冲击特种低温液体储运容器径向内支撑在低温冲击工况下的适用性，该研究工作同样适用于一般低温液体储运容器内支撑结构方面的设计评价。

首先，他对各类常用纤维增强聚合物基复合材料的性能，特别是低温下的热性能和力学性能进行了总结性对比，重点在热力品质因数，例如，比强度、比模量、强度-热导率比、模量-热导率比方面突出了纤维复合材料在常、低温下的性能优势。分析结果表明，玻璃纤维增强复合材料在 77K 以上常温-低温区具有最佳热力性能优势，因此被广泛应用于航天器结构支撑、低温杜瓦结构支撑、压力容器和低温储罐制材等方面。

其次，考虑到 $20m^3$ 特种液氧储罐内外筒体径向最大间距 70mm、两侧轴向间距不超过 450mm 的实际结构设计尺寸，确定采用布置于两侧的厚壁纤维增强复合材料支撑管和连接内外筒体的不锈钢管以组合套管形式作为径向内支撑，同时结合两侧冲击辅助支撑、轴向支撑形成液氧储罐内支撑整体结构。在此基础上，成功研制壁厚 300mm 以上、轴宽范围 60～136mm 的玻璃纤维布增强环氧树脂基复合材料支撑管，并完成 113～293K 温区范围管材常温、低温热性能、机械性能测试，结果表明环氧玻璃钢管适合作为承受径向压缩载荷作用支撑件，但同时应避免出现过大径向拉伸应力和层间剪切应力作用。

12.1.6　物理性能

12.1.6.1　电性能

纤维增强树脂基复合材料的电性能一般包括：介电常数、介质损耗角正切值、体积和表面电阻系数、击穿强度等。复合材料的电性能随着树脂品种、纤维表面处理剂类型、环境温度和湿度的变化而不同。此外，电性能还受频率的影响。

纤维增强树脂的电性能一般介于纤维和树脂的电性能之间，因此改善纤维或树脂的电性能对于改善复合材料的电性能是有益的。树脂基复合材料的电性能对于纤维与树脂的界面黏结状态并不敏感；但杂质尤其是水分对其影响很大。无碱玻璃纤维的电绝缘性优良，其电阻为 $10^{11} \sim 10^{13} \Omega \cdot cm$；石英玻璃纤维和高硅氧玻璃纤维的介电性最佳，其体积电阻率可达到 $10^{16} \sim 10^{17} \Omega \cdot cm$；碳纤维属于半导体材料，其导电性能随热处理温度的升高而提高。树脂的电性能与其分子结构密切相关，一般而言，分子极性越大，电绝缘性越差。分子中极性基团的存在以及分子结构的不对称性均影响树脂分子的极性，也就影响着树脂的电性能。但添加导电纤维，例如，碳纤维（CF）和镀镍碳纤维（NiCF）可以提高复合材料的导电性，镀镍碳纤维导电性可达 $10^5 \sim 10^6 S/cm$，因而使超高分子量 PE（UHMWPE）碳纤维复合材料的逾渗阈值从 18%（体积分数）下降到 3%（体积分数）[100]。

12.1.6.2　热性能

纤维增强树脂基复合材料的热性能包括热导率、比热容、线膨胀系数和热变形温度等。在室温下，树脂基复合材料的热导率一般在 $0.17 \sim 0.48 W/(m \cdot K)$ 范围内，而金属材料的热导率多在 $35 \sim 232 W/(m \cdot K)$ 范围之间。因此树脂基复合材料具有良好的隔热性能，可作隔热材料使用。

纤维增强树脂基复合材料的热膨胀系数一般在 $(4 \sim 36) \times 10^{-6} ℃^{-1}$ 范围内，金属材料的一般在 $11 \times 10^{-6} \sim 29 \times 10^{-6} ℃^{-1}$，二者相近，因此在一定温度范围内，纤维增强树脂基复合材料具有较好的热稳定性和尺寸稳定性。复合材料的热膨胀系数取决于树脂基体的热膨胀系数，还与纤维含量有关，纤维含量越高，其热膨胀系数越小，而且沿纤维方向上膨胀最小。树脂基复合材料的热变形温度和耐热温度较低，例如，各种复合材料的热变形温度在 $100 \sim 200 ℃$，耐热极限大多不超过 $250 ℃$。因此，一般来说，纤维增强树脂基复合材料的耐热性并不好。提高复合材料耐温性能的关键在于基体材料的选择，如脂肪族环氧树脂、聚酰亚胺树脂等，可使材料的使用温度提高到 $250 ℃$ 以上。

12.1.6.3　阻燃性能

当纤维增强树脂基复合材料接触火焰或热源时，温度升高，进而发生热分解、着火、持续燃烧等现象。阻燃性复合材料即指采用阻燃自熄或燃烧无烟的树脂制造的复合材料，其阻燃性主要决定于树脂基体。以往，制作阻燃复合材料时，要在树脂分子中引入卤素，或掺入含锑、磷等元素的化合物。按阻燃剂的作用机理可以分为反应型和添加型两大类。

反应型阻燃复合材料是将卤素元素直接引入树脂分子中，其阻燃作用是靠燃烧时在表面形成难燃的卤素气体保护层，隔绝材料与氧气的接触，达到阻燃的目的。反应型阻燃树脂的阻燃效果较好，但是成本比较高。

添加型阻燃树脂基复合材料是通过物理混合的方法，将具有自熄性的化合物作为填料掺和到树脂中。这类化合物有以下几种：①有机卤化物，如氯化石蜡、六溴代苯等；②磷酸酯类，如磷酸三苯酯、磷酸三丙烯酯等；③无机阻燃剂类，如三氧化二锑、氢氧化铝、水合硼酸锌、明矾等。

有机卤化物阻燃机理为受热后分解释放出卤化氢气体，因为卤化氢气体密度大于空气，沉积于燃烧物表面，形成阻燃层。由于卤化物对环境的危害作用，现在含卤阻燃剂的应用受到一定的限制，开发具有高效阻燃性的无卤阻燃剂备受关注。磷酸酯类阻燃剂受热分解，生成偏磷酸。氢氧化铝受热分解吸收大量的热量，起降温作用，同时产生水蒸气保护层。另外，将三氧化二锑加入添加型或反应型阻燃树脂中，会与卤素产生协同作用，阻燃效果更佳，其添加量一般为 2%～4%。

层状镁铝氢氧化物是由金属离子填充的氧八面体结构构成的层状化合物。由于其组成和结构特点使其具有优异的抑烟性和阻燃性，这类化合物在阻燃聚合物复合材料领域有重要的应用价值和前景。层状镁铝氢氧化物在聚合物中应用时仍未解决的几个关键问题包括：自身具有亲水性，极性与聚合物基体相差较大引起复合时分散不均；阻燃效率低，为使复合材料达到相关的阻燃测试标准，填充量需要 60%（质量分数）以上，这常常引起基体材料综合性能的降低。李鑫[101]以层状水镁石为切入点，研究其超细和表面改性工艺，在此基础上，通过改性水镁石与晶须的复配增强作用、层状结构中元素的调变增强作用及镁铝氢氧化物的层状结构设计等进一步提高阻燃性或降低填充量，并改善复合材料的力学性能。

12.1.6.4　光学性能

影响树脂基复合材料透光性的主要因素有：增强材料和基体材料的透光性，增强材料和基体材料的折射率及其他（如复合材料厚度、表面形状和光滑程度、纤维形态、含量、固化剂的种类和用量、着色剂、填料的种类和用量等）。

在玻璃纤维增强聚酯制品中，采光用的波形瓦和平板的透光性最佳，其全光透过率为 85%～90%，接近于普通平板玻璃的透光率；但是，由于其散射光占全透过光的比例很大，因此，不像普通玻璃那样透明。产生散射的原因是由于增强材料与基体材料的折射率不同所致，为使增强材料和基体材料的折射率相接近，一般选用无碱玻璃纤维布为增强材料，再用丙烯酸或甲基丙烯酸单体调整树脂的折射率。

12.2　聚合物基复合材料结构设计

由于复合材料与复合材料结构有不同于金属材料与金属材料结构的许多特点，因此复合材料结构设计也有许多不同于金属材料结构设计的特点。

12.2.1　概述

12.2.1.1　复合材料结构设计过程

复合材料结构设计是选用不同材料综合各种设计（如层合板设计、典型结构件设计、连接设计等）的反复过程。在综合过程中必须考虑的一些主要因素有：结构质量、研制成本、制造工艺、结构鉴定、质量控制、工装模具的通用性及设计经验等。复合材料结构设计的综合过程如图 12-1 所示，大致分为三个步骤：

① 明确设计条件。如性能要求、载荷情况、环境条件、形状限制等。

② 材料设计。包括原材料选择、铺层性能的确定、复合材料层合板的设计等。

③ 结构设计。包括复合材料典型结构件（如杆、梁、板、壳等）的设计，以及复合材料结构（如桁架、刚架、硬壳式结构等）的设计。

在上述材料设计和结构设计中都涉及应变、应力与变形分析，以及失效分析，以确保结构的强度与刚度。

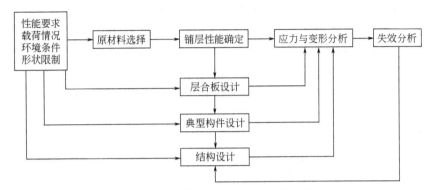

图 12-1　复合材料结构设计综合过程

　　复合材料结构往往是材料与结构一次成型的，且材料也具有可设计性。因此，复合材料结构设计不同于常规的金属结构设计，它是包含材料设计和结构设计在内的一种新的结构设计方法，它比常规的金属结构设计方法要复杂得多。但是在复合材料结构设计时，可以从材料与结构两方面进行考虑，以满足各种设计要求，尤其是材料的可设计性，可使复合材料结构达到优化设计的目的。

12.2.1.2　复合材料结构设计条件

　　在结构设计中，首先应明确设计条件，即根据使用目的提出性能要求，搞清载荷情况、环境条件以及受几何形状和尺寸大小的限制等，这些往往是设计任务书的内容。

　　设计条件有时也不是十分明确的，尤其是结构所受载荷的性质和大小在许多情况下是变化的，因此明确设计条件有时也有反复的过程。

　　(1) 结构性能要求　一般来说，体现结构性能的主要内容有：①结构所能承受的各种载荷，确保在使用寿命内的安全；②提供装置各种配件、仪器等附件的空间，对结构形状和尺寸有一定的限制；③隔绝外界的环境状态而保护内部物体。

　　(2) 载荷情况　结构承载分静载荷和动载荷。所谓静载荷，是指缓慢地由零增加到某一定数值以后就保持不变或变动得不显著的载荷，这时构件的质量加速度及其相应的惯性力可以忽略不计。例如，固定结构物的自重载荷一般为静载荷。所谓动载荷，是指能使构件产生较大的加速度，并且不能忽略因此而产生的惯性力的载荷。在动载荷作用下，构件内所产生应力称为动应力。例如，风扇叶片由于旋转时的惯性力将引起拉应力。动载荷又可分为瞬时作用载荷、冲击载荷和交变载荷。

　　瞬时作用载荷是指在几分之一秒的时间内，从零增加到最大值的载荷。例如，火车突然启动时所产生的载荷。冲击载荷是指在载荷施加的瞬间，产生载荷的物体具有一定的动能。例如，打桩机打桩。交变载荷是连续周期性变化的载荷。例如，火车在运行时各种轴杆和连杆所承受的载荷。

　　在静载荷作用下结构一般应设计成具有抵抗破坏和抵抗变形的能力，即具有足够的强度和刚度。在冲击载荷作用下应使结构具有足够抵冲击载荷的能力。而在交变载荷作用下的结构（或者使结构产生交变应力）疲劳问题较为突出，应按疲劳强度和疲劳寿命来设计结构。

　　(3) 环境条件　一般在设计结构时，应明确地确定结构的使用目的、要求完成的使命，且还有必要明确它在保管、包装、运输等整个使用期间的环境条件，以及这些过程的时间和往返次数等，以确保在这些环境条件下结构的正常使用。为此，必须充分考虑各种可能的环境条件。一般为下列四种环境条件：①力学条件，如加速度、冲击、振动、声音等；②物理条件，如压力、温度、湿度等；③气象条件，如风雨、冰雪、日光等；④大气条件，如放射线、霉菌、盐雾、风沙等。

分析各种环境条件下的作用与了解复合材料在各种环境条件下的性能，对于正确进行结构设计是很有必要的。除此之外，还应从长期使用角度出发，积累复合材料的变质、磨损、老化等长期性能变化的数据。

（4）结构的可靠性与经济性　现代的结构设计，特别是飞机结构设计，对于设计条件往往还提出结构可靠度的要求，必须进行可靠性分析。所谓结构的可靠性，是指结构在所规定的使用寿命内，在给予的载荷情况和环境条件下，充分实现所预期的性能时结构正常工作的能力，这种能力用一种概率来度量称为结构的可靠度。由于结构破坏一般主要为静载荷破坏和疲劳断裂破坏，所以结构可靠性分析的主要方面也分为结构静强度可靠性和结构疲劳寿命可靠性。

结构强度最终取决于构成这种结构的材料强度，所以欲确定结构的可靠度，必须对材料特性作统计处理，整理出它们的性能分布和分散性的资料。

结构设计的合理性最终主要表现在可靠性和经济性两方面。一般来说，要提高可靠性就得增加初期成本，而维修成本是随可靠性增加而降低的，所以总成本最低时（即经济性最好）的可靠性为最合理。

12.2.2　材料设计

材料设计，通常是指选用几种原材料组合制成具有所要求性能的材料的过程。这里所指的原材料主要是指基体材料和增强材料。不同原材料构成的复合材料将会有不同的性能，而且纤维的编织形式不同将会使与基体复合构成的复合材料的性能也不同。对于层合复合材料，由纤维和基体构成复合材料的基本单元是单层，而作为结构的基本单元，即结构材料，是由单层构成的复合材料层合板。因此，材料设计包括原材料选择、单层性能的确定和复合材料层合板设计。

12.2.2.1　原材料的选择与复合材料性能

原材料的选择与复合材料的性能关系甚大，因此，正确选择合适的原材料就能得到需要的复合材料的性能。

（1）原材料选择原则

① 比强度、比刚度高的原则。对于结构件，特别是航空、航天结构，在满足强度、刚度、耐久性和损伤容限等要求的前提下，应使结构质量最轻。对于聚合物基复合材料，比强度、比刚度是指单向板纤维方向的强度、刚度与材料密度之比，然而，实际结构中的复合材料为多向层合板，其比强度和比刚度要比上述值低 30%～50%。

② 材料与结构的使用环境相适应的原则。通常要求材料的主要性能在结构整个使用环境条件下，其下降幅值应不大于 10%。一般引起性能下降的主要环境条件是温度，对于聚合物基复合材料，湿度也对性能有较大的影响，特别是在高温、高湿度的影响下会更大。聚合物基复合材料受温度与湿度的影响，主要是基体受影响的结果。因此，可以通过改进或选用合适的基体以达到与使用环境相适应的条件。通常，根据结构的使用温度范围和材料的工作温度范围对材料进行合理的选择。

③ 满足结构特殊性要求的原则。除了结构刚度和强度以外，许多结构件还要求有一些特殊的性能。如飞机雷达罩要求有透波性，隐身飞机要求有吸波性，客机的内装饰件要求阻燃性等。通常，为满足这些特殊性要求，要着重考虑合理地选取基体材料。

④ 满足工艺性要求的原则。复合材料的工艺性包括预浸料工艺性、固化成型工艺性、机加装配工艺性和修补工艺性四个方面。预浸料工艺性包括挥发物含量、黏性、高压液相色谱特性、树脂流出量、预浸料储存期、处理期、工艺期等参数。固化成型工艺性包括加压时间、固化温度、固化压力、层合板性能对固化温度和压力的敏感性、固化后构件的收缩率等。机加装配工艺性主要指机加工艺性。修补工艺性主要指已固化的复合材料与未固化的复合材料通过其他基体材料或胶黏剂黏结的能力。工艺性要求与选择的基体材料和纤维材料有关。

⑤ 成本低、效益高的原则。成本包括初期成本和维修成本，而初期成本包括材料成本和制造成本。效益指减重获得节省材料、性能提高、节约能源等方面的经济效益。因此成本低、效益高的原则是一项重要的选材原则。

（2）纤维选择　目前已有多种纤维可作为复合材料的增强材料，如各种玻璃纤维、凯芙拉纤维、氧化铝纤维、硼纤维、碳化硅纤维、碳纤维等，有些纤维已经有多种不同性能的品种。选择纤维时，首先要确定纤维的类别，其次要确定纤维的品种规格。

选择纤维类别，是根据结构的功能选取能满足一定的力学、物理和化学性能的纤维。①若结构要求有良好的透波、吸波性能，则可选取 E 或 S 玻璃纤维、凯芙拉纤维、氧化铝纤维等作为增强材料；②若结构要求有高的刚度，则可选用高模量碳纤维或硼纤维；③若结构要求有高的冲击性能，则可选用玻璃纤维、凯芙拉纤维；④若结构要求有很好的低温工作性能，则可选用低温下不脆化的碳纤维；⑤若结构要求尺寸不随温度变化，则可选凯芙拉纤维或碳纤维。它们的热膨胀系数可以为负值，可设计成零膨胀系数的复合材料；⑥若结构要求既有较大强度又有较大刚度时，则可选用比强度和比刚度均较高的碳纤维或硼纤维。

工程上通常选用玻璃纤维、凯芙拉纤维或碳纤维作增强材料。对于硼纤维，一方面由于其价格昂贵，另一方面由于它的刚度大和直径粗，弯曲半径大，成型困难，所以应用范围受到很大限制。表 12-5 列出了玻纤、凯芙拉 49 及碳纤维增强树脂复合材料的特点，以供选择纤维时参考。

表 12-5　几种纤维增强树脂的特点

项　目	玻纤/树脂	凯芙拉 49/树脂	碳纤维/树脂
成本	低	中等	高
密度	大	小	中等
加工	容易	困难	较容易
冲击性能	中等	好	差
透波性	良好	最佳	不透电波,半导体性质
可选用形式	多	厚度规格较少	厚度规格较少
使用经验	丰富	不多	较多
强度	较好	比拉伸强度最高,比压缩强度最低	比拉伸强度高,比压缩强度最高
刚度	低	中等	高
断裂伸长率	大	中等	小
耐湿性	差	差	好
热膨胀系数	适中	沿纤维方向接近零	沿纤维方向接近零

除了选用单一纤维外，复合材料还可由多种纤维混合构成混杂复合材料。这种混杂复合

材料既可以由两种或两种以上纤维混合铺层构成，也可以由不同纤维构成的铺层混合构成。混杂纤维复合材料的特点在于能以一种纤维的优点来弥补另一种纤维的缺点。

纤维有交织布形式和无纬布或无纬带形式。一般玻璃纤维或芳纶纤维采用交织布形式，而碳纤维两种形式都采用，一般形状复杂处采用交织布容易成型，操作简单，且交织布构成复合材料表面不易出现崩落和分层，适用于制造壳体结构。无纬布或无纬带构成的复合材料的比强度、比刚度大，可使纤维方向与载荷方向一致，易于实现铺层优化设计，另外材料的表面较平整光滑。

（3）树脂选择　目前可供选择的树脂主要有两类：一类为热固性树脂，其中包括环氧树脂、聚酰亚胺树脂、酚醛树脂和聚酯树脂，另一类为热塑性树脂，如聚醚砜、聚砜、聚醚醚酮、聚亚苯砜、尼龙、聚苯二烯、聚醚酰亚胺等。

目前树脂基复合材料中用得最多的基体是热固性树脂，尤其是各种牌号的环氧树脂、聚酰亚胺树脂，它们有较高的力学性能，但工作温度较低，只能在 $-40\sim130℃$ 范围内长期工作，某些牌号树脂的短期工作温度能达到 $150℃$，由其构成的复合材料基本上能满足结构材料的要求，工艺性能好，成本低。对于需耐高温的复合材料，目前主要是用聚酰亚胺作为基体材料，它能在 $200\sim259℃$ 温度下长期工作，短期工作温度可达 $350\sim409℃$。加成型聚酰亚胺（如 PMR-15）其耐高温性不如另一种缩合型聚酰亚胺（如 NR159B），但后者工艺性差，要求高温、高压成型。

玻璃纤维复合材料的基体一般采用不饱和聚酯树脂和环氧树脂。凯芙拉-49 复合材料的基体主要是环氧树脂。内部装饰件常采用酚醛树脂，因为酚醛树脂具有良好的耐火性、自熄性、低烟性和低毒性。

树脂的选择应考虑如下的各种要求：①要求基体材料能在结构使用温度范围内正常工作；②要求基体材料具有一定的力学性能；③要求基体的断裂伸长率大于或者接近纤维的断裂伸长率，以确保充分发挥纤维的增强作用；④要求基体材料具有满足使用要求的物理、化学性能，主要指吸湿性、耐介质、耐候性、阻燃性、低烟性和低毒性等；⑤要求具有一定的工艺性，主要指黏性、凝胶时间、挥发分含量、预浸带的保存期和工艺期、固化时的压力和温度、固化后的尺寸收缩率等。

12.2.2.2　单层性能的确定

复合材料的单层是由纤维增强材料和树脂体组成的，它的性能（例如刚度和强度）往往不容易由所组成的材料性能来推定。简单的混合法则，即单层性能与体积含量成线性关系的法则，仅适用于复合材料密度和单向铺层方向上的弹性模量等一类特殊情况的性能，而实际上，单层性能的上、下限不能简单地说成是由组成复合材料的原材料的性能确定的。例如，以任意热膨胀系数为正的基体材料所制成的复合材料，其某一方向上的热膨胀系数可能是零或负数。再如，在单向铺层中，与纤维成 90° 方向上的强度通常比基体的强度还低。总之，已知原材料的性能要确定单层的性能是较为困难的。然而，在设计的初级阶段，为了层合板设计、结构设计的需要必须提供必要的单层性能参数，特别是刚度和强度参数。为此，通常是利用微观力学分析方法推得的预测公式确定的。而在最终设计阶段，一般为了单层性能参数的真实可靠，使设计更为合理，单层性能的确定需用试验的方法直接测定。

（1）单层树脂含量的确定　为了确定单层的性能，必须选取合适的纤维含量与树脂含量，即纤维和树脂的复合百分比。对此，一般是根据单层的承力性质或单层的使用功能选取的。具体的含量可参考表 12-6。

表 12-6　单层树脂含量的选取

单层的功用	固化后树脂含量/%
主要承受拉伸、压缩、弯曲载荷	27
主要承受剪切载荷	30
用作受力构件的修补	35
主要用作外表层防机械损伤和大气老化	70
主要用作防腐蚀	70~90

纤维体积含量 V_f 与质量含量之间的关系式为：

$$V_f = \frac{M_f}{M_f + \dfrac{\rho_f}{\rho_m} M_m} \tag{12-1}$$

式中　M_f，M_m——分别为纤维、树脂的质量分数；

　　　　ρ_f，ρ_m——分别为纤维、树脂密度。

另外，在最终设计阶段，一般为了单层性能参数的真实可靠，使设计更为合理，单层性能的确定需用试验方法直接测定。试验可依据国家标准 GB 3352—88 定向纤维增强塑料拉伸性能试验方法和 GB 3355—88 纤维增强塑料纵横试验方法等进行。

（2）刚度的预测公式　单向层的工程弹性常数预测公式和正交层的工程弹性常数预测公式见表 12-7 和表 12-8。

表 12-7　单向层的工程弹性常数预测公式

工程弹性常数	预测公式	说　　明
纵向弹性模量	$E_L = E_f v_f + E_m(1-V_f)$	此式基本上符合试验测定值
横向弹性模量	$E_T = \dfrac{E_f E_m}{E_m V_f + E_f(1-V_f)}$	按此式预测的值往往低于试验测定值，对此可改用修正公式 $\dfrac{1}{E_{T1}} = \dfrac{V_f'}{E_f} + \dfrac{V_m'}{E_m}$　式中，$V_f' = \dfrac{V_f}{V_f + y_f V_m}$，$V_m' = \dfrac{y_T V_m}{V_f + y_T V_m}$ 系数 y_T 由试验确定，对于玻璃/环氧可取用 0.5
纵向泊松比	$\gamma_L = \gamma_f V_f + \gamma_m(1-V_f)$	此式基本符合试验测定值
横向泊松比	$\gamma_T = \gamma_L \dfrac{E_T}{E_L}$	此式为工程弹性常数之间的关系式
面内剪切弹性模量	$G_{LT} = \dfrac{G_f G_m}{G_m V_f + G_f(1-V_f)}$	按此式预测的值往往低于试验测定值，对此可使用修正公式 $\dfrac{1}{G_{LT}} = \dfrac{V_f'}{G_f} + \dfrac{V_f''}{G_f} + \dfrac{V_m''}{G_m}$　式中，$V_f'' = \dfrac{V_f}{V_f + \eta_T V_m}$，$V_m'' = \dfrac{\eta_T V_m}{V_f + \eta_T V_m}$ 而根据试验确定系数 η_T，对于玻璃/环氧可取用 0.5

注：E_f 为纤维弹性模量；E_m 为基体弹性模量；γ_f 为纤维泊松比；γ_m 为基体泊松比；G_f 为纤维剪切弹性模量；G_m 为基体剪切弹性模量；V_f 为纤维体积含量。

表 12-8　正交层的工程弹性常数预测公式

工程弹性常数	预测公式	说　　明
纵向弹性模量	$E_L = k\left(E_{L1}\dfrac{n_L}{n_L+n_T} + E_{T2}\dfrac{n_T}{n_L+n_T}\right)$	将正交层看作两层单向层的组合，即经线和纬线分别作为单向层的组合。由于织物不平直使计算大于实测值，故而采用小于 1 的折减系数，称为波纹影响系数
横向弹性模量	$E_T = k\left(E_{L2}\dfrac{n_L}{n_L+n_T} + E_{T1}\dfrac{n_L}{n_L+n_T}\right)$	将正交层看作两层单向层的组合，即经线和纬线分别作为单向层的组合。由于织物不平直使计算值大于实测值，故而采用小于 1 的折减系数，称为波纹影响系数

续表

工程弹性常数	预测公式	说　明
纵向泊松比	$\gamma_L = \gamma_{L_1} E_{T_1} \dfrac{n_L + n_T}{n_L E_{T_1} + n_T E_{L_2}}$	将正交层看作两层单向层的组合，即经线和纬线分别作为单向层的组合
横向泊松比	$\gamma_T = \gamma_L \dfrac{E_T}{E_L}$	采用正交各向异性材料的关系式
面内剪切弹性模量	$G_{LT} = k G_{L_1 T_1}$	正交层的剪切模量 G_{LT} 与具有相同纤维含量的单向层的剪切模量 $G_{L_1 T_1}$ 是一样的，k 为考虑波纹影响的折减系数

注：n_L，n_T 分别为单位宽度的正交层中经向和纬向的纤维量，实际上只需知道两者的相对比例即可；E_{L_1}，E_{L_2} 分别为经线和纬线作为单向层时纤维方向的弹性模量；E_{T_1}，E_{T_2} 分别为经线和纬线作为单向层时垂直于纤维方向的弹性模量；γ_{L_1} 为由经线作为单向层时的纵向泊松比；$G_{L_1 T_1}$ 为由经线作为单向层时的面内剪切弹性模量；k 为波纹影响系数，取 $0.90 \sim 0.95$。

（3）强度的预测公式　复合材料纵向拉伸强度和纵向压缩强度可根据式（12-2）预测：

$$X_t = \begin{cases} \sigma_{fmax} V_f + (\sigma_m) \varepsilon_{fmax} (1 - V_f) & (V_f \geqslant V_{fmax}) \\ \sigma_{mmax} (1 - V_f) & (V_f \leqslant V_{fmax}) \end{cases} \tag{12-2}$$

$$V_{fmax} = \frac{\sigma_{mmax} - (\sigma_m) \varepsilon_{mmax}}{\sigma_{fmax} + \sigma_{mmax} - (\sigma_m) \varepsilon_{fmax}}$$

式中　σ_{fmax}——纤维的最大拉伸应力；

σ_{mmax}——基体的最大拉伸应力；

$(\sigma_m) \varepsilon_{fmax}$——基体应变等于纤维最大拉伸应变时的基体应力；

V_f——纤维体积含量；

V_{fmax}——强度由纤维控制的最小纤维体积含量。

$$X_c = \begin{cases} 2V_f \sqrt{\dfrac{V_f E_f E_m}{3(1 - V_f)}} \\ \dfrac{G_m}{1 - V_f} \end{cases} \tag{12-3}$$

式中　E_f——纤维弹性模量；

G_m——基体剪切弹性模量；

E_m——基体弹性模量；

V_f——纤维体积含量。

纵向压缩强度 X_c 取用由上述两公式计算所得值的小者。即使如此，一般由上述公式所得的预测值要高于实测值。实验证明，应将上式的 E_m 或 G_m 乘以小于 1 的修正系数 K。

12.2.2.3　复合材料层合板设计

复合材料层合板设计是根据单层的性能确定层合板中各铺层的取向、铺设顺序、各定向层相对于总层数的百分比和总层数（或总厚度）。复合材料层合板设计通常又称为铺层设计。

（1）层合板设计的一般原则　层合板设计时目前一般遵循如下设计原则。

① 铺层定向原则　由于层合板铺层取向过多会造成设计工作的复杂化，目前多选择 0°、45°、90° 和 ⊥45° 四种铺层方向。如果需要设计成准各向同性的层合板，除了用 [0/45/90/-45]_s 层合板外，为了减少定向数，还可采用 [60/0/-60]_s 层合板。

② 均衡对称铺设原则 除特殊需要外，一般均设计成均衡对称层合板，以避免拉-剪、拉-弯偶合而引起固化后的翘曲等变形。

③ 铺层取向按承载选取原则 如果承受拉（压）载荷，则使铺层的方向按载荷方向铺设；如果承受剪切载荷，则铺层按 45°向成对铺设；如果承受双轴向载荷，则铺层按受载方向 0°、90°正交铺设；如果承受多种载荷，则铺层按 0°、90°、⊥45°多向铺设。

④ 铺层最小比例原则 为避免基体承载，减少湿热应力，使复合材料与其相连接的金属泊松比相协调，以减少连接诱导应力等，对于方向为 0°、90°、⊥45°铺层，其任一方向的铺层最小比例应大于 6%～10%。

⑤ 铺设顺序原则

a. 应使各定向层尽量沿层板厚度均匀分布，也就是说，使层合板的单层组数尽量地大，或者说使每一单层组中的单层尽量地少，一般不超过 4 层，这样可以减少两种定向层之间的层间分层可能性。

b. 如果层合板中含有 ⊥45°层、0°层和 90°，应尽量使 ⊥45°层之间用 0°层或 90°隔开，也尽量使 0°和 90°层之间用 +45°或 -45°层隔开，以降低层间应力。

⑥ 冲击载荷区设计原则 冲击载荷区层合板应有足够多的 0°层，用以承受局部冲击载荷；也要有一不定量的（45°）层以使载荷扩散。除此之外，需要时还需局部加强以确保足够强度。

⑦ 防边缘分层破坏设计原则 除了遵循铺设顺序原则外，还可以沿边缘区包一层玻璃布，以防止边缘分层破坏。

⑧ 抗局部屈曲设计原则 对于有可能形成局部屈曲的区域，将 ⊥45°层尽量铺设在层合板的表面，可提高局部屈曲强度。

⑨ 连接区设计原则 沿荷载方向的铺层比例应大于 30%，以保证足够的挤压强度；与荷载方向呈 ⊥45°的铺层比例应大于 40%，以增加剪切强度，同时有利于扩散载荷和减少孔的应力集中。

⑩ 变厚度设计原则 变厚度零件的铺层阶差、各层台阶设计宽度应相等，其台阶宽度应等于或大于 2.5 mm。为防止台阶处剥离破坏，表面应由连续铺层覆盖。

各定向层百分比和总层数的确定，也即各定向层层数的确定，是根据对层合板设计的要求综合考虑确定的。一般情况下，根据具体的设计要求，可采用等代设计法、准网络设计法、毯式设计法、主应力设计法、层合板系列设计法、层合板优化设计法等。

（2）等代设计法 等代设计法是复合材料问世初期的设计方法，也是目前工程复合材料中较多采用的一种设计方法。一般是指在载荷和使用环境不变的条件下，用相同形状的复合材料层合板来代替其他材料，并用原来材料的设计方法进行设计，以保证强度或刚度。由于复合材料比强度、比刚度高，所以代替其他材料一般可减轻质量。这种方法有时是可行的，有时却是不可行的，对于不受力或受力很小的非承力构件是可行的；对于受很大力的主承力构件是不可行的，可对于受较大力的次承力构件有时是可行的，有时是不可行的，因此需进行强度或刚度的校核，以确保安全可靠。

在这一设计方法中，复合材料层合板可以设计成准各向同性，也可设计成非准各向同性的。空间采用什么样的层合板结构形式，一般可按应力性质来选择。另外，在等代设计中，一般根据表 12-9 选择的层合板结构形式，构成均衡对称的层合板作为替代材料。不要误认为等代设计法必须采用准各向同性层合板。

表 12-9　等代设计中供选择参考的层合板结构形式

受　力　性　质	层合板结构形式	用　途
承受拉伸载荷、压缩载荷,可承受有限的剪切载荷	(0/90/90/0)或(90/0/0/90)	用于主要应力状态为拉伸应力,或压缩应力,或拉、压双向应力的构件设计
承受拉伸载荷、剪切载荷	(45/−45/−45/45)或(−45/45/45/−45)	用于主要应力为剪切应力的构件设计
承受拉伸载荷、压缩载荷、剪切载荷	(0/45/90/−45/−45/90/45/0)	用于面内一般应力作用的构件设计
承受压缩载荷、剪切载荷	(45/90/−45/−45/90/45)	用于压缩应力和剪切应力,而剪切应力为主要应力的构件设计
承受拉伸载荷、剪切载荷	(45/0/−45/−45/0/45)	用于拉伸应力和剪切应力,而剪切应力为主要应力的构件设计

对于有刚度和强度要求的等代设计,其各种层合板结构形式构成的实际层合板的刚度或强度校核,可根据所选单层材料的力学性能参数,利用层合理论进行计算。

还需指出由于复合材料独特的材料性质和工艺方法,有些情况下,如果保持原有的构件形状显然是不合理的,或者不能满足刚度或强度要求,因此可适当地改变形状或尺寸,但仍按原来材料的设计方法进行设计,这样的设计方法仍属等代设计的范畴。

(3) 层合板排序设计法　层合板排序设计法,是基于某一类(即选定几种铺层角),或某几类层合板选取不同的定向层比所排成的层合板系列,以表格形式列出各个层合板在各种内力作用下的强度或刚度值,以及所需的层数,供设计选择。

层合板排序设计法需给出一系列层合板的计算数据,一般需用计算机实施。这种设计方法与网络设计法、毯式曲线设计法比较,后两者认为单独强度可叠加成复杂应力强度,因而在复杂应力状态下是不够合理的。而层合板排序设计法在复杂应力状态下是按复杂应力状态求其强度的。

在多种载荷情况下,必须用层合板排序设计法才有效。层合板排序设计法与选择的层合板种类有关,而层合板种类的多少将决定于计算机的容量和运算速度,因此不可能无限制地选择供层合板设计的层合板种数。

其他几种层合板设计方法在此不作介绍。

12.2.3　结构设计

复合材料结构设计除了具有包含材料设计内容的特点外,就结构设计本身而言,无论在设计原则、工艺性要求、许用值与安全系数确定、设计方法和考虑的各种因素方面都有其自身的特点,一般不完全沿用金属结构的设计方法[102]。

12.2.3.1　结构设计的一般原则

复合材料结构设计的一般原则,除已经讨论过的连接设计原则和层合板设计原则外,尚需要遵循满足强度和刚度的原则。满足结构的强度和刚度是结构设计的基本任务之一。复合材料结构与金属在满足强度、刚度和总原则是相同的,但由于材料特性和结构特性与金属有很大差别,所以复合材料结构在满足强度、刚度的原则上有别于金属结构。

① 复合材料结构一般采用按使用载荷设计、按设计载荷校核的方法。

② 按使用载荷设计时,采用使用载荷所对应的许用值称为使用许用值;按设计载荷校核时,采用设计载荷所对应的许用值,称为设计许用值。

③ 复合材料失效准则只适用于复合材料的单层。在未规定使用某一失效准则时,一般

采用蔡-胡失效准则，相互作用系数未规定时采用－0.5。

④ 没有刚度要求的一般部位，材料弹性常数的数据可采用试验数据和平均值，而有刚度要求的重要部位需要选取 B 基准值。

12.2.3.2 编织复合材料结构与材料一体化设计

传统复合材料构件的设计过程，一般是先设计出具有一定性能的复合材料，再由这种具有特定性能的复合材料加工成构件，而编织复合材料构件和材料是同时形成，不再由复合材料加工成复合材料构件，因此采用传统的方法很难设计出具有最佳性能的复合材料构件。材料细观结构和宏观结构都对构件的性能有显著的影响，要充分发挥编织复合材料的潜能，需要同时从材料和结构两个尺度出发，发展新的优化设计方法。孙杰针对编织复合材料结构，围绕宏观力学性能预测、细观结构优化设计方法和结构与材料一体化优化设计方法开展研究工作[103]。

孙杰在编织复合材料细观结构特征分析的基础上，采用正弦曲线和三次 B 样条曲线模拟纤维束的走向和截面形式，建立了二维编织复合材料的细观结构分析模型；假设经纱截面为矩形，采用三次 B 样条曲线和双切线模拟经向纤维束走向，直线和三次 B 样条曲线模拟纬纱的走向和截面形式，建立 2.5 维浅交直联编织复合材料的细观结构分析模型。以此为基础，对比分析了刚度平均法、细观力学有限元法、高精度通用单胞模型和节点插值子胞模型四种方法在编织复合材料的宏观力学性能预测中的可行性和有效性。

将水平集法和高精度通用单胞模型结合，将离散变量优化问题转化为连续变量优化问题，将多相材料细观结构拓扑优化设计转化为形状优化设计，提出了一种新的多相材料细观结构优化设计方法。为了实现细观拓扑结构的任意变化，采用数字阵列来描述细观结构形式，并对遗传算法的交叉方式进行了改进，提出了新的复合材料细观结构拓扑优化设计方法。利用编织复合材料细观结构分析模型和细观力学有限元法，建立宏观力学性能与细观结构参数之间的关系，提出了编织复合材料细观结构优化设计方法。

利用高精度通用单胞模型和多相材料构件结构分析，将细观结构形式和多相材料构件性能联系起来，建立了多相材料结构与材料一体化优化设计方法。将编织复合材料力学性能预测和复合材料构件结构分析结合起来，将材料优化和结构优化结合起来，同时以细观结构参数和宏观结构参数为设计变量，建立了编织复合材料结构与材料一体化优化设计方法。并分别以 2 维平纹和 2.5 维浅交直联编织复合材料为研究对象，进行编织复合材料涡轮导向叶片的结构与材料的一体化优化设计。将复合形法的局部搜索能力和遗传算法的全局寻优能力相结合，发展了混合遗传算法，分别采用复合形法、遗传算法和混合遗传算法进行结构与材料一体化优化设计，并研究了应力和位移约束对优化结果的影响情况。分析了 2 维平纹编织复合材料涡轮导向叶片分析的多项式响应面和 RBF 神经网络模型的计算精度。以 RBF 神经网络为基础，提出了基于近似模型的编织复合材料涡轮导向叶片的结构与材料一体化优化设计方法。

12.2.3.3 结构设计应考虑的工艺性要求

工艺性包括构件的制造工艺性和装配工艺性。复合材料结构设计时结构方案的选取和结构细节的设计对工艺性的好坏也有重要影响，主要应考虑的工艺性要求如下。

① 构件的拐角应具有较大的圆角半径，避免在拐角处出现纤维断裂、富树脂、架桥（即各层之间未完全黏结）等缺陷。

② 对于外形复杂的复合材料构件设计，应考虑制造工艺上的难易程度，可采用合理的

分离面分成两个或两个以上构件；对于曲率较大的曲面应采用织物铺层；对于外形突变处应采用光滑过渡；对于壁厚变化应避免突变，可采用阶梯形变化。

③ 结构件的两面角应设计成直角或钝角，以避免出现富树脂、架桥等缺陷。

④ 构件的表面质量要求较高时，应使该表面为贴膜面，或在可加均压板的表面加均压板，或分解结构件使该表面成为贴膜面。

⑤ 复合材料的壁厚一般应控制在 7.5mm 以下。对于壁厚大于 7.5mm 的构件，除必须采取相应的工艺措施以保证质量外，设计时应适当降低力学性能参数。

⑥ 机械连接区的连接板应尽量在表面铺贴一层织物铺层。

⑦ 为减少装配工作量，在工艺上可能的条件下应尽量设计成整体件，并采用共固化工艺。

12.2.3.4 许用值与安全系数的确定

许用值是结构设计的关键要素之一，是判断结构强度的基准，因此正确地确定许用值是结构设计和强度计算的重要任务之一，安全系数的确定也是一项非常重要的工作。

（1）许用值的确定 使用许用值和设计许用值的确定的具体方法如下。

① 使用许用值的确定方法

a. 拉伸时使用许用值的确定方法。拉伸时使用许用值取由下述三种情况得到的较小值。第一，开孔试样在环境条件下进行单轴拉伸试验，测定其断裂应变，并除以安全系数，经统计分析得出使用许用值。开孔试样见有关标准。第二，非缺口试样在环境条件下进行单轴拉伸试验，测定其基体不出现明显微裂纹所能达到的最大应变值，经统计分析得出使用许用值。第三，开孔试样在环境条件下进行拉伸两倍疲劳寿命试验，测定其所能达到的最大应变值，经统计分析得出使用许用值。

b. 压缩时使用许用值的确定方法。压缩时使用许用值取由下述三种情况得到的较小值。第一，低速冲击后试样在环境条件下进行单轴压缩试验，测定其破坏应变，并除以安全系数，经统计分析得出使用许用值。有关低速冲击试样的尺寸、冲击能量见有关标准。第二，带销开孔试样在环境条件下进行单独压缩试验，测定其破坏应变，并除以安全系数，经统计分析得出使用许用值，试样见有关标准。第三，低速冲击后试样在环境条件下进行压缩两倍疲劳寿命试验，测定其所能达到的最大应变值，经统计分析得出使用许用值。

c. 剪切时使用许用值的确定方法。剪切时使用许用值取由下述两种情况得到的较小值。第一，±45°层合板试样在环境条件下进行反复加载卸载的拉伸（或压缩）疲劳试验，并逐渐加大峰值载荷的量值，测定无残余应变下的最大剪应变值，经统计分析得出使用许用值。第二，±45°层合板试样在环境条件下经小载荷加卸载数次后，将其单调地拉伸至破坏，测定其各级小载荷下的应力-应变曲线，并确定线性段的最大剪应变值，经统计分析得出使用许用值。

② 设计许用值的确定方法。设计许用值是在环境条件下，对结构材料破坏试验进行数量统计后给出的。环境条件包括使用温度上限和 1% 水分含量（对于环氧类基体为 1%）的联合情况。对破坏试验结果应进行分布检查（韦伯分布还是正态分布），并按一定的可靠性要求给出设计使用值。

（2）安全系数的确定 在结构设计中，为了确保结构安全工作，又应考虑结构的经济性，要求质量轻、成本低，因此，在保证安全的条件下，应尽可能降低安全系数。下面简述选择安全系数时应考虑的主要因素。

① 载荷的稳定性。作用在结构上的外力，一般是经过力学方法简化或估算的，很难与实际情况完全相符。动载比静载应选用较大的安全系数。

② 材料性质的均匀性和分散性。材料内部组织的非均质和缺陷对结构强度有一定的影响。材料组织越不均匀，其强度试验结果的分散性就越大，安全系数要选大些。

③ 理论计算公式的近似性。因为对实际结构经过简化或假设推导的公式，一般都是近似的，选择安全系数时要考虑到计算公式的近似程度。近似程度越大，安全系数应选取越大。

④ 构件的重要性与危险程度。如果构件的损坏会引起严重事故，则安全系数应取大些。

⑤ 加工工艺的准确性。由于加工工艺的限制或水平，不可能完全没有缺陷或偏差，因此工艺准确性差，则应取安全系数大些。

⑥ 无损检验的局限性。

⑦ 使用环境条件。

通常，玻璃纤维复合材料可保守地取安全系数为 3，民用结构产品也有取至 1 的，而对质量有严格要求的构件可取 2；对于硼/环氧、碳/环氧、Kevlar/环氧构件，安全系数可取 1.5，对重要构件也可取 2。由于复合材料构件在一般情况下开始产生损伤的载荷（即使用载荷）约为最终破坏的载荷（即设计载荷）的 70%，故安全系数取 1.5～2 是合适的。

12.2.3.5　结构设计应考虑的其他因素

复合材料结构设计除了要考虑强度和刚度、稳定性、连接接头设计等以外，还需要考虑应力、防腐蚀、防雷击、抗冲击等。

（1）热应力　复合材料与金属零件连接是不可避免的。当使用温度与连接装配时的温度不同时，由于热膨胀系数之间的差异常常会出现连接处的翘曲变形。与此同时，复合材料与金属中会产生由温度变化引起的热应力。如果假定这种连接是刚性连接，并忽略胶接接头中胶黏剂的剪切应变和机械连接接头中紧固件（铆钉或螺栓）的应变，则复合材料和金属构件中的热应力分别由下式计算：

$$\sigma_c = \frac{(\alpha_m - \alpha_c)\Delta T E_m}{\dfrac{A_c}{A_m} + \dfrac{E_m}{E_c}}; \quad \sigma_m = \frac{(\alpha_c - \alpha_m)\Delta T E_c}{\dfrac{A_m}{A_c} + \dfrac{E_c}{E_m}} \tag{12-4}$$

式中　σ_c，σ_m——分别为复合材料和金属材料中的热应力；

$\quad\quad\alpha_c$，α_m——分别为复合材料和金属材料的热膨胀系数；

$\quad\quad E_c$，E_m——分别为复合材料和金属材料的弹性模量；

$\quad\quad A_c$，A_m——分别为复合材料和金属材料的横截面面积；

$\quad\quad\Delta T$——连接件使用温度与装配时温度之差。

通常，$\alpha_m > \alpha_c$，所以复合材料在温度升高时产生拉伸的热应力，而金属材料中产生压缩的应力，温度下降时正好相反。复合材料结构设计时，对于工作温度与装配温度不同的环境条件，不但要考虑条件对材料性能的影响，还要在设计应力中考虑这种热应力所引起的附加应力，确保在工作应力下的安全。例如，当复合材料工作应力为拉应力，而热应力也为拉应力时，其强度条件应改为：

$$\sigma_1 + \sigma_c \leqslant [\sigma] \tag{12-5}$$

式中　σ_1——根据结构使用荷载计算得到复合材料连接件的工作应力；

$\quad\quad\sigma_c$——根据上式计算得到的热应力；

$[\sigma]$——许用应力。

为了减小热应力，在复合材料连接中可采用热膨胀系数较小的钛合金。

（2）防腐蚀　玻璃纤维增强塑料是一种耐腐蚀性很好的复合材料，其广泛应用于石油和化工部门，制造各种耐酸、耐碱及耐多种有机溶剂腐蚀的储罐、管道、器皿等。

这里所指的防腐蚀是指碳纤维复合材料与金属材料之间的电位差使得它对大部分金属都有很大的电化腐蚀作用，特别是在水或潮湿空气中，碳纤维的阳极作用而造成金属结构的加速腐蚀，因而需要采取某种形式的隔离措施以克服这种腐蚀。如在紧固件钉孔中涂漆或在金属与碳纤维复合材料表面之间加一层薄的玻璃纤维层（厚度约 0.08mm），使之绝缘或密封，从而达到防腐蚀的目的。

玻璃纤维复合材料和凯芙拉-49 复合材料不会与金属间引起电化腐蚀，故不需要另外采取防腐蚀措施。

（3）防雷击　雷击是一种自然现象。碳纤维复合材料是半导体材料，它比金属构件受雷击损伤更加严重。这是由于雷击引起强大的电流通过碳纤维复合材料后会产生很大的热量使复合材料的基体热解，引起其机械性能大幅度下降，以致造成结构破坏。因此当碳纤维复合材料构件位于容易受雷击影响的区域时，必须进行雷击防护。如加铝箔或网状表面层，或喷涂金属层等。在碳纤维复合材料构件边界装有金属元件也可以减小碳纤维复合材料构件的损伤程度。这些金属表面层应构成防雷击导电通路，通过放置的电刷来释放电荷。

玻璃纤维复合材料和凯芙拉-49 复合材料在防雷击方面是相似的，因为它们的电阻和介电常数相近。它们都不导电，因而对内部的金属结构起不到屏蔽作用。因此要采用保护措施，如加金属箔、金属网或金属喷涂等，而不能采用在结构中加金属蜂窝的方法。

（4）冲击　冲击损伤是复合材料结构中所需要考虑的主要损伤形式，冲击后的压缩强度是评定材料和改进材料所需要考虑的主要性能指标。

冲击损伤可按冲击能量和结构上的缺陷情况分为三类：①高能量冲击，在结构上造成贯穿性损伤，并伴随少量的局部分层；②中等能量冲击，在冲击区造成外表凹陷，内表面纤维断裂和内部分层；③低能量冲击，在结构内部造成分层，而在表面只产生目视几乎不能发现的表面损伤。高能量冲击与中等能量冲击造成的损伤为可见损伤，而低能量冲击造成的损伤为难见损伤。损伤会影响材料的性能，特别是会使压缩强度下降很多。

因此，在复合材料结构设计时，如果受应力作用的构件，同时考虑低能量冲击载荷引起的损伤，则可通过限制设计的许用应变或许用应力的方法来考虑低能冲击损伤对强度的影响。从材料方面考虑，碳纤维复合材料的冲击性能很差，所以不宜用于易受冲击的部位。玻璃纤维复合材料与凯芙拉-49 复合材料的冲击性能相类似，均比碳纤维复合材料的冲击性能好得多。因此常采用碳纤维和凯芙拉纤维构成混杂纤维复合材料来改善碳纤维复合材料的冲击性能。另外，一般织物铺层构成的层合板结构比单向铺层构成的层合板结构的冲击性能好。

12.3　聚合物基复合材料的应用

复合材料范围广，产品多，在国防工业和国民经济各部门中都有广泛的应用。目前应用的复合材料主要有金属基、陶瓷基和聚合物基三个大类，由于前两类复合材料价格昂贵，主要用于宇航、航空工业部门，一般工业应用尚不多见。在三类复合材料中，聚合物基复合材料的应用最广，发展也最快。例如，在汽车、船舶、飞机、通信、建筑、电子电气、机械设备、体育用品等各个方面都有应用。

12.3.1　玻璃纤维增强热固性塑料（GFRP）的应用

12.3.1.1　玻璃纤维增强热固性塑料在石油化工工业中的应用

石油化工工业利用 GFRP 的特点，解决了许多工业生产过程中的关键问题，尤其是耐腐蚀性和降低设备维修费等方面。

GFRP 管道和罐车是原油陆上运输的主要设备。聚酯和环氧 GFRP 均可做输油管和储油设备，以及天然气和汽油 GFRP 罐车和储槽。

海上采油平台上的配电房可用钢制骨架和 GFRP 板组装而成，板的结构是硬质聚氨酯泡沫塑料加 GFRP 蒙面。这样的材料质轻，强度高，刚度好，而且包装运输也很方便，能合理利用平台的空间并减轻载荷，同时还有较好的热和电的绝缘性能。

海上油田需要潜水作业，英国 Vickers-Slingsby 公司，在 20 世纪 70 年代就已经设计和生产 GFRP 潜水器，它可载 3 名潜水员，有较高的净载荷量，电池利用率高，使用寿命长，并且耐海水腐蚀等优点。

开采海底石油所需要的浮体。例如灯标、停泊信标、标状浮标和驳船离岸的信标等，都可用 GFRP 制作。全部由 GFRP 制成的海上油污分离器，具有良好的耐海水和耐油性。

海上油田用的 GFRP 救生船、勘测船等船身、甲板和上层结构都是玻璃纤维方格布和间苯二甲酸聚酯成型的。目前世界上最大的勘测船的长度为 60m，宽 10m，排水量为 650t。

海上油田不可缺少的海水淡化及污水处理装置可用玻璃钢制造管道。

化学工业生产也是离不开 GFRP 的。在化工生产过程中，经常产生各种强腐蚀性的物质，所以一般不能采用普通钢制造设备或管道，而需要耐腐蚀的环氧 GFRP 和酚醛 GFRP 来制造。其他还有：GFRP 冷却塔、大型冷却塔的导风机叶片以及各种耐腐蚀性的储槽、储罐、反应设备、管道、阀门、泵、管件等。

12.3.1.2　玻璃纤维增强热固性塑料在建筑业中的应用

目前世界各国对房屋建筑的美观舒适、保温节能、防震抗震的要求越来越高，在此情况下，GFRP 成为人们比较注意的新型建筑材料。在工业发达国家，消耗 GFRP 最多的部门是建筑行业，其原因是建筑构件大，使用 GFRP 多，用途也比较广泛。世界上消耗量最大的是美国，其次是日本。

建筑业使用 GFRP，主要是代替钢筋、树木、水泥、砖等，并已占有相当大的地位。其中应用最多的是 GFRP 透明瓦，这是一种聚酯树脂浸渍玻璃布压制而成的。波形瓦主要用于工厂采光，其次是作街道、植物园、温泉、商亭等的顶篷，GFRP 板应用于货栈的屋顶、建筑物的墙板、天花板、太阳能集水器等，还可用 GFRP 制成饰面板、圆屋顶、卫生间、浴室、建筑模板、门、窗框、洗衣机的洗衣缸、储水槽、管内衬、收集储罐和管道减阻器等。

12.3.1.3　玻璃纤维增强热固性塑料在造船业中的应用

用 GFRP 可制造各种船舶，如赛艇、警艇、游艇、碰碰船、交通艇、救生艇、帆船、鱼轮、扫雷艇等。

GFRP 渔船与木船比较有以下几个优点：

① 玻璃钢渔船稳定性好。木船在 6 级风时就不能出海，而 GFRP 船可经受 8 级风浪的考验。

② GFRP 渔船速度快。全 GFRP 船的时速为 7 节，比同类型木船快 1～1.5 节，因而不

但节省燃料油,而且在突遇天气变化时,回港也快。

③ GFRP 船维修简便,费用低。木船使用两年后就需要维修,每 4 年要大修或中修,GFRP 船耐腐蚀性好,维修费只为木船的 20%～30%。

④ GFRP 船使用寿命长,可达 20 年,为木船的两倍。而且经济效益高,该种船适应能力强,捕鱼量比木船多一倍。虽然一次投资比木船高,但综合效益高于木船。

12.3.1.4　玻璃纤维增强热固性塑料在铁路运输上的应用

GFRP 在铁路上主要是用在造车生产中,铁路车辆有许多部件可以用 GFRP 制造,如内燃机车的驾驶室、车门、车窗、框、行李架、座椅、车上的盥洗设备、整体厕所等。其中在我国应用最多的是用聚酯 GFRP 制造的 GFRP 窗框。原来采用的钢窗,每一年半就要进厂维修一次,每年窗框的维修费平均每一辆车要花费 1400 元,6 年就报废了;改用 GFRP 窗框,不再需要维修,寿命可达 10 年以上,重量可减轻 20%。同时更有效地解决了钢窗在使用过程中,由于受温度变化的影响而变形所造成的开关不便的问题。因 GFRP 窗不易变形,开关很方便。

此外,在铁路客车中的一些易被腐蚀的部位,均可采用 GFRP,如厕所、盥洗室的地板,经常浸泡在水中,很容易腐蚀烂掉,经常需要维修,采用 GFRP 地板则可延长使用寿命,减少维修费用。国外已采用了 GFRP 地板、墙板、卫生装置,如整体厕所、盥洗室、水箱、垃圾箱等。还有卧铺车厢内的卧铺支柱、冷藏箱、绝缘板等。在货车制造中,可采用 GFRP 活动顶篷,以方便起重机装卸货物,为集装箱运输提供了必要的条件。

12.3.1.5　玻璃纤维增强热固性塑料在汽车制造业中的应用

1953 年,美国首先用 GFRP 制成汽车的外壳,此后,意大利、法国等许多著名的汽车公司也相继制造 GFRP 外壳的汽车。GFRP 除制造汽车的外壳外,还可制造汽车上的许多零件和部件,如汽车底盘、车门、车窗、车座、发动机罩以及驾驶室。从 1958 年开始,我国就开始研制 GFRP 汽车外壳,近年来,我国许多城市已经使用了 GFRP 制成的汽车外壳及其零部件,这种汽车制造方法简单,方便,省工时,省劳力,可降低造价,同时汽车自重轻,外观设计美观,保温隔热效果好。也可以用 GFRP 制造卡车的驾驶室的顶盖、风窗、发动机罩、门框、仪表盘等。

12.3.1.6　玻璃纤维增强热固性塑料在冶金工业中的应用

在冶金工业中,经常接触一些具有腐蚀性的介质,因而需要用耐腐蚀性的容器、管道、泵、阀门等设备,这些均可用聚酯 GFRP、环氧 GFRP 制造。此外,在有色金属的冶炼生产中,排出的高温烟气等有害气体要通过烟囱排放,其腐蚀极为严重。近年来,冶金工业中的烟囱采用钢材或钢筋混凝土作外壳,内衬为 GFRP,或者以钢材或钢筋混凝土做骨架的整体 GFRP 烟囱,这些 GFRP 烟囱耐温、耐腐蚀,而且易于安装检修。

12.3.1.7　玻璃纤维增强热固性塑料在宇航工业中的应用

玻璃钢用于宇航工业方面是比较早的。40 年代初,英国首先利用 GFRP 透波性好的特点,用它来制造飞机上的雷达罩。后来有更多的金属部件被 GFRP 所代替,如飞机的机身、机翼、螺旋桨、起落架、尾舵、门、窗等。经过了 20 多年的努力,1967 年美国第一架乘载 4 人的全塑飞机飞上了蔚蓝色的天空。它的造价只相当于一辆高级汽车的价格,这架飞机大部分部件是由 GFRP 制成的。美国波音 747 喷气式客机有一万多个零部件是由 GFRP 制成的,它使飞机的自重减轻了 454kg,相应地可以使飞机飞得高,飞得快,装载能力更大。

GFRP 在导弹和火箭上的应用也很多,如"北极星 A"导弹上的雷达罩、尾翼、绝缘层、电子绝缘装置、烧蚀绝热层、密封装置等都使用了 GFRP。

12.3.1.8　玻璃纤维增强热固性塑料在其他部门的应用

GFRP 在机械工业中也得到广泛的应用，主要用于制造各种机器的防护罩、机器的底座、导轨、齿轮、轴承、手柄等，还可制造玻璃钢氧气瓶、液化气罐等。

GFRP 在电气工业中可用于制成电子仪器的各种线路底板；电机、变压器等各种机电设备的绝缘板；还可制成 GFRP 电线杆、高压线架子、天线棒、配电盘外壳、线圈骨架以及各种电器零件等。

在采矿作业中 GFRP 可用于制成支柱，其质量可减到坑木或钢支柱的一半，抗压强度比坑木高一倍，比钢支柱高 60%，而且不生锈，不腐蚀，使用寿命长。同时，由于 GFRP 支柱轻，大大地减轻了工人的劳动强度。

在农业生产方面 GFRP 的应用也不少。GFRP 透明瓦有一定的透明度，又有保温隔热的作用，因此可用来制造温室和大棚的建筑材料，GFRP 还可制作各种农机的零部件，例如：拖拉机的外壳，采用 GFRP 不但省去制造工序，还可节省大量钢材。

GFRP 在常规武器制造方面也有所应用，它可制成步枪的枪托、火箭发射器的手柄、坦克车的轮子、火焰喷射器的筒体、三消器的缓冲器和头盔、防弹装甲车外壳、活动指挥所等。除此之外，GFRP 还可制成体育用品。

12.3.2　玻璃纤维增强热塑性塑料（FR-TP）的应用

（1）玻璃纤维增强聚丙烯（FR-PP）　玻璃纤维增强聚丙烯的电绝缘性良好，用它可以制作高温电气零件。由于它的各方面性能均超过了一般的工程塑料，而且价格低廉，因而它不但进入了工程塑料的行列，而且在某些领域中还可代替金属使用。主要应用于汽车、电风扇、洗衣机零部件、油泵阀门、管件、泵件、叶轮、油箱、电话机齿轮、农用喷雾器筒身、气室等。

（2）玻璃纤维增强聚酰胺（FR-PA）　玻璃纤维聚酰胺可用来代替有色金属，制造原为有色金属的轴承、轴承架、齿轮、精密机器零件、电器零件、汽车零件等。在船舶制造中，可代替金属制成螺旋桨。还可制造洗衣机的壳体及零部件。

（3）玻璃纤维增强聚苯乙烯类塑料　该类塑料主要用于制造汽车内部的零部件、家用电器的零部件、线圈骨架、矿用蓄电池壳和照相机、放映机、电视机、录音机、空调等机壳和底盘等。

（4）玻璃纤维增强聚碳酸酯（FR-PC）　玻璃纤维增强聚碳酸酯主要应用于机械工业和电器工业方面，近年来在航空工业方面也有所发展。

（5）玻璃纤维增强聚酯　玻璃纤维增强聚酯主要用于制造电器零件，特别是那些在高温、高机械强度条件下使用的部件，例如，印刷线路板、各种线圈骨架、电视机的高压变压器、硒整流器、配电盘、集成电路罩壳等。

（6）玻璃纤维增强聚甲醛（FR-POM）　玻璃纤维增强聚甲醛可用来代替有色金属及其合金，制造要求耐磨性好的机械零件，例如，传动零件、轴承、轴承支架、齿轮、凸轮等。用碳纤维增强的聚甲醛可制成导电性材料、磁带录音机的飞轮轴承、精密仪器零件等。

（7）玻璃纤维增强聚苯醚（FR-PPO）　它的电绝缘性也是工程塑料中居第一位的，其电绝缘性可不受温度、湿度、频率等条件的影响。因此用它可制造耐热性的电绝缘零件，例如，电视机零件、家用电器零件、电子仪器仪表零件、精密仪器零件中的线圈骨架、插座、罩壳等。此外，它还可制成供热水系统的装置，如管道、阀门、泵、储罐、紧固件、连接件等，可制造医疗方面的高温消毒用具。

12.3.3　高强度、高模量纤维增强塑料的应用

（1）碳纤维增强塑料　碳纤维增强塑料主要是火箭和人造卫星最好的结构材料。因为它不但强度高，而且具有良好的减振性，用它制造火箭和人造卫星的机架、壳体、无线构架是非常理想的一种材料。用它制成的人造卫星和火箭的飞行器，不仅机械强度高，而且重量比金属轻一半，这意味着可以节省大量的燃料，因为飞行器重量每增加一公斤就会消耗数字可观的燃料。用它制造火箭和导弹的发动机的壳体，可比金属制的重量减轻 45％，射程由原来的 1600km 增加到 4000km。用它制造宇宙飞船的助推器推力结构时，可比金属制造的飞船减轻 26％。还可用它制飞行器上的仪器设备的台架、齿轮等。也可制造飞行器的外壳，因它有防宇宙射线的作用。飞行器穿过大气层时，由于与空气摩擦，产生了大量的热，使飞行器外表面的温度高达 4000～6000℃，因此飞行器的外表面须加防热层，这种材料就是采用最好的合金或陶瓷也无法承担。目前还没有一种材料的熔点达到 4000℃ 以上，而采用碳纤维增强的酚醛塑料就能够胜任。

碳纤维增强塑料也是制造飞机的最理想的材料。用它可以制造飞机发动机的零件，例如，叶轮、定子叶片、压气机机匣、轴承、风扇叶片等。近年来，大型客机采用该种材料制造的部件越来越多，例如，波音 747 型飞机的机身上许多部件都采用了该种材料。据报道，美国洛克希德公司生产的飞机将应用该种材料制造主翼、机身、垂直尾翼、水平尾翼等，这样将使飞机的重量减轻 69％。如果这个计划得以实现，其效果是相当可观的，不仅可减轻重量，提高飞行速度，同时因为它耐疲劳强度高，可大大延长其使用寿命。

随着碳纤维制造技术的不断成熟，价格大幅度下降，碳纤维增强塑料的应用不断向工业和民用领域渗透，例如，化学工业中取代不锈钢和玻璃等材料，制作对耐腐蚀性和强度要求极高的设备。某些高档次的体育用品也在选用碳纤维增强塑料代替铝合金等。

在机械工业中，利用碳纤维增强塑料耐磨性好的特性，制造磨床上的磨头和各种零件。还可代替青铜和巴比特合金，制造重型轧钢机及其他机器上的轴承。利用碳纤维是非磁性材料的性能，取代金属制造要求强度极高并易毁坏的发电机端部线圈的护环，不但强度能满足要求，而且重量也大大减轻了，若用金属材料时，要一千多公斤重，而现在用碳纤维增强塑料只有二百多公斤重。

（2）凯芙拉-49 增强塑料的应用　在飞机上已有相当数量的凯芙拉增强塑料被用于内部装修、外部整形等方面。洛克希德公司在一架 L-1011 三星运输机中使用了 1t 以上的凯芙拉复合材料，从而减轻了 350kg 质量。船舶领域内，凯芙拉复合材料正在被越来越多的应用。例如，用凯芙拉-49 织物制造的"兽皮船"重仅 82kg。此外，在汽车零件、外装饰板等上的应用，不仅大幅度减轻了重量，而且提高了耐冲击性、振动衰减性和耐久性。

（3）凯芙拉-29 增强塑料的应用　凯芙拉-29 可应用在要求非常高的拉抻强度、低延伸率、电气绝缘性、耐反复疲劳性、耐蠕变性及高的强韧性等领域，代替拉伸机构和电缆类；此外安全手套、防护衣、耐热衣等劳动保护服也是凯芙拉-29 的重要用途之一。

（4）芳香族聚酰胺纤维增强塑料　它主要的应用是制造飞机上的板材，例如，门、流线型外壳、坐席、机身外壳、天线罩和火箭发动机、电动机的外壳。其次，由于它的综合性能超过了玻璃钢，尤其是它具有减振耐损伤的特点，适合用于船舶的制造。

（5）硼纤维增强塑料　硼纤维增强塑料主要用于制造飞机上的方向舵、翼端、起落架门、襟翼、机缓箱、襟翼前缘等。由于它的价格比碳纤维增强塑料还要贵，目前大多仅限于

应用在飞机制造业。

（6）碳化硅纤维增强塑料　它可用来制造飞机的门、降落传动装置箱、机翼等。

12.3.4　天然纤维增强可降解塑料的应用

天然纤维可降解塑料壳主要应用于汽车部件、装饰装修、包装等领域。欧洲汽车内饰部件，经历了由天然植物纤维材料替代玻璃纤维增强复合材料的发展历程。近几年，随着汽车废弃回收利用问题的压力和人民环保意识的增强，汽车内饰行业已经把天然纤维增强可降解塑料的应用作为目前汽车内饰部件用塑料复合材料发展的必然方向。这一点可以从欧洲国家对于天然纤维增强可降解塑料开发的关注程度得以证实。天然纤维增强可降解塑料只有在特定的堆肥条件下才会降解，而在通常的使用环境下具有相当的耐久性，所以该材料可以用来替代目前广泛应用的各种建筑装饰和装修材料，另外各种食品、仪器等的包装材料往往是短期的一次性使用，该种材料可在这些一次性或短期性应用部件方面不但满足使用要求，而且废弃后不对环境造成污染。因此，苎麻、亚麻、红麻、黄麻及大麻等与生物降解聚乳酸（PLA）复合材料的研究不断深入，其应用领域也将会被进一步拓宽。

任杰等[104]用两辊开炼机混合制备了 PLA 基苎麻短纤维复合材料，结果表明：在纤维添加量小于 30％情况下，随着苎麻纤维的加入，复合材料的拉伸强度、断裂伸长率、弯曲强度、冲击强度提高，但当纤维含量超过 30％时，复合材料的力学性能有下降的趋势。采用 NaOH 溶液、KH-550 溶液以及 KH-560 溶液对苎麻纤维表面进行处理可以提高复合材料的力学性能和耐热性能。任杰等[105]还探讨了苎麻短纤维、苎麻织物纤维、聚乳酸粉末、聚乳酸薄膜对聚乳酸基苎麻纤维复合材料力学性能的影响，得出苎麻织物和聚乳酸粉末采用粉末连续铺设型方法制备的聚乳酸基苎麻纤维复合材料具有最佳的力学性能。通过聚乳酸基苎麻纤维复合材料紫外水热老化实验，探讨了聚乳酸基苎麻纤维复合材料中的水分迁移机制，得出由苎麻织物中纤维束的"拟灯芯作用"导致的界面黏附性能的衰减是影响复合材料力学性能的主要原因。

Oksman 等[106]利用双螺杆挤出机，以三乙酸甘油酯为增塑剂，制备了纤维含量为 30％～40％的聚乳酸/亚麻复合材料。研究结果表明，增塑剂的加入明显改善了材料的抗冲性能，复合材料的力学性能比聚乳酸有所增加；力学强度比聚丙烯/亚麻纤维复合的汽车面板还高 50％，而且同样可以挤出或者模压。

日本的株式会社和东丽株式会社共同开发了聚乳酸基红麻复合硬质板，可用于汽车备用胎盖板。日本 NEC 公司开发出电子应用规格的聚乳酸基红麻复合材料。据称，这种新材料的热变形温度为 120℃，几乎比不增强的 PLA（67℃）高一倍，弯曲模量为 7.6GPa，也高于不增强的 PLA 4.5GPa。该材料可替代 ABS 和玻纤增强 ABS[107]。Shinji 等[108]利用红麻和乳液型聚乳酸制备了纤维单一取向的聚乳酸基红麻纤维复合材料。热分析结果表明，红麻在 180℃保持 60min，其拉伸强度会有所下降。因此，复合材料的加工温度设定为 160℃。这种单一取向的纤维增强复合材料的拉伸强度可达 223MPa，弯曲强度可达 254MPa。此外，在纤维含量低于 50％时，随着纤维含量的增加，复合材料的拉伸强度、弯曲强度和弹性模量呈线性增加。用垃圾处理机器表征了复合材料的降解性能，4 周后复合材料的重量减少了 38％。

David 等[109]先将 PLA 制成膜，然后与黄麻纤维垫进行热压复合制备复合材料，在180～220℃范围内，复合材料的拉伸强度比纯 PLA 高得多，断裂特征属于脆性断裂，几乎无纤维拔出。在 SEM 下还发现在某些情况下黄麻纤维束和 PLA 基体之间出现孔穴。Khondker 等[110]则用黄麻纱线作为增强组分制备了黄麻聚乳酸复合材料，单一取向黄麻增强聚乳酸复合材料在模压工艺条件为 175℃和 2.7MPa 时，可获得较好的性能。

Robert 等[111]采用聚乙二醇（PEG）作为增塑剂，与聚乳酸和大麻纤维分批混合制备复合材料。机械性能测试结果表明，复合材料的弹性模量随纤维含量的增加而显著增加，当纤维含量为 20％时，弹性模量可达到 5.2GPa，而断裂伸长率随着纤维含量的增加而减少，PEG 的加入不能提高复合材料的拉伸强度，但结晶度有所提高。

12.3.5　其他纤维增强塑料

石棉纤维增强聚丙烯，由于石棉纤维和聚丙烯的电绝缘性能好，所以复合以后电绝缘性仍然很好，因此主要用作制造电器绝缘件的材料。但因石棉纤维对人体有危害，其应用越来越受到限制。

矿物纤维增强塑料主要用于制造耐磨材料。

本 章 小 结

与传统的均质材料相比，聚合物基复合材料具有比强度高，各向异性，弹性模量和层间剪切强度低，性能分散性大等特点，疲劳性能随着静态强度的提高而增大，冲击性能主要决定于成型方法和增强材料的形态，一般纤维缠绕制品的冲击性能最佳，模压成型的次之，手糊成型和注射成型的较低。蠕变将导致材料或制品尺寸不稳定，可以通过提高基体材料的交联度或选用碳纤维等能增加制品刚性的增强材料来提高材料抗蠕变性能、低温冲击性能、物理性能、电性能、温度特性、阻燃性能、光学性能。

聚合物基复合材料的材料设计，主要是基体材料和增强材料的选择，单层性能的确定和复合材料层合板设计。

原材料的比强度和比刚度要高，材料与结构的使用环境相适应；能满足结构特殊性要求，满足工艺性要求，成本低，效益高。而纤维的选择是根据结构的功能，选取能满足一定的力学、物理和化学性能的纤维；树脂的选择：①要求基体材料能在结构使用温度范围内正常工作；②要求基体材料具有一定的力学性能；③要求基体的断裂伸长率大于或者接近纤维的断裂伸长率，以确保充分发挥纤维的增强作用；④要求基体材料具有满足使用要求的物理、化学性能，主要指吸湿性、耐介质、耐候性、阻燃性、低烟性和低毒性等；⑤要求具有一定的工艺性，主要指黏性、凝胶时间、挥发分含量、预浸带的保存期和工艺期、固化时的压力和温度、固化后的尺寸收缩率等。

单层的设计必须先确定单层性能参数，如单层树脂含量、刚度和强度。

复合层板设计应遵循以下原则：铺层定向原则、均衡对称铺设原则、铺层取向按承载选取原则、铺层最小比例原则、铺设顺序原则、冲击载荷区设计原则、防边缘分层破坏设计原则、抗局部屈曲设计原则、连接区设计原则、变厚度设计原则等。

结构设计最基本的就是必须满足结构的强度和刚度、工艺性要求，许用值和安全系数和一些其他因素，如热应力、防腐蚀、防雷击和冲击性。

聚合物基复合材料应用广泛，在汽车、船舶、飞机、通信、建筑、电子电气、机械设备、体育用品等各个方面都有应用。

思 考 题

1. 聚合物基复合材料有哪些力学性能特点？

2. 聚合物基复合材料设计过程中原材料的选择应满足哪些原则？

3. 聚合物基复合材料单层板设计时，应考虑哪些性能参数？如何确定？

4. 复合物基复合材料应用广泛，各举一例说明其在汽车、船舶、飞机、建筑、机械设备和体育用品方面的应用。

参 考 文 献

[1] 王荣国，武卫莉，谷万里.复合材料概论.哈尔滨：哈尔滨工业大学出版社，1999.

[2] 宋焕成，张佐光.混杂纤维复合材料.北京：北京航空航天大学出版社，1988.

[3] 欧荣贤，赵辉，王清文等.高分子材料科学与工程，2010，26（10）：144.

[4] 徐灯，韦春，卢炽华.高分子材料科学与工程，2008，24（9）：80.

[5] Gojny F H, Wichmann M H, Fiedler B, et al. Compos Sci Technol, 2005, 65 (15/16): 2300.

[6] 邱军，陈典兵.高分子通报，2012，（2）：9.

[7] Iwahori Y, Yokozeki T, Ishiwata S. Compos: Part A, 2007, 38 (3): 917.

[8] Song Y S, Youn J R. Carbon, 2005, 43: 1378.

[9] Zhou Y X, Farhana P, Lance L, et al. Mater Sci Eng A, 2008, 157.

[10] 叶明泉，贺丽丽，韩爱军.化工新型材料，2008，36（11）：13.

[11] Ye M Q, He L L, Han A J. New Chem Mater, 2008, 36 (11): 13.

[12] Miyasaka K, Watanabe K, Jojima E, et al. J Mater Sci, 1982, 17 (6): 1610.

[13] 曹庆超，黄安平，张维等.高分子材料科学与工程，2012，28（4）：177.

[14] Kirkpatrick S. Rev Modern Phys, 1973, 45 (4): 574.

[15] Vanbeek L K H, Vanpul B I C F. J Appl Polym Sci, 1962, 6 (24): 651.

[16] Huang J C. Adv Polym Technol, 2002, 21 (4): 299.

[17] Zhang C, Ma C A, Wang P, et al. Carbon, 2005, 43 (12): 2544.

[18] 肖军，樊会涛，樊来恩.高分子材料科学与工程，2011，27（4）：132.

[19] 赵仁富.磁性微粉吸收剂的制备及两层角锥结构优化设计 [D].武汉：华中科技大学，2009.

[20] 刘秀丽.FeSiAlCr/电介质复合改性体系的微波电磁特性研究 [D].长沙：中南大学，2010.

[21] 张晓宁.Fe-Ni 软磁合金吸波材料的设计与制备 [D].北京：北京工业大学，2003.

[22] 李青.球形 Co-B 颗粒的磁性、微波特性研究及不同形貌 Co 颗粒的制备 [D].兰州：兰州大学，2009.

[23] 张月芳，郝万军.化工新型材料，2012，40（1）：13.

[24] 官霆，孙良新，黄建云等.宇航材料工艺，2003，（1）：10.

[25] 邓宝余.科技信息（学术研究），2008，（1）：271.

[26] 赵东林，周万城.兵器材料科学与工程，1997，（11）：53.

[27] 张颖.国外科技动态，2004，（12）：38.

[28] 江雨.中国海军，2007，（12）：39.

[29] 李翔.舰载武器，2000，（1）：44.

[30] 李莹，王仕峰，张勇.中国塑料，2005，19（4）：17.

[31] 段予忠.塑料改性.北京：科学技术文献出版社，1998.

[32] 曾人泉.塑料加工助剂.北京：中国物资出版社，1997.

[33] 于清溪.橡胶原材料手册.北京：化学工业出版社，1996.

[34] 孙向东，孙旭东，张慧.工程塑料应用，2005，33（1）：7.

[35] 蔡长庚，郭宝春，贾德民.塑料工业，2004，30：39.

[36] 李莹，王仕峰，张勇.中国塑料，2005，19（4）：17.

[37] 郑水林，卢寿慈.中国粉体技术，2002，8（1）：1.

[38]　王国全，王秀芬．聚合物改性．北京：中国轻工业出版社，2002.

[39]　许长清．合成树脂及塑料手册．北京：化学工业出版社，1991.

[40]　[日] 内田盛也．高物性新型复合材料．北京：航空工业出版社，1992.

[41]　宋焕成，张佐光．混杂纤维复合材料．北京：北京航空航天大学出版社，1998.

[42]　王汝敏，郑水蓉，郑亚萍．聚合物基复合材料及工艺．北京：科学出版社，2004.

[43]　郝元恺，肖加余．高性能复合材料学．北京：化学工业出版社，2004.

[44]　肖长发编著．纤维复合材料．北京：中国石化出版社，1994.

[45]　Rana A K，Mandal A，Mitra B C，et al. J Appl Polym Sci，1998，69：329.

[46]　Mitra B C，Basak R K，Sarkar M. J Appl Polym Sci，1998，67：1093.

[47]　Bledzki A K，Gassan J. Prog Polym Sci，1999，24：221.

[48]　Selke S E，Wichman I. Compos Part A，2004，35：321.

[49]　[美] 戴夫 R S，卢斯 A C. 高分子复合材料加工工程．北京：化学工业出版社，2004.

[50]　黄丽．聚合物复合材料．北京：中国轻工业出版社，2001.

[51]　张升编著．高分子界面科学．北京：中国石化出版社，1997.

[52]　Morel F，Bounor-Legaré V，Espuche E，et al. Eur Polym J，2012，48：919.

[53]　Hu Y，Yang X. Appl Surf Sci，2012，158：7540.

[54]　Edie D D. Carbon，1998，36 (4)：345.

[55]　钱伯章，朱建芳．合成纤维，2007，36 (7)：10.

[56]　Viswanathan H，Wang Y Q，Audi A A. Chem Mater，2001，13 (5)：1647.

[57]　贾近．炭纤维复合材料界面自组装结构的分子动力学模拟 [D]．哈尔滨：哈尔滨工业大学，2009.

[58]　Casalegno V，Salvo M，Ferraris M. Carbon，2012，50：2296.

[59]　郭建君，孙晋良，任慕苏等．高分子材料科学与工程，2010，26 (4)：85.

[60]　杨生荣，任嗣利，张俊彦等．高等学校化学学报，2001，22 (3)：470.

[61]　邓文礼，杨大本，方晔等．中国科学（B 辑），1996，(26)：174.

[62]　Barrena E，Ocal C，Salmeron M. Surf Sci，2001，482-485 (2)：1216.

[63]　Duwez A S. J Electron Spectro Related Phenomena，2004，134 (2-3)：97.

[64]　Cavalleri O，Hirstein A，Bucher J P，et al. Thin Solid Films，1996，284-285：392.

[65]　孔德生，万立骏．腐蚀与防护，2003，24 (10)：415.

[66]　Liu T M，Zheng Y S，Hu J. J Appl Polym Sci，2010，118：2541.

[67]　Liu T M，Zheng Y S，Hu J. Polym Bull，2011，66：259.

[68]　Reddy C R，Simon L C. Macromol Mater Eng，2010，295：906.

[69]　Kalia S，Vashistha S. J Polym Environ，2012，20：142.

[70]　Qu P，Zhou Y，Zhang X，et al. J Appl Polym Sci，2012，125：3084.

[71]　杨香莲，韦春，吕建等．高分子材料科学与工程，2010，26 (2)：95.

[72]　丁芳，张敏，王景平等．高分子材料科学与工程，2011，27 (10)：158.

[73]　Kiselev A V. Advances in Chromatography. Giddings J C，Keller R A Eds，New York：Marcel Dekker Co，1967.

[74]　Brann J M，Guillet J E. Macromolecules，1976，9 (2)：340.

[75]　Voelkel A. Chemometr Intell Lab，2004，72：205.

[76]　Shui M. Appl Surf Sci，2003，220 (1-4)：359.

[77]　Papirer E，Brendle E，Ozil F，et al. Carbon，1999，37 (8)：1265.

[78]　Dominkovics Z，Danyadi L，Pukanszky B. Compos Part A，2007，38：1893.

[79]　Castellano M，Conzatti L，Turturro A，et al. J Phys Chem B，2007，111 (17)：4495.

[80]　于中振，欧玉春，方晓萍等．中国科学院研究生学报，1996，13 (1)：29.

[81]　Partlett M J，Thomas P S. Polym Int，2000，49 (6)：495.

[82]　Rjiba N，Nardin M，Drean J Y，et al. J Colloid Interf Sci，2007，314 (2)：373.

[83]　Tamargo-Martinez K，Villar-Rodil S，Paredes J I，et al. Macromolecules，2003，36 (23)：8662.

[84]　Monies-Moran M A，Paredas J I，Martinez-Alonso A，et al. J Colloid Interf Sci，2002，247 (2)：290.

［85］ Sun C H，Berg J C. Adv Colloid Interf Sci，2003，105：151.

［86］ Voelkel A，Andrzejewska E，Limanowska-Shaw H，et al. Appl Surf Sci，2005，245 (1-4)：149.

［87］ Walinder M E P，Gardner D J. J Adhesion Sci Technol，2002，16 (12)：1625.

［88］ Liang H，Xu R J，Favis B D，et al. Polymer，1999，40：4419.

［89］ 张夏丽. 聚合物基复合材料中无机组分表面性能反气相色谱研究 ［D］. 上海：复旦大学，2008.

［90］ Vitt E，Shull K R. Macromolecules，1995，28 (18)：6349.

［91］ Husseman M，Malmstrom E E，McNamara M，et al. Macromolecules，1999，32 (5)：1424.

［92］ Slep D，Asselta J，Rafailovich M H，et al. Langmuir，1998，14 (17)：4860.

［93］ Clarke C J，Eisenberg A，LaScala J，et al. Macromolecules，1997，30 (14)：4184.

［94］ Tanaka K，Takahara A，Kajiyama T. Macromolecules，1996，29 (9)：3232.

［95］ Tanaka K，Yoon J S，Takahara A，et al. Macromolecules，1995，28 (4)：934.

［96］ Mansky P，Liu Y，Huang E，et al. Science，1997，275 (5305)：1458.

［97］ 毛志清. 玻璃纤维及碳纳米管增强高分子复合材料研究 ［D］. 南京：南京大学，2009.

［98］ 王晓宏. 碳纤维/树脂单丝复合体系界面力学行为的研究 ［D］. 哈尔滨：哈尔滨工业大学，2010.

［99］ 刘康. 纤维复合材料低温强冲击适用性研究 ［D］. 上海：上海交通大学，2007.

［100］ 宾月珍，陈茹，张荣等. 高分子通报，2012，(1)：76.

［101］ 李鑫. 层状镁铝氢氧化物的设计合成与阻燃性研究 ［D］. 大连：大连理工大学，2010.

［102］ 陈祥宝. 聚合物基复合材料手册. 北京：化学工业出版社，2004.

［103］ 孙杰. 编织复合材料结构与材料一体化优化设计 ［D］. 南京：南京航空航天大学，2010.

［104］ Yu T，Ren J，Li S. Compos Part A，2010，41 (4)：499.

［105］ Chen D，Li J，Ren J. Polym Int，2011，60 (4)：599.

［106］ Oksman K，Skrifvars M，Selin J F. Compos Sci Technol，2003，63 (9)：1317.

［107］ Nsino T，Hirao K，Kotera M，et al. First International Conference on Eco-composite，London Spet，2001.

［108］ Shinji O. Mech Mater，2008，40：446.

［109］ David P，Tom L A，Walther B P，et al. Compos Sci Technol，2003，63 (9)：1287.

［110］ Khondker O A，Ishiaku U S，Nakai A，et al. Compos Part A，2006，37：2274.

［111］ Robert M，Zbigniew K，Donatella C，et al. J Appl Polym Sci，2007，105：255.

第3篇 聚合物基纳米复合材料

第13章 纳米复合材料概述

>>> **本章提要**

　　本章概述了纳米与纳米科技及纳米复合材料的定义和聚合物基纳米复合体系，简述了纳米颗粒的各种制备方法以及聚合物基纳米复合材料的制备方法，并总结了聚合物基纳米复合材料的特性。

13.1 纳米与纳米科技

　　在物质世界的微观和宏观两个领域内，人类在小步地前进着；而在介于它们之间的1～100nm的世界里，20年前科学家们发现了深藏其中的一些物理和化学上的奇异现象，比如物体的强度、韧性、比热容、电导率、扩散率、磁化率等完全不同于我们现有的认识。由这些全新的发现导致的全新理论的问世将会给人类带来怎样的影响，会成为一场持续多久的革命呢？纳米科学技术是20世纪80年代末期刚刚诞生并正在高速发展的新科技，它的基本含义是在纳米尺寸（1～100nm）范围内认识和改造自然。

　　通常将纳米体系尺寸范围定义为1～100nm，处于团簇（尺寸小于1nm的原子聚集体）和亚微米级体系之间，其中纳米微粒是该体系的典型代表。由于纳米微粒尺寸小，比表面积大，表面原子数、表面能和表面张力随粒径的下降急剧增大，表现出小尺寸效应、表面效应、量子尺寸效应和宏观量子隧道效应等特点，从而使纳米粒子出现了不同于常规固体的新奇特性。纳米科技是研究由尺寸在1～100nm的物质组成的体系的运动规律和相互作用以及可能的实际应用中的技术问题的科学技术。

　　20世纪80年代末至90年代初，出现了表征纳米尺度的重要工具——扫描隧道显微镜（STM）、原子力显微镜（AFM），它们是认识纳米尺度和纳米世界物质的直接的工具，极大地促进了在纳米尺度上认识物质的结构以及结构与性质的关系，出现了纳米技术术语，形成了纳米技术。1990年在美国巴尔的摩召开的第一届纳米科技会议上统一了概念，正式提出了纳米材料学、纳米生物学、纳米电子学和纳米机械学的概念，并决定出版纳米结构材料、纳米生物学和纳米技术的正式刊物。从此，这些术语广泛应用在国际学术会议、研讨会和协议书中，人类对于这种介于原子、分子和宏观物质之间的纳米技术研究成为国际科技的一大热点。

13.2 纳米复合材料的定义

　　根据国际标准化组织（international organization for standardization）给复合材料所下

的定义，复合材料就是由两种或两种以上物理和化学性质不同的物质组合而成的一种多相固体材料。在复合材料中，通常有一相为连续相，称为基体；另一相为分散相，称为增强材料。分散相是以独立的相态分布在整个连续相中，两相之间存在着相界面。分散相可以是纤维状、颗粒状或是弥散的填料。复合材料中各个组分虽然保持其相对独立性，但复合材料的性质却不是各个组分性能的简单加和，而是在保持各个组分材料的某些特点基础上，具有组分间协同作用所产生的综合性能。

纳米复合材料（nanocomposites）概念是 Roy[1] 20 世纪 80 年代中期提出的，指的是分散相尺度至少有一维小于 100nm 的复合材料。由于纳米粒子具有大的比表面积，表面原子数、表面能和表面张力随粒径下降急剧上升，使其与基体有强烈的界面相互作用，其性能显著优于相同组分常规复合材料的物理机械性能，纳米粒子还可赋予复合材料热、磁、光特性和尺寸稳定性。因此，制备纳米复合材料是获得高性能材料的重要方法之一。纳米复合材料可以按图 13-1 进行分类。

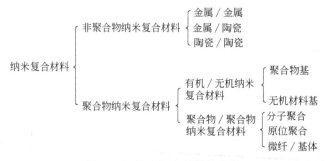

图 13-1　纳米复合材料的分类

纳米复合材料与常规的无机填料/聚合物复合体系不同，不是有机相与无机相简单的混合，而是两相在纳米尺寸范围内复合而成。由于分散相与连续相之间界面积非常大，界面间具有很强的相互作用，产生理想的黏结性能，使界面模糊。作为分散相的有机聚合物通常是刚性棒状高分子，包括溶致液晶聚合物、热致液晶聚合物和其他刚性高分子，它们以分子水平分散在柔性聚合物基体中，构成有机聚合物/有机聚合物纳米复合材料。作为连续相的有机聚合物可以是热塑性聚合物、热固性聚合物。聚合物基无机纳米复合材料不仅具有纳米材料的表面效应、量子尺寸效应等性质，而且将无机物的刚性、尺寸稳定性和热稳定性与聚合物的韧性、加工性及介电性能糅合在一起，从而产生很多特异的性能。在电子学、光学、机械学、生物学等领域展现出广阔的应用前景。无机纳米复合材料广泛存在于自然界的生物体（如植物和动物的骨质）中，人工合成的无机纳米复合材料目前成倍增长，不仅有合成的纳米材料为分散相（如纳米金属、纳米氧化物、纳米陶瓷、纳米无机含氧酸盐等）构成的有机基纳米复合材料，而且还有如石墨层间化合物、黏土矿物-有机复合材料和沸石有机复合材料等。

纳米复合材料的构成形式，概括起来有以下几种类型：0-0 型、0-1 型、0-2 型、0-3 型、1-3 型、2-3 型等主要形式[2]。①0-0 复合，即不同成分、不同相或不同种类的纳米微粒复合而成的纳米固体或液体，通常采用原位压块、原位聚合、相转变、组合等方法实现，具有纳米构造非均匀性，也称聚集型，在一维方向排列称纳米丝，在二维方向排列称纳米薄膜，在三维方向排列称纳米块体材料。目前聚合物基纳米复合材料的 0-0 复合主要体现在纳米微粒填充聚合物原位形成的纳米复合材料。②0-1 复合，即把纳米微粒分散到一维的纳米线或纳米棒中所形成的复合材料。③0-2复合，即把纳米微粒分散到二维的纳米薄膜中，得到纳米复合薄膜材料。它又可分为均匀弥散和非均匀弥散两类。有时候，也把不同材质构成的多层膜称为纳米复合薄膜材料。④0-3复合，即纳米微粒分散在常规固体粉体中，这是聚合物基无机纳米复合材料合成的主要方法之一，填充纳米复合材料的合成从加工工艺的角度来讲，主要是采用0-3复合形式。⑤1-3复合，主要是纳米碳管、纳米晶须与常规聚合物粉体的复合，对聚合物的增强有特别明显的作用。⑥2-3复合，从无机纳米片体与聚合物粉体或聚合物前驱体的发展状况看，2-3复合是发展非常强劲的一种复合形式。

13.3　聚合物基纳米复合体系

依据以上对纳米复合材料的定义，聚合物基纳米复合材料可定义为：分散相的大小为纳米级（1～100nm）的超微细分散体系与聚合物基体复合所得到的材料，称为聚合物-纳米复合材料，这类材料就是由聚合物和无机相进行复合（组装）而得到的。在21世纪，纳米复合材料将迅速发展成为最先进的复合材料之一。这类材料也是在宏观复合材料的基础上发展起来的。

由于纳米微粒的小尺寸效应、表面效应、量子尺寸效应和宏观量子隧道效应等特点，与高分子材料复合可以明显改善高分子材料的物理机械性能、热稳定性、气体阻隔性、阻燃性、导电性和光学性能等[3~9]。另一方面，由于纳米粒子之间的相互作用及粒子与聚合物基体的相互作用，造成有机-无机纳米复合材料在声、光、电、热、磁、介电等功能领域与常规复合材料有所不同。当聚合物基体本身具有功能效应时，纳米粒子与之耦合又能产生新的性能，并展示了广阔的应用前景。含有纳米单元相的纳米复合材料，通常以实际应用为直接目标，是纳米材料工程的重要组成部分，正成为当前纳米材料发展的新动向。其中，高分子纳米复合材料由于高分子基体具有易加工、耐腐蚀等优异性能，以及能抑制纳米单元的氧化和团聚的特性，使体系具有较高的长效稳定性，能充分发挥纳米单元的特异性能，因而尤受广大研究人员的重视。

按照分散相的种类，聚合物纳米复合材料可分成聚合物/聚合物体系和聚合物/填充物体系。填充物包括无机物、金属等除聚合物之外的一切物质。聚合物纳米复合材料具有以下优点：

① 体系的各种物理性能可以得到明显的提高；

② 纳米复合材料是资源节约型的复合，可以就地采用主原料（有机聚合物或者无机物，如黏土等），不需要使用新型物资，是资源节约型的复合。

③ 工艺路线简单，纳米复合不改变原有的聚合物的工艺路线。这一特征使得一旦纳米复合技术获得突破，将率先应用于工业化生产。

也就是说，聚合物纳米复合材料使用原有的材料，通过调节复合物中的分散状态就可提供划时代的性能。

用于制备聚合物-无机纳米复合材料的无机物包括层状硅酸盐黏土、层状化合物、金属粉体、各种无机氧化物等。无机氧化物数目繁多，举不胜举。用无机氧化物制备粉体材料的技术在现阶段已经相当成熟。本书只讨论少量有关的无机纳米材料及其前驱体。如表13-1所示。

表 13-1　常见的无机纳米颗粒材料及其对应的前驱体[10]

纳米颗粒	对应前驱体	反应方式
SiO_2	TEOS	水解、离心分离[11~13]
SiC	$SiH_4 + CH_4$	LICVD[14,15]
Si_3N_4	$SiH_4 + NH_3$	LICVD[14,15]
ZrO_2	$ZrOCl_2 + NH_4OH/Zr(OH)_4$	沉淀法[15,16]
Y_2O_3	$YCl_3 + NH_4OH/Y(OH)_3$	沉淀法[15,16]
TiO_2	$Ti(OC_2H_5)_4$	金属醇盐法[17]
M_xO_y	$M_x(OC_2H_5)_z$	金属醇盐/共沉淀

13.4　纳米颗粒的制备方法

除了单分散的纳米级粒子的制备方法有特殊要求以外，大部分的纳米颗粒的制备方法都可归结如下：① 液相法，如溶胶-凝胶法[18]、乳液法等；② 固相干法，如研磨法、烧结法[19]、气流撞击法等；③ 气相法，如 CVD 法[20]、激光气相沉积法[21]等；④ 其他特殊方法，如重力分选法等。

13.4.1　溶胶-凝胶法（sol-gel）

溶胶-凝胶法又称胶体化学法，是 20 世纪 60 年代发展起来的一种制备玻璃、陶瓷等无机材料的新工艺，近年来许多人用此法来制备纳米微粒。基本原理是：将金属醇盐或无机盐经水解直接形成溶胶或经解凝形成溶胶，然后使溶质聚合凝胶化，再将凝胶干燥、烧结去除有机成分，最后得到无机材料。概括起来，包括溶胶的制备、溶胶-凝胶转化、凝胶干燥几个过程。

溶胶中含大量的水，凝胶化过程中，使体系失去流动性，形成一种开放的骨架结构。实现凝胶作用的途径有两个：一是化学法，通过控制溶胶中的电解质浓度；二是物理法，迫使胶粒间相互靠近，克服斥力，实现胶凝化。在一定的条件下（如加热）使溶剂蒸发，干燥凝胶，得到粉料。干燥过程中，凝胶结构变化很大。

溶胶-凝胶法的科学原理是胶体化学的方法，就是通过水化溶解的方法，将分散介质转化为溶液胶体，然后再在适当的条件下形成凝胶。形成胶体的颗粒约为 $10^{-6} \sim 10^{-9}$ m，经过不同的搜集方法，可以制备胶体颗粒。

溶胶-凝胶制备纳米颗粒的反应条件温和，可以在反应的早期控制材料的表面和界面。用缩聚反应来控制溶胶的凝胶化过程，产生极其精细尺度的分散相，而且分散相的化学成分及结构、尺寸、分布、表面特性等均可以控制；通过调节两相的成分可以改变材料的结构及孔径大小等，存在的主要问题在于凝胶干燥过程中，由于溶剂、小分子、水的挥发而导致材料收缩脆裂。此外，前驱物价格昂贵造成此法成本高，不适合大规模生产。

13.4.2　复合醇盐法

复合醇盐法的基本原理就是 sol-gel 原理。但是，为了得到纯粹的化合物纳米颗粒，对两种前驱体的加入比率及水解速率预先要进行清晰的比较。例如，采用复合醇盐法可制备 $BaTiO_3$[22,23]。要求两种前驱体的水解速率尽可能地快，第一步，将 Ba 与适当的醇反应制得 Ba 的醇盐；第二步，将相同的（或者不同的）醇、氨水及四氯化钛反应得到钛的醇盐，同时过滤掉氯化铵，将所制备的醇盐在苯溶剂中复合，使得 Ba：Ti（摩尔比）＝1：1，再回流约 2h，然后加入少量蒸馏水，并搅拌。加水分解后可得到超微晶态 $BaTiO_3$ 沉淀，粒径为 $10\sim15nm$。如果醇合物为 $Ba(OC_3H_7)_2$ 和 $Ti(OC_5H_{11})_4$，则可得到粒径小于 15nm 的 $BaTiO_3$ 颗粒，纯度可达 99.98%。

13.4.3　微乳液法

微乳液法也是 sol-gel 方法的一种延伸，不同之处是：前者在制备纳米溶胶的体系中增加了表面活性剂，表面活性剂将形成的纳米颗粒就地原位地包覆，形成通常的核-壳结构胶束。其中，内核为纳米颗粒，壳层为表面活性剂。因此，利用微乳液法制备纳米颗粒具有粒径小、粒径分布窄及比表面积大的特点。

微乳液法的制备要求设计好一种匹配的微乳液体系，选择适当的沉淀体系及合理的、经济的后处理工艺路线[24,25]。它包括纳米前驱体（有机试剂，如金属醇合物等）、表面活性剂和助表面活性剂。微乳液体系对有机试剂的增容能力越大，越有利于获得高产率的纳米颗粒。但是，微乳液体系在形成中，会与有机试剂产生化学反应，并可能导致沉淀物的产生，这是在选择有机试剂前驱体中必须加以注意的问题。在制备好微乳液体系后，必须掌握如何控制沉淀物的形成。例如，可以控制水/表面活性剂的相对比例、控制体系的 pH 值等，以达到控制颗粒大小的目的。微乳液法获得的纳米颗粒具有核-壳结构，将对后续使用产生直接影响。在经过洗涤、干燥、后处理之后，可以得到"假团聚"的体系，这种体系的颗粒称为二次粒子，具有微米级尺度，但其结构却是纳米尺度的。

13.4.4　沉积法与等离子体法

沉积法包括化学气相沉积法（CVD）和物理气相沉积法（PVD）。近年来采用 CVD、PVD 及等离子体等方法，在绝氧的惰性气氛中，将金属纳米粉如 Fe、Co、Ni 等直接沉积在载体（如聚合物或者无机物等）上，制备了许多可替代 Pd 贵金属的催化剂；采用含贵金属的溶液与载体进行电沉积方法，制备了如 Ni-Fe、Ni-P、Ni-Zn 等催化膜材料。沉淀法可与等离子体法结合使用，例如，以 Si_3N_4 大颗粒制备纳米粉体 Si_3N_4，将大颗粒 Si_3N_4 用载气（如氩气）带入等离子室，流入速度为 4g/min，同时通入反应性气体 H_2，进行热分解。经过一段时间后，再通入反应性气体 NH_3，反应后会形成 Si_3N_4 超微粒子。

对纳米级金属微粒均匀分布于有机聚合物中的金属-有机聚合物复合膜，往往都是通过蒸发沉积、溅射沉积和激光沉积等方法，使有机单体在衬底表面聚合，同时金属气化沉积在衬底上，得到金属-有机聚合物复合膜。

13.4.5　分子及离子插层方法

层状硅酸盐黏土有几十种，如膨润土、凹凸棒土、海泡石等，是迄今发现的最适宜用于制备纳米复合材料的无机相之一。其结构本身具有纳米尺度的层状结构，是制备纳米结构材料的内部条件，结合后处理技术，例如，分子插层或者离子插层等方法，可以将这些片状结构加以剥离得到纳米结构材料的前驱体。

插层复合法是利用层状无机物作为主体，将有机高聚物作为客体插入主体层间的方法。按有机高聚物插入层状无机物层间的方式，可以分为三大类：插层聚合、溶液插层、熔融插层。该法将有机聚合物插进层状硅酸盐之间,破坏硅酸盐的片层结构,使其组分单元重新排列得到纳米尺度上的有机-无机纳米复合材料。表 13-2 列出了聚合物基纳米复合材料的特性。

表 13-2　聚合物基纳米复合材料的特性[10]

项目	性能	比原聚合物提高的程度
(1)机械、热性能		
拉伸强度	提高	约 20%
断裂伸长率	明显减少	伸长 100% 约减少到 10% 以下
弯曲强度	提高	约 50%
弹性模量(拉伸/弯曲)	提高	约 1.6～2 倍
冲击强度	提高	20%～100%
拉伸蠕变	提高	尼龙 6 提高很大
摩擦系数	减少	尼龙 66 大约减少一半
磨耗性	提高	尼龙 66 磨耗量减少一半
热变形温度	升高	非晶性聚合物升高 10～20℃,结晶性聚合物升高 80～90℃
热膨胀系数	减少	减少 40%
(2)功能性		
水蒸气透过性	减少	降到 20%～50%
气体透过性	减少	降到 20%～50%
燃烧性	提高	放热速率(热传导)明显变慢
耐候性	不明确	有提高和降低两种数据
生物分解性	不明确	
(3)成型性		
熔融时的流动性	提高	熔条流动长度等增加
成型收缩率	不变或降低	从同等程度到降低 20%
熔接强度	略降低	
(4)其他		
相对密度	几乎不变	几乎不变(增加 1%～2%)
透明性	提高	尼龙 6 透明性由 10% 提高到 40%
吸水性、尺寸稳定性	提高	吸水速度减少(平衡吸水率相同);尺寸变化率 25%～35%

从整体上说,插层复合法较溶胶-凝胶法简单,制得材料热稳定及尺寸稳定性好,而且原料来源丰富,价格便宜。插层聚合法可提高材料的性能,降低成本;溶液插层法简化了复合过程,利用层状结构使分子有规律排列,所得的结构更规整,具有各向异性,适合合成功能材料,但是对于多数聚合物来说,有时未能有合适的用于插层的单体和溶液,使得插层聚合法和溶液插层法的应用受到限制,而且需要选择合适溶剂来溶解聚合物和分散层状硅酸盐,存在大量溶剂不利回收且污染环境;熔融插层工艺简单,不需任何溶剂,易于工业化。

13.5　聚合物基纳米复合材料的制备方法

13.5.1　溶胶-凝胶法

溶胶-凝胶法(sol-gel)是最早用来制备纳米复合材料的方法之一[26]。所谓溶胶-凝胶过程指的是将前驱物在一定的有机溶剂中形成均质溶液,溶质水解形成纳米级粒子并成为溶胶,然后经溶剂挥发或加热等处理使溶胶转化为凝胶的过程。溶胶-凝胶中通常用酸、碱或中性盐来催化前驱物水解和缩合，因其水解和缩合条件温和，因此在制备上显得特别方便。根据聚合物及其与无机组分的相互作用类型，可以将制备方法分为以下几类。

13.5.1.1 直接将可溶性聚合物嵌入无机网络

这是用 sol-gel 制备聚合物基有机-无机纳米复合材料最直接的方法。把前驱物溶解在预形成的聚合物溶液中，在酸、碱或某些盐的催化作用下，让前驱化合物水解，形成半互穿网络。在此类复合材料中，线型聚合物贯穿在无机物网络中，因而要求聚合物在共溶剂中有较好的溶解性，与无机组分有较好的相容性。可形成该类型复合材料的可溶性聚合物不少，如PVA、PVAc、PMMA 等。

13.5.1.2 嵌入的聚合物与无机网络有共价键作用

在制备 13.5.1.1 中复合材料时，如在聚合物侧基或主链末端引入能与无机组分形成共价键的基团。就可赋予产品两相共价交联的特点，可明显增加产品的杨氏模量和极限强度。在良好溶解的情况下，极性高聚物还可与无机物形成较强的物理作用，如氢键[27]。

13.5.1.3 有机-无机互穿网络

在体系中加入交联单体，使交联聚合和前驱物的水解与缩合同步进行，就可形成有机-无机同步互穿网络，13.5.1.1 和 13.5.1.2 中的互穿网络结构都属于分步 IPN 的制备方法，若在体系中加入交联单体，使交联聚合和前驱物的水解与缩合同步进行，就可形成有机-无机同步互穿网络，此方法为同步 IPN 的制备方法[28]。用此方法，聚合物具有交联结构，可减少凝胶收缩，具有较大的均匀性和较小的微区尺寸；一些完全不溶的聚合物可以原位生成均匀地嵌入到无机网络中。该法的优点在于：①克服了有机聚合物溶解性的限制，可使一些完全不溶的有机聚合物通过原位生成而进入无机网络中；②纳米复合材料具有更好的均匀性和更小的微相尺寸，但需控制单体聚合和无机物水解缩合两个反应速率，使其在反应条件一致的情况下能几乎同时达到凝胶，否则将得不到均一的杂化网络。

从以上溶胶-凝胶法来看，该法的特点是可在温和条件下进行，两相分散均匀，通过控制前驱物的水解-缩合来调节溶胶-凝胶化过程，从而在反应早期就能控制材料的表面与界面，产生结构极其精细的第二相；存在的最大问题是在凝胶干燥过程中，由于溶剂、小分子的挥发可能导致材料内部产生收缩应力，影响材料的力学和机械性能，该法常用共溶剂，所用聚合物受到溶解性的限制。Novak[29]通过合成一系列正硅酸酯衍生物作为无机物前体制备了可避免大规模收缩的材料，但这些前体制备较复杂，需特殊合成，一般都较贵，且有毒性。

13.5.2 层间插入法

层间插入法是利用层状无机物（如黏土、云母等层状金属盐类）的膨胀性、吸附性和离子交换功能，使之作为无机主体，将聚合物（或单体）作为客体插入无机相的层间，制得聚合物基有机-无机纳米复合材料[30]。层状无机物是一维方向上的纳米材料，粒子不易团聚，又易分散，其层间距离及每层厚度都在纳米尺度范围 $1 \sim 100nm$。层状矿物原料来源极其丰富价廉。其中，层间具有可交换离子的蒙脱土是迄今制备聚合物/黏土纳米复合材料最重要的研究对象。插入法可大致分为以下四种。

13.5.2.1 熔融插层聚合

先将聚合物单体分散、插层进入层状硅酸盐片层中，然后进行原位聚合。利用聚合时放出的大量热量，克服硅酸盐片层间的库仑力而使其剥离，从而使硅酸盐片层与聚合物基体以纳米尺度复合。

13.5.2.2 溶液插层聚合

将高聚物单体和层状无机物分别溶解（分散）到某一溶剂中，充分溶解（分散）后，混合到一起，搅拌一定时间，使单体进入无机物层间，然后在合适的条件下使聚合物单体聚合。用此方法，单体插入后再聚合，因而可根据需要既能形成线型聚合，又能形成网状聚合，形成复合材料的性能范围很广。

13.5.2.3 高聚物熔融插层

先将层状无机物与高聚物混合，再将混合物加热到熔融状态下。在静止或剪切力的作用下实现高聚物插入层状无机物的层间。该方法不需要溶剂，可直接加工，易于工业化生产，且适用面较广。

13.5.2.4 高聚物溶液插层

它是通过聚合物溶液将高聚物直接嵌入到无机物片层间的方法。将高聚物大分子和层状无机物一起加入到某一溶剂，搅拌使其分散在溶剂中，并实现高聚物层间插入。溶液法的关键是寻找合适的单体和相容的聚合物黏土共溶剂体系，但大量的溶剂不易回收，对环境不利。

13.5.3 共混法

共混法类似于聚合物的共混改性，是聚合物与无机纳米粒子的共混，该法是制备纳米复合材料最简单的方法，适合于各种形态的纳米粒子。根据共混方式，共混法大致可分为以下四种。

13.5.3.1 溶液共混[31]

制备过程大致为：将基体树脂溶于溶剂中，加入纳米粒子，充分搅拌使之均匀分散，最后成膜或浇铸到模具中，除去溶剂制得样品。

13.5.3.2 乳液共混[32]

先制备聚合物乳液（外乳化型或内乳化型），再与纳米粒子均匀混合，最后除去溶剂（水）而成型。外乳化法由于乳化剂的存在，一方面可使纳米粒子更加稳定，分散更加均匀，另一方面它也会影响纳米复合材料的一些物化性能，特别是对电性能影响较大，也可能由于其亲水性、使纳米复合材料光学性能变差。自乳化型聚合物/无机物复合体系则既有外乳化法的优点，又能克服外加乳化剂对纳米复合材料的电学及光学的影响，因而性能更好。

13.5.3.3 熔融共混[33]

将聚合物熔体与纳米粒子共混而制备复合体系的方法由于有些高聚物的分解温度低于熔点，不能采用此法，使得适合该法的聚合物种类受到限制。熔融共混法较其他方法耗能少，且球状粒子在加热时碰撞机会增加，更易团聚，因而表面改性更为重要。

13.5.3.4 机械共混[34]

是通过各种机械方法如搅拌、研磨等来制备纳米复合材料的方法。该法容易控制粒子的形态和尺寸分布，其难点在于粒子的分散。

为防止无机纳米粒子的团聚，需对其进行表面处理，除采用分散剂、偶联剂和（或）表面功能改性剂等综合处理外，还可用超声波辅助分散。

13.5.4 原位聚合法

原位聚合法是先使纳米粒子在聚合物单体中均匀分散，再引发单体聚合的方法。是制备具有良好分散效果的纳米复合材料的重要方法。该法可一次聚合成型，适于各类单体及聚合方法，并保持纳米复合材料良好的性能。原位分散聚合法可在水相，也可在油相中发生，单体可进行自由基聚合，在油相中还可进行缩聚反应，适用于大多数聚合物基有机-无机纳米复合体系的制备。由于聚合物单体分子较小，黏度低，表面有效改性后无机纳米粒子容易均匀分散，保证了体系的均匀性及各项物理性能。典型的代表有 SiO$_2$/PMMA 纳米复合材料，经表面处理的 SiO$_2$ 无机填料（粒径为 30nm 左右）在复合材料基体中分散均匀，界面黏结好[35]。原位聚合法反应条件温和，制备的复合材料中纳米粒子分散均匀，粒子的纳米特性完好无损，同时在聚合过程中，只经一次聚合成型，不需热加工，避免了由此产生的降解，从而保持了基本性能的稳定。但其使用有较大的局限性，因为该方法仅适合于含有金属、硫化物或氢氧化物胶体粒子的溶液中使单体分子进行原位聚合制备纳米复合材料。

13.5.5　分子的自组装及组装

13.5.5.1　聚合物-无机纳米自组装膜

（1）LB 技术　利用具有疏水端和亲水端的两亲性分子在气-液界面的定向性质，在侧向施加一定压力的条件下，形成分子的紧密定向排列的单分子膜。可通过分子设计，合成具有特殊功能基团的有机成膜分子来控制特殊性质晶体的生长。LB 技术需要特殊的设备，并受到衬基的大小、膜的质量和稳定性的影响。

（2）MD 技术　采用和纳米微粒相反电荷的双离子或多聚离子聚合物，与纳米微粒通过层层自组装（layer-by-layer self-assembling）过程，可得到分子级有序排列的聚合物基有机-无机纳米多层复合膜，这种膜是以阴阳离子间强烈的静电相互作用作为驱动力，人们称为 MD 膜。多层膜有可能应用于制备新的光学、电子、机械及光电器件。多层膜中强烈的静电相互作用保证了交替膜以单分子层结构有序生长。

13.5.5.2　聚合物在有序无机纳米中的组装

自有序介孔分子筛 MCM-41 发现以来，为纳米微粒的器件化带来希望。1994 年，Wu[36]等在有序的、直径 3nm 的六边形铝硅酸盐介孔主体 MCM-41 中，实现了导电聚合物聚苯胺丝的组装，并用无接点微波吸收技术探测了复合点后的聚苯胺丝的电荷传送，从而在分子级上利用聚合物的导电特性和在设计纳米尺寸的电子器件方面上了一新台阶。

13.5.5.3　模板法

利用某一聚合物基材作模板，通过物理吸附或化学反应（如离子交换或络合转换法）等手段将纳米粒子原位引入模板制造复合材料的方法[37]。例如在功能化聚合物表面形成陶瓷薄膜是一种新的陶瓷材料加工和微结构形成方法。在有序模板的存在和制约下，纳米相将具有一些特殊结构和性质。

通过分子自组装和组装技术可实现材料结构和形态的人工控制，使结构有序化，进而控制材料的功能。在磁、光、光电、催化、生物等物理、化学领域的潜在应用，决定了分子自组装及组装聚合物基有机-无机纳米复合物很有发展前途。

13.5.6　辐射合成法

辐射合成法适合于制备聚合物基金属纳米复合材料，它是将聚合物单体与金属盐在分子级别混合，即先形成金属盐的单体溶液，再利用钴源或加速器进行辐射，电离辐射产生的初级产物能同时引发聚合及金属离子的还原，聚合物的形成过程一般要较金属离子的还原、聚集过程快，先生成的聚合物长链使体系的黏度增加，限制了纳米小颗粒的进一步聚集，因而可得到分散粒径小、分散均匀的聚合物基有机-无机纳米复合材料。

总之，以上几种方法各具特色，各有其适用范围。对具有层状结构的无机物，可用插层复合法；对不易获得纳米粒子的材料，可采用溶胶-凝胶法；对易得到纳米粒子的无机物，可采用原位复合法或共混法；而分子自组装技术可制备有序的无机有机交替膜；对于金属粒子，可采用辐射合成法。

13.6 聚合物基纳米复合材料的特性

聚合物基纳米复合材料是世纪之交很有发展前途的复合材料，是研究者的热门课题，其工业化始于20世纪90年代初。根据文献报道，其特性总结如表13-2。由表13-2可知，通过纳米复合，聚合物的各种性能均有一定程度的提高。目前，开发最活跃的是聚合物/黏土分散体系。对于制备纳米复合材料的黏土，应具有以下特殊性质：①黏土是层状的矿物，黏土颗粒能够分散成细小晶层，长径比达1000的完全分散的晶层；②黏土的纯度，有效的层状硅酸盐片晶含量要高，蒙脱土是比较优秀的用于制造纳米复合材料的层状矿物，其有效含量可达到95%以上；③可以通过有机阳离子和无机金属离子的离子交换反应来调节黏土的表面化学特性；④黏土稳定性好，以蒙脱土为代表的黏土对有机聚合物的作用不仅表现在结构上的优越性，而且对复合材料的综合性能有着更重要的影响。插层纳米复合材料成为各种方法制备的纳米复合材料中最具有商品化价值的材料品种之一。部分研究成果已经开始进入产业化或因有极大的产业化应用前景而备受关注[38]。本章着重讨论聚合物-黏土纳米复合材料。

本 章 小 结

纳米技术与纳米材料是近20年来材料研究领域的热点问题，也是对当今社会产生重大影响的重要技术。世界各地都投入了巨大的研发资金支持这个领域的研究创新和实用化。

纳米复合材料是指分散相尺度至少有一维小于100nm的复合材料。由于纳米粒子具有大的比表面积，表面原子数、表面能和表面张力随粒径下降急剧上升，使其与基体有强烈的界面相互作用，其性能显著优于相同组分常规复合材料的物理机械性能。聚合物基无机纳米复合材料不仅具有纳米材料的表面效应、量子尺寸效应等性质，而且将无机物的刚性、尺寸稳定性和热稳定性与聚合物的韧性、加工性及介电性能糅合在一起，从而产生很多特异的性能。在电子学、光学、机械学、生物学等领域展现出广阔的应用前景。因此，制备纳米复合材料是获得高性能材料的重要方法之一。

大部分的纳米颗粒的制备方法都可归结为：①液相法，如溶胶-凝胶法、乳液法和CVD法等；②固相干法，如研磨法、烧结法、气流撞击法等；③气相法，如激光气相沉积法等；④其他特殊方法，如重力分选法等。聚合物基纳米复合材料的制备方法主要有：溶胶-凝胶法、层间插入法、共混法、原位聚合法、分子的自组装及组装、辐射合成法。

思 考 题

1. 纳米与纳米科技的定义。
2. 纳米复合材料的定义及分类。
3. 纳米颗粒的制备方法有哪些？
4. 聚合物基纳米复合材料的制备方法有哪些，并简要说明复合材料的特性。

第 14 章　聚合物/层状硅酸盐纳米复合材料

> **本章提要**
>
> 　　本章将介绍层状硅酸盐黏土材料的结构特点、制备工艺，重点介绍了聚合物/层状硅酸盐纳米复合材料研究现状、性能特点及应用前景，并深入探讨了插层过程中的理论基础和聚合物/层状硅酸盐纳米复合材料的结构研究方法。

　　聚合物/层状硅酸盐纳米复合材料与传统的复合材料相比，特别之处在于其独特的插层复合制备技术。所谓插层复合，就是将单体或聚合物分子插入到层状硅酸盐（黏土）层间的纳米空间中，利用聚合热或剪切力将层状硅酸盐剥离成纳米基本结构单元或微区而均匀地分散到聚合物基体中。其关键是利用了层状硅酸盐的纳米片层结构特性。

14.1　层状硅酸盐黏土材料

　　层状硅酸盐黏土由于具有独特的、天然的纳米结构——片层尺度为纳米级，因此，在制备纳米复合材料中，起到了非常重要的作用。在自然界中，有很多无机矿物具有层状结构。包括：天然的铝硅酸盐，如高岭土、蒙脱土、伊利石、海泡石、凹凸棒石、绿泥石等等。此外，利用人工合成的方法也可制得具有层状结构的硅酸盐。其中，蒙脱土又称膨润土（bentonite），也称斑脱岩、膨土岩等，是以蒙脱土为主要成分的黏土岩，目前已在石油化工、工程、环保、建筑、能源、涂料、药物、饲料等领域得到了广泛的应用。由于蒙脱土本身为天然的纳米结构，使其在制备蒙脱土纳米复合材料方面有了更为广泛的应用。

14.1.1　蒙脱土的矿石性质

14.1.1.1　膨润土的矿物组成

　　黏土的主要组成是黏土矿物，有的黏土以含一种黏土矿物为主、其他黏土矿物为辅，如膨润土就是以蒙脱土为主要组分的黏土，它的物理化学性质和工艺技术性能以及实用价值主要取决于所含蒙脱土的属性和相对含量等。自然界中的蒙脱土都是成分极为复杂的伴生矿物，经过地质勘探工作者的选矿和后处理等整套工艺才能得到可以使用的黏土。膨润土矿石的矿物组成见表 14-1。在制备蒙脱土的工艺中，由于其成分的复杂性，很难得到成分均一的蒙脱土材料。因此，虽然其矿藏丰富，要得到其高级别产品，需要很高的技术工艺要求。

表 14-1　膨润土矿石的矿物组成[10]

主要组成	次要组成	颜色
蒙脱土、玻屑、岩屑、硅质岩、凝灰岩、蒙脱土火山岩角砾	晶屑、石英、长石、沸石、陆源碎屑（20%～25%）、熔结凝灰岩、安山岩、霏细岩、石英、斜长石、黑云母玻屑、粉砂、砂、泥、岩屑（硅质岩、凝灰岩、安山岩）、陆源碎屑（黄铁矿、方解石）；砾石-硅质岩、斜发沸石<10%（斜发沸石少量）、石英、火山岩、凝灰岩	灰色、浅红色、白色

14.1.1.2　蒙脱土的矿物特征与结构

膨润土矿的主要成分蒙脱土是一种含水的层状硅酸盐矿物，其中还含有少量的其他黏土矿物。蒙脱土的最简单化学成分是 $Al_2O_3 \cdot 4SiO_2 \cdot 3H_2O$，理论上各组分的百分含量为 Al_2O_3 25.3％、SiO_2 66.7％、H_2O 5％。而蒙脱土的实际化学成分就比较复杂，各地蒙脱土的化学成分差异很大。蒙脱土的晶体结构的特点是二层硅氧四面体晶片与其间的铝氧八面体晶片相结合形成晶层，构成 2：1 型结构。单斜晶系。晶胞参数为 $a_0 = 0.523nm$，$b_0 = 0.906nm$，$c_0 = 0.96 \sim 2.05nm$ 变化，β 接近于 $90°$，$z = 2$[39]。晶层具有水分子和可交换阳离子，c_0 值受层间所含的水分子层数影响，所含水分子层越多，值越大。完全脱水的蒙脱土的 $c_0 = 0.96nm$，呈 2：1（TOT）型，二八面体结构。在结构层之间，除水分子外，还存在较

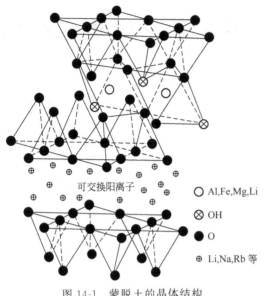

可交换阳离子

○　Al,Fe,Mg,Li
⊗　OH
●　O
⊕　Li,Na,Rb 等

图 14-1　蒙脱土的晶体结构

大半径的可交换阳离子 Na^+、Ca^{2+} 等。见图 14-1。蒙脱土晶体化学特点是类质同象种类多，使之化学成分复杂，变化大。八面体空隙中的 Al^{3+} 常被低价的 Mg^{2+}、Fe^{2+} 置换；四面体空隙中的 Si^{4+} 被 Al^{3+} 置换，由于低价阳离子替代高价阳离子，使结构层产生多余的负电价。为了保持电中性，在结构层间除了水分子外，存在较大半径的阳离子 Na^+、Ca^{2+}、Mg^{2+} 等。这些阳离子是可交换的，使蒙脱土族矿物具有离子交换性、吸水性、膨胀性、触变性、黏结性、吸附性等一系列很有价值的特性。

14.1.1.3　蒙脱土的物理性质

蒙脱土呈白色，有时为浅灰、粉红、浅绿色。鳞片状（001）解理完全，硬度2.3，密度 $2 \sim 2.7g/cm^3$，很柔软，有滑感，加水膨胀，体积能增加几倍，并变成糊状物，具有很强的吸附力及阳离子交换能力。

14.1.2　蒙脱土层状硅酸盐资源及其分布

14.1.2.1　膨润土矿颗粒组成和蒙脱土含量的分类

根据不同膨润土矿样颗粒组成的相似程度，结合各膨润土矿的蒙脱土含量，可把膨润土矿分为以下几类。第一类，包括九台青、凌源、夏子街青、夏子街红、红泉和刘房子等地样品，蒙脱土和小于 $2\mu m$ 的颗粒含量都接近50％或以上，通过干法选矿后再进一步改性，可制备出高纯钠基土、有机土以及纳米土等膨润土的高档产品，能很好地应用于化工、日用化工、食品工业以及环保领域[40,41]；第二类，包括黑山、九台黄、信阳白、溧阳、缙云、高州、淳化红和安吉等地样品，这一类样品蒙脱土含量在50％以上，但粒径大，经过筛选和加工，这类膨润土矿可应用于对粒度要求相对不高的冶金、铸造、钻井泥浆[42]、烟草[43]等行业；第三类，包括余杭青、余杭白、信阳红、法库、临安、淳化白和甲山等地样品，这一类膨润土的蒙脱土含量在50％以下，细粒（<$2\mu m$）含量低于20％。

14.1.2.2　蒙脱土矿产的分布

世界蒙脱土资源极为丰富，分布甚广。统计资料为，世界蒙脱土总储量约为 25 亿吨，其中美国、原苏联和中国的储量占世界的 3/4，其次是意大利、希腊、澳大利亚和德国。其中钙基蒙脱土占 70%～80%，钠基蒙脱土储量不足 5 亿吨。蒙脱土资源虽然十分丰富，但用量最大的优质钠基蒙脱土却十分短缺。在发现了蒙脱土的天然纳米结构及其在很多领域的应用之后，这些数据就不断被改写。例如，2000 年，仅在我国广西境内就发现储量 5 亿吨的矿藏。

我国膨润土矿 90% 为钙基蒙脱土，在我国 23 个省市内都有分布，大型矿床有 20 多个。大多数矿床集中在东北三省及新疆、甘肃、广西等地。

14.1.3　有机黏土的制备

利用阳离子交换技术处理天然黏土，获得与聚合物基体相容的有机黏土，是制备聚合物/层状硅酸盐纳米复合材料的关键一步。

14.1.3.1　黏土的表面电荷密度

天然的黏土矿物大多为钙土，即位于层状硅酸盐片层间的可交换阳离子为两价的钙离子。而在制备有机黏土时使用的一般是易于进行阳离子交换的钠土（层间的可交换阳离子为一价的钠离子），因此第一步往往是使钙土转变为钠土。方法非常简单：在适当的温度下，将钙土分散在碳酸钠或氯化钠的饱和溶液中，使之充分地交换，钠离子就可以将钙离子从片层间交换出来，最终得到层间可交换阳离子为钠离子的钠土。

黏土中可交换阳离子的数量可以用黏土的阳离子交换容量（CEC）来表示，也可以用表面电荷密度来表示。表面电荷密度的定义为单位层状硅酸盐片层表面所吸附的阳离子的数量，可以用数学公式的形式表示为：

$$\sigma = CEC/S \tag{14-1}$$

式中，σ 为黏土的表面电荷密度；CEC 为黏土的阳离子交换容量；S 为黏土片层的表面面积总和。

式（14-1）只是给出了表面电荷密度的一般性定义，对层状硅酸盐表面电荷密度的定义和定量计算可以参看 Mortier[44] 等的研究工作，他们从这一公式出发，根据层状硅酸盐的结构特点总结了计算黏土表面电荷密度的方法，并给出了一系列有价值的结果，对实际的研究工作有良好的指导意义。

14.1.3.2　几种主要的插层剂

在制备聚合物/层状硅酸盐纳米复合材料的历史上，第一类使用的插层剂是氨基酸类插层剂[45]，Okada 等使用氨基酸处理层状硅酸盐得到有机黏土，然后利用原位聚合技术制备了 PA6/层状硅酸盐纳米复合材料。此后相继出现了许多新的插层剂，并被用于有机黏土和聚合物/层状硅酸盐纳米复合材料的制备，其中就包括目前被广泛应用的烷基铵盐类插层剂。以下将简单地介绍几种典型的插层剂。

（1）氨基酸类插层剂　在氨基酸分子中含有一个氨基（—NH$_2$）和一个羧酸基（—COOH）。在酸性介质的条件下，氨基酸分子中羧酸基团内的一个质子就会传递到氨基基团内，使之形成一个铵基离子（—NH$_3^+$），新形成的铵基离子使得氨基酸具备了与层状硅酸盐片层间的阳离子进行阳离子交换的能力。当氨基酸内的铵基离子完成了与层状硅酸盐片层间阳离子的交换后，就可以得到氨基酸有机化的有机黏土。

许多具有不同碳链长度的 ω-氨基酸 [H$_3$N$^+$(CH$_2$)$_{n-1}$COOH] 都被用来制备有机黏

土[46]。因为氨基酸中的羧基具备与插入层状硅酸盐层间的ε-己内酰胺反应，参与其聚合过程的能力，用ω-氨基酸处理所得的有机黏土在制备PA6/层状硅酸盐纳米复合材料中得到了非常广泛与成功的应用[46]。

ω-氨基酸分子中碳链的长度越长，越有利于其扩张层状硅酸盐的层间距。随着ω-氨基酸碳链的增加，有机黏土的层间距随之不断增加。如在其中插入己内酰胺单体，由于己内酰胺单体对层状硅酸盐层间距也有一定的扩张作用，所以黏上的片层间距进一步得到了扩大。

（2）烷基铵盐类插层剂　经过烷基铵处理的有机黏土可以稳定地分散在某些有机溶剂中，形成稳定的胶体体系，这一现象在Jordan[47]和Weiss[48]的论文中已经有了详尽的论述。这是因为烷基铵类试剂可以非常容易地与层状硅酸盐的层间离子进行交换，使层状硅酸盐片层表面状态由亲水性变为亲油性，与聚合物分子的相容性也可以得到相应的提高。经烷基铵处理所得的有机黏土具有处理工艺简单、性能稳定等明显的优点。烷基铵盐已经成为了目前使用最为广泛的一种插层剂。

使用此类插层剂处理层状硅酸盐时，通常的工艺步骤是：首先将烷基胺（结构为：$CH_3—(CH_2)_n—NH_2$）试剂在酸性环境中质子化，使氨基转变为铵离子，得到烷基铵离子（结构为：$CH_3—(CH_2)_n—NH_3^+$）；然后与层状硅酸盐的层间阳离子交换得到有机黏土。上述烷基铵离子的分子式中n值的范围介于1～18。同样的，烷基铵离子的碳链长度对有机黏土的处理效果、制备的聚合物层状硅酸盐纳米复合材料的性能都有明显的影响。碳链长度越长，处理后的有机黏土的层间距越大，从而影响了最终纳米复合材料性能。Lan等[49]研究环氧/层状硅酸盐的结果表明：使用碳链长度小于8的烷基铵离子处理层状硅酸盐时，主要会得到插层型的纳米复合材料；而使用碳链长度大于8的烷基铵时，更容易得到剥离型的纳米复合材料。此外，在实际应用中，不仅仅是具有一个烷基链的烷基铵离子可以用来处理层状硅酸盐，连接两条烷基链的铵离子也可以用来制备有机黏土[50]。

根据原始黏土的阳离子交换容量与烷基铵离子中碳链长度的不同，烷基铵离子在与层间阳离子交换进入层状硅酸盐的层间后，烷基链会采取不同的空间位置分布在各个片层之间。

一般而言，随着原始黏土CEC的数值由小到大变化，烷基链在层间的空间分布会沿以下的顺序变化：单层分布、双层分布、准三层分布以及与石蜡结构类似的层状分布。

（3）其他插层剂　除了以上两类常用的插层剂，使用其他的插层剂处理层状硅酸盐往往是为了在制备聚合物/层状硅酸盐纳米复合材料时改善某些工艺或赋予最终制品一定的功能性。例如在制备PS/层状硅酸盐纳米复合材料时，使用胺甲基苯乙烯作为插层剂，它就可以同时起到扩大层间距和参与苯乙烯原位聚合的作用[51]；使用4-乙烯基吡啶作为插层剂可以赋予制品一定的变色功能[52,53,54]；使用偶氮阳离子染料作为插层剂则可以使有机黏土在光敏材料的领域得到一定的应用[55,56]；而图14-2所示的几种结构的插层剂则都是具有抗菌功能的插层剂[57]，对葡萄球菌、大肠

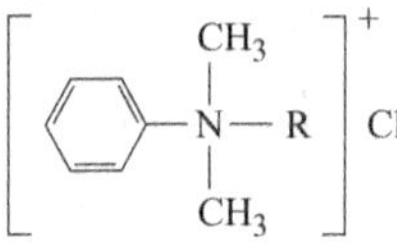

苄烷基氯化铵，其中R的结构为：$C_{12}H_{25} \sim C_{18}H_{37}$

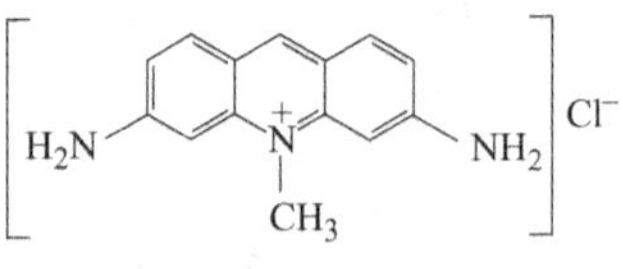

吖啶黄氯化铵

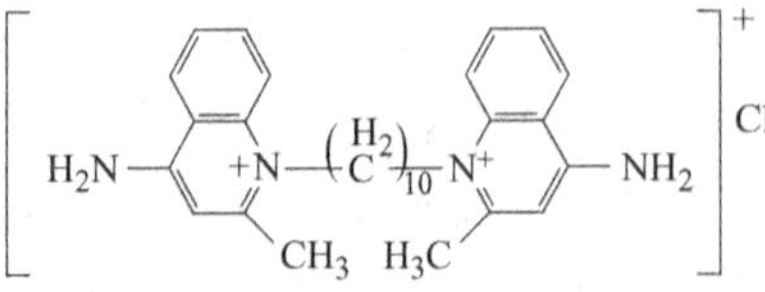

克菌定（商品名）

图14-2　具有抗菌功能的插层剂

杆菌、埃希菌等多种致病细菌有显著的抑制作用。

此外还有许多结构与功能各异的插层剂在实际研究工作中得到了应用，随着对聚合物/层状硅酸盐纳米复合材料的研究的深入，还将会有更多地插层剂被逐渐开发出来。对这一问题感兴趣的读者可以参看其他参考文献[58,59]，在这里我们就不再作更多地介绍了。

14.2　聚合物/层状硅酸盐纳米复合材料

14.2.1　聚合物/层状硅酸盐纳米复合材料的研究现状

自 1984 年 Roy[1] 提出了"纳米复合材料"概念以来，1987 年，日本丰田研究院报道了用插层聚合方法制备尼龙/蒙脱土纳米复合材料，实现了无机纳米相的均匀分散，层间距达到 20nm，无机相与有机相间发生强界面作用和自组装，具有较常规尼龙/蒙脱土填充复合材料无可比拟的优点，拉伸强度、弹性模量、热变形温度提高了近一倍，吸水率、热膨胀系数大大变小。由此，引起了世界各国对聚合物纳米复合材料的特别关注，研究工作异常活跃，美国的 Cornell 大学、Michigan 州立大学和中国科学院化学研究所等单位已在有关的基础理论研究和应用开发方面取得了很多成果[60~63]。

Kato[64] 等将苯乙烯单体先浸渍到黏土层间引发聚合，制备了 PS/黏土复合材料，但黏土层间的微环境决定了单体进入层间十分困难，结果只有很少聚合物分子链插入到黏土的片层间。Greenl 等尝试用 PVA 线性聚合物直接吸附到黏土表面上以制备聚合物/黏土纳米复合材料。但由于聚合物与黏土片层的结合力弱，研究也不成功。Jeon[65] 等报道了以溶液插层法制备 PE/蒙脱土纳米复合材料，发现蒙脱土片层间距增加很少，在 PE 基体中分散并不理想，大多数片层并不是单一分散，而是呈薄薄的溶胀层堆积在一起。

聚合物熔体插层也是制备聚合物/黏土纳米复合材料的有效方法。美国 Cornell 大学的 Vaia 和 Giannelis 等对聚合物熔体插层进行了热力学分析，认为该过程是熵驱动的，因而必须改善聚合物与黏土间的相互作用以补偿整个体系熵值的减少[49,66]。在此理论的指导下，通过聚合物熔体插层制备出 PS/黏土、PEO（聚氯乙烯）/黏土纳米复合材料。而 T. J. Pinnavaia[67] 等仔细分析了聚合物与黏土片层间的相互作用。随后 Kato 等又报道了熔体插层制备出尼龙 6/黏土纳米复合材料。于建[68] 等采用直接注射法制备了 PP/MMT 复合材料，考察了材料结构与性能方面的特征。结果表明，插层剂对有机蒙脱土（OMMT）有着强烈的溶剂化作用，能以较快的速度向 MMT 中硅酸盐层片之间扩散，MMT 可以在插层剂存在的条件下被插层，且其硅酸盐层片之间距离的变化完全取决于插层剂对 MMT 的溶剂化作用。

这些材料的分析结果表明，熔体插层方法制备的纳米复合材料的性能与聚合插层方法制得的材料基本相同，说明聚合物熔体插层具有广泛的适用性。Caia 和 Giannelis 等从理论上深入地研究插层复合的机理，他们考察了插层复合的动力学，指出聚合物熔体插层过程中复合物的形成主要取决于聚合物进入蒙脱土颗粒的传质速率，而与高分子在层间的扩散速率无关，并且聚合物/黏土纳米复合材料中聚合物的扩散行为与聚合物熔体等同，因此，可利用与通常复合物相同的工艺条件（如挤出、注塑）进行加工，不需要附加的反应时间。

14.2.2　聚合物/层状硅酸盐纳米复合材料的性能特点及应用前景

聚合物-层状硅酸盐纳米复合材料是一种新兴的复合材料，与常规聚合物基复合材料相比，具有如下特点。

① 需要填料的体积分数少。只需要很少的填料（<5％，质量分数）即可使复合材料具有相当高的强度、弹性模量、韧性及阻隔性能。而常规纤维、矿物填充的复合材料则需要比此类复合材料多3～5倍的填充量，并且，各项性能指标还不能兼顾。所以，聚合物-层状硅酸盐纳米复合材料比传统的聚合物填充体系质量轻、成本也有所下降。

② 性价比高。层状硅酸盐蒙脱土在我国有着丰富的资源且价格低廉。

③ 具有优良热稳定性及尺寸稳定性。

④ 其力学性能有望优于纤维聚合物体系。因为蒙脱土可以在二维方向上起到增强作用。

⑤ 优异的阻隔性能。由于硅酸盐片层平面取向，大大延长了气液迁移的距离。

上述这些特点使聚合物/蒙脱土纳米复合材料具有更为广阔的应用前景。此类复合材料可广泛应用于薄膜、包装等方面，还可用于对材料性能要求较高的电子、电器和汽车、飞机等的零部件或其他结构材料等。丰田中央研究所开发的PA6/蒙脱土纳米复合材料已由丰田公司用于制造汽车部件如皮带罩等。

14.2.3　聚合物/层状硅酸盐纳米复合材料的制备方法

天然纳米蒙脱土是亲水性的，而多数聚合物是疏水性的，两者之间缺乏亲和力，难以混合均匀。因此，要得到性能好的纳米复合材料，首先必须对蒙脱土进行有机化处理，使其呈亲油性，然后经过处理的有机蒙脱土才能进一步与单体或聚合物熔体反应，在单体聚合或聚合物熔体混合的过程中剥离为纳米尺寸的层状结构，均匀分散于聚合物基体中，从而形成纳米级复合材料。聚合物/蒙脱土纳米复合材料的制备方法主要有以下几种。

14.2.3.1　插层聚合法

插层聚合法（intercalation polymerization），即先将聚合物单体分散、插层进入层状硅酸盐片层中，然后原位聚合，利用聚合时放出的大量热量，克服硅酸盐片层间的库仑力，使其剥离（exfoliate），从而使硅酸盐片层与聚合物基体以纳米尺度相复合，该方法又可分为本体插层聚合法和溶液插层聚合法。如：用本体插层聚合法可制备PA6/OMMT纳米复合材料[69]。马继盛、胡友良等用溶液插层聚合制备聚丙烯/层状硅酸盐纳米复合材料[70,71]：首先使用烷基铵盐将天然黏土有机化，然后在有机黏土表面负载聚丙烯聚合所必须的Zigler-Natta催化剂，以正庚烷为溶剂，利用单体溶液原位插层聚合的方式制备出聚丙烯/黏土纳米复合材料。

按照聚合反应类型的不同，插层聚合又可以分为缩聚插层和加聚插层两种类型。缩聚插层因为只涉及单体分子链中功能基团的反应性，受蒙脱土层间离子等外界因素影响不大，所以，可以比较顺利地进行，如聚酰胺/蒙脱土。而单体加聚插层方式中涉及自由基的引发、链增长、链转移和链终止等自由基反应历程，自由基的活性受蒙脱土层间阳离子、pH值及杂质的影响比较大。

14.2.3.2　聚合物插层法

聚合物插层（polymer intercalation），即将聚合物熔体或溶液与层状硅酸盐混合，利用动力学或热力学作用使层状硅酸盐剥离成纳米尺度的片层并均匀分散在聚合物基体中。聚合物插层也可分为聚合物溶液插层和聚合物熔融插层两种。聚合物溶液插层使聚合物大分子链在溶液中借助于溶剂插层进入蒙脱土的硅酸盐片层间，然后再挥发掉溶剂。这种方法需要合适的溶剂来同时溶解聚合物和分散蒙脱土，而且，大量的溶剂不易于回收，对环境不利。目前能较好用于溶液插层的聚合物大多数为极性聚合物。这些聚合物的报道有尼龙、聚酰亚胺、环氧树脂和聚氨酯等[4,72~74]。

聚合物熔融插层使聚合物在高于其软化温度下加热，在静止条件或剪切力作用下直接插层进入蒙脱土的硅酸盐片层间。试验表明：聚合物熔融插层、聚合物溶液插层和单体聚合插层所得到的复合材料具有相同的结构，而由于聚合物熔融插层没有使用溶剂，工艺简单，并且可以减少对环境的污染，因而具有很大的应用前景。PE[75]、PP[76]、PET[77]等热塑性塑料均可用熔融插层法制备其与蒙脱土的纳米复合材料。

14.3　插层过程的理论分析

14.3.1　插层过程的热力学分析[78]

聚合物的大分子链对有机黏土的插层及层状硅酸盐层间膨胀过程是否能够进行，取决于整个系统热力学函数的变化，即相应过程中自由能的变化（ΔG）是否小于零，只有当 $\Delta G < 0$ 时，此过程才能自发进行。对于等温过程，有如下的关系：

$$\Delta G = \Delta H - T\Delta S \tag{14-2}$$

式中，ΔG 为插层过程中的自由能变化；ΔH 为插层过程中的焓变；T 为热力学温度；ΔS 为插层过程中的熵变。

要使 $\Delta G < 0$，则需满足以下关系：

$$\Delta H < T\Delta S \tag{14-3}$$

在实际的反应过程中，能够满足式（14-3）的条件的有三种情况，分别属于以下两种过程。

放热过程：（a）$\Delta H < 0$，且 $\Delta S > 0$；（b）$\Delta H < T\Delta S < 0$。

吸热过程：（c）$0 < \Delta H < T\Delta S$，即 $|\Delta H| > T|\Delta S|$。

此时，ΔH 是决定插层能否实现的关键因素。由于该过程体积保持不变，所以 $|\Delta H|$ 在数值上等于内能（ΔE），即关键是聚合物与黏土片层之间的相互作用程度。

以单体插层自由基原位聚合制备纳米复合材料为例，该过程可分为两个步骤：单体插层及原位聚合。单体插入蒙脱土片层之间，受到约束，并使层间距增大，整个体系的熵变为负值。因此，若要满足式（14-3），则必须满足 $\Delta H < T\Delta S < 0$。也就是说，聚合物单体与蒙脱土之间应该有强烈的相互作用，放出的热量足以补偿体系熵值的减少。对于原位聚合这一过程，单体聚合成高分子，同时由于聚合物在蒙脱土层间受限，因而整个体系的熵值减少。这样就同样必须满足 $\Delta H < T\Delta S < 0$。其中 ΔH 应该包括聚合物热、高分子链与蒙脱土的相互作用及蒙脱土的晶格能。可见，聚合物单体及分子链与硅酸盐片层之间的相互作用越强，则纳米复合材料的制备就越容易。

图 14-3　聚合物大分子熔体插层工艺示意图

聚合物层状硅酸盐纳米复合材料的制备方法大致可以分为以下几类：从聚合物分子的来源看，可以分为单体插层原位聚合与大分子直接插层；从具体的实施途径来看，有溶液插层法和熔体插层法。把这两种因素互相组合可以得到四种具体制备的过程：①分子熔体直接插层；②大分子溶液直接插层；③单体熔融插层原位本体聚合；④单体溶液插层原位溶液聚合。下面就对这四个典型的过程逐一进行具体的热力学分析，并结合具体研究实例予以说明。

14.3.1.1 大分子熔体直接插层

大分子熔体直接插层有机黏土制备聚合物/层状硅酸盐纳米复合材料的工艺流程如图14-3 所示。

利用大分子熔体直接插层的方法制备聚合物/层状硅酸盐纳米复合材料时，起始状态是聚合物熔体和有机黏土，终结状态为聚合物分子链插入层状硅酸盐片层之间形成的纳米复合材料。对于最终能够插入层状硅酸盐片层之间的聚合物高分子链而言，它们是从自由状态的无规线团构象，成为受限于层状硅酸盐层间准二维空间的受限链构象，所以其熵变值 $\Delta S < 0$，链的柔顺性越大将导致 ΔS 的负值越大。所以要使此过程能够自发进行，必须按照放热过程进行，满足 $\Delta H < T\Delta S < 0$ 的关系。

由此可知：利用聚合物熔体对层状硅酸盐直接插层是由焓变控制的，聚合物大分子链与有机黏土之间的相互作用程度是决定插层成功与否的关键因素。两者之间的相互作用必须强于两个组分自身的内聚作用，并且，在插层过程中，由两者相互作用所产生的焓变要能够补偿插层过程中聚合物分子链熵的损失。另外，由于聚合物大分子链的熵变为负值，所以温度升高不利于插层过程的进行。应尽量选择在仅略高于聚合物软化点的温度下制备聚合物/层状硅酸盐纳米复合材料。

14.3.1.2 大分子溶液直接插层

利用大分子溶液直接插层有机黏土制备聚合物/层状硅酸盐纳米复合材料的工艺流程如图 14-4 所示。

图 14-4 聚合物大分子溶液插层工艺示意图

利用大分子溶液对有机黏土直接插层的过程可分为：溶剂小分子首先对有机黏土插层，进入层状硅酸盐层间，然后聚合物大分子对有机黏土层间的插层剂分子进行置换，最终得到聚合物插层的纳米复合材料。对于溶剂小分子插层的过程，最终进入层状硅酸盐的溶剂分子从自由状态变成层间受约束的状态，熵变值为负，$\Delta S_1 < 0$。所以在这一步骤中，有机黏土在溶剂中分散时的溶剂化热是决定溶剂分子插层步骤的关键，只有满足 $\Delta H_1 < T\Delta S_1 < 0$ 的关系，溶剂小分子对有机黏土的插层过程才能够自发进行；而在第二个步骤，聚合物大分子对插层溶剂分子的置换过程中，一般来说，由于聚合物大分子链进入层状硅酸盐的层间受限空间所损失的构象熵小于溶剂小分子从层间解约束所获得的熵，所以熵变值为正，$\Delta S_2 > 0$。根据公式（14-3）的分析，只要满足放热过程中 $\Delta H_2 < 0$ 或者吸热过程中 $0 < \Delta H_2 < T\Delta S_2$ 的两个条件之一，聚合物大分子在溶液中对层状硅酸盐的插层过程就会自发进行。

在这一插层工艺中，在选择溶解聚合物的溶剂时，应当综合地考虑所选择的溶剂对聚合物的溶解能力和对层状硅酸盐中吸附的有机阳离子的溶剂化作用。若对有机阳离子的溶剂化作用太弱，会不利于溶剂分子对有机黏土插层步骤的进行；如果对有机阳离子的溶剂化作用太强，聚合物大分子链不容易将层状硅酸盐层间的溶剂小分子置换出来，同样不利于纳米复合材料的形成，得不到高分子插层层状硅酸盐的产物。只有选择对聚合物溶解能力和对有机黏土溶剂化作用比较平衡的溶剂，才能顺利的制备出性能优良的聚合物层状硅酸盐纳米复合材料。

在大分子溶液直接插层有机黏土的工艺中，溶剂小分子对层状硅酸盐插层过程的熵变值为负，而聚合物大分子置换层间溶剂小分子的过程的熵变值为正。所以，反应温度的升高有利于聚合物大分子的插层过程，而不利于溶剂小分子对有机黏土的插层。所以，在试剂的制备过程中，最好应在溶剂小分子插层有机黏土的阶段选择较低的温度，使有机黏土充分溶剂化；而在随后的高分子插层步骤中应选择较高的反应温度，使大分子链迅速将溶剂小分子置换出层状硅酸盐的层间，并同时将溶剂从反应体系中蒸发出去。这样就可以得到较好的聚合物层状硅酸盐纳米复合材料。

目前能较好用于溶液插层的聚合物大多数为极性聚合物。这些聚合物的报道有尼龙、聚酰亚胺、环氧树脂和聚氨酯等[4,72~74]。

14.3.1.3 单体熔融插层原位聚合

单体熔融插层制备聚合物/层状硅酸盐纳米复合材料的主要工艺流程如图 14-5 所示。

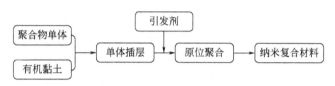

图 14-5 单体熔融插层原位本体聚合工艺示意图

利用单体熔融插层原位本体聚合方法制备纳米复合材料的过程可以分为两个主要步骤：第一步是聚合物单体熔融后对层状硅酸盐的插层过程；第二步是单体在有机黏土层间和外部的原位本体聚合过程。在第一个步骤中，聚合物单体熔体对有机黏土插层的热力学分析与上一节中溶剂分子对有机黏土的插层的过程热力学分析类似，由于聚合物单体是从自由状态变为层间受约束状态，因而熵变值为负，$\Delta S_1 < 0$；对于第二个步骤中聚合物单体的原位本体聚合反应，聚合物单体互相连接成为长链的大分子，其熵变值为负，$\Delta S_2 < 0$，同样导致 $\Delta H_2 < 0$，并能够满足 $\Delta H_2 < T\Delta S_2 < 0$ 的条件。在等温等压的条件下，这一聚合反应可以释放出大量的自由能，这些释放出来的能量以有用功的形式反抗有机黏土片层的吸引力，使层状硅酸盐的层间距得以大幅度增加，从而形成插层型或剥离型纳米复合材料。

由于这种工艺中两个主要步骤的熵变值均为负值，根据公式（14-2）的结论可以看出，升高反应温度不利于聚合物单体对有机黏土的插层，又不利于此后聚合物单体在有机黏土层间的原位聚合反应，因此采取这一工艺制备聚合物/层状硅酸盐纳米复合材料时应当尽量在较低的温度下进行。

漆宗能等[79~81]在这一领域对聚酰胺（PA6、MC-PA6）、聚酯（PET、PBT）、聚苯乙烯（PS）等进行了大量研究工作，如对己内酯交换过的有机黏土进行质子化处理，然后使用己内酰胺单体在熔融状态下对有机黏土进行插层，最后在熔体状态下引发己内酰胺的缩聚反应，成功地制备了剥离型 PA6/黏土纳米复合材料。

14.3.1.4 单体溶液插层原位溶液聚合

利用聚合物单体溶液插层原位聚合技术制备聚合物/层状硅酸盐纳米复合材料的工艺流

程如图 14-6 所示。

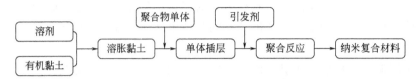

图 14-6　单体溶液插层原位聚合工艺示意图

在聚合物单体溶液插层原位溶液聚合的工艺中，也包含两个主要的步骤：溶剂小分子和聚合物单体分子对有机黏土的插层过程；以及聚合物单体在层状硅酸盐层间及溶液中的原位聚合反应。对于溶剂小分子和聚合物单体分子对有机黏土的插层过程，在上面我们已经对它们进行了热力学分析，这两个过程的熵变值均为负值，$\Delta S_1 < 0$。在这一工艺中，溶剂的作用就是通过对有机黏土片层间有机阳离子和聚合物单体二者的溶剂化作用，使得聚合物单体能够顺利地进入有机黏土的片层间。所以溶剂的选择至关重要，不仅要求溶剂小分子自身能够对层状硅酸盐进行有效插层，同时溶剂与聚合物单体的溶剂化作用要大于与有机黏土层间的阳离子的溶剂化作用，还要求它能够溶解在层状硅酸盐间进行的聚合反应所生成的高分子。这样才能够保证在引发聚合反应后，所生成的聚合物分子链能够稳定的增长，并依靠反应所释放出来的能量扩大有机黏土的层间距，甚至进一步破坏其有序结构。至于第二步原位溶液聚合反应的分析与上一节中对原位本体聚合的分析相似：其熵变值为负，同时 $\Delta H < 0$，并满足 $\Delta H < T\Delta S < 0$ 的关系。在聚合反应中可以释放出大量的自由能，不断增长的分子链可以依靠这些能量达到插入层状硅酸盐片层的目的，最终形成纳米复合材料。

在这一领域中，研究比较多的是利用原位聚合来制备聚烯烃/层状硅酸盐纳米复合材料。这是因为聚烯烃的极性较弱，与具有强极性表面的黏土相容性差，要利用大分子熔体插层的工艺制备聚烯烃的纳米复合材料有很大难度。因此，一些研究者转而利用原位聚合的技术来制备这种材料，如马继盛、胡友良等用原位聚合制备聚丙烯/层状硅酸盐纳米复合材料[70,71]。

表 14-2　聚合物/层状硅酸盐纳米复合材料制备的热力学分析及适宜温度[78]

插层方式	热力学分析	适宜的制备温度
聚合物熔融插层	$\Delta H < T\Delta S < 0$	很低，略高于 T_g 或 T_m
	$\Delta H_1 < T\Delta S_1 < 0$	低温
聚合物溶液插层	$0 < \Delta H_2 < T\Delta S_2$	高温
	$\Delta H_2 < 0$	高温
单体熔融插层原位聚合	$\Delta H_1 < T\Delta S_1 < 0$	低温
	$\Delta H_2 < T\Delta S_2 < 0$	低温
单体溶液插层原位聚合	$\Delta H_1 < T\Delta S_1 < 0$	低温
	$\Delta H_2 < T\Delta S_2 < 0$	低温

注：1. T_g 为聚合物玻璃化转变温度；T_m 为聚合物熔点。

2. 表中的脚标"1"表示溶剂分子或单体与溶剂分子的插层过程；"2"表示聚合物插层或单体聚合过程。

综合以上各节的分析结果，对采用的各种技术工艺制备聚合物/层状硅酸盐纳米复合材料时的热力学状态可总结如表 14-2 所示。表 14-2 包括采用不同的制备工艺时体系的热力学状态，和在各种工艺中比较适当的制备温度。这里需要特别指出来的是，表中所列出的结果仅仅是从热力学的角度出发，在理论上分析所得出的结论，它对实际的研究工作具备一定的指导意义，但对于某一个具体体系的制备过程，就要根据实际的情况综合考虑各方面的因素——包括动力学方面的因素、原材料种类、环境因素等等，进行有针对性的分析以确定最佳的制备条件。

14.3.2 插层过程的平均场理论

Vaia 等[82,83]在研究聚合物/层状硅酸盐纳米复合材料时发现：制备聚合物/层状硅酸盐纳米复合材料的难易程度及所获得的纳米复合材料的平衡状态等因素与聚合物基体的极性强弱、层状硅酸盐的阳离子交换容量（CEC）以及插层剂中烷基链的长度等因素直接相关；但是上述因素却与聚合物基体的另一个重要参数分子量没有明显的关联关系。根据这一现象，在总结了大量实验结果的基础上，依据热力学的理论分析，他们提出了基于层状硅酸盐的重复片状晶体结构的平均场理论（mean field theory）。

插层时体系的熵变和焓变决定了插层过程的自由能变化数值，也决定了插层过程能否自发地进行。但在上节的分析中主要考虑的是聚合物分子链和反应介质（溶剂等）或聚合物单体在插层前后的熵值变化。Vaia 等在平均场理论中，还进一步考虑了分布于有机黏土层间的插层剂的熵值变化。聚合物分子链从比较自由的状态进入受限空间，熵值减小；但由于聚合物分子链插入了层状硅酸盐的层间，导致其层间距扩大，分布于其中的插层剂因此而获得了更大的构象的自由度，所以它们在插层过程的熵变为正值。因此，该过程的总熵值（ΔS_v）由两个部分组成：①受限分子链由于层间距从 h_0 增加到 h 而引起的熵增（ΔS^{chain}）；②聚合物从原始无约束状态进入层间距为 h 的片层间所引起的熵减（$\Delta S^{polymer}$），即

$$\Delta S_v = \Delta S^{chain} + \Delta S^{polymer}$$

整个体系的熵值分析见图 14-7[82]。

图中横坐标为插层前后层状硅酸盐层间距的增加数值，纵坐标为单位面积的熵变值。由图可知，体系在有机黏土的层间距变化不大时的熵值变化非常微小，因此焓变值将对体系的自由能变化起到决定性的作用。若要使体系向有利于插层的方向进行，应该尽量增加聚合物分子链与有机黏土片层间的极性作用与连接，同时减少大分子与有机黏土间的非极性作用，使焓变值能够向有利的方向变化。

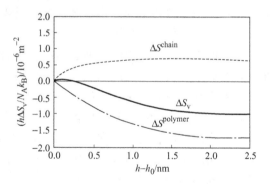

图 14-7 聚合物插层层状硅酸盐的熵值变化分析
（其中 N_A 和 k_B 分别代表
Avogadro 和 Boltzmann 常数）

这一理论的分析非常简单明了，所得结论也基本符合实际研究中所得的结果。但是它所考虑的因素比较简单，在一定程度上限制了它的应用。在聚合物与层状硅酸盐的三大类复合材料（不相容的微米级复合材料、插层型纳米复合材料和剥离型纳米复合材料）中，平均场理论可以解释一些基本的热力学状态和现象，但如果体系稍微复杂一些（如有溶剂存在或从聚合物单体出发利用原位聚合技术制备纳米复合材料）时，平均场理论就不足以精确地分析体系的热力学状态了。另外，在平均场理论中，对有机黏土的表面状态是以比较理想的状态来考虑的，即有机阳离子表面活性剂是以单分子层形式均匀地分散在片层表面，

并能够充分覆盖整个片层。但是在实际的材料中，由于许多黏土的 CEC 值有限，有机阳离子表面活性剂并不能充分地分散在其片层的表面，假如用以处理黏土的插层剂中烷基链的长度比较短，就更不足以覆盖整个表面；除此之外，插层剂还存在与黏土表面脱黏，离开层间的可能。这些因素都会导致平均场理论的分析与实际材料的热力学状态出现一定的偏差。

　　针对这些问题，许多学者对 Vaia 的平均场理论进行了修正和改进，并且利用蒙特卡洛方法（Monte Carlo simulation）对聚合物大分子或溶剂等小分子对层状硅酸盐的插层过程进行了计算机模拟，以期对插层过程的理论分析提供更多的依据。例如 Skipper[84]、Chang[85]、Karaborni[86] 等利用蒙特卡洛方法模拟了水分子对层状硅酸盐的插层过程，Delville[87] 等则使用分子动态模拟计算了同一过程的数据。根据这些计算机模拟的结果，可以大致估算出体系的自由能，并进一步估算出黏土在水介质中达到稳定状态后平均间距的数值。依据这些计算方法，可以进一步计算出大分子对层状硅酸盐插层时的热力学状态，并估算体系在稳定状态时的各种参数。以 Giannelis[83] 为代表的研究组已经在这一领域取得了相当优秀的成果。可以预期随着实验观测手段和计算机模拟技术的不断进步，这一理论也会不断地得到进步与发展。

14.3.3　插层过程的动力学分析

　　根据本章 14.3.1 节中的介绍，我们知道可以利用聚合物大分子熔体直接插层制备聚合物/层状硅酸盐纳米复合材料。该过程中往往需要外界的强制性机械力保证聚合物基体与有机黏土发生作用，最终形成纳米复合材料，但有时这种强制性机械力并非是绝对必需的。在有些体系（例如 PS/层状硅酸盐体系）中，将聚合物熔体与有机黏土混合均匀后，在准静态的情况下就可以形成分散状态良好的聚合物/层状硅酸盐纳米复合材料，这个结果是相当有趣的。因为层状硅酸盐即使经过插层剂处理后，层间距也只有 1～2nm，与大部分聚合物单体的尺寸接近，小于聚合物大分子链的自由回转半径。在这样一种尺寸的相对关系下，聚合物分子链能够进入层状硅酸盐的层间，其驱动力主要来自于体系内聚合物大分子链与层状硅酸盐相互作用导致的熵变。换言之，这一过程主要是熵驱动的。只要聚合物分子链进入有机黏土的层间后，就不容易脱离片层的约束重新恢复比较自由的状态。这是因为在分子链进入黏土片层前迫使其从无规线团的卷曲状态成为伸直链要耗费一些能量，有机黏土的片层结构在空间上对聚合物分子链的运动有约束作用，更主要的原因是聚合物分子链与黏土片层表面的作用阻止其自身脱离黏土片层表面。

　　Vaia 等[88] 选用相对分子质量为 30000 的 PS（PS30）作为基体，烷基铵处理的黏土作为填料，将两者混合均匀后在 160℃ 的真空环境中，利用原位 X 射线衍射（XRD）观察了该体系的片层间距的变化情况。在整个插层过程中，黏土（001）晶面的衍射峰向小角方向发生了一定的移动，说明 PS30 插入到了黏土的片层之间，使其间距扩大，但并没有破坏其重复结构。

　　根据 PS30/有机黏土的原位 XRD 观察结果，可以计算出聚合物分子链在层状硅酸盐片层之间的扩散速率 D 值。假定在插层开始后的 t 时刻，插入层状硅酸盐片层间的聚合物的量为 $Q(t)$，则有如下的关系[89,90]：

$$\frac{Q(t)}{Q(\infty)} = 1 - \sum_{m=1}^{\infty} \frac{4}{a_{\mathrm{m}}^2} \exp\left(-\frac{D}{a^2} a_{\mathrm{m}} t\right) \tag{14-4}$$

式中　$Q(t)$ ——t 时刻插入层状硅酸盐片层的聚合物量，g；

　　　　$Q(\infty)$ ——平衡状态下插入层状硅酸盐片层的聚合物量，g；

a_m——零阶贝塞尔方程的根；

$\bar{a}$——不可渗透颗粒的平均粒径，nm；

D——聚合物对层状硅酸盐的扩散速率，cm^2/s。

上述方程中，左侧的部分可以根据 t 时刻的 XRD 图与稳态时的 XRD 图互相比较而得到；右侧中黏土平均粒径可以由 TEM 直接观测而得；a_m 为常数；那么依据这一方程就可以计算出聚合物对层状硅酸盐的扩散速率。在 Vaia 等的研究中，所计算出的扩散速率约为 $10^{-11} cm^2/s$，这一数值与相同分子量的 PS 在相同温度下的自扩散速率基本相同。计算出的插层活化能为 $(166 \pm 12) kJ/mol$，与 PS 自由扩散时的活化能 $(167 kJ/mol)$ 也十分接近。聚合物熔体在层间的扩散速率与其自扩散速率相近，这意味着熔体插层并不需要额外的加工时间。另外的研究发现，对于同一种聚合物和黏土组成的体系，使用不同种类的插层剂时聚合物基体对层状硅酸盐的扩散速率有很大的变化。由于插层剂位于黏土的层间，它们只能对进入片层之间的聚合物分子链发生作用，这一结果间接地证明了前面所观测到的聚苯乙烯对有机黏土的扩散速率确实是聚合物插入层状硅酸盐层间时的扩散速率。

在另外一些研究工作中，发现聚合物分子对有机黏土插层时的扩散速率要比它们在均一的聚合物本体中或薄膜中的自扩散速率快得多。这些现象说明聚合物分子链对层状硅酸盐片层的插层确实发生了，而且由于插层是焓驱动的过程，而聚合物分子的自扩散是熵驱动的过程，它对于从热力学的角度比较焓驱动与熵驱动的过程，还具有一定的意义。

另外，研究表明，聚合物的分子量对熔融插层的动力学也有影响。Vaia 等[88]指出，熔融插层活化能相当于熔体分子链运动活化能，从而插层速率相当于熔体中聚合物本体传质速率，并且层间作用力不能完全限制高分子链段运动。因此，在熔融插层过程中，高分子链能进入层间并在其间运动。高分子链在层间的表观传质速率 D^* 与基体分子量 M_w 的关系由下式给出：

$$D^* \propto M_w^2 \tag{14-5}$$

可见，M_w 越高，越不利于高分子链在层间传质，插层复合过程越慢，体系容易形成插层型复合材料。这一点证实了 Balazs 关于分子量对插层复合影响的推测[91]。同样，Giannelis 等[92]认为不同分子量的基体会影响复合材料的微观结构。另外，分子量对插层与剥离的影响，还体现在熔体黏度上，Fornes 等[93]将三种分子量不同的尼龙 6 分别与蒙脱土熔融插层复合，发现高分子量尼龙 6 的体系，得到剥离型 PLS，而低分子量尼龙 6 的体系中有团聚体存在。这表明，在高分子量尼龙 6 体系中，由于熔体黏度大，在同样的剪切作用下，高分子链与有机土片层表面形成了较强的作用力，熔体施加给片层的剪切力较大，对片层剥离越有利，更易形成剥离型 PLS。另外，机械剪切力也有利于形成剥离型 PLS，Wang[94]等用动态压紧挤出模（dynamic packing injecting molding）制备了剥离型的聚丙烯/蒙脱土纳米复合材料。

14.3.4　聚合物/层状硅酸盐纳米复合材料的结构和分类

从材料微观形态的角度，可以将聚合物/层状硅酸盐纳米复合材料分成以下三种类型。

(1) 普通（conventional）型　材料中黏土片层紧密堆积，分散相状态为大尺寸的颗粒状，黏土片层之间并无聚合物插入，见图 14-8(a)。

(2) 插层（intercalated）型　所谓的插层型的纳米复合材料，其理想结构是聚合物基体的分子链插层进入层状硅酸盐的层间，使层状硅酸盐的层间距扩大到一个热力学允许的平衡距离上[48,95,96]。一般而言，层状硅酸盐层间距扩大的距离介于 1～4nm[97]，并且插入层状硅酸盐层间的通常都是单层的聚合物分子链。在插层型的纳米复合材料中，黏土颗粒在聚合物基体中保持着"近程有序，远程无序"的层状堆积的骨架结构，见图 14-8(b)。

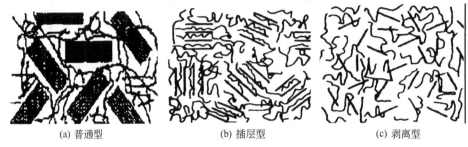

(a) 普通型　　　　　　　(b) 插层型　　　　　　　(c) 剥离型

图 14-8　聚合物/黏土纳米复合材料三种可能的类型示意图

(3) 剥离 (exfoliated) 型　在理想的剥离型纳米复合材料中，聚合物分子链大量插入到层状硅酸盐的层间，导致层状硅酸盐各层之间的结合力被破坏，而以单个片层（厚度约为 1nm）的形式均匀分散在聚合物基体之中，黏土分散程度接近于分子水平，此时，MMT 片层与聚合物实现了纳米尺度的均匀混合，这种均匀分散的结构通常会使聚合物基体的各项性能指标有大幅度的提高，见图 14-8(c)。剥离型聚合物/层状黏土纳米复合材料一般只能用单体插层原位聚合的方法制备得到[98]。

14.4　聚合物/层状硅酸盐纳米复合材料的结构研究方法

在聚合物/层状硅酸盐纳米复合材料的研究领域，对此类材料的分类往往是笼统地将其分为插层型纳米复合材料和剥离型纳米复合材料两大类。但是在实际的聚合物/纳米复合材料中，很难得到纯粹的插层型或者剥离型纳米复合材料。当我们观察复合材料的透射电镜照片时，往往能从其中同时看到插层型和剥离型的结构特征，说明它们的实际微观结构形态是介于插层型和剥离型之间的。在一个具体的聚合物/纳米复合材料之中，外界的剪切诱导作用[99]以及热历史[100,101]（包括熔体加工或原位聚合过程中的热历史）等动力学参数都会导致层状硅酸盐片层在体系中形成不同的分布形态，使同一个材料中同时出现纳米级（1～100nm）、亚微米级（100～500nm）以及微米级（500～10000nm）的分散区域和状态。在本节，我们将结合具体的聚合物/层状硅酸盐纳米复合材料的实例讨论其结构研究方法。

14.4.1　透射电镜观察 (TEM)

透射电镜 (TEM) 是观察聚合物/层状硅酸盐纳米复合材料微观形态结构的重要手段。聚丙烯与钠基蒙脱土直接熔融共混，蒙脱土不能分散，呈凝聚状态，见图 14-9(a)；而当聚丙烯与有机蒙脱土熔融共混，有机蒙脱土很均匀的分散在聚丙烯基体中，见图 14-9(b)；若在聚丙烯/有机蒙脱土体系中加入马来酸酐改性聚丙烯作增容剂，则可以得到插层型与剥离型结构共存的纳米复合材料，见图 14-9(c)[102]。Wang[94]等用动态压紧挤出模（dynamic packing injecting molding）制备了剥离型的聚丙烯/蒙脱土纳米复合材料，见图 14-10。

图 14-11 为熔体插层法制备的 PA6/蒙脱土和原位聚合制备的 PA6/蒙脱土复合材料的 TEM 照片，因为试样在加工过程中受到双螺杆的强烈剪切作用，其内部包括的蒙脱土片层发生了明显的取向，大部分都沿着外加剪切应力的方向发生了有规则的排列，原位聚合制备

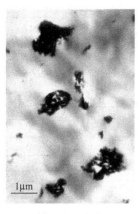　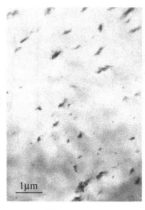　

(a) PP/Na-MMT　　　　(b) PP/OMMT　　　　(c) PP/PP-g-MA/OMMT

图 14-9　聚丙烯/蒙脱土复合材料 TEM 照片

的 PA6/蒙脱土复合材料呈剥离型结构。

　　图 14-12 中显示的则是完全剥离的环氧/蒙脱土纳米复合材料的微观结构，可以清楚地看到蒙脱土已经被充分剥离，并无序地分散在环氧基体之中。

14.4.2　广角 X 射线衍射（WAXD）

　　在聚合物/纳米复合材料的研究中，广角 X 射线（wide angle X ray diffraction，WAXD）并不是一种十分灵敏的微观结构测定技术。对于 WAXD 谱图一般只是简单地将纳米复合材料归结

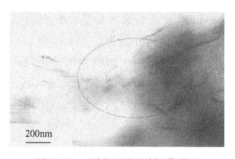

图 14-10　剥离型聚丙烯/蒙脱土复合材料 TEM 照片

(a) 熔体插层 [103]　　　　　　　(b) 原位聚合 [104]

图 14-11　PA6/蒙脱土复合材料 TEM 照片

为插层和剥离两种结构，而不能观察实际的微观结构。但是对于微观结构的直接观察是一种非常昂贵和费时的技术，一般无法在制备纳米复合材料的过程中经常性的使用。对于常规的监测纳米复合材料的微观结构而言，WAXD 是一种非常实用和快速的试验手段。下面我们就对纳米复合材料的 WAXD 谱图进行比较详细的说明。

　　图 14-13[102] 为钠基蒙脱土（Na-MMT）、质子化蒙脱土（H-MMT）、有机蒙脱土

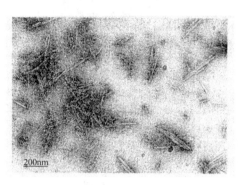

图 14-12　完全剥离的环氧/蒙脱土 PLS 纳
米复合材料微观结构[105]

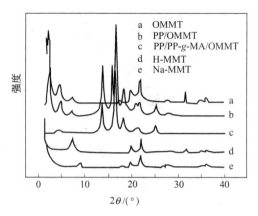

图 14-13　蒙脱土及其与聚丙烯复
合材料的 X 射线衍射图

（OMMT）及其与聚丙烯复合材料的 X 射线衍射图，钠基蒙脱土、质子化蒙脱土（001）面
所对应的层间距分别为 0.98nm 和 1.4nm，而有机蒙脱土的片层间距为 3.72nm，聚丙烯/有
机蒙脱土复合材料中蒙脱土的片层间距为 3.56nm，表明有机蒙脱土在聚丙烯基体中的分散
并不是太完善，而在体系中加入马来酸酐改性的聚丙烯作增容剂后，（001）面的衍射峰消
失，说明复合材料形成了剥离型的结构。

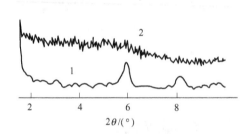

图 14-14　PA6/MMT 及 PA6/OMMT
纳米复合材料的 XRD 图
1—PA6/MMT；2—PA6/OMMT

图 14-14[69] 为 PA6/MMT 及 PA6/OMMT 纳
米复合材料的 XRD 图谱（Cu 辐射源，粉末法）。
前者由于 MMT 片层没有剥离，因而呈现层状结
构衍射峰；后者由于己内酰胺进入 MMT 层间聚
合，使 MMT 片层充分剥离并分散在 PA6 基体
中，所以其 XRD 图上层状结构的衍射峰消失，
仅显示 PA6 的无规宽漫散射峰。

对于聚合物/蒙脱土复合材料的 XRD 图谱，
在不相容（immiscible）的微米级聚合物/蒙脱
土复合材料中，由于蒙脱土未被聚合物插层进
入其层间，仍然以大团聚体的形式存在于聚合
物基体之中，因此其 WAXD 谱图中仍然存在明显的蒙脱土（001）面的特征衍射峰，
并且衍射峰出现的位置与无机蒙脱土的 WAXD 谱图衍射峰位置完全一致。在插层型的
PLS 纳米复合材料中，假如体系为有序插层型结构，那么在其 WAXD 谱图上一般会出
现多个对应于蒙脱土（001）晶面的特征衍射峰，不同的衍射峰分别对应于聚合物分子
进入蒙脱土层间后导致的层间距不同程度地扩大；假如体系为无序插层型结构，那么
其 WAXD 谱图上一般只会出现一个特征衍射峰，峰值出现的位置由于蒙脱土层间距的
扩大会向小角方向偏移一定的距离，并且由于复合体系内部蒙脱土层间距的不均匀性
将导致这一衍射峰的强度减弱，半峰宽较宽，表现为较宽泛的衍射峰。最后，对于剥
离型的 PLS 纳米复合材料而言，在 WAXD 谱图上的表现比较简单，无论对于何种剥离
型的微观结构，在 WAXD 谱图上都不会表现出蒙脱土的特征衍射峰，在相应的衍射角
度范围内复合材料的衍射曲线为一条平坦的曲线。

14.4.3　小角 X 射线散射（SAXS）

在 14.4.2 节中我们已经看到，WAXD 的测试手段具有一定的局限性，无法观察较大尺度上的结构细节。而小角 X 射线散射和小角中子散射则可以解决这一问题，使用这两种手段可以观测长达几百纳米的尺度上的微观结构情况，可以比较详细地给出纳米复合材料在较大尺度上的结构特点。

在小角 X 射线散射中，散射矢量角由胶体颗粒的大小、凝聚倾向、分散体系的孔隙率、比表面积的大小等决定[106]。散射强度和散射花样仅由分散体的形状和大小决定[107]。如果分散颗粒均匀，分散距离比粒径大得多，分散体的粒径可以根据 Guinier 方法计算。在大多数情况下，粒子的形状未知，粒子的旋转半径可以根据 Gauss 方程的一次逼近法计算，小角 X 射线散射的强度（I）与散射角 ε 的关系可由式（14-6）、式（14-7）计算：

$$I = I_e n^2 N \exp\left(-\frac{4\pi^2 \varepsilon^2 R_0^2}{3\lambda^2}\right) = K_0 \exp\left(-\frac{4\pi^2 \varepsilon^2 R_0^2}{3\lambda^2}\right) \tag{14-6}$$

$$K_0 = I_e n^2 N \tag{14-7}$$

式中，I_e 为散射强度（单电子束散射）；N 为阿伏伽德罗常数；n 为散射物体的电子数；λ 为 X 射线的波长，R_0 为分散体系的旋转半径，方程（14-6）可改写为：

$$\lg I = \lg K_0 - \left(\frac{4\pi^2 R_0^2}{3\lambda^2} \lg e\right)\varepsilon^2 \tag{14-8}$$

用 $\lg I$ 对 ε^2 作图，可得一直线，R_0 可由直线的斜率（α）计算得出：

$$R_0 = \sqrt{\frac{3\lambda^2}{4\pi^2 \lg e}}\sqrt{-\alpha} = 0.644\sqrt{-\alpha} \tag{14-9}$$

对于球形颗粒，旋转半径可由式（14-10）计算：

$$R_0 = \sqrt{\frac{3}{5}}\, r \tag{14-10}$$

通常，体系的颗粒粒径不一样，直线往往发生偏离，变成上凹状，可以根据 Jellinek 方法对曲线连续取切线，颗粒粒径及分布可根据这些对数值的斜率和截距得到。小角 X 散射可用来研究聚合物/黏土复合材料中黏土的粒径，可假设黏土为准球形，其尺寸可根据如下的方法计算[108]：

① 用 $\lg I$ 对 ε^2 作图，可得一曲线 A；

② 在曲线 A 最大的散射角处作一切线 A'，切线的截距为 K_1，根据曲线 A 和切线 A' 的差异可以得到新的曲线 B。然后在曲线 B 最大的散射角处作一切线 B'；切线的截距为 K_2，用同样的方法得到 K_3、K_4 等。

③ 可根据方程（14-9）和 A'、B' 的斜率（α）计算 R_{01}、R_{02}。然后根据式（14-10）计算 r_1、r_2 等。

④ 颗粒的体积分数 $W_{(r_i)}$ 可由式（14-11）计算：

$$W_{(r_i)} = \frac{10 k_i / r_i^3}{\sum_i 10 k_i / r_i^3} \tag{14-11}$$

⑤ 颗粒的平均半径可由式（14-12）计算：

$$\bar{r} = \sum_i r_i W_i \tag{14-12}$$

Wang[108]等用该方法研究了 BR/黏土复合材料的结构，见图 14-15，得出黏土颗粒的平均半径为 30～40nm。

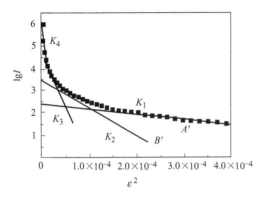

图 14-15　BR/黏土复合材料的 SAXS 曲线

Ogata 等[109]用 SAXS 方法研究了 PEO/黏土复合材料的结构，见图 14-16。在散射花样中，赤道上出现两组衍射峰，随着黏土含量的增加，衍射峰变得越来越明显，从中心点开始，第一组、第二组峰分别代表低角度和高角度衍射峰，第二组峰在位相角方向的强度分布比第一个峰宽。根据布拉格方程计算的间距正好是第一个峰的整数倍，计算的黏土的片层间距为 7nm。Bafna[110] 等也用 SAXS 研究了 PE/黏土复合材料的结构。

除了以上研究方法外，扫描电镜（SEM）也可用来研究聚合物/黏土复合材料的结构，Wang[108]等用 SEM 观察了 BR/黏土复合材料的断口，根据断口的形貌，可以分析黏土在复合材料中的分布。Loo[104]等用 TEM 与 FTIR 相结合的方法分析了 PA6/蒙脱土复合材料中蒙脱土的取向。

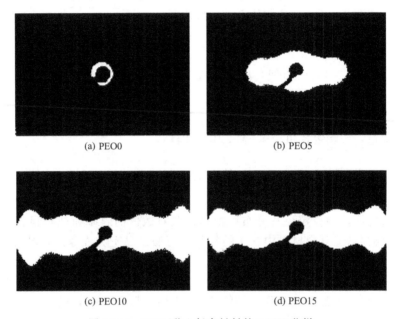

图 14-16　PEO/黏土复合材料的 SAXS 花样

本 章 小 结

层状硅酸盐在我国有着丰富的资源且价格低廉，少量添加可使复合材料具有相当高的强度、弹性模量、韧性及阻隔性能，还有优良的热稳定性及尺寸稳定性。这使聚合物基层状硅酸盐纳米复合材料具有更为广阔的应用前景。复合材料的制备方法主要有：插层聚合法、聚合物插层、单体熔融插层原位聚合、单体溶液插层原位溶液聚合。聚合物/层状硅酸盐纳米复合材料的结构可分为：普通型、插层型和剥离型。

对聚合物/层状硅酸盐纳米复合材料的研究目前尽管十分热门，但由于其结构较为复杂，再加上量子效应、表面效应，对它的研究还是不够深入。对其结构、形态特征与材料性能的关系更是知之甚少，合成方法大多是基于合成宏观材料方法上的改进，存在一定局限性。目前如何使层状硅酸盐尽可能均匀分散在聚合物基体中，并降低该材料的成本，拓宽其应用范围仍是一个亟待解决的问题。此外，如何准确表征该材料的精细结构，如何从结构上分析、解释该材料所具有的特性，能否利用某种判据来预测微区尺寸减小到多大时，该材料表现出特殊性能等一系列问题也是材料科研工作者需解决的问题。材料科研工作者应朝这些方向努力，寻找出合适的制备方法，使得该材料真正得到广泛应用。相信随着研究的不断深入和对复合机理探索的不断深化，聚合物/层状硅酸盐纳米复合材料的应用领域必将有突破性进展。

　　本章还介绍了层状硅酸盐的结构特点、制备工艺，以及聚合物/层状硅酸盐纳米复合材料研究现状、性能特点、应用前景，并深入探讨了插层过程中的理论基础，和聚合物/层状硅酸盐纳米复合材料的结构研究方法。

思　考　题

　　1. 膨润土矿可分为哪几类？

　　2. 聚合物/层状硅酸盐纳米复合材料的制备方法主要有几种？

　　3. 简述聚合物/层状硅酸盐纳米复合材料的结构和分类。

　　4. 与常规聚合物基复合材料相比，聚合物/层状硅酸盐纳米复合材料的主要特点是什么？

　　5. 可用哪些材料研究方法对聚合物/层状硅酸盐纳米复合材料进行研究？

第 15 章　聚合物/层状硅酸盐纳米复合材料各论

>>> **本章提要**

　　本章具体将介绍聚酰胺/层状硅酸盐纳米复合材料、PET/层状硅酸盐纳米复合材料、PP/层状硅酸盐纳米复合材料、生物降解高分子/层状硅酸盐纳米复合材料、UHMWPE/层状硅酸盐纳米复合材料、热固性树脂/层状硅酸盐纳米复合材料、橡胶/层状硅酸盐纳米复合材料等聚合物/层状硅酸盐纳米复合材料，并分别阐述了这几种聚合物/层状硅酸盐纳米复合材料的制备工艺、性能和应用。

15.1　聚酰胺/层状硅酸盐纳米复合材料

　　在聚合物/层状硅酸盐纳米复合材料（PLS）中，尼龙 6（PA6）/层状硅酸盐纳米复合材料这一体系在所有 PLS 纳米复合材料的研究工作中研究得最多，理解最深入，并已有工业化的产品。本节中，我们将从制备方法、性能、应用等方面系统地介绍这一有代表性的 PLS 纳米复合材料。

15.1.1　原位聚合制备 PA/层状硅酸盐纳米复合材料

　　PA6/层状硅酸盐纳米复合材料是最早制备出来的聚合物层状硅酸盐纳米复合材料，制备这种纳米复合材料最早所采用的工艺就是单体插层原位聚合。

　　最早用来制备 PA6/层状硅酸盐纳米复合材料的方法是所谓的"两步法"。第一步是利用插层剂对黏土进行浸润膨胀化处理，所采用的插层剂多为氨基酸；第二步是 ε-己内酰胺单体插入层状硅酸盐片层之间后再进行原位聚合反应。如欧育湘[69] 将钠基蒙脱土置于定量的去离子水中搅拌使之均匀分散，同时加入插层剂制备有机蒙脱土。再将有机蒙脱土与己内酰胺熔融混合，加入引发剂在 260℃下进行开环聚合制得 PA6/有机蒙脱土纳米复合材料，有机蒙脱土含量为 1.2%时，纳米复合材料的拉伸强度、弯曲强度及弯曲弹性模量较 PA6 分别提高 14%、16.2%及 38.1%，断裂伸长率及冲击强度则分别下降 37.7%及 4.5%。

　　但是使用两步法制备 PA6/层状硅酸盐纳米复合材料有明显的缺点：要对原始黏土进行有机化、膨胀化处理，就需要在己内酰胺原位聚合的设备之外增加黏土的有机化加工设备，同时必须耗费额外的时间和能量用于对有机黏土的干燥和破碎处理，这些因素均会导致生产成本增加，生产效率下降。此外，处理后的有机黏土与己内酰胺单体熔体的混合体系流动性不佳，使有机黏土不易均匀分散在 ε-己内酰胺单体的熔体内。这将导致熔体缩聚工序中物料的"挂壁"现象，以及层状硅酸盐在聚合物基体中的分散不均匀。为了克服上述困难，日本 Unitika 公司的科学家研究开发了实用的 PA6/黏土纳米复合材料"一步法"生产工艺。

15.1.1.1　利用合成黏土制备 PA6/黏土纳米复合材料

　　Yasue[111]等从合成层状硅酸盐出发，利用 PA6 的单体 ε-己内酰胺作为插层剂，在同一聚合反应釜内同时进行 ε-己内酰胺与黏土的离子交换插层反应和 ε-己内酰胺的缩聚反应，制备出了 PA6/层状硅酸盐纳米复合材料。本工艺省掉了插层剂与黏土预混的步骤，将黏土膨胀化与尼龙基体的聚合联合在一起进行，降低了成本。

在 Yasue[111] 等的文献中，将一步法制备 PA6/层状硅酸盐纳米复合材料的反应过程分成了三个主要部分：

① 黏土的片层互相分离形成纳米尺寸的填充材料；

② ε-己内酰胺聚合形成 PA6 基体；

③ PA6 基体与黏土互相作用形成 PA6/层状硅酸盐纳米复合材料。

这三个部分的反应是相辅相成的，它们在反应时间和反应空间上均是互相交叉地进行，互相促进和影响，最终形成纳米复合材料。

ε-己内酰胺缩聚形成尼龙 6 的反应过程可以被分成三个基本的反应阶段：第一步，ε-己内酰胺单体在水存在的情况下水解，生成 6-氨基己酸；在此后的反应中，所形成的 6-氨基己酸既可以与反应釜中存在的 ε-己内酰胺单体发生加聚反应，使聚合物分子链逐渐增长，也可以与其他的 6-氨基己酸分子发生缩聚反应，生成长度逐渐增长的聚合物分子链。当然，包含氨基与羧基的具备一定长度的聚合体与氨基酸单体或其他聚合体发生缩聚反应生成更长的分子链。当聚合物的分子量达到一定的程度时，就可以得到尼龙 6 树脂。反应过程如图 15-1 所示。

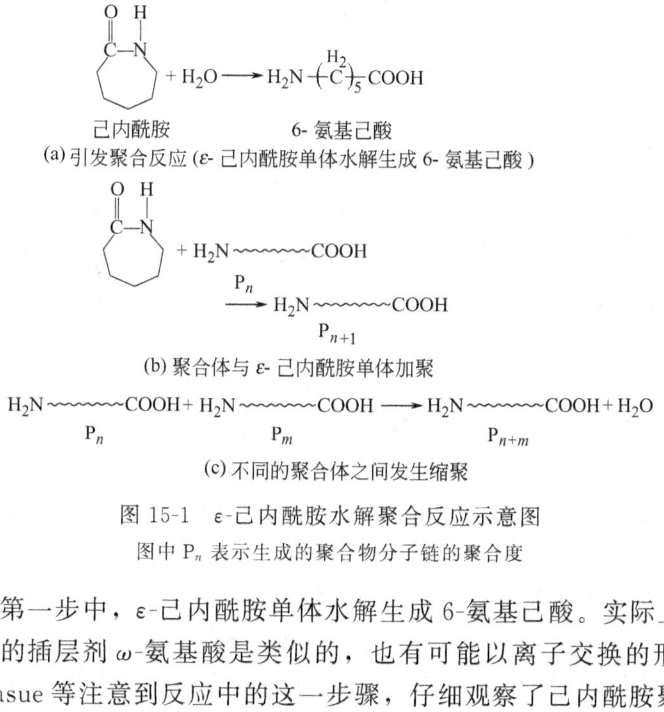

(a) 引发聚合反应 (ε-己内酰胺单体水解生成 6-氨基己酸)

(b) 聚合体与 ε-己内酰胺单体加聚

(c) 不同的聚合体之间发生缩聚

图 15-1　ε-己内酰胺水解聚合反应示意图

图中 P_n 表示生成的聚合物分子链的聚合度

在上述反应的第一步中，ε-己内酰胺单体水解生成 6-氨基己酸。实际上，它的结构与传统的两步法中使用的插层剂 ω-氨基酸是类似的，也有可能以离子交换的形式进入层状硅酸盐的片层之间。Yasue 等注意到反应中的这一步骤，仔细观察了己内酰胺聚合过程中 6-氨基己酸对合成黏土的插层作用，发现对于具备特定的阳离子交换容量的合成黏土，在一定的反应条件下，它确实可以插层到合成黏土的层间去。

李同年等[112] 认为该过程为：首先通过离子交换作用将黏土有机化后，将聚酰胺单体插入到黏土的层间，然后进行原位聚合即可，其过程如图 15-2 所示。由聚合过程可见，原位插层聚合技术采用完全不同于传统共混方法制备有机-无机复合材料，而是将单体渗入到黏土层间活性中心附近的纳米级反应器中，进行定量原位聚合，实现了纳米相的分散和自组装排列，从而达到纳米水平上的材料设计。

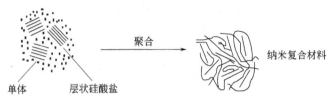

单体　　层状硅酸盐　　　　　　　　　　　　　　纳米复合材料

图 15-2　尼龙/层状硅酸盐纳米复合材料理想合成过程示意图

图 15-3 给出了一组利用这一工艺合成 PA6 纳米复合材料时黏土以及聚合过程中不同反应阶段的聚合物/黏土复合物的 X 射线衍射图谱[113]。图中可以观察到合成云母的衍射图谱

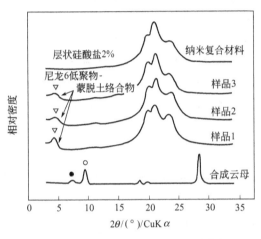

图 15-3　合成黏土及 PA6/黏土纳米复合材料的 X 射线衍射图谱

上出现了两个与（001）晶面相关的衍射峰，分别位于 7.1°和 9.2°，对应的面间距分别等于 1.25nm 和 0.96nm。显然，0.96nm 是合成黏土在正常情况下的原始面间距，面间距等于 1.25nm 出现的原因是合成黏土的片层表面吸附了多余的水分后层间距发生一定的膨胀的结果。

当 ε-己内酰胺的聚合被引发后，从不同反应阶段的反应釜中取出的 PA6/合成黏土复合物的 X 射线衍射图（样品 1～3 曲线）可以观察到，黏土（001）面的衍射峰向小角方向移动到了 4.3°左右，对应于（001）晶面的面间距大约为 2.06nm。这说明 6-氨基己酸确实已经插入到了合成黏土的片层之间，并且在黏土的片层内发生了聚合反应，反应释放的热量和增长的分子链使得合成黏土的层间距得到了扩大。当聚合反应完成后，所获得的 PA6/合成黏土复合材料的 X 射线衍射曲线上已经观察不到（001）晶面的衍射峰，一方面证实了前面的分析是正确的，另一方面也说明合成黏土的重复片层结构已经被破坏。利用这种工艺可以制备出剥离型的 PA6/层状硅酸盐纳米复合材料，其透射电镜照片见图 14-11（b）。在聚合反应的结束阶段，PA6/黏土纳米复合材料的特性黏数介于 2.0～3.5[111,113]。这个数据表明所获得的尼龙 6 已经具备了足够高的分子量。

15.1.1.2　利用天然黏土制备 PA6/黏土纳米复合材料

我国是世界上三大蒙脱土生产国之一，有大量的蒙脱土资源，其中以浙江、河北、内蒙古、广东等地为代表的天然黏土矿质量优良。如果能够在 PLS 纳米复合材料的制备中充分利用这些矿产资源，将会产生重要的经济效益和社会效益。中国科学院化学研究所在这方面进行了系统的研究、开发工作，利用我国的优质蒙脱土矿产，采用工业化前景良好的"一步法"工艺，在同一反应釜中完成了单体插层、黏土膨胀化、原位聚合等过程，制备出了 PA6/黏土纳米复合材料[114]。

在这一技术中，ε-己内酰胺也是首先水解生成 6-氨基己酸，然后聚合形成 PA6 树脂。天然蒙脱土经提纯后纯度达到 90%以上，粒度约 300 目；对 CEC 的要求与制备其他的聚合物/层状硅酸盐纳米复合材料相同，介于 80～100meq/100g 即可。

由于天然蒙脱土的纯度低于 K. Yasue 等使用的合成黏土，而阳离子交换容量也是由各地矿产所决定，不能任意调整。若要利用天然蒙脱土"一步法"制备 PA6/层状硅酸盐纳米复合材料，就需要在工艺上进行一定的调整，图 15-4 为该工艺的流程图。

在上述"一步法"工艺中，将天然黏土在水中的分散和 ε-己内酰胺单体在水中的溶解、质子化分别进行，这样可以使溶剂小分子充分地进入天然黏土的层间，也可以同时使 ε-己内酰胺单体充分水解并质子化。当两者在高速搅拌的条件下混合均匀形成稳定的胶体体系时，质子化的 6-氨基己酸非常容易与层间的钠离子进行阳离子交换，与 ε-己内酰胺单体同时进入天然黏土的层间，置换出层间存在的可交换阳离子和溶剂小分子。然

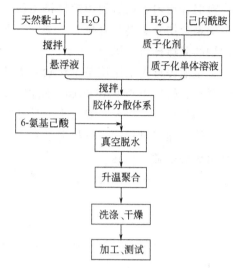

图 15-4　"一步法"合成 PA6/天然黏土
纳米复合材料的工艺流程图
天然黏土的纯度在提纯后应高于 90%（质量分数），
质子化剂可以是盐酸、醋酸、磷酸等试剂

后再经过真空脱水、升温聚合、洗涤和干燥等过程。在这样的反应条件下，不需要精确地控制黏土的阳离子交换容量、聚合反应条件等参数，就可以相当容易地进行原位聚合反应，制备出 PA6/层状硅酸盐纳米复合材料。

天然黏土的纯度在提纯后应高于 90%（质量分数），质子化剂可以是盐酸、醋酸、磷酸等试剂。

15.1.2　熔融插层制备 PA/层状硅酸盐纳米复合材料

上节介绍了原位聚合制备的 PA6/层状硅酸盐纳米复合材料，蒙脱土层状硅酸盐聚合过程中剥离较为完善，分散均匀。它们适用于制膜、纺丝等工艺，也可以应用于制造工程塑料的领域。但市场对塑料制品的需求品种多、数量少、且不断更新。为了解决这一问题，可以采用工艺简单、灵活的大分子熔体直接插层的工艺。

利用聚合物熔体直接插层制备 PA6/层状硅酸盐纳米复合材料的工艺简单，将聚合物熔体与蒙脱土混合，利用外力或聚合物与片层间的相互作用，使聚合物插入蒙脱土片层或使其剥离。熔融插层聚合物熔体依靠剪切力或分子自身热运动进入蒙脱土片层。熔融插层的工艺简单，甚至可以在混炼机上共混或在双螺杆挤出机上直接挤出，不需要另外增添设备。有利于实现工业化连续生产，不需要溶剂，对环境友好。但熔融插层要求聚合物和蒙脱土之间必须具有强的相互作用，也只有在强的剪切力作用下才能实现蒙脱土的均匀分散，其工艺示意如图 15-5 所示[115]。

在上述流程图中，所用的插层剂可用烷基铵盐。为了保证插层的效果，插层剂中的烷基链长度不能太短，一般要保证在 8 个碳原子以上[116]。经过处理得到有机黏土之后，首先要在机械搅拌的条件下将有机黏土粉料与 PA6 树脂

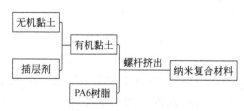

图 15-5　聚合物熔体插层制备 PA6/黏土
纳米复合材料的流程图

的粒料混合均匀，然后利用螺杆挤出机将混合好的物料挤出、造粒、成型。为了保证在加工过程中聚合物分子链与有机黏土之间在剪切力的作用下充分地插层、剥离和分散，应采用高剪切型的双螺杆挤出机。

漆宗能等首先采用烷基季铵盐对天然蒙脱土进行有机化处理得到有机黏土，使用高速搅拌装置将有机黏土与 PA6 树脂粒料混合均匀，然后使用具有四段加热的双螺杆挤出机将混合好的物料挤出、造粒，经过干燥后注塑成标准样条进行各项性能的测试。

在熔融加工过程中，有机黏土的平均粒径约为 $7\mu m$，在熔体插层的第一阶段，即双螺杆挤出机的熔融、输送和第一剪切段，PA6 分子插入黏土层中形成插层型纳米复合材料；插层型纳米复合材料再经过剪切分散段后，就可以进一步形成剥离型的 PA6/黏土纳米复合材料。

与原位聚合制备的 PA6/层状硅酸盐纳米复合材料类似，聚合物熔体插层制备的 PA6/层状硅酸盐纳米复合材料中黏土的含量也必须低于 10%（质量分数），一般为 5%（质量分数）。由于蒙脱土以纳米尺寸均匀分散在 PA6 基体之中，因此在 5% 的填充量下就可以占据聚合物基体内约 90% 以上的自由空间，而 20% 玻璃纤维填充的 PA6 仅占据 15% 的自由空间。

除了尼龙 6/层状硅酸盐纳米复合材料外，对尼龙 66/蒙脱土纳米复合材料的研究开展的较少。采用原位插层聚合法制备尼龙 66/硅酸盐纳米前驱体复合材料的工艺可行，工业流程不复杂，操作也方便，经过良好处理的硅酸盐纳米前驱体材料能在聚合物基体中有效地形成纳米级分散，硅酸盐纳米前驱体的加入，对尼龙 66 的性能有明显的改性效果。试验过程中发现，硅酸盐纳米前驱体的原始粒子的粒度较大，且粒径分布宽，这对复合材料的性能影响较大。采用无规粉末硅酸盐纳米前驱体和乳液硅酸盐纳米前驱体制备的复合材料在溶剂中溶解情况不同。无规粒状硅酸盐纳米前驱体复合材料中的纳米材料能均匀地溶解在溶剂中，没有纳米材料沉淀现象，而硅酸盐纳米前驱体乳液合成的复合材料，在溶剂中溶解后有明显纳米材料沉淀现象，聚合物的分子量还比较容易控制。

15.1.3　PA/层状硅酸盐纳米复合材料的性能

15.1.3.1　微观结构

图 15-6(a) 是利用原位聚合法制备得到的 PA6/黏土纳米复合材料的 WAXD 谱线[104]。从中可以看出，对应于黏土的衍射峰已经消失，说明其中黏土的片层之间发生了解离，形成了剥离型的纳米复合材料。这可从图 15-7 的透射电镜照片得到验证。图 15-6(b)[115] 是利用辛基铵盐处理得到的有机蒙脱土与使用这种有机黏土用熔融插层法制备的 PA6/黏土纳米复合材料的 WAXD 谱线。图中有机黏土（001）晶面的衍射峰出现在 5.7°，说明天然蒙脱土经过插层剂处理后层间距扩大到了 1.55nm。与 PA6 树脂混合经过双螺杆挤出加工后，复合材料中黏土（001）晶面的衍射峰移至 2.48°，说明黏土的层间距进一步扩张至 3.68nm。这显然是由于 PA6 的分子链插入有机黏土的层间造成的，但是复合材料中的无机相仍然维持着有序的结构，在 WAXD 谱线上能够表现出相应地衍射峰，不像原位聚合工艺那样可以完全破坏蒙脱土的有序结构，但衍射峰的强度减弱，说明有一部分蒙脱土发生了解离，形成了剥离型的结构，见图 15-7。但如果蒙脱土的含量低于一定的数值，利用熔体插层制备的复合材料在进行同样的试验时，将观察不到蒙脱土（001）面的衍射峰，说明在较低的含量下有可能利用这种技术制备出剥离型的纳米复合材料。

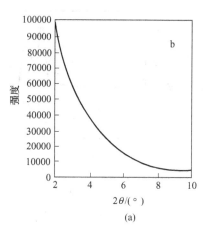
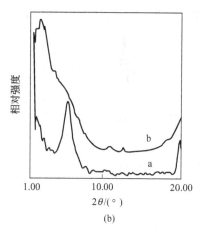

图 15-6　有机黏土与 PA6 黏土纳米复合材料的 X 射线衍射图
a—OMMT；b—PA/OMMT

刘立敏等用 Molau 实验检验了制备的 PA6/蒙脱土纳米复合材料中有机相与无机相的相互作用的强弱。实验方法是分别将 0.8g 的普通 PA6/黏土复合材料和 PA6/黏土纳米复合材料置于试管中，然后加入 8mL 的甲酸，观察两种复合材料在甲酸中的分散状况，实验结果如图 15-8 所示[115]。从图中可以看到，普通的 PA6/黏土复合材料中聚合物分子链与蒙脱土颗粒之间没有强的相互作用力，当 PA6 溶解后，蒙脱土填充材料就沉淀在试管底部。而 PA6/黏土纳米复合材料中，聚合物分子链上的极性基团与蒙脱土片层之间有强烈的相互作用，因此当聚合物溶解时不会使无机相从体系内分离出来而发生沉淀，而是均匀地分散在整个溶液之中，整个试管内的体系非常均匀。

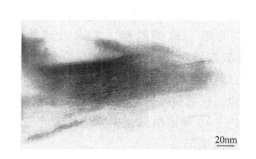

图 15-7　PA6/黏土纳米复合
材料的 TEM 照片

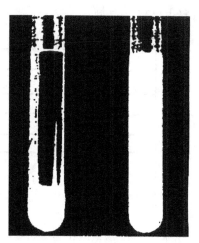

(a) 普通 PA6/
黏土复合材料

(b) PA6/黏土纳
米复合材料

图 15-8　PA6 普通材料与纳米复合
材料的 Molau 测试结果

15.1.3.2　结晶性能

尼龙是结晶型的高聚物，结晶度、晶体类型以及晶粒大小都将影响材料的性能。通过插层复合法制备的尼龙/蒙脱土纳米复合材料，一方面蒙脱土片层限制了尼龙分子链的运动，

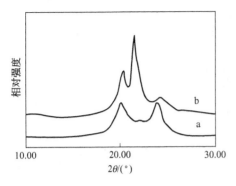

图 15-9　普通 PA6 与 PA6/合

成黏土的 WAXD 谱线

a—PA66；b—PA6/合成黏土

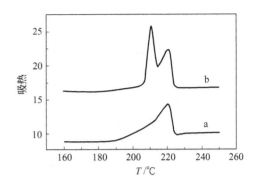

图 15-10　普通 PA6 与 PA6/合

成黏土的 DSC 曲线

a—PA66；b—PA6/合成黏土

使结晶度降低，另一方面分散在尼龙基体中的蒙脱土片层又能起到异相成核的作用，从而影响尼龙的结晶度和晶粒的大小。

图 15-9 是一组普通 PA6（尼龙 6）与 PA6/合成黏土纳米复合材料（n-PA6）的 WAXD 谱线。从中可以看到，普通 PA6 的谱线上在 20°和 24°两个位置出现了衍射峰，它们均属于 PA6 树脂 α-晶体的衍射峰。在 PA6/黏土纳米复合材料的 WAXD 谱线上，不仅上述两个位置出现了衍射峰，在 21°的位置上又出现了一个新的衍射峰。这个位置的衍射峰归属于 PA6 树脂的 γ-晶体，说明引入合成黏土后，在 PA6 基体内出现了 γ-晶体。出现 γ-晶型的原因被认为是由于 PA6 分子链上的氨基基团与蒙脱土片层表面有较强的作用，一部分分子链与蒙脱土片层互相结合在一起，成为受限链，而受限链在结晶时不能及时地规整排列，导致复合材料中出现 γ-晶型。

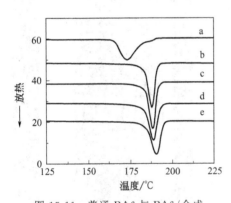

图 15-11　普通 PA6 与 PA6/合成

黏土的 DSC 的曲线

a～e 分别为普通 PA6 及合成黏土为 1%、

3%、5%、7%的 PA6/合成黏土

图 15-10 是上述两种材料的 DSC 曲线。n-PA6 材料的 DSC 曲线上分别出现了归属于 α-晶体和 γ-晶体的两个熔融峰，并且在 214℃的 γ-晶体的熔融峰强度较大；在 PA6 的曲线上（尼龙 6 曲线）只有属于 α-晶体的单一的熔融峰。在降温曲线上，PA6/层状硅酸盐纳米复合材料的结晶峰位置明显高于 PA6 的结晶峰，并且其半峰宽明显较小，结晶峰更为尖锐。说明引入的蒙脱土有强烈的成核作用，可以促进 PA6 树脂的结晶，使结晶温度升高，并且加快结晶的速率。

图 15-11 是 PA6 及其纳米复合材料的 DSC 曲线，从中可以看出 PA6 及其纳米复合材料都表现出一个结晶峰，但峰的形状和位置发生了变化，黏土的存在使结晶峰的温度提高，结晶峰的宽度变窄，这是由于黏土片层的异相成核作用引起的。

李强等研究了 PA6/蒙脱土纳米复合材料的结晶行为[117]，结果表明，有机蒙脱土起成核剂的作用，具有阻碍 PA6 结晶的作用，并使结晶活化能增加。朱诚身等通过 DSC 方法研究了蒙脱土对 PA66 熔融与结晶行为的影响[118]，发现可使 PA66 的熔融峰温度提高 5.3℃，使结晶峰温度提高 13～24℃。

15.1.3.3　流变性能

流变学研究可以提供尼龙/蒙脱土纳米复合材料加工成型所需要的流变参数，为加工工艺条件的确定提供依据。另外流变学研究还可以提供纳米复合材料中有关形态结构的信息，是用来表征纳米复合材料结构的一种重要手段。

图 15-12 是普通 PA6 与 n-PA6（4%，质量分数）的流变曲线，表示了两种材料在一定温度下（250℃）的熔体黏度与剪切速率之间的关系。由图可见，加入 4% 的蒙脱土后，熔体黏度在较低的剪切速率下高于纯 PA6，但随着剪切速率的提高，PA6/合成黏土纳米复合材料的黏度显著下降，而 PA6 的熔体黏度则没有明显的变化。当剪切速率达到 $100s^{-1}$ 后，PA6/合成黏土纳米复合材料的黏度已经接近了纯 PA6 的数值。进一步增大剪切速率，PA6/合成黏土纳米复合材料的熔体黏度迅速下降，低于纯 PA6 的数值。

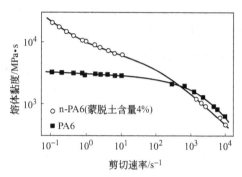

图 15-12　普通 PA6 与 n-PA6（蒙脱土含量 4%）的流变曲线（250℃）

n-PA6 熔体黏度比 PA6 有较大剪切速率依赖性的原因可能是由于蒙脱土的片层具有较大的径厚比，在外界的剪切力作用下，可以在聚合物熔体中取向，起到润滑分子链移动的作用；另外，一部分蒙脱土片层也有可能在加工时富集到熔体与加工腔内壁的界面上，起到类似于外润滑剂的作用，减小熔体流动时与加工腔壁之间的摩擦力。这些因素会导致 PA6/层状硅酸盐纳米复合材料的黏度低于纯的 PA6 树脂。由于蒙脱土片层取向需要外界作用力的帮助，因此增大剪切力会显著地降低其黏度值，即切力变稀程度较大。

李迎春等的研究表明：PA11 和 PA11/蒙脱土纳米复合材料均为假塑性流体[119]。在 215～245℃温度下，非牛顿指数范围为 0.35～0.69。其表观黏度随着蒙脱土含量的增加而升高。在高剪切速率下，蒙脱土导致黏度的减小。蒙脱土的加入使 PA11 的黏流活化能降低。故熔体流变特性受温度影响变小。吴增刚等[120]研究了 PA1212/蒙脱土纳米复合材料的线性黏弹性，发现了 PA1212 存在熔体缩聚的现象。同时也提供了用流变学方法表征缩聚反应的新途径。

15.1.3.4　力学性能

优异的力学性能是纳米材料的一大优势。蒙脱土片层具有巨大的表面积，表面的原子非常活泼，与尼龙具有较强的相互作用。此外，尼龙也会和蒙脱土片层形成氢键或静电作用，起到物理交联点的作用，阻止尼龙在受到外力时产生屈服和裂纹。即使蒙脱土的含量很少，也能显著地提高尼龙的力学性能。1987 年日本丰田研究发展中心用原位插层聚合方法制成 PA6/黏土纳米复合材料，第一次实现了蒙脱土在 PA6 中的均匀扩散。该材料中蒙脱土的添加量小（一般少于 5%），在不损失冲击强度、韧性、透明度的前提下，大幅度提高了材料的拉伸强度、拉伸模量、弯曲强度，并为高分子材料的改性建立了理论和应用的依据。Toyota 研究小组研究用质子化的 ω-氨基酸插层己内酰胺单体溶胀的蒙脱土，随后引发开环聚合制备 PA6 为基体的纳米复合材料。结果表明：层间距由纳米基蒙脱土中的 1nm 增加到 ω-氨基酸插层己内酰胺插层后的 1.51nm，且 PA6 复合材料的冲击性能提高。Paul 等也开展了有机蒙脱土与 PA6 在双螺杆挤出机中熔融混合制备纳米复合材料的研究，并与单螺杆挤出机的工艺进行比较，发现双螺杆挤出机工艺使黏土层剥离。王一中等利用阳离子交换反应在蒙脱土的层间嵌入了长链有机阳离子，将 PA6 和有机改性的蒙脱土在双螺杆挤出机中共混，制得的 PA6/蒙脱土纳米复合材料的弯曲强度有明显的提高。李迎春等采用熔体插层法制备了 PA11/蒙脱土纳米复合材料，研究了纳米蒙脱土的加入对 PA11 力学性能的影响，研究结果表明，蒙脱土的加入可以在保持 PA11 拉伸强度的前提下，使 PA11 的冲击强度提高 1.5 倍。

图 15-13～图 15-16[115] 表示了利用熔体插层制备的 PA6/黏土纳米复合材料的主要力学性能。由图可见，随着蒙脱土含量的增加，除冲击强度之外的各项指标均有所提高。对于弯曲性能与热变形温度而言，性能的提高在较低的含量下就已经达到了平衡状态，弯曲性能在 3% 左右达到饱和，而热变形温度在含量达到 5% 后基本趋于平衡。这与我们前面的介绍是吻合的，蒙脱土以纳米尺寸分散在基体树脂中，因而有巨大的比表面积，可以在较小的蒙脱土含量下使复合材料的性能有明显的提高。

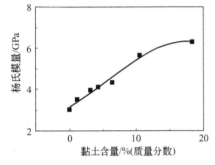

图 15-13　PA6/黏土纳米复合材料的杨氏模量

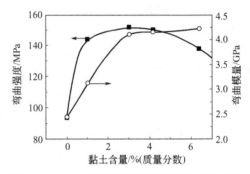

图 15-14　PA6/黏土纳米复合材料的弯曲性能

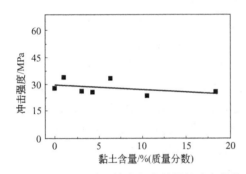

图 15-15　PA6/黏土纳米复合材料的冲击性能

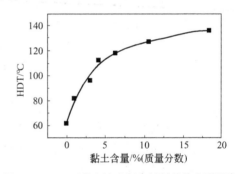

图 15-16　PA6/黏土纳米复合材料的热变形温度

表 15-1 列出了 n-PA6 材料与 PA6 的性能对比数据，而图 15-17 是分别使用黏土、玻璃和滑石作为 PA66 填充材料时，复合材料的弯曲模量对比曲线。

表 15-1　普通 PA6 与 n-PA6 的性能对比

性能指标	普通 PA6	n-PA6(Unitika 公司)	n-PA6(中科院化学所)
相对黏度	2.0～3.0	—	2.0～4.0
杨氏模量/GPa	2.5	—	4.8
拉伸强度/MPa	75	—	92
弯曲模量/GPa	2.7	5.6	4.6
弯曲强度/MPa	108	176	180
相对密度	1.14	1.17	—
缺口冲击强度/(J/m)	40	—	36
热变形温度(1.86MPa)/℃	65	158	150

图 15-17 中的曲线显示，PA6/黏土纳米复合材料在低的填充量下就可以达到使用滑石或玻璃纤维在很高填充量下才能够达到的弯曲模量。这是因为蒙脱土与其他两种材料相比有独特的优势，蒙脱土与滑石具有相似的模量，但径厚比远远大于微米级的滑石颗粒；与玻璃纤维长径比值接近，但模量大于玻璃纤维。蒙脱土综合了两者的优点，因而可以对提高 PA6 的抗弯曲性能有更大的贡献，在较小的填充量下就可以大大提高复合材料的弯曲模量。

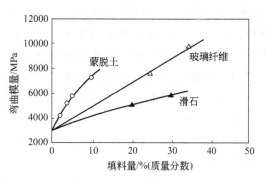

图 15-17　不同填充材料填充 PA6 时复合体系的弯曲模量对比

这里值得特别说明的是 PA6/层状硅酸盐纳米复合材料的热性能，加入蒙脱土后，纳米复合材料的热变形温度可以提高到 150℃ 的水平，比纯的 PA6 提高了将近 100℃。这么显著的变化一方面来自于 PA6/层状硅酸盐纳米复合材料内部独特的微观结构，一方面也是由于 PA6 分子链与蒙脱土片层有强烈的界面相互作用，使蒙脱土片层可以有效地帮助基体分子在高温下保持良好的力学稳定性。

15.1.3.5　阻隔性能

纳米蒙脱土作为填充材料可以增强聚合物基复合材料的气液阻隔性能。在 PA6/层状硅酸盐纳米复合材料中也不例外，黏土作为填充材料可以在一定程度上提高尼龙 6 薄膜对气液小分子的阻隔性能。Hasegawa[121]等研究了 $40\mu m$ 厚的 PA6/钠基蒙脱土复合材料膜在 23℃ 下对氧气的透过率。纳米复合后，膜的透过率从 $48mL/(m^2 \cdot d)$ 下降到 $31mL/(m^2 \cdot d)$ （测试标准为 ASTM D-3985），下降了约 30%。Ellis[122]等的研究表明：纳米复合材料透过率的下降主要是由于扩散系数的下降引起的。在相同的测试条件下，纳米复合材料 n-PA6 的扩散系数有明显的下降。

15.1.3.6　环境友好性能

对于使用玻璃纤维填充的尼龙 6 复合材料而言，当需要对它们进行回收时，必须经过的粉碎和再加工过程往往会使其中填充的玻璃纤维折断、破碎。而一旦玻璃纤维的长径比减小，就不再具备明显的增强作用了。所以这类材料在回收时其性能有较大程度的降低。

使用层状硅酸盐作为填充材料时，蒙脱土的片层是以纳米级的尺寸分散在聚合物基体之内，其自身的尺寸也小于 100nm。常规的粉碎和加工工艺对纳米尺寸是完全没有作用的，不可能对蒙脱土片层或它们在基体树脂中的分散体系造成破坏。因此 PA6/层状硅酸盐纳米复合材料在经历回收过程时可以比较完整地保持其微观结构，也因而比较好地保持其原有的性能。

从这个角度来说，PA6/层状硅酸盐纳米复合材料可以方便地进行多次回收而维持性能基本不变，不必作为废旧垃圾大量地丢弃，这对保护环境不受破坏无疑是比较有利的，可以将其列为环境友好性能较好的工程塑料。

15.1.3.7　耐热性及阻燃性

热性能是影响尼龙应用范围的一个重要因素。已经有大量的研究证明，少量蒙脱土的加入可以提高尼龙的热稳定性和燃烧性能。Fujiwara 和 Sakamoto 在 1976 年首次提出 PA6

（尼龙 6）/蒙脱土具有阻燃的特性。Usuki 等对 PA6/黏土纳米复合材料的阻燃参数进行了全面的测试[123]。结果表明这种材料具有优良的阻燃性能。Dabrowski 等采用热失重分析了 PA6/蒙脱土纳米复合材料的热分解动力学[124]，结论为黏土层形成的自保护层改善了材料的阻燃性能。NIST 用锥形量热计研究了 PA6/蒙脱土的阻燃性[125]，结果表明，5% 的蒙脱土可以使 PA6 热释放速率峰（表征易燃材料燃烧性能的重要指标）比纯 PA6 降低 63%。

在一般的阻燃材料中，常用添加阻燃剂的方法来提高材料的阻燃性，但是材料的物理性能在加入阻燃剂后会有所下降，而且材料在燃烧过程中会产生更多的 CO 和烟雾，而在火灾中，CO 和烟雾是造成死亡的主要原因。在纳米复合材料中，材料的物理性能在加入黏土后不但没有下降，反而大大的提高了，而且也没有增加 CO 和烟雾的产生，因此 NCH 是一种优良的阻燃材料。从 NCH 的 TEM 中可以发现，黏土片层（1nm）均一分散在 PA 基体中，而黏土层起绝缘体和质量传输障碍物的作用，它降低了 PA 分解产生的挥发性物质的逸出。而且 NCH 具有良好的阻隔性，这也降低了挥发性燃料通过纳米材料进入气相的传输，因此 NCH 具有良好的阻燃性。

15.1.4　PA/层状硅酸盐纳米复合材料的应用

PA6/层状硅酸盐纳米复合材料具备的优良性能，它们可以广泛的应用于结构材料、薄膜、包装材料、绝缘材料等领域。目前日本的 Ube 公司和 Unitika 公司，美国的 Nanocor 公司及 SouthernClay 公司，中国的联科纳米材料有限公司都开发了 PA6/黏土纳米复合材料制品。

从前面所述可以看到，NCH 具有比传统填充材料优异很多的力学性能（强度、韧性）、阻隔性能等。而且无机成分含量很少，性能就能显著提高，因此，重量要比传统填充材料轻得多。此外，NCH 还表现出显著的热稳定性、自熄性等。在加工方面，也可以采用传统的加工方法，如注塑、挤出、模压等。成品也可以做成纤维或薄膜，从而使其具有广泛的应用前景，有的已开始商业应用。例如，日本丰田汽车公司已把 NCH 用来制造汽车发动机的配件（调速带外胎）。由于 NCH 具有高模量和高的形变温度，产品具有高的硬度，良好的热稳定性，并且不易变形，重量也降低了 25%（和传统玻璃纤维填充 PA 相比）。NCH 是第一种已大量生产的有机-无机纳米复合材料。

由于 NCH 具有良好的阻隔性，因此可以做阻隔材料。日本 Ube 工业公司目前正在和丰田合作开发用于食品包装和其他用途的具有阻隔性能的 NCH。由于它的阻隔性能和自熄性，NCH 也可用作阻燃材料。其潜在的应用还包括飞机内部材料、燃料舱、护罩内的结构部件、制动器等。目前，NCH 的研究还主要集中在合成与性能的评估。

15.1.5　商品尼龙/黏土纳米复合材料的性能[123]

尼龙/黏土纳米复合材料是研究得最早的一类 PLS 纳米复合材料，也是迄今为止商业化最成功的 PLS 纳米复合材料。日本 Ube 公司和 Unitika 公司都生产了系列化的商品，称为 NCH（是尼龙/黏土纳米混杂材料，Nylon/Clay Hybrid 的缩写）。表 15-2 列出了 Ube 公司 NCH-5 纳米材料与参比的微米级尼龙/黏土复合材料 NCC-5 和纯尼龙 6 的性能。NCH-5 的透光性和弯曲模量与温度的变化关系分别如图 15-18 和图 15-19 所示。Ube 公司生产的气体阻隔性 NCH 材料有四种，它们的性能分别列于表 15-3 中。其流延膜及吹制膜的性能见表 15-4 及表 15-5。

表 15-2　纳米 PA6 与普通 PA6 复合材料的性能对比

材料	拉伸强度/MPa	杨氏模量/GPa	冲击强度/(kJ/m²)	HDT (1.84MPa)/℃	热膨胀系数/10⁵℃⁻¹	
					流动方向	垂直方向
NCH-5	97	1.9	6.1	152	6.3	13.1
NCC-5	61	1.0	5.9	89	10.3	13.4
尼龙 6	69	1.1	6.2	65	11.7	11.8

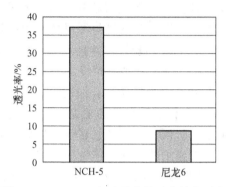

图 15-18　NCH-5 与纯尼龙的透光性能对比

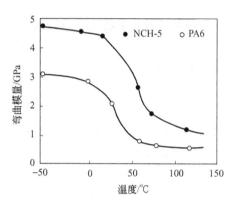

图 15-19　NCH-5 与纯尼龙的弯曲模量

表 15-3　Ube 公司的 NCH 产品与 PA6 的性能对比

基体树脂	牌号	性能指标			
		气体阻隔性	透光性	刚性	可延展性
PA6	1022C2	B	C	A	D
	1022CM1	B	B	A	C
PA6/66	5034C2	B	A	C	B
	5034CM4	A	A	C	A

注：表中符号含义与纯 PA6 对比的情况，其中 C 表示与 PA6 性能相当，其余含义分别为 A＞B＞C＞D。

表 15-4　Ube 公司的 NCH 与 PA6 流延膜的性能对比 （膜厚度 30μm）

性能指标	NCH		PA6
	1022C2	1022CM1	
拉伸强度/MPa	88	86	94
断裂伸长率/%	520	460	560
杨氏模量/MPa	900	850	590
雾度/%	1.2	1.0	1.3
23℃时的氧气透过率/[mL/(m²·24h)]			
0%相对湿度	21	17	43
65%相对湿度	22	15	45
100%相对湿度	95	75	100

表 15-5　Ube 公司的 NCH 与 PA6 吹制膜的性能对比 （膜厚度 30μm）

性能指标	NCH		PA6
	5034C2	5034CM4	
拉伸强度/MPa	83	59	84
断裂伸长率/%	46	52	50
杨氏模量/MPa	650	530	410

性能指标	NCH		PA6
	5034C2	5034CM4	
雾度/%	2.2	4.4	9.8
23℃时的氧气透过率/[mL/(m² · 24h)]			
0%相对湿度	23	19	43
65%相对湿度	23	11	44
100%相对湿度	89	49	165

中国科学院化学所工程塑料国家重点实验室应用天然丰产的蒙脱土层状硅酸盐作为无机分散相,制备了尼龙 6/黏土纳米复合材料(NC-NYLON6)。该复合材料与纯尼龙 6 相比具有高强度、高模量、高耐热性、低吸湿性、高尺寸稳定性、阻隔性能好,并且具有良好的加工性能,其各方面性能已全面超过尼龙 6;与普通的玻纤增强和矿物增强尼龙 6 相比,具有密度低、耐磨性好、相同无机物含量条件下综合性能明显优于前者等优点;同时,该纳米复合材料还可进一步用于玻纤增强和普通矿物增强等改性尼龙。他们开发的尼龙 6/黏土纳米复合材料具有优异的性能及高的性能价格比,其应用领域非常广泛,其主要性能指标见表 15-6。可用于制造汽车零部件,尤其是发动机等具有耐热性要求的零件,还可应用于办公用品、电子电器零部件、日用品等,此外还可用于制造管道等挤出制品。尼龙 6/黏土纳米复合材料是塑料行业的理想材料,该产品的开发为塑料工业注入了全新的概念。

表 15-6　纳米尼龙 6(NC-NYLON6)的力学性能、热变形温度及吸水性

性　　能	尼龙 6	NC-NYLON6（注射级）	NC-NYLON6-HP（抗冲注射级）	NC-NYLON6-EX（挤出级）
拉伸强度/MPa	61	92	72	98
拉伸模量/GPa	2.37	3.88	3.23	4.81
断裂伸长率/%	40	20	36	5.8
弯曲强度/MPa	90	150	137	180
弯曲模量/GPa	2.12	3.11	2.53	3.60
缺口冲击强度(IZOD)/(J/m)	40	62(86)	116	58
HDT(1.82MPa)/℃	65	106(150)	120	150
吸水性/%(质量分数)	6	4	4	3

注:普通级纳米尼龙可调整其冲击强度和热变形温度(HDT),表中所示即为其调整范围。

15.2　PET/层状硅酸盐纳米复合材料

聚对苯二甲酸乙二酯(PET)作为纤维与薄膜,在工业以及人们的日常生活中得到了广泛的应用。随着对 PET 的应用研究更加深入,使得它作为食品和饮料的包装材料,应用范围有了更大的扩展,如碳酸饮料瓶、矿泉水瓶、果汁瓶、食用油瓶、食品盒以及果酱瓶等。食品和饮料的包装材料对性能的要求比较苛刻,例如安全卫生性、透明性、着色印刷性、加工性能以及对氧气和香味的阻隔性能等等。

但是 PET 对于氧气和二氧化碳气体的阻隔性能却不够理想,这限制了 PET 的应用范围,使它无法应用于对氧气或二氧化碳要求较高的场合,如啤酒、葡萄酒和多种果汁,此类商品中富含多种蛋白质、维生素与纤维素等有机成分,对氧气非常敏感,过多的氧气会使其中的营养成分很快氧化变质而失去饮用价值。

在提高 PET 的气体阻隔性方面，近年的研究主要集中在对 PET 的共聚合、共混、复合等方面。这些方法能在一定程度上提高 PET 阻隔性。但因成本较高，难于工业化生产。蒙脱土（MMT）纳米复合材料的出现为提高 PET 的阻隔性带来了新机遇。组成 MMT 基本结构单位的硅酸盐片层的阻隔能力是 PET 的数十倍。更由于纳米硅酸盐片层具有大的径厚比，在 PET 制品的加工过程中，极易平面取向，形成"纳米马赛克"结构，能几倍到十几倍地提高 PET 的阻隔性能。使得这种材料有可能在诸如啤酒瓶、葡萄酒瓶、果汁瓶和碳酸饮料瓶等领域得到更广泛的应用。PET/MMT 纳米复合材料除了具有高的阻隔性外，MMT 还具有异相成核作用，也能提高 PET 的结晶速率，为改性 PET 作为工程塑料提供了新的方法。在提高 PET 结晶速率、尺寸稳定性等方面，GE、BASF、三菱等公司使用结晶成核剂和成核促进剂成功提高了 PET 结晶速率，并且使成型过程中的模温降低到 70℃ 以下。漆宗能、柯扬船等的发明专利表明[126]，PET/黏土纳米复合材料的结晶速率较纯 PET 树脂提高约 5 倍。

15.2.1　原位聚合制备 PET/层状硅酸盐纳米复合材料

与 PA6/层状硅酸盐纳米复合材料的制备类似，制备 PET/层状硅酸盐纳米复合材料的方法也可以被分为两大类：单体插层原位聚合方法和聚合物熔体插层方法。单体插层原位聚合法指聚合物前驱体小分子首先插层到 MMT 的片层间，然后小分子单体在 MMT 片层间缩聚反应形成聚合物。利用反应热使 MMT 片层膨胀并剥离，形成纳米尺度的分散。与 PET 的合成一样，PET/MMT 纳米复合材料的制备也可分为直接酯化法和间接酯化法。

直接酯化法先将芳香族二元酸和二元醇按比例混合，加入经有机化处理的 MMT 乙二醇悬浊液，同时加入反应催化剂，在一定温度和压力下进行酯化反应，体系经过一段时间的预缩聚，逐渐减压升温并抽真空，制得 PET/MMT 复合材料。有机 MMT 的悬浊液可以在预缩聚阶段加入，也可在缩聚阶段加入。利用铵盐类有机物处理 MMT，然后采用直接酯化法制得的复合材料在气体阻隔性、结晶速率、力学性能、热性能等方面均有不同程度的提高。

间接酯化法先将芳香族二元羧酸酯和二元醇按比例混合，加入酯交换催化剂，在一定温度下酯交换。再加入经有机化处理的 MMT 乙二醇悬浊液，同时加入缩聚催化剂，反应体系逐渐减压升温，升至一定温度并保持一段时间，可制得 PET/MMT 纳米复合材料。间接酯化时，如果对烷基胺盐的烷基进行一定的改性，或在烷基链上选择性地接枝一些活性基团，可以明显地改善黏土与 PET 单体之间的相容性，也可以使 PET 的分子很容易插到 MMT 的片层中去。

不管是直接酯化还是间接酯化法，要在 PET 基体内添加填充蒙脱土得到 PET/层状硅酸盐纳米复合材料，在添加的时机上可以有不同的选择，既可以在聚合反应开始之前就把处理后的蒙脱土与乙二醇单体混合起来，也可以是在反应开始后，在酯化反应或酯交换反应阶段再将黏土加入到反应体系中去。

对于以上各种工艺路线，以往的研究工作都有一定程度的涉及。例如，在 Frisk[127] 等的专利中，介绍了在酯交换阶段加入蒙脱土，原位聚合工艺制备 PET/黏土纳米复合材料的方法。他们利用获得的 PET/黏土纳米复合材料吹制了瓶子，测试表明，氧气对这种纳米复合材料包装瓶的渗透率远低于对传统 PET 瓶的渗透率。在丰田公司（Toyota）Usuki[128] 等的专利中，首先将有机黏土分散在水中，然后利用原位聚合技术制备出 PET/黏土纳米复合材料。其中，水所起的作用是帮助黏土在反应体系中的分散，达到接近于剥离的状态。这非常有利于 PET 的单体分子插入到有机黏土的片层之间。Usuki 等同时还指出，不仅是水，还有一些溶剂也具有类似的作用，可以促进聚合物单体对有机黏土的插层过程，如乙醇、甲醇等。漆宗能、柯扬船等[126]使用烷基醇铵类插层剂处理天然黏土得到有机黏土，利用原位聚合工艺得到了 PET/层状硅酸盐纳米复合材料，然后观察了它的结晶、力学、热性能等性能指标，发现 PET/黏土纳米复合材料的结晶速率比 PET 有明显的提高，半结晶时间只相当于 PET 的三分之一左右；在力学性能和热性能方面，与普通 PET 相比也分别有不同程度的提高。

到目前为止，在上述的各种工艺中，得到大规模应用的有两种方法：一种是将黏土预先分散在乙二醇单体中，然后聚合得到 PET/黏土纳米复合材料；另一种是使用插层剂处理黏土得到有机化黏土，然后在聚合阶段将有机黏土加入反应体系，聚合完成后就可以得到 PET/层状硅酸盐纳米复合材料。

目前使用第一种方法来制造 PET/层状硅酸盐纳米复合材料的公司主要是美国的 Nanocor 公司[129,130]。由于乙二醇的黏度与水、乙醇相比要大许多，天然的黏土在其中无法形成稳定的胶体体系，因此使用这种工艺时一般都要对黏土进行处理，改善它们与乙二醇之间的亲和性，使乙二醇分子能容易地插入其层间。另外还需要寻找合适的聚合反应条件，使乙二醇能够顺利参与反应的同时保持其内部的黏土有良好的分散状态。

根据 Beall 等[129,130]的研究，利用极性聚合物对蒙脱土进行表面处理是比较有效的方法，效果较好的极性聚合物有聚乙烯吡咯烷酮（PVP）、聚乙烯醇（PVA）等。使用两者处理的蒙脱土可以分散在多种溶剂中形成稳定的胶体，其中也包括乙二醇。Matayabas 等通过研究发现，将蒙脱土与乙二醇形成的胶体与对苯二甲酸盐（DMT）混合后进行聚合可以得到剥离型的 PET/层状硅酸盐纳米复合材料，得到的材料对氧气的阻隔性能有明显的提高。氧气对纳米复合材料的渗透率降低到了 PET 材料的三分之一。他们同时还观察到，随着蒙脱土的添加量增加，反应体系的黏度有明显的增加，导致了无法在熔融聚合的状态下得到有足够分子量的 PET 树脂。但是通过固态聚合的技术可以弥补这一缺陷，制造出能够满足吹瓶工艺要求的 PET。上述方法的流程可以用图 15-20 来简单表示。

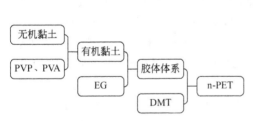 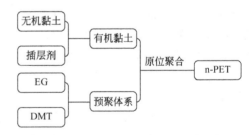

图 15-20　原位聚合法制备 PET/蒙脱土纳米复合材料（n-PET）　　　　图 15-21　原位聚合法制备 PET/蒙脱土纳米复合材料

使用第二种方法制备 PET/黏土纳米复合材料时，就需要首先对蒙脱土进行插层处理，处理时选用的插层剂一般是烷基铵盐类的插层剂。如果对烷基铵盐的烷基链进行一定的改性，或者在烷基链上选择性地接枝一些活性基团，可以使黏土与 PET 单体或预聚体之间的相容性得到明显地改善。这样就可以使有机蒙脱土能够在 PET 的聚合体系中充分地分散，也可以使 PET 分子链很容易地插入蒙脱土的层间，最终制备出微观结构均匀的 PET 层状硅酸盐纳米复合材料。图 15-21 就是使用这种方法制备 PLS 纳米复合材料的简单工艺流程图。

图 15-21 中所提到的插层剂有多种类型，如三甲基十八烷基铵盐、双羟基乙基甲基牛脂铵盐、二乙氧基十八烷基铵盐等[59]。利用这些插层剂处理蒙脱土可以使它们有效地分散在 PET 的聚合体系之中，经聚合得到 PET/层状硅酸盐纳米复合材料。

图 15-22 中是柯扬船等[126]制备的 PET/蒙脱土纳米复合材料的透射电镜照片。从中可以看出，PET 分子已经有效地插入到蒙脱土片层之间，形成了蒙脱土片层均匀分散的 PLS 纳米复合材料。

图 15-22　PET/蒙脱土纳米复合材料的 TEM 照片

15.2.2　熔体插层制备 PET/黏土纳米复合材料

聚合物熔体插层法是在聚合物的熔点以上将聚合物与 MMT 共混制备 MMT 纳米复合材料的方法。对 MMT 进行有机化处理，改善其与聚合物之间的相容性和分散性，并利用受限空间内的力学作用加强树脂基体与黏土间的相互作用，使聚合物分子能插层于 MMT 片层间并达到剥离效果。

对于 PET 这种已有庞大的生产规模的聚合物品种来说，开发大分子熔体直接插层的技术在目前有十分迫切的需求。熔体插层法优点在于它将聚合物、MMT 在普通的成型加工设备上进行，摒弃了聚合物单体和溶液，很大程度地降低了对环境的污染，同时，也使经济效益大大提高。但目前在熔体插层这一领域所做出的成果并不多，可能是由于 MMT 在聚合物熔体中的均匀分散难度大，致使聚合物大分子在 MMT 片层之间的插层和剥离难以完全实现。

具备商业化生产能力，能够提供用于 PET 熔体插层的公司只有美国的 Southern Clay 公司，他们生产的用于 PET 熔体插层的蒙脱土牌号为 Claytone APA。Maxfield 等[131]使用这种有机蒙脱土与 PET 进行熔体插层的研究，发现 PET 分子链可以部分插入其层间，所得到的纳米复合材料在模量上有一定的提高。

Barber[77]等用熔融挤出法制备了 PET/有机蒙脱土复合材料，他们在体系中加入了 PET 离聚体，在 PET 大分子链上引入了随机分布的离子化官能团，这些离子化官能团增加了聚合物与蒙脱土之间的作用力，使复合材料形成了剥离型的结构，从而提高了复合材料的机械性能，但降低了其结晶速率。

Matayabas 等采用 Claytone APA 作为有机蒙脱土填充材料，PET-9921 作为聚合物基体，研究了利用熔体插层制备 PET/黏土纳米复合材料时有机黏土填充量对复合体系熔体黏度的影响。PET-9921 是一种 1,4-环己烷二甲醇改性的 PET 树脂，其特性黏数为 0.72dL/g。将两种物料机械混合均匀后，在 120℃下真空干燥，然后使用双螺杆挤出机进行挤出加工，经水冷、造粒，最后再进行干燥备用。其研究结果表明：随着黏土填充量的增加，体系的特性黏数从 PET-9921 的 0.72dL/g 降低到了 0.462dL/g。为了弥补体系的黏度损失，Matayabas 等使用了另一种黏度更高的 PET 树脂：PET-13339，其特性黏数为 0.98dL/g。但是效果却不太明显，随着有机黏土的填充量增加，复合体系的黏度也迅速下降，当填充量达到 7％左右时，特性黏度降低到了 0.58dL/g，与使用 PET-9921 时在相同填充量的特性黏数相似。为了改善有机蒙脱土的表面状态，使其在熔体插层制备 PET/黏土纳米复合材料时能更好地分散在聚合物基体之中。Matayabas 等还提出了以下的工艺：首先用烷基铵盐类的插层剂处理蒙脱土得到有机黏土，然后在不同的工艺条件下使用极性聚合物（PVP、PVA 等）再将有机黏土处理一遍，使蒙脱土的层间距进一步扩大。经过这种方法处理后，有机黏土与 PET 的相容性得到了进一步改善，制得的 PET/黏土纳米复合材料制品在透明性方面性能更为优越。

15.2.3　利用聚酯低聚物插层制备 PET/层状硅酸盐纳米复合材料

在以上两种典型的制备 PET/黏土纳米复合材料的方法中，都是首先对蒙脱土进行阳离子交换扩张其层间距，然后再进行原位聚合或熔体插层制备 PET/黏土纳米复合材料。然而，要扩张蒙脱土的层间距，不仅可以利用离子交换的方式，还可以利用物理吸附的方式来进行，因为蒙脱土特殊的片层结构，可用小分子、低聚物处理蒙脱土，使其吸附到蒙脱土的层间并扩张其层间距，然后使用处理后的有机蒙脱土与 PET 树脂进行共混加工，就可以获得 PET/黏土纳米复合材料。

张国耀等[132]采用低分子量的对苯二甲酸乙二酯（BHET）和聚乙二醇醚（PEG），分别在室温和有机处理剂的熔点以上 30～40℃的温度下将蒙脱土与有机处理剂进行研磨或在熔融状态下机械共混，然后对所获得的混合物进行 WAXD 测定，观察其中蒙脱土层间距的变化。

BHET 是 PET 的低分子量低聚物，能够被蒙脱土吸附到其层间。图 15-23 表示了将不同质量比的蒙脱土与 BHET 在常温下进行机械共混后的产物的 WAXD 谱图[132]，曲线 1 为纯蒙脱土的 WAXD 衍射谱线，曲线上只有对应于蒙脱土（001）晶面的特征衍射峰，峰值出现在大约 7°的位置，表明纯蒙脱土的层间距约为 1nm。而对于具有不同蒙脱土含量的 BHET/蒙脱土混合物，这一特征衍射峰均向小角方向发生了移动，表明在室温研磨的过程中，BHET 确实被吸附到了蒙脱土的层间并使蒙脱土的层间距得到了增加。从图中还可以看到，随着蒙脱土含量的增加，特征衍射峰的位置逐渐向广角方向变化，半峰宽也逐渐增加，表明在这种处理条件下，BHET 还不足以完全克服蒙脱土片层之间的吸引力而使其完全剥离，只能有一定量的 BHET 被蒙脱土吸附，进入蒙脱土的层间，有限度地扩大蒙脱土的片层间距。

如果将 HBET 加热到其熔点以上 30～40℃的温度，在熔融状态下与蒙脱土进行机械共混，所得产物的 WAXD 谱图如图 15-24 所示[132]。图中的谱图显示当蒙脱土的含量低于 5％时，使用这种工艺制得的 BHET/蒙脱土混合物中蒙脱土（001）晶面的特征衍射峰基本消失，说明在熔融状态下 BHET 能够更多地进入蒙脱土片层之间，并具备了破坏蒙脱土片层结构的能力，使其在机械共混过程中发生了剥离的现象。当蒙脱土的含量为 10％～30％时，在混合物的 WAXD 谱线上虽然出现了蒙脱土（001）晶面的特征衍射峰，但是峰强度很弱，半峰宽也较大，说明此时蒙脱土的层间吸附了大量的 BHET，使其片层之间的吸引力大为减弱。

张国耀等[132]在研究中认为，这是由于 BHET 所携带的酯基上带有自由电子的氧原子与蒙脱土的层间阳离子发生了某种络合作用，使蒙脱土片层与其他片层之间的静电吸引作用减弱所导致的。由于蒙脱土片层静电吸引作用的减弱，BHET 更容易进入其层间，层间距也更容易被扩大。另外，位于蒙脱土层间的 BHET 自身的热运动也具有破坏蒙脱土片层结构的作用。

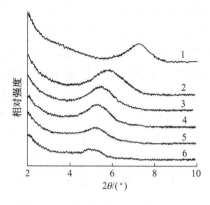

图 15-23　蒙脱土与 BHET 在 30℃
下共混物的 WAXD 谱图

蒙脱土含量为：1—0%；2—30%；
3—20%；4—10%；5—5%；6—2%

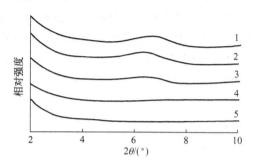

图 15-24　蒙脱土与 BHET 在熔融状态
下共混物的 WAXD 谱图

蒙脱土含量为：1—30%；2—20%；
3—10%；4—5%；5—2%

15.2.4　PET/层状硅酸盐纳米复合材料的性能

目前我们所使用的 PET/层状硅酸盐纳米复合材料大都是用原位聚合的工艺制造出来的，使用这种工艺很容易就可以得到剥离型的 PLS 纳米复合材料。在这里，我们就不再过多地介绍它们的微观结构特点，而集中介绍 PET/黏土纳米复合材料的结晶性能、流变特性、力学性能与气液阻隔性能。

15.2.4.1　结晶性能

MMT 能够促进 PET 的结晶，加快 PET 的结晶速率。主要表现在以下几个方面。

（1）MMT 对 Avrami 指数（n）的影响　　MMT 对 n 的影响，目前有不同的观点。一种观点认为，MMT 的加入对 n 的影响较小。n 值基本上维持在 1～4[133]；另外一种观点却认为，随着 MMT 的加入，n 值会明显上升。徐锦龙等[134]指出，n 值对温度变化的敏感性大大增加，说明了 MMT 在复合体系中起到了异相成核的作用。n 的最大值出现在最大结晶速率对应的温度附近，但随着 MMT 含量的增加，n 值先下降后上升，最低值出现在 3 附近。蔡红军等指出，n 大于 4 时，存在较大的结晶诱导期和结晶后期的加速现象，表明 PET 纳米复合体系有特殊的成核机理，这与 MMT 纳米微粒与 PET 间特殊的强相互作用有关。

（2）MMT 对半结晶时间（$t_{1/2}$）的影响　　$t_{1/2}$ 是最常用来表示结晶速率快慢的指标之一。MMT 的加入可以降低 $t_{1/2}$，但随 MMT 含量的增加，$t_{1/2}$ 的变化却有不同的报道。当在 194℃下进行处理时，$t_{1/2}$ 随 MMT 含量增加而不断下降；当 MMT 含量为 5% 时，复合材料的 $t_{1/2}$ 是 PET 的三分之一[135]。也有人认为，随着 MMT 含量的增加，$t_{1/2}$ 先增加，然后开始下降[134]。

（3）温度对结晶速率的影响　　温度对结晶速率的影响表现出合理的变化规律，在最快结晶速率的低温侧，随温度上升结晶速率上升；而在高温侧则随温度升高而下降[134]。将 PET/MMT 纳米复合材料在 290℃熔融 5min，然后以 160℃/min 的降温速率快速降至30℃，再以 10℃/min 升温处理，记录差示扫描量热法曲线，发现纯 PET 在 150℃有冷结晶峰，其冷结晶峰面积比熔融峰略小。这证明在此冷却速率下 PET 都冻结为非晶态，而 PET/MMT 纳米复合材料在同样的冷却速率下几乎看不出冷结晶峰，大部分被冻结为晶态和微晶态。

（4）纳米粒子对结晶度的影响　以纳米氧化硅作为 PET 的添加剂，结果表明，当氧化硅含量在 1.64% 时，所得共混物的结晶度最高，结晶速率较快，结晶尺寸分布较窄[136]。

（5）共聚合对复合材料结晶的影响　将聚乙二醇（PEG）加入 PET 纳米复合体系形成了以 PET/PEG 嵌段共聚物为基体，MMT 为纳米尺寸分散相的复合材料。结果表明，加入的 PEG 增强了分子链段的柔顺性，不仅可提高插层嵌段共聚物的成核速率，而且还可提高共聚物晶粒的生长速率[137]。MMT 的加入对 PET 结晶性能的影响是多方面的，虽然在某些具体的机理（如 MMT 对 n 和 $t_{1/2}$ 的影响）存在一些争议，还有待于进一步研究探讨，但 MMT 对 PET 材料结晶性能的贡献还是肯定的。由于异相成核作用，所以 MMT 的加入增加了 PET 的结晶速率，提高了 PET 的结晶度，对完善 PET 材料的加工工艺有很大的指导作用。同时，MMT 含量也是影响结晶性能的一个关键因素。MMT 含量太少对 PET 材料性能影响不明显，太大则会引起分散不均匀、团聚以致造成缺陷等一系列问题，因此必须选择合适的 MMT 含量。

15.2.4.2　流变性能

就填充聚合物而言，颗粒不仅增加了体系的表观黏度（η_a），也影响其流变行为的剪切速率 γ 依赖性，而且这种影响对于片状颗粒表现得尤其明显。一般而言，对于具有相同体积分数的片状和粒状颗粒填充的聚合物熔体，前者具有更高的 η_a，且在低频区表现出更为显著的剪切变稀行为。片状颗粒填充体系的流变特性对其微观结构的发展具有明显的依赖性，这通常被归因于颗粒的不规则形状造成了颗粒之间表面接触和相互作用程度的增加。所以，研究 PET/蒙脱土纳米复合材料的流变特性无论在理论上还是实际应用方面都具有重要的意义。

张忠安[138]等用毛细管流变仪的方法研究了原位聚合及熔融插层制备的纳米复合材料的流变行为。它们都属于假塑性流体的范畴。PET 样在 270℃ 之前曲线呈非线性，即 n 随 γ 的增大而减小，非牛顿性增强。而原位聚合复合材料只有含有机蒙脱土为 1% 的试样在 250℃ 时有此特征，其他皆具有很好的线性关系。根据流变曲线计算流体的非牛顿指数，见表 15-7 中。所有值都小于 1，从数据看一定量有机蒙脱土的存在使体系更接近牛顿流体。

另外，无论是 PET 还是 PET/蒙脱土纳米复合材料，随着 γ 的增大，η_a 都逐渐下降，表现出假塑性流体的特征。但是随着温度的升高，η_a 对 γ 的敏感程度逐渐减弱，3% 和 5% 试样尤为突出，3% 试样在 270℃ 时 η_a 已经几乎不随 γ 的变化而变化。比较温度对 PET 和聚合复合材料 η_a 的影响，显然对后者的影响更大，表明有机蒙脱土的加入使体系的黏流活化能升高，这可能是有机蒙脱土的"中介"作用使 PET 分子链之间相互作用加强的结果。有机蒙脱土的含量对体系的 η_a 也有一定影响，1% 与 3%、5% 两个试样在相同条件下的 η_a 差距很大，但是后两者之间的差距却很小。

表 15-7　PET、原位聚合 PET/蒙脱土纳米复合材料的 n 值

有机蒙脱土含量/%	n 值			
	250℃	260℃	270℃	280℃
0		0.82～0.38	0.97～0.40	0.82
1	0.95～0.24	0.59	0.80	
3	0.70	0.74	0.94	
5	0.74	0.79	0.88	

　　熔融插层复合材料体系在流动性能方面与原位聚合体系有非常大的差别。从其非牛顿指数（表 15-8）可以看出，熔融插层复合材料体系的非牛顿性更强。原位聚合试样毫无填充聚合物中普遍存在的流动特征，而熔融插层试样则有明显的体现，它们具有很高的 η_a，且剪切变稀行为也非常突出，有机蒙脱土含量越高这种特征越明显。两种不同方法制备的具有完全相同组成的体系在流变性能方面如此大的反差，这证明了它们之间在微观结构和相互作用方面存在很大的差异。两种体系也有相同之处，就是对温度变化都很敏感，黏流活化能都较高。6％和 8％两个试样在 280℃时出现了聚合物填充体系常有的屈服行为，微米级粒子填充聚合物体系产生的屈服行为的主要原因是由于颗粒间强烈的相互作用以及由此形成的网络结构所致，它是高含量颗粒（微米级）填充聚合物熔体流动行为的一个共同特征。这种行为对于体系浓度、填料的尺寸形状、基体树脂类型以及填料-树脂之间相互作用的强弱等具有明显的依赖性，但一般认为独立于温度条件。低浓度蒙脱土纳米粒子填充聚合物体系表现出高浓度大颗粒粒子填充聚合物体系类固体行为的现象已经有报道，此现象无法用高浓度大颗粒填充体系的网络形成来解释。考虑到纳米颗粒周围的受限条件以及层状蒙脱土在力场作用下可能发生取向等因素，受限高分子链的阻尼松弛和局部有序造成的逾渗都曾被用来解释这个现象。6％和 8％两个试样在 260℃和 270℃时都没有出现屈服现象，也背离了颗粒填充体系与温度无关的规律。总之，迄今为止对纳米粒子填充聚合物体系流变机理的理解尚不够深入，还需要进行大量深入的研究。

表 15-8　熔融插层 PET/蒙脱土纳米复合材料的 n 值

有机蒙脱土含量/%	n 值		
	260℃	270℃	280℃
2	0.39	0.42	0.75
4	0.18	0.35	0.69
6	0.28	0.27	0.14~1.24
8	0.16	0.28	0.08~0.87

15.2.4.3　力学性能

　　表 15-9 是一组典型的 PET/蒙脱土纳米复合材料的力学性能数据[135]。其中 PET/蒙脱土纳米复合材料的模量比 PET 有明显的提高，拉伸强度略有下降，而热变形温度提高非常明显，随着蒙脱土的填充量提高，PET 的热变形温度从 75℃提高到了 115℃。

　　北京联科纳米复合材料有限公司利用纳米 PET 与玻璃纤维增强技术，制备出增强型的 PET/蒙脱土纳米复合材料，其性能与前者相比有了进一步的提高，具体性能数据见表 15-10。根据表中所给的性能数据，这种新型的 PLS 纳米复合材料完全有可能在电子通信、家用电器、日用品生产等多个领域得到广泛的应用。

表 15-9　PET/蒙脱土纳米复合材料的力学性能（1）

试样号	蒙脱土含量/%（质量分数）	拉伸强度/MPa	模量/MPa	热变形温度/℃
1	0.0	108	1400	75
2	0.5	110	2070	83
3	1.5	97	2700	95
4	3.0	88	3620	101
5	5.0	82	3800	115

表 15-10　PET/蒙脱土纳米复合材料的力学性能（2）

项目	测试方法	牌号		
		NPETG10	NPETG20	NPETG30
拉伸强度/MPa	GB/T 1040	90	121	140
拉伸模量/GPa	GB/T 1040	5.5	7.2	8.1
断裂伸长率/%	GB/T 1040	5.6	3	1.7
弯曲强度/MPa	GB 8341	158	180	200
弯曲模量/GPa	GB 9341	5.1	7.5	10.2
Izod 缺口冲击强度（23℃)/(J/m)	GB 1834	54	69	75
热变形温度（1.84MPa)/℃	GB 1634	190	210	218
熔点/℃		250～260	250～260	250～260
分解温度/℃		469	453	448
阻燃性	UL94	V-0	V-0	V-0

注：表中所列的数据为北京联科纳米材料有限公司的产品性能数据。

15.2.4.4　气液阻隔性能

气体透过聚合物是一种单分子扩散过程。这一过程包括气体先溶解于聚合物中，继而在聚合物中向低浓度处扩散，最后在聚合物的另一端蒸发。提高聚合物对气体阻隔性的有效途径之一是增加气体通过时的路径长度，降低扩散率。不同 MMT 含量对聚酯的氧气透过性能的影响不同。有机 MMT 的加入显著提高了 PET 的阻隔性，随着处理剂不同，复合材料的气体阻隔性能也不同。主要因为：一是 MMT 的加入使气体通过时的曲折路径增大；二是 MMT 的加入使 PET 的结晶速率和结晶度提高，从而提高阻隔性；三是部分 PET 插层进入 MMT 片层之间，气体难于在这些 PET 之中穿过，增加了高阻隔性成分。

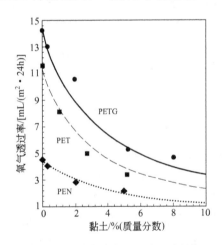

图 15-25　蒙脱土填充量对聚酯材料
气液阻隔性能的影响（1atm）

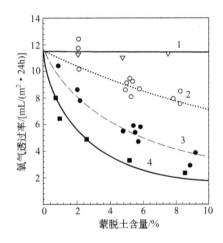

图 15-26　不同插层剂对聚酯材料气
液阻隔性能的影响（1atm）

1—十八烷基季铵盐；2—蒙脱土；3—双羟基
乙基甲基牛脂铵盐；4—二乙氧基十八烷基铵盐

图 15-25 中是一组典型的氧气对 PET/黏土纳米复合材料薄膜的渗透率曲线[59]，图中包含三种不同的聚酯薄膜：PET、PETG（乙二醇改性的 PET）和 PEN。从图中可以明显地看到，随着蒙脱土填充量的增加，几种薄膜对氧气的阻隔性能均大幅度提高，氧气的渗透率大为降低。尤其是 PET 和 PETG 薄膜，氧气渗透率下降的幅度更加明显。说明蒙脱土对于提高 PET 的气液阻隔性能有明显的作用，PET/层状硅酸盐纳米复合材料完全可能在食品包

装材料领域得到广泛的应用。图 15-26 是采用不同的插层剂处理蒙脱土时，制备的 PET/黏土纳米复合材料对氧气的阻隔性能曲线。由图可见，十八烷基季铵盐处理的有机黏土对提高 PET/层状硅酸盐纳米复合材料的阻隔性能贡献不明显，而其他几种处理剂则可以有效地降低氧气的渗透率。其中的原因是由于不同的处理剂与 PET 基体的作用机理不同，导致有机蒙脱土与 PET 的相容性有一定的差异，在复合材料中的分散状态也不同，所以对氧气的阻隔性能也有一定的差别。

美国 Eastman 化学公司和 Nanocor 公司正在联手开发 PET/蒙脱土纳米复合物包装材料[139]。纳米蒙脱土被分散为可见光波长尺寸相近的微粒子，少量的纳米粒子就会明显地改变 PET 强度、阻隔性、耐热性，而不影响透光性，啤酒瓶是其主导市场之一。

中国科学院化学研究所工程塑料国家重点实验室采用纳米复合技术，研制成功 PET/蒙脱土纳米复合材料（Nc-PET）并申请了中国发明专利。这种纳米复合材料将无机材料的刚性、耐热性与 PET 的韧性、易加工性有效地结合起来，使得材料的机械性能、热性能得到较大的提高，对气体、水蒸气的阻隔性也有很大的改善，是啤酒和软饮料理想的包装材料。目前，已研制出半透明的啤酒瓶样品，阻隔性比 PET 瓶高 3～4 倍。

15.2.5 PET/层状硅酸盐纳米复合材料的应用

由于具备前面涉及的优异性能，PET/蒙脱土纳米复合材料能够在多种领域内得到应用，制造性能优良的产品。在饮料包装瓶开发方面，目前技术领先并且能够成功开发商业化产品的公司有美国的 Nanocor 公司、Eastman 公司和中国的联科纳米材料有限公司等单位。Nanocor 公司和 Eastman 公司在制造纳米 PET 瓶时主要采用了三层夹心的结构，瓶壁两侧为 PET，中心是一层 PA6/蒙脱土纳米复合材料，其作用是进一步增强瓶体对氧气和二氧化碳气体的阻隔性能。这样的结构虽然可以增强瓶子对气液小分子的阻隔性能，但会提高产品的成本，使用后的回收也比较困难。

中科院化学所与北京联科纳米材料有限公司共同开发的 PET/蒙脱土纳米复合材料具有优良的气液阻隔性能，联科纳米材料有限公司采用这一技术制造出了阻隔性能较好的纳米 PET 瓶，经过在啤酒厂的实际灌装实验，证明它可达到作为啤酒包装瓶的水平。它采用单一材料、一次吹制成型的工艺，不仅在结构、制造工艺上十分简单，有利于降低成本，而且对瓶子的回收利用也十分有利。

在工程塑料方面，中国科学院化学所与北京联科纳米材料有限公司合作也开发了一系列相关的产品，以推广 PET/蒙脱土纳米复合材料在这一领域的应用。其中包括家用电器外壳、电气接插件等。

15.3 PP/ 层状硅酸盐纳米复合材料

前面两节分别介绍了以 PA6 和 PET 为基体的 PLS 纳米复合材料，这两种聚合物都是具有一定极性的聚合物。这反映了在 PLS 纳米复合材料研究领域中一个比较突出的问题：当采用极性聚合物为基体时才能够比较容易地制备出 PLS 纳米复合材料。而对于非极性聚合物，如聚烯烃这一大类应用广泛的聚合物品种，制备的难度要大得多，使用通常的制备手段往往无法得到结构比较理想的复合材料。这也是目前对 PLS 纳米复合材料的研究中一个备受关注，急需解决的问题。

在聚烯烃类聚合物中，聚丙烯（PP）是一种应用非常广泛的通用塑料品种，在全世界范围内的产量十分巨大，也是在通用塑料工程化的研究中，一种被优先考虑的材料。聚丙烯在应用中的主要缺点表现在韧性较差、低温性能不好、耐热性不高等方面，为了提高聚丙烯在应用中的竞争能力，就必须对聚丙烯进行改性，使其在保持加工性能的同时具有更高的尺寸稳定性、热变形温度、刚性、强度和低温冲击性能。传统的改性方法包括使用玻璃纤维、$CaCO_3$、SiO_2 或滑石粉等填充材料对 PP 填充改性、或对 PP 基体进行接枝改性等等。

近年来，利用插层技术对 PP 进行填充改性引起了广泛的关注。科技工作者希望能够利用 PLS 纳米复合材料的特点，使 PP 各方面的性能得到提高，拓宽了其应用领域。通常情况下，层状硅酸盐的表面由于含有较多极性的羟基（—OH），与不含极性基团的聚丙烯相容性差，要达到硅酸盐片层在聚丙烯基体中的均匀分散是比较困难的。但自 1996 年 Oya 等[140]报道了聚丙烯层状硅酸盐纳米复合材料的制备以来，有关它的研究已经越来越多，相继开发了许多新的制备方法和工艺。本节将从制备、性能和应用等方面对这一领域作一系统的介绍。

15.3.1 插层聚合法制备 PP/层状硅酸盐纳米复合材料

插层聚合是一种有效的制备 PP/蒙脱土纳米复合材料的方法。在本节的开始部分，我们已经提到聚酰胺、聚酯和聚氧化乙烯等极性聚合物才能够比较容易地插入黏土片层间，制备出 PLS 纳米复合材料。而聚丙烯是一种非极性聚合物，大分子链很难进入层状硅酸盐片层之间，黏土片层在 PP 基体中分散也十分困难。即使用含有较长非极性烷基（如十八烷基）的季铵盐改性的有机蒙脱土，仍然难以实现蒙脱土在聚丙烯基体中以纳米级均匀分散。

马继盛、尚文宇等采用插层聚合方法制备出了聚丙烯/蒙脱土（PP/MMT）纳米复合材料，并对其结构和性能进行了表征[70]。制备 PP/蒙脱土纳米复合材料时要经过填料的预处理、活化和单体聚合三个阶段。预处理和活化阶段是为了使催化剂充分地吸附在蒙脱土表面，尤其是层间的纳米空间之中，蒙脱土的层间距越大对吸附催化剂越有利。因此所采用的蒙脱土是经烷基胺类插层处理后的有机蒙脱土。从有机蒙脱土出发，经过活化处理就可以得到负载了 Ziegler-Natta 催化剂的活性蒙脱土。以马继盛、尚文宇等的研究为例，将有机蒙脱土在 120℃温度下进行真空干燥后，与 $MgCl_2$ 一起球磨 48h，使其和溶剂甲苯形成均匀混合的浆状物。接着在浆状物中加入 $TiCl_4$，在 100℃下反应 2h，用正庚烷洗涤后真空干燥即得活性蒙脱土。得到活性蒙脱土就可以进行最后的聚合过程，典型的聚合过程如图 15-27 所示。

反应介质可以是干燥处理后的己烷或甲苯。反应器经反复抽排后充入一定压力的丙烯单体，将溶剂（甲苯）、$AlEt_3$ 和外给电子体注入反应器，在氮气保护下将活性蒙脱土加入反应体系后，于 70～80℃下反应一定的时间，用乙醇终止反应，过滤，干燥，即得粉状 PP/蒙脱土纳米复合材料。通过控制反应时间的长短，可以得到具有不同蒙脱土含量的产物。同时还使用未经蒙脱土负载的 Ziegler-Natta 催化体系合成了纯 PP 作为性能研究的参比。所得到的产物通过黏度法测定分子量约为 3×10^5；熔体指数为 7～8g/10min；利用沸腾正庚烷法测得等规度约为 97.2。

在聚合反应中，因为活性蒙脱土具有比较大的层间距，而丙烯单体本身的尺寸又很小，所以可以很容易地插入活性蒙脱土的层间。在层间的催化剂作用下，发生原位聚合反应，直接在蒙脱土的层间和颗粒之外形成 PP 分子链。逐渐增长的 PP 分子链可以在物理空间上迫使蒙脱土的片层互相远离，层间距被扩大；另外，聚合反应是放热反应，反应中释放的大量能量也具有促使蒙脱土层间距扩大的作用。多方面的因素使得蒙脱土的重复片层结构最终被

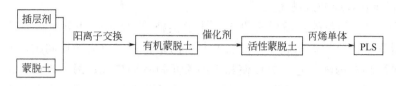

图 15-27　聚合填充法制备 PP/蒙脱土纳米复合材料的流程图

破坏，形成剥离型的纳米复合材料。插层聚合法制备的纳米复合材料内部微观结构的大致变化过程如图 15-28 所示。

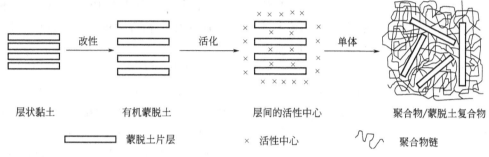

图 15-28　采用插层聚合法制备 PP/蒙脱土纳米复合材料示意图

15.3.2　熔融插层制备 PP/层状硅酸盐纳米复合材料

上一节中介绍了用原位聚合方法制备 PP/蒙脱土纳米复合材料，可以得到分散状态和性能都很好的纳米复合材料。但对于 PP 这种常见的通用大品种塑料，如果可以用熔融插层的方法来得到 PLS 纳米复合材料将是非常有意义的。因为熔融插层技术不仅可以提供更方便灵活的制备方法以满足市场多品种少批量的需求，也可以在成本上有一定程度的降低。

以 PE、PP 为代表的聚烯烃一般极性较弱，与蒙脱土之间的相容性差，不容易用熔融共混的方式来达到分子链插层的目的。因此，要实现聚丙烯与强极性的黏土在纳米尺度上的复合，就必须增加二者的界面相容性。可从聚合物基体和填充材料两方面着手进行改进：一是增加聚丙烯的极性，对聚丙烯进行化学改性，在其分子链上引入极性基团；二是尽量降低黏土的极性，通过加入相容剂来增加黏土与聚丙烯的相容性。

15.3.2.1　聚丙烯的化学改性

在制备 PLS 纳米复合材料的场合，通过在聚丙烯链上引入极性的单体单元，如丙烯酰胺、马来酸酐、丙烯酸等可以增加聚丙烯的极性，增加聚丙烯与黏土的相互作用，改善两者之间的相容性，有利于聚丙烯插层的进行。

Usuki 等[141]首先报道了用马来酸酐或羟基改性的聚丙烯低聚物直接与十八烷基胺改性的蒙脱土在 200℃熔融共混，得到插层型复合材料的方法。研究表明，低聚物的极性官能团与硅酸盐片层中的氧原子形成氢键，因而低聚物分子链上必须包含足够的极性官能团才能够顺利地进行熔体直接插层，低聚物的酸值越高越有利于插层。根据日本学者的文献报道，不用低聚物改性聚丙烯，而直接用马来酸酐接枝聚丙烯（PP-g-MA）与有机土熔融共混也可制得剥离型复合材料，插层的驱动力来自于马来酸酐基团与极性黏土表面的强氢键作用。

Lee 等[142]在 PP-g-MA 之外再添加聚氧乙烯（PEG）低聚物作相容剂，具有较强极性的柔软的 PEG 链能与黏土片层的亲水基团相互作用并插入黏土片层，但插层效果不如 PP-g-MA。同时，PEG 的末端羟基能与 PP-g-MA 中的酸酐基团熔融反应生成 PP-g-MA 接枝

PEG 链，从而能有效地插入黏土层间。

刘晓辉[143]用一种新的共插层有机土，通过接枝-熔融插层复合法制备了插层型聚丙烯纳米材料，得到了比只用烷基胺盐作插层剂制备的复合材料更大的层间距。使用的共插层单体是甲基丙烯酸环氧丙酯，它一方面使黏土的层间距变得更大；另一方面其带有的不饱和基团在引发剂作用下又能与 PP 发生接枝反应，提高了黏土片层在 PP 基体中的分散效果。他们认为，PP 链在黏土层间受限所损失的熵可由共插层单体导致层间距的进一步扩大以及接枝反应放出的反应热所弥补，提高了黏土片层在 PP 中的分散性。

15.3.2.2　PP 与蒙脱土的相容剂的选择

将化学改性的 PP 作为相容剂或者使用其他相容剂来改善黏土与 PP 的相容性，不仅可制得插层型，而且可制得剥离型的纳米复合材料。最先作为相容剂的是 PP-g-MA 低聚物，它在实际中得到的应用也最多。Usuki 等研究了 PP、PP-g-MA 低聚物与有机土三组分体系的熔融共混。结果表明，PP-g-MA 的酸值越高，与聚丙烯的混溶性越差，而酸值低的 PP-g-MA 制成的材料几乎全剥离。XRD 显示的三组分体系的层间距与不加 PP 的两组分体系的层间距相当，所以作者认为在三组分体系中只有 PP-g-MA 能插入硅酸盐片层之中，插层的驱动力来自于马来酸酐基团（或其产生的羧基）与硅酸盐片层上的氧原子间的强氢键作用。然后，低聚物插层后的黏土在强剪切场中与 PP 相接触，若 PP-g-MA 与 PP 的相容性好，二者能在分子水平上相互分散，就可以发生黏土的剥离；若二者的相容性不好，则可能发生相分离而不会剥离。很显然，以低聚物作相容剂，不仅要考虑其插层能力，还要考虑其与基体树脂的相容性。既然低聚物上的极性基团数越多越有利于插层；而极性基团数越多与 PP 的相容性越差，这是一对矛盾的影响因素，因而应相互权衡才能获得均匀分散的纳米复合材料。对 PP-g-MA 与黏土用量关系考查表明[144]，随着 PP-g-MA/黏土用量比率的增大，黏土粒子变得越来越小，且分散均一，说明 PP-g-MA 可提高黏土在 PP 基体中的分散性。Reichert[145]以 PP-g-MA 低聚物作相容剂、烷基胺作插层剂，研究了烷基碳链长度 n（$n=$ 2，4，6，8，12，16，18）对插层的影响，结果表明，$n=4$ 时形成的是传统的填充型复合材料，$n=12$、16、18 时则有剥离存在。

直接用 PP-g-MA 与有机土熔融共混也可制得剥离型纳米复合材料，这也许是比用低聚物作为相容剂更好的选择，因为它可以简化加工的繁琐程度。Reichert 等对马来酸酐的酸酐基团促进界面黏结的机理作了探讨，认为可能是酸酐基团与十八烷基胺反应生成了 N-十八烷基丁二酰亚胺接枝的聚丙烯和硅酸盐表面的硅烷醇，硅烷醇基团与连在 PP 链上的 N-烷基取代丁二酰亚胺形成了强氢键。此外，通过亚胺键连在 PP 链上的十烷基促进了十八烷基侧链与硅酸盐表面的十八烷基铵阳离子的疏水相互作用。显然，通过氢键和强疏水作用形成的强界面黏结有利于加工中的应力传递和硅酸盐纳米粒子的空间稳定。

顾书英、任杰等[146,147]以改性聚丙烯为增容剂，用熔融插层法制备了聚丙烯有机蒙脱土复合材料，并研究了有机蒙脱土对复合材料的结构、力学性能、流变特性、动态力学性能的影响，结果表明：增容剂增加了聚丙烯与蒙脱土片层之间的作用力，使蒙脱土片层间距增大，在聚丙烯基体中分散更好，因而使聚丙烯/有机蒙脱土复合材料的缺口冲击强度大幅度提高，当蒙脱土含量达 5％时，缺口冲击强度提高 120％，并且拉伸性能下降不大，约下降 5％。复合材料的储能模量 G'、损耗模量 G'' 及剪切黏度 η 随着蒙脱土含量的增加而增大，并且改性聚丙烯增加了基体与蒙脱土片层之间的作用力，使 G'、G''、η 进一步提高。

Ishida[148,149]在基体 PP 树脂和有机土之外新加一种膨胀剂作为插层剂或剥离剂，黏土层间距增大，相互作用减弱，有助于 PP 进入黏土片层间。使用环氧单体或聚二甲基硅氧烷（PDMS）作膨胀剂，都得到插层或/和剥离的纳米复合材料。根据环氧（$\delta=9.9$）、PDMS（$\delta=7.2$）与 PP（$\delta=7.4$）的溶度参数 δ 的不同，他们提出了黏土在其中的不同分散机理。对环氧膨胀剂，由于环氧与 PP 的 δ 相差较大，纳米复合材料的形成为二步法。环氧与黏土典型的是形成剥离型黏土，然而当环氧相对于黏土的加入量少时，环氧只膨胀黏土但不使黏土剥离。因而加工过程的第一步是环氧在黏土层间，即环氧首先进入层间；第二步基体 PP进入黏土层间形成纳米结构。最终环氧、黏土和 PP 形成三组分杂化的有机/无机纳米复合材料，而不是形成基体 PP 与环氧/黏土纳米材料的两相混合物。对 PDMS 作膨胀剂，PDMS 与 PP 的 δ 值极为相近，纳米复合料的形成为一步法。黏土的剥离一步完成，不存在膨胀剂 PDMS 对黏土层间的初始膨胀。Zhang[76] 用马来酸酐组合成的复合膨胀剂制备聚丙烯/黏土复合材料，得到黏土分散均匀的复合材料，并且复合材料的热稳定性和储能模量都有所提高。

15.3.2.3　改进的熔融插层方法

以上介绍了对 PP 基体或蒙脱土进行改性的方法，其核心的内容都是要在 PP 与蒙脱土之外再提供一种极性较强的相容剂来改进两者之间的相容性，使 PP 分子链能够插入蒙脱土的层间，使用最多的相容剂就是马来酸酐。这些方法虽然可以在一定程度上达到使 PP 插层蒙脱土的目的，但是由于工艺复杂，实施起来比较困难。另外，使用极性的相容剂接枝 PP往往会使 PP 分子链由于氧化作用而降解，这不仅导致其性能下降，还会很大程度地影响制品的外观。

尚文宇、马继盛等[150] 在仔细研究 PP 和蒙脱土两者特点的基础上，与北京联科纳米材料有限公司合作开发出了 PP 专用的有机蒙脱土（牌号为 TL-γC）。这种蒙脱土省去了再用马来酸酐改性 PP 的工艺，使用独特的处理剂和处理方式对天然蒙脱土进行有机化，得到的有机蒙脱土可以直接与商业级的 PP 进行熔体共混，达到 PP 插层蒙脱土的目的。所获得的PP/蒙脱土纳米复合材料在性能上比 PP 基体有明显的提高[151]。

利用这种新型有机蒙脱土来制备 PP/蒙脱土纳米复合材料的工艺非常简单，首先使用高速搅拌装置将有机黏土与 PP 树脂粒料混合均匀，然后使用具有四段加热的双螺杆挤出机将混合好的物料挤出、造粒，经过干燥后注塑加工成为标准样条进行各项性能的测试。双螺杆挤出机的螺杆转速被设定为 30r/min；从加料斗到挤出模头四段温区的加热温度分别为：180℃、190℃、200℃、210℃；在注塑加工测试用的标准样条时，注塑温度和压力分别为200℃和 13.5MPa。

15.3.3　溶液插层制备 PP/层状硅酸盐纳米复合材料

在前面已经介绍过，聚合物溶液插层是聚合物大分子链在溶液中借助于溶剂而插层进入硅酸盐片层间，然后再挥发除去溶剂而形成纳米复合材料的方法。由于聚丙烯链上不含极性官能团，不能直接与黏土共混制备纳米复合材料，因此需要添加一种既含有极性基团同时又与聚丙烯树脂有良好相容性的相容剂。基于这样的考虑，Oya 等[57] 报道了采用溶液法制备聚丙烯蒙脱土纳米复合材料的方法。其具体方法是：将双丙酮丙烯酰胺（DAAM）、引发剂偶氮二异丁腈（AIBN）和经铵离子交换的有机蒙脱土在甲苯溶液中混合，使 DAAM 聚合并插入黏土层间。形成的凝胶与马来酸酐改性聚丙烯（PP-g-MA）在甲苯中混合，再用甲醇除去未聚合的 DAAM，最后得到 PP/蒙脱土插层母料，将它与聚丙烯基体共混即可得到分散状态良好的 PP/蒙脱土纳米复合材料。对获得的材料进行 X 射线衍射分析，结果显示

黏土尖锐的 (001) 面衍射峰的强度在复合材料中降低但并不消失，层间距无大的变化但片层厚度减小，说明黏土在复合材料中仍为堆积的层状结构。这种方法又称三步法，其中聚合的 DAAM 不仅起到 PP 与蒙脱土两者之间相容剂的作用，还非常有利于硅酸盐片层间距的扩张。

　　Usuki 等[128]首次报道了用双十八烷酰胺二甲基胺盐 （DSDM） 作插层剂，选用聚烯烃远螯羟基低聚物作相容剂制备剥离型的聚丙烯/层状硅酸盐纳米复合材料的方法。将用 DSDM 插层改性的有机土 DSDM-MMT 加入甲苯溶液中，待甲苯蒸干后得到远螯低聚物进一步插层的改性土 PODS-MMT，最后将 PODS-MMT 与聚丙烯共混即得剥离型的纳米复合材料，透射电镜 （TEM） 和 WAXD 证实了剥离的发生。这种方法又被称为"二步法"：第一步，极性远螯羟基低聚物插入黏土层间导致层间距增大，层间相互作用减弱；第二步，聚丙烯再插入黏土层间，极性远螯羟基与硅酸盐片层之间的氢键作用是导致黏土剥离的原因。

　　溶液插层法虽然可以制得插层型或剥离型的 PLS 纳米复合材料，但是由于要使用大量的溶剂来作为分散介质或帮助插层剂进入层间，因此基本上没有什么工业化的前景。另外，对利用大分子溶液插层制备的 PP/蒙脱土纳米复合材料，报道比较集中的是它们的微观结构，例如分散相平均粒径、蒙脱土的层间距扩大程度等参数，而对所获得的纳米复合材料的各项物理机械性能则报道不多。在仅有的一些性能数据中，各项指标也不甚理想，利用蒙脱土填充 PP 后，纳米复合材料对强度提高的程度不高，冲击则有一定程度的下降。综合这些因素，到目前为止，所有关于溶液插层法制备 PP/蒙脱土纳米复合材料的研究工作都仅局限于实验室的范围之内，尚不具备工业开发的前景。

15.3.4　PP/层状硅酸盐纳米复合材料的性能

15.3.4.1　微观结构

　　如前所述，用不同制备方法制得的 PP/蒙脱土复合材料具有不同的微观。图 15-29 是利用插层聚合法得到的 PP/蒙脱土纳米复合材料的 X 射线衍射谱图[152]。有机蒙脱土的 WAXD 谱线上在 4.58°的位置上出现了蒙脱土 （001） 面的特征衍射峰，根据 Bragg 方程可以计算出蒙脱土片层间的平均间距为 1.93nm，说明插层剂已经有效地插入了蒙脱土的层间，使其间距得到扩大。PP/蒙脱土纳米复合材料的 WAXD 谱线中，这一特征衍射峰则完全消失了，只是当蒙脱土的含量为 8.1％的 PP/蒙脱土纳米复合材料试样中在 6°左右有一不明显的弥散衍射峰 （图 15-29 中箭头 a 处）。这说明蒙脱土在聚丙烯基体中已经剥离，以单个片层的方式无序地分散在聚合物基体之中。当蒙脱土的含量大于 8％ （质量分数） 时，还有部分蒙脱土未被剥离或剥离后的蒙脱土又重新聚集在一起，使 X 射线衍射图上出现了一个很弱的弥散衍射峰。这从一个侧面验证了我们前面提到的一个观点：因为在纳米复合材料中无机分散相以纳米尺寸分散在聚合物基体之中，它们具备异常巨大的表面积和强界面相互作用，所以填充量要控制在一个较小的范围之内，一般要低于 10％，最佳的含量往往是在 5％左右。

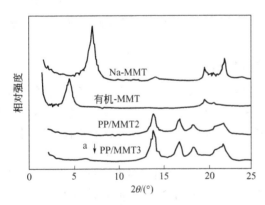

图 15-29　蒙脱土与 PP/蒙脱土纳米
复合材料的 WAXD 谱图
图中 PP/MMT2 与 PP/MMT3 中蒙脱土的
含量分别为 4.6％ （质量分数） 和 8.1％ （质量分数）

图 15-30 是一张典型的聚合填充 PP/蒙脱土纳米复合材料的 TEM 照片[152]，图中浅色的区域为聚丙烯基体，细长的暗色丝带为蒙脱土片层。由图 15-30 还可以看出厚度为 1nm 左右蒙脱土片层发生了扭曲、错位，不再具有均匀的层间距，这与 WAXD 谱图上没有特征衍射峰的结果一致。蒙脱土以 2～10 个片层的聚集体的形式分散在 PP 基体中，层间距约为 4nm。所以在插层聚合法制备的 PP/蒙脱土纳米复合材料中，丙烯单体插入蒙脱土片层间进行聚合使蒙脱土剥离成纳米尺度，并均匀分散在聚丙烯基体中，形成了剥离型的 PLS 纳米复合材料。

图 15-30　PP/蒙脱土纳米复合材料的透射电镜照片

图 15-31 是用改性熔融插层法制备的 PP/蒙脱土复合材料的 WAXD 谱图。在改性熔融插层法制备的 PP/蒙脱土复合材料的过程中，蒙脱土经过 TL-γC 有机化处理有可能出现两种不同的处理结果，第一种现象为蒙脱土（001）面的特征衍射峰位置没有移动，但是强度大大减弱。根据 X 射线衍射晶体学的解释，这是由于插层剂进入蒙脱土的层间后，使一部分片层之间的连接破坏，蒙脱土从较大的团聚体减小为平均尺寸较小的团聚体。由于小团聚体中片层的重复单元大大减小，因此在 X 射线衍射谱图上表现为特征峰的强度大大减弱。第二种现象为有机蒙脱土的衍射曲线上出现了两个峰，一个与初始的衍射峰位置相同，另一个出现在小角位置，这说明插层剂不仅使蒙脱土的团聚体尺寸减小，而且使一部分小团聚体中的层间距扩张，因此才会出现两个衍射峰。而这种有机蒙脱土与 PP 共混得到 PP/蒙脱土纳米复合材料，只有一个弥散的衍射峰出现在小角位置，强度也非常弱。出现在 10°～20°的几个强衍射峰都是归属于 PP 晶体的衍射峰。从这一测试结果看，所得到的复合材料中，蒙脱土可能分散成小的团聚体。但这一结论仍需得到 TEM 观察来验证。

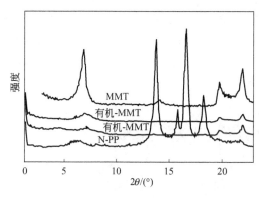

图 15-31　PP/蒙脱土纳米复合材料的 WAXD 谱图
（蒙脱土经过 TL-γC 有机化处理）

图 15-32 给出了在不同的填充量时，PP/蒙脱土纳米复合材料的电镜照片。在这些照片中，观察不到通常情况下蒙脱土的片层结构，而是一些小的团聚体，团聚尺寸一般在 100nm 以下，虽然能够满足纳米复合材料对分散相尺寸的要求，但是这些图片中出现的团聚体说明 PP 分子链还不能够非常彻底的插入蒙脱土的层间。

15.3.4.2　结晶性能

通过 DSC 可以研究聚合填充 PP/蒙脱土纳米复合材料的等温和非等温结晶过程。对等温结晶的研究发现，引入蒙脱土后，聚合填充 PP/蒙脱土纳米复合材料的结晶速率大幅度提高，相对结晶度略有下降。采用 Avrami 方程对该材料的结晶动力学进行研究，计算得出其 Avrami 指数在 2.67～3.44，表现了明显的异相成核特征。聚合填充 PP/蒙脱土纳米复合材料的半结晶时间 $t_{1/2}$ 比纯的聚丙烯大幅度降低。采用 Hoffman 理论计算了 PP/蒙脱土纳米复

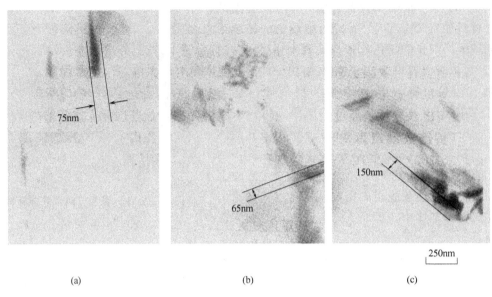

图 15-32　PP/蒙脱土纳米复合材料的透射电镜照片

蒙脱土含量：（a）3%；（b）5%；（c）7%

合材料的球晶生长的单位面积表面自由能 σ_c，结果表明，σ_c 随蒙脱土含量的增加逐渐降低。

　　图 15-33 是纯 PP 与 PP/蒙脱土纳米复合材料的偏光显微镜照片，可以观察到纯 PP 内部存在着巨大的球晶晶体，而在其中加入蒙脱土后，由于其强烈的成核作用，PP 的球晶减小到了较小的尺寸。当填充量达到 10.4% 时，在体系内部已经观察不到明显的 PP 球晶的消光十字，说明此时 PP 已经不能形成完整的球晶结构了。

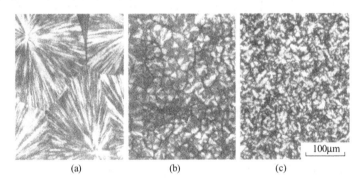

图 15-33　PP 与 PP/蒙脱土纳米复合材料的 POM 照片

（a）纯 PP；（b）PP/蒙脱土纳米复合材料（4.6%）；

（c）PP/蒙脱土纳米复合材料（10.4%）

　　采用修正的 Avrami 方程和 R-T 关系法研究 PP/蒙脱土纳米复合材料的非等温结晶动力得到的结果与等温结晶动力学基本一致。在少量蒙脱土（质量分数小于 5%）存在的情况下，PP/蒙脱土纳米复合材料的初始结晶温度和结晶峰温度迅速提高，说明蒙脱土有强烈的成核作用；在蒙脱土含量小于 5%（质量分数）的范围内，随蒙脱土含量的提高，结晶动力学参数 Z_c 迅速提高，结晶半峰宽 D 迅速变窄，说明结晶速率迅速提高；R-T 关系法研究结果表明，$F(T)$ 随蒙脱土含量（<5%）的提高迅速下降。也证明了蒙脱土有促进结晶的作用。研究结果还表明，当蒙脱土含量高于 5%（质量分数）时，其成核能力和促进结晶能力

降低，这应该是当蒙脱土含量过高时，其在聚丙烯中的分布均匀性下降的原因造成的。

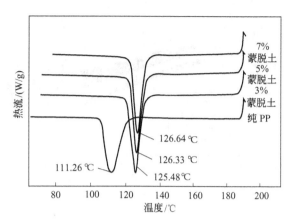

图 15-34　PP 及其纳米复合材料的 DSC 降温测试曲线

与原位聚合填充法的 PP/蒙脱土纳米复合材料类似，在用大分子熔体直接插层方法制备的 PP/蒙脱土纳米复合材料中，蒙脱土对 PP 基体也有明显的异相成核作用，可以明显地改变 PP 的结晶过程和晶体形态。

图 15-34 是纯 PP 和含有不同含量蒙脱土的纳米复合材料的 DSC 降温测试曲线。图中，PP 基体的结晶峰出现在 111℃，加入蒙脱土形成纳米复合材料后，结晶峰向高温方向显著移动，达到了 126℃左右。而且结晶温度随含量的变化不是非常明显，在只有 3％的低填充量下就已经达到了 125℃。这与纳米复合材料的特征是相同的。由于分散相具有非常小的尺寸，因而可以在非常小的填充量下就充满聚合物基体内的自由空间，性能也在填充量很小的情况下就达到饱和临界值。蒙脱土不仅提高了 PP 的结晶温度，还可以使 PP 的结晶峰半峰宽大大缩小，说明它可以使 PP 的结晶速率提高。

Nowacki[153]等研究了等规 PP 蒙脱土复合材料的球晶生长行为，结果表明，在静态条件下，蒙脱土有轻微的成核效应，但在剪切力的诱导下，成核效应增大，球晶的尺寸大幅度降低。

15.3.4.3　流变特性

复合材料的流变特性决定了材料的加工工艺，研究流变特性将为确定材料的加工工艺提供理论依据，层状硅酸盐的加入使聚丙烯的流变行为发生了改变，Gu[154]等用 ARES 流变仪研究了 PP/有机蒙脱土复合材料的流变特性，发现：复合材料的储能模量 G'、损耗模量 G'' 及剪切黏度 η 随着蒙脱土含量的增加而增大，见图 15-35。蒙脱土的加入使复合材料熔体表现出类固性，松弛模量增大 [见图 15-36(a)]，并且增大了材料的切力变稀趋势 [见图 15-36(b)]，使复合材料表现出良好的加工性能。

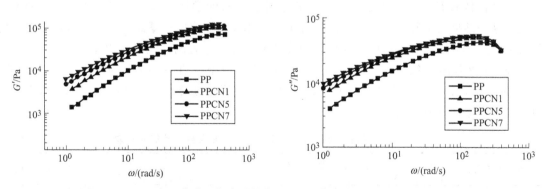

图 15-35　PP/有机蒙脱土复合材料在 190℃的储能模量（a）损耗模量（b）

15.3.4.4　力学性能

表 15-11 列出了聚合填充 PP/蒙脱土的拉伸性能数据。可以看出，除了断裂伸长率（ε）

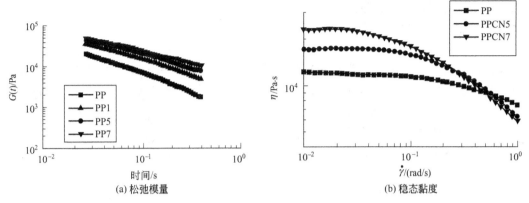

图 15-36　PP/有机蒙脱土复合材料的松弛模量和稳态黏度

随着蒙脱土的含量有所下降外，拉伸强度（σ）和杨氏模量（E）都随着蒙脱土含量的提高而提高，其中杨氏模量比纯聚丙烯提高了 70%。这是由于 PP 分子链插入蒙脱土层间形成了 PLS 纳米复合材料，蒙脱土填充材料在 PP 基体内均匀分散，各片层对插入其间的 PP 分子链有一定的限制作用，可以起到类似于物理交联的作用，使得复合体系的物理机械性能得到了全面提高。

表 15-11　PP/蒙脱土纳米复合材料的拉伸性能

复合材料	反应时间 /h	蒙脱土含量 /%（质量分数）	E/GPa	σ/MPa	ε/%
PP	1	0	1.42	41.6	400
PP/MMT1	1	2.5	2.08	43.5	325
PP/MMT2	2.5	4.6	2.22	55.5	375
PP/MMT3	5	8.1	2.43	48.3	250

15.3.4.5　动态力学性能

　　PP/蒙脱土纳米复合材料和纯 PP 的动态力学谱图（DMA）如图 15-37 和图 15-38 所示。PP/蒙脱土纳米复合材料的储能模量 E' 大幅度提高。为了清楚地考察 MMT 的加入对 E' 的影响，用 PP/蒙脱土纳米复合材料的储能模量（E'_{CO}）与纯 PP 的储能模量（E'_{PP}）的比值（E'_{CO}/E'_{PP}）为纵坐标作图，如图 15-39 所示。可以看到当加入 8%（质量分数）的蒙脱土时，复合材料的 E'，提高了近 3 倍。随着蒙脱土含量的增加，$\tan\delta$ 在 T_g 处的损耗峰更趋平坦。这一结果与蒙脱土片层和聚丙烯分子链的相互作用有关。蒙脱土片层对聚丙烯分子链的限制作用降低了大分子链的活动性，因而使 $\tan\delta$ 在 T_g 处的损耗峰面积变小。

　　表 15-12 列出了纯 PP 及聚合填充 PP/蒙脱土纳米复合材料在 $-40℃$、$20℃$、$80℃$、$140℃$的储能模量、玻璃化转变温度（T_g）以及热变形温度等数据，这些数据都是根据它们的动态力学谱计算而来的。

表 15-12　蒙脱土含量对 PP/蒙脱土纳米复合材料性能的影响

纳米复合材料	储能模量/GPa				T_g/℃	热变形温度/℃
	$-40℃$	$20℃$	$80℃$	$120℃$		
PP	1.42	0.38	0.21	0.12	6.2	110
PP/MMT1（2.5%）	2.08	0.76	0.36	0.24	12.1	138
PP/MMT2（4.6%）	2.22	0.82	0.46	0.28	9.0	144
PP/MMT3（8.1%）	2.43	0.98	0.54	0.36	8.0	151

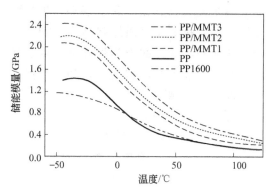

图 15-37　不同蒙脱土含量下 PP 与 PP/蒙脱土纳米复合材料的储能模量-温度谱

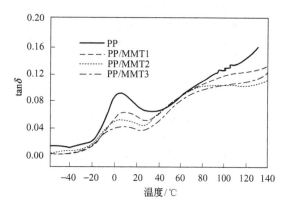

图 15-38　不同蒙脱土含量下 PP 与 PP/蒙脱土纳米复合材料动力学损耗-温度谱

15.3.4.6　气液阻隔性

Gorrasi[155]研究了熔融插层制备的间规聚丙烯/有机层状硅酸盐复合材料的有机气氛渗透性，结果表明，层状硅酸盐的加入降低了复合材料对二氯甲烷和正戊烷的吸收量，但硅酸盐含量对吸收量没有明显的影响。扩散系数随硅酸盐含量的增加而增大，透过率随硅酸盐含量的增加而大幅度的下降。

15.3.4.7　耐热性

在 PP 基体中添加蒙脱土制得 PP/蒙脱土纳米复合材料后，可以使 PP 的耐热性得到较大的提高。图 15-40 是添加不同含

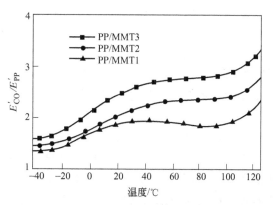

图 15-39　不同蒙脱土含量下相对储能模量（E'_{CO}/E'_{PP}）随温度的变化

量的蒙脱土的纳米复合材料与纯 PP 的热失重曲线，可以看到加入蒙脱土后，曲线向高温方向发生了明显的偏移，说明热分解温度得到了较大的提高。通过它们的微分曲线可以计算出不同材料的最快热失重温度，当填充 7％的蒙脱土时，PP/蒙脱土纳米复合材料的最快热失重温度可以比纯 PP 提高 50℃以上。

15.3.5　PP/层状硅酸盐纳米复合材料的应用

聚丙烯作为一种最常见的通用塑料，具有较优良的综合性能，在家用电气、汽车、建筑、纺织、包装等领域中得到广泛的应用，如在汽车工业中主要用于仪表板、保险杠、门内板等，在建筑工业中大量用作管道及零配件等。但是聚丙烯与传统工程塑料相比存在强度、韧性和弹性模量较低，耐候性差，收缩率大，热变形温度低，耐热性较差等特点，因而限制了聚丙烯的进一步使用。提高聚丙烯的韧性、使用温度和弹性模量一直是聚丙烯改性的重要课题，传统的方法是加入橡胶增韧和纤维增强，但橡胶增韧会导致材料的弹性模量降低、刚性下降、材料的加工性能和外观变差、成本增加。聚丙烯/蒙脱土复合材料具有较高的冲击韧性和弹性模量，较高的热变形温度和较好的耐热性以及突出的阻隔性，从而为聚丙烯的增强增韧提供了一条新思路。

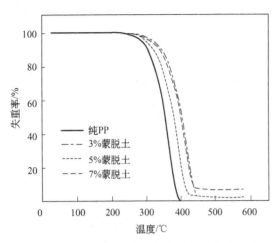

图 15-40　PP/蒙脱土纳米复合材料热失重曲线

用熔融插层制备的聚丙烯/蒙脱土有机无机纳米复合材料是一种插层型的纳米复合材料，蒙脱土在聚丙烯基体中达到了纳米分散水平，材料的力学性能（强度、韧性）及耐热性可同时提高，且加工性能有所改善。具有成本低、生产率高的特点，并且适用于现有的成型工艺，并可在航空航天、汽车、建筑等领域推广。

在汽车工业，因聚丙烯材料的强度、弹性模量和热变形温度低，耐热性较差等原因使其作为汽车零部件使用受到限制，聚丙烯/蒙脱土有机无机纳米复合材料热变形温度提高，且具有较高的冲击韧性和弹性模量，其使用范围可得到扩大，并且随着汽车工业的持续发展，废旧零部件的回收已提上议事日程，零部件材料种类繁多给回收造成麻烦，采用高性能的聚丙烯单一材料使回收利用简单易行。因此，聚丙烯/蒙脱土纳米复合材料的研制和开发不仅为解决我国量大面广的 PP 通用塑料的高性能化开辟了一条新路；而且也为汽车轻量化找到了一条新途径，对推进汽车轻量化的进程有着重要的经济价值与社会意义。汽车轻量化就意味着更多的轻质材料替代原有的金属材料，利用此技术制备的纳米复合塑料可以在减轻汽车部件重量的同时提高材料的性能，而这些结构材料若由密度较小的工程塑料替代密度较大的金属材料，就必须使工程塑料高性能化，具体地讲即工程塑料的增强增韧、耐磨性及耐热性等物理机械性能的提高。由于这种聚合物/蒙脱土纳米复合材料表现出突出的力学性能、热性能和阻隔性能，并可应用塑料加工的通用技术（挤出、注塑等）来加工成型，而具有诱人的开发与市场前景。这种新一代汽车塑料部件的使用对于今后几十年汽车工业的发展将会产生很大的影响。

在建筑工业上，聚丙烯由于其无毒、价格较低、加工容易和综合性能较好而广泛用作管道及配件，但需要加入橡胶（例如乙丙橡胶）增韧，这种方法通常会导致材料的弹性模量降低，刚性下降；材料的加工性能和外观变差；特别是导致成本增加，橡胶的加入量为聚丙烯的 10%～15%而价格为聚丙烯的 2～3 倍。聚丙烯/蒙脱土有机无机纳米复合材料与聚丙烯相比具有更高的冲击韧性、弹性模量和热变形温度，而且聚丙烯的加工性能也得到改善，其综合性能优异，性价比较高，并可应用塑料加工的一般方法来加工成型，因此作为建筑材料其推广应用的潜在价值难以估量。

15.4　生物降解高分子/层状硅酸盐纳米复合材料

自从 20 世纪最后十年，塑料使用中增长最快的领域是包装材料。方便、安全、便宜、好的外观是决定包装材料快速发展的最重要因素。最近的统计表明，目前生产的塑料中，41%用于包装行业，而其中的 47%用于食品包装。这些通常都来自聚烯烃（例如，聚丙烯 PP、聚乙烯 PE）、聚苯乙烯 PS、聚氯乙烯 PVC 等，大多来自于石油产品，并最终排放到环境中去，成为不可降解的污染物。这就意味着，总计 40%的包装废物在实际上是永久性的，如何处理塑料垃圾成为全球性的环境问题。

　　目前处理垃圾的方法主要有填埋、焚化和循环。但是，由于社会的迅速发展，合适的垃圾填埋点是有限的。另一方面，垃圾的填埋是一枚定时炸弹，等于把今天的问题转移到了后代身上。另外，塑料垃圾的焚化总是会产生大量的二氧化碳并促使全球变暖，有时又产生有毒气体，再一次造成地球的污染。回收再利用或多或少解决了这个问题，但要消耗大量的劳动力和能量。在这一背景下，加工中不涉及有毒物质并可以在自然界中降解的绿色高分子材料的发展更加迫切。

　　大多数生物降解高分子相对于许多石油基塑料来说有着优异的降解性，并且很快就可以与通用塑料进行竞争。于是，生物可降解高分子有着很大的商业前景用作生物塑料，但它的一些性能，例如脆性、较低的热变形温度、较高的气体透过性、较低的熔融黏度等，限制了它们在更广范围内的使用。因此，对生物可降解高分子的改性对材料科学家来说是一个巨大的工程。另一方面，对普通高分子进行纳米复合以制备纳米复合材料已被证实为一个改进这些性质的有效方法，因而，绿色纳米复合材料是未来的发展趋势，并被认为是下一代的新材料。生物可降解聚合物的纳米复合在设计环境友好绿色纳米复合材料的应用上有很好的前景，目的在于提高生物可降解聚合物的某些性质，如热稳定性、气体阻隔性、强度、较低的熔融黏度以及低的生物降解速率等。

　　本节将概括制备生物可降解聚合物/层状硅酸盐纳米复合材料的各种制备技术、性能及应用前景。

15.4.1　生物可降解聚合物纳米复合材料的制备方法

　　生物可降解聚合物可分为合成生物可降解聚合物和天然生物可降解聚合物。与上述几种聚合物纳米复合材料类似，其纳米复合材料的制备方法主要有以下几种：①聚合物或预聚物溶液插层；②原位插层；③熔融插层。以下就分别介绍合成生物可降解聚合物和天然生物可降解聚合物纳米复合材料的制备方法。

15.4.1.1　合成生物可降解聚合物纳米复合材料的制备

　　聚乳酸（PLA）是一种线型脂肪族热塑性共聚酯。聚乳酸具有较好的机械性能和加工性能，但其性脆，热稳定性、阻隔性较差，所以对其进行改性是拓展其应用领域的有效途径。Ogata 等[156]用聚合物溶液插层法制备了聚乳酸/有机改性蒙脱土（PLA/OMLS）复合材料。WAXD 和 SAXS 的结果表明，聚乳酸并没有插层到硅酸盐的片层间，但材料的杨氏模量有所提高。Ray 等[157]用熔融插层技术制备了聚乳酸层状硅酸盐复合材料，用少量的 PCL 作增容剂，WAXD 和 TEM 观察到层状硅酸盐被插层，并随机分布在基体中，增容剂 PCL 的引入增加了聚乳酸与硅酸盐之间的相容性。最近，Lee 等[158]用盐析/气体发泡法制备 PLA/MMT 多孔支架，将 PLA 配制成浓度为 $0.1g/mL$ 的氯仿溶液，加入粒径为 $150\sim300\mu m$ 的 $NH_4HCO_3/NaCl$ 盐粒和有机蒙脱土，充分混合。蒙脱土相对于 PLA 的含量为 2.24%、3.58% 和 5.79%（体积分数）。混合物浇铸成膜，在大气环境中干燥 2h，当膜变成半固态时，采用两步盐析法将膜浸在 90℃ 的热水中析出 NH_4HCO_3，在 PLA 基体中伴随着氨气和二氧化碳的产生。在没有气泡产生后，将材料浸在 60℃ 的水中 30min 析出残余的 NaCl 粒子，再冷冻干燥 2 天，制得复合支架。XRD 的结果表明，形成了剥离型的结构，但没有 TEM 图片报道。

　　聚己内酯是由己内酯通过开环聚合而得到的线型聚酯。它是一种结晶度大概在 50% 左右的半结晶物质，具有相当低的玻璃化转变温度和熔融点。聚己内酯分子链是柔性链，并且表现出较高的断裂伸长率和较低的模量。由于它的物理性质及商业实用性，使它不仅仅能够应用于可降解日用品领域，也可以应用于医药及农业领域。聚己内酯的熔融温度（65℃）低是它的一个主要缺点，不过可以通过与其他的聚合物的共混或者热辐射交联来改性，从而扩大应用的范围。人们也已经多次尝试生产具有比纯聚己内酯更好的机械性能和材料特性的聚己内酯/有机化层状硅酸盐纳米复合材料。

Messersmith 和 Giannelis[159]于 1993 年报道了通过原位插层聚合法制得了聚己内酯基的纳米复合材料。他们使用了三价铬离子交换吸附氟锂蒙脱土进行纳米复合材料的合成。典型的合成方法是将含 0.1g 的铬化氟锂蒙脱土和 1g 己内酯在 25℃ 下搅拌 12h，然后将混合物于 100℃ 下再加热 48h，反应混合物在降到室温后凝固。将复合材料中未能够插入片层的聚己内酯溶于丙酮，以 3000r/min 的转速进行离心分离以便再利用。

在聚合物机体中将硅酸盐片层分散的能力与一系列因素有关，其中包括：硅酸盐层之间互换的能力，介质的极性以及夹层阳离子的化学性质。Messersmith 等[66]使用了不同的有机化层状硅酸盐进行一系列试验。结果显示：使用极性和己内酯相匹配的表面活性剂是获取好的分散性的关键所在。在相同的实验条件下，极性较差的二甲基二十八基胺不能取代有机化层状硅酸盐分散到己内酯中。这表明表面活性剂的性质对蒙脱土的分散十分重要。但是，当使用质子化的十二胺月桂酸时，有机化层状硅酸盐能分散到各个层中。该分散一直持续到聚合结束，最终片层中充满了聚合物基质。

使用十二胺月桂酸不仅是为了促使硅酸盐片层的分层，还可能通过羟基基团来引发己内酯的聚合。己内酯的聚合可以使用多种类型的引发剂，包括含有不稳定质子的混合物，例如胺、醇以及羟基酸等[160~165]。使用这些分子作为引发剂是由于亲核基团攻击己内酯的碳酰基，从而导致开环，并形成新的端羟基基团[165]。后来的聚合反应在己内酯中剩余的端羟基之间进行。类似的，端基为质子化胺的酸与硅酸盐片层通过离子键结合后，同样形成亲核基，与己内酯反应，使一个己内酯单元和端羟基基团相连接。有机化层状硅酸盐中的有机酸和己内酯单体的反应在分散的独立硅酸盐片层的液态单体中能更容易、更彻底的进行。

聚己内酯/层状硅酸盐的纳米级混合物也可以通过己内酯的开环聚合来合成[166]。蒙脱土通过非官能团和含羟基官能团的烷基铵阳离子（即 2-羟乙基二甲基十六基胺）进行表面改性。黏土表面的羟基官能团被锡（二价或三价）或铝（三价）的醇盐引发剂引发从而使己内酯聚合。

聚丁二酸丁二酯（PBS）是在合成的可生物降解的聚酯中比较有前途的聚合物，其传统名称叫做"BIONOLLE"，它是通过 1,4-丁二醇及琥珀酸缩聚合成的。由于 PBS 是脂肪族聚酯，它有许多诱人的特性，比如生物可降解性、熔融加工性，耐热以及耐化学腐蚀性，从而使 PBS 有着商业利用价值。PBS 有着卓越的加工性能，可以熔纺制备单丝、复丝等，也可以进行注塑成型。

近年来，PBS/蒙脱土复合材料的制备引起了人们的关注。Sinha Ray 公司[167,168]公布了由 PBS 与 OMLS 直接熔融挤出制备 PBS/OMLS 纳米复合材料的一种方法。在制备过程中，首先将 PBS 和 OMLS 混合，然后在 150℃ 条件下用双螺杆挤出机挤出制备纳米复合材料。X射线图和 TEM 图像表明，形成了插层型的结构。

另外，其他的合成生物可降解聚合物/蒙脱土纳米复合材料也相继有报道。如 Greenland[169]早在 1963 年就报道了用溶液浇铸的方法制备聚乙烯醇/MMT 复合材料，这里就不再一一叙述。

15.4.1.2　天然生物可降解聚合物纳米复合材料的制备

聚（3-羟基丁酸酯）（PHB）是一种从天然物中提取的聚酯。其物理性能与聚丙烯（PP）相比，具有相似的熔点、结晶度以及玻璃化转变温度[170]。一般而言，PHB 比 PP 更硬、更脆，另外 PHB 还表现出远低于 PP 的耐溶剂性，但它的天然耐紫外线辐射性能优于 PP。因此要拓宽其应用领域也必须对其进行改性。

Maiti 等[171]报道了通过熔融插层法制备 PHB/OMLS 纳米复合材料（PHBCNs）。他们使用了三种不同的 OMLS，在 80℃真空中干燥以去除残余水分，用双螺杆挤出机在 180℃制备纳米复合材料。

尽管热塑性的 PHB 是一种自然产生的生物降解材料，但是它非常的不稳定并且在熔点附近的温度下降解。由于其热不稳定，使其商业应用受到严格的限制。鉴于这个原因，研究人员将 PHB 进行共聚，例如：聚（3-羟基丁酸酯-co-3-羟基戊酸酯）（PHBV）[172]，这将大大提高其物化性能，从而获得更广泛的应用。同时 PHBV 的加工性能和力学性能也比 PHB 有所提高，不过 PHBV 也有许多缺点，例如结晶速率过低、相对过于复杂的加工条件、断裂伸长率过低等问题都有待于解决才能获得更广泛的应用。为了克服这些缺点，Chen 等[173]用溶液插层技术制备了 PHBV 的纳米复合材料。可惜的是他们并没有报道制备的纳米复合材料的结构和形态。

在基于生物降解聚合物材料的可再生资源家族中，淀粉因其易于获得及其成本优势，而被认为是最有发展前景的材料之一。淀粉是植物储存碳水化合物的主要形式，是光合作用的最终产物。淀粉是两种物质组成的混合物，一种是本质上线型的多糖-直链淀粉，另一种是高度支化的多糖-支链淀粉。两种形式的淀粉都是 α-D-葡萄糖的聚合物。天然淀粉包含 10%～20% 的直链淀粉和 80%～90% 的支链淀粉。

我们都知道淀粉在土壤和水中是可以完全生物降解的。淀粉可以提升非降解塑料的生物降解能力，也能够和完全生物降解塑料一起使用生产可生物降解的混合物从而降低成本。淀粉在聚合物基体中仍以粒状形态存在，作为填料使用。粒状淀粉复合物的一个最主要的问题是它有限的可加工处理能力，这主要是由于它的大颗粒粒度（5～100μm）。因此，将淀粉制成包装用的吹塑薄膜是极其困难的。鉴于这个原因，热塑性淀粉（TPS）的发展成为淀粉改性的关键，TPS 是通过在加热加压条件下用 6%～10%（质量分数）水分使粒状淀粉凝胶化[174]。极差的耐水性和极低的强度限制了 TPS 的应用，因此通常将 TPS 和其他聚合物共混。例如，可以通过添加 EVOH 来改良，用大约 15%（质量分数）的甘油和 10%（质量分数）的水塑化的胶凝淀粉的延展性[175]。另一方面，OMLS 是一种环境友好、天然储量丰富并且经济的材料，所以，可以将 TPS 的生物可降解性和 OMLS 的高强度和稳定性有机地结合起来，制备 TPS/OMLS 纳米复合材料。

De Carvalho 等[176]报道了使用双螺杆挤出机通过熔融插层技术制备 TPS/高岭土复合物。随后 Park 等[177]报道了用熔融插层法制备 TPS/黏土纳米复合材料的详细工艺过程。用三种带有不同铵阳离子的有机化 MMT 和一种未经过改性的 Na^+-MMT 制备纳米复合材料。在一种特定的制备方法中首先将 TPS 和黏土在 80℃的真空中至少干燥 24h。干燥完成之后将 TPS 和黏土用 Haake-Rheocoder 600 辊轮式混合机在 110℃混合 20min，制备 TPS/黏土纳米复合材料。

最近，Wilhelm 等[178]通过添加不同的层状化合物填料来改性甘油塑化淀粉的薄膜，两种来自自然界高岭石（一种天然矿物黏土）和锂蒙脱石（一种阳离子交换矿物黏土）以及两种合成材料（层状双羟基乳酸脱氢酶，一种阴离子交换剂和不确定结构的氢氧镁石）。通过各自的水相悬浮液（30mL）用溶液浇铸法制备甘油塑化淀粉/层状化合物复合薄膜。淀粉/锂蒙脱石的配比是100/0、95/5、90/10、85/15、80/20和70/30，相对于淀粉的折干质量计算，总质量为1.3g。首先，将层状材料分散在蒸馏水（10mL）中24h，接着向其中添加水性淀粉分散液（20mL）。为了使淀粉颗粒凝胶化，在一个封闭的试管中，连续搅拌条件下对上述悬浊液进行脱气处理并加热到沸点30min。向加热的溶液中加入20%质量分数的甘油（相对于淀粉的折干质量计算），然后将混合物倒入聚丙烯的容器中，让溶剂在40~50℃蒸发。将薄膜保持在43%相对湿度的气氛中3个星期。XRD图像证明高岭石和氢氧镁石的晶面间距并不因淀粉基体的存在而受到影响，然而锂蒙脱石的图像则显示出淀粉基体的存在会使层间距增大。在该复合物中，锂蒙脱石的分散可由甘油增塑剂调控。在未经过增塑处理的复合物薄膜中，锂蒙脱石片层解离。McGlashan和Halley[179]报道用熔融插层法制备淀粉/聚酯/黏土纳米复合材料。XRD数据显示当淀粉混合物为30%（质量分数）时将获得最佳结果，并且剥离水平取决于淀粉和聚酯的比例以及添加OMLS的量。

另外，其他天然生物可降解聚合物/蒙脱土纳米复合材料也相继有报道。例如，Misra[180]等成功使用熔融插层技术将乙基纤维素、柠檬三乙酯和经过有机改性的黏土制备成纤维素纳米复合材料，并分别考察了增塑剂含量、复合材料中各组分种类及有机黏土含量等条件对该纳米复合材料性能的影响。这里就不再一一叙述。

15.4.2 生物可降解聚合物纳米复合材料的性能

15.4.2.1 微观结构

图15-41是Ray[181]等制备的PLA与有机改性的合成氟云母（OMSFM）复合材料的XRD图谱。由图可知OMSFM的（001）面间距为2.08nm。而PLACN4的衍射曲线在$2\theta=2.86°$处出现一个尖锐的峰，对应于分散在PLA基体中的堆砌的和插层的硅酸盐片层，并且在$2\theta=5.65°$处也出现了一个小峰。根据Bragg方程计算，该峰为分散在PLA基体中OMSFM（002）面的贡献。随着OMSFM含量的增大，这些峰强度增大，并且向较高的衍射角漂移，对于PLACN10分别移至$2\theta=3.13°$和5.9°。表明PLA链被插入到OMSFM的片层间。从图15-42的透射电镜的照片也可以看出，聚集的蒙脱土和插层的蒙脱土均匀地分散在PLA的基体中。

Messersmith和Giannelis等研究了聚己内酯纳米复合材料的结构[159]。从复合材料的XRD图谱知：由于己内酯单体的插层，硅酸盐的晶面距离由1.28nm增加到了1.46nm。己内酯最小结构能量为我们提供了其单体尺寸的近似值，在结合已经知道的硅酸盐片层的厚度，我们就可以预测不同几何插层的层间距。聚合之前观察到的间距d_{001}和己内酯环的方向一致而垂直于硅酸盐片层。聚合之后，硅酸盐的层间距由1.46nm降低到了1.37nm。这一变化与随着己内酯的聚合而发生的空间变化是一致的。当单体中的内酯环开环时，产生了因为聚己内酯链的完全瓦解而生成的单层，从而使层间距有所降低。观测到的这个1.37nm与硅酸盐片层的总厚度0.96nm[182]以及已知的聚己内酯的结晶结构[159]里的链间距离0.4nm相对应。通过连续的聚己内酯的溶剂冲洗，硅酸盐的层间距离也没有改变，这表明聚合物与硅酸盐表面的连接作用很强，即插入的聚己内酯是不能消除的。

图15-43为Maiti等[171]通过熔融插层法制备PHB/OMLS纳米复合材料的XRD图像。

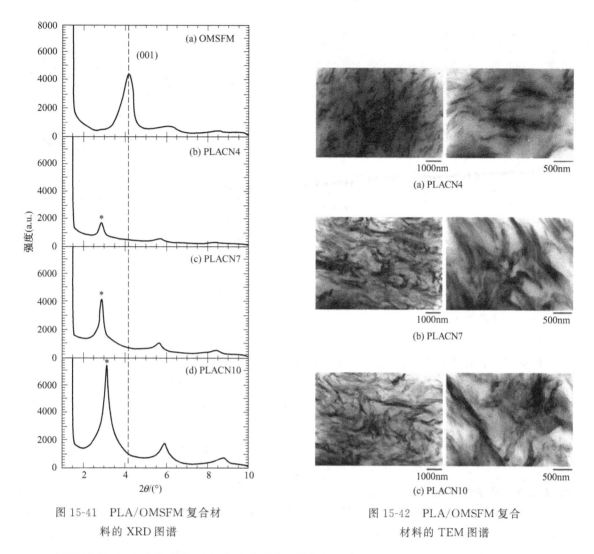

图 15-41　PLA/OMSFM 复合材
料的 XRD 图谱

图 15-42　PLA/OMSFM 复合
材料的 TEM 图谱

XRD 图像清楚地显示出形成了高度有序的插入纳米复合材料。图 15-44 是 PHBCN 的 TEM 图像，也说明形成了插层结构。用 GPC 表征了聚合物在经过纳米复合后的分子量，基于有机化 MMT 的纳米复合材料表现出严重的降解，但是令人惊讶的是基于有机化的氟化云母石的纳米复合材料却没有发现有降解现象。现在还无法解释为什么有机化的氟化云母石能够保护该系统，不过本文作者认为 A1 路易斯酸基团的存在可能是原因之一，它在高温的时候能够催化酯键的水解。

De Carvalho[176] 研究了 TPS/MMT 纳米复合材料的结构，聚合物/黏土复合物的纳米结构取决于聚合物、硅酸盐层以及用来改性硅酸盐层的表面活性剂之间的相容性的相互作用。由于 TPS 链上的少量极性羟基基团和未经改性 MMT 的硅酸盐层之间的强极性相互作用，聚合物链插入到未经改性的 MMT 的硅酸盐层中并形成了相互穿插的 TPS/MMT 纳米复合材料。另一方面，C6A 和 C10A 都过于疏水而不能和极性的 TPS 相匹配，因而妨碍了 TPS 链的插入。由于有机化剂中亲水的羟乙基基团的存在使得 C30B 的亲水性远远高于 C6A 及 C10A，这将有助于 TPS 链插入到硅酸盐层中。然而，这些极性的羟乙基基团的引入同时也增强了铵阳离子和硅酸盐层表面的相互作用。

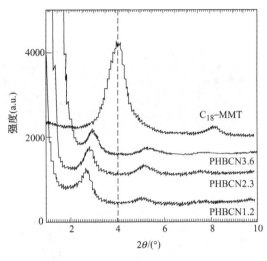

图 15-43 PHBCN 的 WAXD 图谱

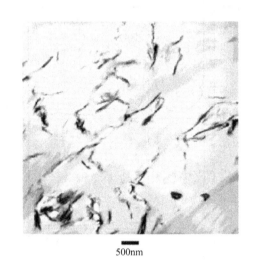

图 15-44 PHBCN 的 TEM 图

15.4.2.2 结晶性能

纳米复合材料中，由于纳米片层的引入，使复合材料的结晶行为会发生相应的变化。Ray[183]等用熔融插层法制备了 PLA/有机蒙脱土纳米复合材料，得到插层或剥离型结构。在 DSC 升温扫描的过程中，PLA 及其纳米复合材料都出现了结晶放热峰，但是复合材料的结晶峰较尖锐，并且出现在较高的温度下。但是在 110℃下退火 1.5h 后，DSC 曲线上没有结晶峰。偏光显微镜照片表明：纯 PLA 在 110℃下，能形成比较大的球晶，而纳米复合材料的球晶尺寸显著降低，这表明有机蒙脱土片层起到了成核剂的作用。

15.4.2.3 流变性能

聚合物材料在熔体状态下的流变特性的研究对材料的加工参数的确定及获得结构与性能关系极其重要。Ray[183]研究了 PLA 及纳米复合材料的流变特性，可以得出：纳米复合材料的模量随着蒙脱土含量的增加而增大。高频下 $G'(\omega)$ 和 $G''(\omega)$ 随蒙脱土的加入没有多大的变化。但在低频下，$G'(\omega)$ 和 $G''(\omega)$ 随蒙脱土含量单调上升。在低频区域，PLA 的曲线服从指数规律，$G'(\omega) \propto \omega^2$，$G''(\omega) \propto \omega$，表明其行为与分子量分布较窄的熔体相似。另外，当 $\alpha_T\omega < 5$rad/s 时，所有纳米复合材料的黏弹性［尤其 $G'(\omega)$］对频率的依赖性与纯 PLA 有显著的不同。实际上对所有的纳米复合材料，在较低的 $\alpha_T\omega$ 下，$G'(\omega)$ 变得几乎不相关，并且超过 $G''(\omega)$，材料表现出类固性行为。在较低的频率下（$\alpha_T\omega < 10$rad/s）终端区频率较低，而动态模量较高，表明形成了"螺旋状联结（spatially linked）"的结构。另外，从动态黏度曲线上可以看出：纯 PLA 在低频区（$\alpha_T\omega < 10$rad/s）下，几乎表现为牛顿流体，而 PLA 纳米复合材料表现出很强的切力变稀行为。

15.4.2.4 力学性能

与其他未改性的聚合物相比，由生物可降解聚合物和层状硅酸盐材料（有机改性或者没有）组成的生物可降解纳米复合材料常常表现出力学性能及其他各种性能的明显改进。无论在固体还是液体状态下，这种改性对增加热稳定性、降低气体的渗透性和增加生物可降解效果都很显著。

（1）动态力学性能　动态力学性能（DMA）反映了材料随温度变化对振动变形的响应，可以用三个参数来表示：①储能模量（G' 或 E'）；②损耗模量（G'' 或 E''）；③损耗角（$\tan\delta = G''/G'$ 或 E''/E'）。Sinha Ray 等[181] 研究了 PLA/有机蒙脱土纳米复合材料（PLACN）的动态力学性能，对所有的 PLACN 来说，G' 在所研究的温度范围内比未改性的 PLA 有所增加。这说明有机蒙脱土对 PLA 的弹性性能有很大的影响。在 T_g 以下，所有纳米复合材料的 G' 的增加都很明显。另一方面，在高温下所有 PLACN 的 G' 都比 PLA 基体增加得更快。这是因为硅酸盐片层在高温下插层作用引起的力学性能的提高。在 T_g 以上，当材料变软时，硅酸盐片层的限制作用更加突出。

Krikorian[184] 等研究了未改性 PLA 以及它和 cloisite OMLS 组成的纳米复合材料的动态力学性能。结果很明显：三种不同的 cloisite OMLS 都增加了复合材料的硬度。E' 曲线的橡胶平台提高。这表明 OMLS 的加入有增强的作用，但是在高温下这种增强作用很弱。这些现象表明在高温下这些材料的热力学稳定性将有所降低。

Jimenez 等[185] 在研究溶液浇铸 PCL/有机蒙脱土纳米复合材料的动态力学性能时，也得出：蒙脱土的加入提高了复合材料的 E'。

（2）拉伸性能　层状硅酸盐能大幅度提高聚合物的拉伸性能。对于生物可降解聚合物，大多数研究报道了硅酸盐添加量与拉伸性能的关系。在传统的聚合物填充体系中，模量随填料的体积分数的增加而线性增加，而对于纳米复合材料，很小的填充量就会使模量大幅度提高，这种大幅度的提高不能简单地归结于无机片层的高模量，硅酸盐片层的高的尺寸比和比表面积是其增强效果的一个关键因素。Chang[186] 等研究了 PLA 与三种不同 OMLS 的纳米复合材料的拉伸性能，复合材料的拉伸性能随着 OMLS 的增加而线性增加，这种趋势对 C_{16} MMT 直到 4%（质量分数），而对 $C_{25}A$ 直到 6%。当 $C_{25}A$ 添加量达到 6%（质量分数）时，复合体系的模量增加到 296MPa，比未改性的 PLA（208MPa）增加了 1.4 倍。这种行为归因于黏土层本身的增强作用和插层硅酸盐片层的取向和较高的长径比。另外，片层间取向的聚合物主链也会使这个模量有所增加。在 C_{16} MMT 或 $C_{25}A$ 的纳米复合材料中，当 OMLS 的含量超过了临界质量分数时，纳米复合材料的模量开始下降。但是，PLA/DTAMMT 复合体系的初始模量随着 OMLS 的含量在 2%～8%（质量分数）的范围内增加而线性增加。

另外，复合体系的断裂强度随着 OMLS 的含量增加而显著增加，并在 OMLS 含量为临界值时达到最大值。在超过临界填充量以后，所有复合体系的强度都开始下降。这种现象主要是由于大量的 OMLS 会导致材料的脆性增加。

OMLS 的引入会使纳米复合材料的断裂伸长率提高，并且断裂伸长率随 OMLS 的添加量的增加而增大，与其他的拉伸性能指标一样，当添加量超过某一临界值后，断裂伸长率也会下降。根据以上的结果，在纳米复合材料中存在一个最佳的 OMLS 添加量。

在最近的研究中，Lee[158] 等报道了 PLLA 纳米复合支架拉伸模量对 MMT 含量的依赖性。纳米复合材料的模量随 MMT 含量的增大而增大。根据他们的结果，纳米复合材料的结晶度和玻璃化转变温度都要比未改性的 PLA 低，但是 PLLA 的模量在加入少量 MMT 以后会显著增大。对热塑性淀粉纳米复合材料的研究表明，复合材料的拉伸模量提高 135%，强度提高 50%，而伸长率却随填料的增加而单调下降[176]。

（3）弯曲性能　研究者往往对复合材料的拉伸性能感兴趣，而对材料的弯曲性能的研究却少有报道。最近 Sinha Ray[183] 对 PLA 及不同的 PLACN 的弯曲性能进行了较详尽的报道。含4%（质量分数）OMSFM的复合材料的弯曲模量有显著的提高，随后随OMSFM含量的增加，弯曲模量增加较慢。当OMSFM含量为10%（质量分数）时，模量增加50%。而弯曲强度对于PLACN7有显著地提高，随后随着OMSFM的增加有所下降，根据他们的研究，弯曲强度的下降可能归因于材料在高填充量时表现的脆性。

15.4.2.5　耐热性及热稳定性

有机蒙脱土在生物可降解材料中的纳米分散提高了复合材料的热变形温度。Sinha Ray[183]首次研究了PLACN的热变形温度。在0.98MPa下，PLACN4的热变形温度从纯PLA的76℃提高到93.2℃，该值随硅酸盐含量的增加逐渐增加，当硅酸盐含量达到10%（质量分数）时，热变形温度提高到115℃。

中国科学院长春应用化学研究所康宏亮等[187]用熔融插层法制得聚乳酸/蒙脱土纳米复合材料并研究了其性能。PLA在空气和N_2 2种气氛中的热失重都主要发生在200~360℃的范围内，并且在DTG曲线上只有一个拐点，表明PLA的热分解属于单一降解过程。PLA在空气中的$t_{开始}$为291.4℃，复合材料的$t_{开始}$均高于PLA 22℃以上。在N_2气氛中，纯PLA的$t_{开始}$值比在空气中高出大约10℃。这主要是因为在较高温度下PLA的热降解过程是高分子链的无规断裂而形成自由基。在空气中，O_2参与并促进更多的自由基形成，加速了PLA分子链的断裂。PLA与有机MMT共混后，复合材料在N_2中的$t_{开始}$值至少提高了约14℃。但在空气中的$t_{开始}$值和在N_2中基本相同。由此可见，通过PLA与有机MMT的熔融插层复合，显著地提高了PLA的热稳定性，有利于PLA的加工成型。

15.4.2.6　气体阻隔性

硅酸盐片层通过增加气体渗透的路径可以提高材料的气体阻隔性。根据Nielsen模型，如果片层的长度为L_{clay}，厚度为D_{clay}，并平行分散在基体中，则曲径因子τ可以用下式表示：

$$\tau = 1 + (L_{clay}/2D_{clay})/\phi_{clay} \tag{15-1}$$

式中，ϕ_{clay}为硅酸盐的体积分数，因此相对渗透系数（P_{PLACN}/P_{PLA}）可以表示为：

$$P_{PLACN}/P_{PLA} = \tau^{-1} = 1/[1 + (L_{clay}/2D_{clay})/\phi_{clay}] \tag{15-2}$$

这里P_{PLACN}和P_{PLA}分别是PLACN和PLA的渗透系数，根据TEM照片，Sinha Ray[183]等计算了PLACN的相对渗透系数，PLACN4的相对渗透系数为0.896，而实验所得值为0.885，与模型计算值相符。

15.4.2.7　生物降解性

降解速率是研究生物可降解材料的一个关键指标，聚乳酸基体存在的主要问题是：相对废物的积累速度来说，它的降解率太慢了。相当数量的文献报道了PLA及其共混物的酶降解特性，而对聚乳酸堆肥降解的报道却少见。Sinha Ray[188]报道了纯PLA及其三种不同的PLA/OMLS纳米复合材料的堆肥降解行为。结果表明，硅酸盐的加入加快了复合材料的降解速率。

PLA的堆肥降解分两步进行，在最初的降解过程中，高分子量的PLA链水解为低聚物。酸或碱能加速这个反应，温度和湿度也会影响这个反应。当M_n降到小于40000时，塑料的碎裂开始。在这个M_n下，堆肥环境中的微生物把低分子量的成分直接变成了CO_2、水和腐殖质。所以，增加PLA基体水解倾向的因素都能控制PLA的降解。

在PLA基体中引入OMLS填料能导致基体分子量的略微减小。众所周知，由于链的端基聚集在一起，低分子量的PLA酶降解的比例较大。但是，这些情况中纯PLA和纳米复合物中 PLA 的分子量变化基本一样。所以，起始分子量的大小不是控制其纳米复合材料降解的一个主要因素。另外一个控制 PLA 降解的因素是结晶度 X_c，因为无定形的相比结晶相更易于降解。但是除了 PLA/qC16SAP4 和 PLA/qC13(OH)-Mica4 外，纯 PLA 的 X_c 的值比其纳米复合材料的 X_c 值都要小。

　　这些数据表明，不同种类的 OMLS 的加入导致另外一种模式的对于 PLA 成分的攻击，它可能是由于不同表面活性剂和原先的层状硅酸盐引起的。PLA 是一种脂肪族的聚酯，可以想象，由于表面活性剂和原先的层状硅酸盐存在，不同种类 OMLS 的引入导致不同形式的酯间键合的破坏。在 qC13(OH)-Mica 和 qC16SAP 的存在下，酯键的断裂比较容易，而在 qC18MMT 存在下，断裂就不那么容易了。所以，这个发现揭示了 OMLS 作为纳米填料，可以加快纯 PLA 的降解，PLA 的降解能选择不同的 OMLS 填料来控制。

　　有关其他生物可降解塑料的降解也相继有报道[168,189]，此处就不加以详述。

15.5　UHMWPE/层状硅酸盐纳米复合材料

　　超高分子量聚乙烯（UHMWPE）是指黏均分子量在 100 万以上的线性结构聚乙烯，具有耐磨、耐冲击、耐腐蚀、自润滑等多种优异性能，被称为是"令人惊异的塑料"。但是由于其巨大的分子量，UHMWPE 熔体的黏度极高，熔融指数（MI）为零，无黏流态，所以成型加工十分困难，目前多采用烧结的方法来对其进行加工。利用一些特殊设计的设备和工艺也可以在用柱塞推挤粉体、烧结的条件下加工 UHMWPE 管、棒等简单形状的材料，但是加工速度非常缓慢，效率不高。

　　由于 UHMWPE 的黏度极高，无机填料很难在加工过程中均匀分散，同时还使本已很低的加工效率更加恶化。而利用聚合填充技术就可以制备出均匀分散的高填充量的 UHM-WPE/无机物复合材料，选择合适的催化剂体系并将其负载在层状硅酸盐的表面上，可以制备出 UHMWPE/层状硅酸盐纳米复合材料。王新等[190]采用高岭土作为催化剂载体，成功地制备出了 UHMWPE/高岭土纳米复合材料，并且测定了它的各项性能。在研究中发现，在 UHMWPE 基体中引入高岭土这种层状硅酸盐后，不仅可以增强体系的力学、磨耗等方面的性能，还明显地影响了 UHMWPE 的流变行为，UHMWPE 的黏度出现了一系列异常的变化，使其加工性能得到了改善。本节将主要介绍 UHMWPE/高岭土纳米复合材料的制备及其流变特性、磨损性能。

15.5.1　UHMWPE 高岭土纳米复合材料的制备

　　高岭土主要由高岭石微细晶体组成。高岭石晶体由一层硅氧四面体和一层铝氧（羟基）八面体通过公共的氧原子连接而成，高岭土也因此有别于前面经常提到的蒙脱土，被称为1：1 型的层状硅酸盐，其分子式为 $Al_4Si_4O_{10}(OH)_8$[191]。高岭土晶片的尺度与蒙脱土相近，是纳米尺度的晶片，习惯上将其称为初级粒子。

　　制备 UHMWPE/高岭土纳米复合材料采用的是聚合填充技术，主要包括三个阶段，即高岭土的处理、高岭土的活化和乙烯在高岭土表面的聚合。对高岭土的活化即是在其表面负载烯烃聚合活性中心，目前关于无机填料的活化一般是采用将 Ziegler-Natta 催化剂体系吸附在无机填料表面上的方法[192]。王新等对高岭土的活化处理也是采用这种方法[190]，催化体系选择为 $TiCl_4/AlEt_3$，活化的方法是将 $TiCl_4$ 负载于高岭土的表面以制备活性填料，然后以 AlEt₃ 为助催化剂使高岭土表面产生活性中心，最后引发乙烯在高岭土的表面聚合。在乙烯聚合的过程中，单一烷基铝作为助催化剂使四价钛（Ti⁴⁺）还原过度，导致聚合速率衰减、聚合活性不高。为了解决这些问题，同时还采用混合烷基金属助催化剂体系，改善了聚合填充的活性，提高了复合材料的制备效率。通过测量聚合产物在 135℃ 时的特性黏数 η，可以计算出获得的聚乙烯的分子量。王新等[190]的实验结果显示在绝大多数情况下，所得到的产物的重均分子量都大于 10^6，属于超高分子量聚乙烯（UHMWPE）范围。

未经表面改性的高岭土粒子具有很高的表面能，这种高的表面能使得高岭土粒子聚集成团。高岭土粒子的团聚对于聚乙烯/高岭土复合材料力学性能的改善以及填充量的增加都是极为不利的。传统的熔融机械混合方法制备填充聚乙烯复合材料，无机填料在聚乙烯基体中的分散是靠机械剪切实现的，但是非极性的聚乙烯基体与极性的高岭土填料之间的相容性较差，高岭土在聚乙烯基体中很难实现均匀分散。而填充聚合法制备高岭土填充聚乙烯复合材料的一大优势是高岭土粒子可以在聚乙烯基体中均匀分散[192]。一般认为，以聚合填充法制备高岭土填充聚乙烯基复合材料时，小分子乙烯单体很容易进入高岭土团聚体内聚合，高岭土初级粒子被聚乙烯基体所包覆，这种结构使高岭土粒子之间产生阻隔作用，不易发生团聚现象，从而使高岭土粒子在聚乙烯基体中均匀分散。

复制效应能较好地解释这种聚合材料制备过程中高岭土粒子的分散，以往的研究已经证明 Ziegler-Natta 催化剂用于烯烃聚合，聚合粒子的增长对催化剂形态存在复制效应。实际上，负载了 TiCl₄ 的活性高岭土粒子可以看作是一种以高岭土为载体的 Ziegler-Natta 催化剂，因此聚合物填充物粒子的形态对活性高岭土也存在复制效应。

如果将团聚的活性高岭土粒子看成是以高岭土为载体的 Ziegler-Natta 催化剂的次级粒子，那么构成次级粒子的初始粒子便是理想的单分散的高岭土初级粒子。一般的情况下，非均相 Ziegler-Natta 催化剂催化烯烃聚合时，在生长的聚合物链的膨胀力作用下，松散团聚的催化剂次级粒子会被分散成较小的次级粒子；随着聚合反应的进行，这种膨胀力继续破坏上述较小的粒子，使其成为更小的次级粒子，极限的情况是催化剂载体-高岭土的次级粒子被最终分散成纳米级的初级粒子。对于高岭土而言，在聚合反应初期，其团聚体被分散成较小的粒子，随着聚合反应的进行团聚的程度不断减小，直到最终形成以单体粒子存在的形式。

15.5.2　UHMWPE/高岭土纳米复合材料的流变行为

聚合物的加工成型几乎都是在流动状态下进行，因此了解聚合物材料的流变性质对于选择加工工艺条件、改进制品性能以及设计加工机械可以提供必要的指导，同时由于聚合物材料的流动行为是聚合物分子运动的表现，所以了解聚合物的流变性质能促进对聚合物材料结构方面的进一步认识。填充聚合物由于分散相（无机粒子）和连续相（聚合物熔体）有各自独立的流动结构和流动机理，而且两相之间有复杂的相互作用，因而呈现极为复杂的流变行为。

以传统的 Ziegler-Natta 催化体系制备的超高分子量聚乙烯（UHMWPE）熔体黏度极大，成型加工存在很大的困难，使其制品的开发与应用受到影响。茂金属聚乙烯（m-PE）也存在类似的问题。王新等研究了上述的聚合填充技术制备 UHMWPE/高岭土复合材料[190]的流变行为，并对其结构和机理进行了探讨。根据参考文献的介绍，稳态流变实验采用 Instron 3211 型恒速率毛细管流变仪进行，毛细管长径比分别为 20∶1、40∶1 和 60∶1，实验温度为 270℃，测量计算物料熔体的剪切应力 τ、剪切速率 γ 和表观黏度 η_a。最后利用 Rabinowitsch 和 Bagley 公式来对稳态流变数据进行校正。动态流变实验采用 DSR-200 型平行板式动态应力流变仪进行测量。测试温度为 270℃，测试模式为动态频率扫描。

15.5.2.1　UHMWPE/高岭土纳米复合材料的稳态流变特性

UHMWPE 由于分子量高，其熔体为高黏弹体，在低剪切速率下（$\gamma \approx 10^{-2} \, \mathrm{s}^{-1}$）就会发生熔体破裂现象，极难达到稳定流动。因此迄今为止，对采用毛细管流变仪测量的 UHMWPE 假塑性流动区的实验数据报道十分有限。

用聚合填充法得到的不同高岭土含量的 UHMWPE/高岭土纳米复合材料的毛细管流变仪的测试结果表明，其流变曲线按剪切速率的高低大致可分为三个区域：正常的假塑性流动区、压力振荡区（无法读取实验数据）和第二光滑区。

当高岭土填充量较小时（质量分数＜15%），UHMWPE 与 UHMWPE/高岭土复合材料在低剪切速率下就不符合一般要求的黏（无滑移）流体动力学条件或根本无法挤出或出现压力振荡现象，挤出物外观十分粗糙。随剪切速率增大，当开始进入第二光滑区时，压力值趋向稳定，挤出物外观得到改善。实际上低填充量复合材料的流动曲线只有两个区域——压力振荡区和第二光滑区。当高岭土填充量较高（质量分数≥15%）时，UHMWPE/高岭土复合材料在试验的剪切速率范围内，依次出现了假塑性流动区、压力振荡区和第二光滑区。同时，高岭土的填充量越大，在其假塑性流动区内熔体的表观黏度越低；在第二光滑区，高填充量体系的黏度也低于低填充量体系的黏度，即利用聚合填充技术制备的 UHMWPE/高岭土纳米复合材料中，高岭土的引入可使 UHMWPE 的黏度下降。

按照一般的规律，对于聚合物/无机粒子填充体系，无机填料粒子的加入将增大体系的黏度，且粒子填充量越多，体系黏度越大[193,194]。但在聚合填充法制备的 UHMWPE/高岭土体系中，却表现出了与此相反的异常流变性质。这无疑是非常有意义的实验结果，不仅仅是观察到了 UHMWPE 基复合材料的新流变性质，而且使这种聚合物材料的可加工性能得到了改善，可扩大其应用的范围。

15.5.2.2　UHMWPE/高岭土复合材料动态流变特性

通过稳态流变实验发现了以聚合填充法制备的 UHMWPE/高岭土复合材料具有异常的流变学规律。为了进一步探讨引起这种反常规律的原因，王新等研究了复合材料的动态应力流变特性。聚合填充法制备的 UHMWPE/高岭土纳米复合材料的复数黏度绝对值和动态黏度在整个频率扫描范围内，随着高岭土填充量的增大而降低。尤其是高岭土填充量为 24% 的复合体系，其动态黏度下降得尤为明显。这一现象与稳态流变实验的结果一致。

如果采用幂律方程描述复数黏度和 ω 之间的关系，可以得到不同高岭土含量的 UHMWPE/高岭土复合材料熔体的幂律指数 n。可以看出，随着高岭土的含量的增大，复合材料熔体的幂律指数 n 减小，非牛顿性逐渐增强。所有试样的 n 值都介于 $0.1 \sim 0.2$，说明熔体易于剪切变稀且表现出较高的弹性。

UHMWPE/高岭土纳米复合材料熔体的高弹性从储能模量 G' 和耗损模量 G'' 之间的关系中也可以得到一定的反映。在所测试的频率范围内，各个样品的 G' 均远大于 G''。此外，随着高岭土份数的增多，储能模量 G' 和耗损模量 G'' 均呈下降趋势。UHMWPE 熔体与普通聚合物熔体的差异无疑是其具有高弹性。UHMWPE 的分子量大，分子链之间易于产生物理缠结，且这种缠结并不能完全由高温消除，导致其熔体具有高弹性。但聚合填充所引入的高岭土可以明显降低熔体的弹性，这一方面是由于高岭土粒子本身不具有高弹性，更重要的是高岭土粒子与 UHMWPE 分子链之间存在化学连接，对分子链的运动有限制作用，使 UH-MWPE 分子链间的物理缠结减少，相当于降低了聚合物熔体的交联密度，导致熔体弹性下降。

综合稳态和动态流变试验结果，可以发现，聚合填充的高岭土粒子不仅可以降低复合体系的熔体的弹性，又能降低 UHMWPE 熔体与毛细管壁之间的黏附作用。这两种作用都能削弱 UHMWPE 熔体的不稳定流动性，抑制熔体破裂、压力振荡等现象发生，改善挤出物的外观，改善材料的加工性能。

15.5.3　UHMWPE/高岭土纳米复合材料的摩擦磨损性能

UHMWPE 摩擦系数极小，其耐磨性优于其他塑料和一些金属，滑动摩擦系数可与聚四氟乙烯 (PTFE) 相比，所以广泛应用于高摩擦磨损的工作条件下。因此，研究其摩擦磨损性能显得非常重要。对 UHMWPE 及其复合材料的摩擦磨损规律和机理的研究在不断地深入。不过对 UHMWPE 及纳米复合材料的摩擦磨损特性和机理的研究还不是很多，本节将简单介绍 UHMWPE/高岭土纳米复合材料的摩擦磨损性能。

15.5.3.1　UHMWPE/高岭土纳米复合材料的摩擦系数

在干摩擦条件下，王新等[190]发现 UHMWPE/高岭土纳米复合材料的摩擦系数随摩程（摩擦距离）的变化而变化，并非是一固定值。摩擦系数随摩程的变化大致可分为两个阶段，即磨合阶段和稳定摩擦阶段。聚合填充法和机械混合法制备的 UHMWPE/高岭土纳米复合材料呈现出比较明显的差异，聚合填充法制备的复合材料摩擦系数的分界点在 100m 左右，而机械混合法制备的复合材料分界点在 200m 左右；另外聚合填充法制备的复合材料的摩擦系数的变化范围比以机械混合制备的复合材料小。聚合填充法制备的复合材料的摩擦系数随高岭土含量的不同而变化，高岭土含量为 20% 左右时摩擦系数具有最小值，其值比纯 UH-MWPE 的摩擦系数低 12.8%。

15.5.3.2　UHMWPE/高岭土纳米复合材料的磨损性能

从 UHMWPE/高岭土纳米复合材料在不同速度下磨损率随载荷的变化曲线可知，随载荷的增加磨损加剧，但并非完全呈线性关系。很明显，摩擦速度对 UHMWPE/高岭土纳米复合材料磨损率的影响比载荷的影响显著。这个现象可以归因于摩擦速度与摩擦载荷对温度的不同影响。由于高分子基复合材料对温度比较敏感，摩擦功和散热两个方面的因素决定升温过程和平衡点的温度，所以当摩擦速度达到一定值以后，温度效益就成为影响摩擦磨损性能的主要因素。

UHMWPE/高岭土纳米复合材料的类型和高岭土含量是决定磨损率的主要因素。王新等用正交试验的基本思路，在试验的载荷和速度范围内，考察 UHMWPE/高岭土纳米复合材料的类型和高岭土含量对其磨损率的影响。高岭土的加入可明显地减少磨损，提高材料的耐磨性。磨损性能的提高在用聚合填充法制备的纳米复合材料上表现尤为明显，当高岭土含量在 17%～20% 时，复合材料的磨损率最小，仅相当于相同分子量的纯 UHMWPE 的 56%。相对而言，以机械混合方法制备的 UHMWPE/高岭土纳米复合材料，高岭土改善磨损性能的作用较小。机械混合法制备的高岭土含量为 17% 的 UHMWPE/高岭土复合材料的磨损率为同类材料中的最小值，为相同分子量的纯 UHMWPE 的 85%。

因此，聚合填充法制备的 UHMWPE/高岭土纳米复合材料表现出良好的摩擦磨损性能。以聚合填充法加入的高岭土起到降低摩擦系数、减小磨损率、提高耐磨性能的作用。相比之下，以机械共混加入的高岭土改善材料摩擦磨损性能的作用要小一些。

15.6　热固性树脂/层状硅酸盐纳米复合材料

前面几节我们主要介绍了热塑性树脂/层状硅酸盐纳米复合材料的制备及特性。对于热固性树脂来说，由于其反应的不可逆性，层状硅酸盐必须在固化阶段就完成填充、分散。本节将以环氧树脂、酚醛树脂等典型的热固性树脂为例，介绍制备此类 PLS 纳米复合材料的方法及其性能特征。

15.6.1　环氧树脂/层状硅酸盐纳米复合材料的结构种类和制备方法

环氧树脂是历史悠久、使用最广泛的一种传统热固性树脂，研究表明少量的层状硅酸盐黏土矿物（一般小于 5%，质量分数）解离分散在环氧树脂基体中就可明显改善环氧树脂的综合性能，是一种工艺简单、成本低廉而又极具前景的改性方法。由于环氧的热固性特征，其复合体系的成型是一个准静态的过程，在成型过程中无法像热塑性树脂那样可以依靠外界强加的剪切力来促进复合体系的混合和分散。因此，使环氧树脂与蒙脱土直接混合，也可以使用适当的溶剂来使环氧树脂与蒙脱土达到更好的分散效果。本节旨在总结近年来对环氧/黏土纳米复合材料的插层/解离行为及其性能的研究。

15.6.1.1　结构种类

制备环氧树脂基纳米复合材料的黏土都是具有层状或片状结构的硅酸盐矿物，如蒙脱土、高岭土、海泡石等，片层之间存在范德华力，并具有可被有机阳离子交换的 K^+、Na^+、Ca^{2+} 等阳离子。改性后有机黏土层间具有疏水特性，可被环氧单体、固化剂等插层而形成不同类型的环氧/黏土纳米复合材料。相对常规复合材料（常规不相容和常规相容）来说，环氧/黏土纳米复合材料主要有插层型（单体分子插入黏土片层聚合后黏土仍保持原来的层状结构，只是层间距变化）和解离型（黏土解离成纳米级片层而无规分散在基体中）两种。实际上，黏土在纳米复合材料的分散可能既有解离的单一片层，也有插层或未插层的片层聚集体，所以还具有解离-不相容或解离-插层型纳米复合材料。

15.6.1.2　制备方法

聚合物/黏土纳米复合材料的制备方法主要有三种：熔融插层、溶液插层和原位插层聚合。熔融插层适合于热塑性聚合物，可用常规方法如挤出、注射等来加工。溶液法虽可用来制备环氧/黏土纳米复合材料，但需要大量溶剂。而原位聚合则是制备热固性聚合物/黏土纳米复合材料的一种好方法，具体说有以下三种复合方法。

（1）黏土在较高温度下与树脂混合　这是目前制备环氧/黏土纳米复合材料的常用方法。其首要问题是如何钝化黏土与单体的活性反应点；其次，黏土过早解离将会使黏度升高而影响加工性；第三是与固化剂的储存期将降低。

（2）黏土和固化剂进行机械混合　此种方法较适合于液体固化剂与黏土的混合，而对一些胺类固化剂来说，体系中会存在聚集体黏土分散性不好的现象。

（3）黏土、树脂和固化剂同时混合　此法仅限于低含量黏土的混合，含量过高（>7%）体系会快速反应，导致黏度升高而影响加工性。

15.6.2　影响黏土在环氧体系中插层/解离的因素

15.6.2.1　阳离子表面改性剂

黏土必须经过有机改性剂，如烷基铵阳离子改性后才易被环氧插层，烷基铵阳离子改性黏土的作用一是降低黏土的表面能，提高它与聚合物的润湿性；二是在黏土片层间起支撑作用，此时阳离子的链长度（而不是数目）决定黏土层间距。Lan[195] 等对 $C_{16}H_{33}NH_3^+$ 交换的黏土进行了研究，发现其最终层间距受烷基链长度控制而与起始离子取向无关。环氧单体进入黏土层间的量也将取决于烷基铵阳离子的链长度，因此其解离也取决于层间阳离子。研究表明，用 mP-DA 固化环氧时，当烷基铵阳离子的碳链长度大于 8 时，黏土解离而形成纳米复合材料，短链烷基铵或简单无机阳离子处理土则分别形成插层纳米复合材料和常规相分离复合材料[49]。实际上有机改性剂分子链的长度、数量、结构以及单体或聚合物基体极性的变化等都会影响黏土的插层与解离行为。选用与聚合物基体结构相似和链较长的处理剂处理黏土，可增加黏土与聚合物的相容性，提高解离度。为容纳更多预聚物，烷基铵阳离子将在黏土片层间由倾斜转为垂直于片层排列[4]。有机阳离子还可以提供官能团来引发聚合物或单体的聚合反应而形成化学键，提高黏土与聚合物之间的界面强度，这也是有机阳离子的第三个作用[196]。因此，可以选用带有多个官能团的表面处理剂如二胺、氨基酸或主链含不饱和键的季铵盐等处理黏土。

烷基胺阳离子中的酸性质子对黏土在环氧中的解离具有酸性催化作用，Lan[195] 等通过环氧树脂的自聚合反应制备了解离型聚醚纳米复合材料，研究了环氧在黏土中的自聚合反应，发现体系的聚合温度将随烷基铵阳离子酸性的降低（质子数的减少）而提高。并且认为黏土表面交换点处的质子铵阳离子主要起催化剂作用而非固化剂作用。其聚合机理为：烷基铵阳离子产生的质子攻击环氧环而引起酸性催化开环聚合反应，如下所示：

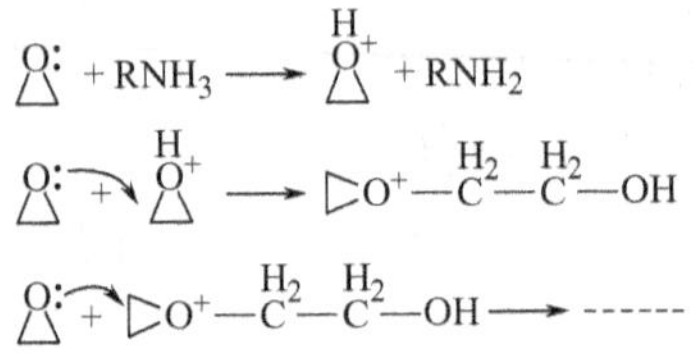

Lu 等[197] 研究黏土在环氧中的插层与解离行为时也发现，分别用十八烷基铵（$C_{18}NH_3$）和十八烷基三甲基铵（$C_{18}NH_3$）对黏土进行有机化处理，当用 4,4′-二氨基二苯甲烷（DDM）作固化剂时，$C_{18}NH_3$ 处理的有机土可以解离，而 $C_{18}NM_3$ 处理的有机土却不能解离。原因是插入到黏土片层间的 $C_{18}NH_3$ 具有催化作用，这样黏土片层间 EP 固化速度要大于片层外，黏土易解离，而 $C_{18}NH_3$ 却没有这种催化作用。

但层间鎓离子和烷基胺的浓度过高，伯胺基团可能会和环氧反应而不是起催化作用，Wang 等[50] 研究硅酸盐在弹性环氧中的解离行为时发现，层间过高浓度的烷基胺将会进入环氧交联网络而导致悬垂链的形成，从而使体系的交联度下降，增强效果有所降低。但悬垂链的形成也有可能具有增塑效果，从而使纳米复合材料的强度和弹性同时得到提高。

15.6.2.2 黏土特性

黏土本身的特性如表面基团、CEC、层间电荷密度、纯度等对其插层/解离有重要影响。虽然黏土表面的极性羟基会阻碍非极性物插入，但固化剂和环氧基体及其预聚物为极性分子，极易插入到层间而使其解离。层间电荷密度可通过 CEC 反映出来，如上所述，虽然 CEC 对环氧"溶解"后的黏土的层间距没有什么影响，但对体系在固化时黏土的解离将有很大影响。Lan 等[195] 阐述了环氧/黏土体系的解离机理，认为烷基胺的酸性可能会催化层间 EP 的均聚反应，而 CEC 决定了层间胺的量，从而控制进入层间的 EP 量。Kornmann 等[4] 进一步考察了黏土特性对环氧/黏土纳米复合材料合成和结构的影响，认为处理土的疏水特性允许 EP 分子向层间迁移，而环氧树脂的极性是其迁移的驱动力。CEC 低，则层间电荷密度低，层间的有机处理剂含量就低，这意味着更多的 EP 将进入黏土层间发生自聚反应，从而引起更多的 EP 向层间扩散。

黏土纯度也是其在环氧中插层/解离的重要因素，有效的黏土片晶含量应足够高，纯度低，即使黏土在环氧基体中完全解离，也会存在不纯物而降低复合材料的性能。在诸多黏土矿物中，蒙脱土是制备纳米复合材料较好的一种层状矿物，其纯度可达 95% 以上。

15.6.2.3　固化剂

固化剂的结构会影响黏土在环氧树脂中的插层/解离行为。Messersmith 等[198] 发现双酚 A 型环氧用二元伯胺和仲胺固化时，有机黏土片层间距基本没有增加，认为这是由于双官能胺在硅酸盐黏土片层间架桥阻碍了黏土层的进一步膨胀，也可能是因为氨基的强极性引起了分散黏土的重新聚集。Kornmann[199] 等研究了固化剂对环氧/黏土纳米复合材料的影响，同时选用 3,3-二甲基二（环己胺）（3DCM）和双（对氨基环己基）甲烷（PACM）做固化剂，在给定温度下，3DCM 体系的解离程度总比 PACM 体系的解离程度好。这是因为 3DCM 分子结构中的甲基基团对氨基的屏蔽作用降低了它的反应性，从而使层外的反应速率降低，但由于 3DCM 良好的扩散作用，而层内的聚合反应速率却没有降低，所以，这种层内层外反应速率的平衡促使黏土能进一步解离。这说明固化剂的扩散速率和反应性都会影响黏土在环氧基体中的解离。

固化剂含量是影响黏土在环氧树脂中插层的另一重要因素。Chin 等研究十八胺处理蒙脱土在环氧树脂中的解离行为时发现，当用等物质的量或高含量 mPDA 固化环氧时，仅能得到插层型纳米复合材料，而低含量或不加固化剂则可获得解离结构[200]。这是因为固化剂含量高导致外部交联反应占主导地位，而向黏土片层内部扩散的反应物大大减少，从而使外部交联速率大于内部限制了黏土的解离。研究表明无固化剂时环氧自聚合可形成完全解离的聚醚纳米复合材料，且聚合温度远低于纯环氧树脂聚合所需的温度，这也进一步说明有机黏土对环氧树脂的聚合具有催化作用。

15.6.2.4　固化工艺

黏土的解离需要驱动力以克服层间的引力，一种方法是自聚合，但环氧树脂单体的聚合反应只是黏土解离的一种间接驱动力，黏土因具有高的表面能而吸附极性单体分子直到层间达到平衡。聚合反应的发生降低了层间插层分子的极性而破坏了平衡。这就需要新的极性分子向层间扩散促使黏土解离。因此，固化工艺和固化剂在黏土的解离过程中也起着相当重要的作用。

为证实固化温度对黏土解离的重要性，徐卫兵[201] 等研究了含 5% 和 10%16-Mont 环氧-黏土 TOA-DMP-30 复合材料在不同温度下固化 2~3h 后蒙脱土解离的情况，但发现当固化温度由 80℃ 升高到 120℃ 时，层间距有很少或基本没有什么变化。虽然可通过降低体系的温度来降低反应活性，以提高黏土解离度，但这并不利于黏土解离。要使黏土完全解离，仍需要升高温度。

Chin 等研究了十八胺处理蒙脱土的层间距随时间和含量的变化，结果表明在低温（2h/80℃）下，蒙脱土的层间距几乎不变，与黏土含量也无关。而加热到 135℃ 时，其层间距将随时间以不同速率增加，80min 时，黏土在低于 10% 含量的体系中的层间距超过 20nm，已趋于完全解离，而含 20% 蒙脱土的混合物其层间距却只有 8nm。

15.6.3 插层/解离的固化热力学和动力学

黏土在环氧中能否解离将取决于黏土和环氧树脂的热力学相容性，体系一旦发生相分离，黏土将不再以纳米级水平分散在环氧中，而纳米复合材料的诸多优势将无法发挥出来。黏土和环氧不发生相分离的一个必要条件是其自由能 ΔG_M 小于0，即 $\Delta G_M = \Delta H_M - T\Delta S_M < 0$。由于黏土和环氧单体混合时的熵变很小，近似为零。解离主要取决于焓变 ΔH_M，若层间环氧固化放热效应 ΔH_1 大于克服层间引力的吸热效应 ΔH_2，即 $\Delta H = \Delta H_2 - \Delta H_1 < 0$，则黏土将会解离。

徐卫兵等[202]运用非平衡态热力学涨落理论预估了环氧树脂/蒙脱土/咪唑纳米复合材料体系的固化行为。实验表明，有机蒙脱土的加入，使环氧树脂的凝胶化时间缩短，固化速率加快，但对凝胶点后的固化反应活化能影响不大。

蒙脱土与环氧树脂之间的反应性可在未加固化剂前来说明。Lan等[195]在很低的反应温度下就观察到了环氧在蒙脱土中自聚合反应的两个不同DSC峰，认为这是由于黏土片层内外反应性镓离子的质子浓度不同引起的。体系的焓变随黏土含量的增加而线性增加，而活化能则与其无关，表明低温聚合过程和容纳预插层环氧单体的黏土表面积有关。

Nandika等[203]研究了环氧/蒙脱土体系的反应动力学，发现DSC曲线上只有一个单峰，表明在攻击环氧环时层内外环境即酸性质子浓度相同，且反应焓变在5%MMT含量以下变化很小，随含量的增加还有下降的趋势。当体系中加入固化剂后，焓变变化很大，1%MMT就使体系的反应焓变大幅度降低，之后除2.5%处出现一个峰值外没有太大变化。分析反应动力学并计算活化能和指前因子，发现在2.5%时仍出现一个峰值。表明固化速率并不受环氧和固化剂在分子级扩散的限制，它们在测试温度下有足够能量来自由迁移。

Kornmann等[199]考察了不同的胺固化环氧体系的反应动力学，发现体系的反应性不是控制黏土解离的唯一因素，除聚合速率外，固化剂的插层速率也很重要。扩散速率慢，层外聚合速率大于层内，则只能形成插层纳米复合材料。温度的升高，增加了环氧和固化剂的反应性，也会增加其在层间的扩散速率，有助于层间的固化动力学，从而使黏土解离。

15.6.4 环氧树脂/层状硅酸盐纳米复合材料的性能

15.6.4.1 力学性能

根据文献的报道，由于蒙脱土在环氧树脂中以片层状呈纳米尺度分散，该层状晶体具有较大的强度和刚度，表面积大，与树脂间界面黏结作用强。当受到外力作用时，纳米级蒙脱土片层能引发大量的银纹，吸收冲击能；同时层状蒙脱土还能起到终止银纹的作用，复合体系的拉伸强度和杨氏模量均比纯环氧基体有所提高，在填充量小于10%的低填充量下，两个性能指标就已经明显高于纯环氧基体。而且随着蒙脱土含量的增加，复合体系的拉伸强度和杨氏模量也均呈现逐渐增大的趋势。当含量达到25%左右时，复合体系的拉伸强度和杨氏模量达到了相当于纯环氧基体10倍的水平。

蒙脱土在环氧基体中的分散状态对体系的拉伸性能也有很大的影响，Wang等[50]使用蒙脱土填充环氧树脂，他们通过选用具有不同官能度的插层剂来控制蒙脱土在环氧基体中的分散形态，分别制备出了剥离型、部分剥离型、插层型以及传统的微米级环氧树脂/蒙脱土复合材料。在同样的填充量下，全剥离型的纳米复合材料强度和模量最高，部分剥离型和插层型纳米复合材料次之，传统的微米级环氧树脂蒙脱土复合材料的强度和模量最低。

Wang等在测试这些复合材料的拉伸性能时还发现，当蒙脱土发生了剥离或插层后，不仅具有增强环氧树脂的作用，还同时具有增韧的作用。根据这些复合材料的应力-应变曲线来观察，当在环氧树脂基体中添加蒙脱土后，在它们的模量和强度提高的同时，断裂伸长率也呈现增加的趋势，表明材料的韧性得到了提高。

在 10% 含量以下，纳米复合材料的压缩强度、压缩模量均随着填充量的增加而增加，这与所预期的结果是相同的，也是由于蒙脱土剥离后对环氧材料的增强作用而达到的效果。而哈恩华[204]等用熔融插层法制备了完全剥离型环氧树脂/蒙脱土纳米复合材料，在其所研究的范围内（添加量为 1%～5%），随蒙脱土含量的增加，纳米复合材料的冲击强度和弯曲强度先增大后减少，并且在含量 1%～2% 时出现最大值，冲击强度和弯曲强度由纯环氧树脂的 14.24kJ/m^2 和 91.96MPa 分别提高到 18.24kJ/m^2 和 109.84MPa，分别提高了 28.1% 和 19.4%。

15.6.4.2　耐热性和尺寸稳定性

玻璃化转变温度（T_g）是衡量聚合物复合材料性能的一个重要指标，随着有机蒙脱土含量的增加，复合材料的 T_g 依次增大，当有机蒙脱土含量为 5% 时纳米复合材料比纯环氧固化物高出 13.2℃[204]。在环氧树脂，蒙脱土纳米复合材料体系中，蒙脱土片晶成单层晶片以纳米尺度均匀分散于树脂基体中，高分子链贯穿于蒙脱土的层间使其活动受空间的限制；另一方面进入层间的高分子链与有机物及蒙脱土产生了相互作用，这种相互作用对环氧树脂分子链的活动有束缚作用，使其链段运动的阻力增大。因此，需要在一个更高的温度下才会发生玻璃化转变。另外，复合材料的热变形温度比原树脂体系的高，并且在含量为 2%～3% 时出现最大值，在蒙脱土含量为 3% 时与纯环氧固化物相比提高了 16℃。

由于蒙脱土片层对聚合物分子链的限制作用，可以在一定程度上减少由于分子链移动重排而导致的制品尺寸变化，从而提高聚合物基复合材料的尺寸稳定性。对于大多数 PLS 纳米复合材料而言，它们的尺寸稳定性都要优于相应的纯聚合物基体。

15.6.4.3　阻隔性能

由于环氧树脂基体中存在分散的、大尺寸比的片状硅酸盐层，这些片层对于水分子和单分子来说是不能通过的，因此迫使水分子和单分子要通过围绕硅酸盐粒子弯曲的路径才能通过环氧树脂，从而提高了扩散的有机通道的长度，使阻隔性提高，因此使吸水率降低。此外，蒙脱土在环氧树脂固化物中剥离程度越高，阻隔性能越好，吸水率越低[204]。

15.6.5　其他热固性树脂/层状硅酸盐纳米复合材料

酚醛树脂是第一个人工合成的树脂品种，至今已有百年的历史，在塑料工业发展中起到了重要的作用。酚醛树脂由于具备热稳定性、绝缘性、耐烧蚀性等优异性能，目前仍在某些技术领域中起着不可替代的作用。Lee 等[205]和 Giannelis 等[206]报道了使用有机蒙脱土与线型酚醛树脂（Novolac）熔体插层法制备线型酚醛树脂/蒙脱土纳米复合材料的方法。Usuki 等[128]在其专利中报道了用有机蒙脱土与其原料苯酚、甲醛共混体系，采用酚醛树脂的缩聚工艺制备纳米复合材料等工艺。赵彤等[207]考虑到蒙脱土晶片结构中氧原子、氢氧基团和铝硅酸盐可与质子给体或受体形成氢键，他们用酸化蒙脱土作为催化剂，利用聚合插层工艺制备出了剥离型的酚醛树脂/蒙脱土纳米复合材料，其具体的制备方法如下。

（1）酸化蒙脱土的制备　将 10g 的钠基蒙脱土加入 500mL 浓度为 1mol/L 的盐酸溶液中，在 80℃ 的温度下搅拌约 12h 进行离子交换反应。然后将上述混合液过滤，清洗至滤液中不含氯离子，干燥、粉碎后即得酸化蒙脱土（H-MMT）。经元素分析表明，H-MMT 中有 96% 的 Na$^+$ 被 H$^+$ 置换。

（2）酚醛/蒙脱土纳米复合材料的制备   将苯酚和甲醛按照 1：0.85 的摩尔比加入到 250mL 的三颈瓶中，然后加入一定量的 H-MMT，在室温下剧烈搅拌 1h，然后以 5℃/min 的速度升温到 95℃，待缩聚反应完成后即得到酚醛/蒙脱土纳米复合材料。

对酚醛/蒙脱土纳米复合材料的结构分析表明，钠基蒙脱土的 (001) 面特征衍射峰在 $2\theta=7.12°$，而经过酸化处理的 H-MMT 的 (001) 面特征衍射峰向小角方向移至 $2\theta=5.73°$，表明蒙脱土的层间距由 1.24nm 扩大到了 1.54nm。随着缩聚反应的进行，复合体系中表征蒙脱土 (001) 面的特征衍射峰逐渐减弱，直至完全消失。表明所得到的酚醛/蒙脱土复合材料为剥离型的 PLS 纳米复合材料。

此外，有关其他热固性树脂/层状硅酸盐复合材料也相继有报道，如不饱和聚酯[208]、聚酰亚胺[209]、聚萘并噁嗪[210] 等，这里就不一一叙述。

15.7 橡胶/层状硅酸盐纳米复合材料

橡胶/层状硅酸盐纳米复合材料的研究也受到了广泛的关注，如：聚氨酯（PU）弹性体是一类应用广泛的聚合物材料，由于 PU 弹性体具有高强度、耐磨耗、耐老化、防水、耐高温、高强度等优异性能，在弹力纤维（氨纶）、涂料、胶黏剂、球场跑道、减震材料、制鞋等领域都得到了广泛的应用。以往对聚氨酯的高性能化研究手段主要包括在逐步聚合过程中调节其分子链结构和加入有机或无机填充材料。一般来说，在 PU 中引入填充材料改性时，无法达到同时增强和增韧的目的。在提高 PU 强度的同时其韧性、断裂伸长率一般都会下降。而利用插层技术制备 PU 基体的 PLS 纳米复合材料是解决这一问题的有效途径，Pinnavaia 等[211] 首先开拓了这一研究领域，利用插层聚合技术制备了聚氨酯/蒙脱土纳米复合材料，研究了有机蒙脱土在多元醇聚醚中的分散性。Zilg 等[212] 将一种氟云母引入聚氨酯基体制备的纳米复合材料与聚氨酯基体材料相比拉伸强度和断裂伸长率同时得到了提高。Chen 等[74,213] 利用引入聚羟基己内酯/蒙脱土的方法合成了新型的 PU/蒙脱土纳米复合材料，少量聚羟基己内酯/蒙脱土的引入可使 PU/蒙脱土纳米复合材料的综合性能大幅度提高，但假如加入量过大会使 PU/蒙脱土纳米复合材料失去弹性而转变为结晶性塑料。马继盛、漆宗能等对聚氨酯/蒙脱土纳米复合材料进行了一系列的研究，他们使用一种烷基季铵盐对蒙脱土进行插层处理得到有机蒙脱土，然后利用原位插层聚合的方法制备了综合性能优异的弹性体 PU/蒙脱土纳米复合材料。

根据有机蒙脱土与 PU/蒙脱土纳米复合材料的 WAXD 谱图，有机蒙脱土 (001) 晶面的尖锐衍射峰出现在 4.4°，表明蒙脱土片层的平均间距约为 1.9nm；而 PU/MMT 中蒙脱土的 (001) 晶面衍射峰向小角方向移动，在对应片层间距为 4.5nm 处形成向小角方向延伸的峰，这表明在插层聚合过程中，由于聚氨酯分子链的插入，导致蒙脱土片层的层间距加大，使平均层间距形成 4.5nm 左右的较宽分布，同时也不排除部分蒙脱土片层可能因间距过大而发生剥离。并且，随着蒙脱土含量的增加，4.5nm 处的衍射峰越来越明显，这是由于蒙脱土粒子中的重复片层数增加而导致其 (001) 晶面的衍射峰更为明显。蒙脱土含量为 7.79% 的 PU/蒙脱土纳米复合材料的衍射图谱中，在片层间距约为 1.9nm 处有一小的衍射峰出现，这个弱衍射峰的出现说明当蒙脱土含量超过 7.79% 的时候，因为蒙脱土的填充量过大而无法对其全部插层，有一部分未被插层的蒙脱土分散在聚氨酯基体中。力学性能研究的结果表明：复合材料拉伸强度及延伸率都有很大程度的提高。另外，材料的热稳定性也得到了提高。

王胜杰、漆宗能等[214]采用十六烷基三甲基溴化铵作为插层剂对钠基蒙脱土进行有机化处理，得到有机蒙脱土后，用溶液法和熔融法来制备硅橡胶/蒙脱土的复合材料，以改善其物理机械性能，制备出了性能优异的硅橡胶/蒙脱土纳米复合材料。

丁腈橡胶作为耐油橡胶得到了广泛的应用，为了进一步提高其性能，Kojima 等[215]使用 PLS 技术改性丁腈橡胶，他们使用小分子端氨基液体丁腈胶（LR）作为插层剂，对钠蒙脱土（Na-MMT）进行有机化处理，得到了有机蒙脱土（LR-MMT）。得到丁腈橡胶/蒙脱土纳米复合体系时，硫化时间大为缩短，有利于在生产中提高生产效率，降低生产成本。在相同的填充量下，丁腈橡胶/蒙脱土纳米复合材料与其他复合材料相比模量和定伸应力均有明显地提高。

Liang[216]等用溶液插层和熔融插层技术制备了异丁烯-异戊二烯/硅酸盐纳米复合材料，TEM 结果表明形成了剥离和插层结构，复合材料具有很好的机械性能，并且气体阻隔性提高。另外，溶液插层制备的复合材料的性能比熔融插层的要好。Essawy[217]研究了蒙脱土对 NBR/SBR 共混物的增强和增容作用。蒙脱土的引入使共混物的固化时间大大缩短，TEM 结果表明，蒙脱土分布在两相聚合物的界面上，起到增强和增容剂的作用，并且 T_g 转变温度向高温方向发生了偏移。

15.8 具有特殊性能的聚合物/层状硅酸盐纳米复合材料

由于层状硅酸盐的特殊结构，使其复合材料表现出特殊性的功能。以下就简单介绍几种具有特殊性能的聚合物/层状硅酸盐纳米复合材料。

15.8.1 具有剪切诱导有序结构的 PS/蒙脱土纳米复合材料

如用原位聚合或熔融插层方法均可制得剥离型聚苯乙烯/蒙脱土纳米复合材料，复合材料的玻璃化转变温度及热稳定性均有所提高。陈光明、漆宗能等[214]在研究原位乳液聚合制备 PS/蒙脱土纳米复合材料时，发现在熔融剪切流动作用下，在 PS/蒙脱土纳米复合材料中无规分散的蒙脱土初级粒子沿平行于样品平面方向平面取向，同时初级粒子内部蒙脱土片层取向，边缘处和缺陷处片层间距明显减小，并产生有序结构。聚苯乙烯的苯环在剪切流动作用下沿平行样品平面方向也有一定程度取向，同时烷基链则没有明显取向。与纯聚苯乙烯样品不同的是，其分子链上苯环的取向是在降温的过程中由于周围无机蒙脱土片层的限制而被"固定"下来的。苯环明显取向而烷基链无取向的原因可能是由于苯环平面与蒙脱土片层的相互作用要比烷基链与蒙脱土片层的相互作用强得多的原因。

在该剪切诱导有序结构的形成过程中，剪切流动和合适的蒙脱土初级粒子微结构是两个必要因素。缺少剪切流动这个外因，蒙脱土片层和苯环不能自动取向，无法形成有序结构；而如果缺乏合适的微结构，蒙脱土被完全剥离成一片一片的单个片层并无规分散在聚苯乙烯基体中剪切流动将诱导蒙脱土片层和苯环取向，但得到的将是一个"剪切诱导取向结构"，而非诱导有序结构。

15.8.2 低分子液晶/蒙脱土纳米复合材料的电控记忆效应

低分子液晶由于具有许多特殊的物理性质，如光致或电致变色、发光、自组装等，目前在许多领域得到了应用，例如液晶显示器、自增强材料等。在 PLS 纳米复合材料的研究领域，目前对具有电致记忆特性的低分子液晶/蒙脱土纳米复合材料的研究十分活跃，Kawasumi 等[218]在这一领域进行了大量的工作，观察了多种类型的低分子液晶/蒙脱土纳米复合材料的电控记忆特性。由于低分子液晶的分子量较小，非常容易进入蒙脱土的层间，因此在这里我们就不详细论述这种纳米复合材料的结构特点，而重点介绍他们的发光特性。

Kawasumi 等[218]在研究中使用的低分子液晶为 4-戊氧基-4′-氰基联苯。利用有机蒙脱土与低分子液晶混合得到了液晶/蒙脱土纳米复合体系。所获得的纳米复合材料为不透明的状态。但是只要对这种材料施加一个低频的电场，就能够使它很快转变成为透明的状态，即使将外加电场撤除后，液晶/蒙脱土纳米复合材料仍然能够很稳定地保持其半透明的状态。根据 Kawasumi 等的报道，在静置的条件下，低分子液晶/蒙脱土纳米复合材料能够保持半透明的状态长达一个月之久。

这一现象的机理可以用图 15-45 来进行简单的解释，图 15-45（a）为低分子液晶/蒙脱土纳米复合材料的初始状态，其中蒙脱土的片层完全无序地分散在低分子液晶之中，整个体系为不透明的状态。当对其施加一个低频的外加电场（外加电场频率为 60Hz）后，复合材料内部的液晶分子沿电场的方向发生了取向，并迫使分散在其中的蒙脱土片层也沿着同一个方向取向，达到了图 15-45（b）所示的状态。此时由于蒙脱土片层的规则排列减小了它们对光线的散射，整个体系由不透明状态转变为透明的状态，并表现出明显的介电性能的各向异性。在这一纳米复合材料中，由于蒙脱土片层的尺寸明显大于低分子液晶分子的尺寸，不容易发生移动，因此在外加电场撤销后蒙脱土片层能继续保持有序的排列结构，使整个复合体系保持透明的状态，其结构如同图 15-45（c）所示。

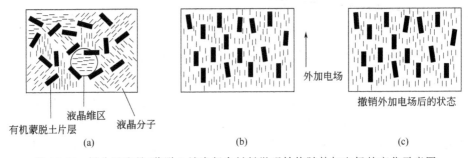

图 15-45　低分子液晶/蒙脱土纳米复合材料微观结构随外加电场的变化示意图

Kawasumi 等[218]对这一体系的研究发现，使用高频的外加电场（电场频率为 1.5kHz）可以逆转上述的过程，擦除由于低频电场导致的记忆，将低分子液晶/蒙脱土纳米复合材料从透明半透明还原到初始的不透明状态。此后若再使用低频电场施加在同一试样上，还可以再反复地重复上述的过程。

这种新型的液晶/蒙脱土纳米复合材料可以在将来应用于可控透明性玻璃、可擦写光存储器件以及热、光传感器等领域之中，具有工业应用前景。

15.8.3　聚苯胺蒙脱土纳米复合材料的导电各向异性

由于共轭聚合物如聚苯胺（PAn）、聚吡咯（PPy）、聚噻吩等通常具有较高的电导率，在诸如抗静电、电致变色、电极材料等诸多方面有良好的应用前景。而 PLS 纳米复合材料技术在改善聚合物基体的机械性能方面有很好的效果，因而近来关于导电聚合物/层状硅酸盐纳米复合材料的研究受到了越来越多的关注。吴秋菊等[219]采用蒙脱土（MMT）作为无机插层主体，用原位聚合法制备了聚苯胺/蒙脱土纳米复合材料，将其制成薄膜，并使用标准的四探针法分别从薄膜的长度方向和厚度方向测量了它们的电导率。结果发现这种薄膜的电导率具有显著的各向异性，沿着长度方向薄膜具有良好的导电性能，电导率较高；而沿着厚度方向薄膜基本表现为绝缘体的特征，电导率很低。两者之间的差距在 10^6 以上。

聚苯胺/蒙脱土纳米复合材料薄膜之所以具备这样的导电各向异性与其独特的结构密切相关。在原位聚合工艺以及制备薄膜的过程中，由于外界应力的作用，纳米复合材料中蒙脱土的片层基本上是以薄膜的长度方向为主要的取向方向排列的。由于蒙脱土片层的取向以及蒙脱土层间纳米空间对聚苯胺分子链的限制作用，使得伸展的聚苯胺分子链也大都沿着薄膜的长度方向发生取向。同时吴秋菊等还注意到，由于在原位聚合过程中有少量单体从层间脱出成为自由单体，所以当聚合完成时，它们很可能在蒙脱土的颗粒之外发生聚合反应形成聚苯胺分子链，在不同的无机片层之间充当聚合物桥，起到连接不同蒙脱土颗粒间的聚苯胺分子链的作用。这种独特的结构使得电子很容易沿着薄膜的长度方向传输，在这一方向上形成大的电导率；而在薄膜的厚度方向上，由于绝缘的蒙脱土片层的阻隔作用，电子不容易穿越薄膜传输而形成电流，所以表现出的电导率很低，基本为绝缘体的特征。

关于聚合物/层状硅酸盐的研究报道还有很多，这里就不再一一叙述。

本 章 小 结

本章阐述了聚酰胺/层状硅酸盐纳米复合材料、PET/层状硅酸盐纳米复合材料、PP/层状硅酸盐纳米复合材料、生物降解高分子/层状硅酸盐纳米复合材料、UHMWPE/层状硅酸盐纳米复合材料、热固性树脂/层状硅酸盐纳米复合材料、橡胶/层状硅酸盐纳米复合材料等聚合物/层状硅酸盐纳米复合材料的制备工艺、性能和应用。

在聚合物/层状硅酸盐纳米复合材料中，尼龙 6（PA6）/层状硅酸盐纳米复合材料这一体系在所有层状硅酸盐纳米复合材料的研究工作中研究得最多，理解最深入，并已有工业化的产品。本章从制备方法、性能、应用等方面系统地介绍这一有代表性的层状硅酸盐纳米复合材料。由于特有的优异性能，PET/蒙脱土纳米复合材料能够在多种领域内得到应用，制造性能优良的产品，在饮料包装瓶开发方面，目前技术领先并且能够成功开发商业化产品的公司有美国的 Nanocor 公司、Eastman 公司和中国的联科纳米材料有限公司等单位。在聚烯烃类聚合物中，聚丙烯（PP）是一种应用非常广泛的通用塑料品种，在全世界范围内的产量十分巨大，也是在通用塑料工程化的研究中，一种被优先考虑的材料。聚丙烯在应用中的主要缺点表现在韧性较差、低温性能不好、耐热性不高等方面，为了提高聚丙烯在应用中的竞争能力，就必须对聚丙烯进行改性，使其在保持加工性能的同时具有更高的尺寸稳定性、热变形温度、刚性、强度和低温冲击性能。科技工作者通过利用层状硅酸盐纳米复合材料的特点，使 PP 各方面的性能得到提高，拓宽了其应用领域。绿色纳米复合材料是未来的发展趋势，并被认为是下一代的新材料。生物可降解聚合物的纳米复合在设计环境友好绿色纳米复合材料的应用上有很好的前景，目的在于提高生物可降解聚合物的某些性质，如热稳定性、气体阻隔性、强度、较低的熔融黏度以及低的生物降解速率等。由于 UHMWPE 的黏度极高，无机填料很难在加工过程中均匀分散，同时还使本已很低的加工效率更加恶化。而利用聚合填充技术就可以制备出均匀分散的高填充量的 UHMW-PE/无机物复合材料，选择合适的催化剂体系并将其负载在层状硅酸盐的表面上，可以制备出 UHMWPE/层状硅酸盐纳米复合材料。此外，热固性树脂/层状硅酸盐纳米复合材料、橡胶/层状硅酸盐纳米复合材料等聚合物/层状硅酸盐纳米复合材料也因其出色的性能，成为研究热点。

思 考 题

1. 简述一步法合成 PA6/天然黏土纳米复合材料的工艺流程。
2. PET/层状硅酸盐纳米复合材料具备哪些特点？
3. 简述插层聚合法制备 PP/蒙脱土纳米复合材料。
4. 生物可降解聚合物纳米复合材料的制备方法有哪些？
5. 举例一种具有特殊性能的聚合物/层状硅酸盐纳米复合材料。

第 16 章 聚合物/碳纳米管复合材料

>>> **本章提要**

　　本章首先介绍了碳纳米管的结构特点、制备方法及表面改性，也对聚合物/碳纳米管复合材料的制备方法、特性及应用等方面进行了介绍。

　　碳纳米管的发现是继 C_{60} 之后碳家族中出现的又一新成员。碳纳米管是由六边形排列的碳原子片层无缝卷曲而成，直径由几埃到几十纳米。这些纳米尺度的管以两种形式存在，一种是单壁碳纳米管，仅由单层石墨碳原子形成；另一种是多壁碳纳米管，由几层同轴碳管组成。由于碳纳米管独特的结构、奇异的性能，在电子设备、场发射器和先进材料增强等领域具有潜在的应用价值，因此自发现以来引起了人们的广泛关注，也一直是世界科学研究的热点之一。

　　聚合物/碳纳米管复合材料，是以碳纳米管为增强材料、以聚合物为基体的复合材料。碳纳米管在理论上是复合材料理想的功能和增强材料，其超强的力学性能可以极大地改善聚合物复合材料的强度和韧性，独特的光电性能可以赋予聚合物复合材料新的光电性能，碳纳米管/聚合物纳米复合材料在航天航空、光电子、纺织、涂料、汽车等领域具有广泛的应用前景。

　　制备碳纳米管可以用多种方法，如电弧法、化学气相沉积法、激光蒸发法等等。由于其表面缺陷少、缺乏活性基团，表面惰性以及巨大的比表面积和长径比，需要对其进行表面处理，常用的表面处理包括共价修饰和非共价修饰两大类，其中表面活性剂在表面处理的过程中起着不可或缺的作用。

　　在将碳纳米管和聚合物复合的过程中，可以通过液相共混、固相共融以及原位复合法将两者良好的分散，从而制备出诸如尼龙/碳纳米管、PC/碳纳米管等高性能的聚合物/碳纳米管复合材料。

16.1 碳纳米管的制备、特性及表面处理

　　1991 年日本科学家 Iijima 发现碳纳米管（CNT），见图 16-1。1992 年 Ebbesn 等提出了实验室规模合成碳纳米管的方法，碳纳米管（carbon nanotube）以其独特的结构和物理化学性质受到人们的广泛关注，碳纳米管的发现是材料科学领域极具代表性的新突破，碳纳米管已成为物理、化学和材料科学界的研究热点。

　　碳纳米管，又名巴基管，是一种具有特殊结构的一维量子材料，其径向尺寸为纳米级，轴向尺寸为微米量级，管子两端基本上都封口。碳纳米管的壁层是由六边形网格组成的圆柱面，且 C—C 原子之间通过 sp^2 杂化构成共价键，因此碳纳米管沿轴向有极高的拉伸强度。碳纳米管直径一般在几纳米到几十纳米之间，长度为几个至几十微米，而且碳纳米管的直径和长度随制备方法及实验条件的变化而不同。实际制备的碳纳米管并不完全是笔直、均匀

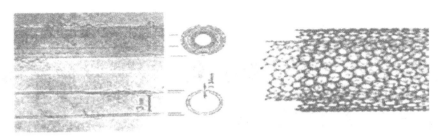

图 16-1　1991 年发现的碳纳米管

的，而局部出现凹凸弯曲现象，这是由于在碳六边形网格中引入了五边形和七边形缺陷所致。当出现五边形时，由于张力的关系导致碳纳米管凸出，如果五边形正好出现在碳纳米管顶端，即形成碳纳米管封口；当出现七边形时，碳纳米管则凹进。

　　按所含有石墨层数的不同，碳纳米管可分为单层碳纳米管（single-wall carbon nanotube，SWCNT）和多层碳纳米管（multi-wall carbon nanotube，MWCNT），见图 16-2，两者的物理性质都与它们的结构有密切关系。

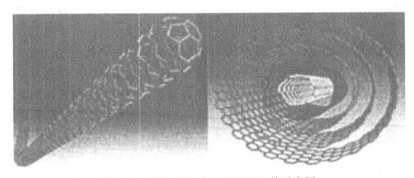

图 16-2　SWCNTs 和 MWCNTs 的示意图

　　碳纳米管由层状结构的石墨片卷曲而成，因卷曲的角度和直径不同，其结构各异：有左螺旋的、右螺旋的和不螺旋的。由单层石墨片卷成的称为单壁碳纳米管，多层石墨片卷成的称为多壁碳纳米管。两者的存在形式主要取决于制备方法和条件的不同。与多壁碳纳米管相比，单壁碳纳米管的直径大小的分布范围小，缺陷少，均匀一致性更高。

16.1.1　碳纳米管的制备

16.1.1.1　电弧法[220,221]

　　电弧法是最早用于制备碳纳米管的方法，也是最主要的方法。其主要工艺（如图 16-3 所示）是：在真空容器中充满一定压力的惰性气体或氢气，以掺有催化剂（金属镍、钴、铁等）的石墨为电极，在电弧放电的过程中阳极石墨被蒸发消耗，同时在阴极石墨上沉积碳纳米管，从而生产出碳纳米管。选择氦气充入真空容器可制得克级碳纳米管[222]，这种方法目前被广泛应用。引入催化剂进行电弧反应[223]，能提高碳纳米管的产率，降低了反应温度，减少了融合物。选用氢气[224]作为气氛采用催化剂可大规模合成单层碳纳米管。

　　电弧法的特点是简单快速，制得的碳纳米管管直，结晶度高，但产量不高，而且由于电弧温度高达 3000～3700℃，形成的碳纳米管会被烧结成一体，烧结成束，束中还存在很多非晶碳杂质，造成较多的缺陷。电弧法目前主要用于生产单壁碳纳米管。

16.1.1.2　化学气相沉积法（CVD）[225,226]

　　化学气相沉积法又名催化裂解法，其原理是通过烃类（如甲烷、乙烯、丙烯和苯等）或

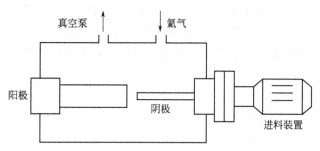

图 16-3　电弧法制备碳纳米管实验装置图

含碳氧化物（如 CO）在催化剂的催化下裂解而成，如图 16-4 所示。目前对化学气相沉积法制备碳纳米管的研究表明，选择合适的催化剂、碳源以及反应温度十分关键。

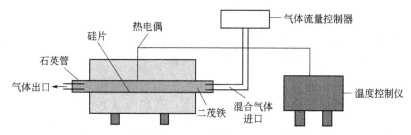

图 16-4　化学气相沉积法制备 CNTs 的实验装置图

催化剂选择较多的是过渡金属 Fe、Cu、Co、Ni、Cr、V、Mo、La、Pt、Y、Mg、Si 等。在相同条件下制备催化剂及合成碳纳米管，金属组成不同，所制备催化剂的活性也不同。发现过渡金属的催化活性顺序为 Ni＞Co＞Cu＞Fe，而且过渡金属的活性不仅与金属的种类有关，还与其分散和负载状态有关。另外，有报道在不含金属的固体酸催化剂也可沉积出碳纳米管。碳源主要选择乙炔、甲烷、CO、乙烯、丙烯、丁烯、苯及正丁烷等。在合成碳纳米管时，不同的碳源气体活性有很大的差别，而且所得的碳纳米管的结构和性能也不同。不饱和烃比饱和烃的活性更大。

用化学气相沉积法制备碳纳米管的过程中，工艺参数对碳纳米管的制备有很大的影响，而裂解温度是影响碳纳米管的产量和形貌的最大工艺参数。

16.1.1.3　激光蒸发法[227]

其原理是利用激光束照射至含有金属的石墨靶上，将其蒸发，同时结合一定的反应气体，在基底和反应腔壁上沉积出碳纳米管，如图 16-5 所示。这种方法易于连续生产，但制备出的碳纳米管的纯度低，易缠结，且需要昂贵的激光器，耗费大。

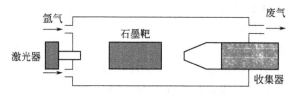

图 16-5　激光蒸发法制备 CNTs 的实验装置图

16.1.1.4　低温固态热解法

低温固态热解法（LTSP）是通过制备中间体来生产碳纳米管的。首先制备出亚稳定状态的纳米级氮化碳硅（Si-C-N）陶瓷中间体，然后将此纳米陶瓷中间体放在氮化硼坩埚中，在石墨电阻炉中加热分解，同时通入氮气作为保护性气体，大约加热 1h 左右，纳米中间体粉末开始热解，碳原子向表面迁移。表层热解产物中可获得高比例的碳纳米管和大量的高硅氮化硅粉末。低温固态热解法工艺的最大优点在于有可能实现重复生产，从而有利于碳纳米管的大规模生产。

16.1.1.5 热解聚合物法

该方法通过高温分解碳氢化合物来制备碳纳米管。用乙炔或苯化学热解有机金属原始反应物（如二茂铁和五羟基铁或其混合物）制备出碳纳米管。

16.1.1.6 离子（电子束）辐射法

在真空炉中，通过离子或电子放电蒸发，在冷凝器上收集沉淀物，其中包含碳纳米管和其他结构的碳。

16.1.1.7 火焰法

该方法是利用甲烷和少量的氧燃烧产生的热量作为加热源。在炉温达到 $600\sim1300$℃时，导入碳氢化合物和催化剂。该方法制备的碳纳米管结晶度低，并存在大量非晶碳。但目前对火焰法纳米结构的生长机理还没有很明确的解释。

16.1.1.8 太阳能法

聚焦太阳光至一坩埚中，使温度上升到 3000K，在此高温下，石墨和金属催化剂混合物蒸发，冷凝后生成碳纳米管。这种方法早期用于生产巴基球，后开始用于碳纳米管的生产。

16.1.1.9 电解法

电解法制备碳纳米管是一种新颖的技术。该方法采用石墨电极（电解槽为阳极），在约 600℃的温度及空气或氩气等保护性气氛中，以一定的电压和电流电解熔融的卤化碱盐（如 LiCl），电解生成了形式多样的碳纳米材料，包括包裹或未包裹的碳纳米管和碳纳米颗粒等，通过改变电解的工艺条件可控制生成碳纳米材料的形式。

16.1.2 碳纳米管的结构和性能

16.1.2.1 碳纳米管的结构

碳纳米管可以看作是石墨片绕中心轴按一定的螺旋角度卷绕而成的无缝圆筒，碳原子间是 sp^2 杂化，它具有典型的层状中空结构特征，管径在 $0.7\sim30nm$，长度为微米量级，管身是由六边形碳环组成的多边形结构，两端由富勒烯半球形断帽封口，见图 16-6。

碳纳米管的螺旋角度通常用螺旋矢量 $C_h=na_1+ma_2$ 表示，其数值等于碳纳米管的周长，其中 n，m 为整数，a_1，a_2 是石墨晶格的基矢（如图 16-7）。在二维石墨晶片上，给定一组 (n,m) 便确定了一个矢量 C_h。另外一个重要参量是 C_h 与 a_1 的夹角 θ，称为手性角。当 $n=m$，$\theta=30$° 时，称其为扶手椅形碳纳米管；当 $m=0$，$\theta=30$° 时，称其为锯齿形碳纳米管；而当 $0°<\theta<30$° 时形成的所有其他类型均是手性型碳纳米管。

16.1.2.2 碳纳米管的导电性能[228]

碳纳米管的性质与其结构密切相关。就其导电性而言，碳纳米管可以是金属性的，也可以是半导体性的，甚至在同一根碳纳米管上的不同部位，由于结构的变化，也可以呈现出不同的导电性。此外，电子在碳纳米管的径向运动受到限制，表现出典型的量子限域效应；而电子在轴向的运动不受任何限制。因此，可以认为碳纳米管是一维量子导线。

作为典型的一维量子输运材料，金属性的碳纳米管在低温下表现出典型的库仑阻塞效应。当外电子注入碳纳米管这一微小的电容器（其电压变化为 $\Delta V=Q/C$，其中 Q 为注入的电量，C 为碳纳米管的电容）时，如果电容足够小，只要注入 1 个电子就会产生足够高的反向电压使电路阻断。当被注入的电子穿过碳纳米管后，反向阻断电压随之消失，又可以继续注入电子了。

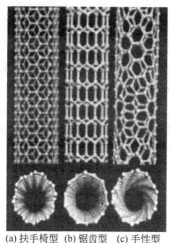

(a)扶手椅型　(b)锯齿型　(c)手性型

图 16-6　碳纳米管的三种典型结构

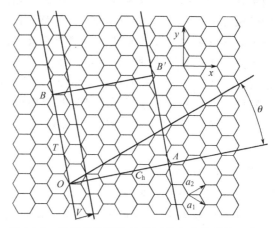

图 16-7　石墨片的网格结构以及各参数的物理意义

在对单层碳纳米管电子结构研究的基础上，理论物理学家对多层碳纳米管的电子结构也进行了初步研究。结果表明，由两个金属性（或半金属性）的单层碳纳米管同轴套构所形成的双层碳纳米管，仍然保持其金属性（或半金属性）的特征。有趣的是，当一个金属性单层碳纳米管与一个半导体性单层碳纳米管同轴套构而形成一个双层碳纳米管时，两个单层管仍保持原来的金属性和半导体性。这一特性可用来制造具有同轴结构的金属-半导体器件。

碳纳米管还具有优异的场发射性能。直径细小的碳纳米管可以用来制作极细的电子枪，在室温及低于80V的偏置电压下，即可获得 $0.1\sim1\mu A$ 的发射电流。另外，开口碳纳米管比封闭碳纳米管具有更好的场发射特性。与目前的商用电子枪相比，碳纳米管电子枪具有尺寸小、发射电压低、发射密度大、稳定性高、无需加热和无需高真空等优点，有望在新一代冷阴极平面显示器中得到应用。

16.1.2.3　力学性能[229,230]

碳纳米管具有极高的强度和理想的弹性，杨氏模量在1TPa左右[231]，与金刚石的模量几乎相同，为已知的最高材料模量，约为钢的5倍；其弹性应变最高可达12%，约为钢的60倍而密度仅为钢的几分之一。碳纳米管的强度大约比其他纤维的强度高200倍，可以经受约100万个大气压的压力而不破裂，这一结果比类似的纤维高两个数量级。

除此之外，它的高弹性和弯曲刚性估计可以由超过1TPa的杨氏模量的热振幅测量证实。对于具有理想结构的单层壁的碳纳米管，其抗拉强度约为800GPa；对于多层壁，理论计算太复杂，难于给出确定的值。碳纳米管的结构虽然与高分子材料的结构相似，但其结构却比高分子材料稳定得多。在大气氧化条件下，碳纳米管在973K的温度下失重很少，结构基本没有发生变化。碳纳米管在酸、碱的长时间浸泡下，结构基本不会发生破坏。

16.1.2.4　碳纳米管的热学性能[232]

一维管具有非常大的长径比，因而大量热是沿着长度方向传递的，通过合适的取向，这种管子可以合成高各向异性材料。虽然管轴平行方向的热交换性能很高，但在其垂直方向的热交换性能较低。纳米管的横向尺寸比多数在室温至150℃电介质的品格振动波长大一个量级，这使得弥散的纳米管在散布声子界面的形成中是有效的，同时降低了导热性能。适当排列碳纳米管可得到非常高各向异性热传导材料。

16.1.2.5   碳纳米管的其他性能

碳纳米管的中空结构，以及较石墨（0.335nm）略大的层间距（0.343nm），使之具有了优良的储氢性能。0℃时，单壁碳纳米管 SWNT 的储氢量达到了 5%。

碳纳米管能够吸收与发散光波，利用碳纳米管材料的这一新特性，未来可望使量子密码技术以及单分子传感器变成现实。在室温条件下，碳纳米管能够吸收较窄频谱的光波，并能稳定的散发还原光波。这意味着碳纳米管材料具有传输、储存和恢复广播信号的新性能。

由于特殊的结构和介电性质，碳纳米管表现出较宽的微波吸收性能，它同时还具有重量轻、导电性可调变、高温抗氧化性能强和稳定性好等特点，是一种有前途的理想微波吸收剂。

16.1.3   碳纳米管的表面处理

碳纳米管表面缺陷少、缺乏活性基团，在各种溶剂中的溶解度都很低；另外，碳纳米管之间存在较强的范德华引力加上其巨大的比表面积和长径比，CNTs 容易形成团聚或者缠绕，严重影响了它的应用；而且由于 CNTs 的表面惰性，与基体材料间的界面结合弱，在一定程度制约了 CNTs 复合材料的研究。为解决上述问题，人们致力于碳纳米管的表面活化及分散的研究。有关 CNTs 表面活性化处理大致可以分为共价修饰和非共价修饰两大类。

16.1.3.1   共价修饰[233]

（1）氧化反应　　目前采用的对 CNTs 进行表面改性共价修饰的氧化剂为硝酸、混酸（浓硫酸/硝酸）、中性双氧水、氢氧化钾、高锰酸钾、Fenton 试剂、臭氧等。氧化处理不仅可以在 CNTs 的侧壁上进行蚀刻形成孔洞，而且可以将 CNTs 打断，形成端口，产生各种活性基团。活性基团的引入不仅改善了碳纳米管的亲水性，使其更易溶于水等极性溶剂，而且为碳纳米管与其他物质或基团反应，从而对其表面进行进一步的改性提供了基础；氧化所产生的羧基可以减少碳纳米管之间的范德华力，可以有效地解开呈缠绕状态的碳纳米管。活性集团的存在不仅改善了 CNTs 的亲水性，而且为 CNTs 后续与其他物质或基团的反应、对其表面进行广泛的改性提供了基础。氧化处理不但可以对 CNTs 产生纯化作用，而且可以在 CNTs 上产生羧基或者羟基等具有活化功能的基团。CNTs 可能会被打断，产生长度范围为 100～300nm 不等的小管，为了保证氧化后的 CNTs 具有一定的长径比，必须对处理时间进行控制。

（2）直接加成反应　　利用氧化反应产生的功能基团，可以对氧化处理后的碳纳米管进行进一步的加成反应，引入其他的官能团。

① 酰化反应　　典型的酰化反应是以亚硫酰二氯做酰化剂，在加热条件下将羧基化 CNTs 回流，生成反应活性较高的酰基氯，再与含 NH_2 化合物发生酰胺化反应形成酰胺或与含 OH 化合物发生酯化反应形成酯键。1998 年，科学家利用氯化亚砜将强酸氧化的单壁 CNTs 表面的羧基转换成酰氯，并继续与十八胺反应，得到其十八胺衍生物。这种衍生物可以溶于二氧化硫、氯仿、二氯甲烷等多种有机溶剂，是世界上首次得到的可溶性单壁碳纳米管。

② 卤化反应　　该反应原理是 CNTs 侧壁的氟化反应。要求反应温度介于 150～325℃，氟离子和碳离子比例最高为 1∶2；过高的温度及进一步的氟化会使碳纳米管的结构发生破坏。由于氟化碳纳米管中的氟离子可以通过亲核取代反应被其他基团取代，从而实现碳纳米

管进一步功能化。

③ 酯化反应　该方法利用碳纳米管羧酸盐与烷基卤（氯、溴、碘）在水中的酯化反应，将长链烷基链键合在碳纳米管侧壁上，实现碳纳米管在有机介质的高度分散。

④ 其他反应　在液氨中对碳纳米管进行氢化反应，生成的氢化衍生物在 400℃以下是稳定的，超过 400℃会发生结构的分解以及产生氢和少量的甲烷，该氢化反应可以在碳纳米管的内部发生。在 600℃ NH_3 气氛下对 CNTs 进行热处理，可以将氨基等碱性基团通过共价键键合在 CNTs 管壁上，并且 CNTs 在氨气处理后，大部分开口化，引入的活性基团主要分部在 CNTs 内壁。

16.1.3.2　非共价修饰

非共价修饰是基于范德华力或 P—P 键合基础上，并由热力学所控制的对碳纳米管进行修饰的一种方式。虽然碳纳米管共价修饰的研究取得较大的进展，但是这类方法会破坏碳纳米管的石墨晶格结构及碳纳米管功能化位点的 sp^2 杂化，会对碳纳米管的电子特性产生一定程度破坏。而非共价修饰的方法则利用碳纳米管侧壁片层石墨机构中碳原子 sp^2 杂化形成的高度离域化 P 电子和其他化合物中的 P 电子产生非共价结合，得到功能化的碳纳米管。碳纳米管通过非共价键被包裹在高分子材料、多核芳香族化合物、表面活性剂以及活质分子中。

表面活性剂在碳纳米管表面处理中的作用是利用其组分在溶液中由亲油亲水基团产生大胶团，构成纳米反应器，或在表面由其中一官能团的吸附或反应与 CNTs 之间、CNTs 微粒、CNTs 微粒与其他材料之间起到偶联和增容作用。

16.2　碳纳米管在聚合物基体中的分散以及制备

16.2.1　碳纳米管在聚合物基体中的分散

聚合物基 CNTs 复合材料的制备必须解决两个主要问题：①CNTs 在基体中的良好分散；②CNTs 与聚合物基体的界面结合。CNTs 管径小、表面能高的特性导致其很容易发生团聚，从而聚合物中很难均匀分散，CNTs 的增强效果被大大降低，甚至可能导致复合材料的性能劣化。因此，在聚合物基 CNTs 复合材料的制备中要解决的首要问题就是 CNTs 在聚合物基体中的分散性问题。

CNTs 在聚合物基体中的分散程度直接决定复合材料的各种性能，提高 CNTs 在聚合物基体中分散程度的方法有多种，主要包括：直接修饰法和表面修饰分散法。

（1）直接分散法　直接分散法就是将碳纳米管直接分散到聚合物基体中，优点是简单、快捷，不损坏 CNTs 的结构，但是并没有改变其表面性质。当 CNTs 长径比超过 1000 时，由于 CNTs 的无规相互缠绕，分散效果不好。主要通过熔融共混和溶液共混实现[234]。

对于热塑性材料，CNTs 含量高、对分散要求低时可采用熔融共混，反之为溶液共混；对于热固性材料，则将 CNTs 和预聚体充分混合之后加入固化剂进行固化[235]。往往采用溶液共混的方法，同时可以借助高速搅拌或超声波分散的方法使之更好的分散。

（2）表面修饰法　表面修饰法是利用其他物质对 CNTs 进行表面处理之后，减弱了 CNTs 的表面能和相互作用力，使其解除缠绕。主要分为共价键修饰和非共价键修饰。

① 共价键修饰：将功能性基团或高分子链通过共价键连接到 CNTs 表面[236]。这种修饰通常采用原位聚合的方法，先将引发剂基团固定到表面，然后在溶液中引发单体聚合，形

成高分子链。这种方法的引发剂用量和合成条件需要严格控制。也可以先在 CNTs 表面产生反应性基团，然后将高分子链进行嫁接，这种方法可以大量生产，但是降低了嫁接密度。

共价键修饰简单方便，分散效果好，适用于非溶解性和热力学不稳定的高分子材料[237]。但是新共价键的形成破坏了碳原子的 sp^2 杂化，对力学性能和电学性能有所影响。

② 非共价键修饰：由碳原子 sp^2 杂化形成的 π 电子与其他含有 π 电子的化合物通过 π-π 键的共轭或者配位效应相结合[238]，从而完成对 CNTs 表面的修饰。主要包括两性小分子、生物分子以及部分聚合物。

非共价键修饰不会破坏 sp^2 杂化结构[239]，因此不会影响其各项性能。并且可以使其表面带有官能团。

16.2.2 碳纳米管/聚合物复合材料的制备方法

碳纳米管/聚合物复合材料的制备方法主要有三种：液相共混、固相共融和原位聚合方法，其中以共混法较为普遍。

(1) 液相共混复合法[240] 将纯碳纳米管和聚合物放入甲苯（环己烷、乙醇、氯仿等）溶剂中超声振荡，分散均匀后静置一段时间，采用喷涂、提拉等方法在不同的基体（如 Au、Ag、Cu 或 KBr、石英玻璃）上成膜，然后立即放在真空干燥箱内干燥 24h。这种方法的优点是操作简单、方便快捷，缺点是无法保证碳纳米管均匀分散。

(2) 固相共融复合法[241] 取一定量的碳纳米管和纯净聚合物，不需要加入溶剂或活性剂，直接在高温（此温度下聚合物不会分解）下搅拌一段时间熔解混合，使碳纳米管在聚合物中分散均匀，然后在较高的温度和 $8\sim9MPa$ 压强下压制成膜。该方法的优点主要是可以避免溶剂或表面活性剂对复合材料的污染，复合膜没有发现断裂和破损，但仅适用于耐高温、不易分解的聚合物中。与液相共混一样，仍然存在碳纳米管均匀分散不确定等缺点。

(3) 原位复合法[242] 将碳纳米管和聚合物单体混合，在引发剂的作用下，单体发生聚合，碳纳米管表面的 π 键参与聚合物单体的链式聚合反应，混合液的黏度增大，反应完成后聚合物转变成固态。该方法可以使碳纳米管均匀地分散在聚合物的矩阵内，但碳纳米管的加入不仅对链式聚合物的聚合过程和复合强度有很大影响，而且影响碳纳米管在聚合物中的分散度。原位聚合最大的特点是可以避免前面两种方法可能引起的碳纳米管在聚合物体系中分散不均匀的现象，但是此方法制备的聚合物由于碳纳米管的封端作用使制备的聚合物长链一般很短，分子量较小。

16.3 聚合物/碳纳米管复合材料各论

16.3.1 尼龙/碳纳米管复合材料

16.3.1.1 尼龙/碳纳米管复合材料的制备方法

(1) 原位聚合法 原位聚合法[243,244]是利用碳纳米管表面的官能团参与聚合或利用引发剂打开碳纳米管的 π 键，使其参与聚合反应而达到与有机相的良好相容性。用原位聚合法制得复合材料，发现碳纳米管与基体之间形成了良好的界面结合。

(2) 熔体共混法 把碳纳米管与聚合物基体材料在基体材料的熔点以上熔融，并均匀混合而得到聚合物复合材料[245]。

16.3.1.2 尼龙/碳纳米管复合材料的性能

(1) 力学性能 碳纳米管具有优异的力学性能，使得它可以作为增强材料制造出强度特别高的复合材料，碳纳米管的加入可能会大大提高了材料的强度和模量。用羧酸功能化的多壁碳纳米管和尼龙单体盐原位聚合制备的尼龙 1010/MWNTs 复合材料[246]，力学测试和DMA 显示杨氏模量随着碳纳米管加入量的增加而提高，相对于纯尼龙 1010，当添加量为30%，原位聚合制得的复合材料杨氏模量和储能模量分别显著提高 87.3% 和 197%，断裂伸长率随着碳纳米管添加量的增加而降低，对于添加量为 1% 的复合材料杨氏模量提高大约27.4%，断裂伸长率相对于纯 PA1010 仅降低大约 5.4%，相对于机械共混的复合材料，原位聚合制得的复合材料显示了比较高的杨氏模量，表明原位聚合的方法提高了复合材料的力学性能。用原位界面聚合制得 PA610/MWCNTs 复合材料，杨氏模量提高了 170%[247]；拉伸强度和断裂伸长率略微提高，分别是 40% 和 25%。碳纳米管在聚合物基体中的均匀分散和排列可显著提高增强效果。碳纳米管的加入不仅没有对聚合过程带来负面影响，反而略有促进作用，这可能是在体系中生成了交联结构，从而增大了 PA6 基体的变形阻力[248]，也可能是因为界面连接较牢固，在受外力时使负载转移到碳纳米管上，导致复合材料的拉伸强度提高。

（2）热性能　相关研究表明，用熔融共混法制得的 PA6/多壁碳纳米管复合材料，氨功能化的多壁管比纯化的多壁碳纳米管在尼龙 6 基体中更均匀，碳纳米管的存在显著提高了复合材料在空气中的热稳定性，对于纯 PA6、PA6/纯化多壁碳纳米管复合材料、PA6/胺化多壁碳纳米管复合材料，E_a 分别是 153kJ/mol、165kJ/mol、169kJ/mol，纯化的 PA6/多壁碳纳米管复合材料在空气和氮气气氛下都显示两步降解，而纯尼龙 6 和尼龙 6/胺化的多壁碳纳米管复合材料却仅在空气气氛下表现两步降解。

（3）结晶性能　在 PA6/MWCNTs 中 MWCNTs 能成为有效的成核剂[249]，而复合材料的结晶速率却低于纯基体，说明碳纳米管的存在影响了 PA6 的结晶和成核过程。相关研究表明，MWCNTs 作为异相成核中心，提高了结晶温度，而香肠状的 SMA 层（包裹在MWCNTs 表面的）阻碍了成核过程和随后的晶体生长。

（4）电和电化学性能　碳纳米管的加入显著改善了聚合物材料的导电性能。碳纳米管复合材料的第一个商业应用就是它的导电性能[250]。福特公司[251~253]已经用 PPO/PA/CNTs作为汽车镜架的工程塑料代替传统的微米导电填料（要求 15% 的充填量，这将影响复合材料的力学性质并且导致复合材料较高的密度）。另外，碳纳米管的均匀分散和排列也进一步增强复合材料的导电性能，降低复合材料的逾渗阈值。

16.3.2　PC/碳纳米管复合材料

16.3.2.1　PC/碳纳米管复合材料的制备方法

PC 是热塑性塑料，能在熔融混合过程中分散 CNTs，并且具有一定极性，与改性CNTs 有一定的相容性。因此，PC/CNTs 纳米复合材料的制备可以采用简单的工艺实现，目前主要采用熔融混合法和溶液混合法。但 CNTs 化学活性低，容易团聚，制备 PC/CNTs纳米复合材料时需要对 CNTs 提纯和改性，赋予 CNTs 一定的活性并提高其在 PC 中的分散能力，如采用超声波、机械搅拌增强 CNTs 的分散能力。

（1）熔融混合法　熔融混合法[254]是将表面改性过的 CNTs 直接与 PC 通过密炼机或挤出机熔融共混，该法工艺简单，易操作，容易实现工业化生产，在 PC/CNTs 纳米复合材料、PC/CNTs 复合纤维的制备中经常使用。

（2）溶液混合法　溶液混合法[255]工艺相对较复杂，但 CNTs 在 PC 基体中分散效果较好，常用于制备 PC/CNTs 纳米复合材料和 PC/CNTs 功能性薄膜。

16.3.2.2   PC/碳纳米管复合材料的性能

CNTs 对 PC/CNTs 纳米复合材料性能的影响：PC 的综合性能优越，但存在加工流动性差、容易产生应力开裂和抗静电性能差等缺点，CNTs 具有一定的强度和导电性，能够和 PC 分子链键合并转移 PC 基体的负荷，它可改善 PC 的力学性能、流动性能、导电性能和结晶性能等。

(1) 力学性能   PC/CNTs 纳米复合材料的力学性能与 CNTs 在 PC 中的分散程度有关。CNTs 能提供应力转移点，在制备过程中应尽量使 CNTs 分散均匀，避免形成应力集中点。而且良好的 CNTs 和 PC 界面结合力能使两相界面的负荷有效地转移，有利于力学性能的提高[256]。此外，CNTs 在 PC 基体中的排列、填料在聚合物中的摩擦滑动也能改善复合材料的分散能量响应，也有利于提高 PC 的力学性能[257]。

(2) 流变性能   PC/CNTs 纳米复合材料的流变性能与 CNTs 在基体中的分散、CNTs 网络的构建、CNTs 与 PC 间的界面结合力等有关[258]。通常，CNTs 用量增加能增强 PC 的动态模量和熔体黏度，而 CNTs 分散性增强能提高 PC 的动态模量但降低 PC 的熔体黏度。电性能 PC/CNT 纳米复合材料的导电性与体系中 CNTs 互联网络的形成有关，CNTs 互联网络提供电荷流动通道。获得良好的导电性还与 CNTs 在聚合物中的分散、加工条件等因素有关，如延长混合时间能增强 MWNTs 的分散，提高了复合材料导电能力[259]。

(3) 结晶性能   PC 是非晶态聚合物，当不存在结晶助剂时 PC 的结晶速率较慢。当 CNTs 分散在 PC 中并形成良好的界面结合时，CNTs 在 PC 中能起异相成核剂的作用[260]。

总之，CNTs 是 PC 理想的功能性增强体。CNTs 能有效提高 PC 的杨氏模量和改善 PC 的耐疲劳性能。加工条件的优化改善了 CNTs 对 PC 的增强效果。良好的 CNTs 分散和 CNTs 网络的形成都有利于增强 PC 的流动性。而且 PC 的流动性也受温度的影响，这是由于 PC 和 CNTs 之间也形成了复合网络结构；CNTs 对 PC 性能影响较突出的是改善 PC 的导电性，少量的 CNTs 添加量就能在 PC 中形成渗流网络结构，改善 PC 的导电性能，扩大 CNTs 在 PC 导电纤维等功能材料中的应用。

16.3.2.3   不同 CNTs 对 PC/CNTs 性能的影响

SWNTs 和 MWNTs 的结构不同，两者对 PC 改性效果也有所差别。SWNTs 直径分布范围较小，一般只有几纳米。由于管壁间的范德华力较强，SWNTs 大多以聚集成束的状态存在，每束含几十到几百根 SWNTs，束的直径约几十纳米。相对于 MWNTs 来说，SWNTs 直径较小，长径比更大，有较高的力学性能[261]。而且容易和分子链键合，有更强的负荷转移能力，它比 MWNTs 更适合于提高 PC 的力学性能。SWNTs 的导电性能与其直径和管壁的螺旋角有关，而两者由碳原子的手性矢量决定。因此。SWNTs 可以表现为金属性或半导体性。MWNTs 则以聚集缠结状态存在，其内径与普通 SWNTs 的直径相当，外径随管壁层数的不同分布在几纳米到几十纳米的范围，层间距约为 0.134nm[262]。应力下 MWNTs 有滑动作用，有利于转移聚合物基体的负荷，提高力学性能[263]。MWNTs 是复合导体，MWNTs 相邻两层 CNTs 间的作用不会破坏其金属性，它的传导率与铜相似，而且 MWNTs 长径比较大，较低填充量就可以赋予填充体系良好的电渗流作用，它比 SWNTs 更适合于提高 PC 的导电性能[264]。

16.3.3   PS/碳纳米管复合材料

聚合物基复合材料的常规制备方法如聚合复合、溶液复合和熔融复合等都可用于 PS/CNT 复合材料的制备。

（1）力学性能　PS/碳纳米管复合材料的弹性模量和拉伸强度随 MWNTs 的含量增加而增大[265]；当 MWNTs 含量仅为 1%（质量分数）时，其复合材料的弹性模量和拉伸强度相对于纯 PS 分别增大了 37.3% 和 25.6%。对于该复合材料，有两种可能的破坏模式：断裂或拔出。对于弱 PS 与 MWNTs 的界面键合，在外界载荷下，MWNTs 是作为缺陷存在并产生裂纹导致材料破坏；如果存在强界面键合，外界载荷会传递到纳米管上，从而表现出优异的力学性能。

（2）电学性能　PS/CNT 复合材料的导电性能主要取决于其中的 CNTs 能否相互穿插互连而形成网络结构[266]。因此 CNTs 在 PS 基体中的含量及分散程度是影响复合材料导电性的两个重要因素。当 MWNTs 含量在 0.5%（体积分数）时，膜的电阻率即发生较大飞跃，说明 MWNTs 在 0.5%（体积分数）含量以下就形成了连续的导电网络结构[267]。

（3）热性能　CNT 对 PS 的热稳定性有明显贡献[268]。随着 MWNTs 含量增加，其热降解温度也相应增加。这是由于随着 MWNTs 含量增加，其在 PS 基体中的分布及相应的界面面积也相应增大，提高了复合材料的热稳定性。

16.3.4　环氧树脂/碳纳米管复合材料

环氧树脂在常温下是具有较高黏度的液体，其与碳纳米管制备复合材料常采用处理好的碳纳米管溶于丙酮等溶剂，超声波分散后，加入环氧树脂，继续超声分散，挥发掉溶剂后抽真空脱气后加入固化剂，浇铸到模具中固化成型。

（1）力学性能　由于径向的纳米级尺寸和高的表面能导致 CNTs 在聚合物中容易团聚，分散性变差，不仅降低了其有效长径比，而且容易造成管与管之间的滑移，使得增强效果变差[269]。除了分散性外，CNTs 在聚合物中的取向对材料的微观力学性能也有较大影响。

（2）电性能　环氧树脂的电绝缘性能好，与其他材料复合后，还能够改善其介电损耗，较目前通用的导体和有机聚合物的复合材料的介电损耗小得多[270]。大量实验结果表明[271]：与其他增强体（如炭黑、碳纤维或金属填充物等）相比，CNTs 对聚合物基复合材料导电性能的改善效果更为显著。由于 CNTs 具有纳米级尺寸、加入量较少，其聚合物复合材料在获得良好的导电性能的同时，可以保证其机械性能及其他性能基本不变。

（3）摩擦性能　CNTs 相对于环氧树脂的表面覆盖面积比例是影响复合材料摩擦性能的重要因素[272]，当这个值大于 25% 时，摩擦率减少了 5.5 个因子，高的表面覆盖面积比例能提高摩擦性能的原因是在摩擦表面暴露的 CNTs 能够起到保护环氧树脂基体的作用。随着 CNTs 加入量的提高，复合材料的摩擦系数和磨损率均呈现降低趋势。

（4）吸波性能　CNTs 特有的螺旋、管状结构，使其具有不同寻常的电磁波吸收性能[273]。利用 CNTs 的吸波隐身特性，将其作为吸波剂添加到聚合物中，能制备出兼备吸波性能和优越力学性能的吸波隐身复合材料。CNTs/聚合物复合材料在电磁辐射屏蔽材料及微波吸收材料方面的应用研究已取得了实质性进展。这些材料有望应用于人体电磁辐射防护以及移动电话、计算机、微波炉等电子电气设备的电磁屏蔽[274]。

16.3.5　橡胶/碳纳米管复合材料

CNTs 的主要作用是作为结构增强材料，然而，这种作用取决于 CNTs 在基体中是否均匀分散以及载荷从基体到 CNTs 的传递。如果 CNTs 的分散较差，反而会极大地降低强度。当两相间的界面黏合较弱时，载荷不能传递到 CNTs，CNTs 不能硬化或强化复合材料，CNTs 相当于孔洞或纳米结构缺陷，导致局部应力集中，失去了 CNTs 的良好特性。CNTs/

橡胶复合材料的制备方法主要有机械混炼法、溶液法、喷雾干燥法等。

16.3.5.1　机械混炼法及其性能

该法将CNTs与橡胶的复合材料利用传统的机械混炼工艺在开炼机上进行混炼，然后在热压机上将橡胶于适宜温度下进行硫化，得到CNTs/橡胶复合材料标准试样。加入CNTs后的橡胶材料在回弹性、压缩疲劳性能、耐老化性能、抗撕裂强度、硬度和磨耗性能等方面均有明显改善，但由于CNTs颗粒很小，具有很高的表面活性，比表面积很大，管间具有很强的范德华力，因而易出现缠结现象，在橡胶基体中出现团聚。另外在常温下混炼时橡胶本身黏度高，导致多数CNTs难以实现在橡胶基体中的均匀分布，形成含有CNTs的富集区域和无纳米管的橡胶基体。

用此法制得的CNTs填充橡胶与全部加入炭黑填充的橡胶相比，硫化返原现象减轻。加入CNTs后橡胶样品的高弹模量比炭黑增强样品略高，这是由于CNTs具有高弹性模量，并且CNTs限制了橡胶的分子运动[275]。与炭黑增强样品相比，CNTs/橡胶复合材料的回弹性能明显占优，压缩疲劳温升低，压缩永久变形小，有利于其作为轮胎及在动态环境下工作部件的原材料[276]。在同样添加量下，CNTs填充样品的拉伸、撕裂性能要高于炭黑样品，随填充量增加，这些性能差距加大，这主要是由于结构均匀性较差，材料的拉伸强度和伸长率很低，所以CNTs在橡胶中的分散性以及橡胶的交联程度等因素会直接影响其补强效果[277]。在加工方面，CNTs在橡胶中的混入速度快，胶料加工性能好，在混合过程中易于均化，节约能耗。

MWNTs含量对MWNTs/橡胶复合材料性能有重要影响。随着MWNTs加入量的增加，橡胶复合材料的力学性能也随之增大。MWNTs补强橡胶在抗撕裂强度、硬度和磨耗性能上比炭黑好[278]，这是由于MWNTs直径比炭黑小，比表面积和表面效应比炭黑大，能吸留更多的橡胶MWNTs长度比炭黑大，形成网络结构，另外MWNTs强度大，导致橡胶分子链的变形受阻，因此材料的硬度大、抗撕裂和耐磨性能好。MWNTs/橡胶复合材料用作轮胎胎面胶，有利于降低轮胎的滚动损失和热疲劳，提高轮胎使用寿命。研究也发现MWNTs补强橡胶拉伸强度、断裂伸长率比炭黑要差，主要是由于MWNTs在橡胶基体中的分散性差造成的。

16.3.5.2　溶液法及其性能

利用溶液法制备CNTs与橡胶的复合材料时，通常需要利用超声波对CNTs进行分散，这是因为CNTs表面活性强，易缠绕。超声波分散法是利用超声空化作用来提高CNTs的分散程度，加强CNTs的稳定性。在超声场中，足够强度的超声波作用于液固界面时，可产生空化气泡，"超声空化气泡"爆炸时释放出巨大能量[279]，在几微秒内产生约5000K的高温、50MPa的高压和具有强烈冲击力的微射流。空化作用将CNTs在弱键处打开[280]，使聚合物与CNTs形成牢固的连接并紧密覆盖在CNTs表面，使之可溶。空化作用有利于微小颗粒的形成，还可以对团聚起到剪切作用。另外，空化作用在形成的颗粒表面上产生的大量微小气泡又进一步抑制了颗粒的凝结和长大。超声处理后CNTs的晶体结构不会发生变化。

使用此法制备复合材料时，随着添加到橡胶中的CNTs含量的增加，橡胶的柔软性下降，材料变得更结实坚硬同时更脆。在CNTs质量分数为1%、3%、5%、7%、10%等几种试样中，当CNTs质量分数为1%时具有最高的应变值，和纯橡胶的几乎相同，此时复合材料比较柔软和弹性较好，在CNTs质量分数为10%时应变值最小，应变值降低2.5倍，约 2.94，而纯橡胶为 7.34[281]。

16.3.5.3　喷雾干燥法及其性能

该法将去离子水与 CNTs 按一定的质量比混合，经超声分散，得到 CNTs-水悬浮液。然后将悬浮液加入到天然胶乳中，控制 CNTs-水与胶乳固含量的质量比，再加入适量的水并经过一定时间的充分搅拌后混合均匀，制备成 CNTs-天然胶乳悬浮液，利用喷雾干燥仪将 CNTs-水-天然胶乳悬浮液雾化、干燥后得到粉末橡胶，由于 CNTs-水悬浮液与天然胶乳的混合过程中，容易产生胶乳絮凝现象，需要加入一定的分散剂。

利用喷雾干燥法制得颗粒细小、分布均匀的 CNTs 改性天然胶乳粉末橡胶，粉末颗粒直径 2～8μm，CNTs 在橡胶基体中分散良好。与机械混炼天然橡胶相比，喷雾干燥法制备的天然粉末橡胶硫化剂需要量较大，达到普通机械混炼天然橡胶硫化剂量的 1.5 倍以上，并且在充分硫化条件下，没有硫化返原现象。在喷雾干燥法制备的天然粉末橡胶中，CNTs 分散良好，其补强效应得到充分发挥，其力学性能显著提高，CNTs 添加量为 20phr 时粉末橡胶的拉伸强度与断裂伸长率均取得最大值[282]。

16.3.6　PLA/碳纳米管复合材料

16.3.6.1　PLA/碳纳米管复合材料的制备方法

（1）溶液共混法　将 PLA 溶液和 CNTs 有机溶剂悬浮液共混并浇铸成膜，一般用超声波提高 CNTs 在溶剂中的分散性，而且这种制备方法比较简单，但是不适合工业生产，且使用有机溶剂会污染环境[283]。

（2）熔融共混法　适合工业化连续生产，通过对加工条件的调控也可以改善 CNTs 的分散性[284]。

（3）原位聚合法　包括原位溶液聚合法和熔融缩聚法。以乳酸与带羧基的 CNTs 为主要原料，在氮气保护下，用异辛酸亚锡或硫酸作催化剂，原位缩聚而成。这种方法可以通过 CNTs 表面修饰产生的反应性基团与聚乳酸间的理化作用得到微观结构均匀的 PLA 复合材料。

（4）纺丝法　纺丝法[285]是可以在纺丝过程中将 PLA 和 CNTs 复合制成纤维状复合材料的一种常用方法，同时纺丝过程可以使 CNTs 在成纤过程中形成一定的取向，有利于得到各向异性复合材料。

在以上制备方法中，溶液共混法和静电纺丝法需使用大量的有机溶剂，易造成环境污染，故熔融共混法和原位聚合法更具有竞争力，且在提高 CNTs 的分散性和材料性能上均存在较明显的优势。通过对所用 CNTs 进行表面修饰或改性，可以提高用上述制备方法得到的 PLS/CNTs 复合材料中 CNTs 的分散性。

16.3.6.2　PLA/碳纳米管复合材料的性能

（1）力学性能　复合材料的拉伸强度和断裂伸长率都降低，但弹性模量却明显提高[286]。

（2）电性能　高长径比的 CNTs 可以有效提高 PLA 的电导率，且用量比球形填料少得多。加入 1% 纯化的 CNTs 可使 PLA 复合材料表面电阻降低到 $2.33 \times 10^8 \Omega \cdot m$，比添加未纯化 CNTs 的 PLA 表面电阻低了 2 个数量级，因为纯化的 CNTs 更容易在 PLA 中均匀分散形成更大范围的导电网络[287]。此外，MWCNTs 的加入还能提高 PLA 对电磁波的屏蔽作用。

（3）热稳定性　CNTs 的加入使 PLA 的玻璃化转变温度提高 5～7℃，因为 CNTs 充当了物理交联剂，增大了 PLA 分子间的摩擦，减小了基体的自由体积，且纯化会进一步提高 PLA 的 T_g。此外，CNTs 可以提高 PLA 的热分解温度，且 CNTs 的纯化处理会进一步提高 PLA 的热分解温度[288]。

（4）生物相容性　PLA 中的 CNTs 会抑制纤维原细胞的增殖，因为 CNTs 易在细胞膜疏水的脂质层团聚，CNTs 浓度过高容易引起细胞膜不稳定甚至破裂，而且，细胞膜与 PLA 复合材料中裸露的 CNTs 间的相互作用不利于纤维原细胞的锚固。但也有研究表明，PLA/CNTs/HA 复合物能促进人类的牙齿韧带细胞的吸附和增殖，同时抑制齿龈上皮细胞的吸附和增值，完全符合引导组织再生技术的要求。

（5）结晶性能　CNTs 可作为 PLA 异向结晶的成核剂，增加 PLA 的成核密度，减小球晶的尺寸，促进 PLA 分子链的运动及其在晶格中的有序堆积[289]。

（6）降解性能　PLA 的降解性是其特性之一，研究填料对其降解性能的影响有很重要的现实意义[290]。加入 CNTs 之后，PLA 在 37℃ 的 NaOH 溶液中降解速率加快，具体机理尚在研究中。

16.3.7　CNTs/两亲性聚合物复合材料

两亲性聚合物是指在一个大分子中同时对两相都具有亲和性的聚合物，一般指分子结构中同时含有亲水基团和疏水基团的聚合物。两亲性聚合物具有独特的性能，如 pH 温度响应、自组装特性等[291~293]，因此在众多领域具有潜在的应用前景。利用两亲性聚合物这些独特的性能，将其与碳纳米管结合，制成的两亲性聚合物/碳纳米管复合材料将拥有更加优异的性能。

16.3.7.1　两亲性聚合物/碳纳米管复合材料的制备

目前两亲性聚合物/碳纳米管复合材料的制备方法主要有溶液共混法、原位聚合法、"活性"/可控自由基聚合法等。"活性"/可控自由基聚合法作为一种新颖的制备方法可以使聚合体系中的活性种与休眠种之间建立一个快速的平衡反应。降低增长自由基的浓度，从而达到调控聚合的目的。使用这种方法不仅可以得到分子量可控及窄分子量分布的线型聚合物，而且可以得到不同结构多种形状的聚合物，如多嵌段、梳型、梯型、环状、树枝状和星型[294~296]。其对合成具有优良性能的碳纳米管/聚合物复合材料提供了新的方法。近年来，不少国内外研究者使用这些活性聚合方法成功制备出两亲性聚合物/碳纳米管复合材料。

（1）原子转移自由基聚合法　原子转移自由基聚合[297]是 1995 年基于有机合成中的原子转移自由基加成反应提出的"活性"/可控自由基聚合方法。原子转移自由基聚合是以有机卤化物 RX（如 α-卤代苯乙烯）为引发剂、过渡金属配合物为卤原子载体，通过氧化还原反应，在活性种与休眠种之间建立可逆的动态平衡，从而实现对聚合反应的控制。其在两亲性聚合物/碳纳米管复合材料制备方面得到了广泛的研究应用，应用思路是将含有卤素原子的休眠物种通过修饰固定在碳纳米管表面，然后在催化剂作用下引发各种单体聚合，从而将聚合物固定在碳纳米管的表面，制备出两亲性聚合物/碳纳米管复合材料。

（2）可逆加成断裂链转移自由基聚合法[298]　在碳纳米管表面引入可逆加成断裂链转移自由基聚合链转移剂，反应体系中加入引发剂，引发聚合反应后，链转移效应可以在碳纳米管表面得到可控的高分子层，也可以在碳纳米管表面引入引发剂，反应体系中加入可逆加成-断裂链转移自由基聚合链转移剂调控聚合反应，从而制备出两亲性聚合物/碳纳米管复合材料。

（3）氮氧自由基聚合法[299]　　在聚合体系中加入 2,2,6,6-四甲基哌啶-1-氧自由基（Tempo）。Tempo 与增长链自由基结合形成休眠种，因其在受热下可逆分解，链自由基又可与单体加成聚合，实现活性聚合。其在两亲性聚合物/碳纳米管复合材料制备方面的应用思路是：将含有氮氧游离基的休眠种固定在碳纳米管表面进行可控聚合反应，从而制备出两亲性聚合物/碳纳米管复合材料。

16.3.7.2　两亲性聚合物/碳纳米管复合材料的性能及应用

（1）两亲性及应用　　两亲性聚合物/碳纳米管复合材料所具有的两亲性可使其在水和有机溶剂中很好地分散，这一性能使两亲性聚合物/碳纳米管复合材料在机械、电子、光学方面具有巨大的应用前景[300]。

（2）pH/温度响应性及应用　　pH/温度响应性是指材料在外界的 pH 或者温度发生微小变化而引起较大物理变化或化学变化的性能。其在多个领域都具有潜在的应用价值，特别是在药物载体用于控释、基因治疗等生物医学应用方面[301]。

（3）自组装性及应用　　分子自组装[302]是在一定条件下分子与分子依赖非共价键分子间作用力自发连接成结构稳定的分子聚集体的过程。两亲性聚合物/碳纳米管复合材料的自组装性能对碳纳米管的结构和应用研究有重要意义，在此基础上可以将复合材料应用到电子器件和纳米集成电路等各种新型器件上。

（4）生物相容性及应用　　生物相容性[303]是指材料与生物体之间相互作用后产生的各种生物、物理、化学等反应，即材料植入人体后与人体的相容程度。良好的生物相容性，开拓了两亲性聚合物/碳纳米管复合材料在生物医学方面的应用。

16.4　碳纳米管与聚合物相互作用机理

在复合材料中，碳纳米管和聚合物之间的相互作用机理至今还不十分清楚，更没有一套成熟的理论来解释，目前主要采用拉曼光谱技术研究碳纳米管和聚合物之间的相互作用。法国学者 Stephan 研究小组[304]对此问题作了较为系统的报道，他们研究了一系列的碳纳米管和聚合物形成的复合物材料，用 1064nm 波长的光激发，无论是碳纳米管还是复合材料均可以看到碳纳米管不对称的驼峰，看不到聚合物的特征峰，可能是由于它们强度太低，驼峰的强度随碳纳米管的浓度增加而增加，且随着激光的强度增大而增大，但是总是小于碳纳米管峰的强度。表明这个驼峰是由于热辐射引起的，在激光辐射下，碳纳米管内积聚了大量的热能，在复合材料中，聚合物吸收部分热能，峰的强度减小。由于在合成碳纳米管过程中，无序的石墨结构和多孔碳同时产生，在 $1275cm^{-1}$ 出现碳纳米管特征峰，可能是由于无序石墨结构特征峰，也可能由于碳纳米管的缺陷或弯曲引起的。以碳纳米管-PMMA 为例[305]，比较碳纳米管与复合材料的拉曼光谱变化，推测复合材料中碳纳米管与聚合物之间的相互作用机理，见表 16-1。从表 16-1 可知，在碳纳米管光谱中，碳管团聚成束，特征峰红移至 $1270cm^{-1}$；在碳纳米管碳浓度较低的复合材料拉曼谱中，又蓝移到 $1275cm^{-1}$。他们认为在低碳纳米管浓度时，聚合物可以直接插入到碳纳米管管束中，施加于碳纳米管的压力使振动频率增大，管束之间的距离增大，管束破坏，碳纳米管之间的作用力减小，与聚合物相互作用增强，称为碳纳米管浓度稀释现象。用此理论也可以解释低浓度的碳纳米管与聚合物复合时不会出现团聚现象，可以制备均一的复合材料的原因；在 $1500 \sim 1650cm^{-1}$ 中，相对于碳纳米管的拉曼光谱，出现了较大的变化，石墨型碳的 E_{2g2} 振动峰大的驼峰，从 2D 转变为 3D

表 16-1　碳纳米管和 PMMA/碳纳米管的拉曼特征峰

波长 /nm	SWNTS /cm^{-1}	MWNTS-PMMA /cm^{-1}	变化 /cm^{-1}
100～200	159,163,168,178,183, 1270	164,167,172,179,183 1275	蓝移:约 5 蓝移:约 5
1500～1650	1553,1568,1573	1553,1568,1573	$W_{1/2}$降低:4,3,1
2000～4000	2250～3750	2250～3750	强度降低

对称峰,1553cm^{-1}、1568cm^{-1}、1573cm^{-1} 随着碳纳米管的浓度增加,峰的位置没有明显的改变,但峰强度增强,峰面积增大,仍低于碳纳米管相应峰的强度和峰面积,同样说明了碳纳米管和聚合物之间存在相互作用。在低频(100～200cm^{-1})范围内,碳纳米管-PMMA复合材料的拉曼谱中,对低频峰分解可以观察到在 164cm^{-1}、167cm^{-1}、172cm^{-1}、179cm^{-1}、183cm^{-1}碳纳米管呼吸模式 A_{1g} 形式峰,而碳纳米管相应的峰出现在 159cm^{-1}、163cm^{-1}、168cm^{-1}、178cm^{-1}、183cm^{-1},向蓝移近 5cm^{-1},强度也相应减小,碳纳米管直径大的出现在低波数区,向蓝移的也越多。可以推断在碳纳米管和聚合物复合时,对碳纳米管的直径具有一定的选择性。

采用共混和共融方法制备的碳纳米管-聚合物复合材料中,多壁碳纳米管与聚合物相互作用的机理与上述类似。对于化学原位聚合方法制备的复合材料,一般认为,碳纳米管的大 π 键参与并干扰聚合反应,碳纳米管具有封端作用,阻止聚合物碳链的增长。因此,在化学原位聚合时碳纳米管加入时间不可太早,否则会影响聚合物的性质。但是在电化学原位复合时,没有发现类似的现象,碳纳米管在复合材料中含量可以高于 7% 以上。SEM 测试表明,碳纳米管包裹在聚苯胺内,分散均匀,且无团聚现象。其原因可能是因为苯胺电聚合的速度较快,扩散到电极表面的速度较慢,吸附在电极表面上的碳纳米管来不及参与聚合反应就被包裹在聚苯胺内,减少了对聚合物碳链增长的影响。由此可得到稳定的碳纳米管-聚合物复合材料。

本 章 小 结

本章介绍了碳纳米管的结构特点、制备方法、表面改性,也介绍了聚合物/碳纳米管复合材料的制备方法、特性及应用领域。

碳纳米管因其优异的物化性能和独特的光电性能成为纳米复合材料的理想填料。由碳纳米管和聚合物组成的两元纳米复合材料,可以将碳纳米管优良的力学和光电性能和聚合物的可加工等性能结合起来,是近几年发展起来的碳纳米管的一个重要应用研究方向,具有广泛的应用前景。

从目前的研究现状来看,碳纳米管/聚合物纳米复合材料的研究尚处于起步阶段,尚有许多理论问题有待发展和完善。尽管 CNTs 在制备低密度、高强度以及具有其他优异性能的聚合物复合材料方面正在发挥越来越大的作用,但要真正实现此类复合材料的实际应用,还有许多问题需要解决:①更好地解决 CNTs 在聚合物基体中的分散和取向问题,确保制得体相性能均一的复合材料;②CNTs 与聚合物基体之间的相互作用机理及界面结合程度、复合材料的载荷传递机制和失效机理等还有待于更深入的探索和研究;③更精确、准确地表征复合材料的微观结构和性能,并从理论上予以解释;④还需开展更广泛、深入的研究。此外，进一步降低 CNTs 的制备成本、提高产物质量、改进纯化方法等也是今后亟待解决的问题。

我们相信，通过碳纳米管聚合物纳米复合材料的基础和应用研究，可以获得各种性能优异的纳米复合材料，从而可以推动纳米电子学、功能材料、生物医药、航空航天等学科的发展。

思　考　题

1. 简述碳纳米管的结构特征及不同分类。
2. 碳纳米管的表面修饰有哪些方法？
3. 简述碳纳米管聚合物复合材料的主要制备方法。

第 17 章　聚合物/石墨烯纳米复合材料

>>> **本章提要**

　　因诺贝尔奖而进入大众视野的石墨烯，是一种新型碳纳米材料，由单层碳原子紧密堆积成二维蜂窝状结构。本章介绍了聚合物/石墨烯纳米复合材料的最新研究现状和发展趋势。本章首先阐述了石墨烯的结构特点、制备方法、表面改性等；在工业生产中，石墨烯往往不单独使用，而是与其他种类的材料组合成复合材料，其中以聚合物/石墨烯纳米复合材料应用最多，本章亦从聚合物/石墨烯纳米复合材料的特性、制备方法、应用领域等方面，介绍了聚合物/石墨烯纳米复合材料。

　　石墨烯是一种由碳原子层构成的纳米二维材料，其原子层厚度仅为一个碳原子层，大约为 0.34nm，具有优异的电学、热学、结构和力学性能，以及完美的量子隧道效应、从不消失的电导率等一系列特殊性质。因为这些性能，它在下一代晶体管、透明导电膜、储能技术、化学传感、功能复合材料等与人类生产生活息息相关的领域应用前景广阔，被认为是一种有可能改变世界的新材料。

17.1　石墨烯的结构与特点

17.1.1　石墨烯的结构

　　石墨烯的结构是类似于二维蜂窝状，如图 17-1 所示的形式周期地排列于石墨烯平面内。碳原子之间通过 σ 键相互连接，其中的 S、P_x 和 P_y 个杂化轨道以共价的形式键合，形成 sp^2 型杂化结构，该结构赋予了石墨烯极高的力学性能。P_z 轨道的 π 电子可以在石墨烯中自由移动，从而使石墨烯具有优良的导电性能。石墨烯的厚度理论上只有 0.34nm，可被认为是其他碳材料的组成单体，如图 17-2 所示。实际的石墨烯晶格中存在五元环晶格，该结构会导致石墨烯的片层翘曲；当五元环晶格的数目达到 12 个以上时，就有可能形成富勒烯。此外，可将一维碳纳米管看作是圆筒状的石墨烯；三维结构的石墨粉可以看作是由大量的石墨烯堆叠而成，所以石墨的结构是层状的。

17.1.2　石墨烯的特点

　　石墨烯独特的结构，使其具备优异的光学、磁学、电学等性能，并为许多基础的物理研究提供了理想的实验平

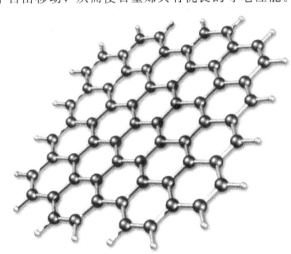

图 17-1　石墨烯的二维蜂窝状晶格

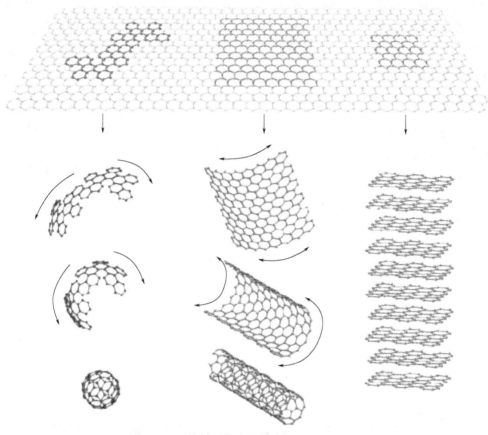

图 17-2　石墨烯可作为其他碳材料的组成单体

台。电子运输特性是其最重要的一个物理特性之一，石墨烯的载流子遵循狄拉克方程，是相对论粒子。载流子的能量与动量之间是线性的关系，其有效质量为零。石墨烯是一种零带隙的半导体之一，其导带和价带之间的重叠很窄，通过掺杂等手段可以使石墨烯表现出金属的特性。石墨烯中，载流子的迁移浓度为 $10^{13}cm^{-2}$，室温迁移率为 $10000cm^{-2}s^{-1}$，比锑化铟高出两倍[306]。石墨烯是一种高透光率的材料[307]，在可见光范围内仅吸收 2.3％。石墨烯的力学性能也是优势性能，石墨烯薄膜的断裂强度可达 42N/m，杨氏模量也高达 1.0TPa[308]。此外，石墨烯还具备优良的导热性能，其温室下的热导率是铜的十多倍[309]。

17.2　石墨烯的制备及表面处理

17.2.1　石墨烯的制备方法

目前制备石墨烯的主要制备方法有剥离法、化学气相沉积法、氧化石墨烯还原法等。

（1）剥离法　该方法又可分为微机械剥离法和液相或气相剥离法。

微机械剥离法是最早用于制备石墨烯的制备方法。Rouff 等早在 1999 年就曾经尝试利用微机械剥离法从石墨中分离石墨烯，为后面的研究工作奠定了有价值的基础。微机械剥离法常用的流程是在一定厚度的高定向热解石墨表面进行干法氧等离子刻蚀，然后用胶带反复撕揭，将黏有石墨烯的胶带在丙酮溶液中超声一定时间，最后利用硅片从丙酮溶液中捞出石墨烯[310]。微机械剥离法的工作原理较为简单，但是其过程可控性不高，且重复性差，耗时耗力，也很难实现大规模生产制备。为了提高石墨烯的产率，有人将超声时间延长到 460h，并最终得到浓度高达 1.2mg/mL 的石墨烯溶液[311]，不过该方法也只是停留在实验室阶段，不适合实际生产。

在液相或气相剥离法制备石墨烯中，通常直接把石墨或膨胀石墨（EG）（一般通过快速升温至 1000℃ 以上，把表面含氧基团除去来获取）加在某种有机溶剂或水中，借助超声波、加热或气流的作用制备一定浓度的单层或多层石墨烯溶液。Hernandez[312] 等参照液相剥离碳纳米管的方式将石墨分散在 N-甲基吡咯烷酮（NMP）中，超声 1h 后单层石墨烯的产率为 1%，而长时间的超声（如 462h）可使石墨烯浓度高达 1.2mg/mL，单层石墨烯的产率也提高到 4%[313]。研究显示，当溶剂的表面能与石墨烯相匹配时，溶剂与石墨烯之间的相互作用可以平衡剥离石墨烯所需的能量，而能够较好地剥离石墨烯的溶剂表面张力范围为40～50mJ/m²；Hamilton[314] 等把石墨直接分散在邻二氯苯中，超声、离心后制备了大块状（100～500nm）的单层石墨烯；Drzal[315] 等利用液-液界面自组装在三氯甲烷中制备了表面高度疏水、高电导率和透明度较好的单层石墨烯。为提高石墨烯的产率，Hou[316] 发展了一种称为溶剂热插层制备石墨烯的新方法（如图 17-3 所示），该法是以 EG 为原料，利用强极性有机溶剂乙腈与石墨烯片的双偶极诱导作用来剥离、分散石墨，使石墨烯的总产率提高10%～12%。同时，为增加石墨烯溶液的稳定性，人们往往在液相剥离石墨片层过程中加入一些稳定剂以防止石墨烯因片层间的范德华力而重新聚集。

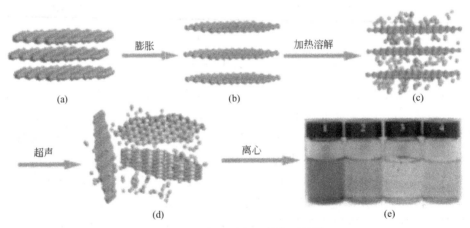

图 17-3　溶剂热剥离法制备石墨烯

（2）化学气相沉积法　化学气相沉积（chemical vapor deposition，CVD)[317] 是指反应物质在要求的温度、气态条件下发生化学反应，固体产物沉积在固态基体表面，并最终得到固态材料的制备工艺。CVD 是一种在工业上广泛应用的制备半导体薄膜材料的方法，也是制备石墨烯的有效途径。在石墨烯的 CVD 制备过程中，高温下裂解某种碳源（如碳氢化合物），并在 Ni 等过渡金属上沉积产物。与微机械剥离法相比，CVD 法制备石墨烯的产率较高，但是该工艺需将沉积在金属基底上的石墨烯转移到其他基底表面。

Srivastava[318] 等制备采用微波增强 CVD 在 Ni 包裹的 Si 衬底上生长出了约 20nm 厚的花瓣状石墨片形貌并研究了微波功率对石墨片形貌的影响。研究结果表明：微波功率越大，石墨片越小，但密度更大。此种方法制备的石墨片含有较多的 Ni 元素。Zhu[319] 等用电感耦合射频等离子体 CVD 在多种衬底上生长出纳米石墨微片，这种纳米薄膜垂直生长在衬底上，形貌类似于"花瓣状"纳米片，进一步研究发现这种方法生长出来的纳米石墨片平均厚度仅为 1nm，并且在透射电镜下观察到了垂直于衬底的单层石墨烯薄膜（厚 0.335nm）。Berger 等[320]将 SiC 置于高真空（1.33×10^{-10} Pa）、1300℃下，使 SiC 薄膜中的 Si 原子蒸发出来，制备了厚度仅为 1～2 个碳原子层的二维石墨烯薄膜。最近韩国成均馆大学研究人员[321]在硅衬底上添加一层非常薄的镍（厚度小于 300nm），然后在甲烷、氢气与氩气混合气流中加热至 1000℃，再将其快速冷却至室温，即能在镍层上沉积出 6～10 层石墨烯，通过此法制备的石墨烯电导率高、透明性好、电子迁移率高，并且具有室温半整数量子 Hall 效应，而且经图案化后的石墨烯薄膜可转移到不同的柔性衬底，可用于制备大面积的电子器件（如电极、显示器等），为石墨烯的商业化应用提供了一条有效的途径。CVD 法可满足规模化制备高质量、大面积石墨烯的要求，但现阶段较高的成本、复杂的工艺以及精确的控制加工条件制约了 CVD 法制备石墨烯的发展，因此该法仍有待进一步研究[322]。

（3）氧化石墨烯还原法　该方法的制备可大致概括为两大步骤：首先利用在使强氧化剂与强酸形成胶体体系，加入石墨粉反应一段时间后得到氧化石墨烯，然后通过热还原或者化学还原，将氧化石墨烯表面的含氧基团除去[323]。由于操作工艺简单，原料来源丰富，该方法大大提高了石墨烯的制备效率，被认为最有希望实现大规模工业化的制备工艺。

石墨本身是一种憎水性物质，与其相比，氧化石墨烯表面和边缘拥有大量的羟基、羧基、环氧等基团，是一种亲水性物质，正是由于这些官能团使氧化石墨烯容易与其他试剂发生反应，得到改性的氧化石墨烯；同时氧化石墨烯层间距（0.7～1.2nm）[324]也较原始石墨的层间距（0.335nm）大，有利于其他物质分子的插层。制备氧化石墨烯的办法一般有 3种：Standenmaie 法[325]、Brodie 法[326]、Hummers 法[327]。制备的基本原理均为先用强质子酸处理石墨，形成石墨层间化合物，然后加入强氧化剂对其进行氧化。因这些方法中均使用了对化工设备有强腐蚀性、强氧化性的物质，故现今有不少氧化石墨烯的改进合成方法[328]。

17.2.2　石墨烯的表面处理

未经表面处理的石墨烯不适用于聚合物复合材料的填充料，这是由于未经表面处理的、结构规整的石墨烯有团聚的倾向，不易在聚合物内部实现均匀分散。为了提高聚合物/石墨烯纳米复合材料的性能，对石墨烯进行表面处理显得尤为必要[329]。功能小分子、无机颗粒或聚合物均能被用来表面改性石墨烯。石墨烯的表面改性，不仅可实现石墨烯的均匀分散，而且还有助于改善石墨烯与聚合物基体之间的结合情况，并最终优化聚合物/石墨烯纳米复合材料的性能。根据化学键的不同形式，石墨烯的改性可以分为共价键改性和非共价键改性两种。

（1）共价键改性　共价键改性是石墨烯表面改性的主要改性方式。特别对于氧化石墨烯，其表面大量的环氧基团、羟基、碳碳双键等有机基团，有利于石墨烯表面共价键的形成。

利用氧化石墨烯表面的羟基和羧基与异氰酸酯的反应，可应用异氰酸酯[330]对氧化石墨烯进行表面改性，并将异氰酸酯成功接枝于氧化石墨烯的表面和边缘。研究结果表明，异氰酸酯改性后的石墨烯在 DMF（DMF 是高分子复合材料制备中常用的有机溶剂）中有良好的分散性。此外，还可以利用石墨烯表面的环氧基团与氨基基团[331]进行反应，得到离子液体改性的石墨烯。

经共价修饰的石墨烯衍生物具有较好的溶解性和可加工性，但由于杂原子官能团的引入，破坏了石墨烯的大 π 共轭结构，使其导电性与其他性能显著降低，因此共价修饰的同时如何尽量保持石墨烯的本征性质是一个不容忽视的问题。为更好地解决此问题，Samulski 等[332]首先采用硼氢化钠预还原氧化石墨烯，然后磺化，最后再用肼还原的方法，得到了磺酸基功能化的石墨烯。该方法通过预还原除去了氧化石墨烯中的多数含氧官能团，很大程度上恢复了石墨烯的共轭结构，其导电性显著提高，而且由于在石墨烯表面引入磺酸基，使其可溶于水，便于进一步的研究及应用。Li[333]等用氨水调节氧化石墨烯水溶液 pH＝10，然后用肼还原，同样得到的石墨烯材料的导电性可高达 7200S/m，拉伸模量为 35GPa，透光率大于 96％。该法关键之处是控制溶液 pH，在碱性环境（pH＝10）中石墨烯表面羧基变成羧酸负离子，使得石墨烯片与片之间产生较强的静电排斥力，因此制备的石墨烯水溶液也具有非常好的稳定性。

（2）非共价键改性　非共价键改性与共价件改性相比，其优势在于改性后不破坏石墨烯表面碳原子的结构。非共价键的结合包括分子间范德华力、分子极性、π-π 作用等。有机分子与石墨烯之间的非共价键结合，在维持石墨烯的规整结构的同时，也可以调节石墨烯的溶解性。而在共价键的改性中，由于相应的碳原子参与了共价接枝，相应的位置便会形成一个缺陷。

化学氧化反应是石墨烯常用的制备方式之一，先利用氧化过程制备出石墨烯氧化物，然后再通过高温焙烧等方法获得最终的石墨烯材料。上述石墨烯材料的制备过程中，常会出现还原产物团聚且很难分散的问题，这是因为石墨烯氧化物有较高的水溶性。利用石墨烯的非共价键改性可以解决上述问题。聚苯乙烯磺酸钠（PSS）[334]对石墨烯氧化物进行表面修饰，利用 PSS 与石墨烯之间有较强的非共价键作用，阻止石墨烯制备过程中的团聚现象。聚苯乙炔类高分子 PmPV 中的大 π 共轭结构可与石墨烯表面形成 π-π 作用[335]，对石墨烯进行非共价键改性。芘及其衍生物是一种含有共轭结构的有机分子，如聚（3,4-二乙氧基噻吩）（PEDOT）[336]可被用来修饰非共价修饰石墨烯，并被应用于染料敏化太阳能电池的电催化性能电极。

17.3　聚合物/石墨烯复合材料的制备方法

石墨烯在聚合物基体中的分散，是聚合物/石墨烯复合材料制备中最关键的一个环节。石墨烯的分散状态可以实现与聚合物基体接触面积的最大化，从而影响复合材料的各个性能。因此，石墨烯在聚合物中的分散均匀性的改进，一直是热门的研究课题。至于聚合物/石墨烯复合材料的制备方法，主要有：溶液共混法、原位聚合法、熔融共混法[337]。下面分别介绍这三种方法。

（1）溶液共混法　溶液共混制备聚合物/石墨烯纳米复合材料中，首先将石墨烯纳米材料在超声的作用下分散在合适的有机溶剂中，然后加入聚合物，溶解并均匀混合，最后去除溶剂。该方法简单有效，很多复合材料都是通过这种方法进行制备的。张建[338]通过将石墨烯和 Nafion 混合制备了 Nafion/石墨烯纳米复合电极，循环伏安法测试表明石墨烯的添加有利于电荷传输。研究同时表明，该电极对尿中草酸根离子的检测具有高选择性、高灵敏性和高稳定性。此外还有聚苯乙烯/石墨烯纳米复合材料[339]，有机溶剂体系中制备的聚氨酯石墨烯纳米复合材料[340]等。该方法的优点是可以用来制备低极性或者无极性聚合物基插层纳米复合材料。例如：聚丙烯/石墨烯纳米复合材料[341]、聚乙烯醇/石墨烯纳米复合材料[342]

等。但是，由于一些极性和非极性的溶剂在石墨烯层间的吸附作用，即使在高温的作用下，这些溶剂也很难被完全去除，这是溶液共混法应用中常见的难题[343]。

溶液混合法是目前制备石墨烯/聚合物复合材料的主要方法之一，这种方法简单易行，而且工作流程短。在加工成复合材料时，对石墨烯的结构破坏较小。能有效地保护石墨烯片层，使其比表面积依然很大。不足之处在于溶剂不容易完全除去，从而影响材料的机械性能等。而对于烯烃等聚合物，需要在较高温度下回流才能溶解，必然使操作更复杂。Stankovich[344]等用溶液法制备了石墨烯/聚苯乙烯的纳米复合材料。研究发现，当加入用异氰酸酯处理的石墨烯为 0.1%（体积分数）后，复合材料的导电性达到了 $10^{-5}\,\mathrm{S/m}$。这个效果比起单壁碳纳米管还要好，而且通过扫描电镜发现，石墨烯能均匀地分布于基体中。Liang[345]等以水为溶剂制备了氧化石墨烯/PVA 的薄膜。

（2）原位聚合法　原位聚合过程中，石墨烯先与聚合物的单体或者预聚合物均匀混合，然后再进行聚合反应。此外，化学改性或者还原的氧化石墨烯表面含有或残留一些官能团，这些官能团能与聚合物之间的共价连接，也能作为反应点对石墨烯进行进一步的改性[346]。对于原位聚合法制备的聚合物/石墨烯纳米聚合物材料，研究焦点除了复合材料的组织、形貌及性能之外，还应该关注石墨烯对聚合反应或者固化反应的影响。对于某些特定的聚合物，石墨烯相关反应有较为显著的影响，如石墨烯可以减慢聚硅氧烷的聚合速率[347]。

原位聚合法可实现强化聚合物和填充料之间的界面作用，有利于应力的传递，也有利于纳米填充料在基体中的均匀分散。随着原位聚合体系中聚合反应的进行，体系中的黏度也会随之增加，这会对材料的后续处理和成型加工带来一定的困难。采用原位聚合法可以提高石墨烯和聚合物界面的结合强度以及在聚合物中的分散效果。针对石墨烯，采用溶液混合或者熔融加工，容易使得石墨烯重新团聚。而原位聚合时候，可以在石墨烯片层之间插层上单体，这样能保证石墨烯更好的剥离和分散。但是此种方法反应要求较高，而且不适合大规模生产。Xu[348]等采用原位聚合的方法制备了石墨烯/尼龙 6 纳米复合材料。加入少量石墨烯后，材料的力学性能大大提高。通过原子力显微镜观察，石墨烯的厚度仅 0.8nm。扫描电镜显示，石墨烯能很均匀地分散在尼龙 6 中。Huang[349]等采用原位聚合，制备出导电的氧化石墨烯/聚丙烯纳米复合材料。通过透射和扫描电子显微镜的观察，氧化石墨烯的分散较为均匀。

（3）熔融共混法　熔融共混法是直接将石墨烯和熔融的聚合物在双螺杆挤出机中共混挤出，通过调节挤出螺杆的参数，如螺杆转速、温度以及共混时间等，制备出所需的聚合物/石墨烯纳米复合材料，该方法广泛应用于商业产品的生产。聚氨酯[350]、聚丙烯[351]、聚碳酸酯[352]等经常通过该方法与石墨烯复合，制成聚合物/石墨烯纳米复合材料。

由熔融共混制备的复合材料中，石墨烯的分散效果不如溶液共混法以及原位聚合法，而较差的石墨烯分散性也导致了复合材料不佳的力学性能[353]。熔融共混是工业上制备复合材料的主要方法，此种方法的优势是操作简单而且可以大规模生产，而且成本也较低。大致步骤是：将温度升高到聚合物熔点以上后，石墨烯和聚合物经过长时间的剪切混合，以达到均匀分散的效果。常用的加工设备有单螺杆挤出机、双螺杆挤出机、密炼机等。这种加工方法的弊端是石墨烯较难均匀分散，而且加工过程中，对石墨烯结构的破坏较大，影响填料的性能。Zhang[354]等采用熔融共混的方法制备了石墨烯/PET 导电纳米复合材料。经过螺杆的长时间剪切，石墨烯的分散还是比较均匀的。其导电阈值为 0.47%（体积分数），而且当加入的石墨烯含量为 3.0%（体积分数）时，电导率达到 2.11S/m。Kim[355]等采用熔融法制备了石墨烯/PC 纳米复合材料，并用流变学解释了石墨烯网络的形成。通过透射电镜的观察，石墨烯能够均匀地分散，而且剥离得很好。通过对复合材料的流变测试，发现加入少量的石墨烯后，复合材料的储能模量有了很大的提高。由于在低频的平台出现，验证了石墨烯网络的形成。

（4）其他方法　上述三种方法，是目前比较为止最常用的三种方法。除此之后，科研人员也在尝试用其他创新性的方法制备出聚合物/石墨烯复合材料。

聚合物可被非共价接枝到石墨烯的片层表面，如 PNIPA/石墨烯纳米复合材料的制备通过 π-π 的作用，实现了非共价聚合物与石墨表面的非共价连接，并得到了较好的温度敏感性[356]。该方法最大的优点是没有破坏石墨烯的共轭结构，相应的聚合物还具有较好的导电、力学等性能。某些其他的聚合物纳米复合材料的合成也可以使用这种方法，该方法具有一定的通用性。此外，乳液聚合法、冻干法、相转移技术等也可以成功地制备出石墨烯分散较好的聚合物/石墨烯纳米复合材料。Hu 等利用乳液聚合法成功将 PE 微球共价接枝到石墨烯片层的边缘，经修饰的复合材料可以很好地分散于甲苯和氯仿溶液，并体现出较好的导电性[357]。经冷冻处理的石墨烯，其质量非常轻，且石墨烯片层较为疏松，可以很轻松地分散于有机溶液中，如 N,N-二甲基甲酰胺 （DMF）[358]，然后通过溶液共混的方法与相应的聚合物制成石墨烯分散均匀的复合材料。许多羧基基团存在于经化学还原的石墨烯的片层表面，这些羧基可以与聚合物的某些基团相互作用，从而将石墨烯转移到聚合物上。作为相转移剂，氨基封端的聚苯乙烯 （PS-NH$_2$）[359] 已成功将石墨烯从水相转移到聚合物中。

17.4　聚合物/石墨烯复合材料的性能

随着新型纳米材料石墨烯近几年的迅速发展，聚合物/石墨烯纳米复合材料也成为了复合材料中的研究热点。该新型复合材料体现出的优异性能，也使其具有潜在的应用价值。

17.4.1　力学性能

相比于常用的纳米填充物，如碳纳米管，石墨烯具有更大的比表面积，更强的界面结合力，石墨烯的杨氏模量和断裂强度可高达 1TPa 和 130GPa[360]，因此，在聚合物中加入石墨烯可以显著改善聚合物的力学性能，如在聚氨酯体系中加入 1％（质量分数）的化学还原石墨烯可使其模量增加 120％[361]，0.6％（质量分数）的改性石墨烯可使环氧树脂的断裂强度增加 91.5％[362]。

将氧化石墨烯加到聚乙烯醇中，得到了石墨烯/IPVA 薄膜[363]，研究表明发现其力学性能大大提高。具体方法为：将氧化石墨烯 （7mg）溶于 3mL 去离子水中，在常温下超声30min。将 PVA （1g）在 90℃溶于 7mL 去离子水中之后，迅速冷却。当温度冷却到 40℃时，将溶好的氧化石墨烯倒入 PVA 溶液中，并在室温下超声 30min 最后成膜。经过测试发现，当加入 0.7％（质量分数）的氧化石墨烯后，PVA 薄膜的拉伸模量提高了 76％，杨氏模量提高了 62％。而且玻璃化转变温度也由原来的 37.5℃升高到 40.8℃。采用真空过滤方法[364] 制备了氧化石墨烯 IPVA 的薄膜。当氧化石墨烯的含量为 3.0％（质量分数）时，薄膜的杨氏模量为 4.8GPa，拉伸强度约为 110MPa，而且其断裂伸长率达到了 36％。

17.4.2　导电性能

导电填充料可以改善非导电聚合物基体的导电性，当导电填充料的添加量达到一定值

（即逾渗阈值）时，聚合物基体内便会形成导电网络，从而大大改善复合材料的导电性能。近几年的研究表明，石墨烯本身具有良好的导电性，是一种理想的导电填充料。

石墨烯的逾渗阈值作为导电填充料的重要参数，该值除了与石墨烯自身的宽高比和表面改性有关之外，还与聚合物基体的种类有关系[365]，如图 17-4 所示。从图中可看出，对比其他两种方法，原位聚合法的逾渗阈值较高，这可能是因为原位聚合能使聚合物更好地包覆在石墨烯的表面，石墨烯之间的接触受到阻碍，从而提高了逾渗阈值。

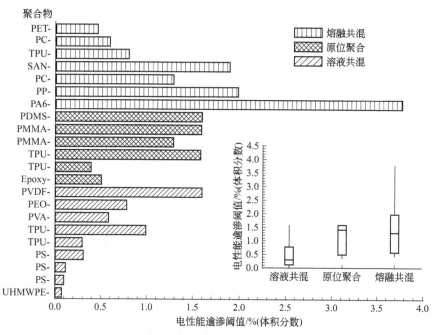

图 17-4 不同聚合物基体的聚合物/石墨烯纳米复合材料逾渗阀值的对比

Stankovich[366]采用溶液法制备了石墨烯/聚苯乙烯导电纳米复合材料。将一定质量的氧化石墨烯溶于 DMF 溶剂中，并用异氰酸酯处理 24h，而后经过超声 1h，使之变成稳定的氧化石墨烯溶液。再将溶解了的聚苯乙烯倒入氧化石墨烯溶液中。最后，向混合溶液中加入一定质量的水合肼，并在 80℃下还原 24h。而后通过真空干燥，以除去残留的有机溶剂，再通过热压制备出石墨烯/聚苯乙烯纳米复合材料。结果发现，当加入的石墨烯的含量仅为 0.1%（体积分数）时，复合材料的电导率达到 10^{-5} S/m，相比纯的聚苯乙烯提高了 9 个数量级。在过去的报道中，人们习惯采用碳管做填料制备导电纳米复合材料。实验证明，石墨烯的导电性要优于单壁碳纳米管。通过异氰酸酯改性氧化石墨烯后，使得氧化石墨烯被还原后能均匀地分散在聚苯乙烯基体中，这为在低含量的条件下构成导电网络提供了重要的条件。

Zhang[367]等采用熔融共混的方式制备了石墨烯/PET 纳米复合材料。文中比较了天然石墨和石墨烯的导电性。当加入石墨烯的含量为 3.0%（体积分数）时，复合材料的导电性达到 2.11S/m。而对于石墨/PET 复合材料，即使石墨的含量超过 7.0%（体积分数），其电导率也就 10^{-5} S/m。这就说明石墨烯剥离的重要性。石墨烯剥离程度的好坏，直接影响了导电阈值的大小。而且当填料的含量过高时，必然会导致复合材料的力学性能降低。Yoonessi[368]制备了石墨烯/聚碳酸酯纳米复合材料。他们分别比较了乳液混合和溶液混合的差别，发现乳液混合制备的复合材料的导电性更好。对乳液混合，其导电阀值为 0.14%（体积分数），而溶液混合则高达 0.38%（体积分数）。Luo[369] 制备了石墨烯/氯乙烯-醋酸乙烯酯共聚物纳米复合材料。其中石墨烯分别采用了热还原和化学还原的方法。研究发现，在低含量下，化学还原的石墨导电性较好。相比热还原石墨烯/聚合物复合材料，化学还原的复合材料的电导率高 3~5 个数量级。Mattevi[370] 研究了石墨烯的结构。他们认为，还原的石墨烯中，sp^2 杂化的部分占 80%，该结构利于电子的传导，而 sp^3 结构会破坏 sp^2 结构，进而阻碍电子的传导。

17.4.3　热学性能

相比于其他种类的材料，如陶瓷或金属，较低的热稳定性使得聚合物在高温环境下易分解，而限制其使用。聚合物的分解行为可从起始分解温度、分解温度、分解速率这三方面进行分析。研究表明，化学还原和热还原的氧化石墨烯可以显著提高聚合物的热稳定性[371]，但是未还原的氧化石墨烯对聚合物的热稳定性没有明显的影响。石墨烯对聚合物热稳定的提高通常归因于其较强的界面结合力、良好的分散状态以及高比表面积。

由于聚合物的导热性比较低，而石墨烯的导电性很高，因而石墨烯被用来制备导热的纳米复合材料。Yu[372] 将石墨烯与碳纳米管杂化后，再与环氧树脂复合，制备了导热纳米复合材料。实验发现，在相同导热填料含量下，石墨烯/环氧树脂的导热性能明显优于单壁碳纳米管的。加入 10%（质量分数）的石墨烯后，环氧树脂的热导率提高到 1.5W/(m·K)。而加入碳纳米管后，其热导率仅 0.9W/(m·K)。这是由于石墨烯有更大的比表面积。将石墨烯和碳管混合后，复合材料的热导率比之前大。在填料含量为 10%（质量分数）不变的前提下，当石墨烯的含量为填料的 80%，单壁碳纳米管的含量为 20%（质量分数）时，复合材料的热导率达到了 1.7W/(m·K)。研究表明，石墨烯片层均匀分布在环氧树脂里，单壁碳纳米管的两端连接在石墨烯片上，形成一个巨大的网络。Wang 等[373] 制备了氧化石墨烯/环氧树脂纳米导热复合材料。纯的环氧树脂的热导率不足 0.2W/(m·K)。当加入 5%（质量分数）的氧化石墨烯后，其热导率达到 1.0W/(m·K)。经 AFM 测试，氧化石墨烯的厚度大约 1~2nm。Yu 等[374] 还特意研究了石墨烯的剥离效果对复合材料导热性能的影响。他们分别研究了氧化石墨在 200℃、400℃ 以及 800℃ 条件下膨胀的效果。通过 AFM 和 TEM 测试发现，在 200℃ 和 400℃ 下膨胀的石墨烯厚度较大。而在 800℃ 下膨胀的石墨烯厚度大约 1.1nm。加入高温（800℃）膨胀的石墨烯后，当石墨烯的含量为 25%（质量分数）时，复合材料的热导率为 6.44W/(m·K)，比起纯的环氧提高了 30 倍。Ganguli[375] 首先将石墨烯进行化学改性。发现改性后的石墨烯能更好地和环氧树脂相容，其热导率也会变高。

在热稳定性方面，石墨烯由于其六边形晶格结构，使得其非常稳定，尤其是在耐高温方面。Margine 等[376] 研究了石墨烯的热稳定性能。他们通过研究石墨烯的共价吸附动力学，认为苯基和二氯卡宾起了重要作用，孤立的苯基容易解吸附而被释放出来。相反，成对的苯基在温度升高时，能吸附在石墨烯的表面。对于二氯卡宾，没有团聚存在。Ramanathan 等[377] 发现，石墨烯能很大程度地提高聚合物的耐热性能。他们采用溶液法制备了石墨烯/PMMA 纳米复合材料。惊奇地发现，当加入石墨烯的含量仅仅 0.05%（质量分数）后，PMMA 的玻璃化转变温度提高了将近 30℃，并且测定它的热稳定性也有很大的提高。

17.4.4　气体阻隔性能

石墨烯的片层状渗透网络可以提供弯曲的气体分子通道，当石墨烯以填充料的形式添加到聚合物体系后，可以显著减小聚合物纳米复合材料中的气体渗透率。研究发现，在聚合物/石墨烯纳米复合材料中，气体在复合材料中的溶解度较低，而且气体扩散通道较少[378]。气体阻隔程度还与石墨烯的比表面积有关系，比表面积越大，其气体阻隔程度也越大。此外，气体阻隔性还与石墨烯片层的排列取向有关。

影响聚合物/石墨烯纳米复合材料的气体阻隔性能的主要是石墨烯的添加量、渗透气体和聚合物的种类。关于该类复合材料的气体阻隔性，已经有大量的研究。6.5%（质量分数）石墨烯添加量的聚丙烯/石墨烯纳米复合材料中，其氧气透过率降低了 20%[379]；添加量为 3.5%（质量分数）的聚碳酸酯/石墨烯纳米复合材料，其氮气透过率降低了 39%[380]；在热塑性聚合物聚氨酯体系中添加 3.7%（质量分数）石墨烯，其氮气渗透率降低了 99%。相比于聚苯乙烯（PS）/蒙脱土纳米复合材料，聚苯乙烯（PS）/石墨烯纳米复合材料的氧气透过率要低很多[381]。

17.5　聚合物/石墨烯纳米复合材料的应用

聚合物/石墨烯纳米复合材料优异的性能，引起了科学界广泛的关注，同时也显示了其光明的应用前景。

17.5.1　太阳能电池

作为太阳能电池重要部件的窗口电极需具有良好的导电性、透光性和适合的功函数等性能。目前常用的窗口电极材料是氧化铟锡半导体透明薄膜，但是铟在地球上的含量有限，并且价格昂贵，毒性大，使其应用受到限制。另外，氧化铟锡在蓝光紫外和近红外线范围内的透明度较差，在酸性条件下不稳定且不利于柔性器件的制备[382]。因此，研发可取代的电极材料十分重要，石墨烯在能量转换方面的应用是目前石墨烯研究中最活跃的方向之一，基于石墨烯与无机半导体纳米线有机小分子染料及聚合物等复合材料在不同器件结构中均展现了较好的光电转换特性，且石墨烯具有高透明度和优异电性能，使其可能成为理想的替代材料。

聚合物/石墨烯纳米复合材料可被应用于太阳能电池的电极材料，其中石墨烯可作为电子受体，聚合物作为电子受体。可以通过旋涂的方法[383]，在氧化铟基板上制备 PEDOT/石墨烯纳米复合材料，随后将其作为燃料敏化太阳能电池的对电极。这种应用聚合物/石墨烯纳米复合材料的太阳能电池的能量转化率，提高了 2.2%。聚噻吩/石墨烯的复合膜可应用于太阳能电池的光活化层，使其能量转化率达到 1.4%[384]。以石墨烯为电极[385]可以获得的有机太阳能电池效率为 1.18%，与 ITO 的 1.21% 已非常接近。随着石墨烯可控制备的实现和应用研究的不断深入，石墨烯基太阳能电池的效率还将不断提高。

17.5.2　传感器

在传感器中，经聚合物修饰的石墨烯可被用来检测不同的分子。硫化聚苯胺（SPANI）/石墨烯纳米复合材料修饰的电极[386]，可被用来检测抗坏血酸，并且在检测过程中表现出较强的电化学稳定性和电催化活性。基于全氟磺酸/石墨烯复合材料的电极[387]具有较强的灵敏性，其检测限可达到 $0.02\mu g/L$，通过伏安法可检测出铅离子（Pb^{2+}）和镉离子（Cd^{2+}）。

刘坤平[388]合成了聚二甲基二烯丙基氯化铵（PDDA）功能化的石墨烯纳米片（PDDA-

G)，并与［Bmim］［BF$_4$］室温离子液体进行复合，构建了 RTIL 用 PDDA-G 复合物。该复合物能够很好地固定血红蛋白，可被用于生物传感器的构建，实现血红蛋白的直接电化学检测。该生物传感器对亚硝酸根表现出优异的电催化活性。同时，该复合材料也显示出较好的稳定性和抗干扰能力。此外，还构建了一种基于石墨烯的双信号放大的电化学免疫传感器。卜扬[389]利用石墨烯和聚苯胺纳米线的复合纳米层具有较好的导电性和生物亲和性，研制了一种基于石墨烯/聚苯胺纳米线的新型 DNA 生物传感器。该传感器用于 DNA 的检测具有快速的安培响应、较高的灵敏度和较好的储存稳定性等优点。

17.5.3 超级电容器

超级电容器作为一种新型储能装置，以比功率超高和循环寿命良好著称，但比能量较低一直是制约其应用的瓶颈，因此研究人员尝试将一些过渡金属氧化物或氢氧化物，甚至有机氧化还原对结构引入到石墨烯体系在适当降低团聚进而增大双电层电容的同时，又给体系引入赝电容，从而显著地改善了材料的电容行为。

王欢文[390]在超声波的作用下分别将氧化石墨和两性分子对氨基苯甲酸插层的钴镍双层氢氧化物在水相中剥离成带负电荷的氧化石墨烯纳米片和带正电的氢氧化物纳米片，将两种带相反电荷的二维纳米片作为组织单元，通过静电作用自组装成类似三明治结构的异质复合体并将其作为前驱体，再经后续热处理同步转化成钴酸镍还原氧化石墨烯复合物，将该石墨烯复合物应用于超级电容器。当放电电流密度为 1A/g 时，其比电容高达 835F/g；当放电电流密度从 1A/g 增加到 20A/g 时，复合物的比电容保持率仍达 7400F/g；特别是在循环稳定性测试中。经过 450 个循环的活化，比电容达到 1050F/g，甚至在 4000 个循环后，比电容仍维持在 8F/g。超高比电容、良好倍率特性和超长循环稳定性表明：该钴酸镍/还原氧化石墨烯复合物有望作为超级电容器电极材料。Paek[391]采用脱还原氧化石墨法制备了石墨烯，将其和 SnCl$_4$ • 5H$_2$O 水解制得的 SnO$_2$ 样品经超声搅拌等手段机械地复合到一起，得到了具有大量孔洞的 SnO$_2$ 掺杂的石墨烯片纳米复合材料。电化学测试发现，该复合材料的可逆比容量为 810mA • h/g，远远高于石墨和单质锡，同时循环稳定性也有显著提高。经过 30 次充、放电循环后，可逆比容量仍保持 540mA • h/g。吴忠帅等[392]采用溶胶-凝胶法和低温处理方法合成了一种水合氧化钌/石墨烯复合超级电容器电极材料，研究表明其具有较高的比电容（570F/g）和优异的循环稳定性（循环 1000 次后，比电容保持率为 97.9%）。Chen 等[393]制备了石墨烯和纳米针状二氧化锰的混合物，以硫酸钠为电解质制备了超级电容器，比电容达到 216F/g。戴晓军等[394]制备了基于石墨烯/聚苯胺纳米线阵列复合材料自支撑薄膜的新型柔性超级电容器，具有高的比电容（278F/g）和良好的循环稳定性（循环 8000 次后，比电容保持率为 80%）。总体而言，石墨烯表面可以形成双电层，有利于电解液的扩散，因此基于石墨烯的超级电容器具有良好的功率性能。

17.5.4 生物材料

与碳纳米管相比，石墨烯在生物材料领域的应用更具发展前景：第一，石墨烯中不含金属催化剂等杂质，对生物细胞不会产生生物应激；第二，石墨烯具有较好的水溶性，需要额外的表面活性剂；第三，石墨烯极高的比表面积使石墨烯具有较大的载药量。因此，石墨烯在生物载体、活细胞成像、生物分子检测等生物领域[395]得到广泛的应用。

聚乙二醇改性的石墨烯可被用于活性细胞的生物成像，并且不会引发生物毒性。此外，该改性石墨烯还可用于疏水性药物喜树碱衍生物 SN38 的负载。通过 π-π 共轭作用，SN38

可以吸附于改性的石墨烯表面，并且在活体内实现药物的缓慢释放[396]。此外，叶酸改性的石墨烯可实现阿霉素以及喜树碱的负载，并对人体乳腺癌细胞 MCF-7 细胞进行靶向施药[397]。改性石墨烯还可以用于可逆 DNA 检测器，或是作为一种特定生物晶体用于吸附蛋白质[398]。

石墨烯在生物医学领域的相关研究已经取得了一些进展，但目前大都处于起步阶段，还不够深入、系统。要实现其实际应用，还面临着很多困难和挑战。如石墨烯在水中稳定性很好，但在生理条件下容易聚集；石墨烯的尺寸、形貌等可控制备方面还缺乏有效手段。同时，石墨烯的共价修饰往往需要通过多步化学反应，因反应引入各种化学试剂，会在一定程度上影响生物分子的活性。虽然石墨烯的非共价修饰可以避免这一点，但是不同于共价修饰，非共价功能化石墨烯还只能局限于特定结构的化学或生物分子。

17.5.5　电子存储器

在氧化铟锡（ITO）玻璃表面旋涂聚 3-己基噻吩/石墨烯纳米复合层（其中的石墨烯表面经聚丙烯酸叔丁酯接枝修饰[399]），然后在其表面再涂覆一层铝，最后得到的电子存储器具有一个明确的 OFF 态。当达到转化电压时，电子可以从聚噻吩的 HOMO 能级激发，到达聚丙烯酸叔丁酯/氧化石墨烯层的 LUMO 能级。氧化石墨烯表层的含氧官能团（如羟基、环氧基团）分布不均匀[400]，因此被激发的电子可以自由地在电子离域度较高的区域内迁移。此外，氧化石墨烯的电导率较低，可以有效地阻止电子和正电荷的复合，这一特性可被应用于非电压存储器。

17.5.6　其他应用

由于良好的导电性，石墨烯可以被用来制造超高性能的场发射晶体管和储能器件等[401]。单层石墨烯具有高透明度和高导电率的优点，这使得聚合物/石墨烯纳米复合材料能够很好地解决光激发、激子迁移/扩散等相关问题。尽管到目前为止，有机光伏器件的效率仍然比较低，但是近几年科研人员一直致力于这方面的研究，也取得了一定的成果。此外，石墨烯的高电导率还能应用于电磁屏蔽、静电屏蔽等功能材料。聚苯胺/石墨烯纳米复合材料中存在聚苯胺的三种氧化态（还原态、苯胺绿盐和氧化态）的转换[402]，而使聚苯胺/石墨烯纳米复合材料可制成有较强储能能力的储能材料。此外，聚苯胺分子能够插层到未剥离的石墨烯片层间，增加两相的相容性，并可最终应用于电化学双层电容器[403]。

本 章 小 结

本章首先介绍了石墨烯的基本概念、结构特点、制备方法及表面处理等，然后介绍了聚合物/石墨烯纳米复合材料制备方法、性能及应用等。

石墨烯具有优异的力学、热学、电学和磁学性能，有望在高性能纳米电子器件、场发射材料、气体传感器、能量储存材料等领域获得广泛应用。石墨烯的研究持续升温，新的发现不断涌现，但以下几个方面仍是石墨烯研究中值得重点关注的研究领域：①发展成本低廉、层数和性能可控的大规模石墨烯制备技术；②发展石墨烯精确表征技术和方法；③加强对石墨烯化学特性的研究，尤其是在石墨烯的化学修饰、表面改性衍生化等领域还期待有更多的突破，以拓展对石墨烯功能及应用领域的认知；④加强石墨烯可控功能化研究，开发基于石墨烯纳米填料的多功能复合材料，拓展其应用领域，并推动其产业化应用研究。

思 考 题

1. 简述石墨烯的结构特点。

2. 石墨烯有哪些制备方法，聚合物/石墨烯纳米复合材料的制备方法有哪些？

3. 为什么要对石墨烯表面进行改性，改性方法都有哪些？

4. 纳米复合对聚合物/石墨烯纳米复合材料的最终性能的影响是什么？

5. 列举聚合物/石墨烯纳米复合材料的应用实例。

第 18 章 功能纳米粒子填充的聚合物基纳米复合材料

>>>> **本章提要**

  纳米粒子的优异性能多种多样，在科技发展和人们的生产生活中起着重要的作用。不同种类的纳米粒子，其功能也不尽相同。由于其特殊的光、电、磁及力学性质，纳米粒子在工业生产、电子元件、医疗卫生、能源开发等许多领域有着广泛的应用。本章主要介绍了几种用于聚合物基纳米复合材料的功能性纳米粒子，包括各种功能性纳米粒子的结构特点及制备方法、聚合物基纳米复合材料的制备、纳米复合对复合材料最终宏观性能的影响、复合材料的应用。

18.1 用于发光二极管的聚合物基纳米复合材料

  1879 年白炽灯的诞生，标志着电光源照明时代的到来。发展至今已经经历了一个多世纪，其中有三个重要的发展阶段——白炽灯、荧光灯、高强度气体放电灯。

  1962 年，美国通用电气公司工作的 Holonyak 博士用化合物半导体材料磷砷化镓研制出第一批发光二极管[404]，标志着发光二极管已经进入商品化阶段。随着新一代半导体材料 AlGaAs（砷化铝镓）、AlInGaP（磷化铝铟镓）和 AlInGaN（氮化铝铟镓）的出现和发光二极管封装等技术的突破，单晶片红、绿、蓝、白光 LED 的功率等级不断提高[405]，高亮度 LED 有望成为第四代光源。发光二极管的出现从根本上改变了光源发光的机理，具有工作寿命长、耗电低、响应时间快、体积小，易于调光、调色、可控性大等优点。

  目前，用于发光二极管的材料主要是 Ⅲ～Ⅴ 族化合物单晶，特别是 GaAs、GaP 及 GaAs 的一部分被其他元素所取代成的 $Ga(As_{1-x}P_x)$ 和 $(Ga_{1-x}Al_x)As$ 三元晶体。1989 年 Tnag 等[406]使用荧光材料 8-羟基喹啉铝（Alq_3）为发射层，用芳香二胺（TPD）为空穴传输层制成了双层 EL 器件。由于其驱动电压低、发光效率高，大量新的分子材料应用于发光二极管。但由于当二极管处于工作状态时，无机小分子会发生结晶而损害仪器，器件存在不稳定性。1990 年 Burroughes 等[407]发现聚对苯乙炔（PPV）不仅是一种导电高分子材料，同样也是一种性能良好的电致发光材料。从此，聚合物也被应用到了发光二极管中。这不仅扩大了发光二极管的材料范围，而且使发光二极管具有驱动电压低、超薄、主动发光、宽视角、高清晰、响应速度快、工艺简单的优点。对于聚合物发光二极管，目前需要解决的问题是如何提高器件的效率和稳定性。在 LED 材料的研究中，共轭聚合物和纳米材料的复合赋予了器件崭新的光电性能和环境稳定性，兼具聚合物易加工性和纳米材料独特的特性。

18.1.1 共轭聚合物发光材料

  通常共轭聚合物又被称为导电高分子或合成金属。因为主链上 π 电子高度离域，由 C—C 单键和双键或三键组成。在共轭聚合物中，离域 π 键的存在使得聚合物从通常的绝缘体变为了半导体甚至是导体,形成长程的 π 电子共轭体系,并通常具有荧光发光性质和导电性。目前广泛研究和常用的聚合物电致发光材料按结构区分有以下几类:聚亚苯乙烯类(PPVs)、聚对苯类(PPPs)、聚噻吩类(PThs)、聚芴类(PFs)以及梯形、梳形和超支化共轭聚合物等。按发光颜色分有红光聚合物、绿光聚合物、蓝光聚合物、白光聚合物等[408]。共轭聚合物在半导体器件特别是在发光器件,表现出广阔的商业应用前景,已成为近年来科技界研究的热点之一。

18.1.1.1 聚亚苯乙烯类(PPVs)

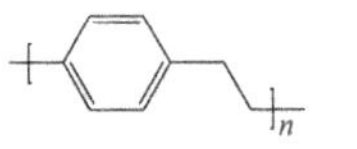

图 18-1 聚亚苯乙烯类

1990 年,英国剑桥大学的 Friend 研究小组首先利用聚亚苯乙烯(PPV)制作聚合物发光二极管,获得了黄绿色电致发光,开创了聚合物电致发光材料研究的新时代。

聚亚苯乙烯(PPV)是一种典型的线状共轭高分子,具有很强的发光性能、良好的机械性能以及成本低廉、柔韧性和成膜性好、可以大屏幕显示、能带结构通过化学方法易于调节等众多优点而备受关注,其在发光二极管、光伏电池、传感器及非线性光学材料方面具有广阔的应用前景。但早期合成的无取代基的 PPV 是不溶不熔的,加工性能差、发光效率低、亮度小、单色性差等,严重影响了它的实用化。1991 年,美国加州大学的 A. J. Heerger 等在 PPV 主链上引入烷氧基团,得到了发橘红光的可溶性 PPV 衍生物(MEH-PPV)[409]。

18.1.1.2 聚对亚苯类(PPPs)

聚对亚苯(PPP)类衍生物的能隙在 218～315eV,是一类聚合物蓝光材[410,411]。其结构如图 18-2 所示。Leising[412] 等报道 PPP 可作为发蓝光材料,$\lambda = 459nm$(2.7eV),Grem[413] 首次将 PPP 用于 PLED,发光波长为 415nm。PPP 本身加工性能差,难熔,溶解性差,不溶于任何溶剂。通过给 PPP 加侧链、在苯环上引入烷氧基或烷基可改善 PPP 的溶解性。PPP 类聚合物都表现出良好的热稳定性和氧化稳定性,但单层器件的效率很低。利用聚合物掺杂和多层结构可以提高量子效率。

图 18-2 聚对亚苯类

18.1.1.3 聚噻吩类(PThs)

聚噻吩(图 18-3)最初是由 Yamamoto 等[414] 于 1980 年采用金属催化剂首先制备得到的,是一类很好的电致发光显示材料。聚噻吩是一种典型的芳杂环导电聚合物,它一般以 p-型掺杂为主,所以它的还原态就是它的本征态。相对于其他导电高分子,聚噻吩(PTh)及其衍生物大多数具有好的溶解性、高电导率和高稳定性等特性。聚噻吩掺杂态和去掺杂态都具有良好的环境稳定性,掺杂后具有很高的导电性,可作为有机半导体、电极材料、电致变色与发光材料进行研究。聚噻吩这一类聚合物的发光波长可达到 640nm,而 PPV 类

图 18-3 聚噻吩类

R=H、烷基、芳烃基、烷氧基

R′=H、烷基、芳烃基、烷氧基

的聚合物很难得到长波长的光。另外,可以通过调节共轭链节的长度、取代基的种类和聚合物的规整度,可以很容易地调控发光颜色[415]。到目前为止,聚噻吩主要的制备方法有电化学聚合和化学聚合,另外还有气相沉积法、激光促进合成、微波辐射法、微乳液制备法等一些特殊的制备方法。

18.1.1.4 聚芴类(PFs)

聚芴及其衍生物(图 18-4)就是一类重要的蓝色电致发光材料,结构介于 PPP 和 LPPP

之间，这类聚合物具有较高的荧光量子效率、光和热稳定性，良好的溶解性、成膜性；电荷迁移率高，带隙宽，可以在大范围内调节材料的最高占有轨道（HOMO）和最低空轨道（LUMO）能级，从而调节其最大发光波长、发光效率、饱和色纯度以及载流子传输能力；化学结构修饰性强，2 位、7 位、9 位都是很好的反应点，可以引入能提高溶解度和控制液晶态的烷基基团、提高稳定性的芳基结构，以及引入水溶性基团用于生物传感领域等[416]。PF 的稳定性比 PPV 好，但 PF 的反应条件苛刻，很难得到高分子量的聚合物，目前大量的文献报道在 $M_n = 100000$ 左右，而 PPV 则很容易得到 $M_n > 500000$ 的聚合物。通过芴与其他单体的共聚，可以在更大范围内改善材料的综合发光性能。Lee 等[417]合成了芴和含氰基噻吩基团（BTCVB）的共聚物 PFTCVB，随着 BTCVB 组分含量的增加，发光波长逐渐红移，当 BTCVB 摩尔分数达到 17.5% 时，发出纯红光。

18.1.1.5　聚乙烯咔唑

聚乙烯咔唑（图 18-5）是良好的空穴传输材料和高效的发射蓝光的材料，是目前最重要的聚合物空穴传输材料，在多层结构聚合物中应用广泛，也可以作为低分子质量掺杂剂的主题聚合物。它能够降低小分子 EL 材料的结晶性，提高了器件的寿命。日本山本大学 J. K. Ido 等[418]制备了 PVK 发光材料，采取结构为 ITO/PVK/TAZ/Alq/Mg：Ag，其中 Alq 为羟基喹啉铝电子注入层，TAZ 为电子输运层。该器件在 4V 低压下即开始发光，在 14h 达到最大发光亮度 700cd/m²。

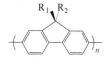

图 18-4　聚芴类　　　　　图 18-5　聚乙烯咔唑分子结构图

18.1.2　用于复合材料的纳米粒子

量子点（quantum dots，QDs），又称半导体纳米晶（semiconductor nanocrystals，NCs），是一种由 Ⅱ-Ⅵ 或 Ⅲ-Ⅴ 族元素组成的纳米颗粒，如 CdSe、ZnSe、ZnO、LnAs、LnSb、GaAs 等。量子点由少量的原子组成，粒径一般介于 1~10nm，与体相半导体材料不同，量子点由于电子和空穴在三个空间方向上的运动受到限制，连续的能带结构呈现出类似原子的分立能级结构，受激后可以发射荧光。基于量子效应，量子点在光电器件、生物医用等领域具有广泛的应用前景。发光二极管是能直接将电能转变成光能的发光显示器件，在日常生活中已有广泛应用。将量子点与功能高分子基体复合制备发光二极管，既具有聚合物制备方法简便、成本低和物理化学性能稳定的特点，又具有量子点优异的光学性能，因此受到了越来越广泛的关注。

18.1.2.1　ZnSe

ZnSe-QDs 是属于目前研究报道比较少的在紫外到蓝光区发光的量子点，克服了常用的镉系量子点高毒性缺陷，因此在生物荧光探针方面有非常广泛的应用前景。另外，作为一种宽带隙半导体材料（其块材带隙为 217eV），它是制造蓝绿半导体激光器件、非热性光热器件、红外器件和生物标记的重要材料，此外还可作为掺杂纳米微晶的主体。

关于 ZnSe-QDs 的研究可以追溯到十多年前，但方法复杂，量子产率不够理想。石宝琴等[419]采用简便的胶体水相法制备了高荧光强度且稳定性良好的 ZnSe 量子点（ZnSe-QDs），克服了以往水相合成法稳定性差、量子产率低等缺陷。最佳合成条件为：以还原型 L-谷胱甘肽作为稳定剂，L-谷胱甘肽：Se^{2-}：Zn^{2+} 摩尔比为 5：1：5，介质 pH 10.5，反应温度在 90～100℃。合成后不需要采取任何光照后处理，ZnSe-QDs 的量子产率即可高达 50.1%，放置 3 个月后荧光强度基本不变，水溶性优良。

18.1.2.2　CdSe

CdSe 纳米晶是半导体中研究最多的材料之一。在所有的半导体纳米晶中，CdSe 纳米晶在近十多年来引起人们最广泛的兴趣，主要是因为随着尺寸改变其窄荧光峰可覆盖整个可见光范围，从而通过调节 CdSe 纳米晶的尺寸，可以轻易得到不同颜色的荧光，实现在荧光生物标记和发光二极管等方面的应用。同时，CdSe 纳米晶具有较大的激子半径，使其具有强的量子限域效应，与块体材料相比，纳米 CdSe 的吸收带蓝移，更有利于在半导体光学和电学等方面获得一些新奇特性，因此有望应用于光电器件生物传感器太阳能电池发光二极管等不同的应用领域，人们希望得到不同结构与形貌的纳米材料。

CdSe 纳米晶可以应用于生物标记和荧光显示等领域，各种制备纳米晶的方法也应运而生。因制备方法的不同，所得纳米晶的粒径相结构及形貌也不同，进而影响纳米晶的性质。赵慧玲等[420]以合成的十碳酸镉作为 Cd 前驱体十八烯作为单质硒溶剂并添加十八胺作为活性剂在无三丁基膦或三辛基膦参与的条件下以较低温度制备了具有闪锌矿结构的高质量的 CdSe 纳米晶。采用该无膦法只需调控反应时间就可得到粒径均一、分散性好的 CdSe 纳米晶。陈书堂等[421]以脂肪酸和三辛基氧化膦为表面活性剂采用高温热解硒与镉的前聚体制备出分散性好的 CdSe 纳米晶。吸收光谱和荧光光谱研究表明，控制反应时间可以改变 CdSe 纳米晶的荧光强度。陈延明等[422]以羟基化 SBS（SBS-OH）为模板，N,N-二甲基甲酰胺（DMF）为溶剂，硒代硫酸钠及乙酸镉为前驱物，"原位反应"制备了 CdSe 纳米粒子。利用 SBS-OH 的两亲性质，可以在 DMF 中得到具有明显量子尺寸效应的 CdSe 纳米粒子。随着反应时间延长和前驱物浓度增加，CdSe 纳米粒子的吸收强度增加。

18.1.2.3　ZnO

氧化锌（ZnO）是一种重要的 Ⅱ～Ⅴ 族宽禁带半导体材料，禁带宽度为 3.37eV，高的激子束缚能（室温下为 60meV）大大提高了 ZnO 材料的激发发射性能，降低了室温下的激发阈值，是一种适合于室温或更高温度下的可见光和紫外线发射的优良材料。另外，其导电性很高，而且来源丰富，价格低廉，无毒且对环境无污染，具有生物安全性和生物相容性等特点，是一种具有广阔应用前景的氧化物半导体材料。当 ZnO 的尺寸细化至纳米级别，与普通氧化锌相比，具有表面效应、体积效应、量子尺寸效应、宏观量子隧道效应和介电限域效应等特点，可广泛用于传感器、发光二极管、光电器件及太阳能电池等领域。

杨玉英等[423]采用一种新方法——接枝羧基淀粉（ISC）吸附金属离子前驱物（ISC-Zn）热解法，制备了粒度分布均匀、分散性好的氧化锌纳米颗粒。本方法分为三步：ISC 的合成；ISC-Zn 的制备；ISC-Zn 的分解及 ZnO 纳米颗粒形成。关敏[424]等用 $NaHCO_3$ 和 $NaNO_3$ 为原料制备了平均粒径为 15～30nm 的纳米氧化锌颗粒。XRD 分析 ZnO 为六方纤锌矿结构，TEM 观察为类球形颗粒。此法操作简单易行，对设备需求不高，成本低；但粒子粒径分布宽，分散性差，粒子容易发生团聚。

18.1.3　发光聚合物基纳米复合材料

聚合物基纳米复合材料是由各种纳米单元与有机高分子材料以各种方式复合成型的一种新型复合材料，所采用的纳米单元可以是金属，也可以是陶瓷、高分子等；按几何条件分可以是球状、片状、柱状纳米粒子，甚至是纳米丝、纳米管、纳米膜等；按相结构分可以是单相，也可以是多相，它涉及的范围很广，广义上说多相高分子复合材料，只要其某一组成相至少有一维的尺寸处在纳米尺度范围（1～100nm）内，就可将其看为高分子纳米复合材料。

目前，人们采用直接混合法、表面接枝法、原位合成法、层层自组装法等方法制备了量子点/聚合物复合材料。

18.1.3.1　PPV 及其衍生物类纳米复合材料

PPV 及其衍生物与无机纳米材料的复合研究主要集中在非线性光学、光电转换及电致发光领域。由于无机纳米材料的加入，大大改善了 PPV 及其衍生物的光电性能。

熊莎等[425]采用相对简单的传统实验方法在水相中制备了 ZnSe 纳米晶水溶胶，并用表面活性剂将 ZnSe 纳米晶从水相中转移到有机相中并使其在有机相中得到了很好的分散，然后将其与具有空穴传输性能的聚合物 MEH-PPV 复合作为电致发光器件的发光层，以 Alq₃ 作为电子传输层，在发光层与 Alq₃ 之间加入空穴阻挡层 BCP，制备多层电致发光器件，研究了器件的发光特性。研究表明，随着电压的增加，来自 ZnSe 纳米晶的发光在逐渐增强，而且器件的特性基本上符合二极管的特性。

Liu 等[426]用旋涂法制备了 ZnO：聚[2-甲氧基-5-(3,7-二甲基辛氧基)对亚苯乙烯](MD-MO-PPV)复合材料，进而制备了电致发光器件 ITO/PEDOT：PSS/ZnO：MDMO-PPV/Al，由于 ZnO 纳米粒子的加入，改善了 EL 效率。I-V 特性表明，加入纳米 ZnO 有利于电子的注入和电荷的传输。随后 Rao 等[427]用旋涂法制备了纳米 ZnO/聚(2,5-二丁氧基对亚苯基乙烯)(DBPPV)复合材料，随后制成发光器件。器件结构为 ITO/PEDOT：PSS/DBPPV-ZnO/Ca/Al。器件的电流和发光特性比纯 DBPPV 的好。研究表明，ZnO 纳米粒子的加入能改善电子的注入和电荷的传输，达到较高的效率。

Peter 等[428]通过共轭聚合物与宽带隙纳米粒子复合，实现了对材料光学常数直接调控的目的，同时不影响材料的其他光电性能和传输性能。该作者将超微乳液合成的纳米 SiO₂ 粒子经表面处理后，与 PPV 溶液混合均匀，旋涂制备了 LED 发光层。SiO₂ 纳米颗粒均匀分散于 PPV 聚合物中得到的 PPV/SiO₂ 纳米分散体系，具有很好光学常数的调节性，在 550nm 处 PPV/SiO₂ 材料的折射率可以在 1.6～2.7 任意剪裁，使分布式布拉格反射器 (distributed bragg reneetor，DBR) 和波导的形成成为可能。将此材料作为 LED 发光层制备微腔聚合物发光二极管 （mcLED），与空腔谐振膜作为发光层的 LED 相比，电子-空穴复合形成的激子的有效辐射衰变提高了 1 倍。微腔可以通过改变腔中不同状态的光子密度来控制发射光性质（例如波长、光谱纯度、方向、嵌入激子的密度等）。以 PPV/SiO₂ 复合材料作为发光层，以半导体聚合物作为 DBR 层制备的 mcLED，兼具微腔的性质和聚合物易加工性、颜色可调性的优点，与无机 DBRs 相比，由于共轭聚合物的导电性，装配 mcLED 时，电极无需埋入微腔中，只需安置在表面，大大改善了操作工艺条件。

18.1.3.2　聚芴类纳米复合材料

在聚芴类有机材料中掺杂纳米颗粒后的材料构成一种新型复合发光材料，纳米颗粒在高分子链之间，将它们隔开，从而使有机物分子不易发生聚集，克服激基缔合物的发光，电子和空穴的复合效率提高，器件热稳定性和发光效率也明显提高。这种方法的缺点：电子和空穴在有机材料中传输时受到的阻碍作用增大，导致器件的开启电压普遍提高。Jong Hyeok Park 等[429]就是将硅酸盐纳米颗粒掺入到 poly (dioctyl fluorine) (PDOF) 中作发光材料的。

陈国华等[430]将聚芴共聚物 （POF-PBD）/蒙脱土纳米插层材料作为发光层，制备了发光二极管 TIO/PEDOT/PFO-PBD-黏土/Al，与未插层的 PFO 共聚物 LED 相比，其荧光效率约是它的 2 倍，电致发光效率提高了约 100 倍。该作者同时制备的以聚芴/有机黏土插层材料[431]为发光层的 LED 也有类似的荧光性能与电致发光性能方面的改善。硅酸盐片层在发光层中发挥了抑制电子、空穴迁移的作用，提高载流子的结合率。

18.1.3.3　聚咔唑类纳米复合材料

碳纳米管（carbon nanotubes，CNTs）是 1991 年由日本 NEC 公司基础研究实验室的电子显微镜专家饭岛（Iijima）发现的一维碳族材料，它由一层或多层石墨层卷绕而成，具有中空筒柱型结构。碳纳米管奇特的结构赋予其优异的机械性能、电学性能和热力学性能，因此被越来越广泛地作为聚合物的增强材料，制备轻质高强的复合材料。

张进娟等[432]利用 PVK-NH$_2$ 和酰氯化的多壁碳纳米管（MWNTs）之间的酰胺化反应制备了聚乙烯咔唑共价接枝的碳纳米管杂化材料 MWNT-PVK。该材料在许多常见的有机溶剂中具有良好的溶解度。在 514.5nm 激光的激发下观察到 D-带和 G-带强度比分别从 MWNTs 的 0.96 增加到 MWNT-COOH 的 1.05 再增到 MWNT-PVK 的 1.19。

18.1.4　量子点与聚合物复合的意义

量子点与聚合物复合后，将具有以下优势。

一方面，量子点的性能能够得以稳定。量子点的特点之一是量子点尺寸小，比表面积大。此外，尺寸越小，表面原子的比例越高，如 CdSe 纳米晶尺寸为 6nm 时，表面原子的比例为 30%，当尺寸减少至 Znm 时，表面原子的比例为 90%[433]，这会导致量子点的表面能很大，容易团聚而破坏了原有的优良性能。然而，当量子点引入到聚合物基体中，由于聚合物良好的兼容性、可加工性，可以很好地保护量子点，稳定量子点的性能。另一方面，量子点与聚合物性能的集成能够得以实现。由于大多数聚合物本身具有优异的光电性能、环境响应性，与量子点复合后，可以实现两者性能的结合，获得具有优异性能的复合材料。此外，以聚合物为基体，可以将不同功能的纳米晶进行装配。

18.1.5　LED 封装材料

半导体照明是 21 世纪最具发展前景的高技术领域之一，发光二极管（LED）作为新型高效固体光源，具有长寿命、节能、绿色环保等显著优点，其经济和社会意义巨大。目前普通 LED 封装用材料主要是双酚 A 型透明环氧树脂和有机硅复合材料，但随着白光 LED 的发展，尤其是基于紫外线的白光 LED 的发展，材料老化严重，阻碍了 LED 的实际应用。LED 封装材料的抗紫外线老化能力可以通过高分子的结构设计、添加有机或无机紫外吸收剂等手段来改善。

无机光稳定剂又称为光屏蔽剂，主要指氧化铁、氧化铬、氧化铅、二氧化钛、氧化锌和二氧化铈等无机颜料，它们能反射或吸收太阳光紫外线，像是在聚合物与光源之间设置了一道屏障，阻止紫外线深入到聚合物内部，从而可使聚合物得到保护[434]。有机光稳定剂主要有紫外吸收剂、猝灭剂和受阻胺光稳定剂三种。

Taskar 等[435]先制备粒径小于 25nm 的镁包覆的二氧化钛纳米粒子，然后将镁包覆的二氧化钛制成氧化铝或氧化硅包覆的核壳结构，在经过表面修饰加入到环氧体系中，得到了折射率高达 1.7 且光学吸收小的纳米改性 LED 封装材料，证实了在传统封装材料中添加高折射率的纳米粒子可提高封装材料的折射率，增加 LED 出光效率，减少 LED 的光衰减，延长 LED 的使用寿命。曹建军等[436]将纳米氧化钛加入高分子材料中，通过人工紫外线照射加速老化实验，发现材料的抗紫外老化性能得到大幅度提高。

18.2　磁性聚合物基纳米复合材料

　　磁性聚合物基纳米复合材料是至少一维为纳米级的无机磁性组分，以颗粒、纤维或薄片形式埋入有机聚合物中所构成的材料。无机磁性组分，即磁性纳米粒子（magnetic nanoparticles，MNPs）的种类很多，较常用的有金属合金、氧化铁、铁氧体、氧化铬等，其中氧化铁（$\gamma\text{-}Fe_2O_3$，Fe_3O_4）磁性材料应用最为广泛。因此要制备磁性聚合物基纳米复合材料，首先采用适当的方法将原料进行处理，加工至纳米尺度，再进一步进行研究工作。同时，由于粒子处于纳米尺度，其生长、团聚等行为都会对之后的应用产生影响，因此合适的加工方法是迫切解决的首要问题。有机聚合物，通常情况下为电的不良导体或绝缘体，在引入无机磁性组分之后，通过有机、无机材料的协同作用，使磁性聚合物基纳米复合材料具有单纯有机或无机材料所无法达到的新性能。但是，由于有机物和无机物的亲和性较差，两者之间的相容性不甚理想，因此将磁性无机颗粒均匀地分散在聚合物有机相内是一项困难的工作。如何改善两者之间的相容性，也是研究者探讨的热点问题。相容性问题解决后，接下来就要考虑如何使无机相和有机相结合起来，制备高性能的复合材料。此时，按照所需的性能使纳米粒子适当地分散在有机相中成为突出的问题，它直接决定了最终材料的性能。因此，本节将首先介绍磁性纳米粒子的基本特性，之后论述制备磁性纳米粒子的各种手段，并说明解决有机无机相间相容性问题的一些途径，探讨制备复合材料的各种方法，最后介绍一种利用磁热激发形状记忆的磁性纳米复合形状记忆聚合物。

18.2.1　磁性纳米粒子的基本特性

　　磁性纳米粒子是 20 世纪 80 年代出现的一种新型材料，当颗粒尺寸小到纳米级（通常在 $1\sim100nm$）时，就会产生表面效应、量子尺寸效应、量子隧道效应、超顺磁性、磁有序颗粒的小尺寸效应、特异的表观磁性等特殊性能。纳米磁性材料的特性不同于常规的磁性材料，这是由于与磁相关的特征物理长度恰好处于纳米量级，当磁性体的尺寸与这些特征物理长度相当时，就会呈现反常的磁学性质，如磁有序态向磁无序态转变。纳米尺度磁性材料的发展，使材料的磁性能发生了量变到质变的飞跃，显著地提高了材料的磁性能。研究表明，当材料的尺寸进入纳米尺度后，比表面积急剧增大，表面能相应升高，量子效应体现出来，使得磁性材料具有一些奇异的物理和化学性能，主要表现在超顺磁性、高矫顽力和磁化率方面。

　　（1）超顺磁性　当磁性纳米粒子的尺寸小到某一临界尺寸时，每个粒子为单个磁畴，此时粒子中电子的热运动动能超过了电子自旋取向能，磁矩呈无规排列，磁性纳米粒子就由铁磁性或亚铁磁性变为超顺磁性。不同磁性材料进入超顺磁性的临界尺寸各不相同，对 $\gamma\text{-}Fe_2O_3$、Fe_3O_4 纳米粒子而言，其临界尺寸分别为 16nm、20nm[437]。

　　（2）高矫顽力　当磁性纳米粒子的尺寸处于单畴临界尺寸时，每个粒子（单个磁畴）相当于一个很小的永磁铁，要想使永磁铁去磁，必须使每个粒子的整体磁矩反转，这需要加一个很大的反向磁场，因此此时纳米粒子表现出非常高的矫顽力[438]。

　　（3）磁化率　顺磁性材料的磁化率 χ 随温度升高而减小，满足居里-外斯定律，$\chi = C/(T - T_c)$。然而具有超顺磁性的纳米粒子，其磁化率不仅仅与温度有关，还和纳米粒子中电子的奇偶数密切相关，当电子数为奇数时，磁化率服从居里-外斯定律；而当电子数为偶数时，磁化率不再服从居里-外斯定律，而是与热运动动能成正比[439]。由于磁性纳米粒子特殊的磁性性质，使得这些粒子在生物医学、吸波屏蔽、磁致形状记忆以及其他领域有着广阔的应用前景。

18.2.2　磁性纳米粒子的制备方法

磁性纳米粒子的制备是合成磁性聚合物基纳米复合材料的关键。随着合成技术的发展，已成功研发出了一系列制备形状可控、稳定性好、单分散磁性纳米粒子的方法，如共沉淀法、高温分解法、氧化还原法、微乳液法等。下面就将逐个介绍这些已经成熟的制备方法。

（1）共沉淀法　共沉淀法的反应原理是：Fe^{2+} 与 Fe^{3+} 的可溶性盐在碱性条件下配成混合水溶液，于室温或者加热条件下将 Fe^{2+} 和 Fe^{3+} 共同沉淀出来，从而制得 Fe_3O_4 磁性纳米粒子[440]（图 18-6）。常用的 Fe^{3+}/Fe^{2+} 摩尔比为 2，水解反应的 pH 值控制在 9～13。其中铁盐的种类、Fe^{2+} 和 Fe^{3+} 的摩尔比、反应温度、溶液 pH 值和离子浓度等都对磁性纳米粒子的粒径、形状和成分有着十分明显的影响。

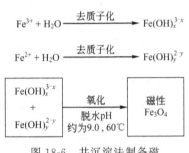

图 18-6　共沉淀法制备磁
性纳米粒子的示意图

共沉淀法简便易行，反应条件温和，所制备的粒子在水溶液中分散性好。但由于制备过程中粒子的成核过程和生长过程受到复杂的水解平衡过程影响，粒子往往形状不规则，尺寸分布较宽，且易发生团聚，表面缺乏保护层，极易被氧化[441]。

陈亭汝等通过液相共沉淀法制备纳米磁性 Fe_3O_4 粒子。研究者确定了制备纳米级 Fe_3O_4 颗粒的最佳合成工艺条件为 $FeCl_3 \cdot 6H_2O$ 与 $FeCl_2 \cdot H_2O$ 摩尔比 1.8:1，熟化温度 70℃，熟化时间 30min，以氨水作沉淀剂时的最佳 pH 值是 9 左右，此时制备的粒子粒度分布均匀，平均粒径 10nm 左右。

Liu 等[442]用共沉淀法制备了磁赤铁矿纳米粒子。粒子的粒度小于 5nm，且在很大的 pH 范围内保持性质的稳定，因此可以很方便地在其表面涂覆金或二氧化硅等材料。这种小尺度的粒径同时带来可观的超顺磁性和相对较低的饱和磁化强度。

（2）高温分解法　高温分解法是通过在高沸点有机溶剂中热分解有机金属化合物来制备磁性纳米粒子。该方法克服了共沉淀法制备磁性纳米粒子的缺点，能够制备出形状规则、粒径均一、单分散的磁性纳米粒子。其中有机金属氧化物以及表面活性剂的种类、反应温度、反应时间决定了磁性纳米粒子的形状以及粒径分布。有机金属化合物通常选用乙酰丙酮类金属、金属试剂盐或羰基铁化合物等，而脂肪酸[443]、油酸和油胺[444]等是常用的表面活性剂。与共沉淀法相比较，高温分解法制备的磁性纳米粒子的粒径大小可控，且在粒子形状、粒径分布、结晶度等方面具有明显的优势。

刘波洁等[445]以苯甲醇为单一溶剂，通过常压、高温热解乙酰丙酮铁，制备了尺寸单分散、磁响应强度高的四氧化三铁磁性纳米粒子。反应不需要另外配体，溶剂苯甲醇被氧化成苯甲酸并稳定磁性纳米粒子，表面较低的覆盖度（<20%）使得后续配体交换变得高效，方便了氧化铁纳米粒子进一步的功能化。

刘峰奎[446]以低毒乙酰丙酮类金属化合物热分解法（金属有机前驱体法）制备了溶性铁单质纳米粒子以及具有规则球形结构的 Ni-Fe_3O_4 核壳结构纳米粒子。结果表明，油溶性铁单质纳米粒子具有很高的活性。在铁单质纳米粒子的最优化条件下，可以制备得到粒径为

10nm 的单分散、无团聚的铁纳米粒子，其结晶性好，具有超顺磁性，比饱和磁化强度为 121emu/g。

（3）氧化还原法　氧化还原法的特点是使用还原剂或氧化剂或借助于其他的物质比如空气或紫外线发生氧化或还原反应，以此得到磁性纳米粒子[447]。

杜雪岩等[448]采用多元醇还原法，用 1,2-十二烷二醇代替 1,2-十六烷二醇制备出 Fe_3O_4 磁性纳米粒子。检测结果表明，制备的纳米粒子呈球形，单分散，粒径分布均匀，大小约为 6.0nm。矫顽力趋近于 0，显示超顺磁性。

张文军[449]使用改良过的还原法，自行测定了制备磁性 Fe_3O_4 纳米粒子的三个关键实验条件，制备出粒径在 15nm 左右的 Fe_3O_4 纳米粒子，并将合成的样品成功地分散到了各种不同的体系中。

（4）微乳液法　微乳液是两种不相混溶的液体通过表面活性剂分子作为界面膜，形成热力学稳定、各向同性的分散体系。微乳液可分为油包水和水包油两种体系，其中前者被广泛用于纳米粒子的制备。分散性好、大小均匀的 MNPs 可通过形成胶束的铁前体和油包水乳液反应得到。微乳液合成也可得到两亲嵌段共聚物保护的磁性纳米粒子[450]。

刘秋艳[451]采用油酸及油酸钠作为表面活性剂，配制出正相的微乳液，成功地制备出 Co、Ni、Cu 体系的非晶态合金磁性纳米粒子。所得产物单分散性优异的球形合金纳米颗粒，粒径在 4～7nm，粒径小且粒径分布较窄。经回火热处理后，非晶态合金纳米粒子转化为具有 FCC 结构的晶态合金，部分样品的矫顽力和饱和磁化强度均有显著的增大，表现出优良的软磁性能。

微乳液合成的优点是纳米粒子的大小可以通过乳液微液滴的大小来控制。但是，该方法所能合成的氧化铁 MNPs 只溶于有机溶剂，在应用范围上受到限制。通常需要在其表面修饰上亲水分子，使之溶于水，增大其应用范围。

（5）超声化学法　超声化学法是利用超声波的空化作用瞬间产生的高温（≥5000K）、高压（≥20MPa）以及冷却速率（1010K/s）等极端条件促使氧化、还原、分解和水解等反应的进行来制备纳米粒子。超声波所产生的"超声波汽化泡"能形成局部的高温、高压环境和具有强烈冲击力的微射流。与传统搅拌技术相比，超声空化作用更易实现介质均匀混合，消除局部浓度不均，提高反应速率，促进新相的形成，而且对团聚还可以起到剪切作用。有利于微小颗粒的形成。超声波技术的应用对体系的性质没有特殊的要求，只要有传输能量的液体介质即可，对各种反应介质都有很强的通用性。

吴伟口等[452]在超声条件下，利用金离子与表面修饰上氨基磁粒的 RNH_2 之间的配位作用，成功合成了平均粒径大小为 30nm 左右的磁性 Fe_3O_4/Au 复合粒子。研究表明，Fe_3O_4/Au 纳米粒子在常温下表现出较好的顺磁性特征，并具有较为稳定的光学吸收特点，这为其在生物医学领域中的应用奠定了基础。

（6）水热法　水热法是指在特制的密闭反应容器（高压釜）里，采用水溶液作为反应介质，通过反应容器加热，创造一个高温高压的反应环境，使得通常难溶或不溶的物质溶解并且重结晶。对于制备磁性纳米粒子来说，水热法有较为明显的优点，一是相对高的温度有利于产物磁性能的提高，二是在封闭容器中进行，产生相对高的压强并避免了组分挥发，提高产物纯度。

全桂英等[453]以硝酸铁、草酸为原料，采用水热反应法合成球形 α-Fe_2O_3 纳米颗粒。利用 X 射线衍射仪（XRD）、扫描电子显微镜（SEM）对产物的物相和形貌进行表征，结果表明：水热反应温度的提高有利于 α-Fe_2O_3 晶体颗粒的晶化，并使其粒径分布均匀，形貌趋向于球形。

耿明鑫等[454]采用水热法制备 Fe_3O_4 磁性纳米粒子。为克服该领域普遍存在的氧化问题，通过完善制备工艺，调节前驱体配比，得到 Fe（Ⅱ）和 Fe（Ⅲ）离子摩尔比值 nFe（Ⅱ）：nFe（Ⅲ）$=1:1.25$ 为最佳配比，证明此工艺可有效阻止 Fe_3O_4 粒子的氧化行为。实验产物大部分为纳米级粒子，粒径较窄，表现出良好的超顺磁性。

（7）非铁氧化物纳米粒子　除了常见的以含铁盐来制备铁氧化物磁性纳米粒子之外，制备铁酸盐、对纯铁氧化物进行掺杂等方法也被运用到制备磁性纳米粒子中，其研究有逐步深化的趋势。

① 铁酸盐　Lopez-Santiago 等[455]使用了一种新型的方法来制备以钴铁酸盐微粒为核、聚合物为壳层的纳米粒子。该纳米粒子近似单分散，并且可以进一步嵌入聚合物基底以制造高透明度的聚合物基磁光材料。此性质可被应用于需求高灵敏度的磁场感应设备中。

Baykal 等[456]通过多元醇法合成了用三甘醇 TPEG 修饰的 $CoFe_2O_4$ 纳米粒子，平均粒径为 6nm。其交流电导率在低频下与温度相关，而在高频下与温度无关，这表明该粒子具有离子电导性。

② 掺杂其他元素　Padalia 等[457]以氨基盐的氢氧化物为沉淀剂，二价和三价的铁盐为原料，利用共沉淀法合成了 Fe_3O_4 纳米粒子，并掺杂 Ce 元素。经研究发现，该粒子回路的矫顽力随 Ce 掺杂量的增大而增大。

Kumar 等[458]利用原位化学氧化聚合法制备了钛掺杂的 γ-Fe_2O_3 和聚苯胺纳米复合材料。由于 γ-Fe_2O_3 纳米粒子的加入，制备的复合材料显示出更好的阻抗匹配，最终增加了它对电磁波的吸收。

18.2.3　磁性纳米粒子表面修饰

磁性聚合物基复合材料由有机聚合物基质与无机磁性纳米粒子复合而成。一般而言，有机聚合物材料多为非极性材料，而无机粒子之间以极性作用相连。两者直接以机械手段共混，即使在宏观上能达到相容，但是由于相分离严重，无法达到预期的制备结合两者优点材料的目的。因此，在实际的研究中，多数采用先对无机磁性纳米粒子进行表面修饰，而后再与聚合物基质相结合，成为合格的复合材料。

18.2.3.1　有机小分子修饰

修饰 Fe_3O_4 磁性纳米粒子的有机小分子主要是偶联剂和表面活性剂。对于亲油性的磁性纳米粒子，可通过修饰剂与稳定剂之间的特殊相互作用或通过配体交换反应来实现纳米粒子的水溶性和生物相容性。对于采用共沉淀法制备的无稳定剂修饰的纳米磁性粒子，可以先将其分散于水中，然后加入有机小分子，或者在制备粒子过程中加入有机小分子。

（1）偶联剂法　用于修饰 Fe_3O_4 纳米粒子的偶联剂主要为硅烷偶联剂。通过硅烷偶联剂处理后可在纳米 Fe_3O_4 表面引入反应性基团，从而为其进一步的功能化提供化学选择性[459]。

李文章等[460]利用 2-吡咯烷酮和乙酰丙酮铁为原料制备了粒径较均一、可控、结晶度高、磁响应较强的 Fe_3O_4 纳米粒子，这种方法可以制备出最小为 8nm 左右的纳米粒子。以 γ-氨丙基三乙氧基硅烷作为偶联剂，可有效地改善磁性 Fe_3O_4 纳米粒子表面的疏水环境。红外结果显示，经表面改性以后，—OH、—NH、—NH₂、—C—O、—C—OH 等多种功

能基团负载到磁性 Fe_3O_4 纳米粒子表面，增强了微球的生物相容性。

熊雷等[461]通过硅烷偶联剂在 Fe_3O_4 磁性纳米粒子表面引入 $Si-H$ 键，然后通过选择性的硅氢加成反应制备了一个端基带溴的磁性引发剂，并利用原子转移自由基聚合（ATRP）技术，在该磁性引发剂表面接枝了聚丙烯酰胺高分子。经聚丙烯酰胺修饰后的 Fe_3O_4 磁性纳米粒子仍具有较大的比饱和磁化强度（58.5emu/g），与未修饰纳米 Fe_3O_4 相比仅下降约 20%。由于采用 ATRP 方式合成，接枝的聚丙烯酰胺展现出分子量高度可控性和窄的分子量分布，这为其在生物医药上的应用提供了基础。

（2）表面活性剂法　通过表面活性剂修饰磁性纳米粒子的目的主要有两个：①通过控制胶束的结构和大小来控制纳米粒子的大小、形状；②降低纳米粒子表面能，防止团聚，改善其表面性能。

苏鹏飞等[462]采用高锰酸钾氧化油酸包覆的 Fe_3O_4 得到羧基功能化的亲水性磁性纳米粒子，其平均粒径为 9nm，内核为 Fe_3O_4，表面则是分布较为致密的修饰的单层壬二酸。功能化后纳米粒子的饱和磁化强度为 $64.5A \cdot m^2/kg$，矫顽力和剩磁近似为零。具有超顺磁性，可在 pH>7 的溶液中稳定存在，为进一步研究亲水性磁性纳米粒子吸附蛋白、固定化酶等方面的应用提供便利。该方法制备过程简单，成本低廉，具有潜在的应用价值。

18.2.3.2　有机高分子修饰

用于修饰 Fe_3O_4 磁性纳米粒子的生物相容性高分子有生物大分子和合成高分子两大类。

（1）生物大分子　生物大分子广泛存在于自然界中，人类最早使用的材料就是经过加工的天然生物大分子。利用它们进行表面修饰，可以有效改善磁性纳米粒子的生物相容性。

刘星辰等[463]使用化学共沉淀法合成了粒径为 10nm 左右的 Fe_3O_4 纳米粒子，然后用阿仑膦酸钠对其表面进行修饰，使其表面具有了功能化的氨基。表征的结果显示，磁性纳米粒子表面被成功地修饰上了一层双膦酸分子。修饰后纳米粒子的比饱和磁化强度为 $55.2A \cdot m^2/kg$。这种纳米粒子可在 pH=6.3 的条件下存放 4 周时间不产生任何聚集。实验得出其最佳使用 pH 范围是 6～9，这为其进一步的生物学应用奠定了基础。

（2）合成高分子　合成高分子修饰的最大优势在于可以利用多种合成高分子，通过采用不同的化学方法与纳米粒子一起合成各种粒子，达到改善相容性的目的。

孔丝纺等[464]以油酸包裹的 γ-Fe_2O_3 为磁性来源，选用苯乙烯（St）、二乙烯苯（DVB）和甲基丙烯酸（MAA）为共聚单体，通过改进的悬浮聚合法，制备了表面含有羧基的多孔磁性高分子微球。该微球具有多孔结构，且微球之间不发生团聚，微球粒子粒径分布均匀，大多数粒子粒径分布在 0.4～0.9nm。

蒋静等[465]运用原位溶液聚合法制备了聚苯胺-LiNi 铁氧体（$LiNi_{0.5}Fe_2O_4$）纳米复合物，铁氧体颗粒对苯胺聚合起到了核的作用，并完全被聚合物所包覆，聚苯胺-LiNi 铁氧体复合物在外加磁场下表现出具有亚铁磁性的磁滞现象，其矫顽力较小，适合作软磁材料。

18.2.3.3　无机材料修饰

用于修饰 Fe_3O_4 磁性纳米粒子的无机材料主要是 SiO_2，这是由于 SiO_2 具有下列优点：①可以屏蔽磁性纳米粒子之间的偶极相互作用，阻止粒子发生团聚；②具有优良的生物相容性、亲水性以及非常好的稳定性；③采用水解有机硅氧烷的方法制备尺寸均一的 SiO_2 微球技术已经相当成熟，为制备高质量的磁性微球提供了保证。

刘海弟等[466]向硅酸四乙酯凝胶体系中加入纳米 Fe_3O_4，制得了高比表面积的 SiO_2/Fe_3O_4 复合材料，该复合材料的吸附表面存在大量的硅醇基团，可利用硅烷偶联剂进行表面基团的进一步调控。

除 SiO_2 外，还可用其他种类的无机材料如 Au、Ag 等修饰磁性纳米粒子，得到具有核壳结构的复合粒子。Silva 等[467]使用两步法制备了被银包覆的 Fe_3O_4 纳米粒子。首先他们用细乳液法制备了大小为 9～11nm 的 Fe_3O_4 纳米粒子，随后使用葡萄糖作为还原剂在纳米粒子表面均匀地包覆上一层 2nm 的银，制得具有核壳结构的 Ag/Fe_3O_4 纳米复合粒子。

18.2.4　磁性聚合物基纳米复合材料

磁性聚合物基纳米复合材料可以根据其在空间中的维数分成：磁性聚合物微球（0 维）、纳米纤维（1 维）、薄膜（2 维）以及多层或三维固体等等。下文就将按此顺序依次介绍。

18.2.4.1　磁性聚合物微球

磁微球是指通过适当方法使高分子与具有一定磁性的无机物形成表面具有特殊功能团的复合微球。这种微球由于其特殊的结构而兼具高分子和磁性无机物的特点。因此，它在许多研究领域显示出强大的生命力，成为研究的热点[468,469]。

用于制备磁性纳米微球的高分子可分为天然和人工合成两大类高分子。目前，有关有机高分子/Fe_3O_4 磁性纳米微球的研究主要集中在两方面：一方面是合成 Fe_3O_4 粒子含量高、尺寸均一的聚合物磁性微球；另一方面是发展具有明确核壳结构的聚合物/Fe_3O_4 复合粒子。

（1）天然高分子　天然生物大分子价格低廉，来源广泛，具有很好的生物相容性和生物降解性。磁性纳米粒子与天然高分子一起制备微球，可以极大地改善磁性微球的生物相容性，并赋予其特殊的生物活性。

李玉慧等[470]通过合成油酸修饰的 Fe_3O_4 纳米粒子和羧甲基壳聚糖（cmcs）直接包埋油酸修饰的 Fe_3O_4 纳米粒子（OA-Fe_3O_4 NPs），的两步合成法制备了羧甲基壳聚糖磁性纳米粒子（cmcs－OA－Fe_3O_4 NPs）。所得磁性纳米粒子呈规则球形，粒径约为 10nm；表面含羧基，且具有很好的顺磁性和稳定性。

周利民等[471]将壳聚糖进行羧甲基化改性，再经碳二亚胺活化，将其包覆在 Fe_3O_4 纳米粒子表面，制备了 Fe_3O_4/CMC 纳米粒子。所得纳米粒子粒径约 10nm，Fe_3O_4 含量 36%。Fe_3O_4/CMC 纳米粒子具有超顺磁性，饱和磁化强度 25.73emu/g，并且有良好的磁稳定性，可用于分离材料以及酶、蛋白质、药物和 DNA 的载体。

（2）人工合成高分子　在实际生产生活中，天然高分子有着一些固有的缺点，同时它们的产量有限，在一些领域的应用受到一定限制。通过人工手段合成高分子，可在一定程度上解决这些问题，因此人们也对合成高分子参与制备磁性微球进行了大量的研究。

① 乳液聚合法　龚涛等[472]首先用改进的细乳液聚合制备了 Fe_3O_4/P（MMA/DVB）微球；然后，加入总量不同的苯乙烯（St）、甲基丙烯酸缩水甘油酯（GMA）和二乙烯基苯（DVB），通过种子乳液聚合，制备了不同磁含量的具有核-壳-壳结构的 Fe_3O_4/P（MMA/DVB）（核）-P（St/GMA/DVB）（壳）磁性复合微球。该微球具有超顺磁性，相应的饱和磁化强度为 12～50A·m²/kg。

黄菁菁等[473]用化学共沉淀法制备了 Fe_3O_4 纳米粒子，并用油酸和十二烷基硫酸钠对 Fe_3O_4 纳米粒子进行表面修饰，得到了稳定的水分散性纳米 Fe_3O_4 磁流体。在 Fe_3O_4 磁流体存在下，以苯乙烯和丙烯酰胺为单体，采用微波辐射乳液聚合法制备了 Fe_3O_4/聚（苯乙烯-丙烯酰胺）磁性高分子微球。通过该方法可以制得粒径为 70～80nm，磁含量为 18.2% 的磁性高分子微球。

② 悬浮聚合法　梁方毅等[474]以苯乙烯、二乙烯苯为单体，BPO 为引发剂，聚乙烯醇为分散剂，采用悬浮共聚方法制备了磁性高分子复合微球。当分散剂含量在 0.4% 左右、搅拌转速控制在 180r/min 左右时，微球粒径分布较窄，且集中在 30～60 目。制得的微球具有超顺磁性，其磁感应强度可以通过磁性粒子的含量进行调节。

薛屏等[475]选择甲酰胺作磁性 Fe_3O_4 微晶的分散剂，通过设计反相悬浮聚合体系，合成了粒径分布窄、球状含环氧基磁性聚合物（MGM）的 Fe_3O_4，微晶表面的亲水性进一步增强。单体甲基丙烯酸缩水甘油酯和 N,N'-亚甲基双丙烯酰胺交联共聚生成的胶粒能够包埋 Fe_3O_4 微晶形成胶核，胶核聚集形成均匀、稳定的 MGM 微球。

③ 原位生成法　原位生成法可分为两种，一是指先制备适当的高分子，然后无机颗粒以高分子为模板通过化学反应原位生成，从而实现磁性微球的制备；或是在磁性颗粒存在的情况下，高分子单体在其表面原位聚合形成高分子，生成复合粒子。

Wu 等[476]以马来酰亚胺苯甲酸（MBA）作为修饰剂，利用其羧酸官能团与 Fe_3O_4 上的羟基反应合成了 MNP-MBA 前体，通过原位本体 DA 聚合制备了一系列不同配比的聚苯并噁嗪/Fe_3O_4 磁性纳米粒子。苯并噁嗪提高了粒子在溶液中的溶解性。聚苯并噁嗪/Fe_3O_4 磁性纳米粒子的饱和磁化强度值达到 51.9emu/g，显示出它具有很好的超顺磁性。

④ 静电自组装　文德等[477]以微乳液聚合法制取的聚（苯乙烯-丙烯酸）[P（St-co-AA）] 带负电的高分子微球为模板，与部分还原法所制纳米 Fe_3O_4 通过静电自组装制备粒径 $1\mu m$ 的磁性高分子微球。pH 值、搅拌速率等都对微球的制备产生影响。pH 值为 3 时，磁粉含量最高，形貌规整；同时搅拌速率也不宜过快。

⑤ 其他制备微球方法　杜雪岩等[478]以 PEG-4000 为表面活性剂，采用化学共沉淀法可制得粒径均匀、分散性良好的 Fe_2O_3 纳米颗粒。采用分散聚合法，以苯乙烯为单体，聚合包覆以上改性后的 Fe_2O_3 纳米粒子，可得到磁性聚苯乙烯微球。磁性聚苯乙烯微球的矫顽力趋近于 0，微粒呈现出超顺磁性。

18.2.4.2　纳米纤维（一维）

纳米纤维是指纤维直径小于 100nm 的超微细纤维。这里介绍的纳米纤维均为广义上的纳米纤维，即将纳米粒子填充到纤维中，对其进行改性后的产物。与 0 维的高分子微球相似，研究者同样利用天然纤维和人工合成的纤维为原料，与磁性纳米粒子一起制备出功能各异的复合纤维材料。

（1）天然纤维　唐爱民等[479]以天然木棉纤维为基材，用原位复合法制备磁性纳米复合纤维。研究表明：预处理后木棉纤维是有效的模板材料，磁性粒子不仅在纤维表面还可在纤维空腔内复合，粒径为 30～100nm，晶体类型为 γ-Fe_3O_4；静磁场熟化复合的铁含量最高为 7.54%（质量分数）。SQUID 的磁化曲线表明，制备的木棉/磁性纳米复合纤维具有超顺磁性。

（2）人工合成纤维　高云燕等[480]采用共沉淀法制备了 Fe_3O_4 磁性纳米粒子，将其负载于氨基吡啶修饰多壁碳纳米管（MWCNT-AP）上，扫描电镜（TEM）结果表明：Fe_3O_4 磁性纳米粒子多集中于碳纳米管 MWCNT-AP 的端部，这使得 Fe_3O_4/MWCNT-AP 复合物具有良好的分散性和超顺磁性。

Sung 等[481]等利用磁流体改善了在纳米纤维中纳米粒子不能良好定向分散的问题，并在此基础上将其与 PET 混合通过共轴静电纺丝制备了具有良好超顺磁性的核鞘结构纳米复合纤维。在磁场中，制备的纳米纤维表现出良好的响应行为和机械性能。

Ahn 等[482]利用静电纺丝制备了铁氧化物纳米粒子/PET 复合纳米纤维网。研究发现，随着铁氧化物纳米粒子的集中，纳米纤维的直径也随之增大。SQUID 的测试结果表明，在零场时，该纳米纤维网表现出超顺磁性并伴随有少量剩磁。在外场的作用下，磁性纳米纤维的抗弯刚度、拉伸性能和弹性模量均有所提高。

18.2.4.3　纳米薄膜材料（二维）

纳米薄膜材料是一类具有广泛应用前景的新材料，接用途可以分为两大类，即纳米功能薄膜和纳米结构薄膜。前者主要是利用纳米粒子所具有的特性，通过复合使新材料具有基体所不具备的特殊功能。后者主要是通过纳米粒子复合，提高材料在机械方面的性能。

张燚等[483]利用高温分解法制备了粒径为 18nm 的 Fe_3O_4 磁性纳米粒子，并进行羧基修饰，然后与聚乙烯亚胺修饰的石墨烯进行交联，制得功能化的氧化石墨烯复合材料。该材料具有较好的超顺磁性，并将在磁靶向载药、生物分离、磁共振成像，以及在去除污水中稠环污染物等领域获得广泛的应用。

Bhatt 等[484]利用旋涂技术将 Co_3O_4 纳米粒子和聚偏二氟乙烯混合制备了复合材料薄膜。该薄膜具有多孔的表面，并且孔的数量会随着 Co_3O_4 量的增加而减少，同时 Co_3O_4 也降低了聚合物的结晶能力，该复合材料的饱和磁化强度会随着 Co_3O_4 加入量的增加而增加。

18.2.5　磁性纳米聚合物基复合材料的实际应用

18.2.5.1　生物医学

磁性纳米粒子因其独特的性质，在生物医学领域得到了日益广泛的应用。与聚合物一起制备的复合材料，既拥有纳米粒子的超顺磁性和纳米效应，又因为高分子的作用改善其生物相容性。

张磊等[485]用戊二醛为交联剂，对壳聚糖进行交联，并向其中添加制备好的用聚丙烯酸（PAA）包裹的水溶性四氧化三铁（Fe_3O_4）纳米粒子（PAA-Fe_3O_4），制成了掺杂的壳聚糖水凝胶。Fe_3O_4 均匀分布其中，并显示出良好的弹性模量，是一种有潜力的烧伤瘢痕增生抑制辅助用凝胶材料。

Wei 等[486]利用静电自组装的方法制备了核壳结构的 Fe_3O_4-石墨烯纳米粒子。该粒子在水中分散良好，同时具有较高的饱和磁化强度和灵敏的磁响应。研究发现，该粒子对 BSA 蛋白质吸收容量大，速度快，这说明作为壳核磁性复合材料的壳层材料，该粒子优于现有的聚合物和硅，也表明它在磁性生物分离上具有很高的潜力。

18.2.5.2　吸波屏蔽

铁氧体是常见的吸波材料之一，但是其密度过大，限制了其应用范围。将铁氧体制成纳米尺度的粒子后再与聚合物复合，可以将其有效分散，充分利用其吸波性能，同时降低成本，最终可达到同样的效果。

Cui 等[487]以 Fe^{3+} 和过硫酸铵作为氧化剂利用两步氧化聚合法制备了 FMS（Fe_3O_4 微相）/PANI 纳米复合材料。研究表明，Fe_3O_4 使该材料的特征阻抗和反射损耗有了极大的提高。通过调节材料的厚度和两者的配比，该材料可以在很大频率范围内表现出强烈的反射损耗。该材料与传统的制备方法相比，具有更好的微波吸收能力。

Varshney 等[488]以十二烷基磺酸钠为乳化剂，通过微乳液聚合制备了铁氧化物/聚吡咯纳米棒状铁磁性复合材料。该复合材料的电导率在 10^{-2} S/cm 数量级上，饱和磁化强度则为 35emu/g。质量比 1∶3（聚合物∶纳米粒子），显示出良好的微波吸收效果。

Kumar 等[489]以十二烷基苯磺酸作为掺杂剂,利用原位化学氧化聚合法制备了钛掺杂的 γ-Fe_2O_3 和聚苯胺纳米复合材料。该复合材料直至 260℃ 仍保持热稳定性,此时仍具有 10emu/g 的磁化值。在 12.4～18GHz 范围内,该材料显示出了较好的屏蔽效果。

18.2.5.3 改善力学性能

由于磁性纳米粒子属无机相分散在聚合物的有机相中,因此在某种程度上,它也可以看成是一种多功能的填料,既为复合材料带来了特殊的磁性能,也改善了它的力学性能。

Zhong 等[490]采用油酸修饰了 ATP(凹凸棒石)-Fe_3O_4 磁性纳米粒子,并以此为基础利用辐射本体原位聚合法与 PS 一起制备了三组分纳米复合材料。与简单混合 ATP 和 Fe_3O_4 的三组分复合材料相比,ATP 和 Fe_3O_4 相结合能避免磁性组分的聚集。同时,也能有效提高材料的力学性能。

Wu 等[491]将马来酸亚胺修饰的 Fe_3O_4 作为前体,通过本体 DA 聚合制备了一系列不同配比的具有超顺磁性的聚苯并噁嗪修饰的 Fe_3O_4 磁性纳米粒子。该研究小组还制备了不同配比的 PBz/MNP-PBz 纳米复合材料,其中质量分数为 67% 的配比显示出良好的弹性模量、饱和磁化强度以及较高的玻璃化转变温度。

Gonzalez 等[492]通过共沉淀法在氨基盐水溶液中以二价和三价铁盐为原料制备了用油酸修饰的磁性纳米粒子,粒子的直径为 10nm。制备的纳米粒子通过共溶剂法分散在 HDGEBA(双酚 A 二缩水甘油醚)中,并使用 m-间苯二甲胺作为固化剂最终制得热固性纳米复合材料。研究小组发现,当纳米粒子含量低于 1%(质量分数)时,复合材料的 T_g 随着纳米粒子含量的增加而增加;而含量高于这一数值时则相反。

18.2.5.4 磁致形状记忆

该类复合材料是在形状记忆聚合物中加入磁性粒子,而使其具有磁致性能,在交变磁场中可以远程控制加热进行形状恢复。一种典型的形状记忆循环是通过将材料加热到 T_g 以上使得材料的链运动和分子运动增加,通过外力使材料变形,冷却后材料保持内应力,然后通过交流磁场的作用诱导磁性粒子产生热量并使材料温度升高,当温度达到材料中可逆相的软化温度,产生高弹形变,未完成的可逆形变在内应力的驱使下完成,从而诱导材料形状回复[493]。

周绍兵等[494]制备了不同 Fe_3O_4 含量的磁致形状记忆聚乳酸,并对该材料的形状记忆性能进行了研究。从表 18-1 中可以看出,随着 Fe_3O_4 含量的增加,材料的磁场响应时间、回复时间逐渐减小,回复率逐渐降低。说明产热效率随着磁性粒子的增加而增加,但是随着磁性粒子含量的增加,使得材料的形状记忆性能有所降低。

表 18-1 不同 Fe_3O_4 含量聚乳酸的磁致形状记忆性能

D,L-聚乳酸 /Fe_3O_4	Fe_3O_4 含量 /g	磁场响应时间 /s	形变回复时间/s		回复率/%	
			磁场中	热水中	磁场中	热水中
1/0	0	0	0	55	0	79.5
3/1	0.50	45	75	40	98.0	98.8
2/1	0.66	35	45	35	98.3	99.0
1/1	1.20	15	35	30	91.5	93.0

Yang 等[495]利用油酸修饰了 Fe_3O_4 纳米粒子,该粒子能在甲苯中以纳米尺度良好分散。随后,研究小组将该粒子与以聚降冰片烯为基的共聚物共混,制得磁致形状记忆纳米复合材料。虽然加入的 Fe_3O_4 纳米粒子对材料的回复率略有影响,但由于改性的磁性纳米粒子对

热的传导，最终减少了材料形变回复时间，而且改善了材料的热稳定性。

Razzaq 等[496]研究了不同 Fe_3O_4 含量的磁致形状记忆聚氨酯的热、电以及磁性能，并在场强为 4.4kA/m、频率为 50Hz 的交流磁场中对该材料的形状记忆性能进行了研究。研究发现，随着磁性粒子含量的增加，材料的导电性和导热性逐渐增加，并且证明在低频率、低场强的交变磁场中该材料也能实现形状记忆回复。

Yoonessi 等[497]以热塑性弹性体聚氨酯为原料，用溶液浇铸法制备了 $MnFe_2O_4$/TPU 复合薄膜形状记忆材料。在较低磁性粒子含量（0.1%，质量分数）下，该材料在静磁场中也能达到较大的变形（＞10mm）。同时，薄膜的磁致变形程度会随着粒子含量的增加而增加。

Christopher 等[498]通过自由基聚合制备了含不同质量分数 Fe_3O_4 纳米粒子的以甲基丙烯酸酯为基础的热固性交联复合材料。研究显示，复合材料的形变恢复与纳米粒子的含量呈线性关系，与交联密度无关。纳米粒子的加入不仅导入了远程控制形状记忆效果，同时也影响着复合材料的力学性能。

18.3　其他聚合物基纳米复合材料

18.3.1　聚合物/石墨纳米复合材料

国内外对聚合物/层状无机填料纳米复合材料的研究进行得异常活跃[499]。石墨由于具有与黏土类似的层状结构，并具有优良的导电、耐热等性能，可以进行类似的插层，从而引起人们的广泛重视，研究者一直在探索石墨如何像黏土那样与聚合物构成纳米复合材料。因此，聚合物/石墨基纳米复合材料的研究成为研究者广泛关注的焦点[500]。

18.3.1.1　天然石墨的特点

石墨是自然界广泛存在的矿物之一，属于非金属矿物。采用石墨生产的产品有"铸选用材料（涂料、糊剂、分模粉）、坩埚、润滑剂、铅笔芯、耐火材料、电池电极和电碳制品。我国石墨矿资源相当丰富，全国 20 个省（区）有石墨矿产出，探明储量的矿区有 91 处，总保有储量居世界第一位。从地区分布看，以黑龙江省拥有最多的石墨矿，占全国石墨矿的 64.1%，其次四川和山东石墨矿也比较丰富。

石墨矿在工业上可分为两类：晶质（磷片状）和隐晶质（土质）。其中，晶质石墨矿又分为鳞片状和致密状两种形态[501]。晶质石墨多为集合体，其晶体也有大小之分，小晶体的粒径范围为 0.05～0.15mm，大晶体的粒径范围为 5～10mm。隐晶质石墨的粒径较小，一般小于 $1\mu m$，是一种微晶集合体，其晶形只有借助显微镜才能被观察到。与鳞片状石墨相比，隐晶石墨的工艺性能较差，因此工业上应用较多的是鳞片状石墨。鳞片状石墨有着 99% 的石墨化程度[502]，使其各项性能较无定形石墨有较强的方向性。因此，鳞片状石墨有较大的研究价值和应用价值。

鳞片状石墨的结构是一种由六角环网状结构构成的多层叠合体。在六角环侧面上，碳原子是以 sp_2 杂化轨道电子形成的 s 键及 P_z 轨道电子形成的 P 键相连接[503]。其中，C—C 键长为 0.142nm，平均键能为 627kJ/mol；而相邻六角网格层面层间距为 0.3354nm，仅以较弱的范德华力结合，其结合能仅为 5.4kJ/mol[504]。分子中碳原子电负性呈中性[505]，其电负性为所有元素的中间值 2.55。

石墨的基本特征如下[506~508]：石墨的熔点为（3850±50）℃，沸点为 4250℃，在高温作用下，石墨的质量损失较小；石墨的强度随温度升高而加强，在 2000℃时，强度可提高一倍。石墨的导热性比一般非金属高一倍以上，超过钢、铁、铅等金属材料，但是它的热导率随温度升高而降低。石墨的润滑性能与石墨鳞片的大小有关，鳞片越大，摩擦系数越小，润滑性能也就越好。此外，石墨具有较小的膨胀系数。石墨具有一定的化学惰性，只有王水、铬酸、浓硫酸及浓硝酸等强酸才能对它有一定侵蚀作用。它能抵抗温度在沸点以下任何浓度的其他各种酸的侵蚀。至于盐类溶液，只有强氧化溶液如重铬酸钾、重铬酸钠及高锰酸钾对其有一定侵蚀作用，对沸点以下的其他各种盐类溶液都体现出较好的稳定性。

18.3.1.2　膨胀石墨和石墨插层化合物

1841 年，Shafautl 发现了石墨浸入浓硫酸和浓硝酸混合液后发生的膨胀现象，此后膨胀石墨作为商业化产品被广泛地应用于密封行业。1963 年和 1966 年，美国联合碳化物公司首先分别在美国和英国取得了膨胀石墨密封材料的相关专利；1968 年美国联合碳化物公司开始了膨胀石墨的工业化生产[509]。膨胀石墨的许多优异性能陆续被发现和挖掘出来，在很多领域显示出极大的应用潜力，使其得到迅速发展，成为当今世界上一种多功能多用途的新型碳素材料。

石墨是一种典型的层状结构材料，其各层面间由较弱的范德华力连接，层面与层间键合力之间存在着巨大的差异，这样的结构特点决定了它像其他层状化合物一样，如黏土矿物，可以与电子给予体（donor）和电子受体（acceptor）型的有机、无机分子发生插入反应，形成分阶（stage）结构[510,511]。可以通过物理或化学的方法将其他异类粒子如原子、分子、离子甚至原子团插入到石墨的层间，形成一种新的层状化合物，这种化合物被称为石墨插层化合（graphite intercalation compounds，GIC）。其结构见图 18-7[512]。

所谓阶（stage），是指每隔 n 层石墨有一层外来插入物，就叫 n 阶 GICs。在石墨层间化合物中虽然非碳质反应物（原子、分子、离子或粒子团）已经插入石墨层间，和碳素的六角平面结合，该石墨插层化合物此时仍然保持了石墨层状结构的晶体结构。这种晶体结构上的特点使外来反应物形成独立的插入物层，并在石墨的 C 轴方向形成超点阵，因此从结构尺度上讲，GIC 是一种纳米复合材料。

日益发展的高科技，对材料的性能要求也日益增加。目前，单纯的石墨很难满足现代工

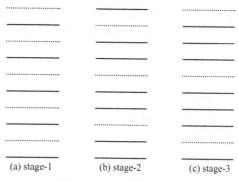

图 18-7　GIC 结构示意图

业的需求，取而代之的是逐渐发展的以石墨为基质的复合材料。在石墨的层状结构中，插入功能性的聚合物后，材料的层面和整体结构参数会发生较大的变化，导致其光、电、磁、催化、机械等性能发生显著的变化[513]。不同的石墨层间插入物，可形成不同性能的石墨层间功能材料，如高导热高导电材料、发热材料、密封材料、吸附材料、催化剂等，从而应用于食品、医药、电力、化工、冶金、机械甚至航空等领域[514]。

18.3.1.3　聚合物/石墨纳米材料的制备

以有机聚合物为介质的石墨纳米复合材料由于其综合了石墨、聚合物及纳米材料的优良特性，在光学、电子学、机械和生物学许多领域具有广阔的应用前景，吸引了众多的科技工

作者从事这类纳米复合材料的设计、制备以及性质研究[515]。以下介绍了目前制备聚合物/石墨纳米复合材料的方法。

(1) 插层复合 (intercalation) 法　插层复合法是制备聚合物/石墨纳米复合材料最常用的方法。根据不同的复合过程形式，插层复合法又可分为插层聚合和聚合物插层。插层聚合首先分散聚合物单体，并插层进入石墨层间，然后原位聚合，原位聚合过程放出的大量热量可克服石墨层与层间的分子间作用力，使其剥离，达到聚合物与石墨微片以纳米尺度复合的目的。聚合物插层是将聚合物熔体或溶液与石墨混合，利用化学或热力学使聚合物均匀分散在石墨基体中。但是聚合物插层法一般由于进行插层的分子较大，进入层间存在空间位阻，所以目前主要采用插层聚合-原位复合的方法[516]来制备纳米复合材料。

(2) 碱金属插层聚合法　大分子的聚合物不易进入石墨层间，只有不饱和烃的低聚物或小分子才能插入层内，故可以通过碱金属插层的方法进行共插层聚合。该方法首次由 Podall 等于 1958 年提出[517]。近年来，Shioyama 等[518]研究了用 RbC24、CsC24、KC24 和 KC8 与橡胶、1,3-丁二烯和苯乙烯的蒸气进行插层聚合，发现了石墨层片可以层状剥离，并对插层复合的反应机理、产物的机械特性、热稳定性等都进行了研究。

以 PS/石墨纳米复合体系为例[519]，碱金属插层聚合法的主要过程如下：把自然片状石墨和钾金属置于含有萘的四氢呋喃 (THF) 溶液中，制成 K-THF-GIC，然后把制备好的 K-THF-GIC 迅速加入新蒸馏的 THF 中，再注入聚合物单体使其聚合。以该法制备的石墨纳米复合物中，石墨被剥离，以纳米尺寸分散在基体中，如 K-THF-GIC 引发聚合过程，石墨以小于 100nm 厚度的尺寸分散在聚合物基体中。这表明在碱金属插层聚合过程中，聚合物单体可以插到石墨层间并引发聚合。

(3) 聚合物/石墨纳米薄片分散复合法　直接将膨胀石墨与聚合物复合存在许多难以克服的问题，如加工条件对导电性、力学性能的影响，这是由于膨胀石墨的特殊结构与性质，如易断裂、易团聚等。为了解决这些问题，可通过超声[520]将膨胀石墨制成完全游离的石墨纳米薄片，再与聚合物单体进行原位聚合。其主要过程是：将制备好的膨胀石墨放入酒精溶液中，超声一定时间，制得石墨纳米薄片。将该纳米薄片与聚合物单体混合，在一定的外加条件下引发聚合，即可制成聚合物/石墨纳米薄片复合材料。研究表明，对于纳米薄片在基体中的分散、减少团聚，超声是一个行之有效的办法，它可以将石墨纳米薄片较为均匀地分散在基体中，其过程如图 18-8 所示。

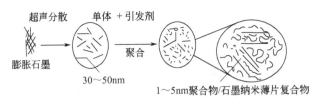

图 18-8　聚合物/石墨超声复合示意图

18.3.1.4　聚合物/石墨基纳米复合材料的性能及应用现状

石墨有着与黏土形似的层状结构，并且石墨是比强度最高的无机材料之一，因此石墨及其复合材料一直是新材料领域的研究热点。石墨的导热、导电性能优良，可以作为填充剂改善聚合物较差的导热、导电性能。除此之外，石墨独特的片层结构可以使聚合物拥有优异的润滑性和耐磨性。与黏土相比，石墨的低密度使其在聚合物有较好的分散性。聚合物/石墨纳米复合材料因具有耐高低温、耐腐蚀、耐辐射、不渗透、自润性、柔软性、回弹性、低密度、氧化性小、表面活性等许多优良的特性，应用极其广泛。

（1）导电性能　由于石墨优良的导电性能，聚合物/石墨纳米材料可以被制作成导电材料。粉末状石墨往往以填充料的形式与聚合物复合，且粉末状的石墨的填充量较大。以膨胀型石墨代替粉末状石墨，可以大幅度减少复合材料中的石墨填充量。由常规的粉末状石墨/聚合物制备的导电材料，其逾渗阈值为 $15\%\sim20\%$，电导率为 $10^{-4}\sim10^{-7}\,S/cm$；而由膨胀型石墨/聚合物制备的导电材料，其逾渗阈值则低于 3%，电导率可达到 $10^{-2}\,S/cm$ 以上[521]。目前，常见的用于制备聚合物/石墨纳米导电材料的聚合物有：聚甲基丙烯酸甲酯[522]、聚丙烯（马来酸酯接枝）、聚苯乙烯[523]、聚苯胺[524]、尼龙 6、聚甲基丙烯酸甲酯-聚苯乙烯等。

（2）吸附性能　由高温得到的膨胀石墨因有较为丰富的孔状结构，其吸附性能较强。吸附性能好的材料往往被应用于环保领域，通过对污染物的吸附达到治理污染、清洁环境的目的。所以，与膨胀型石墨相关的吸附材料的研制，越来越引起各科研单位的重视，而不只是石墨生产过程的中间态[525]。

在工业废水治理等环保领域，往往采用多种材料、多种方法并用的形式，以达到最佳的治理效果。膨胀石墨可作为微生物的良好载体[526]，被应用于化工废水的处理；尤其对油脂类有机大分子的处理过程中，膨胀石墨体现出稳定的化学性能，及相对容易的再生复用性，使膨胀石墨拥有较好的应用前景。

（3）阻燃性能　可膨胀石墨在阻燃过程中可形成稳定的膨胀炭层，膨胀炭层具有很好的抗火能力，在火灾中能够抵抗火焰的侵袭，进而发挥有效的隔热、隔氧作用，阻断了火焰和基材之间的物质和热量的传递，延缓或抑制了聚合物的热降解或热氧化降解的进程，最终达到阻止燃烧的目的[527]。同时可膨胀石墨在膨胀过程中要吸收大量的环境热量，达到降低体系温度的效果。其自身在火灾中的热释放率很低，质量损失很小，产生的烟气很少，因而可作为一种无卤、高性能、对环境友好的阻燃剂广泛使用[528]。

此外，以氧化石墨为阻燃添加剂，已制备出多种聚合物/石墨纳米阻燃复合材料，主要有无卤氧化石墨/低密度聚乙烯纳米阻燃复合塑料[529]、氧化石墨阻燃橡胶[530]、聚乙烯醇/氧化石墨纳米阻燃复合材料[531]。将石墨用于阻燃材料的研究，在日本已进行了多年的研究，并投入了工业应用，在我国这方面仍处在实验室研究阶段。

18.3.2　聚合物/碳酸钙纳米复合材料

碳酸钙作为填料已有很长的历史，因其储量丰富、制备简单而被广泛应用于塑料工业中，主要以降低成本为主要目的。随着研究的深入，用碳酸钙填充塑料也可以做到不明显影响产品的性能，甚至可以提高力学性能等多方面性能。

碳酸钙的粒度可以有很多种。纳米碳酸钙是 20 世纪 80 年代发展起来的一种新型超细固体粉末材料，其粒度介于 $0\sim100\,nm$，它包括超细碳酸钙（粒径 $0.02\sim0.1\,\mu m$）和超微细碳酸钙（粒径 $\leqslant0.02\,\mu m$）两种碳酸钙产品[532]。由于纳米碳酸钙粒子的超细化，其晶体结构和表面电子结构发生变化，产生了普通碳酸钙没有的量子尺寸效应、小尺寸效应、表面效应和宏观量子效应[533]。由于活性纳米碳酸钙表面亲油疏水，与树脂相容性好，用于塑料制品的加工时可有效改善塑料的刚性、韧性、弯曲强度和弯曲模量、流变性能，进而改善制品的加工性能、尺寸稳定性能、耐热稳定性。填充料的添加不仅减少树脂用量，降低生产成本，而且具有增强、增韧作用，提高制品的光泽度，在市场中极具竞争力。

18.3.2.1 纳米碳酸钙的制备

纳米碳酸钙的制备方法主要有复分解法、碳化法、乳液法、凝胶法、非冷冻法等[534]。

(1) 复分解法　水溶性钙盐（如氯化钙等）与水溶性碳酸盐（如碳酸铵或碳酸钠等）在特定条件下反应，通过控制反应温度、反应物浓度及 pH 值等条件可制得不同晶形的纳米级碳酸钙。该反应的优点是产品纯度高，缺点是晶形不易控制，因而制备时一般较少采纳此法。

(2) 碳化法　碳化法是利用石灰石（主要成分为 $CaCO_3$）高温煅烧制得 CaO，再通过 CaO 消化得 $Ca(OH)_2$ 浆液，此浆液与 CO_2 发生碳化制得碳酸钙。得到的碳酸钙通过过滤、干燥、改性等操作便能得到最终的纳米级碳酸钙。是目前国内较为成熟的一种方法。根据碳化工艺的不同又可将碳化法分为三种：间歇鼓泡碳化法、连续喷雾碳化法和超重力碳化法。

间歇鼓泡碳化法是通过将 $Ca(OH)_2$ 浆液加入到碳化塔内，并保持一定的液位，在控制低温的条件下，间歇地通入 CO_2，以制备所要求的产品。此方法操作简便、成本低，是目前国内外大多数厂家所采用的工艺。但生产效率低，气液接触差，因而晶形不易控制，导致不同批次重现性差。该法又可分为普通间歇鼓泡碳化法和搅拌式间歇鼓泡碳化法[535]。两者最大的区别是加入了搅拌装置，搅拌式间歇鼓泡碳化法是通过搅拌打碎 CO_2 气泡，提高气体分散度，增大气液接触面积来加快反应进程的。

连续喷雾碳化法是将精制的石灰乳浆液配置成所需浓度，加入适量的添加剂，充分混匀后泵入喷雾碳化塔顶部雾化器中[536]，雾化成微小的雾滴；同时混合干燥的 CO_2 从塔底通入，通过扩散作用均匀地分散在塔中，通过逆流，气液两相充分接触，瞬时发生反应。由于以液体作为分散剂进行气液传质反应，大大增加了气液接触面积，且可以连续生产，因而制得的产品晶形稳定，效率高。不足之处是成本高、能耗大、喷嘴易堵塞等。

超重力碳化法是指 $Ca(OH)_2$ 乳液在超重力反应器中通过高速旋转的填料床，获得比重力加速度大 2～3 个数量级的离心速度，进而使乳液被填料破碎成极小的液滴、液丝和极薄的液膜，高度分散，极大地增加了气液接触面，强化了碳化速度，同时还能控制晶体的粒径范围。该法与前两种碳化法相比，具有设备体积小、产品纯度高，不添加生产抑制剂亦能获得要求性能的产品的优点。

(3) 乳液法　乳液法可分为微乳液法和乳状液膜法。微乳液法主要利用微乳液中液滴大小可控的特性，将可溶性碳酸盐与钙盐分别溶于组成完全相同的微乳液中，再混合反应，由于反应被控制在较小的区域内进行，因而可得到纳米级碳酸钙晶粒，再将其与溶剂分离，即得产品。而乳状液膜法则是利用孔径为几个微米或几十微米的膜材料作为分散介质，分散相压入到连续相中时，被微小孔膜剪切成微小粒径的液滴，进入连续相，从而实现微米尺度的相互混合。乳液法的优点是可控制反应区域，因而不需要晶形控制剂，而且能耗低，气体利用率高。

(4) 凝胶法　凝胶法是从凝胶的两端或一端让 CO_3^{2-} 和 Ca^{2+} 扩散，在凝胶内生成结晶体的方法。对于研究而言，这种方法的优势是晶体的生成过程能够清晰地被观察到，因而对于研究晶粒控制有很大的帮助。

(5) 非冷冻法　非冷冻法是在间歇碳化法的基础上，通过加入各种分散剂，在碳化塔内与浆液反应，取消了冷冻控温系统，减少成本，降低耗能。此法生产的产品粒度可通过调节分散剂配方和用量来调控，且粒度分布窄；干燥前表面处理还可以防止纳米粒子在干燥阶段团聚，提高分散性，满足不同产品的需求。

18.3.2.2　纳米碳酸钙的表面处理

纳米碳酸钙粒径小、表面能高，易相互团聚，且粒子表面亲水疏油，与基体的界面结合力较差，因而使复合材料性能下降。为了提高其在复合材料中的分散性，增强与基体的亲和力，通常采用适当的改性工艺及方法对其进行表面处理，进而拓宽其应用范围。

纳米碳酸钙表面改性方法主要有干法、湿法。干法是将纳米碳酸钙粉末、表面改性剂加入到高速捏合机，通过充分时间、转速的高速捏合，使表面改性剂形成对纳米碳酸钙粒子的包覆，从而改变其表面性质[537]。湿法改性是将表面改性剂和纳米碳酸钙溶解在溶液中，形成碳酸钙的过饱和溶液，再通过搅拌的方式，控制搅拌速度、时间、温度使表面改性剂完成对纳米碳酸钙的包覆，之后再通过物理手段进行过滤、干燥、筛分等提纯操作，最终得到经过表面改性的纳米碳酸钙粒子，是目前较为常用的纳米碳酸钙表面修饰方法[538,539]。

按改性剂的种类又可以分为偶联剂表面改性、表面活性剂类表面改性、聚合物改性、无机物表面改性等。

（1）偶联剂表面改性　偶联剂的极性基团具有亲水性，可以与纳米碳酸钙表面的基团和化学键进行反应，形成稳固的化学键，而含有的非极性基团又可以与聚合物基体的分子链发生有机反应或链缠绕，因而偶联剂分子将无机粉体和聚合物两者结合在一起，进而改善无机粉体的分散情况，提高复合材料的整体性能[540]。目前，国内外用于对纳米碳酸钙进行表面改性的偶联剂种类很多，主要包括钛酸酯偶联剂、铝酸酯偶联剂、硼酸酯偶联剂等。

（2）表面活性剂类表面改性　目前应用较多的表面活性剂有脂肪酸（盐）、高分子化合物及磷酸酯（盐）。用于纳米碳酸钙表面处理的脂肪酸主要是含有羟基、氨基的脂肪酸。脂肪酸（盐）改性剂属于阴离子表面活性剂，其分子一端长链烷基的结构与高聚物类似，与高聚物基体有较好的相容性；另一端为羧基等极性基团，可与纳米碳酸钙表面发生物理和化学吸附[541]。磷酸酯类改性碳酸钙主要是通过磷酸酯与碳酸钙表面的 Ca^{2+} 形成磷酸钙，使改性剂包覆在碳酸钙颗粒表面。经磷酸酯类表面活性剂表面改性的纳米碳酸钙可由亲水性变为亲油性[542]。高分子化合物可以控制纳米微粒的大小、改变纳米微粒的表面状态，可用的高分子化合物多含有磺酸基团或羧酸基团等可电离的基团，可与纳米微粒中的某一种元素形成强烈的离子键，形成稳定结构[543]。

（3）聚合物改性　聚合物改性纳米碳酸钙可分为两类：一类是先把聚合单体吸附在碳酸钙表面，然后引发其聚合，从而在其表面形成极薄的聚合物膜层；另一类是将聚合物溶解在适当溶剂中再加入碳酸钙，当聚合物逐渐吸附在碳酸钙表面时排除溶剂形成包膜。同时控制之前聚合或混合的条件，可以使这些聚合物分子定向吸附在粒子表面，有效阻止粒子团聚，增加在聚合物中的分散度[544]。

（4）无机物表面改性　无机电解质表面改性剂可以提高碳酸钙表面电位的绝对值，产生较强的双电层静电排斥作用，增加碳酸钙粒子表面在水中的浸润程度，有效地防止纳米碳酸钙在水中的团聚，而且还可以改善纳米碳酸钙的耐酸性。这类无机物有缩合磷酸、铝酸钠、硅酸钠、明矾等[545]。

18.3.2.3　聚合物/纳米碳酸钙复合材料的制备

制备聚合物/纳米碳酸钙复合材料可采用原位聚合、熔融共混、溶胶-凝胶法和熔融浇铸法。

原位聚合法是将纳米碳酸钙分散在液态聚合物单体或前体中，加入适当的催化剂后发生聚合反应。Avella[546]等采用原位聚合法制备了聚甲基丙烯酸甲酯/纳米碳酸钙复合材料。

先将丙烯酸单体在纳米粒子存在时经充分搅拌进行预聚,直到反应物黏度达到临界值。该临界值与纳米颗粒的含量有直接关系。再将产物倒入模具中,放置于 100℃烘箱 24h 进行充分反应。结果表明,纳米粒子在聚合物中的分散情况良好,不受用量影响,尺寸为 40～70nm。

熔融共混法是在聚合物熔融状态下将干燥和表面处理后的纳米粒子与聚合物共混,挤出造粒。由于树脂熔体黏度较高,纳米粒子易于团聚。为此,共混设备必须提供足够大的剪切力,使树脂熔体产生足够的形变和流动,以利于无机纳米粒子及其团聚体的混入、破碎和分散,例如采用特殊设计的超高速混合机[547]或串联式磨盘挤出机等装置[548]作为熔融共混设备。为了改善分散性,除了对纳米粒子进行表面处理,还可以调节纳米粒子的尺寸、用量,改变熔融加工条件(温度、时间、加工设备构造等)[549]。

当聚合物基体不适合用前两种方法时,才用到溶液浇铸法来制备纳米复合材料。Fukuda[550]等将聚乳酸溶于二氯甲烷中,再将经表面改性后的纳米和微米碳酸钠分散到聚乳酸溶液中,通过超声波处理促进分散,然后将溶液浇铸到培养皿中,各溶剂被蒸发和抽提,浇铸膜热压成复合薄膜。结果表明,溶液浇铸使碳酸钙粒子良好分散。

18.3.2.4　聚合物/纳米碳酸钙复合材料的性能

(1) 力学性能　任显诚等[551]用自制的处理剂对平均粒径为 80nm 的 $CaCO_3$ 粒子进行表面处理,用双螺杆挤出机共混、熔融、挤出,制备 PP/$CaCO_3$ 纳米复合材料。结果表明,纳米 $CaCO_3$ 可使 PP 的拉伸强度和弯曲弹性模量略微提高,当纳米 $CaCO_3$ 含量约为 2%时达到最大值;对冲击强度的提高效果明显,当纳米 $CaCO_3$ 含量在 10%以内时能达到最大值,提高幅度为 3～4 倍。同时还发现纳米 $CaCO_3$ 增韧时发生明显的脆韧转变现象,而且所用 PP 基体的韧性越好,发生脆韧转变 PP 临界用量就越低。当共聚 PP/均聚 PP=1:2 时,2%的纳米 $CaCO_3$ 含量发生脆韧转变;共聚 PP/均聚 PP=1:3 时,4%的纳米 $CaCO_3$ 发生脆韧转变。

王旭等[552]用 70nm 的 $CaCO_3$ 为刚性粒子、HDPE 为弹性体制备了 PP/纳米 $CaCO_3$/HDPE 复合材料。研究了纳米 $CaCO_3$ 含量对三元体系复合材料的性能的影响。研究发现,随着纳米 $CaCO_3$ 含量的增加,复合材料的拉伸强度呈现先升后降的趋势,纳米 $CaCO_3$ 含量在 5%左右达到最大值;缺口冲击强度在纳米 $CaCO_3$ 含量为 4%左右时达最大值,提高幅度达 300%;当纳米 $CaCO_3$ 含量为 2%时,无缺口冲击强度达最大值,提高幅度为 50%。SEM 照片证明复合材料断面为韧性断裂。TEM 照片表明纳米 $CaCO_3$ 含量为 2%时,其在 PP 基体中分散均匀,且达到了纳米级的分散。

高晓燕[553]用油酸对纳米碳酸钙进行表面改性,使纳米粒子的表面性能从亲水疏油转化为疏水亲油,改善了纳米粒子在水性聚氨酯中的分散性;随后将纳米碳酸钙通过超声及机械搅拌分散在多元醇中;最后通过原位聚合制备出一系列的水性聚氨酯/纳米碳酸钙复合材料。力学测试结果表明,相对于纯水性聚氨酯 3.6MPa 的拉伸强度,该复合材料显示出更优越的性能,添加未修饰碳酸钙的复合材料拉伸强度为 9.2MPa,添加油酸修饰碳酸钙的为 10.0MPa。

(2) 流变性能　Wang 等[554]用旋转流变仪研究了微米和纳米碳酸钙填充增塑聚氯乙烯在室温下的剪切黏度。添加纳米碳酸钙后,糊状混合物表现为有屈服点的假塑性流体。当纳米碳酸钙含量大于 20phr 时,材料在一定的剪切速率下经历典型的剪切变稀过程,然而即使填充含量高达 50phr,这种材料的剪切变稀程度仍然远不及微米碳酸钙填充的聚氯乙烯糊。

人们认为纳米碳酸钙在高浓度时形成了一种可逆的凝胶样结构。粒子间较弱的相互作用导致改性的纳米碳酸钙颗粒在低剪切速率下团聚，团聚可在高剪切速率下破坏，产生剪切变稀效应。

张芳等[555]研究了纳米 $CaCO_3$、剪切速率和温度对聚丙烯/聚烯烃热塑性弹性体/纳米碳酸钙（PP/POE/纳米 $CaCO_3$）复合材料的流变性能的影响。实验数据显示，在较低剪切速率下，随纳米 $CaCO_3$ 添加量的增加，体系熔体黏度增加；在较高剪切速率下，随纳米 $CaCO_3$ 添加量的增加，体系黏度降低；纳米 $CaCO_3$ 的加入使复合体系的非牛顿指数减小，非牛顿性增强。PP/POE/纳米 $CaCO_3$（100/10/10，质量比）体系具有良好流动性，熔体流动速率达 $19.58g/10min$。

（3）其他性能　有研究表明，纳米碳酸钙的存在极大地增强了 PMMA 的抗磨损性和耐磨性[556]。由于纳米粒子承载了大部分载荷，因此他们向聚合物表面的渗透减少，仅产生微切削现象。材料的磨损行为明显不同于常规的微米复合材料。

冯鹏程[557]研究了纳米 $CaCO_3$ 对 CPE/ACR 共混增韧 PVC 体系抗老化性能的影响。热氧老化结果显示，纳米 $CaCO_3$/ACR/CPE/PVC 共混物的冲击强度保留率在热氧老化初期呈快速的下降趋势，之后又逐渐趋于缓和。随着纳米 $CaCO_3$ 含量的增加，该共混物的冲击强度保留率逐渐减小，由此表明纳米 $CaCO_3$ 的添加不利于 ACR/CPE/PVC 共混物在热氧老化过程中的稳定。光氧老化结果显示，纳米 $CaCO_3$/ACR/CPE/PVC 共混物的断裂伸长率和冲击强度保留率随着光氧老化时间的增加而逐渐减小，拉伸强度则不断增大。与 ACR/CPE/PVC 共混物相比，纳米 $CaCO_3$/ACR/CPE/PVC 共混物的冲击强度保留率有显著地提高，而且随着纳米 $CaCO_3$ 含量的增加，冲击强度保留率的提高越为明显。纳米 $CaCO_3$ 的添加有效降低了 ACR/CPE/PVC 共混物在光氧老化过程中的多烯指数、碳基指数以及凝胶含量，表明纳米 $CaCO_3$ 可显著改善共混物的抗光氧老化性能。其主要原因可能为纳米 $CaCO_3$ 对紫外光较强的吸收效应。

本 章 小 结

本章介绍了功能纳米粒子填充的聚合物基纳米复合材料，主要介绍了用于发光二极管的聚合物基纳米复合材料、磁性聚合物基纳米复合材料及其他纳米粒子（石墨、纳米碳酸钙）填充的聚合物基复合材料。内容包括各种功能性纳米粒子的结构特点及制备方法、聚合物基纳米复合材料的制备、纳米复合对复合材料最终宏观性能的影响、复合材料的应用。

聚合物基纳米复合材料是一类有前途的 LED 发光材料，有效提高了器件发光效率和环境稳定性。采用纳米复合材料作为 LED 的发光层旨在改善发光层有机材料的性质，改变 LED 的发光机制，提高 LED 的发光效率和环境稳定性。

磁性聚合物基纳米复合材料是至少一维为纳米级的无机磁性组分，以颗粒、纤维或薄片形式埋入有机聚合物中所构成的材料。由于有机物和无机物的亲和性较差，两者之间的相容性不甚理想，因此如何改善两者之间的相容性，使无机相和有机相结合起来，是制备高性能复合材料的关键。

石墨是比强度最高的无机材料之一，导热、导电性能优良，可以作为填充剂改善聚合物的导热、导电性能。石墨独特的片层结构可使聚合物拥有优异的润滑性和耐磨性，低密度使其在聚合物有较好的分散性。聚合物/石墨纳米复合材料因具有耐高低温、耐腐蚀、耐辐射、不渗透、自润性、柔软性、回弹性、低密度、氧化性小、表面活性等许多优良的特性，应用极其广泛。石墨及其复合材料也一直是新材料领域的研究热点。

　　纳米碳酸钙作为填料或添加剂，可提高材料本身的力学性能，如刚性和韧性，改善材料的加工性能，降低产品的成本，因此广泛被应用于塑料、橡胶、涂料、油漆等。聚合物/碳酸钙纳米复合材料的广泛研究为材料生产和应用奠定了基础。可以预见，聚合物/碳酸钙纳米复合材料的商品化将进一步发展。

思 考 题

1. 共轭聚合物发光材料有哪些，并列举用于复合材料的量子点。
2. 阐述磁性纳米粒子的特点、制备方法及表面处理。
3. 目前制备聚合物/石墨纳米复合材料的方法及复合材料具有的特性。
4. 举例说明碳酸钙纳米复合对复合材料性能的影响。

参 考 文 献

[1] Roy R，Komameni S，Roy D M. Mater Res Soc Symp Proc，1984，32：347.

[2] 生瑜，朱德钦，陈建定. 高分子通报，2001，(4)：9.

[3] Kenji T，Junichi N K. Plastics Age，1999，45 (11)：106.

[4] Kornmann X，Lindberg H，Berglund L A. polymer，2000，42 (4)：1303.

[5] Enzel P. J Chem Phys，1989，(93)：6720.

[6] Vaia R A，Ishii H，Giannelis E P. Chem Mater，1993，(5)：1694.

[7] Vaia R A，Vasudevan S，Krawiec W，et al. Adv Mater，1995，(7)：154.

[8] Vaia R A，Giannelis E P. Polym Bull，2001，(5)：394.

[9] Vaia R A，Giannelis E P. Macromolecules，1997，30 (25)：8000.

[10] 柯扬船，皮特. 斯壮. 聚合物-无机纳米复合材料. 北京：化学工业出版社，2003.

[11] 董鹏. 物理化学学报，1998，14 (2)：109.

[12] 赵瑞玉，董鹏，梁文杰. 物理化学学报，1995，11 (7)：612.

[13] Chen S，Dong P，Yang G，et al. Ind Eng Chem Res，1996，35：4487.

[14] [日] 加藤昭夫，森满由纪子. 日化，1984，800.

[15] Haberko K，Ciesla A. Pron Ceramic Int，1975，1.

[16] Johnson D W. Am Ceram Soc Bull，1981，60：221.

[17] Mazdiyaski K S. Ceramic International，1982，8 (2)：42.

[18] 冀勇斌，李铁虎，林起浪等. 化工中间体，2005，(1)：31.

[19] 王凤架，李月云. 山东陶瓷，2002，25 (4)：26.

[20] Xu H P，Sun Y P，Chen X M. Journal of Materials Science & Technology，2004，20 (6)：641.

[21] 张超，吴卫东，陈新路等. 强激光与粒子束，2004，16 (4)：449.

[22] Kiss K，Magder J，Vukasovich M S，et al. J Am Ceram Soc，1955，49：91.

[23] Kim E J，Hahn H. Materials Sci & Eng：Part A，2001，303：24.

[24] Goldacker T，Abetz V，Stadler R，et al. Nature，1999，398：137.

[25] Wang Y，Herron N. Science，1996，273：632.

[26] Bayer A G. US：4102696. DO $ 2734690. DO $ 273492.

[27] Liu G. Macromoleculares，1997，30：1851.

[28] Novak B M. Polymer Prepr，1990，31 (4)：698.

[29] Novak B M，Grobbs R H. Am Chem Soc，1988，110：7542.

[30] Okada A. Polym Preper，1987，28 (1)：447.

[31] Shang S W. J Mater Sci，1992，27：4949.

[32] 张立群. 特种橡胶制品，1998.19 (2)：6.

［33］ Vaia R A. Chem M ater，1993，5：1694.

［34］ 胡平. 工程塑料应用，1998. 26（1）：1.

［35］ 玉春. 高分子学报，1997，（2）：199.

［36］ Wu C G. Science，1994，264：1756.

［37］ Morkved T L. Science，1996. 273：931.

［38］ 丁国芳，王建华，黄奕刚等. 弹性体，2004，14（4）：53.

［39］ 潘兆橹. 结晶学及矿物学（下册）. 北京：地质出版社，1994.

［40］ 李静谊. 中国科学（B 辑），2002，32（3）：268.

［41］ 严新新. 石油钻探技术，1996，24（2）：24.

［42］ 惠博然. 非金属矿，1997，（1）：35.

［43］ 侯梅芳. 地质地球化学，2003，30（1）：70.

［44］ Mortier S. J Clays and clay minerals，1974，22：391.

［45］ Okada A，Kawasumi M，Usuki A，et al. Mater Res Soc Proc，1990，171：145.

［46］ Usuki A，Kawasumi M，Kojima Y，et al. J Mater Res，1993，8：1174.

［47］ Jordan J W. J Phys Colloid Chem，1949，53：294.

［48］ Weiss A. Angew Chem，1963，2：134.

［49］ Lan T. Kaviratna P D，Pinnavaia T J. Chem Mater，1995，7：2144.

［50］ Wang Z，Pinnavaia T J. Chem Mater，1998，10：1820.

［51］ Laus M，Camerani M，Lelli M，et al. J Mater Sci，1998，33：2883.

［52］ Aranda P，Ruiz-Hitzky E. Acta Polymer，1994，51：59.

［53］ Biswas M，Sinha Ray S. Polymer，1998，39（25）：6423.

［54］ Venkatachalam R S，Boerio F J，Roth P G，et al. J Polymer Science：Part B，1988，26：2447.

［55］ Ogawa M. Chem Mater，1996，8（7）：1347.

［56］ Kim D W，Blumstein A，Kumar J，et al. Chem Mater，2001，13：2447.

［57］ Oya A，Funato Y，Sugiyama K. J Mater Sci，1994，29：11.

［58］ Ogawa M，Kuroda K. Bull Chem Soc Jpn，1997，70：2593.

［59］ Pinnavaia T J，Beall G W. Polymer-clay nanocomposites. John Wiley & Sons，2000.

［60］ Giannelis E P. Adv Mater，1996，8（1）：29.

［61］ Wang M S，Pinnavaia T J，Chem Mater，1994，6：468.

［62］ Choo L D，Jang L M. J Appl Polym Sci，1996，61：1117.

［63］ 张径，杨玉昆. 高分子学报，2001，（1）：79.

［64］ Kawasumi M K，Hasegawa N，Kato M，et al. Macromolecules，1997，34：6333.

［65］ Jeon H G. Polymer Bulletin，1998，41（1）：107.

［66］ Messersmith P B，Giannelis E P. J Polym Sci A：Polym Chem，1995，33：1047.

［67］ Lan T，Pinnavaia T. Chem Mater，1994，6：2216.

［68］ 于建. 中国塑料，2001，15（6）：25.

［69］ 欧育湘，昌连营，吴俊浩. 工程塑料应用，2004，32（10）：13.

［70］ 漆宗能，马继盛，尚文字等. 中国发明专利. 申请号：01109845. 7.

［71］ Ma J S，Qi Z N，et al. J Appl Poly Sci，2000，83：1978.

［72］ Shelley J S，Mather P T，Devries K L. Polymer，2001，42：5849.

［73］ Agag T，Koga T. Polymer，2001，42：3399.

［74］ Kornmann X，Lindberg H，Berglund L A. Ploymer，2001，42：1303 .

［75］ Zanetti M，Bracco P，Costa L. Polym Degrad & Stab，2004，85：657.

［76］ Zhang Y Q，Lee J H，Jang H J，et al. Composites B，2004，35：133.

［77］ Barber G D，Calhoun B H，Moore R B. Polymer，2005，46：6706.

［78］ 漆宗能，尚文字. 聚合物/层状硅酸盐纳米复合材料理论与实践，北京：化学工业出版社，2002.

［79］ 漆宗能，李强，赵竹第等. 中国发明专利，CN1163288A，1997.

［80］ 赵竹第，李强，欧玉春等. 高分子学报，1997，5：519.

[81] 乔放，李强，漆宗能等. 高分子学报，1997，3：135.

[82] Vaia R A. Doctoral thesis. Cornell University. USA，1995.

[83] Giannelis E P，Krishnamoorti R，Manias E. Advances in Polymer Science，1999，138：107.

[84] Skipper N T，sposito G，Chang F R C. Clays and Clay Minerals，1995，43：285.

[85] Chang F R C，Skipper N T，Sposito G. Langmuir，1995，11：2734.

[86] Karaborni S，Smit B，Heidug W，et al. Science，1996，271：1102.

[87] Delville A，Sokolowski S. J Phys Chemie，1993，97：6261.

[88] Vaia R A，Jandt K D，Kramer E J，et al. Macromolecular，1995，28：8080.

[89] Barrer R M，Craven R J B. J Chem Soc，1992，88：645.

[90] Breen C，Deane T，Flynn J J，et al. Clays and Clays and Clay Minerals，1987，17：198.

[91] Lyaiskaya Y，Balazs A C. Macromolecules，1998，31：6676.

[92] Vaia R A，Giannelis E P. Macromolecules，1997，30：7990.

[93] Fornes T D，Yoo P J. Polymer，2001，42：9929.

[94] Wang K，Liang S，Du R，et al. Polymer，2004，45：7953.

[95] Lagaly G. Angew Chem，1976，15：575.

[96] Vaia R A，Teukolsky R K，Giannelis E P. Chem Mater，1994，6：1017.

[97] Hackeet. J Chem Phys，1998，108：7410.

[98] 任杰，刘艳，唐小真. 材料导报，2003，(17)：58.

[99] Scheutjens J M H M，Fleer G J. J Phys Chem，1979，83：1619.

[100] Scheutjens J M H M，Fleer G J. J Phys Chem，1980，84：178.

[101] Benshaul A，Szleifer I，Gelbart W M. Proc Nat Acad Sci，1984，81：4601.

[102] Qin H，Zhang S，Liu H，et al. Polymer，2005，46：3149.

[103] Garcia-Lopez D，Gobernado-Mitre I，Fernandez J F，et al. Polymer，2005，46：2758.

[104] Loo L S，Gleason K K. Polymer，2004，45：5933.

[105] Paillet M. Dufresne A. Macromolecular，2001，34 (19)：6527.

[106] Pernyeszi T，Dekany I. Colloid and Polymer Science，2003，281：73.

[107] Wu R J. Application of Modern Analyzing Technology in Polymer. Shanghai：Shanghai Scientific and Technical Publisher，1987.

[108] Wang S，Zhang Y，Ren W，et al. Polymer Testing，2005，24：766.

[109] Ogata N，Kawakage S，Ogihara T. Polymer，1997，38 (20)：5115.

[110] Bafna A，Beaucage G，Mirabella F，et al. Polymer，2003，44：1103.

[111] Yasue K，Tamura T，Katahira S，et al. Japanese Pat JP-A-6-248176，1994.

[112] 李同年，周持兴. 功能高分子学报，2000，13：112.

[113] Katahira S，Tamura T，Yasue K. Kobunshi Ronbunshu，1998，55：83.

[114] 漆宗能，李强，赵竹第等. 中国发明专利 ZL 96105362.3，1996.

[115] Liu L M，Qi Z N，Zhu X. J Appl Polym Sci，1999，71：1133.

[116] 刘晓辉. 中科院化学所博士后出站报告，2000.

[117] 李强，赵竹第，欧玉春等. 高分子学报，1997，(2)：188.

[118] 朱诚身，吕励耘，何素芹等. 高分子学报，2002，19 (10)：985.

[119] 李迎春，胡国胜. 高分子材料与工程，2004，20 (3)：152.

[120] 吴增刚. 聚合物蒙脱土纳米复合材料的制备结构与性能 [D]. 上海：上海交通大学，2000，7.

[121] Hasegawa N，Okaoto H，Kato M，et al. Polymer，2003，44：2933.

[122] Ellis T S. Polymer，2003，44：6443.

[123] Usuki A，Kawasumi M，Kojima Y，et al. J Mater Res，1993，8：1179.

[124] Dabrowski F，Bourbigot S，Delobel R，et al. Eur Polym J，2000，36 (2)：272.

[125] Lee C U，Bae K，Choi H K，et al. Polym-Korea，2000，24 (2)：228.

[126] 漆宗能，柯扬船，李强等. 中国发明专利. 申请号：97104055.9，1997.

[127] Frisk P，Laurent J. US Pat. 5876812，1999.

［128］ Usuki A，Mixutami T，Fukushima Y，et al. US Pat. 4889885，1989.

［129］ Beall G W，Tsipursky S，Sorokin S，et al. US Pat. 5578672，1996.

［130］ Tsipursky S，Beall G W，Sorokin A. US Pat. 5721306，1998.

［131］ Maxfield M，Shacklette L W，Baughman R H，et al. PCT Int Appl，1993.

［132］ 张国耀，易国桢，吴立衡等. 高分子学报，2000，1：124.

［133］ 陈彦，李育英. 高分子学报，1999，（1）：7.

［134］ 徐锦龙，李伯耿. 高分子材料科学与工程，2002，18（6）：149.

［135］ Ke Y，Long C. J Appl Polym Sci，1999，71：1139.

［136］ 李宏涛，宋晓秋. 吉林工学院学报，2002，23（2）：1.

［137］ 金小芳，王平. 纺织科学研究，2002，（4）：6.

［138］ 张忠安，徐锦龙，李乃祥等. 合成树脂及塑料，2003，20（3）：32.

［139］ 苗迎春，王芬，李中新. 塑料科技，2003，（2）：48.

［140］ Kurokawa Y，Yasuda H，Oya A. J Mater Sci Lett，1996，15：1481.

［141］ Kato M，Usuki A，Okada A. J Appl Polym Sci，1997，66：1781.

［142］ Lee S，Park J S，Lee H. Polym Mater Sci Eng，2000，83：417.

［143］ Liu X H，Wu Q. Polymer，2001，42：10013.

［144］ Zilg G，Dietsche F，Hoffmann B，et al. Macromol Symp，2001，169：65.

［145］ Walter P，Müder D，Reichert P，et al. J Macro Sci，Pure Appl Chem，1999，A36（11）：1613.

［146］ 任杰，顾书英. 中国塑料，2002，16（11）：21.

［147］ 顾书英，任杰. 中国塑料，2003，17（6）：26.

［148］ Ishida H. USP 6271297.

［149］ Ishida H，Campbell S，Blackwell J. Chem Mater，2000，12：1260.

［150］ Shang W Y，Ma J S，Qi Z N. Proceedings of the International Conference on Materials for Advanced Technologies，2001：310.

［151］ Shang W，Ma J，Qi Z. Inter Symp On Eng Plas，2001：137.

［152］ 马继盛. 插层聚合制备聚丙烯/蒙脱土、聚氨酯/蒙脱土纳米复合材料的结构与性能［D］. 北京：中国科学院化学所，2001.

［153］ Nowacki R，Monasse B，Piorkowska E，et al. Polymer，2004，45：4877.

［154］ Gu S Y，Ren J，Wang Q F. J Appl Polym Sci，2004，91：2427.

［155］ Gorrasi G，Tortora M，Vittoria V，et al. Polymer，2003，44：3679.

［156］ Ogata N，Jimenez G，Kawai H，et al. J Polym Sci Part B：Polym Phys，1997，35：389.

［157］ Sinha Ray S，Maiti P，Okamoto M，et al. Macromolecule，2002，35：3104.

［158］ Lee J H，Park T G，Park H S，et al. Biomaterials，2003，24：2773.

［159］ Messersmith P B，Giannelis E P. Chem Mater，1993，5：1064.

［160］ Knani D，Gutman A L，Kohn D H. J Polym Sci Part A：Polym Chem，1993，31：1221.

［161］ Sawhney A S，Chandrashekhar P P，Hubbell J A. Macromolecules，1993，26：581.

［162］ Cerrai P，Tricoli M，Paci FAM. Polymer，1989，30：338.

［163］ Hall H K，Schneider H K. J Am Chem Soc，1958，80：6409.

［164］ Brown H C，Gerstein M. J Am Chem Soc，1950，72：2926.

［165］ Wilson D R，Beaman R G. J Polym Sci Part A-1，1970，8：2161.

［166］ Pantoustier N，Alexandre M，Degee P，et al. Polymer，2001，9：1.

［167］ Ray S，Okamoto K，Maiti P，et al. J Nanosci Nanotech，2002，2：171.

［168］ Ray S，Okamoto K，Okamoto M. Macromolecules，2003，36：2355.

［169］ Greenland D J. J Colloid Sci，1963，18：647.

［170］ Hakkarainen M. Adv Polym Sci，2002，157：113.

［171］ Maiti P，Batt C A，Giannelis E P. Polym Mater Sci Eng，2003，88：58.

［172］ Liu W，Yang H，Wang Z，et al. J Appl Polym Sci，2002，86：2145.

［173］ Chen G X，Hao G J，Guo T Y，et al. J Appl Polym Sci，2004，93：655.

[174] Zhang L L, Deng X M, Zhao S J, et al. Polym Int, 1997, 44: 104.

[175] Reis R L, Cunha A M, Allan P S, et al. Adv Polym Tech, 1997, 16: 263.

[176] De Carvalho A J F, Curvelo A A S, Agnelli J A M. Carbohydrate Polym, 2001, 45: 189.

[177] Park H M, Li X, Jin C Z, et al. Macromol Mater Eng, 2002, 287: 553.

[178] Wilhelm H M, Sierakowski M R, Souza G P, et al. Polym Int, 2003, 52: 1035.

[179] McGlashan S A, Halley P J. Polym Int, 2003, 52: 1767.

[180] Misra M, Park H, Mohanty A K, et al. Injection molded green nanocomposite materials from renewable resources. Paper presented at GPEC-2004, February 18-19, 2004.

[181] Sinha Ray S, Yamada K, Okamoto M, et al. Chem Mater, 2003, 15: 1456.

[182] Grim R E. Clay mineralogy. New York: McGraw-Hill, 1953.

[183] Sinha Ray S, Yamad K, Okamoto M, et al. Polymer, 2003, 44: 857.

[184] Krikorian V, Pochan D. Chem Mater, 2003, 15: 4317.

[185] Jimenez G, Ogata N, Kawai H, et al. J Appl Polym Sci, 1997, 64: 2211.

[186] Chang J H, Uk-An Y, Sur G S. J Polym Sci Part B: Polym Phys, 2003, 41: 94.

[187] 康宏亮, 陈成, 庄宇刚等. 应用化学, 2005, 22 (3): 346.

[188] Sinha Ray S, Okamoto M. Macromol Rapid Commun, 2003, 24: 815.

[189] Okamoto K, Sinha Ray S, Okamoto M. J Polym Sci Part B: Polym Phys, 2003, 41: 3160.

[190] 王新. 聚合物填充法制备 UHMWPE/高岭土复合材料的结构与性能 [D]. 北京: 中国科学院化学研究所, 2001.

[191] 孙维林. 黏土的物理化学性质. 北京: 中国地质出版社, 1992.

[192] Howard E G. Ind Eng Chem Prod Res Dev, 1981, 20 (3): 421.

[193] Mooney M J. Colloid Sci, 1951, 6: 162.

[194] Malinsky Y M. Usp. Khimii, 1970, 39: 1511.

[195] Lan T, Kaviratna P D, Pinnavata T J. J Phys Chem Solids, 1996, 57: 1005.

[196] Krishnamoorti R, Vaia R A. Giannelis E P. Chem Mater, 1996, 8: 1728.

[197] Lu J K, Ke Y C, Qi Z N, et al. J Polym Sci. Part B: Polym Phys, 2001, 39: 115.

[198] Messersmith P B, Giannelis E P. Chem Mater, 1994, 6: 1719.

[199] Kornmann X, Lindberg H, Berglund L A. Polymer, 2001, 42: 4493.

[200] IN-Joo C, Fhomas T A. Polymer, 2001, 42: 5947.

[201] Xu W B, Bao S P, He P S. J Appl Polym Sci, 2002, 84: 842.

[202] 徐卫兵, 何平笙. 高分子学报, 2001, 5: 629.

[203] Nandika P B, D'SOUZA A, GOLDEN T D, et al. Polym Eng Sci, 2001, 41 (10): 1794.

[204] 哈恩华, 寇开昌, 颜录科等. 材料科学与工程学报, 2004, 22: 568.

[205] Choi M H, Chung I J, Lee J D. Chem Mater, 2000, 12: 2977.

[206] Lee J D, Giannelis E P. Polym Mater Sci Eng, 1997, 77: 605.

[207] Wang H, Zhao T, Zhi L, et al. Macromol Rapid Communication, 2002, 23: 44.

[208] 程义云, 王春霞, 陈大柱等. 功能高分子学报, 2004, 17 (2): 220.

[209] Nah C, Han S H, Lee J H, et al. Part B: Composites, 2004, 35: 125.

[210] Wang C, Zhao L. Chinese Chemical Letters, 2001, 12: 935.

[211] Wang Z, Pinnavaia T J. Chem Mater, 1998, 10: 3769.

[212] Zilg C, Thomann R, Mulhaupt R, et al. Adv Mater, 1999, 11 (1): 49.

[213] Chen T K, Tien Y I, Wei K H. J Polym Sci. Part A: Polym Chem, 1999, 37: 2225.

[214] 王胜杰, 漆宗能, 谢择民等. 高分子学报, 1998, 2: 149.

[215] Kojima Y. Mater Sci Lett, 1993, 12: 889.

[216] Liang Y, Wang Y, Wu Y, et al. Polymer Testing, 2005, 24: 12.

[217] Essawy H, El-Nashar D. Polymer Testing, 2004, 23: 803.

[218] Kawasumi M, Hasegawa N, Usuki A, et al. Mater Sci Eng C, 1998, 6: 135.

[219] 吴秋菊, 薛志坚, 漆宗能等. 高分子学报, 1999, 5: 551.

[220] Ajayan P M, Stephan O, Colliex C, et al. Science, 1994, 265: 1212.

[221]　孙铭良，王红强，李新海等．湘潭矿业学院学报，1999，14：54.

[222]　Ebbsen T W，Ajayan PM1Nature，1992，358 (6383)：220.

[223]　Bethnue D S. Nature，1993，363：605.

[224]　Lin X，Wang X K，David V P，et al. Appl Phys Lett，1994，64 (2)：18.

[225]　Kong J，Cassell A M，Dai Hongjie. Chemical physics Letters，1998，292：567.

[226]　Ivanov VNagy J B，Lambin Ph，et al. Chem Phys Lett，1994，223：329.

[227]　Guo L. Chem Phys Lett，1995，243：49.

[228]　Zhu C C，Liu W H，Jiang L，et al. J Vac Sci，2001，19 (5)：1691.

[229]　Courty S，Mine J，Tajbakhsh A R，et al. Europhys Lett，2003，64 (5)：654.

[230]　Srivastava A，Srivastava O N. Nature，3：610.

[231]　Wong E W，Sheehan P E，Lieber C M. Science，1997，277 (5334)：1971.

[232]　Wang Q H，Setlur A A，Lauerhaas J M，et al. Appl Phys Lett，1998，72 (22)：2912.

[233]　郑伟玲，肖潭，朱朦琪等．物理化学学报，2009，25 (11)：2373.

[234]　李文春．碳纳米管石高密度聚乙烯复合材料的导电性和动态流变行为研究 [D]．杭州：浙江大学材料与化学工程学院，2005.

[235]　Martin Pumera，Arben Merkoci S A. Sensors and Actuators B：Chemical，2006，113 (2)：617.

[236]　Hong C，You Y，Pan C. Polymer，2006，47 (12)：4300.

[237]　Hu J，Shi J，Li S，et al. Chemical Physics Letters，2005，401 (4-6)：352.

[238]　Li C Y，Li L，Cai W，et al. Advanced Materials，2005，17 (9)：1198.

[239]　Li L，Li C Y，Ni C. Journal of the American Chemical Society，2006，128 (5)：1692.

[240]　Romero D B，Carrard M，Heer W D，et al. Advanced Material，1996，(8)：899.

[241]　Jin Z X，Pramoda K P，Xu G Q，et al. Physics Letters，2001，(337)：43.

[242]　Jia Z J，Wang Z Y，Xu C L，et al. Appl Phys Lett，1999，(1)：395.

[243]　Jia Z J，Wang Z J，Xu C L，et al. Mater Sci Eng A：Struet，1999，271：395.

[244]　贾志杰，王政元．材料工程，1998，9：3.

[245]　Sandler J K W，Pegel S，Cadek M，et al. Polymer，2004，45：2001.

[246]　Zeng H L，Gao C，Wang Y P，et al. Polymer，2006，47 (1)：113.

[247]　Kang M S，Mung S J，et al. Polymer，2006，47：3961.

[248]　Yu Y，Liu B，Wang W J，et al. Suliao Gongye，2002，30 (6)：18.

[249]　Li J，Tong L F，Fang Z P，et al. Polymer Degrade Stab，2006，91：2046.

[250]　Meincke O，Kaempfer D，Weiekmann H，et al. Polymer，2004，45：739.

[251]　Krishnamoorti R，Vaia R A. Polymer nanocompositos. Aes Srmpogim Series，2002，804：225.

[252]　Choi E S，Brooks J S，Eaton D L，et al. J Appl Phys，2003，94：6034.

[253]　Sandier J，Shaffer M S P，Prasse T，et al. Polymer，1999，40：59.

[254]　Sennetil M，WeIshl E，wright J B，et al. Appl Phys A，2003，76 (1)：111.

[255]　Fornes T D，Baur J W，Sabba Y，et al. Polymer，2006，47 (5)：1704.

[256]　Kim G M，Michler G H，Potschke P. Polymer，2005，46 (18)：7346.

[257]　Koratkar N，Suhr J，Joshi A，et al. Appl Phys Lett，2005，87 (6)：63.

[258]　Abdel Goad M，Potschke P. J Non-Newton Fluid，2005，128 (1)：2.

[259]　Potschke P，Fornes T D，Paul D R. Polymer，2002，43 (11)：3247.

[260]　Sung Y T，Kum C K，Lee H S，et al. Polymer，2005，46 (15)：5656.

[261]　Potschke P，Bmnjg H，Junke A，et al. Polymer，2005，46 (23)：10355.

[262]　王贤保，胡平安．高分子通报，2002，(6)：8.

[263]　Singh S，Pei Y Q，Miller R，et al. Adv Funct Mater，2003，13 (11)：868.

[264]　Potschke P，Dudkin S M，Aiig I. Polymer，2003，44 (17)：5023.

[265]　Saladi B，Andrews R，Grulke E. J Appl Polym Sci，2002，84：2660.

[266]　Xie J，Yang J，Chert G. J Dispers Sci Techn，2009，30：8.

[267]　Watts P，Hsu W，George Z，et al. J Mater Chem，2001，11：2482.

[268] Choi Y J, Hwang S H, Hong Y S, et al. Polym Bull, 2005, 53: 393.

[269] Cooper C A, Young R J, Halsall M. Composites. PartA: Applied Scienceand Manufacturing, 2001, 32（314）: 401.

[270] 崔益华, 陶杰, 徐勇等. 宇航材料工艺, 2003, 33（4）: 41.

[271] Barrau S, Demont P, Peigney A, et al. Macromolecules, 2003, 36（14）: 5187.

[272] Zhang L C, Zarudi I, Xiao K Q. Wear, 2006. 261: 806.

[273] 张娟玲, 崔岫. 化学进展, 2006, 18（10）: 1313.

[274] 封伟, 易文辉, 徐友龙等. 物理学报, 2003, 52（5）: 1272.

[275] 庸刚, 周湘文, 集吉等. 清华大学学报: 自然科学版, 2005, 45（2）: 151.

[276] Kim Y A, Hayashi T, Endo M, et al. Scripta Materialia, 2006, 54（1）: 31.

[277] 隋刚, 梁吉, 朱跃峰等. 高分子材料科学与工程, 2005, 21（3）: 1156.

[278] 陈晓红, 宋怀河. 新型CNTs材料, 2004, 19（4）: 1214.

[279] Bhattacharyya S, Sinturel C, Baldoul O, et al. Carbon, 2008, 46（7）: 1037.

[280] Bokobza L. Polymer, 2007, 48（17）: 4907.

[281] Razi A F, Atieh M A, Girun N, et al. Composite Structures, 2006, 75（1-4）: 496.

[282] Zhou X W, Zhu Y F, Liang J. Materials Research Bulletin, 2007, 42（3）: 456.

[283] Krul L P, Volozhyn A J, Belov D A, et al. Biomolecular Engineering, 2007, 24（1）: 93.

[284] Wu C S, Liao H T. Polymer, 2007, 48（15）: 4449.

[285] 赵敏丽, 隋刚, 杨小平等. 高分子材料科学与工程, 2007, 23（1）: 112.

[286] Chen G X, Kim S H, Park B H, et al. Journal of Appied Polymer Science, 2008, 108（5）: 222-237.

[287] Chiu W M, Chang Y A. Journal of Appied Polymer Science, 2008, 108（5）: 3024.

[288] 吴亮, 吴德峰, 张明. 高分子材料科学与工程, 2009, 25（6）: 12910.

[289] Mei F, Zhong J S, Yang X P, et al. Biomacromolecules, 2007, 8（12）: 3729.

[290] Zhao Y Y, Qiu Z B, Yang W T. J Phys B, 2008, 112（51）: 16461.

[291] Qu T H, Wang A, Yuan J F, et al. J Colloid Imer I Sci, 2009, 336（2）: 865.

[292] Xu C, Wayland B B, Fryd M, et al. Macromolccules, 2006, 39（18）: 6063.

[293] Doisse S, Rieger J, DiCicco A, et al. Macromolecules, 2009, 42（22）: 8688.

[294] Wang J S, Matyjaszewski K. Macromolecules, 1995, 28（22）: 7572.

[295] Feng X S, Pan C Y. Macromolecules, 2002, 35（13）: 4888.

[296] Wang S M, Cheng Z P. J Polym Sci A, 2007, 45（22）: 5318.

[297] Gao C, Muthukrishnan S, Li W W, et al. Maeromolecules, 2007, 40（6）: 1803.

[298] Chiefart J, Chong Y K, Ercole F, et al. Macromolecules, 1998, 31.

[299] Georges M K, Veregin R P N, Kazmaier P M, et al. Macromolecules, 1993, 26: 2987.

[300] Qiu J, Zhang S H, Wang G J, et al. New Carbon Mater, 2009, 24（4）: 344.

[301] 李文文, 孔浩, 高超等. 科学通报, 2005, 50（17）: 1834.

[302] Wang G J, Liu Y D. Macromolecular Chem Phys, 2009, 210（23）: 2070.

[303] Xu F M, Xu J P, Ji J, et al. Colloids Surf B, 2008, 67（1）: 67.

[304] Stephan C, Nguyen T P. Synthetic Metals, 2000, 108: 139.

[305] Chapelle M L, Stephan C, Nguyen T P, et al. Synthetic Metals, 1999, 103: 2510.

[306] Novoselov K, Geim A, Morozov S, et al. Science, 2004, 306（5696）: 666.

[307] Nair R, Blake P, Grigorenko A, et al. Science, 2008, 320（5881）: 1308.

[308] Lee C, Wei X. Science, 2008, 321（5887）: 385.

[309] Balandin A A, Ghosh S, Bao W, et al. Nano Letters, 2008, 8（3）: 902.

[310] Geim A K, Novoselov K S. Nat Mater, 2007, 6（3）: 183.

[311] Kageshima H, Hibino H, Nagase M, et al. Appl Phys Express, 2009, 2: 502.

[312] Hernandez Y, Nicolosi V, Lotya M, et al. Nat Nanotech, 2008, 3（9）: 563.

[313] Khan U, O'Neill A, Lotya M, et al. Small, 2010, 6（7）: 864.

[314] Hamilton C E, Lomeda J R, Sun Z, et al. Nano Lett, 2009, 9（10）: 3460.

[315] Biswas S, Drzal L T. Nano Lett, 2009, 9 (1): 167.

[316] Qian W, Hao R, Hou Y, et al. Nano Res, 2009, 2: 706.

[317] Srivastava S K, Vankar V D, Kumar V. Physica B, 2010, 405 (1): 3514.

[318] Srivastava S K, Shukla A K, Vankar V D, et al. Thin Solid Films, 2005, 492 (1/2): 124.

[319] Zhu M, Wang J, Outlaw R A, et al. Diam Relat Mater, 2007, 16 (2): 196.

[320] Berger C, Song Z, Li X, et al. Science, 2006, 312 (5777): 1191.

[321] Kim K S, Zhao Y, Jang H, et al. Nature, 2009, 457 (7230): 706.

[322] Reina A, Jia X, Ho J, et al. Nano Lett, 2009, 9 (1): 30.

[323] Zhu Y, Cai W, Murali S, et al. Adv Mater, 2010, 22: 3906.

[324] 杨永岗, 陈成猛, 温月芳等. 新型炭材料, 2008, 23 (3): 193.

[325] Tsuyoshi N, Yoshiaki M. Carbon, 1994, 32 (3): 469.

[326] Brodie B C. Ann Chim Phys, 1860, 59: 466.

[327] Hummers W, Offeman R J. Am Chem Soc, 1958, 80 (6): 1339.

[328] Chattopadhyay J, Mukherjee A, Billups W E, et al. J Am Chem Soc, 2008, 130 (16): 5414.

[329] Zammarano M, Maupin P H, Sung L P, et al. CS Nano, 2011, 5 (4): 3391.

[330] Stankovich S, Dikin D A, Piner R D, et al. Carbon, 2007, 45 (7): 1558.

[331] Yang H, Shan C, Li F, et al. Chemical Communications, 2009, 26: 3880.

[332] Si Y, Samulski E T. Nano Lett, 2008, 8 (6): 1679.

[333] Li D, Muller M B, Gilje S, et al. Nat Nanotechnol, 2008, 3 (2): 101.

[334] Stankovich S, Piner R D, Chen X Q, et al. J Mater Chem, 2006, 16: 155.

[335] Li X L, Wang X R, Zhang L, et al. Science, 2008, 319: 1229.

[336] Hong W J, Xu Y X, Lu G W, et al. Electrochem Commun, 2008, 10: 1555.

[337] Verdejo R, Bernal M M, Romasanta L J, et al. J Chem Mater, 2011, 21: 3301.

[338] 张建. 化工新型材料, 2012, 40 (8): 8.

[339] Fang M, Wang K, Lu H, et al. J Mater Chem, 2009, 19: 7098.

[340] Liang J, Xu Y, Huang Y, et al. J Phys Chem C, 2009, 113: 9921.

[341] Young A F, Kim P. Nat Phys, 2009, 5: 222.

[342] Miller D L, Kubista K D, Rutter G M, et al. Science, 2009, 324: 924.

[343] Barroso-Bujans F, Cerveny S, Verdejo R, et al. Carbon, 2010, 48: 1079.

[344] Stankovich S Dikin, Dommett D A. Nature, 2006, 442 (7100): 282.

[345] Liang J J, Zhang L. Adv Funct Mater, 2009, 19 (14): 2297.

[346] Lee S H, Dreyer D R, An J, et al. Rapid Commun, 2010, 31: 281.

[347] Gonalves G, Marques P A. J Mater Chem A, 2010, 20: 9927.

[348] Xu Z, Gao C. Macromolecules, 2010, 43 (16): 6716.

[349] Huang Y J, Qin Y W, Zhou Y, et al. Chem Mater, 2010, 22 (13): 4096.

[350] Kim H, Miura Y, Macosko C W. Chem Mater, 2010, 22: 3441.

[351] Wakabayashi K, Pierre C, Dihin D A, et al. Macromoleculess, 2008, 41: 1905.

[352] Zhang H B, Zheng W C, Yan Q, et al. Polymer, 2010, 51: 1191.

[353] Fang M, Zhang Z, Li J, et al. J Mater Chem, 2010, 20 (43): 9635.

[354] Zhang H B, Zheng W G, Yan Q, et al. Polymer, 2010, 51 (5): 1191.

[355] Kim H, Macosko C W. Polymer, 2009, 50 (15): 3797.

[356] Liu J Q, Tao L, Yang W R, et al. Langmuir, 2010, 26 (12): 10068.

[357] Hu H T, Wang X B, Wang J C, et al. Chem Phys Lett, 2010, 484 (4-6): 247.

[358] Cao Y, Feng J, Wu P. Carbon, 2010, 48 (13): 3834.

[359] Choi E Y. J Mater Chem, 2010, 20 (10): 1907.

[360] Lee C C, Wei X D, Kysar J W, et al. Science, 2008, 321: 385.

[361] Liang J, Xu Y, Huang Y, et al. J Phys Chem C, 2009, 113: 9921.

[362] Fang M, Zhang Z, Li J, et al. J Mater Chem, 2010: 9635.

［363］　Liang J J，Zhang L. Adv Funct Mater，2009，19 (14)：2297.

［364］　Xu Y X，Hong W J，Bai H，et al. Carbon，2009，47 (15)：3538.

［365］　Verdejo R，Bernal M M，Romasanta L J，et al. J Mater Chem，2011，21：3301.

［366］　Stankovich S，Dikin D A，Dommett H B，et al. Nature，2006，442 (7100)：282.

［367］　Zhang H B，Zheng W G，Yan Q，et al. Polymer，2010，51 (5)：1191.

［368］　Yoonessi M，Gaier J R. Acs Nano，2010，4 (12)：7211.

［369］　Luo T，Zheng C，Yan J，et al. Carbon，2009，47 (9)：2296.

［370］　Mattevi C，Eda C，Agnoli S，et al. Adv Funct Mater，2009，19 (16)：2577.

［371］　Ramanathan T，Abdala A A，Stankovich S，et al. Nat Nanotechnol，2008，3：327.

［372］　Yu A P，Ramesh P，Sun X B，et al. Adv Mater，2008，20 (24)：4740.

［373］　Wang S R，Tambraparni M，Qiu J J，et al. Macromolecules，2009，42 (14)：5251.

［374］　Yu A P，Ramesh P，Itkis M E，et al. J Phys Chem C，2007，111 (21)：7565.

［375］　Ganguli S，Roy A K，Anderson D P. Carbon，2008，46 (5)：806.

［376］　Margine E R，Bocquet M L，Blase X. Nano Lett，2008，8 (10)：3315.

［377］　Ramanathan T，Abdala A A，Stankovich S，et al. Nat Nanotechnol，2008，3 (6)：327.

［378］　Spitsina N G，Lobach A S，Kaplunov M G. High Energy Chem，2009，43 (7)：552.

［379］　Kalaitzidou K，Fukushima H，Drzal L T. Carbon，2007，45 (7)：1446.

［380］　Sun S T，Cao Y W，Feng J C，et al. J Mater Chem，2010，20 (27)：5605.

［381］　Highly O，Compton C，Kim S，et al. Adv Mater，2010，22 (42)：4759.

［382］　Liang M H，Luo B，Zhi L J. International Journal of Energy Research，2009，33 (13)：1161.

［383］　Hong W，Xu Y，Lu G，et al. Electrochem Comm，2008，10 (10)：1555.

［384］　Liu Z F，Liu Q，Huang Y，et al. Adv Mater，2008，20 (20)：3924.

［385］　高强，刘亚菲，胡中华等. 物理化学学报，2009，(02)：229.

［386］　Bai H，Xu Y X，Zhao L. Chem Commun，2009，13：1667.

［387］　Li J，Guo S，Zhai Y，et al. Anal Chim Acta，2009，649 (2)：196.

［388］　刘坤平. 基于石墨烯的电化学生物传感研究 [D]. 兰州：兰州大学，2011.

［389］　卜扬. 基于石墨烯材料的新型 DNA 生物传感器的研制 [D]. 上海：上海师范大学，2011.

［390］　王欢文. 石墨烯复合材料的设计合成及其在超级电容器中的应用 [D]. 兰州：西北师范大学，2011.

［391］　Paek S M，Hononm Y E. Nano Letters，2009，9 (1)：72.

［392］　吴忠帅，仟文才，王大伟等. 氧化钌/石墨烯复合材料的合成及其超级电容器 [C]. 厦门：中国化学会第 27 届学术年会，2010.

［393］　Chen S，Zhu J W，Wu X D，et al. Acs Nano，2010，4 (5)：2822.

［394］　戴晓军，王凯，周小沫等. 中国科学：物理学、力学、天文学，2011，41 (9)：1046.

［395］　Loh K P，Bao Q，Eda G，et al. Nat Chem，2010，2：1015.

［396］　Liu Z，Robinson J T，Sun X，et al. J Am Chem Soc，2008，130：10876.

［397］　Zhang L，Xia J，Zhao Q. Small，2010，6：537.

［398］　Balapanuru J，Yang J X，Xiao S，et al. Angevv Chem Int Ed，2010，49：6549.

［399］　Liu G，Li M. J Phys Chem C，2010，114 (29)：12742.

［400］　Compton O C，Nguyen S T. Small，2010，6 (6)：711.

［401］　Tien C P，Teng H S. J Power Sources，2010，195 (8)：2414.

［402］　Bai H，Xu Y X，Zhao L，et al. Chem Commun，2009，13：1667.

［403］　Stejskal J，Gilbert R G. Pure and Applied Chemistry，2002，74 (5)：857.

［404］　Holonyak N J，Bevaqua S F. Appl Phys Lett，1962，1：82.

［405］　Tsao J. IEEE Cicuits Devices Mag，2004，20 (3)：28-37.

［406］　Tnag C W，Vnaslyke S A. Appl Phys Lett，1987，51 (12)：913.

［407］　Burroughes J H，Brdaley D D C，Brown A R，et al. Nature，1990，347：539.

［408］　邹应萍，霍利军，李永舫. 高分子学报，2008，8：148.

［409］　Braun D，Heeger A J. Appl Phys Lett，1991，58：1982.

[410] Grem G，Leditzky G，Ullrich B，et al. Adv Mater，1992，4 (1)：36.

[411] Grem G，Leditzky G，Ullrich B，et al. Synth Met，1992，51 (1-3)：383.

[412] Grem G，Leising G. Synth Met，1993，571 (1)：4105.

[413] Grem G，Leditzky G，Ullrich B. Adv Mater，1992，(4)：36.

[414] Yamamoto T，Sanechika K，Yamamoto A. J Polym Sci：Polym Lett Ed，1980，18 (1)：9.

[415] Berggren M，Inganas O，Gustafsson G，et al. Nature，1994，372 (6505)，444.

[416] 樊炳辰. 化工新型材料，2011，3 (3)：22.

[417] Cho N S，Hwang D H，Lee J I，et al. Macromolecules，2002，35：1224.

[418] Ido J K，Hongawa K，Okuyama K. Appl. Phys Lett，1993，63 (19)：26.

[419] 石宝琴，蔡朝霞，马美湖. 光谱学与光谱分析，2010，30 (03)：720.

[420] 赵慧玲，申怀彬，王洪哲等. 物理化学学报，2010，26 (03)：691.

[421] 陈书堂，徐冀川，汪裕萍等. 物理化学学报，2005，02：113.

[422] 陈延明，左孝为，李三喜. 高分子材料科学与工程，2011，27 (02)：23-25，29.

[423] 杨玉英，尚秀丽. 兰州石化职业技术学院学报，2010，10 (1)：1.

[424] 关敏，李彦生. 化工新型材料，2005，33 (2)：18.

[425] 熊莎，黄世，华唐等. 光谱学与光谱分析，2008，28 (2)：249.

[426] Liu J P，Qu S C，Zeng X B，et al. Appl Surf Sci，2007，253 (18)：7506.

[427] Rao M V M，Su Y K，Huang T S，et al. Nanoscale Res Lett，2009，4 (5)：485.

[428] Peter K H H. Thomas D S，Friend R H，et al. Science，1999，285：233.

[429] Jong Byeok Park，Yongtaik L，Ook P，et al. Mater Sci Eng C，2004，24 (1)：78.

[430] 陈国华，吴大军，翁文桂等. 2002 全国高分子材料工程应用研讨会论文集，2002：318.

[431] Chen G H，Wu D J，Weng W G，et al. The Ninth International Conference on Composite Interafee，2002：147.

[432] 张进娟，牛丽娟，顾慧丽，陈彧. 化学世界，2012，04：193-196，222.

[433] Wise F W. Lead salt quantum dots：the limit of strong quantum confinement. Acc Chem Res，2000，33：773.

[434] Kyprianidou Leodidou T，Margraf P，Caseri W，et al. Polym Adv Technol，1997，8 (8)：505.

[435] Taskar N R，Chhabra D D. Optically reliable nanoparticle based nanocomposite HRI encapsulant and photonic waveguiding material：US 2007O221939 [P]．2007-09-27.

[436] 曹建军，郭刚，汪斌华等. 工程塑料应用，2004，32 (7)：43.

[437] 张立德，牟季美. 纳米材料和纳米结构，北京：科学出版社，2002：74.

[438] Lu A H，Salabas E L，Uth F S. Angew Chem Int Ed Engl，2007，46 (8)：1222.

[439] Diandra L，Pelecky L. Chem Mater，1996，8 (8)：1770.

[440] Gupta A K，Gupta M. Biomaterials，2005，(26)：3995.

[441] 王伟，吴尧，顾忠伟. 中国材料进展，2009，28 (1)：43.

[442] Liu Z L，Wang H B，Lu Q H. Joumal of Magnetism and Magnetic Materials，2004，283：258.

[443] Jana N R，Chen Y，Peng X. Chem Mater，2004，(16)：3931.

[444] Samia A C，Hyzer K，Lin X M，et al. J Am Chem Soc，2005，(127)：4126.

[445] 刘波洁，李学毅，陈威等. 物理化学学报，2010，26 (3)：784.

[446] 刘峰奎. 磁性纳米粒子的合成及表征 [D]. 济南：中国石油大学，2007.

[447] 钱俊臻，万巧铃，黄红稷. 四川理工学院学报：自然科学版，2007，20 (3)：51.

[448] 杜雪岩，马芬，李芳等. 应用化工，2011，40 (3)：373.

[449] 张文军. 磁性 Fe_3O_4 纳米粒子的液相制备新方法——区域限制部分还原沉淀路线 [D]. 武汉：华中科技大学，2006.

[450] 赵紫来. 化学进展，2006，18 (10)：1288.

[451] 刘秋艳. 单分散 Co-Ni-Cu 体系非晶态合金磁性纳米粒子的合成及性能研究 [D]. 上海：同济大学，2008.

[452] 吴伟口. 化学学报，2007，65 (13)：1273.

[453] 全桂英，吴明在，钱益武. 安徽大学学报：自然科学版，2011，1：38.

[454] 耿明鑫，刘福田. 济南大学学报：自然科学版，2009，23 (2)：141.

[455] Lopez Santiago A，Grant H R，Gangopadhyay P，et al. Optical Materials Express，2012，2 (7)：978.

[456] Baykal A，Deligöz H，Sozeri H，et al. J Supercond Nov Magn，2012，25：1879.

[457] Padalia D，Johri U C，Zaidi M G. Physica B，2012，407 (5)：838-843.

[458] Kumar S A，Singh A P，Saini P，et al. J Mater Sci，2012，47：2461.

[459] 熊雷，姜宏伟，王迪珍. 材料导报，2008，22 (5)：31-34，48.

[460] 李文章，李洁，丘克强等. 功能材料，2007，38 (8)：1279.

[461] 熊雷，姜宏伟，王迪珍. 高分子学报，2008，3：259.

[462] 苏鹏飞，陈国，赵珺. 高等学校化学学报，2011，(7)：1472.

[463] 刘星辰，党永强，吴玉清. 物理化学学报，2010，26 (3)：789.

[464] 孔丝纺. 高分子学报，2008，(2)：168.

[465] 蒋静，李良超，徐烽等. 化学学报，2007，65 (1)：53.

[466] 刘海弟，赵璇，陈运法. 化学研究，2007，18 (2)：21.

[467] Iglesias Silva E，Rivas J，Isidro L M M，et al. J Non-Crystal Solids，2007，353：829.

[468] 王延梅，封麟先. 高分子材料科学与工程，1998，14 (5)：6.

[469] 朱玉光，李玮. 胶体与聚合物，2006，24 (4)：43.

[470] 李玉慧. 应用化学，2010，27 (1)：87.

[471] 周利民，王一平，黄群武等. 高分子材料科学与工程，2008，24 (8)：88.

[472] 龚涛，汪长春. 高分子学报，2008，(11)：1037-1042.

[473] 黄菁菁，曾少敏，徐祖顺等. 高分子材料与工程，2007，23 (6)：203.

[474] 梁方毅，顾顺超，周锦鑫. 材料导报，2010，24 (16)：170.

[475] 薛屏，刘海峰. 高分子学报，2007，(1)：64.

[476] Wu C S，Kao T H，Li H Y，et al. Composites Science and Technology，2012，72：1562.

[477] 文德，赖琼钰，曾红梅等. 高分子材料与工程，2007，23 (4)：238.

[478] 杜雪岩，耿丽平. 材料导报，2010，24 (15)：17.

[479] 唐爱民，王鑫，陈港等. 材料工程，2008，(10)：80.

[480] 高云燕. 物理化学学报，2011，27 (10)：2469.

[481] Sung Y K，Ahn B W，Kang T J. J Mag Mag Mater，2012，324：916.

[482] Ahn B W，Kang T J. J Appl Poly Sci，2012，125：1567.

[483] 张燚，陈彪，杨祖培等. 物理化学学报，2011，27 (5)：1261.

[484] Bhatt A S，Bhat D K. Mater Sci Eng B，2012，177：127.

[485] 张磊. 东南大学学报：医学版，2012，31 (5)：567.

[486] Wei H，Yang W，Xi Q，et al. Mater Lett，2012，82：224.

[487] Cui C K，Du Y C，Li T H，et al. J Phys Chem B，2012，116：9523.

[488] Varshney S，Singh K，Ohlan A，et al. J Alloy Compd，2012，538：107.

[489] Kumar S A，Singh A P，Saini P，et al. J Mater Sci，2012，47：2461.

[490] Zhong W，Liu P，Wang A Q. Mater Lett，2012，85：11.

[491] Wu C S，Kao T H，Li H Y，et al. Compos Sci Technol，2012，72：1562.

[492] Gonzalez M，Ignacio M F，Baselga J，et al. Mater Chem Phys，2012，132：618.

[493] 郑曙光，朱光明，张磊. 中国塑料，2012，26 (1)：12.

[494] Zheng X T，Zhou S B，Xiao Y，et al. Collid Surface B，2009，71 (1)：67.

[495] Yang D，Huang W，He X H，et al. Polym Int，2012，61：38.

[496] Razzaq M Y，Anhalt M，Frormann L，et al. Mat Sci Eng A，2007，444：227.

[497] Yoonessi M，Peck J A，Bail J L，et al. ACS Appl Mater Inter，2011，3：2686.

[498] Christopher M. J Appl Polym Sci，2009，112：3166.

[499] Boukerma K，Piquemal J Y，Mohamed M，et al. Polymer，2006，47：569.

[500] Braga S F，Galvao D S. Chem Phys Lett，2006，419：394.

[501] Vaia R A，Giannelis E P. Macromolecules，1997，30 (2)：8000.

[502] Chen G H，Wu D J，Weng W G，et al. Polym Eng Sci，2001，41 (12)：2148.

[503] 魏环，宋庆功. 河北理工学院学报，1999，21 (4)：6.

[504] 莫尊理, 孙银霞, 左丹丹. 功能材料信息, 2006, 4: 21.

[505] 李侃社, 蔡会武, 樊晓萍等. 西安科技学院学报, 2001, 21 (2): 140.

[506] 曹乃珍, 沈万慈. 化学研究与应用, 1997, 9 (1): 54.

[507] Tamon H, Ishizaka H. Carbon, 1998, 36 (9): 1397.

[508] Dai G Z, Mltro S, Chen Y J, et al. Diesel Oil Sorption Behavior of Exfoliated Graphite, International Carbon Conference, Beijing, 2002.

[509] 刘开平, 周敬恩. 长安大学学报: 地球科学版, 2003, 25 (4): 85.

[510] Furdin C, Hiatt M, Lelaurain M, Herold A. Synth Met, 1988, 23 (1-4): 387.

[511] Han J H, Cho K W, Ixe K H, et al. Carbon, 1998, 36 (12): 1801.

[512] 刘平桂, 龚克成. 化学世界, 1999, 5: 3.

[513] 黄仁和, 土力. 功能材料, 2005, 36 (1): 6.

[514] 张玉龙, 李长德. 纳米技术与纳米塑料, 北京: 中国轻工业出版社, 2002.

[515] 吴人浩. 复合材料. 天津: 天津大学出版社, 2000.

[516] Mo Z L, Zuo D D, Chen H, et al. Eur Polym J, 2007, 43: 300.

[517] 应宗荣, 刘海生, 陈仁康等. 中国塑料, 2008, 22 (11): 9.

[518] Shioyama H, Ueda A, Kuriyama N. J New Mat Electr Sys, 2007, 10 (4): 201.

[519] 贾海香. 山西化工, 2011, 31 (2): 18.

[520] Ding R F, Hu Y, Gui Z, et al. Polym Degrad Stab, 2003, 81: 473.

[521] 徐国财, 张立德. 纳米复合材料. 北京: 化学工业出版社, 2002.

[522] 陈晓梅, 沈经纬. 高分子学报, 2002, 3: 331.

[523] 吴翠玲, 翁文杜, 吴大军等. 导电材料, 2003, 3: 56.

[524] 李侃社, 邵水源, 闻兰英等. 高分子材料科学与工程, 2002, 19 (5): 92.

[525] 黎梅, 高风格. 化学教育, 1999, 4: 1.

[526] 田金星, 杨华. 矿产保护与利用, 1999, 5: 14.

[527] 刘定福, 罗晓珊. 塑料科技, 2010, 38 (7): 99.

[528] Clarke R. Adv Phys, 1984, 33 (5): 469.

[529] Wang Z Z, Qu B J, Fan W C, et al. J Appl Polym Sci, 2001, 81: 206.

[530] Richard E, Speitel L, Richard N, et al. Fire Mater, 2003, 27: 195.

[531] Yan X J, Yuan H, Lei S, et al. J Safety and Environ, 2001, 5: 11.

[532] 张强, 刘永美. 化学工业与工程技术, 2005, 26 (3): 12-13, 23.

[533] 周立, 李超, 钟宏. 广东化工, 2009, 36 (4): 75.

[534] 刘飞生, 曹清. 科技创新导报, 2009, 7: 56.

[535] 杨小红, 陈建兵, 盛敏钢. 化学教育, 2007 (10): 5.

[536] 汤秀华. 四川化工, 2006, 9 (4): 2, 12, 22, 32.

[537] 郑水林. 中国非金属矿工业导刊, 2003, (1): 13.

[538] 韩冰, 黄艳, 黄海溶. 中国粉体技术, 2006, 12 (5): 12.

[539] 章正熙, 华幼卿, 陈建峰等. 北京化工大学学报: 自然科学版, 2002, 29 (3): 49.

[540] 卢寿慈. 粉体加工技术. 北京: 中国轻工业出版社, 1990: 25.

[541] 潘鹤林. 化工进展, 1996, 15 (2): 40.

[542] 丁凤祥, 袁金凤, 潘明旺等. 云南大学学报: 自然科学版, 2005, 27 (5A): 447.

[543] 刘引烽, 桑文斌, 钱永彪等. 高分子通报, 1998, 1 (1): 11.

[544] 马进, 邓先和, 潘朝群. 橡胶工业, 2006, 53 (6): 377.

[545] 肖品东. 纳米沉淀碳酸钙工业化技术. 北京: 化学工业出版社, 2004: 234.

[546] Avella M, Errico M E, Martuscelli E. Nano Lett, 2001, 1 (4): 213.

[547] 王港, 黄锐, 王旭等. 工程塑料应用, 2003, (1): 17.

[548] 岳巍, 许澍华, 江波等. 北京化工大学学报, 2003, 30 (5): 82.

[549] Wang G, Chen X Y, Huang R, et al. J Mater Sci Lett, 2002, 287 (10): 684.

[550] Fukuda N, Tsuji H, Ohnishi Y. Polym Degrad Stab, 2002, 78 (1): 119.

[551] 任显诚，白兰英，王贵恒等．中国塑料，2000，14（1）：22.

[552] 王旭，黄锐，金春洪等．中国塑料，2000，14（6）：34.

[553] 高晓燕．聚氨酯/纳米无机复合材料的制备与性能研究［D］.吉林：吉林大学，2011.

[554] 王国全，王玉红，邹海魁等．塑料科技，2000，（5）：15.

[555] 张芳，夏茹，吴蕾等．中国塑料，2005，19（2）：26.

[556] Avella M，Errico M E，Martuscelli E. Nano Lett，2001，1（4）：213.

[557] 冯鹏程．新型高抗冲聚氯乙烯共混物的力学性能与老化性能研究［D］.武汉：武汉理工大学，2009.